酒經

（宋版）

宋兆麟　整理

學苑出版社

图书在版编目（CIP）数据

酒经 ：宋版 / 宋兆麟整理. — 北京 ：学苑出版社，2019.1

ISBN 978-7-5077-5644-9

Ⅰ. ①酒… Ⅱ. ①宋… Ⅲ. ①酒文化－研究－中国－宋代 Ⅳ. ①TS971.22

中国版本图书馆CIP数据核字(2019)第014548号

出 版 人：孟　白

责任编辑：洪文雄

出版发行：学苑出版社

社　　址：北京市丰台区南方庄2号院1号楼

邮政编码：100079

网　　址：www.book001.com

电子信箱：xueyuanpress@163.com

销售电话：010—67601101（销售部）　67603091（总编室）

印 刷 厂：河北赛文印刷有限公司

开　　本：787×1092　1/16

印　　张：25

字　　数：264千字

版　　次：2019年9月北京第1版

印　　次：2019年9月第1次印刷

定　　价：680.00元（精装）

目录

概说

一、酒之史

酒是中国传统的饮料，是最重要的食品之一。酒产生于史前时代，当时采集的果实，经过贮存、发酵，就变成了酒。其中主要成分是酒精，即乙醇。后来随着农业的出现才产生了粮食酒。《淮南子·说林》：「清醠之美，始于耒耜。」谷物含有大量淀粉，可是它不会变成酒，必须谷物与麦芽共同浸于水中，谷物中的淀粉就发生糖化、酒化，经过过滤就产生了醴酒。汉代《释名·释饮食》：「醴，礼也，酿之一宿而成醴，有酒味而已。」这是低度的甜酒，中国古代传统的酒都属于甜酒，酒精含量在18%左右，这种酒营养价值高，无烈性，对身体有益而无害。

中国传统的酒，都要利用酒曲酿造。在蒸煮过的谷物中，培养出真菌，这就是曲霉，或云酒母、酒曲。晋代江统《酒诰》：「有饭不尽，委余空桑。郁积成味，久蓄气芳。本出于此，不出奇方。」利用酒曲的糖化作用促使谷物中的淀粉转化为酒精，是中国酿制粮食酒的重大发明。

每个时代都有自己特有的酒器。如商周有青铜器，如注、爵、杯、尊等。秦汉用尊、瓮、壶、耳杯。有一年在西安曲江看当地人作曲水流觞表演，拿一些铜酒杯，沉于河底又以网捞上来。我看不对头。曲水流觞所用的酒具为漆耳杯，盛酒后放在水面上漂浮，流到谁跟前谁饮酒；改成铜杯，一不会飘于水面，只能沉底，二美酒何在？用网兜捞酒杯就更可笑了。隋唐用银制作的酒杯，唐代的「舜马衔杯」壶就是典型代表。宋辽以后多用瓷制酒器，盛酒用长瓶（梅瓶），饮酒用酒卣。

宋代城市市井生活十分丰富，酒也成为生活的重要内容，加上蒸馏酒的流行，当时有八十多个府州酿酒，名酒有二百多种。昭宁九年（1076年）东京一年酿酒用粮达三四十万斛，能酿酒三四百万斗。乾兴元年（1022年）杭州每年耗米有一至三万石，生产商品酒十至三十万斗，酿酒、售酒业极为发达。当时的酒税成为国家的重要收入之一。

由于宋代酿酒、售酒和饮酒之兴盛，也出现不少研究酒的人，还出现了一些有关酒文化的作品，如苏轼的《东坡酒经》、朱肱的《酒经》、李保的《读〈北山酒经〉》、何剡的《酒尔雅》、窦苹的《酒谱》、范成大的《桂海酒经》、林洪的《新丰酒经》等，其中唯朱肱的《酒经》最有代表性，也影响较大。

总之，酒是中国饮食文化的重要内容，酒曲的发明是对人类文明的重大贡献。从传统工艺上说，中国传统的酒是甜酒，中世纪才传入蒸馏酒。

二、朱肱《酒经》

《酒经》又名《北山酒经》，因该书主要在西湖北山写成而得名，但该书有一个写作过程，就是作者被贬达州之后也有增补。这是一部现存最完整讲述我国民间酿酒工艺的专著。

全书有一万五千字，内容丰实，共有三卷：

上卷为总论，是全书的灵魂，总结其前的酿酒、制曲的经验，叙述了酒的社会功能。

中卷介绍了制曲方法和工艺，共十五种曲，每种曲都加入了中草药材。

下卷对酿酒过程进行了综述，包括卧浆、淘米、煎浆、汤米、蒸醋糜、用曲、合酵、酴米、蒸甜糜、投醹，还谈及酒器及其作用，怎么上槽、收酒、煮酒、火迫、曝酒等。

原来，北魏贾思勰在《齐民要术》中对中国酿酒、制曲已经做过总结，朱肱又总结了唐宋时期酿酒的新成就，加上他本来又擅长酿酒，又创造性地写出了《酒经》。《酒经·用曲》中写道：「古法先浸曲，发如鱼眼汤，净淘米，炊作饭，令极冷。以绢袋滤去曲滓，取曲汁于瓮中，即投饭。近世不然，吹饭冷，同曲搜拌入瓮。曲有陈新，陈曲力紧，每斗米用十两，新曲十二两或十三两，腊脚酒用曲宜重。大抵曲力胜则可存留，寒暑不能侵。米石百两，是为气平。十之上则苦，十之下则甘，要在随人所嗜而增损之。」

由此看来，《酒经》不仅在酿酒理论上大胆探索，还具有实践和操作功能。这与作者善于酿酒有关。

《酒经》作者是朱肱，字翼中，或亦中，号无求子、大隐翁。北宋湖州乌程（今浙江吴兴）人。生卒年不详，元祐三年（1088年）进士，历任雄州防御推官、知邓州录事、奉议郎直秘阁，后人又称其为朱奉议。崇宁元年（1102年）因上疏讲灾异，指摘执政者章惇的过失，忤旨罢官，隐居杭州大隐坊。李保在《读朱翼中〈北山酒经〉并序》中说：「大隐先生朱翼中，壮年勇退，著书酿酒，侨居西湖上而老焉。」事实上朱肱对酒、医都有研究，先后编著了不少作品，如《伤寒百局》《南阳活人书》《酒经》《内外二景图》《大隐居士诗话》等。

《酒经》写于何时，没有明确的记载。有人根据李保著作分析，其作《读朱翼中《北山酒经》并序》写于政和七年（1117年）正月，由此推算，《酒经》是在政和五年（1115年）完成的。以新发现的宋版《酒经》看，熙宁三年（1070年）宋神宗已将《酒经》作为礼品送给辽国，说明《酒经》问世已经很久了，早于政和五年。

三、宋版《酒经》

近几十年，随着改革开放的大发展，有些资本主义泥沙也跟着泛滥起来，除了某些官员贪腐之外，盗墓队伍也横行全国，他们说「要想富、先挖墓。」他们不仅有洛阳铲，还有挖掘土机、探测器，因为有些贪官和盗墓贼同流合污，狼狈为奸。任何设备都不缺乏，包括军工用的探雷仪。因此，全国无法统计的墓地、寺院都惨遭他们魔掌破坏，大批文物流向国内外，社会上也出现了旧货市场、收藏家和私人博物馆。有人说「现在是藏宝于民。」我看毫不为过。但是，盗墓者及其老板贪官更看重玉器、青铜器、瓷器，说「含金量高」，而认为纸张性的古籍、木制的古乐器则不值钱，甚至当柴火烧了，以供盗墓者取暖。他们毁了多少文化，令人痛心不已。

笔者在一位收藏家家中看见一箱子书，该箱子长38厘米，宽27厘米，高18厘米。箱盖上有一幅彩画：有两个方灶，各有一人添柴烧火，一个灶上有锅及酒甑，其上有一导管，该管悬在另一灶上的木桶上方，此桶可能为冷却桶，前灶导管的酒气遇到冷却锅就变成酒了，并流进桶内的盛酒器中。

木箱内盛38册书，皆书有「酒经」二字，未编有册序号。书以树皮纸单面印刷，长23.8厘米、宽22.2厘米。每册11页或10页，其中第一页为封面，印有酿酒图像；余下各页为讲述酒经内容，各册内容连贯。最后一本末页书有「熙宁五年」（1072年），这是宋代年号，相当于辽道宗咸雍八年。很明显这是一部宋版《酒经》。该书有三个特点：

第一，它是目前所知最早的《酒经》版本。

现在社会上通行的一种《酒经》版本，是中华书局出版的《中华生活经典》之一，该书以《知不斋丛书》为底本，以上海古籍出版社出版的明人陶宗仪等编的《说郛三种》及《四库全书·子部·谱录类》所收《酒经》为依据校的，但是底本是清朝乾嘉本，《说郛三种》版本要晚，其中卷又缺文。《四库全书》本也有不少缺失。相比之下，宋版《酒经》年代最早，又比较完整，是最早的版本。

第二，它是利用汉字和契丹文写的。

目前已无人讲契丹话，无论是契丹大字还是契丹小字，已变成死文字、「绝书」，能破译的人极少，且属于猜字阶段。宋版《酒经》双语书，对破译契丹文字有重要帮助。

第三，宋版《酒经》插图极为珍贵。

在宋版《酒经》诸册书上，均有封面插图，共38幅，尽管有些重复，但还有十幅不重样者，它反映了古代酿酒的过程，十幅内容如下：

（一）晒谷图

古代收场院上，搭有休息棚，有三个农民各持一木锹，去翻晒谷物。

（二）**舂米图**

图上有两组：一组为两人以脚碓舂米，另一组一人用手磨碾米，其间放一酒坛。

（三）**担水图**

远处有山，近处有一井，上有井架，一人以绳索利用滑轮提水，一人挑水而去。

（四）**拌曲图**

远处有山，近处有树，堆有粮食，旁有一池，内贮粮食，由一人脚踩池内粮食，一人以独轮车运粮。

（五）搅拌图

远山，近处棚内有一木桶，一人用木耙搅拌，一人往桶内倒粮，另一人配合加工粮食。

（六）**加水图**

在一方桶内，盛有粮食、曲和水。一人持棒搅拌，一人往桶内倒水，地上还有三个木桶。还有一人在摆布四桶和好的酒糟。

（七）**蒸煮图**

地上有两个灶，分别由一个人加柴烧火。其中在一个灶上架酒甑，又以导管放气于另一灶的木桶内，遇冷水后变酒，落入酒坛内。

（八）**蒸酒图**

有一灶，上为酒甑，上架冷却锅，蒸汽变酒，落于承酒盘上，以导管流入酒坛内。有二人各持一碗在品尝酒味。

（九）贮酒图

在地上有一穴，当为酒窖。有一人持酒坛往酒窖内倒酒，地上还有三个酒坛，一人抱着一坛酒走向酒窖，一人在旁观看。这是收藏酒的过程。

（十）喝酒图

在一个方桌各边，各坐一人，在喝酒聊天；还有一人拿着酒壶给人斟酒。旁有一灶，上架一酒壶。

以上诸图反映了酿酒过程，其中还有蒸馏酒设备。

四、宋辽已有蒸馏酒

学术界一般都认为元代才有蒸馏酒，是从西域传入的，依据是文献的记载，如：

忽思慧《饮膳正要》：「用好酒蒸熬取露，成阿剌吉。」

许有壬《至正集》：「世以水火鼎炼酒取露，气烈而清，秋空沆瀣不过也。其法出西域，由尚方达贵家，今汗漫天下矣。译曰阿剌吉云。」

叶子奇《草木子》：「法酒用器烧酒之精液取之，名曰哈剌基。酒极浓烈，其清如水，盖酒露也，此皆元朝之法酒，古无有也。」

李时珍《本草纲目》：「烧酒非古法也，自元时始创其法。」

方以智《物理小识》：「烧酒元时始创其法，名阿剌吉。」

上述文献记载，都证实元代已经有阿剌吉，即白酒。有人以河北承德青龙县西山咀出土的青铜蒸馏器为证，认为金代已有蒸馏酒，但孙机认为该物与元代瓦当同出，难以为证据。

不过，修正历史问题时把文献记载作为唯一证据未必合适，其实证据可有三个来源：一是历史文献记载，历史研究的人都咬住不放；二是社会调查，考古学、民族学、民俗学者多用此方法解决问题，如史前史非考古方法难以解决，少数民族社会问题也要田野调查，古文献缺乏记载，当年从事历史记述者也未必去过实地，道听途说或挂一漏万者常有之；三是实物证据，其中也有不少学问，文献多无记载。像蒸馏酒设备，就要找到物证。2017年春天首都博物馆举办的汉代海昏侯墓文物展，其中有一件青铜蒸具，有人认定能做蒸馏酒。我特意去看了虚实。发现该物是蒸器，可把米、芋头蒸熟，但无蒸馏设备，不能把气体变成液体，所以不能蒸酒，因此它不是蒸酒设备。我做过不少民族调查，看见过蒸馏酒设备，其中必有导气管，还要有冷却设备，这样酒汽就变成酒水了。甑内还要有盛酒盘，把酒水接住，又有导酒管外伸，使酒流入酒坛内。

问题是，有无更早的蒸酒器具呢？听一位收藏家说，辽代有铜做的蒸酒器，可惜没有看见实物。在这本宋代版《酒经》中有两幅蒸酒图，尤其是第八图，与我们所见民族地区的蒸酒设备相同，这是北宋神宗熙宁五年（1072年）绘制的，从而改变了元代始有蒸馏酒的观点，证明在宋辽时期就有蒸馏酒了。一般直接酿制酒的酒精含量都在20%以下，再想提高酒精含量就不可能了，但蒸馏设备能把酒精含量提高到60%左右，从而变成烧酒、烈酒。

五、文化交流的物证

宋版《酒经》的更大价值，是民族文化交流的物证，是民族融合的插曲。在《酒经》序言中详细讲述了北宋神宗送给辽国郡主《酒经》的过程：

「熙宁三年（1070年），神宗命军司理参军王韶耗米二十九万斛，造酒三百五十六万斗，赠与契丹国之七百斗、《酒经》书一部。耶律洪基为表敬意，回赠坐骑三百匹。次年命耶律乙辛主此务，命尚书都官郎中充史馆应奉阁下文字骁骑蔚赐紫鱼袋李石奉敕修撰已。」

这是宋神宗送给辽道宗耶律洪基的礼品，有酒及《酒经》，是礼尚往来的礼品之一，为了便于文化交往，还使用汉字、契丹文书写的《酒经》，反映了中华民族形成的一个小小细节。

中华民族是以华夏民族为主体形成的，但它不是汉族，也包括不少少数民族，其中有不少早已消失的民族。其形成有一个长期的历史过程，但它卷入的民族越来越众，人口越来越多，这一过程还在进行中，永远在路上。以契丹民族来说，她是古代北方民族之一，从事狩猎和游牧生活，经济、文化较中土经济、文化落后，但她很强悍，流动性强，尤其以骑射名扬天下。在宋辽对峙时期，互有战争，都想把对方吞并，发生多次战争，说明战争解决不了问题，还是谈判导致了和平，这就是著名的澶渊之盟，双方和平共处一百多年，都获得了稳定发展。就契丹民族而言，她可以占有大片农业文化地区，然而要想统治农业地区，必须大力吸收、接受中原先进的农业文化，加上原有的游牧经济，就实行两院制，这可以说是一国两制的雏形。由于长期接受汉族文化，在经济文化上融于汉族，使契丹民族原有的特点逐渐褪去了，最后连契丹民族都消失在中国历史的迷雾中。契丹民族哪去了？不是消亡，而是融入其他民族中，变成了汉人、金人、蒙古人、西夏人、女真人、西亚人，等等。事实上，契丹人并没有消失，他们变成了中华民族的成员，继续在中华民族大家庭生存、发展。《百家姓》中的契丹姓氏就是很好的证据。至于契丹人所创造的文化，如烤肉干、乳酪、西瓜种植、吃东梨、冰糖葫芦、腌酸菜、手套装饰，等等，至今在中华民族生活中还有一定位置。它充分说明，中华民族是由许多民族创造的，并且为中华民族所保存、发展，这是中华民族文化的基本规律。

为了便于中国传统文化特别是酒文化研究，特影印整理这部藏家珍藏的宋版《酒经》以飨读者。整理出版时力图维系文献原貌，除了在每册封面按照原书册顺序标注册数序号外，一律按照原书册页顺序影印，并写概述文字与方家探讨，不妥之处还望读者见谅。

酒经

第一册

「酒经」宋版

熙寧三年神宗

勑斛包平狄

命軍司理參軍

快魁別娛

王韶耗米二十

王佩收丞仑

九萬斛造酒三

夋劾狄狀包

百五十六萬門

弼戈仑六勅

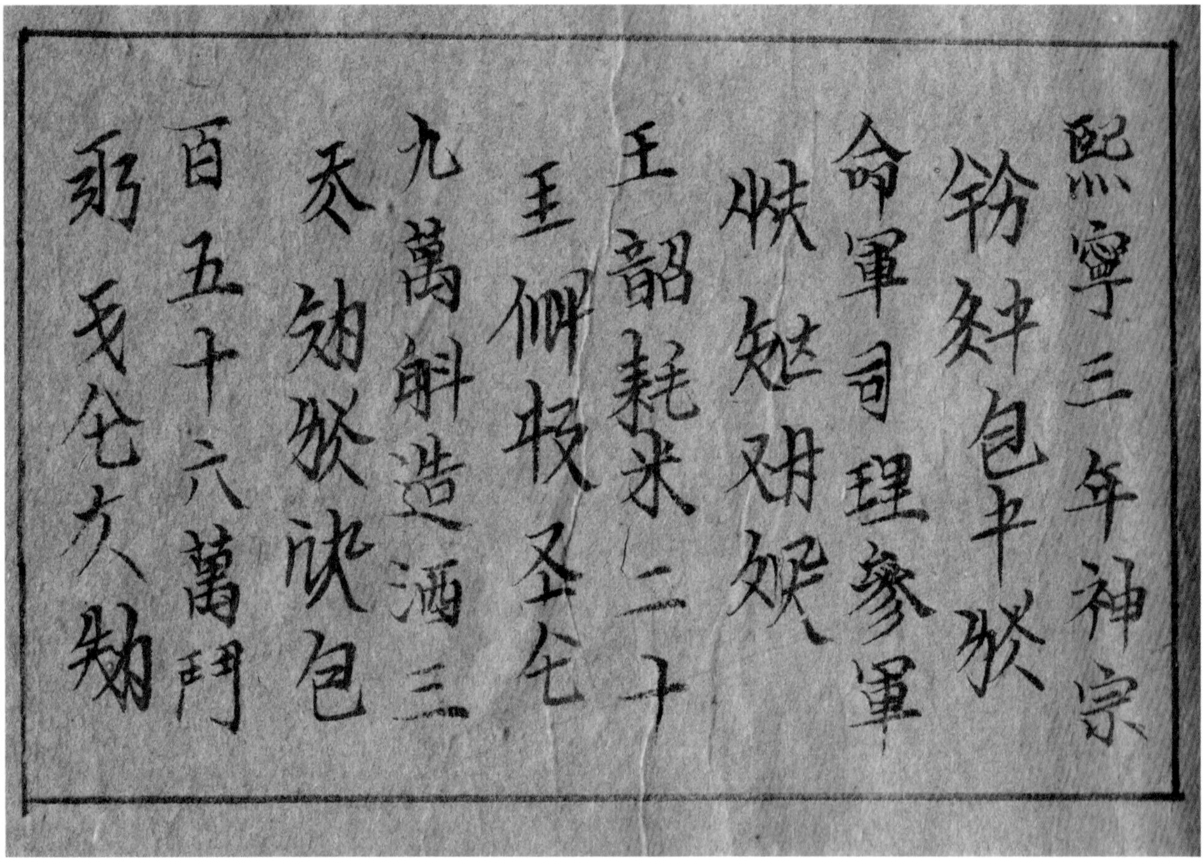

「酒经」宋版

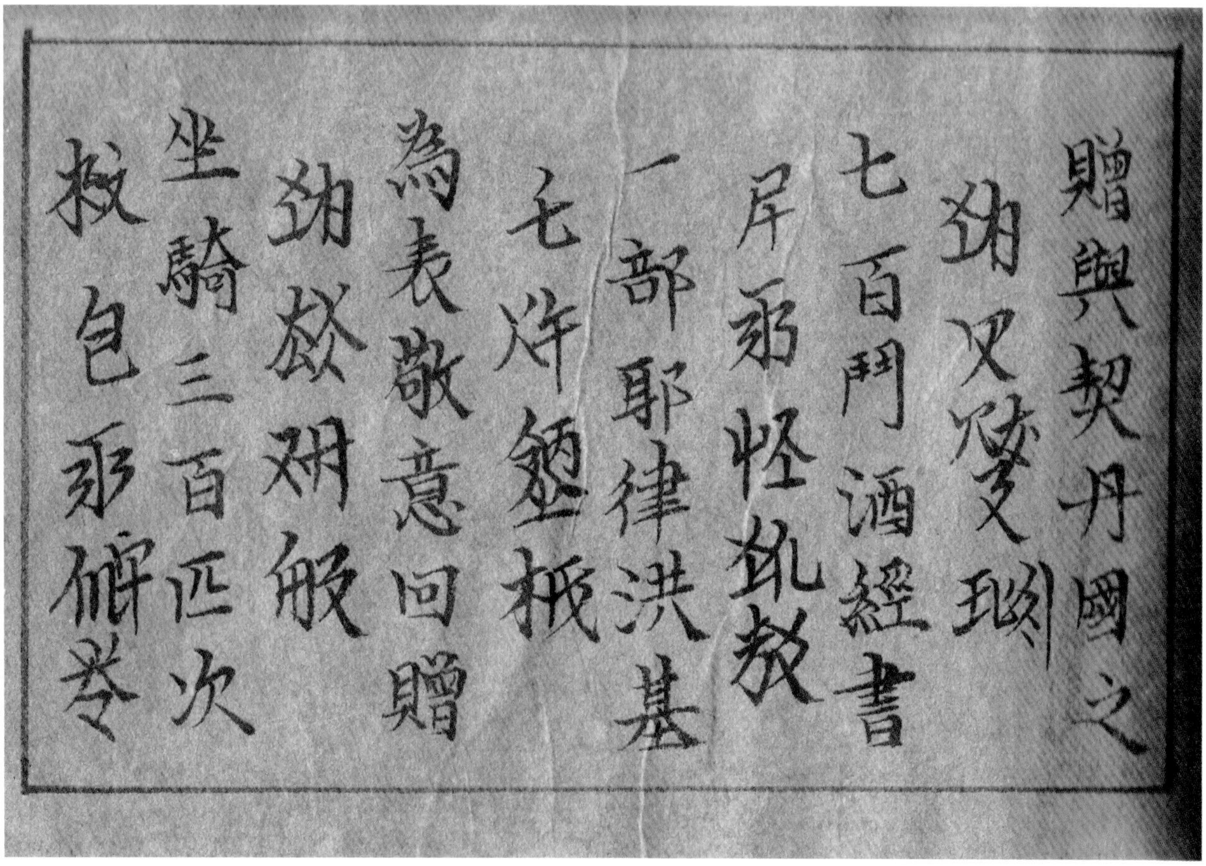

贈與契丹國之
[illegible]
七百門酒經書
[illegible]
一部耶律洪基
七[illegible]
為表敬意回贈
[illegible]
坐騎三百匹次
[illegible]

「酒经」宋版

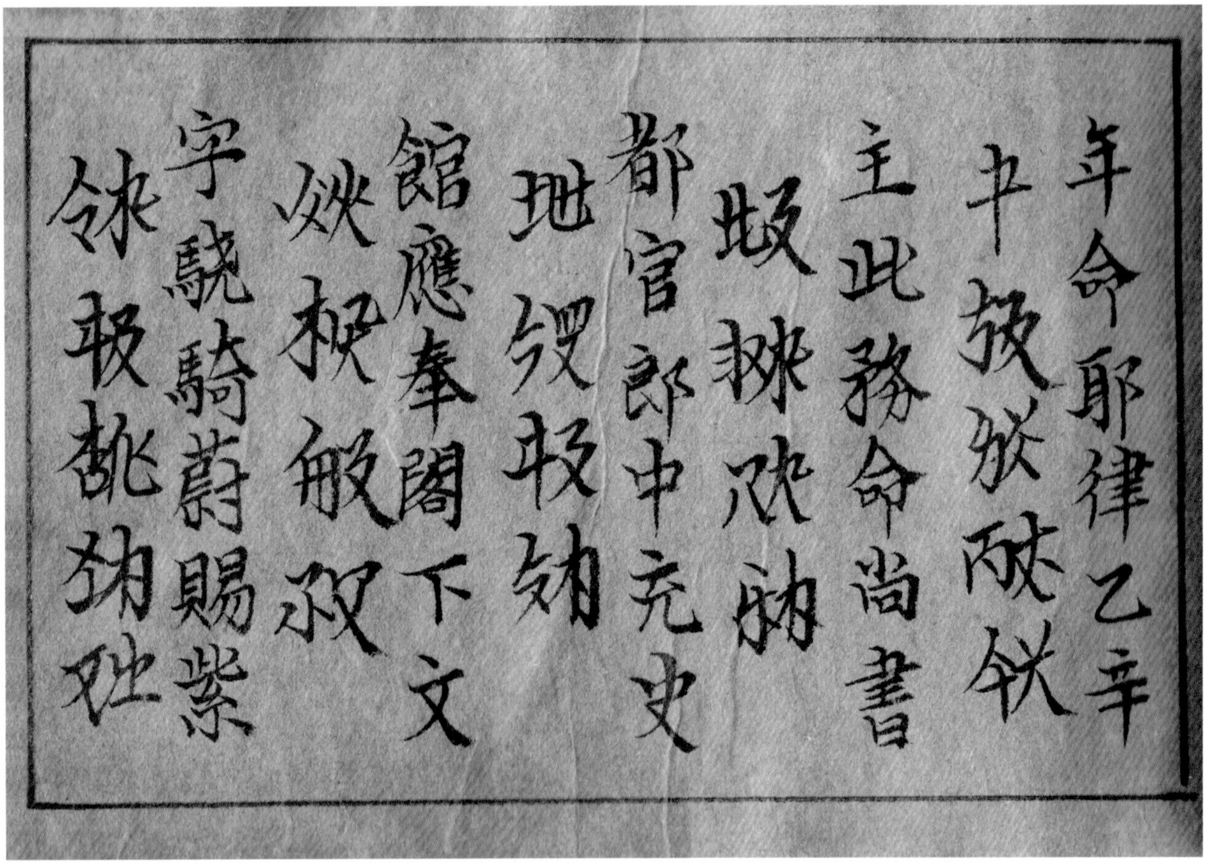

「酒经」宋版

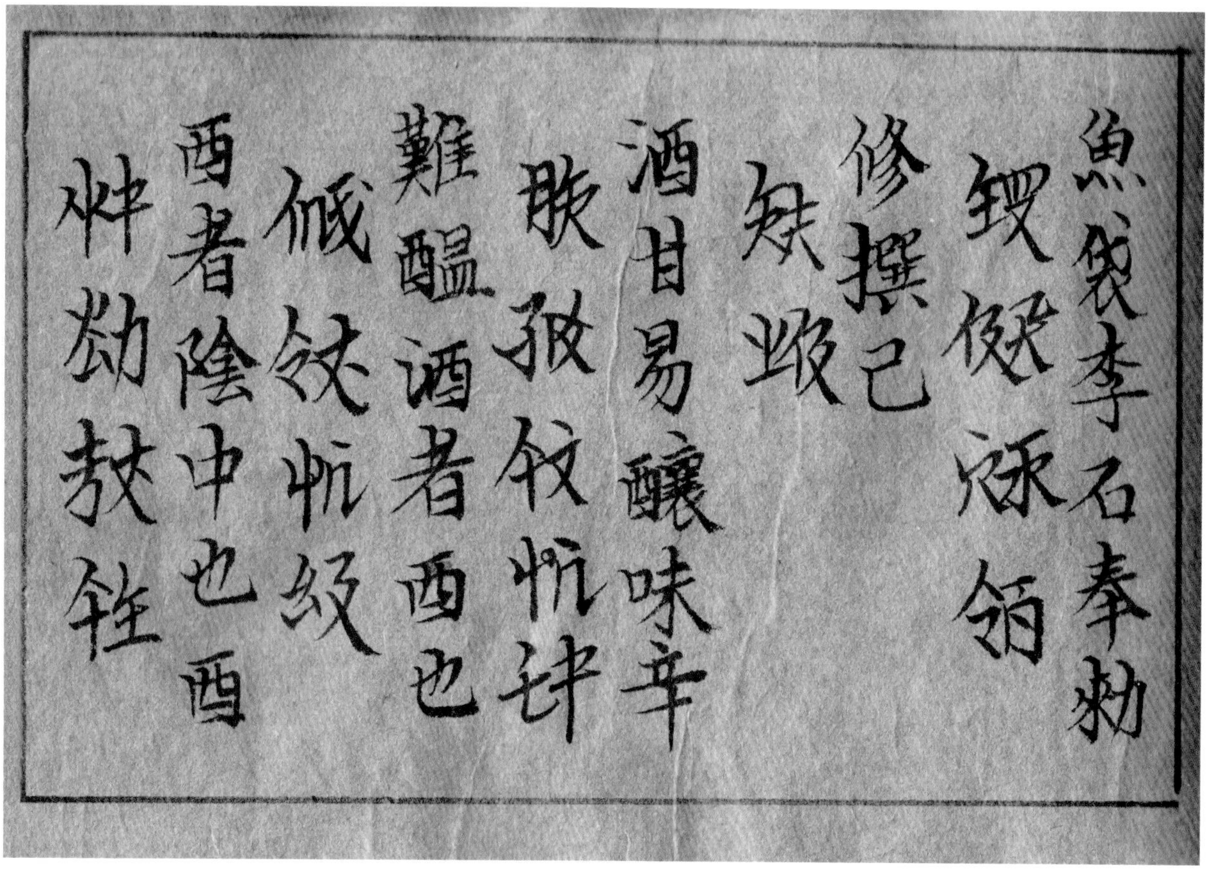
魚[illegible]李石奉勑
[illegible][illegible][illegible]領
修撰己
[illegible][illegible]
酒甘易釀味辛
[illegible][illegible][illegible][illegible][illegible]
難醞酒者酉也
[illegible][illegible][illegible][illegible]
酉者陰中也酉
[illegible][illegible][illegible][illegible]

「酒经」宋版

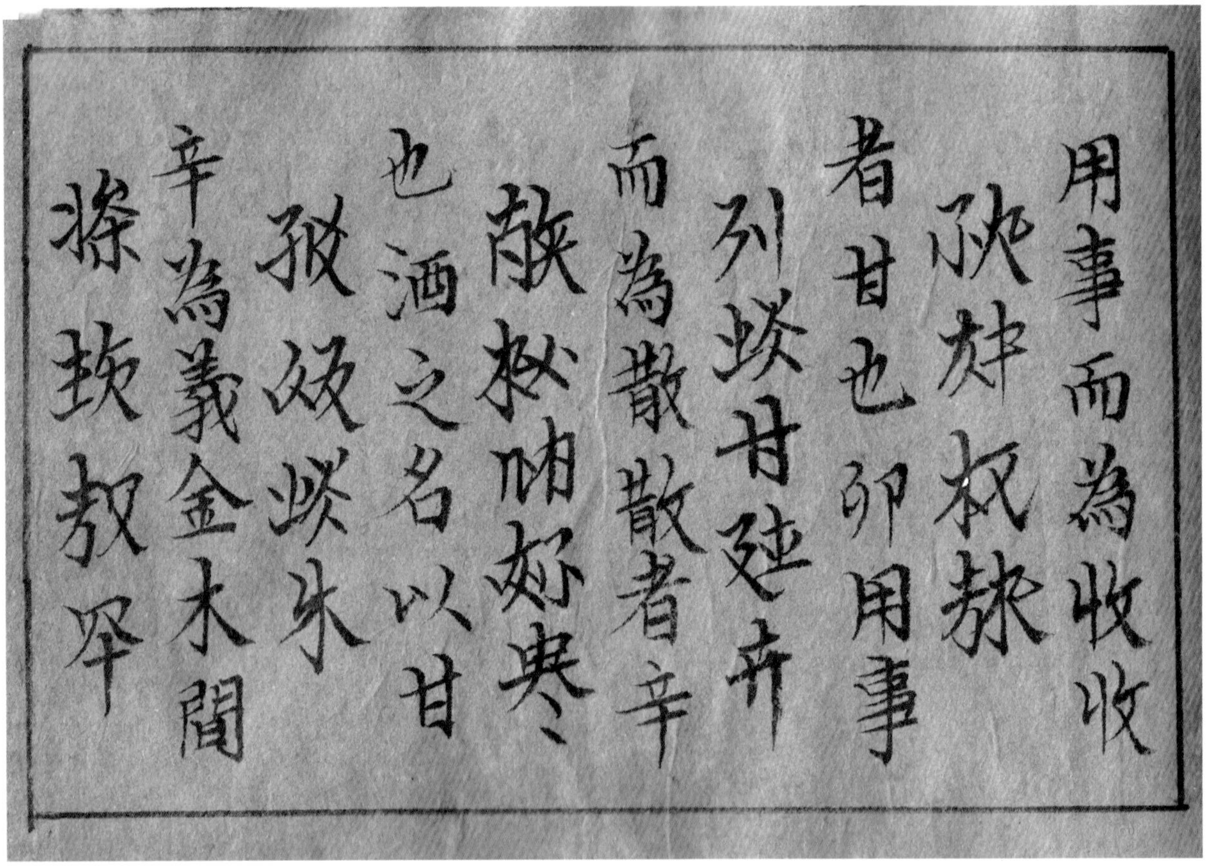

用事而為收收
[illegible][illegible][illegible][illegible]
者甘也卯用事
列[illegible]甘[illegible]卉
而為散散者辛
[illegible][illegible][illegible][illegible]奧、
也酒之名以甘
[illegible][illegible][illegible]
辛為義金木間
[illegible][illegible][illegible][illegible]

「酒经」 宋版

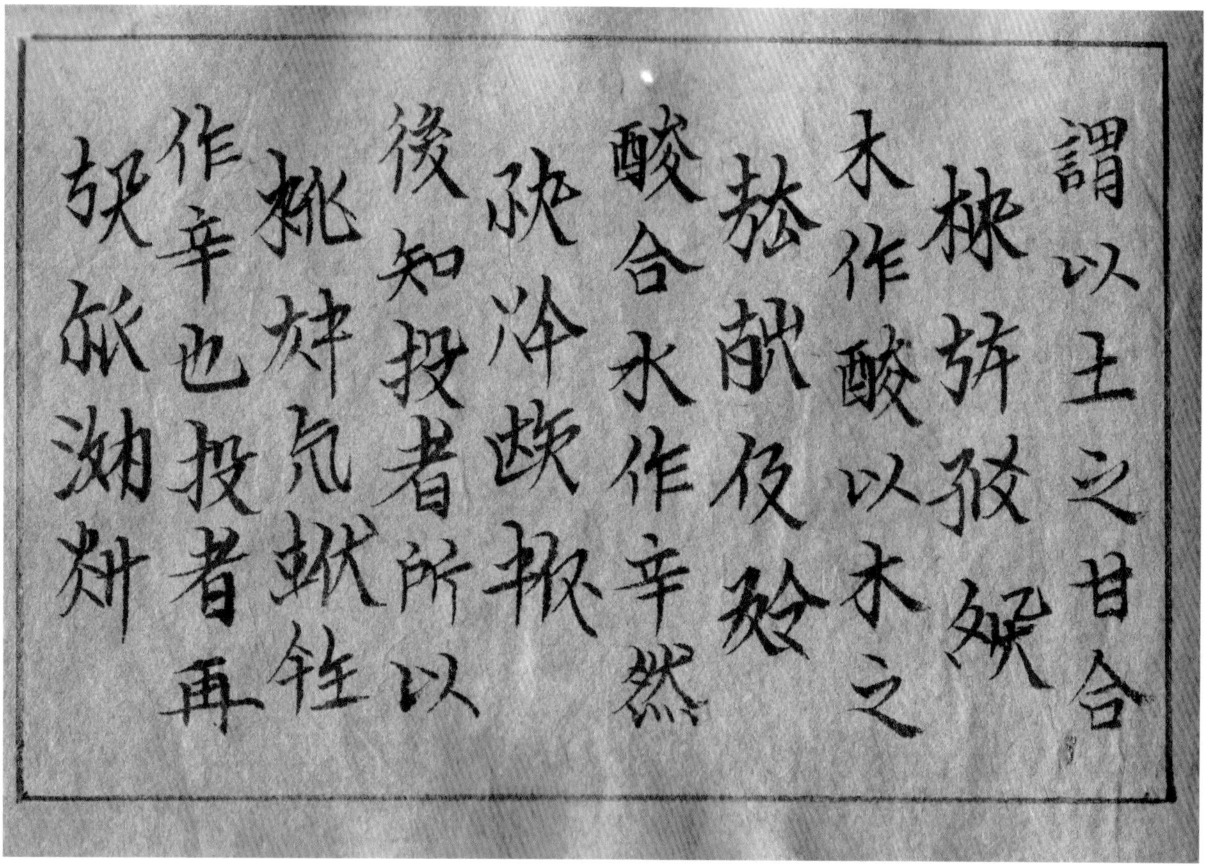

謂以土之甘合
[illegible]
木作酸以木之
[illegible]
酸合水作辛然
[illegible]冷[illegible]
後知投者所以
[illegible]氣[illegible]
作辛也投者再
[illegible]

「酒经」宋版

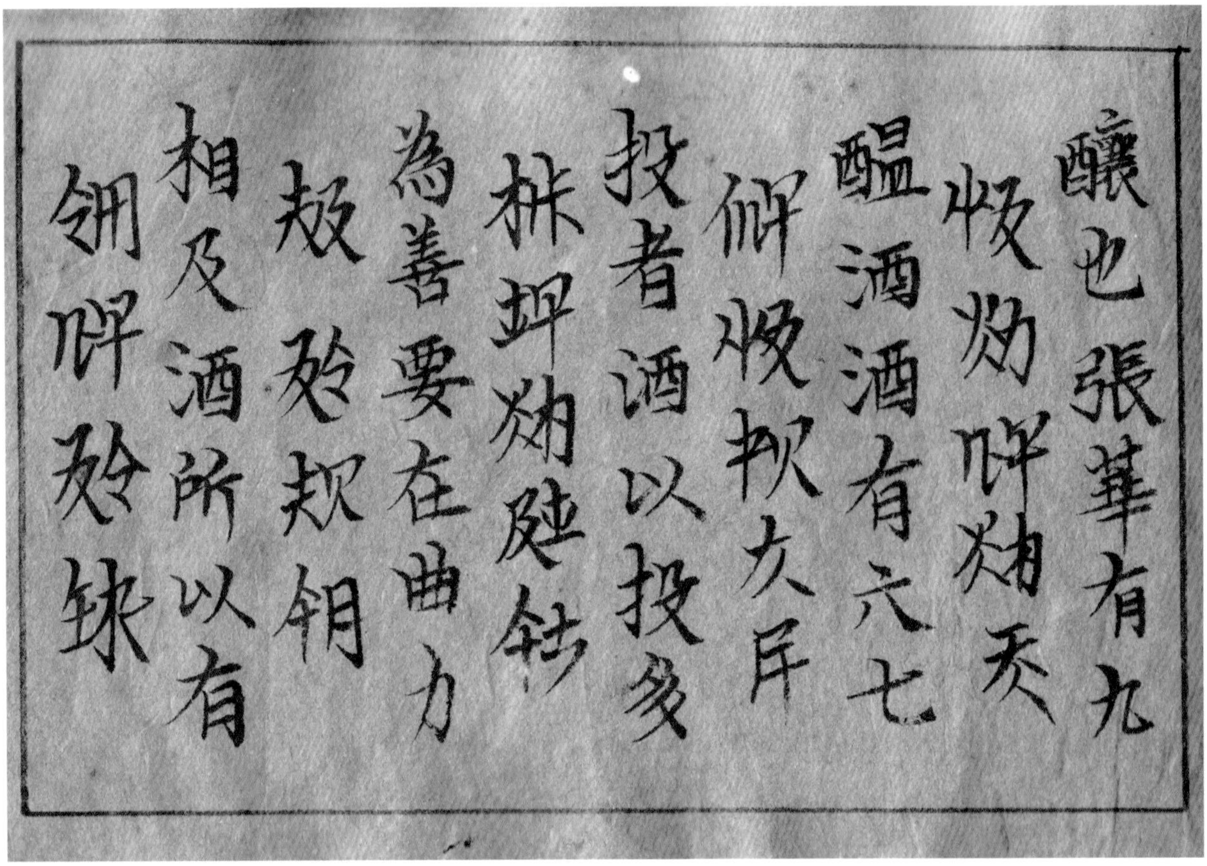
釀也張華有九
[illegible]
醖酒酒有六七
[illegible]
投者酒以投多
[illegible]
為善要在曲力
[illegible]
相及酒所以有
[illegible]

「酒经」 宋版

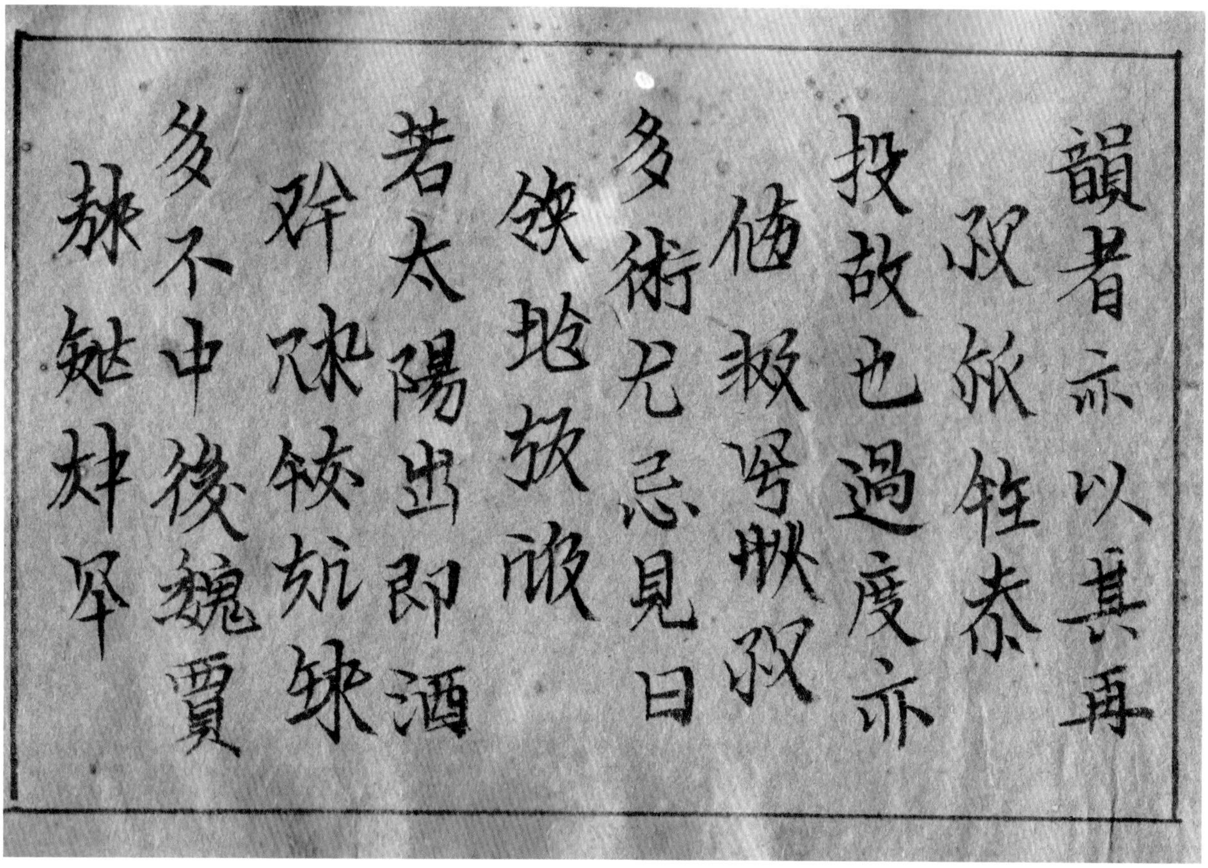

韻者亦以其再
[illegible]旅[illegible]泰
投故也過度亦
[illegible][illegible][illegible][illegible][illegible]
多術尤忌見曰
[illegible]抛[illegible][illegible]
若太陽出即酒
[illegible][illegible][illegible][illegible][illegible]
多不中後[illegible][illegible]
[illegible][illegible][illegible][illegible]

「酒经」宋版

「酒经」宋版

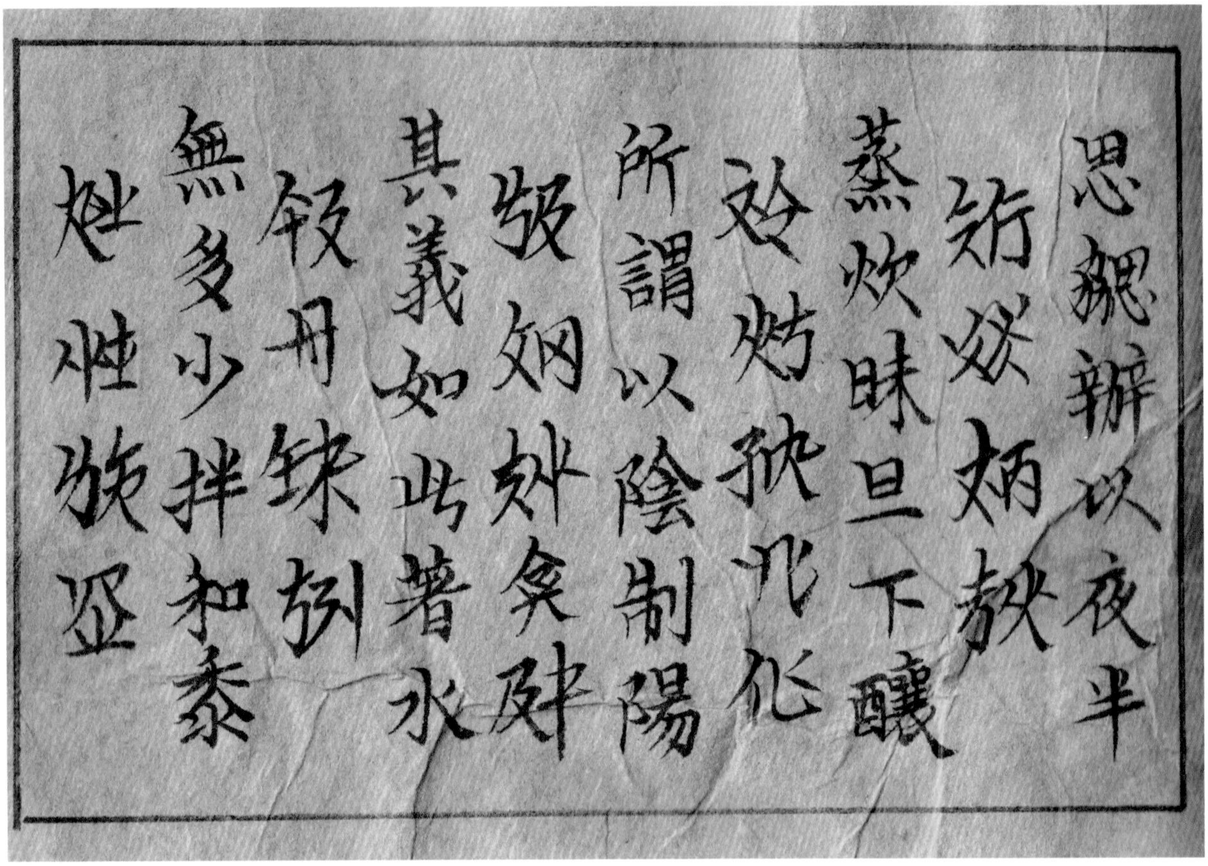

「酒经」 宋版

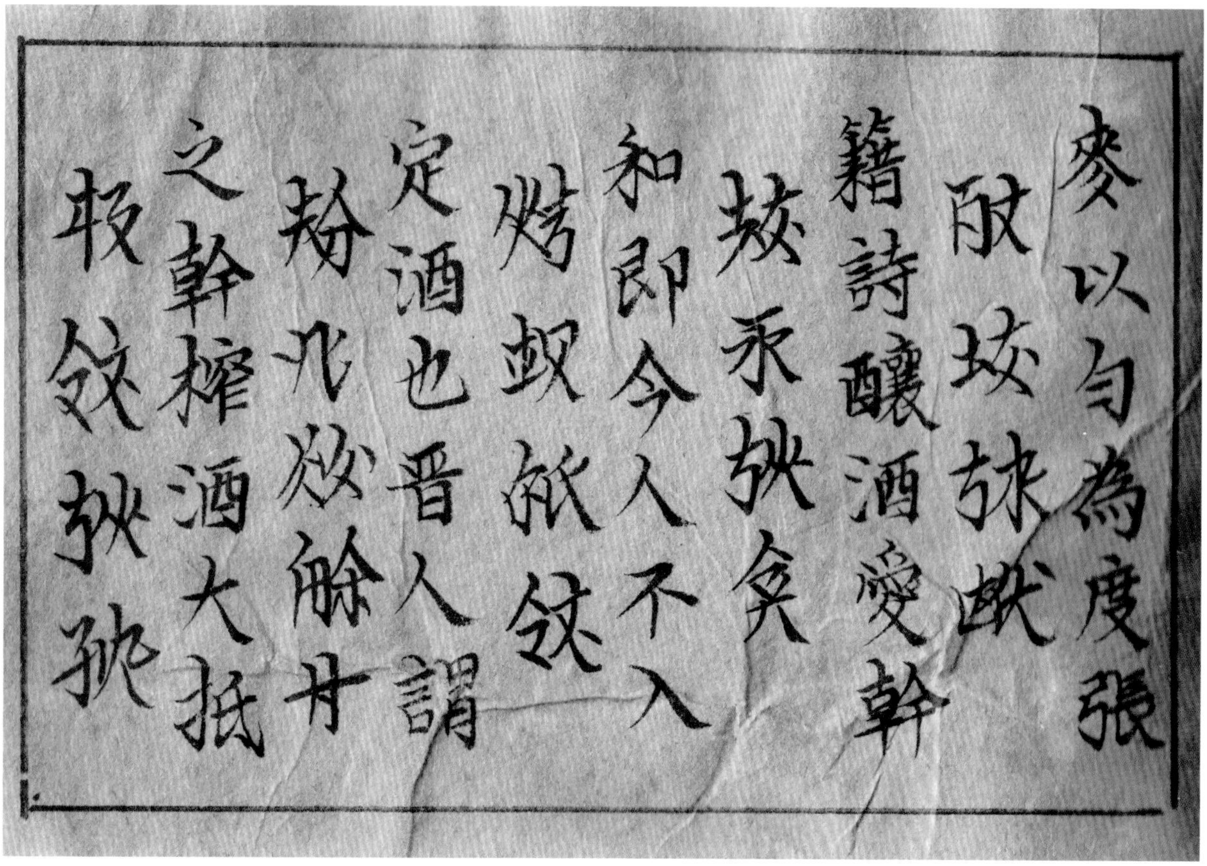

麥以勻為度張
酘坺詠歎
籍詩釀酒愛幹
坺禾[illegible][illegible]
和即今人不入
[illegible][illegible][illegible][illegible]
定酒也晋人謂
[illegible][illegible][illegible][illegible]丹
之幹榨酒大抵
[illegible][illegible][illegible][illegible]

「酒经」 宋版

用水隨其湯泰
耎歐坡炊灸
之大小斟酌之
熱耀炊敗
若投多水寬亦
死冰煉琢
不妨要之來力
細地防鈲靴
勝於曲曲力勝
歟航艅劫

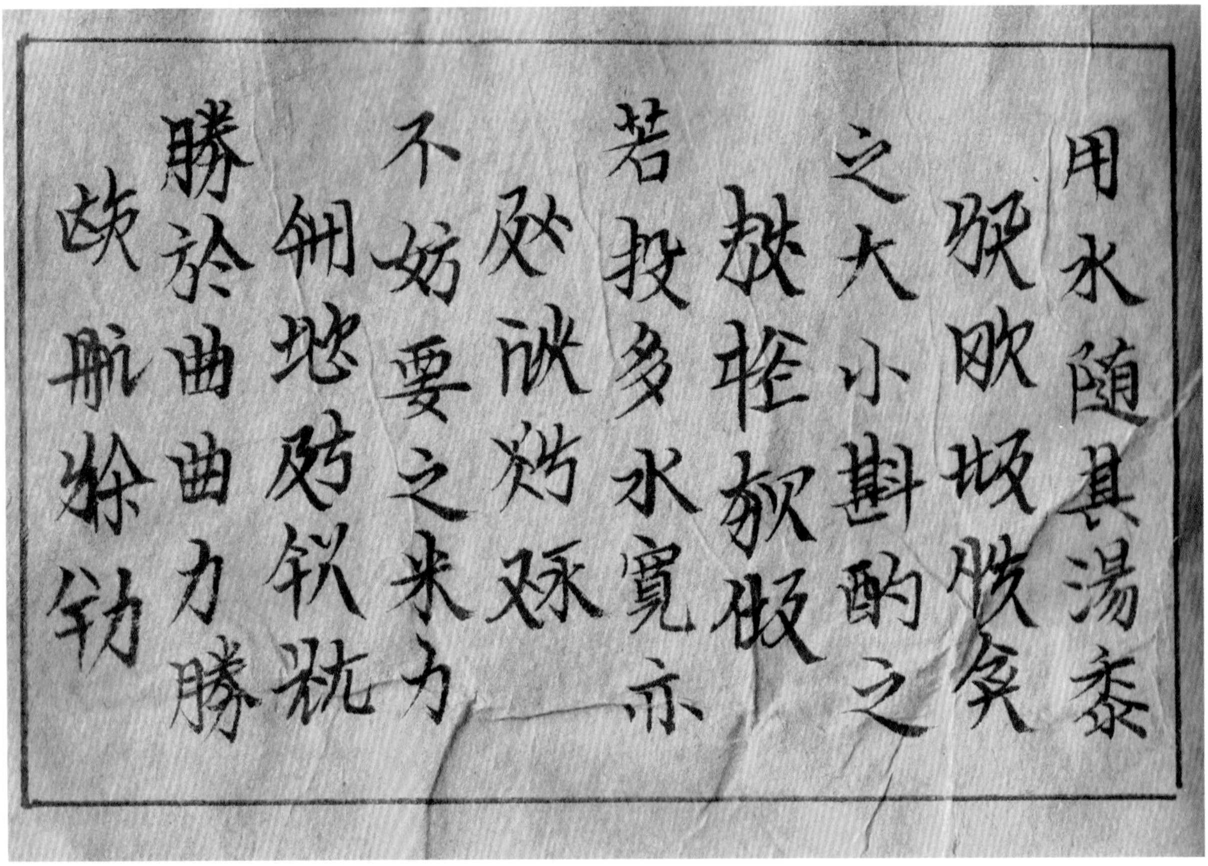

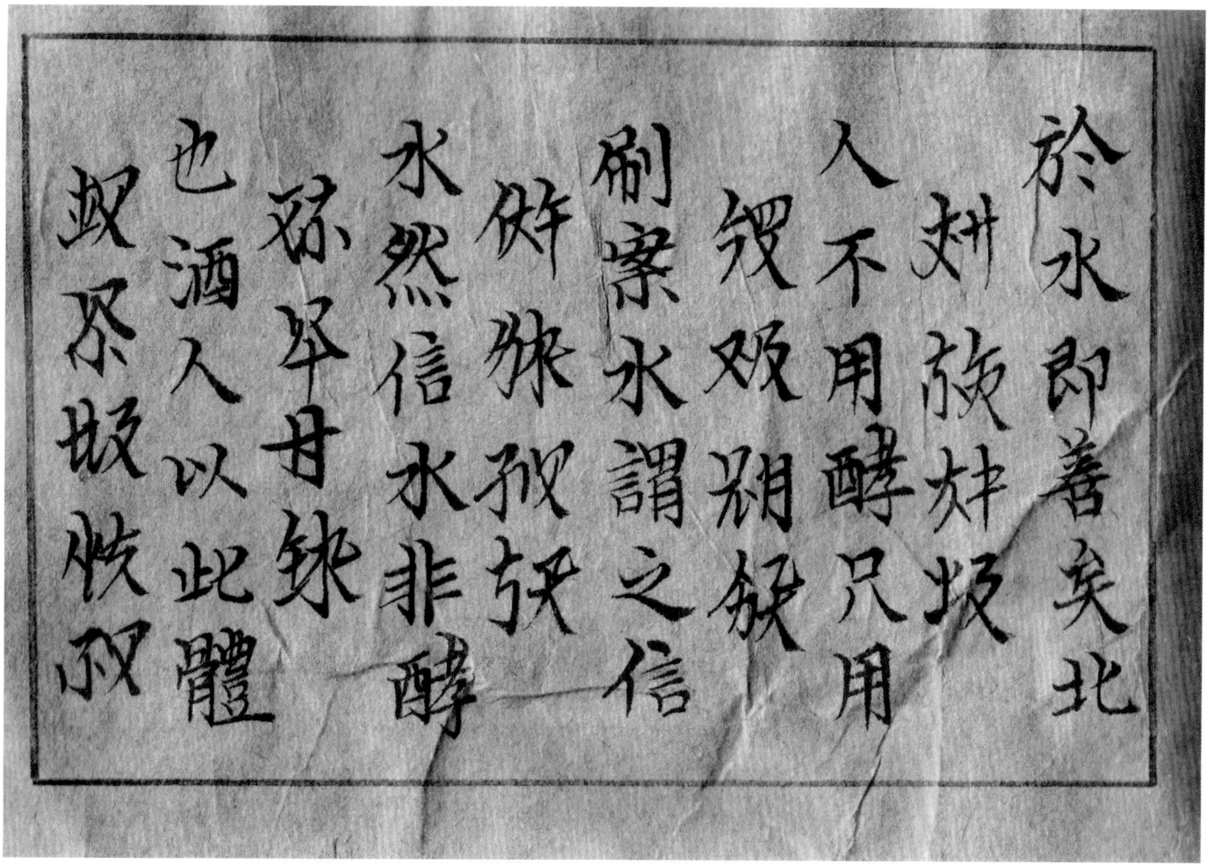
於水即善矣北
[illegible][illegible][illegible][illegible]
人不用醇只用
[illegible][illegible][illegible][illegible][illegible]
刷寀水謂之信
[illegible][illegible][illegible][illegible]
水然信水非醇
[illegible][illegible]甘[illegible]
也酒人以此體
[illegible][illegible][illegible][illegible][illegible]

「酒经」宋版

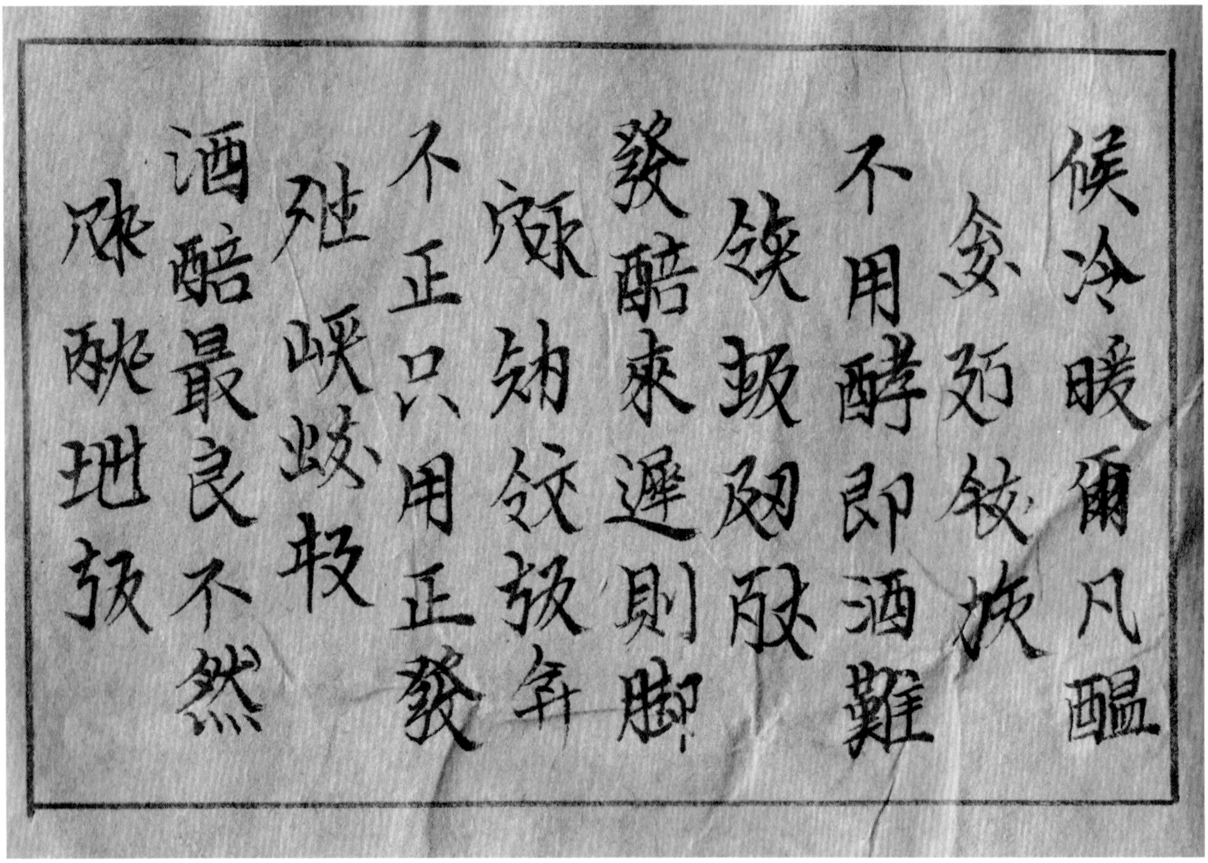
候冷暖爾凡醞
[illegible]
不用酵即酒難
[illegible]
發醅來遲則腳
[illegible]
不正只用正發
[illegible]
酒醅最良不然
[illegible]

「酒经」 宋版

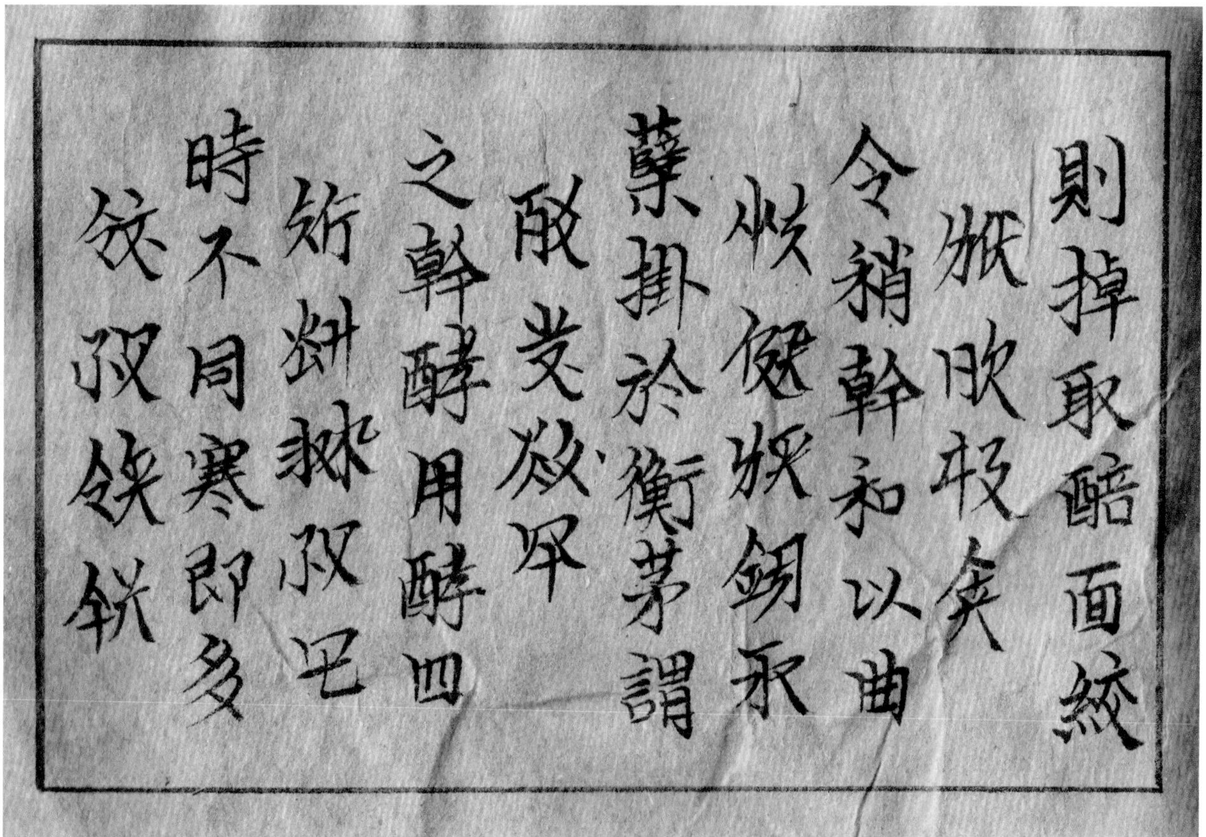
則掉取醅面絞
[illegible]
令稍幹和以曲
[illegible]
蘖掛於衡茅謂
[illegible]
之幹酵用酵四
[illegible]
時不同寒即多
[illegible]

「酒经」宋版

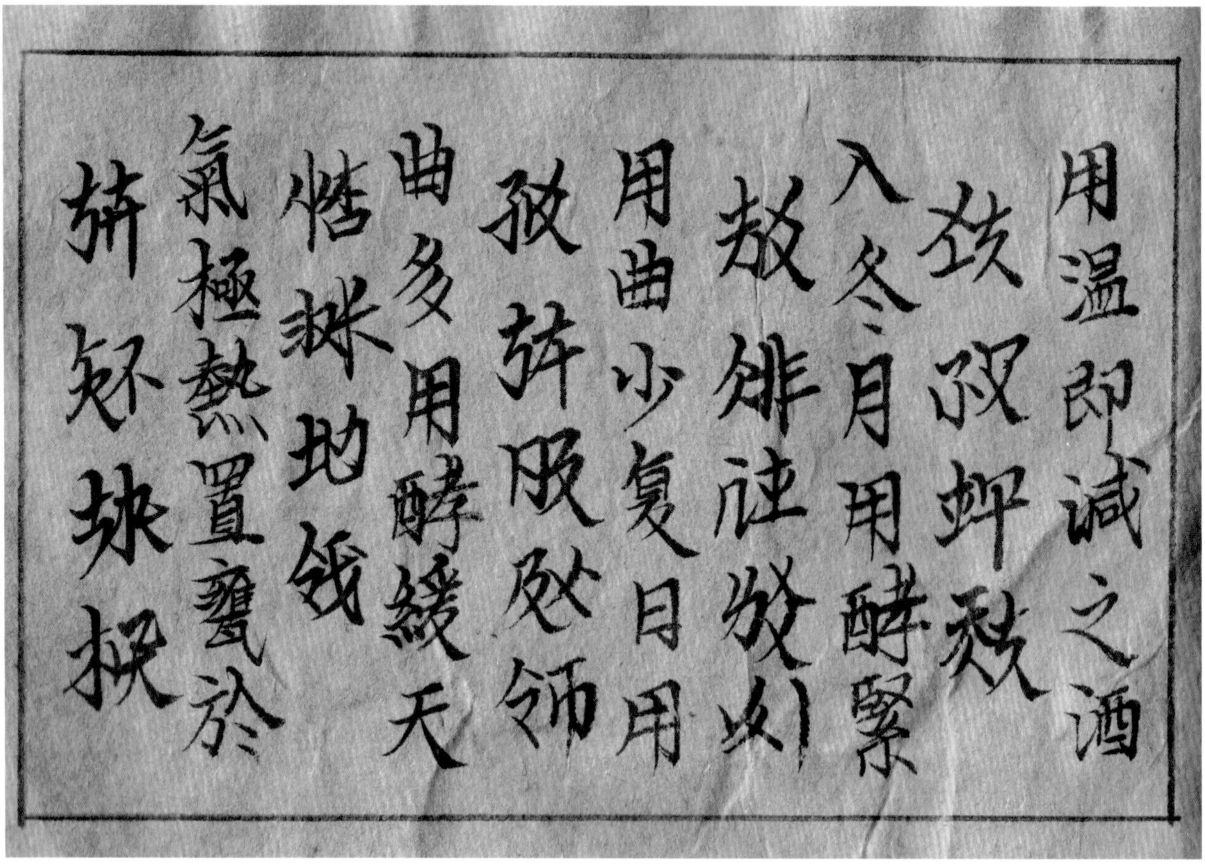

「酒经」宋版

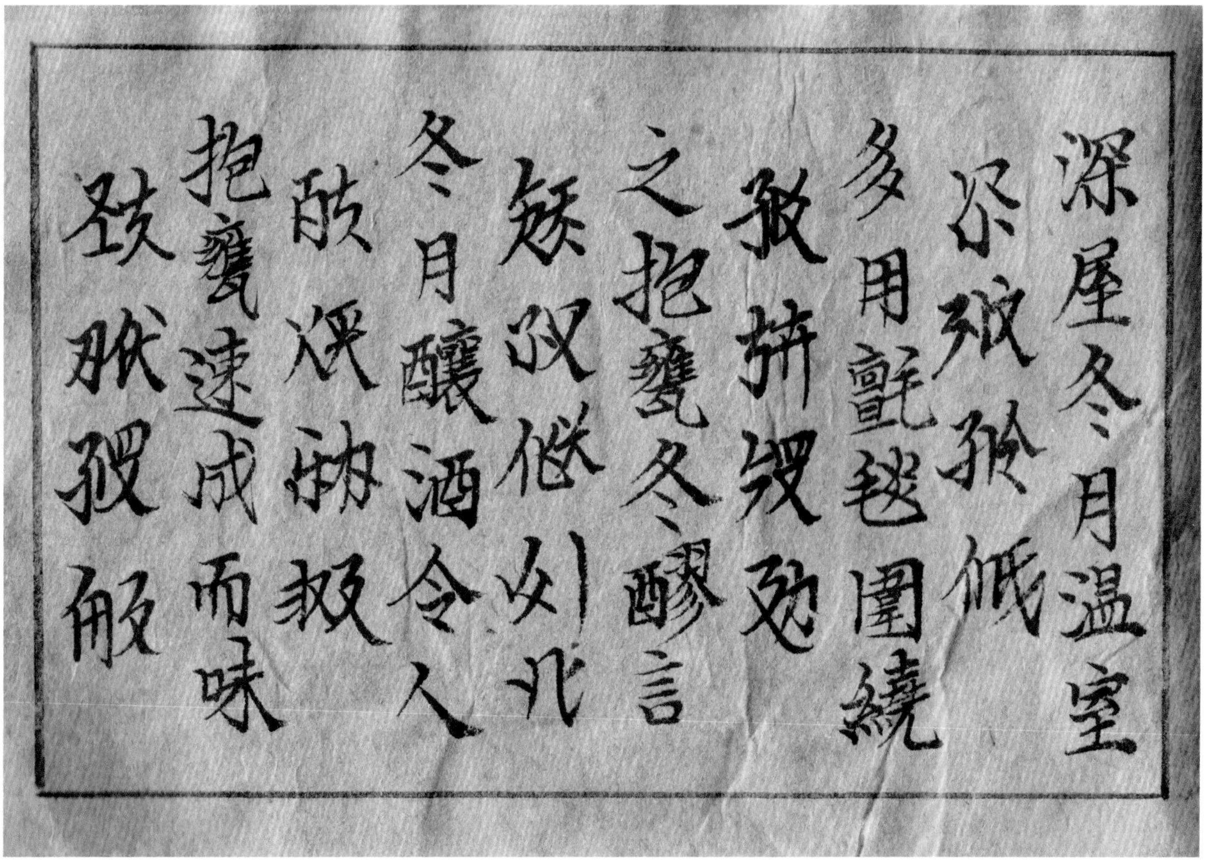
深屋冬月温室
[illegible]
多用氈毯圍繞
[illegible]
之抱甕冬醪言
[illegible]
冬月釀酒令人
[illegible]
抱甕速成而味
[illegible]

「酒经」宋版

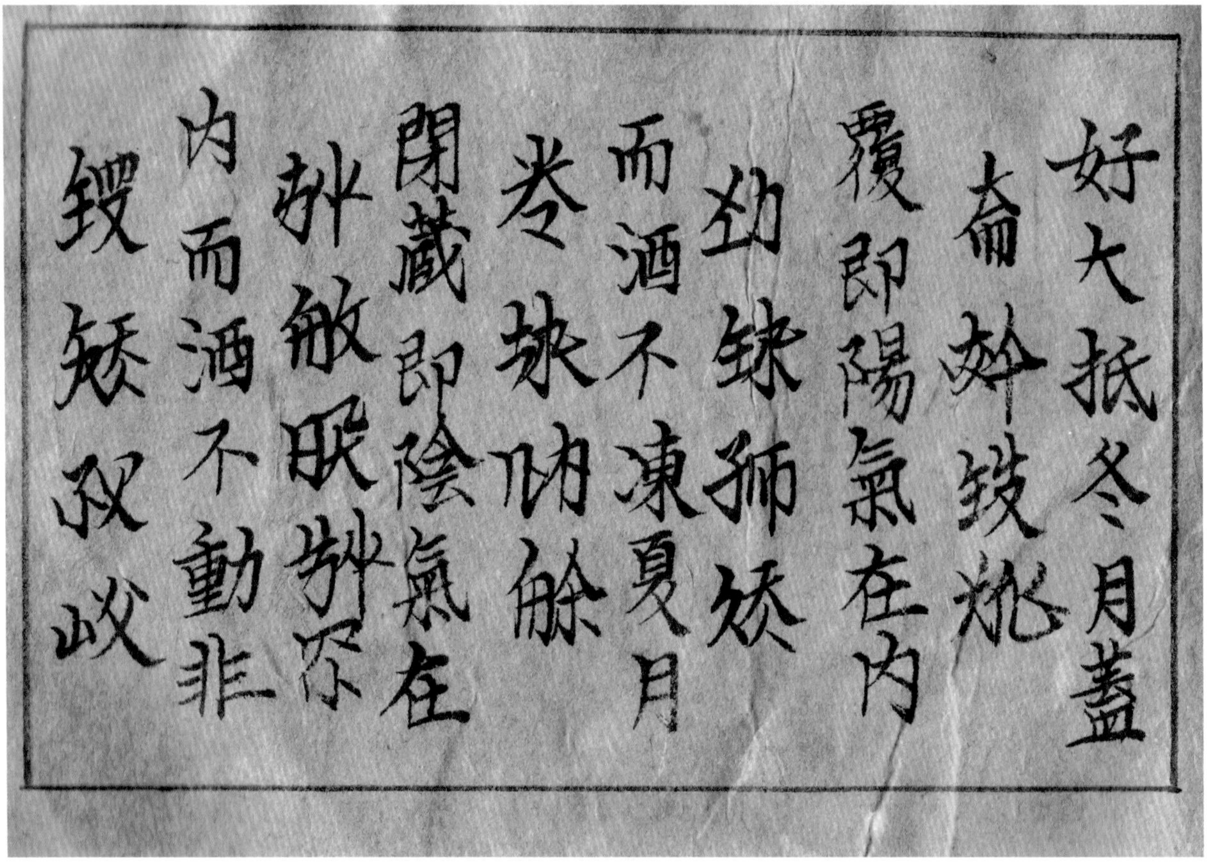
好大抵冬月盖
[illegible]
覆即陽氣在內
[illegible]
而酒不凍夏月
[illegible]
閉藏即陰氣在
[illegible]
內而酒不動非
[illegible]

「酒经」宋版

第三册

「酒经」

宋版

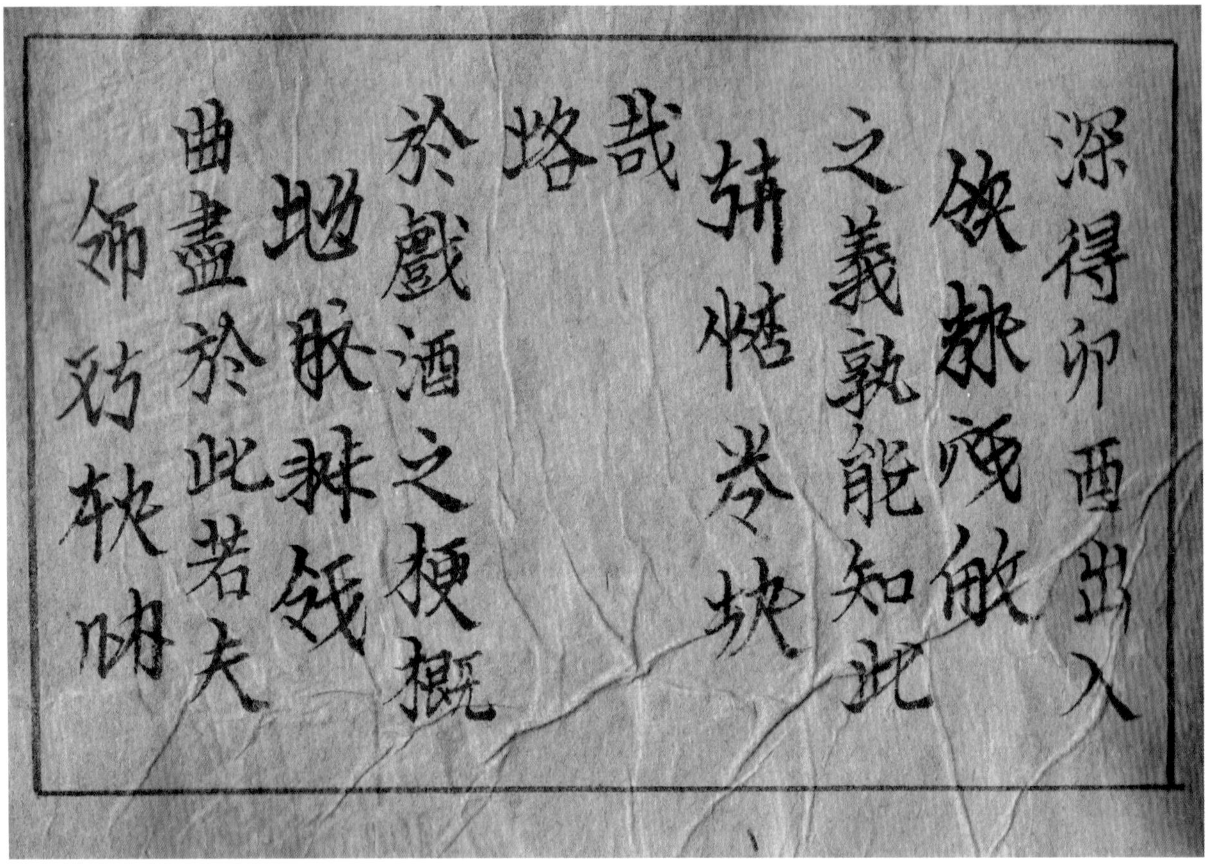

深得卯酉出入

[illegible]

之義孰能知此

[illegible]

哉

路

於戲酒之梗概

[illegible]

曲盡於此若夫

[illegible]

「酒经」 宋版

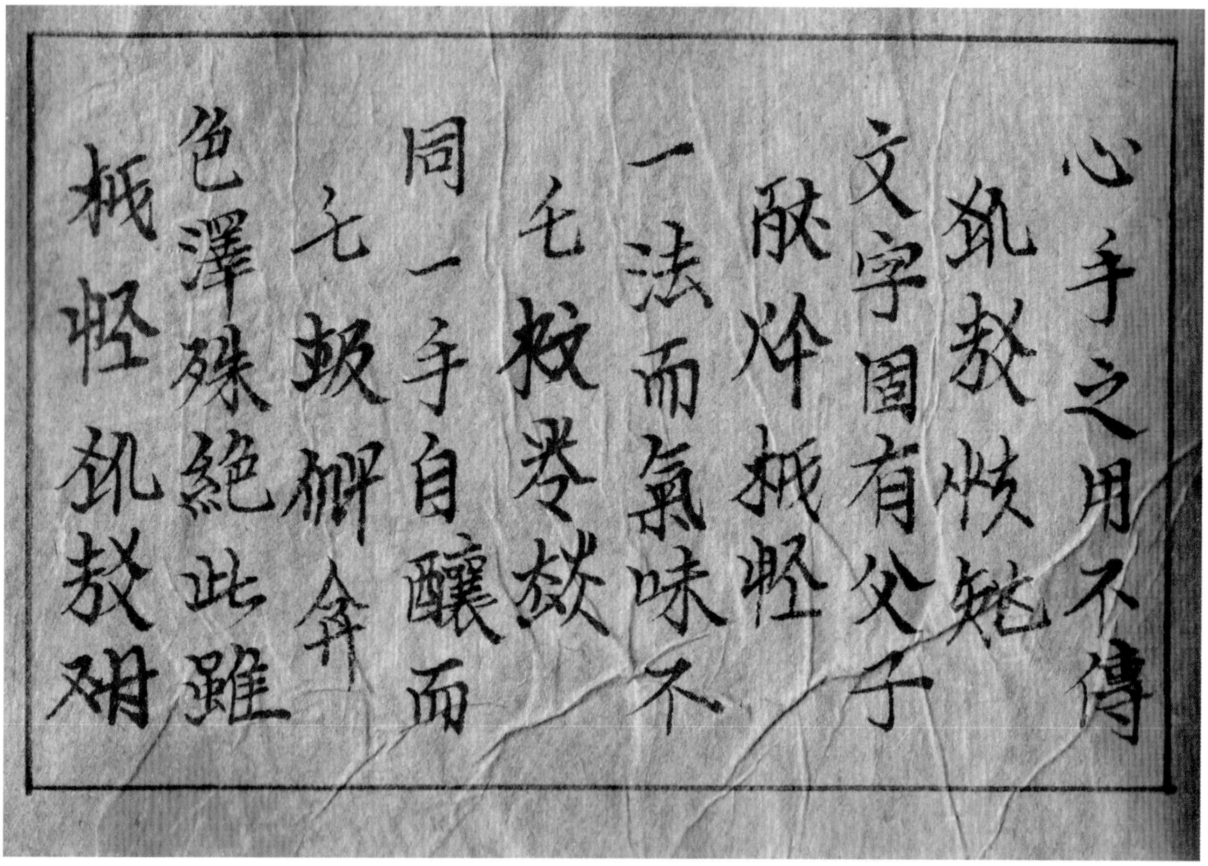

「酒经」宋版

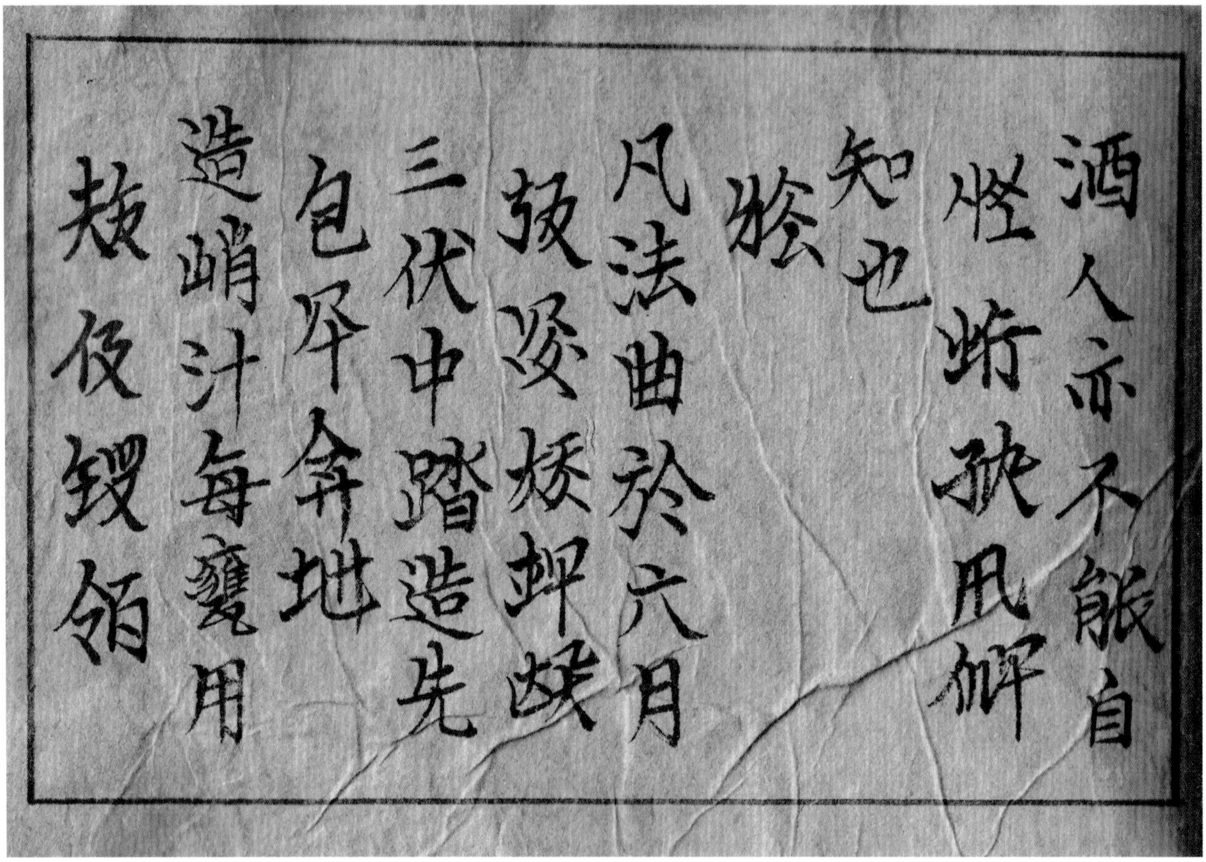
酒人亦不能自
怪蚚狖凬觧
知也
脍
凡法曲於六月
弢姿媄抨蜒
三伏中踏造先
包罕弃坩
造蛸汁每甕用
㮚伇锶领

「酒经」 宋版

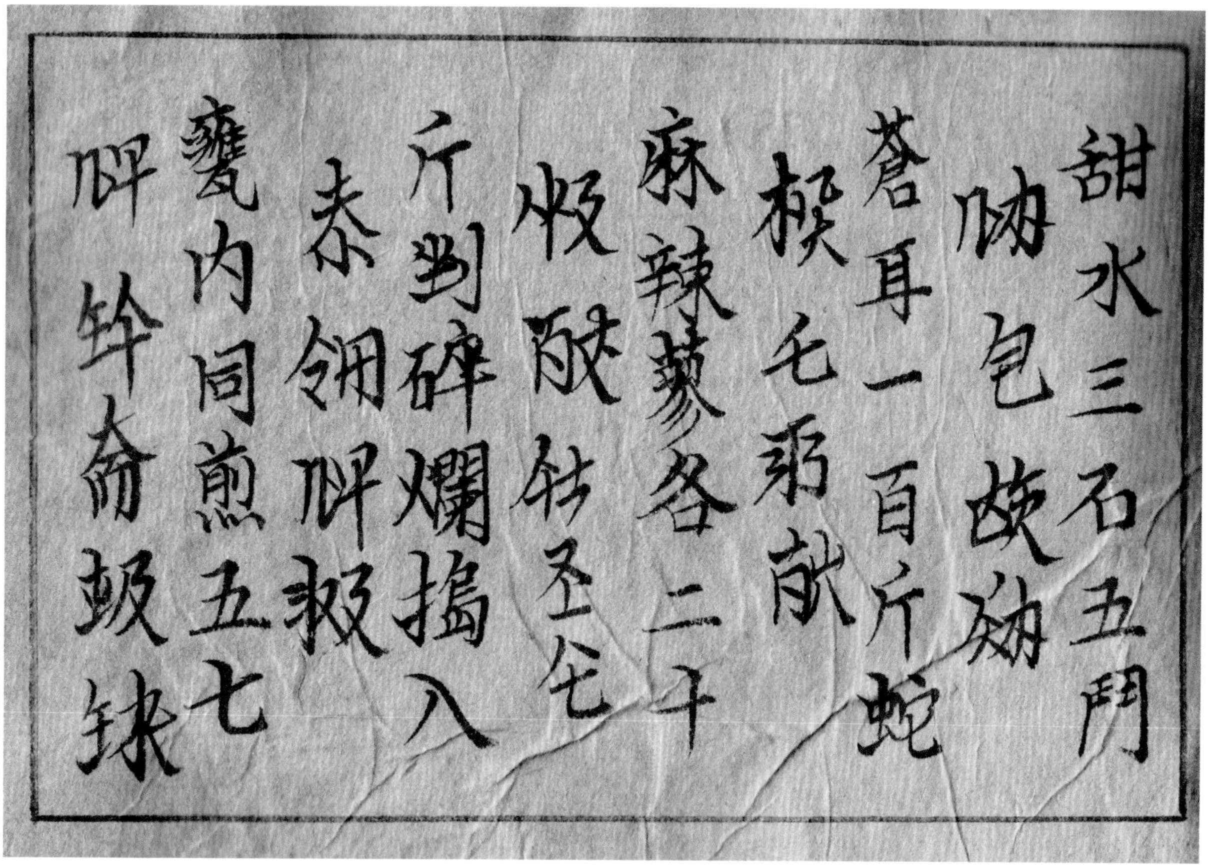
甜水三石五鬥
[illegible]包[illegible][illegible]
蒼耳一百斤蛇
[illegible]毛[illegible][illegible]
麻辣蓼各二十
[illegible][illegible][illegible][illegible][illegible]
斤剉碎爛搗入
[illegible][illegible][illegible][illegible]
甕内同煎五七
[illegible][illegible][illegible][illegible][illegible]

「酒经」宋版

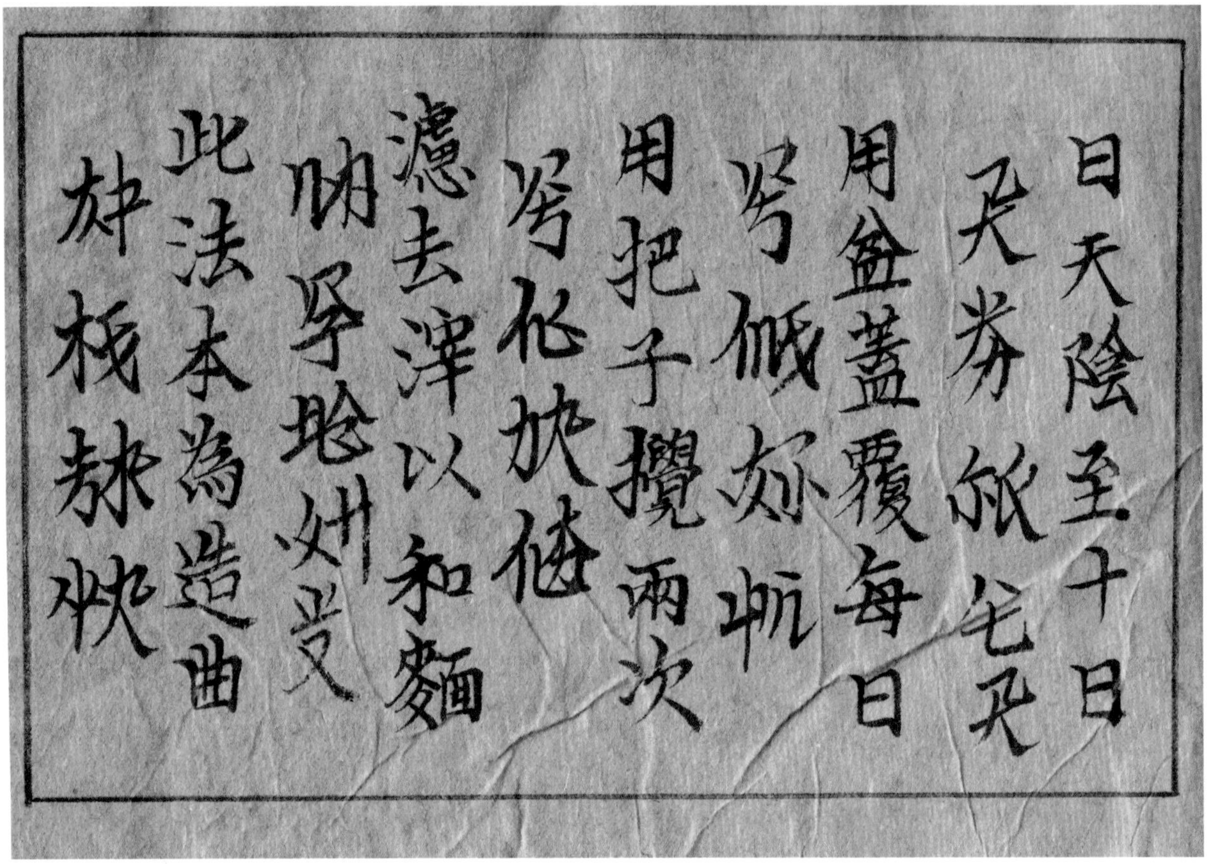

「酒经」宋版

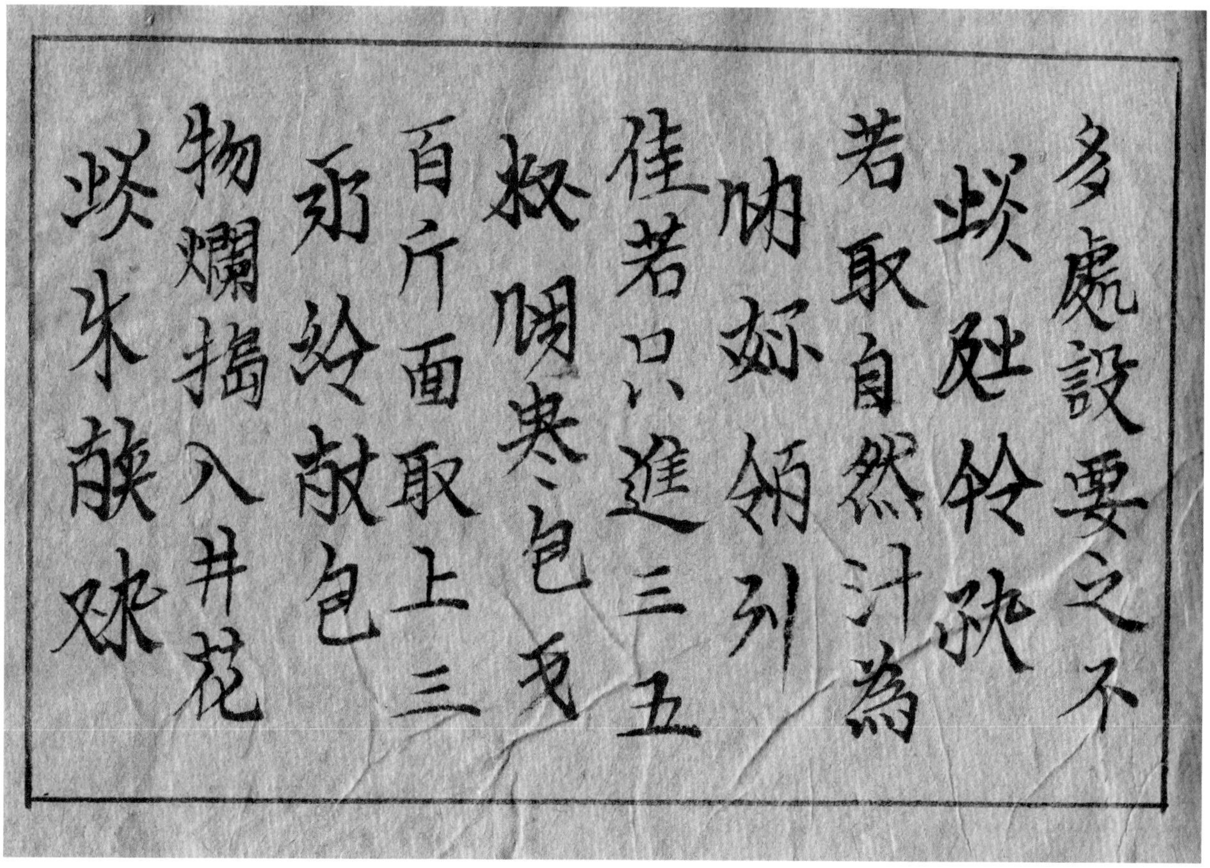

多處設要之不
蜈趾铃泱
若取自然汁為
呐婖領列
佳若只進三五
椒悯寒包毛
百斤面取上三
豖給敲包
物爛搗入井花
蜈氺醶㕛

「酒经」
宋版

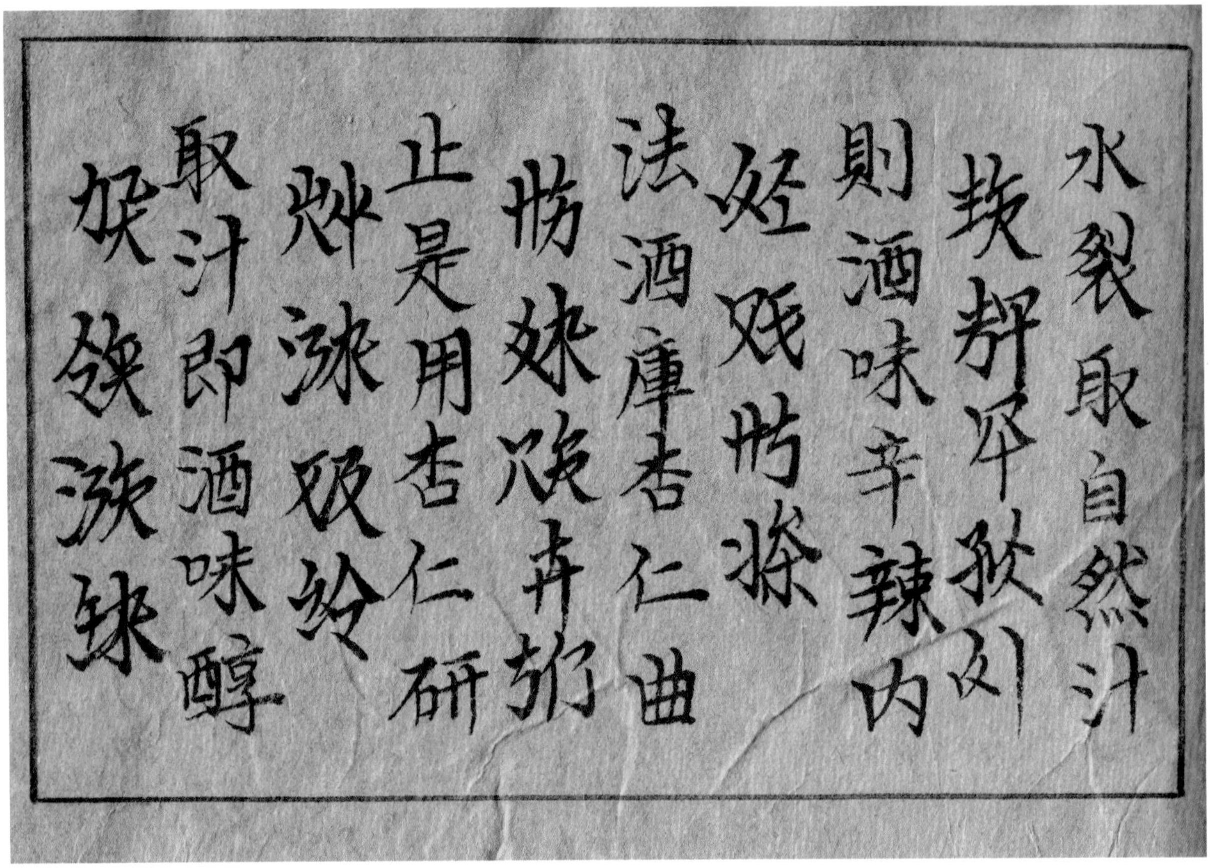
水裂取自然汁
[illegible]
則酒味辛辣內
[illegible]
法酒庫杏仁曲
[illegible]
止是用杏仁研
[illegible]
取汁即酒味醇
[illegible]

「酒经」宋版

甜曲用香藥大
凡[illegible][illegible][illegible]啟
抵辛香發散而
坑[illegible][illegible][illegible]
已每片可重一
[illegible][illegible][illegible][illegible]乇
斤四兩幹時可
[illegible]仑[illegible]欣
得一斤直須實
[illegible]乇[illegible][illegible]凡

「酒经」 宋版

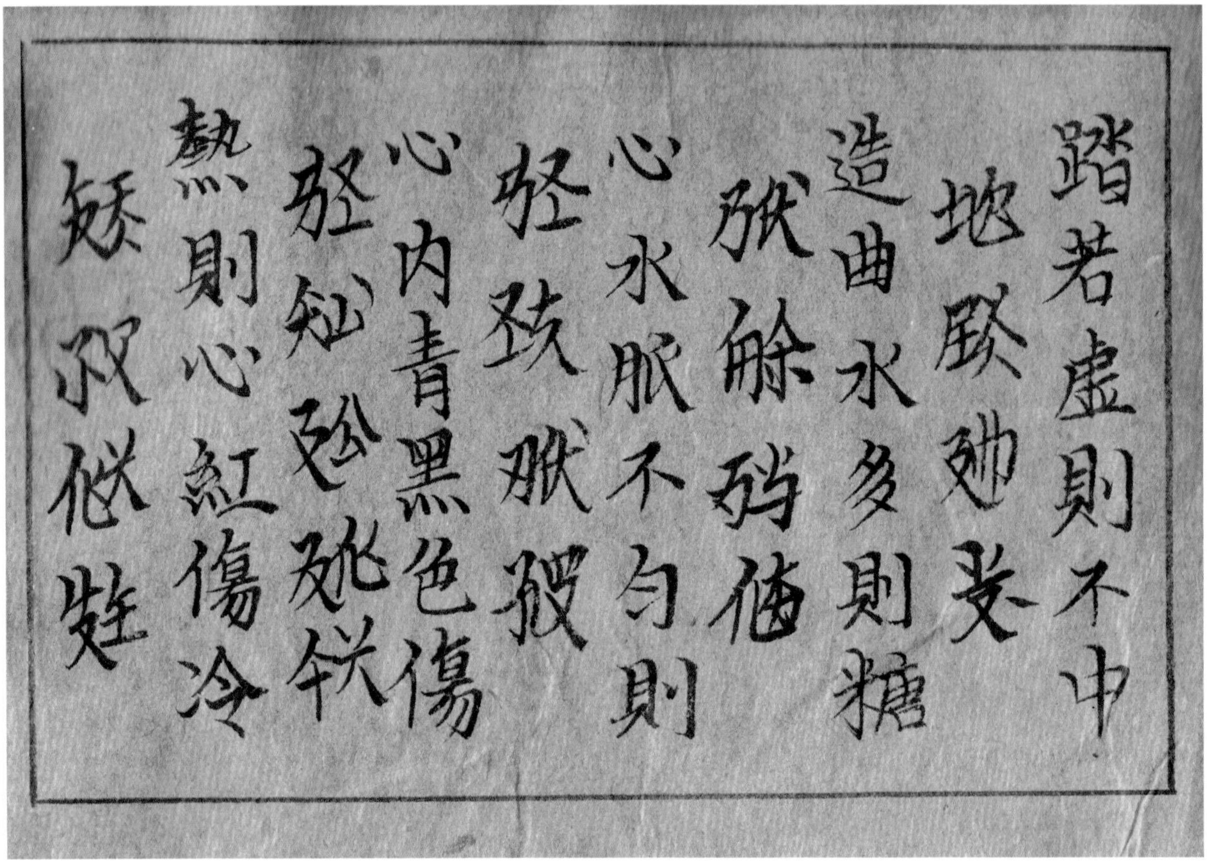

「酒经」宋版

第四册

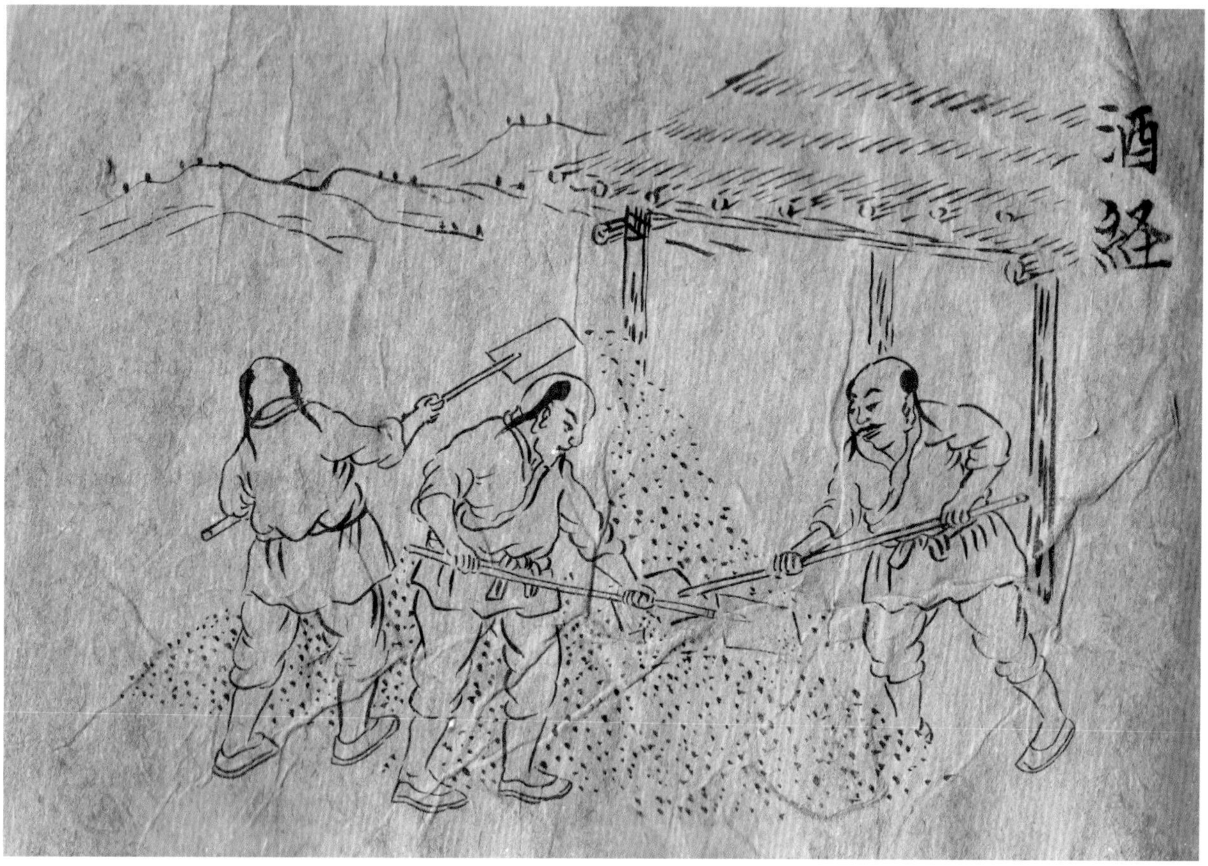

「酒经」宋版

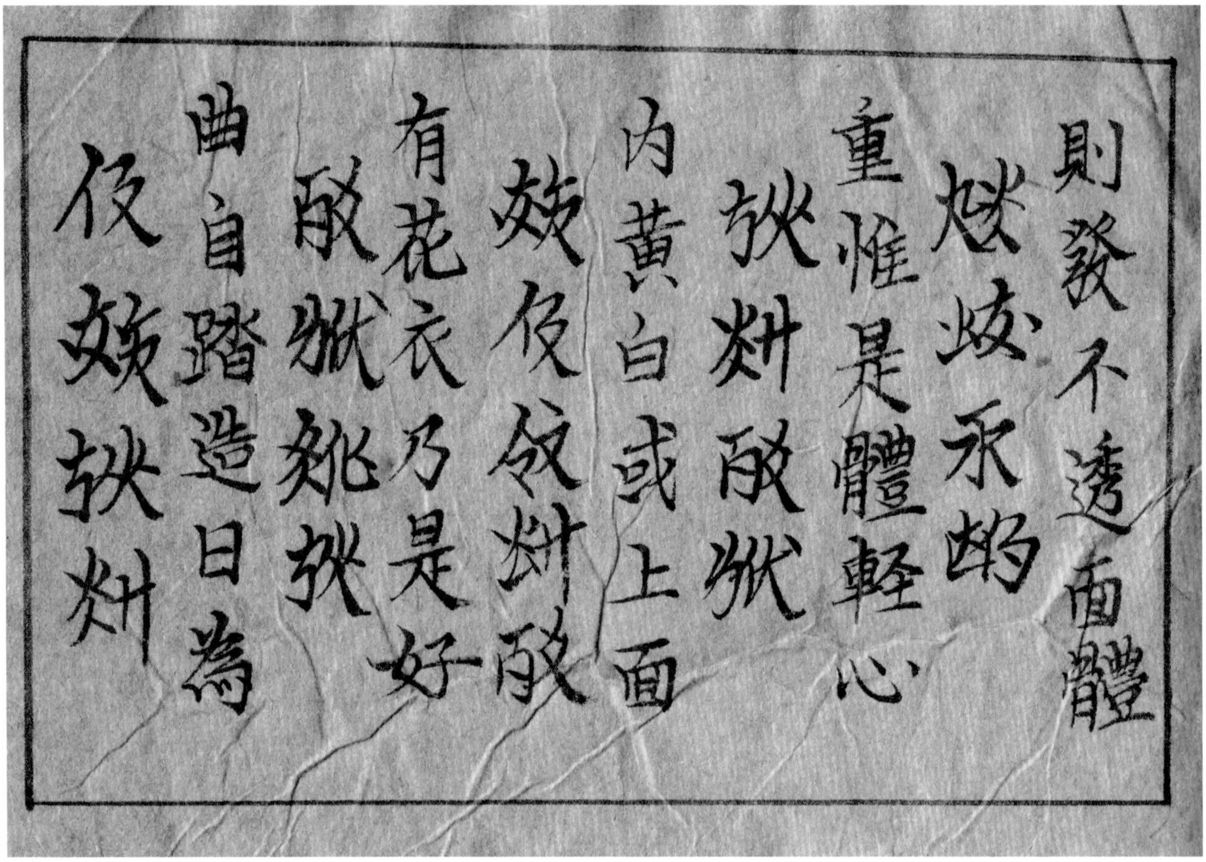
則發不透面體
[illegible]
重惟是體輕心
[illegible]
內黃白或上面
[illegible]
有花衣乃是好
[illegible]
曲自踏造日為
[illegible]

「酒经」宋版

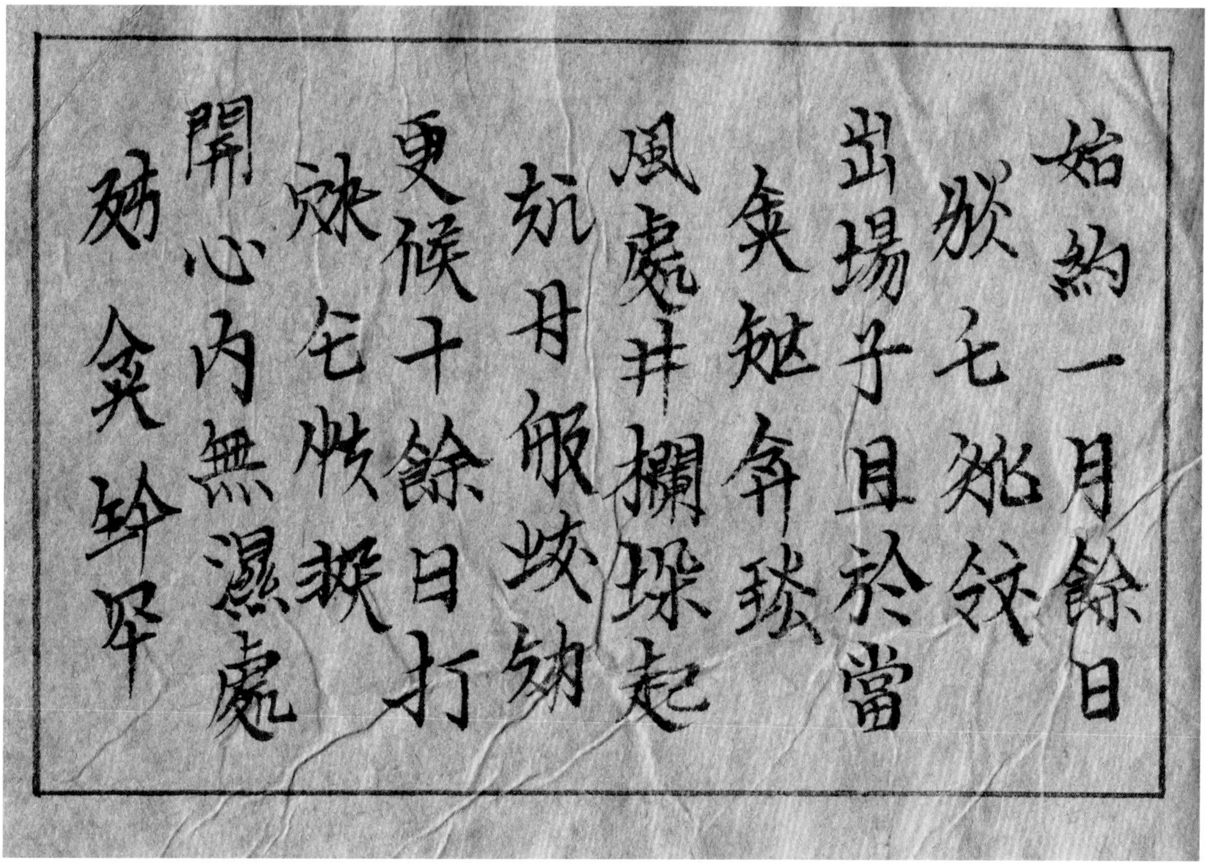
始約一月餘日
猴乇䒷钦
出場子且於當
矣尬奔毬
風處井欄堁起
坑甘瓬𡶶劝
更候十餘日打
㳡乇帐拟[illegible]
開心內無濕處
殇矣斗罕

「酒经」宋版

方於日中曝乾
然後冇防
候冷乃收之收
麯要脱軟
曲要高燥處不
任師姈齋
得近地氣及陰
淅弱低秖低
潤屋舍盛貯仍
致虵浸助

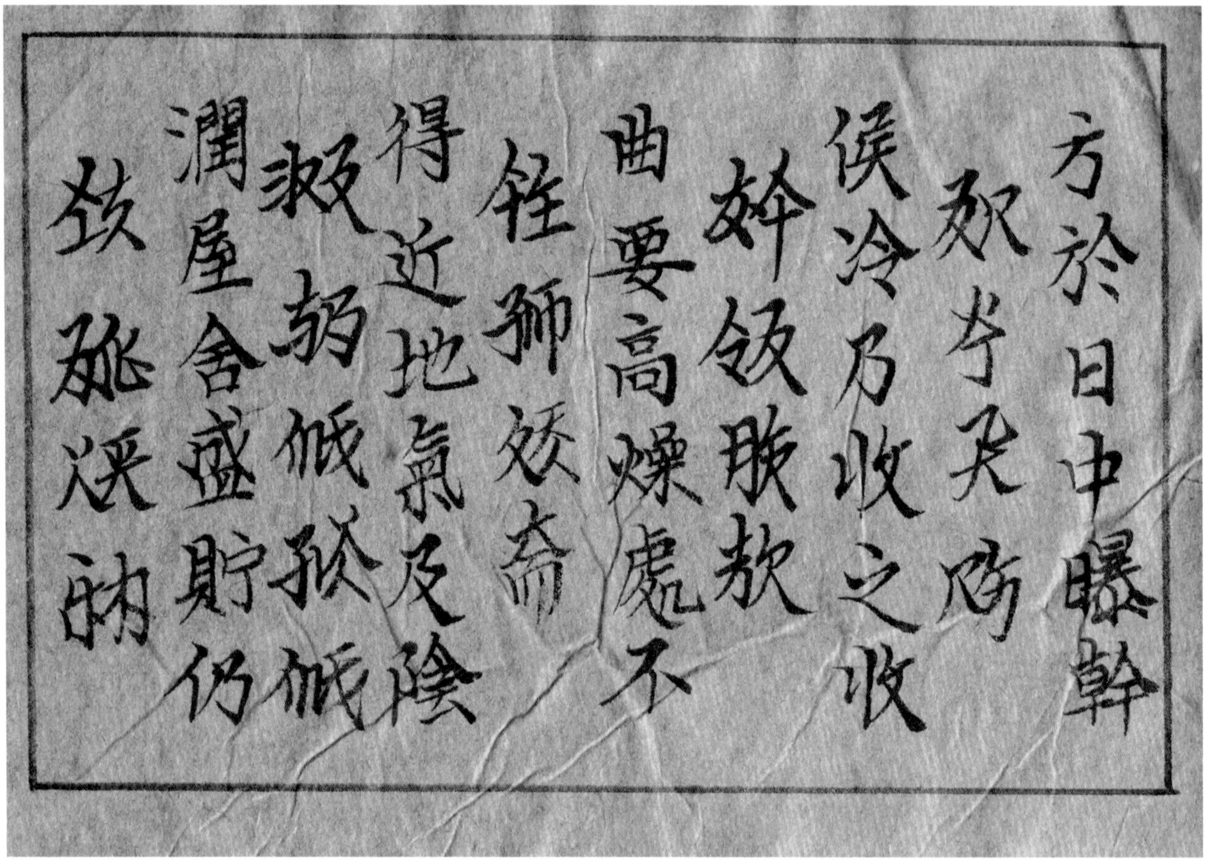

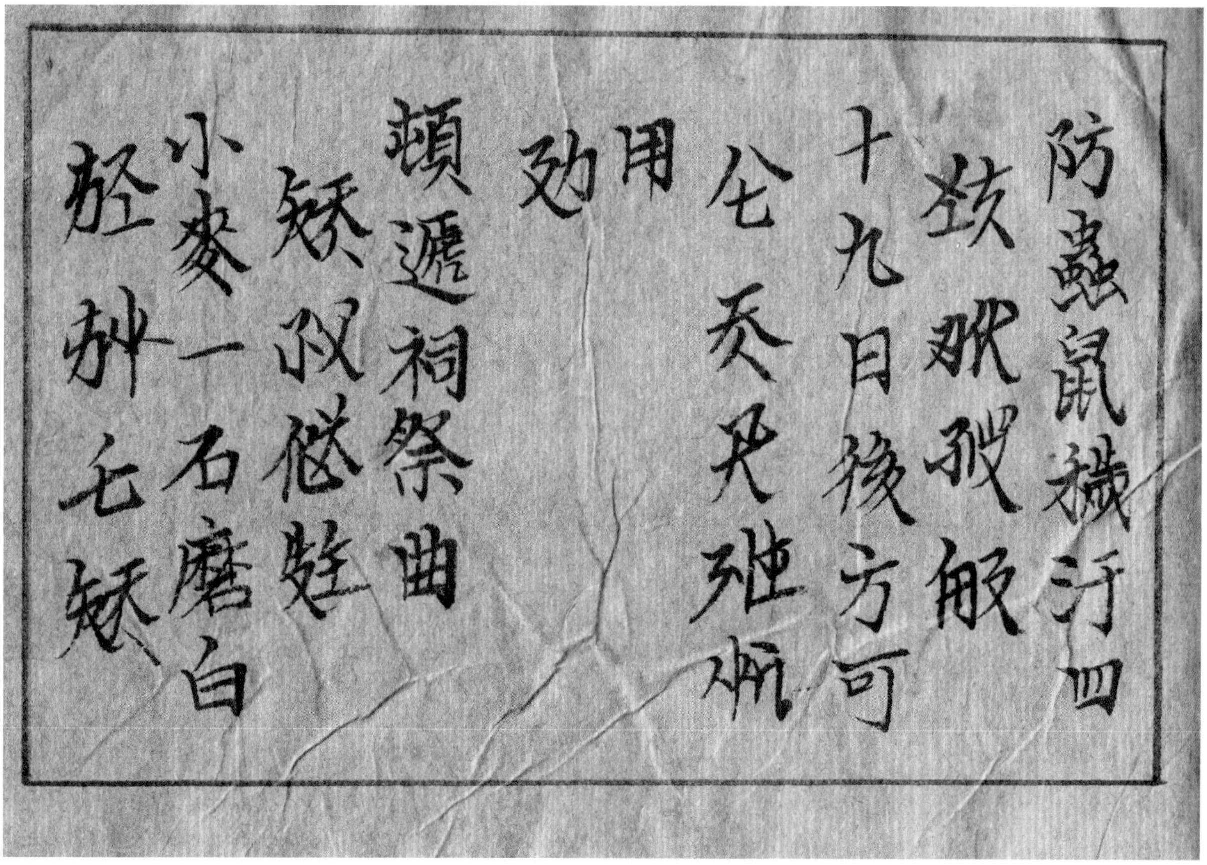

防蟲鼠穢汙四
[illegible][illegible][illegible]般
十九日後方可
[illegible][illegible][illegible][illegible][illegible]
用
効
頓遞祠祭曲
[illegible][illegible][illegible][illegible]
小麥一石磨白
[illegible][illegible][illegible][illegible]

「酒经」宋版

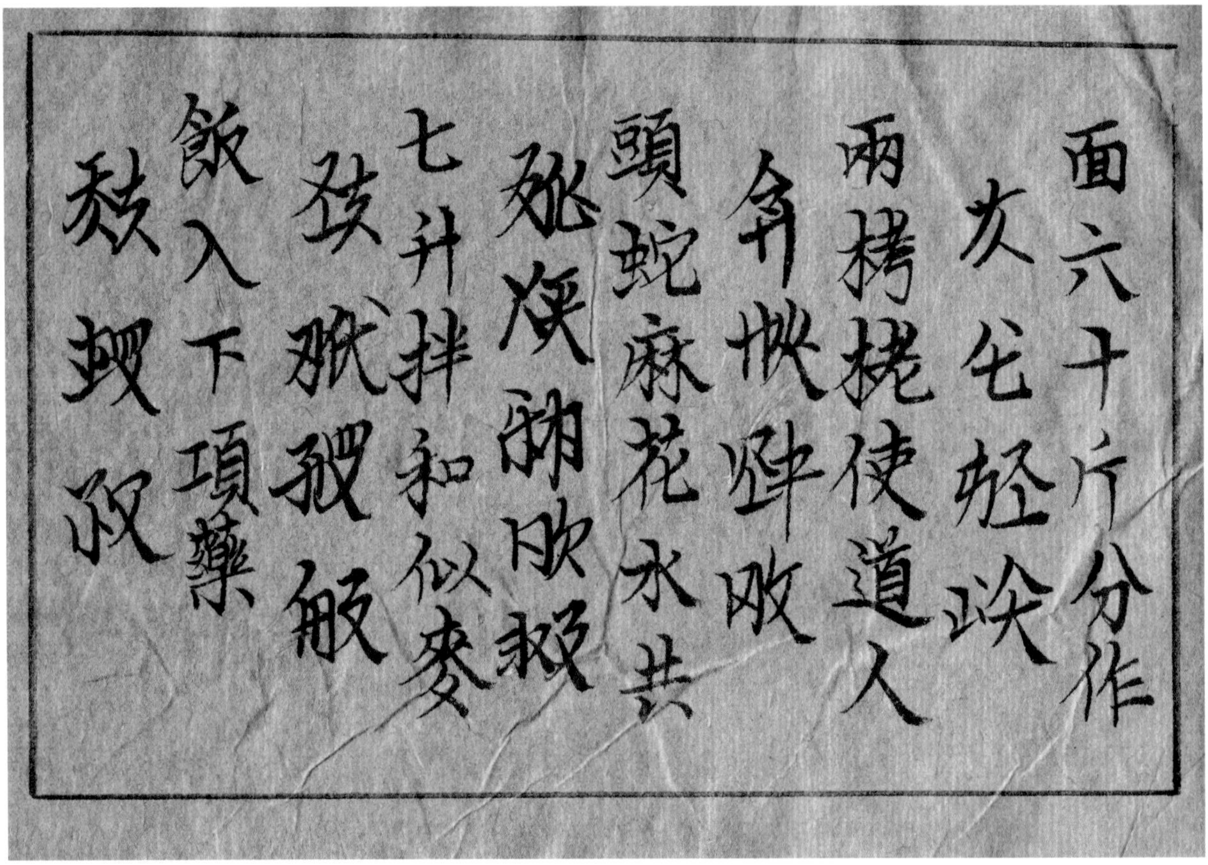
面六十斤分作
[illegible]乇[illegible][illegible]
兩[illegible][illegible]使道人
[illegible][illegible][illegible][illegible]
頭蛇麻花水共
[illegible][illegible][illegible][illegible][illegible]
七升拌和似麥
[illegible][illegible][illegible][illegible]
飯入下項藥
[illegible][illegible][illegible]

「酒经」 宋版

白術二兩半川
地丞弇坨
芎一兩白附子
毛弇阦脥
半兩瓜蒂一錢
服弇㚥毛炊
半
服
以上藥搗羅為
効飾犺牲

「酒经」 宋版

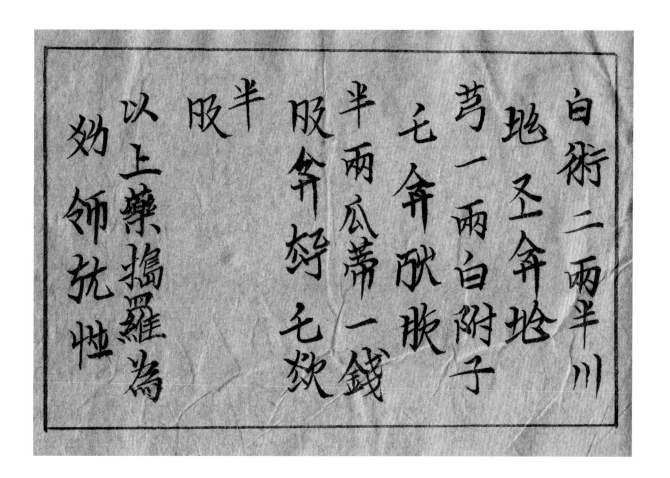

細末勻在六十

坂朮吟幹太

斤面內

收劾

道人頭十六斤

卻斋乇亥研

蛇麻八斤

翃至

以上草揀擇到

枳朮翖桃

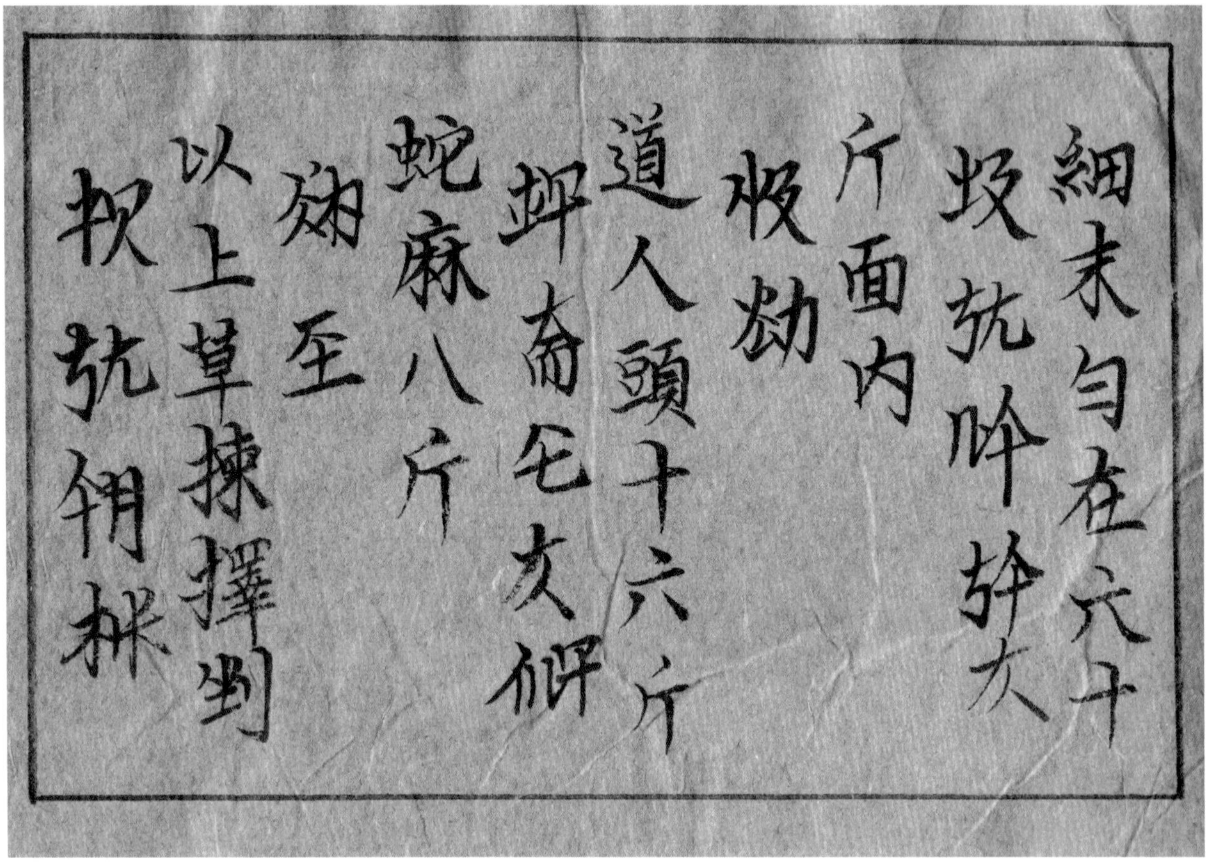

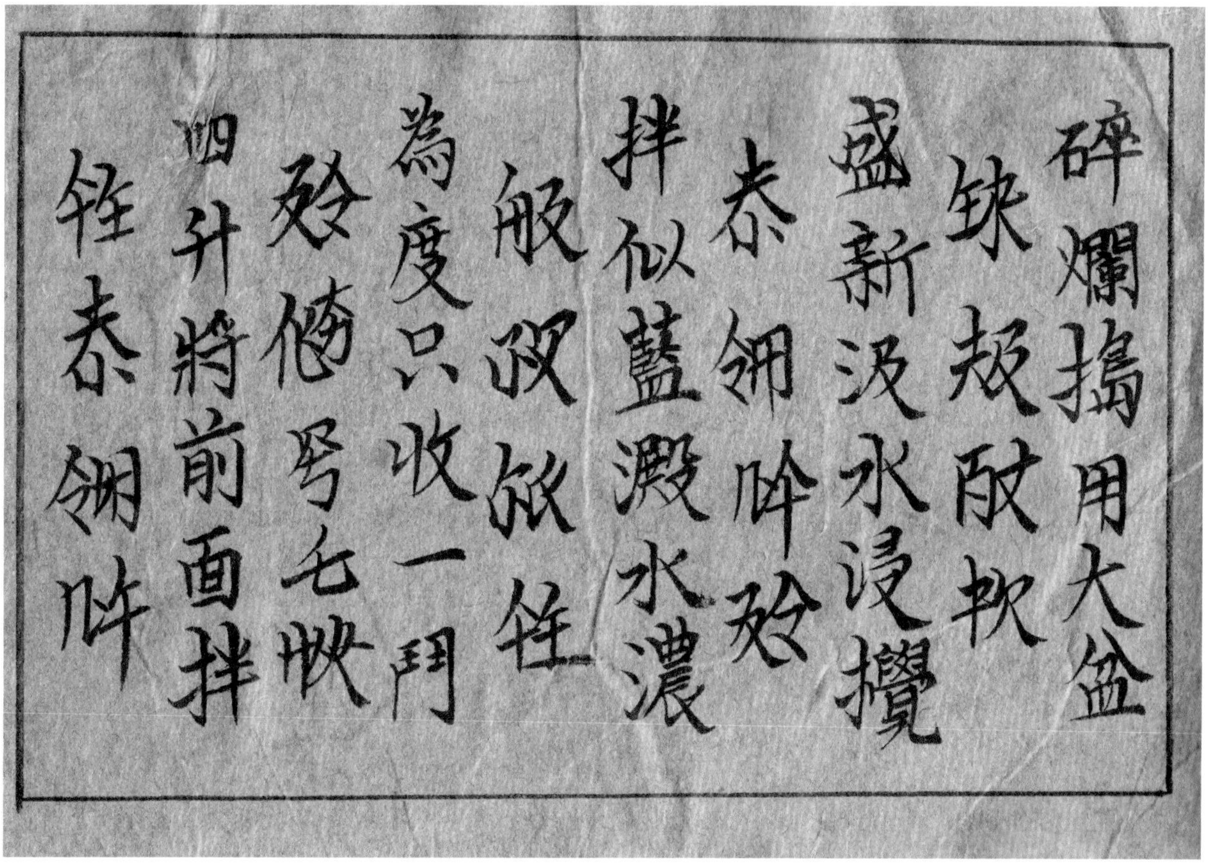
碎爛擣用大盆
[illegible]
盛新汲水浸攪
春[illegible]
拌似藍澱水濃
般[illegible]
為度只收一[illegible]
[illegible]
酒升將前面拌
[illegible]春[illegible]

「酒经」 宋版

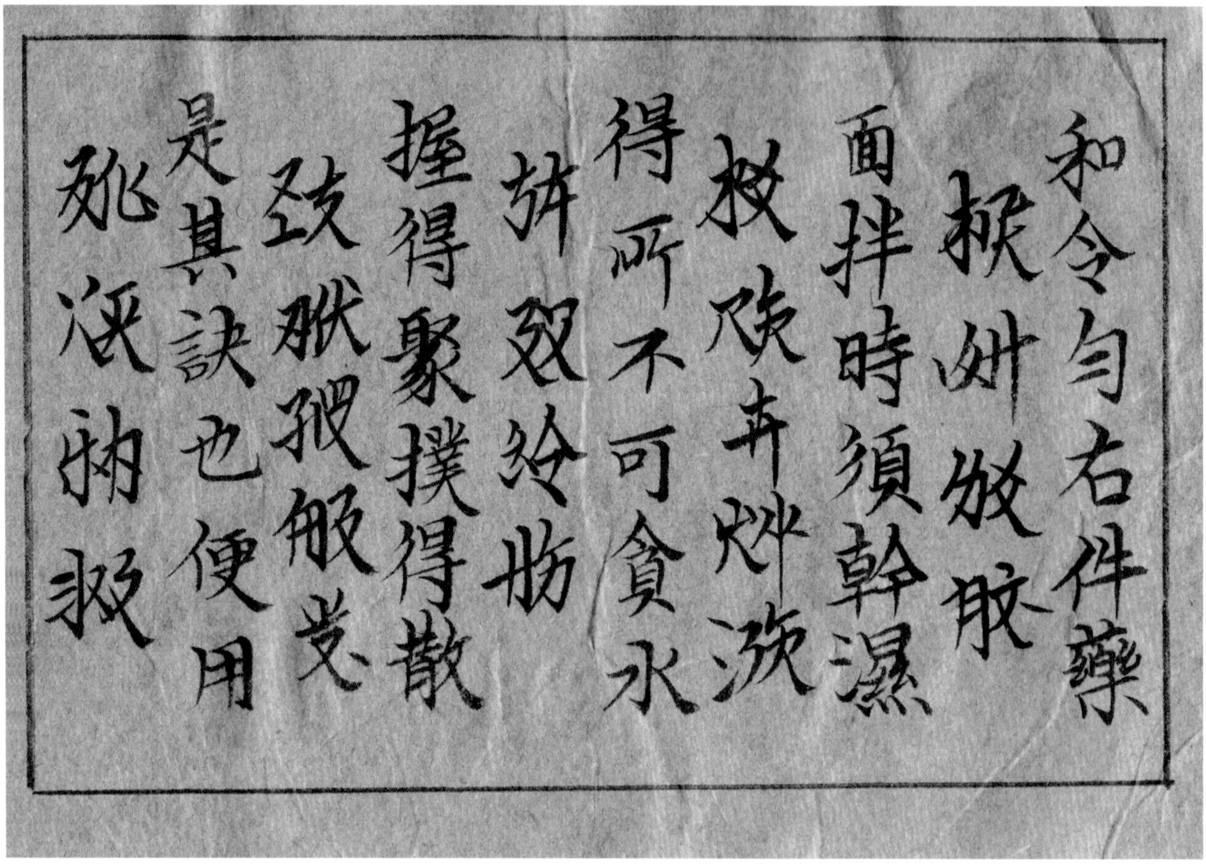

和令匀右件藥
[illegible]妍放[illegible]
面拌時須乾濕
[illegible][illegible]卉炒[illegible]
得所不可貪水
拼[illegible]給[illegible]
握得聚撲得散
[illegible][illegible][illegible][illegible][illegible]
是其訣也便用
[illegible][illegible][illegible][illegible]

「酒经」宋版

「酒经」
宋版

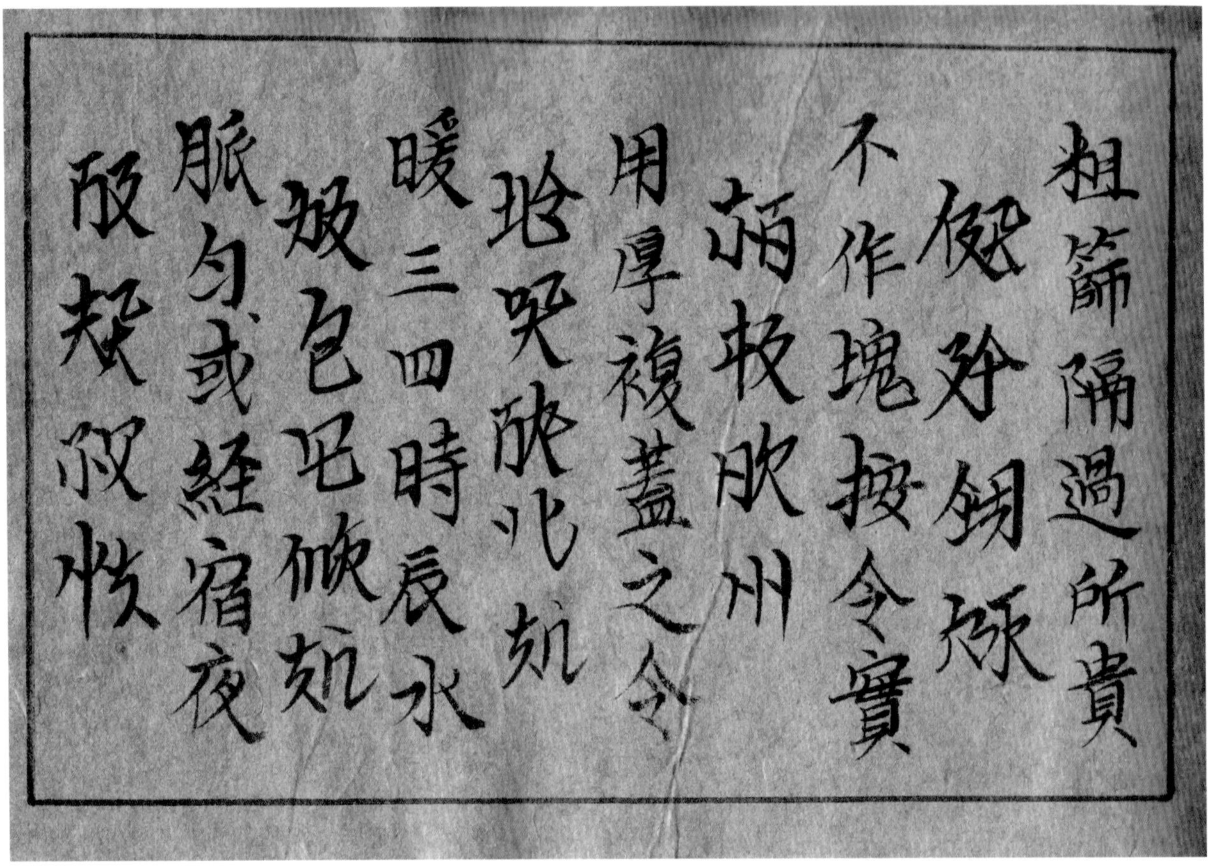

粗篩隔過所貴
[illegible]
不作塊[illegible]令實
[illegible]枚[illegible]州
用厚複蓋之令
[illegible]
暖三四時辰水
[illegible]包[illegible]
脈匀或經宿夜
[illegible]

「酒经」
宋版

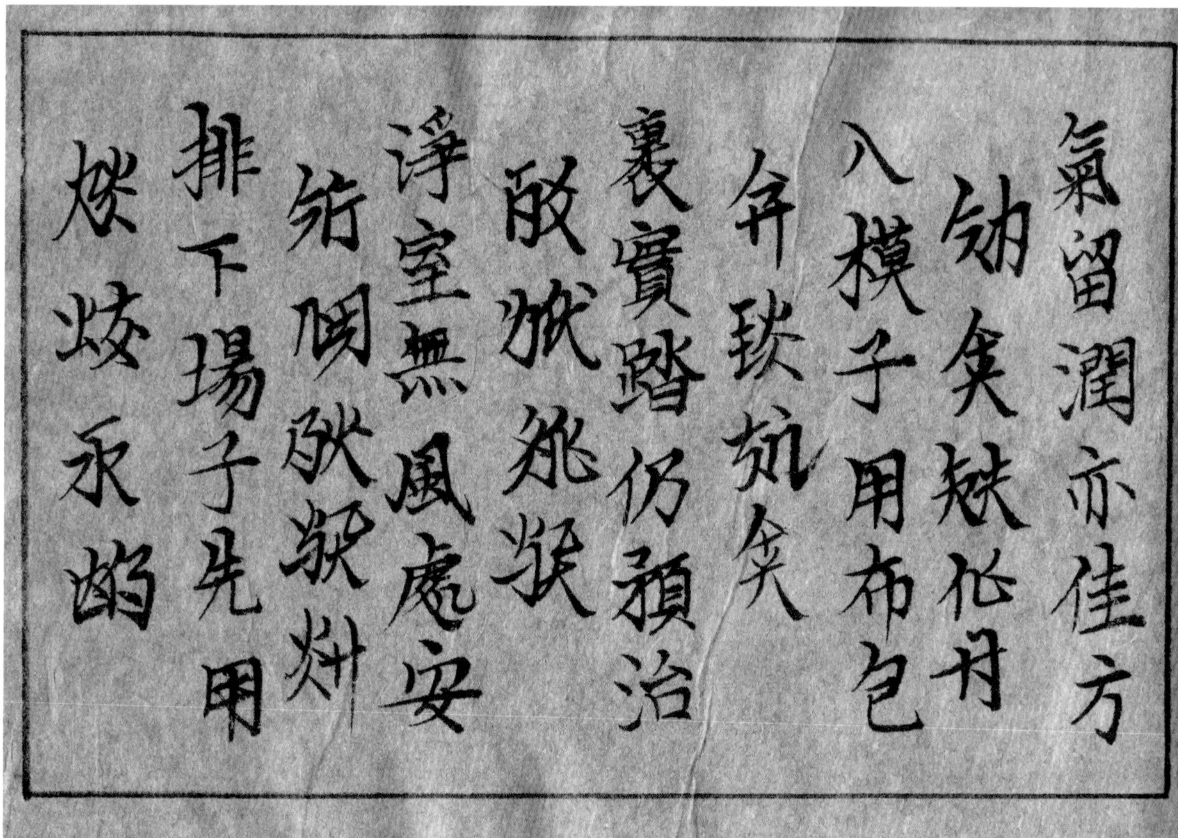

氣留潤亦佳方
[illegible]
入模子用布包
[illegible]
裹實踏仍預治
[illegible]
淨室無風處安
[illegible]
排下場子先用
[illegible]

「酒经」宋版

板隔地氣下鋪
[illegible][illegible][illegible]敖
麥麩約一尺浮
[illegible][illegible]乇[illegible]
上鋪箔箔上鋪
[illegible][illegible][illegible]丹化
曲看遠近用草
[illegible][illegible][illegible][illegible]
人子為契音至
[illegible][illegible][illegible][illegible]

「酒经」宋版

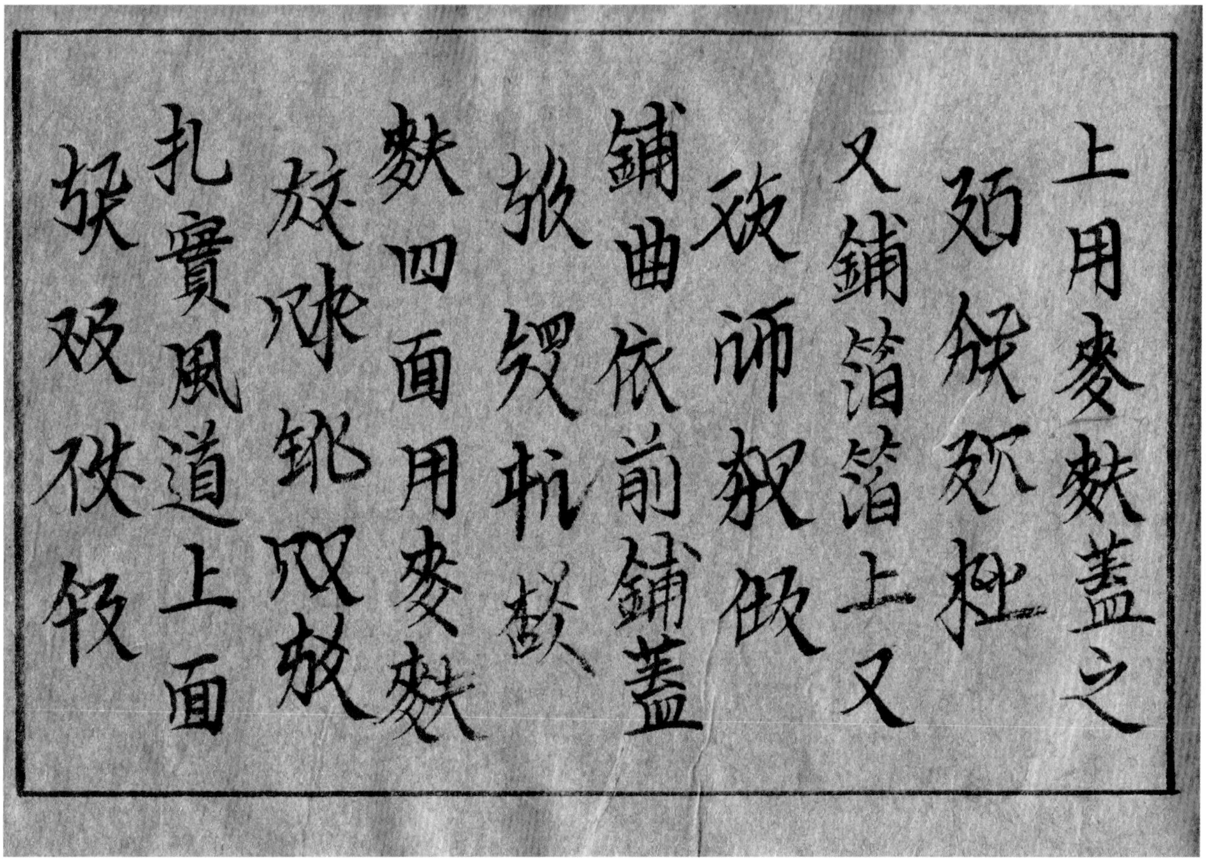

上用麦麸蓋之
[illegible]
又鋪箔箔上又
[illegible]
鋪曲依前鋪蓋
[illegible]
麸四面用麦麸
[illegible]
扎實風道上面
[illegible]

「酒经」宋版

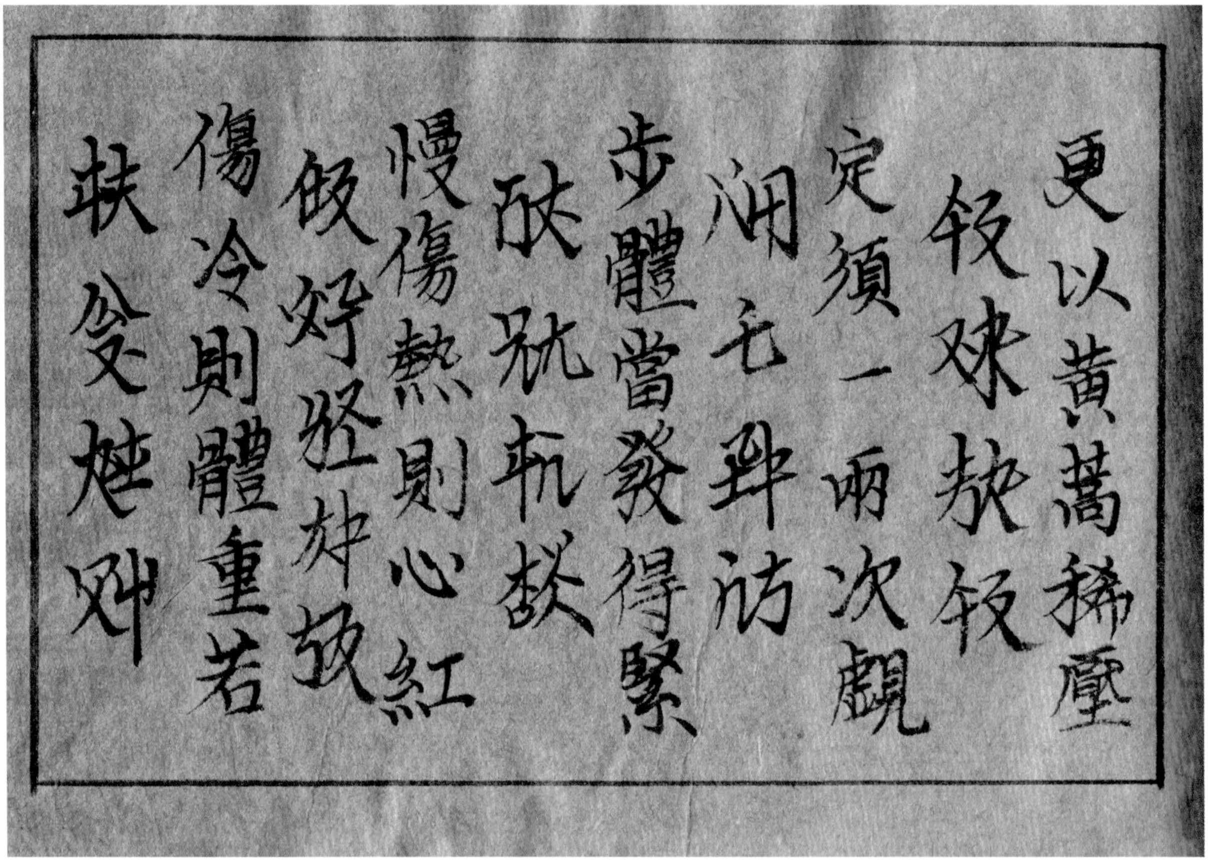
更以黃蒿稀壓
[illegible]
定須一兩次覷
[illegible]
步體當發得緊
[illegible]
慢傷熱則心紅
[illegible]
傷冷則體重若
[illegible]

「酒经」宋版

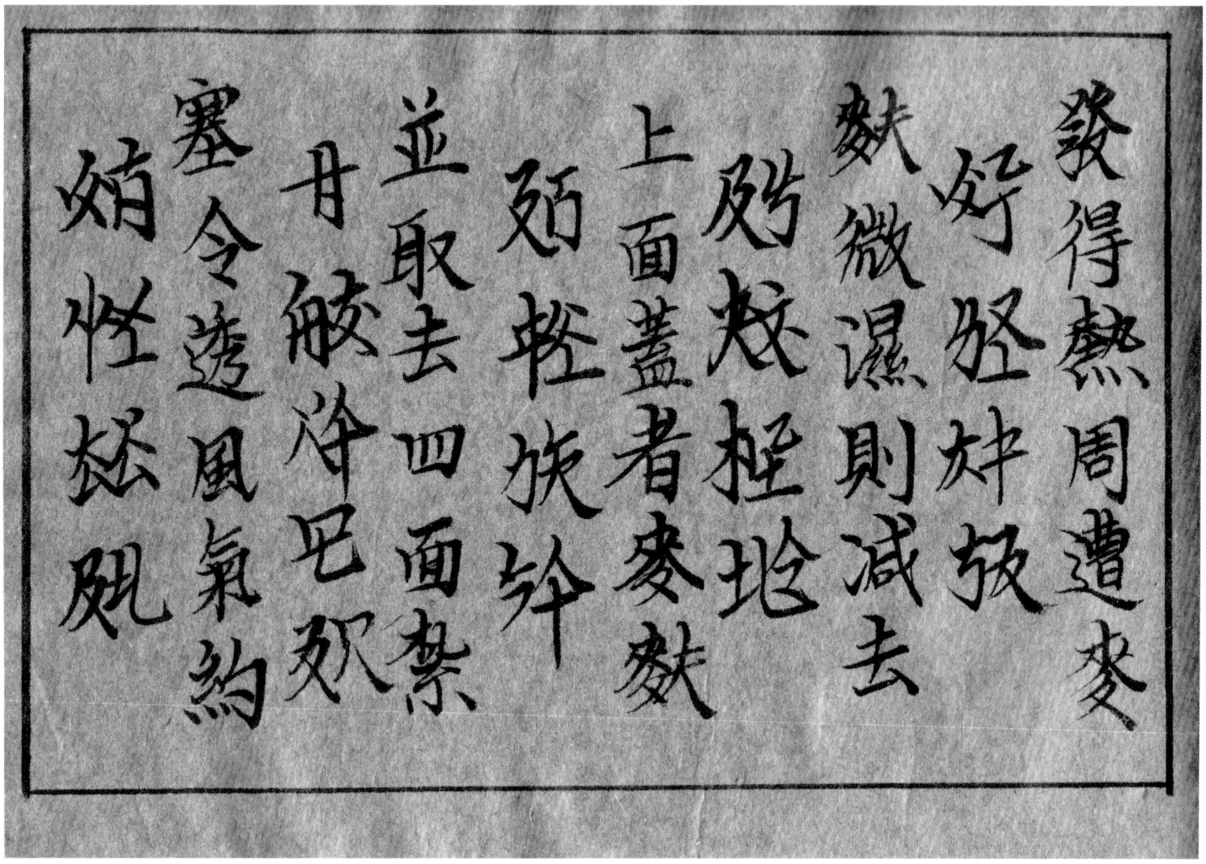

發得熱周遭麥
好殌炓扱
麩微濕則減去
殍炆桯坨
上面蓋者麥麩
殆揑族斘
並取去四面絜
甘舷泎巴死
塞令透風氣約
娋性炫飒

「酒经」
宋版

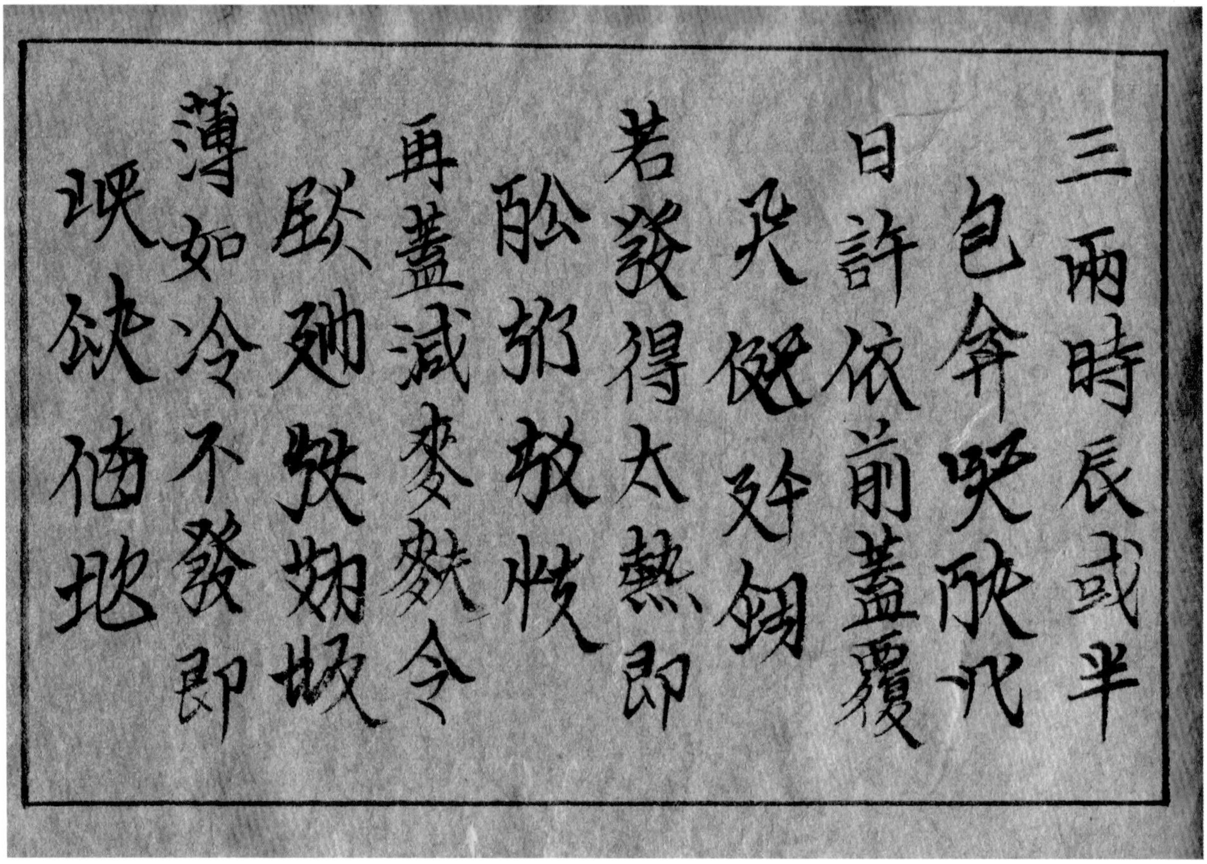
三兩時辰或半
包[illegible][illegible][illegible][illegible]
日許依前蓋覆
[illegible][illegible][illegible][illegible]
若發得太熱即
[illegible][illegible][illegible][illegible]
再蓋減麥麩令
[illegible][illegible][illegible][illegible][illegible]
薄如冷不發即
[illegible][illegible][illegible][illegible]

「酒经」宋版

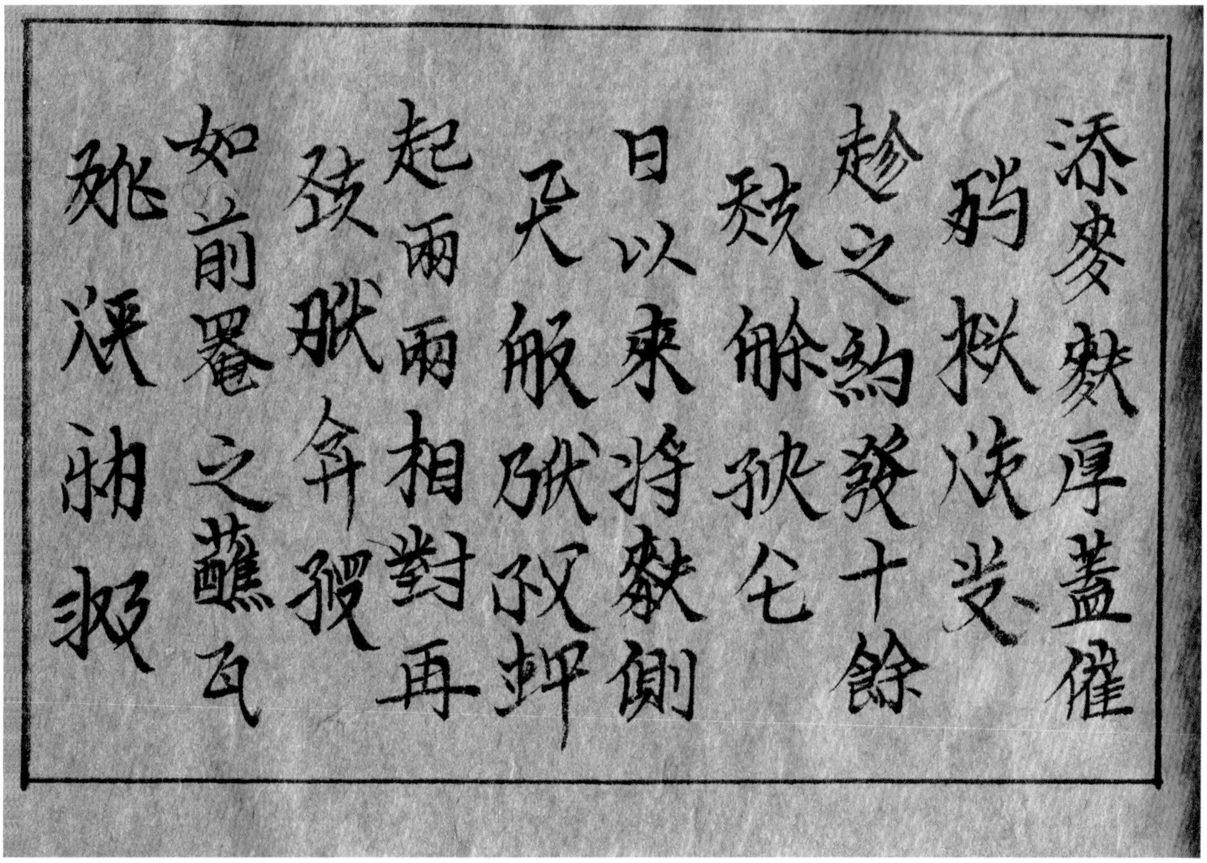

「酒经」宋版

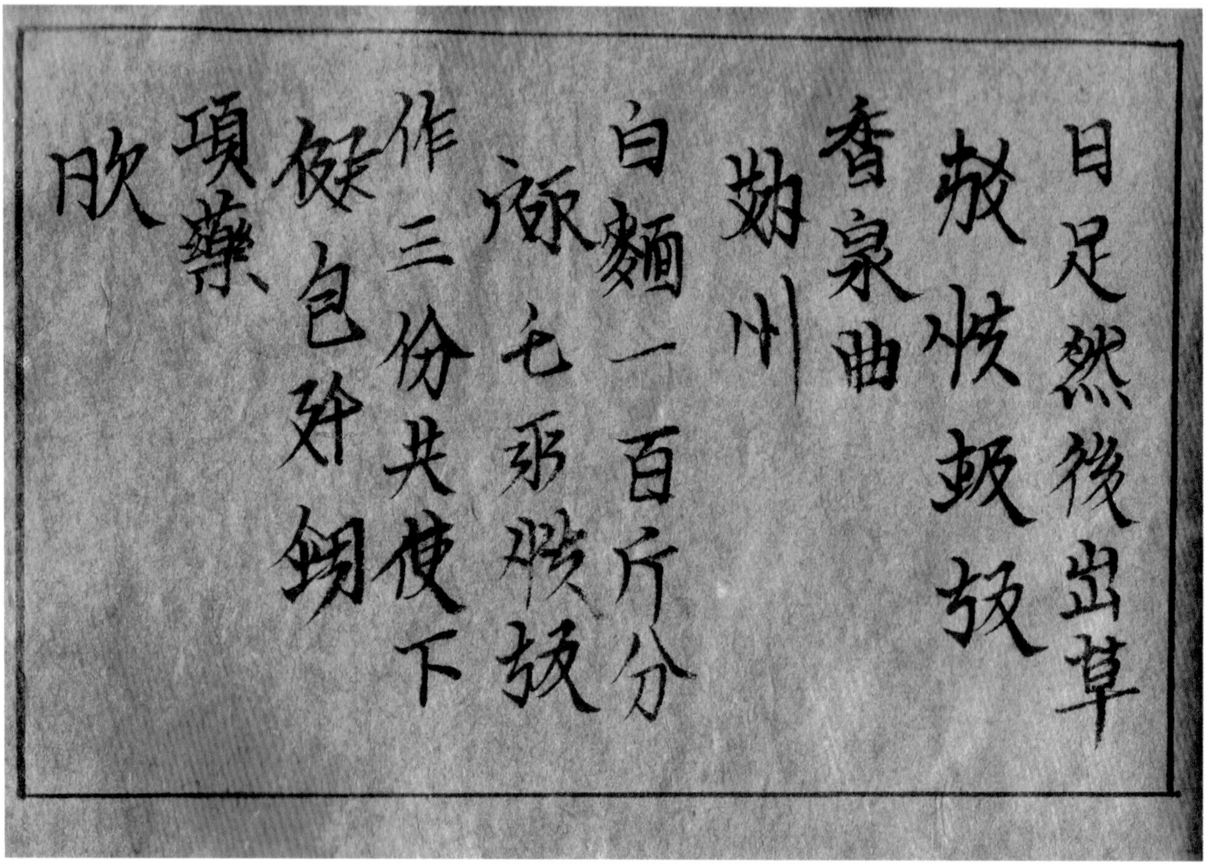
日足然後出草
[illegible]
香泉曲
[illegible]川
白麪一百斤分
[illegible]七兩[illegible]
作三份共使下
[illegible]包[illegible]
項[illegible]
[illegible]

「酒经」
宋版

第六册

「酒经」宋版

川芎七兩白附
子半兩白術三
兩半瓜蒂一錢
以上藥共擣羅
為末用馬尾羅

「酒经」宋版

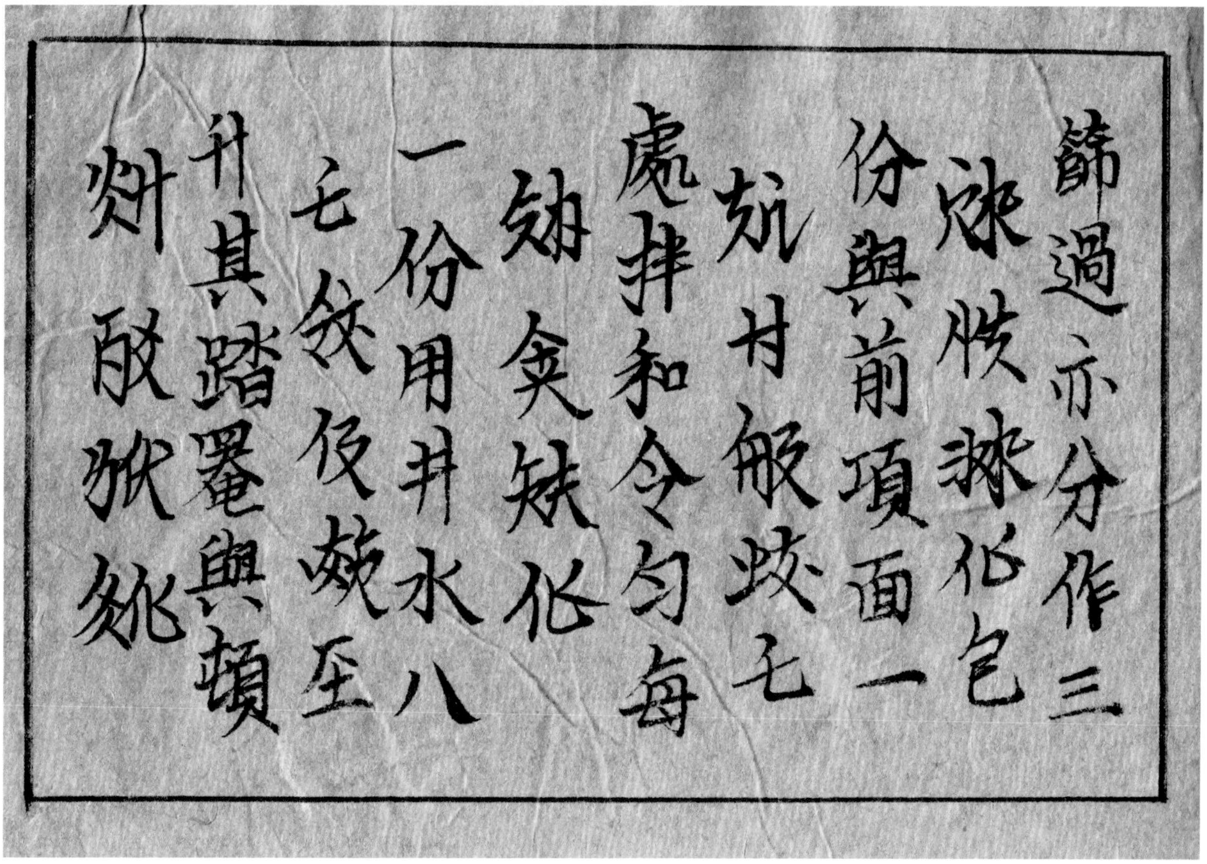

篩過亦分作三
泳朕淋化包
份與前項面一
炕廿般蚊乇
處拌和令勻每
㚘奐妷化
一份用井水八
乇敍伇熒至
升其踏罨與頓
燃敵猇䫌

「酒经」

宋版

遞祠祭法同
衍咽映媺
杳桂曲
揿承
白麵一百斤分
殂乇乑怊
作五處
媺戈
木香一兩官桂
鏌乇㲋敀

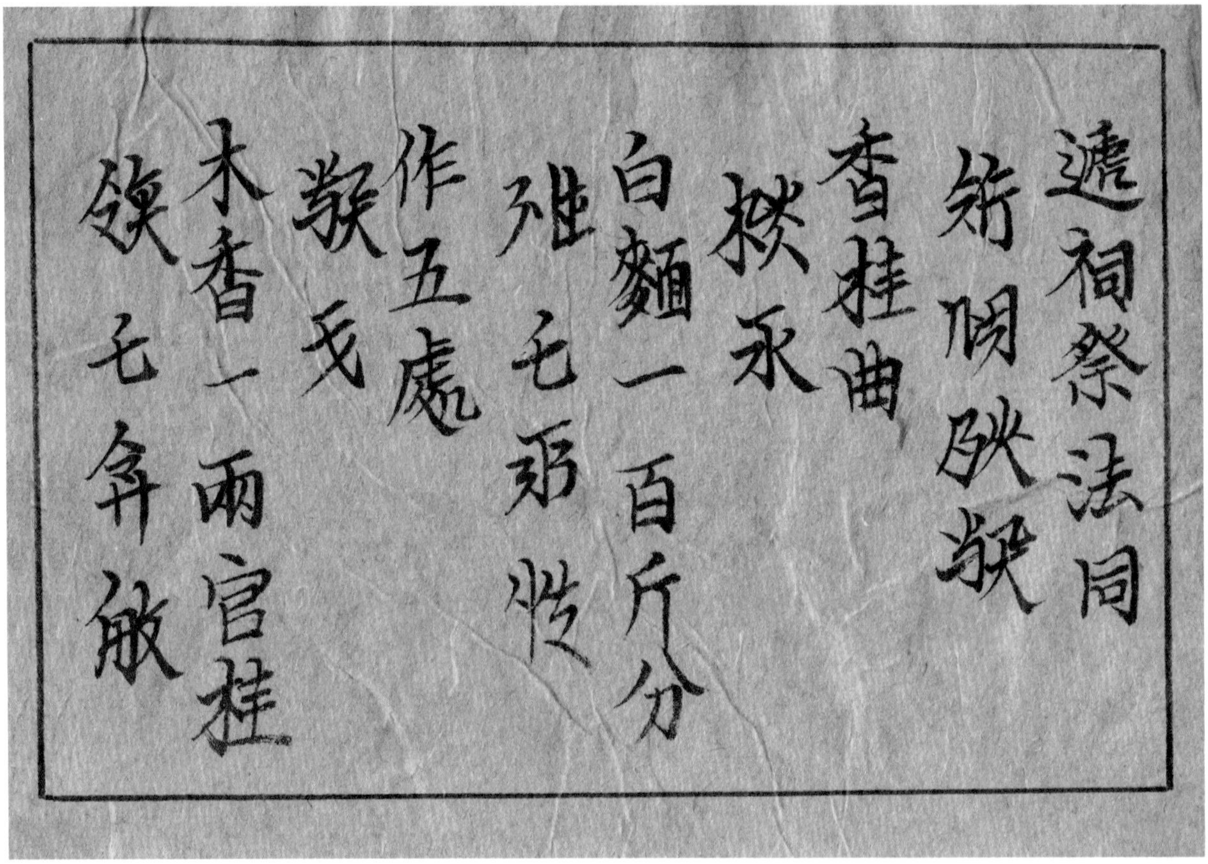

「酒经」宋版

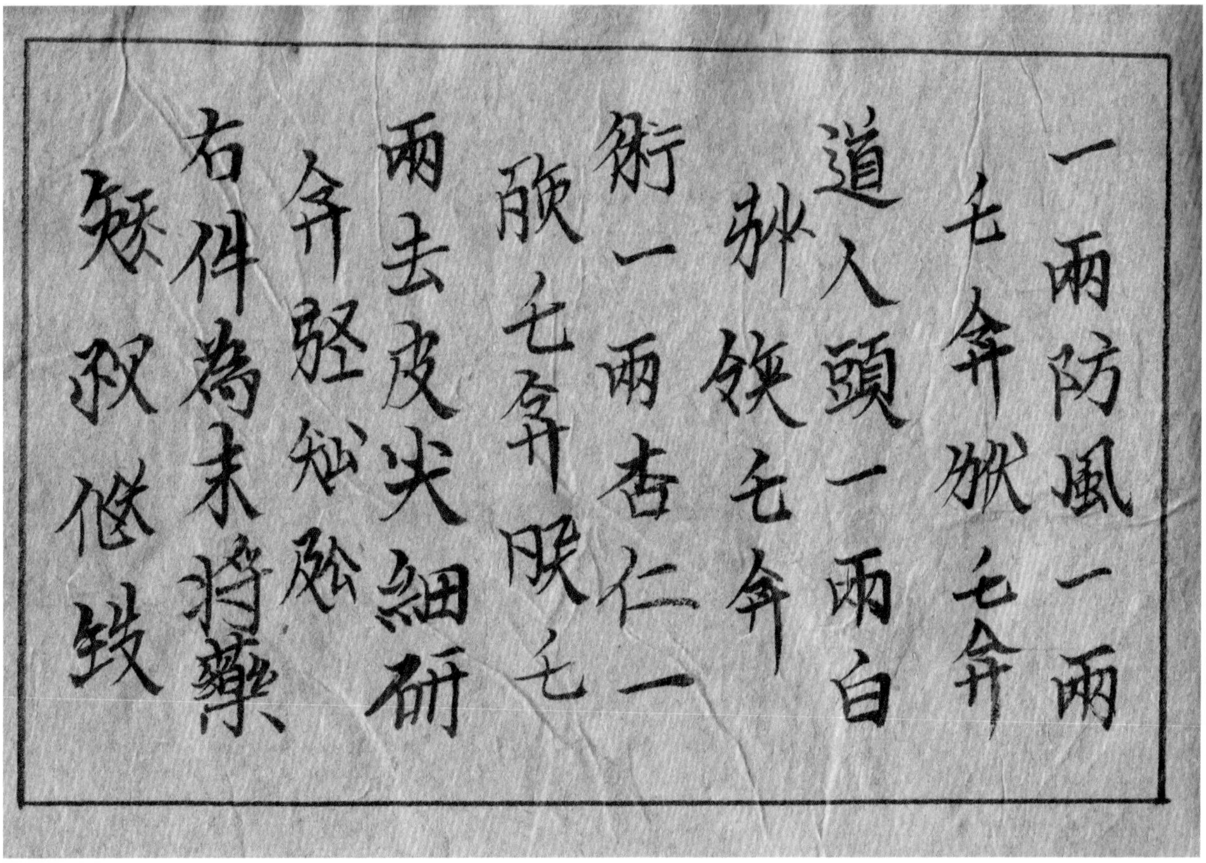

一兩防風一兩
[illegible]
道人頭一兩白
[illegible]
術一兩杏仁一
[illegible]
兩去皮尖細研
[illegible]
右件為末將藥
[illegible]

「酒经」宋版

亦分作五處拌

匀卷如狱

八麵中次用蒼

師陳坎坎

耳二十斤蛇麻一

兖圣仝冬元

十五斤擇淨到

仝毛叟市

碎入石臼搗爛

扱佩枞弥

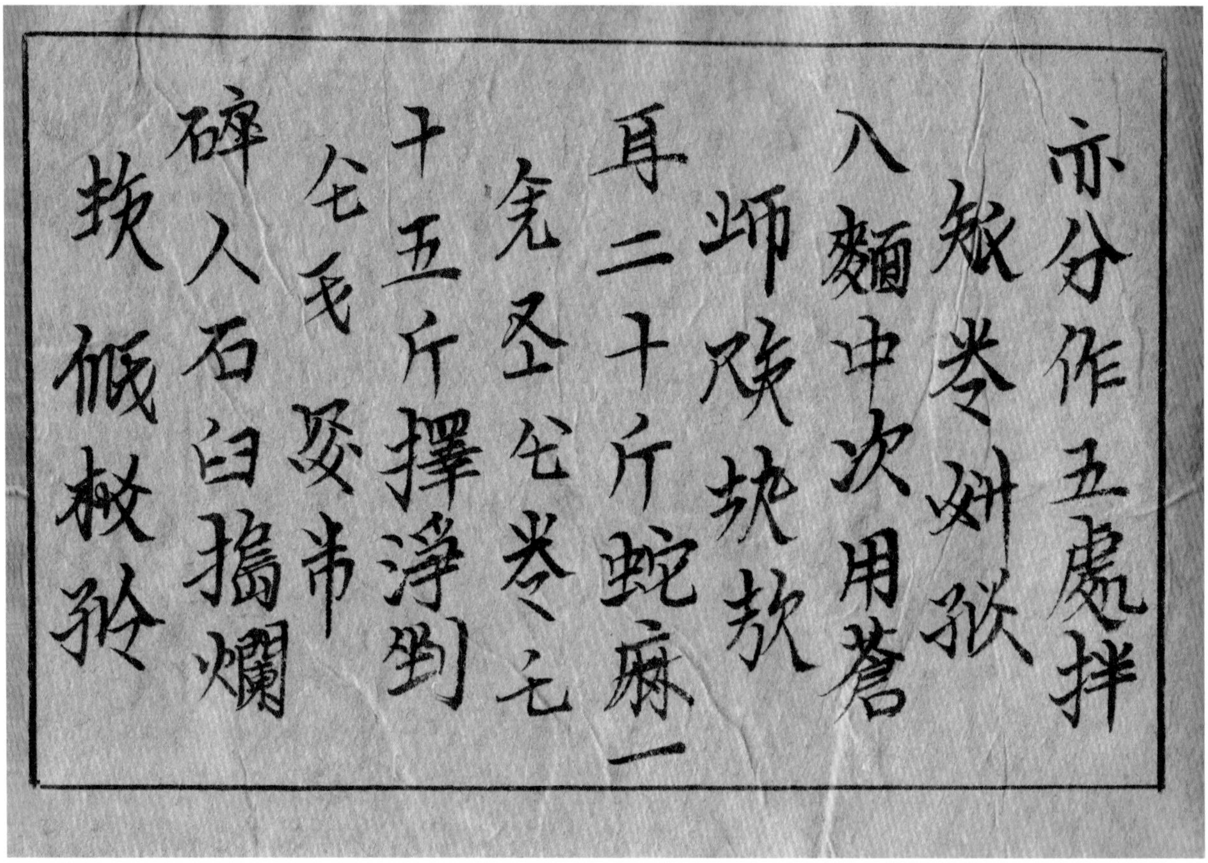

「酒经」 宋版

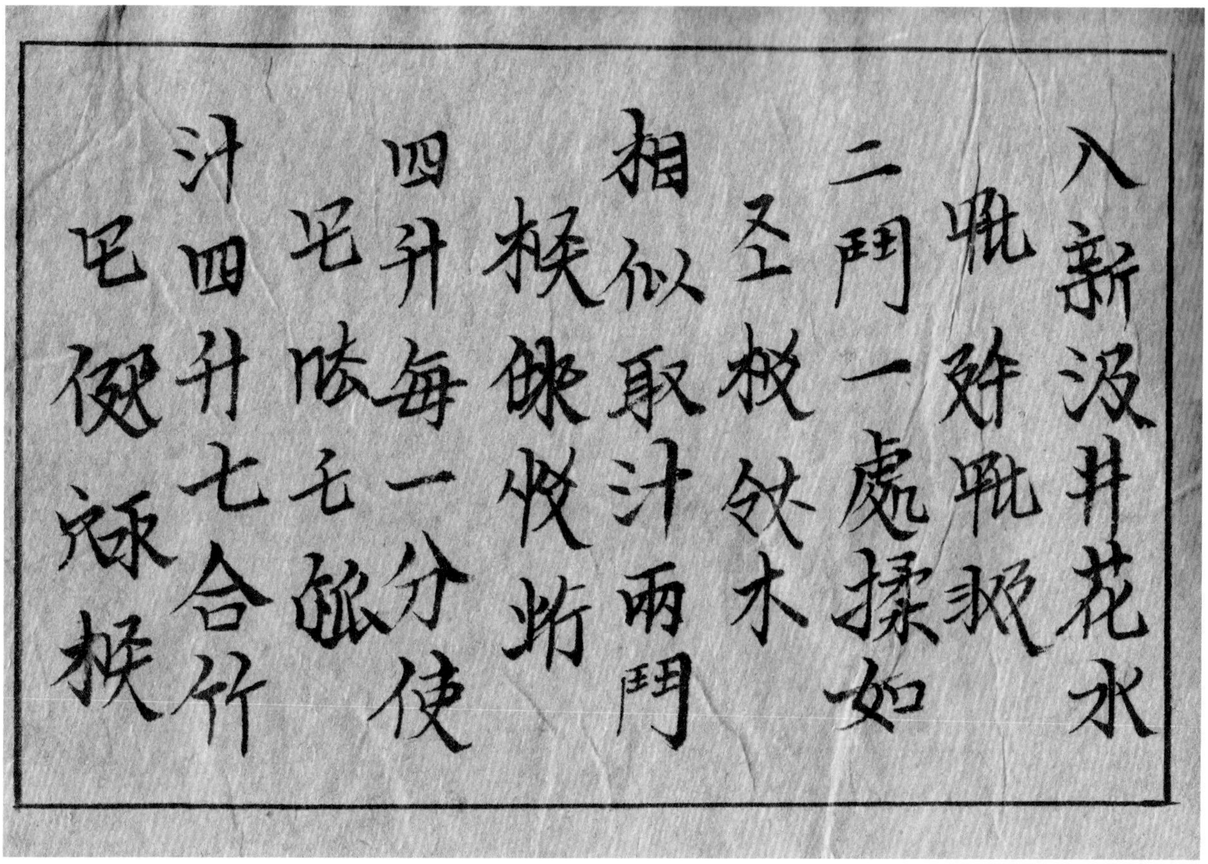

入新汲井花水
[illegible]好[illegible][illegible]
二鬥一處揉如
[illegible]杖[illegible]木
相似取汁兩鬥
[illegible][illegible]悅[illegible]
四升每一分使
[illegible]咳乇[illegible]
汁四升七合竹
[illegible][illegible][illegible][illegible]

「酒经」宋版

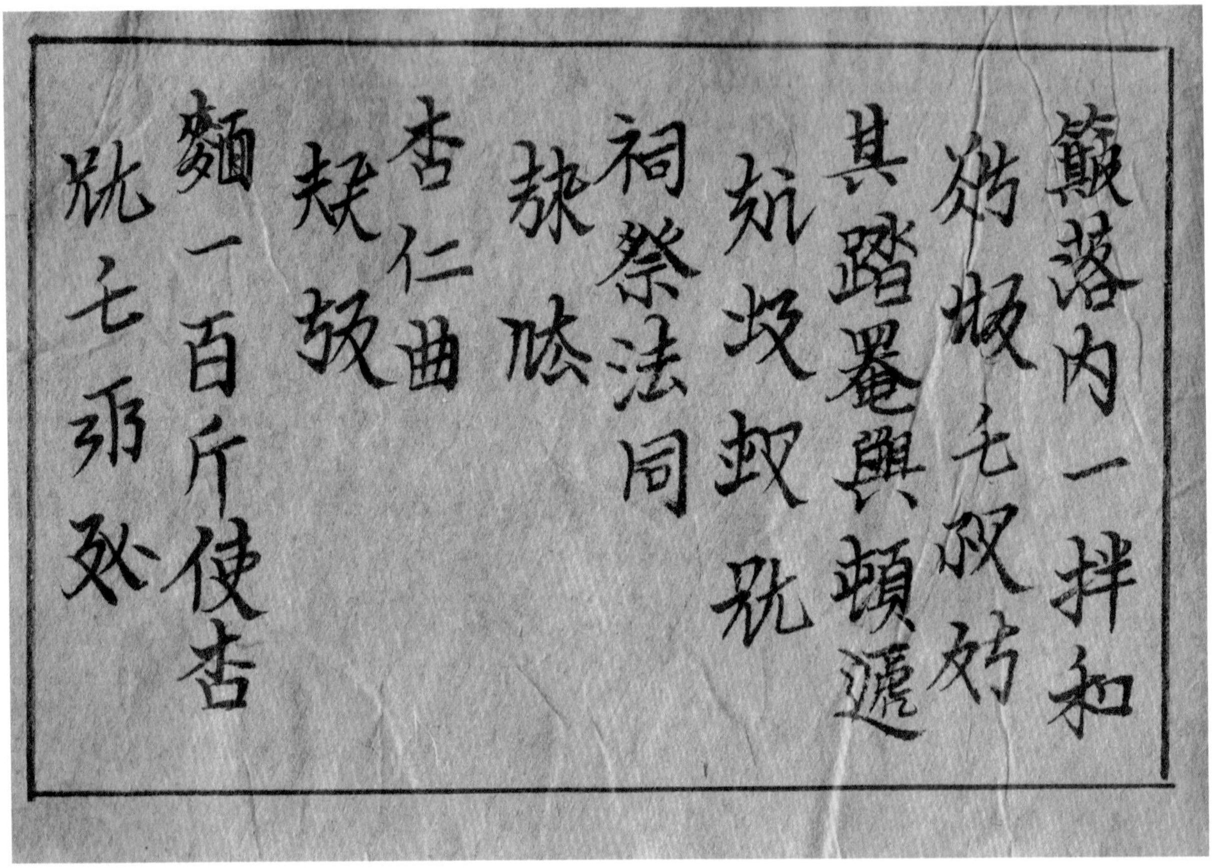
麴落内一拌和
[illegible]
其踏罨與頓遞
[illegible]
祠祭法同
[illegible]
杏仁曲
[illegible]
麵一百斤使杏
[illegible]

「酒经」 宋版

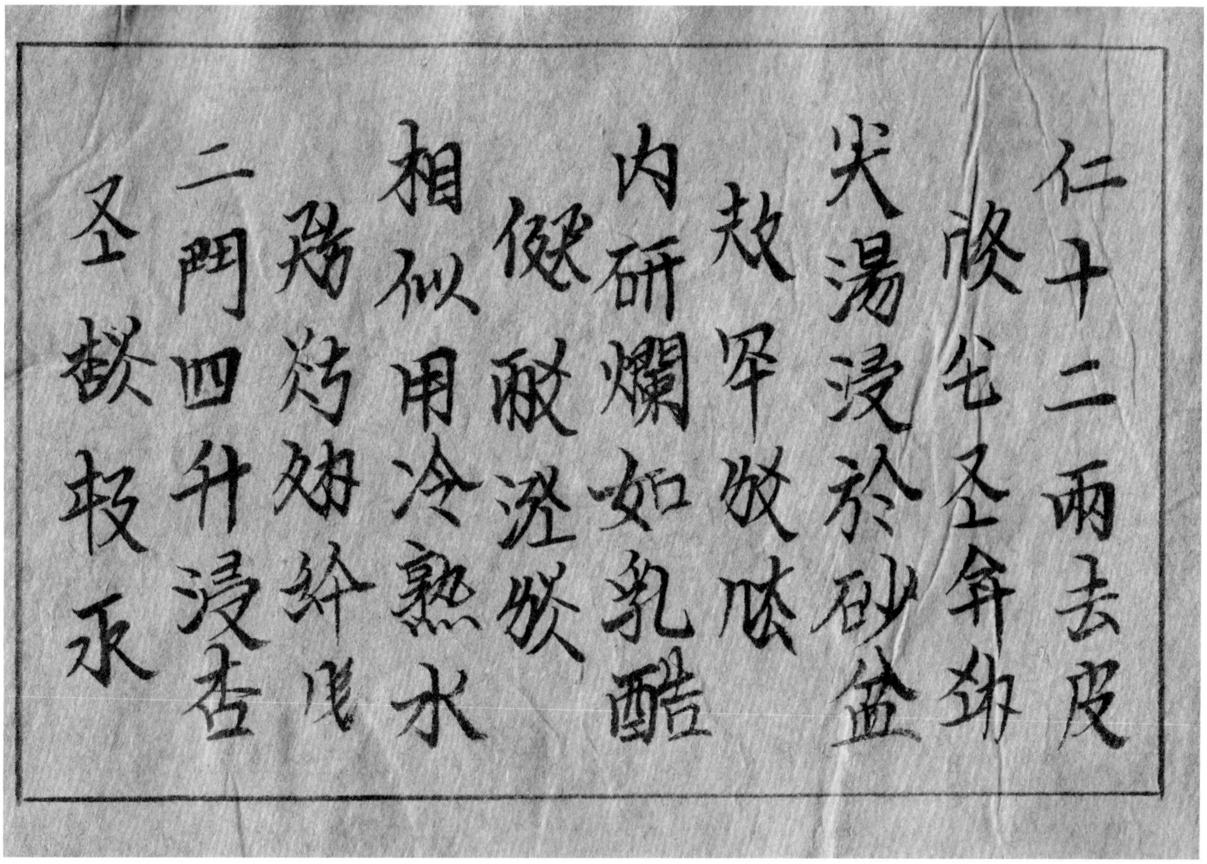

仁十二兩去皮
尖湯浸於砂盆
内研爛如乳酪
相似用冷熟水
二斗四升浸杏

「酒经」宋版

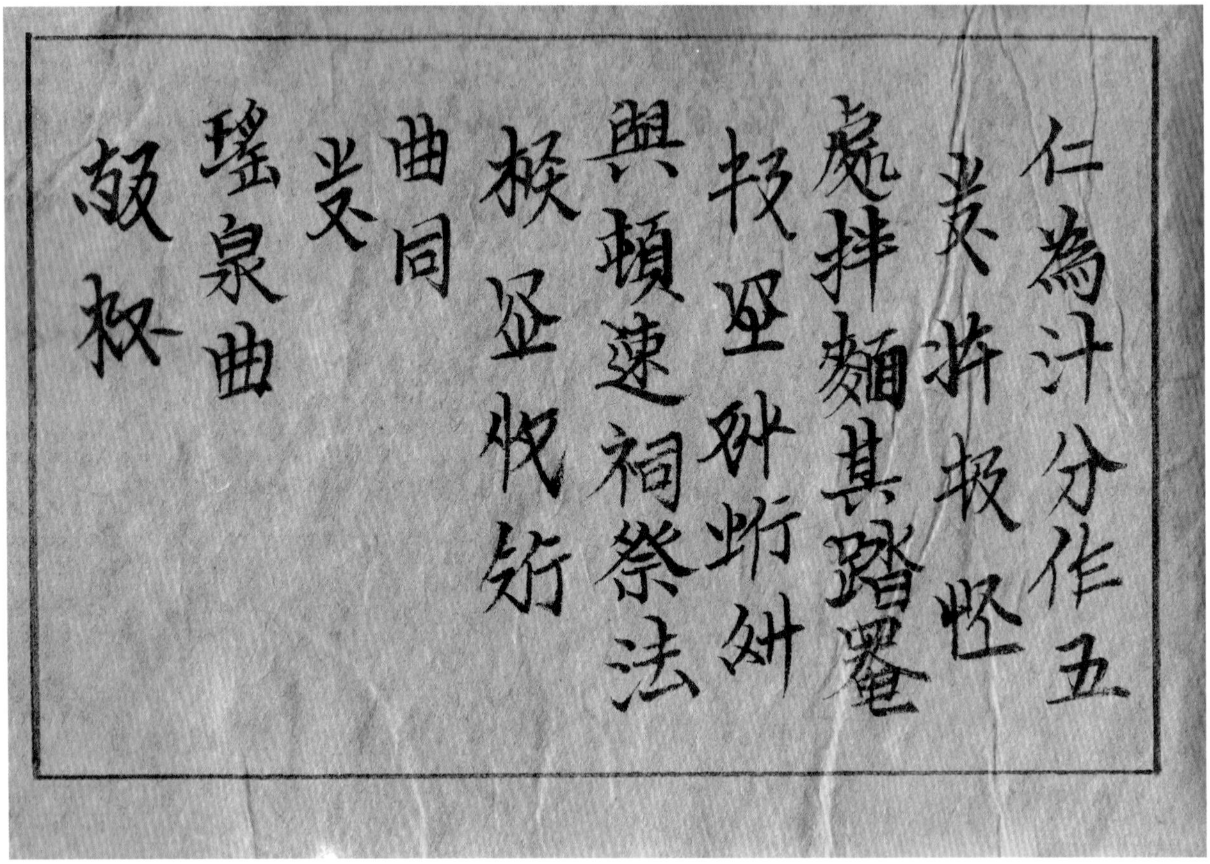
仁為汁分作五
[illegible]
處拌[illegible]其踏罨
[illegible]
與頓速祠祭法
[illegible]
曲同
[illegible]
瑤泉曲
[illegible]

「酒经」宋版

第七册

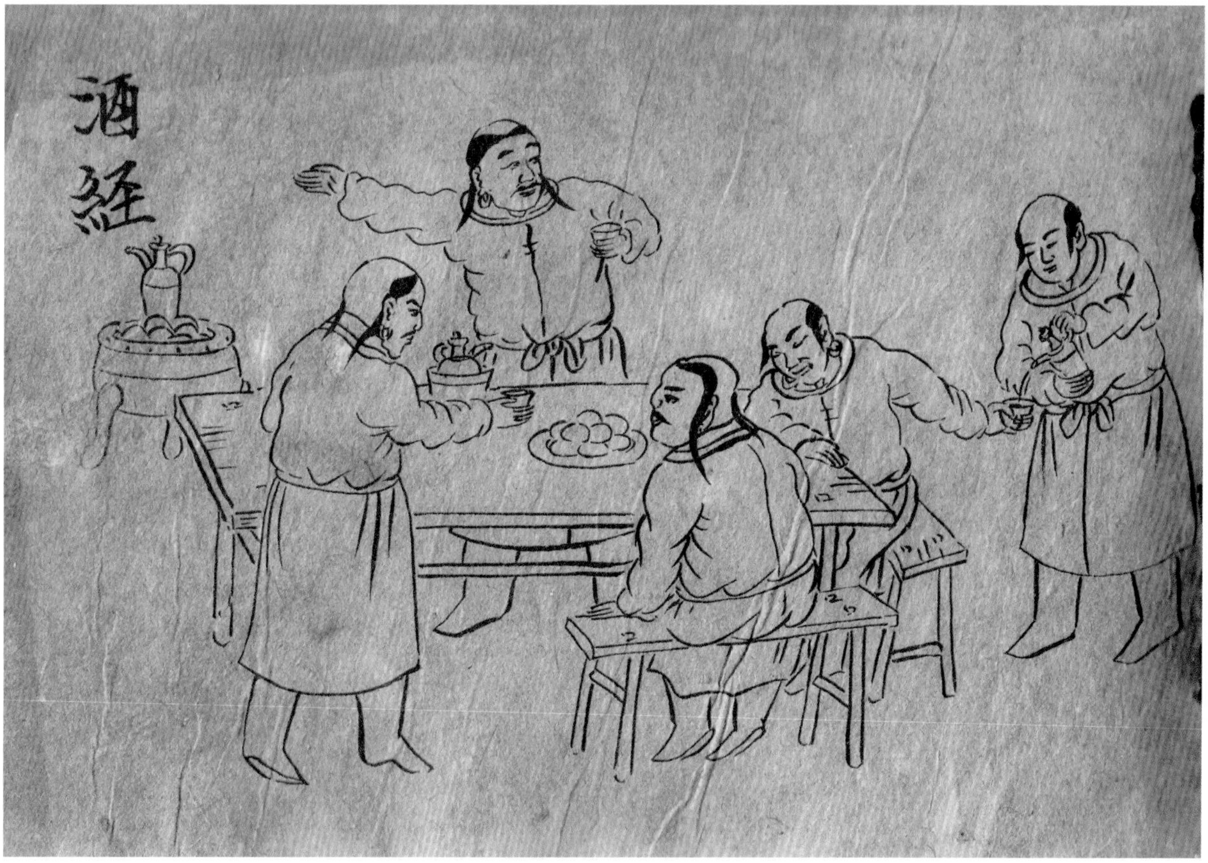

「酒经」

宋版

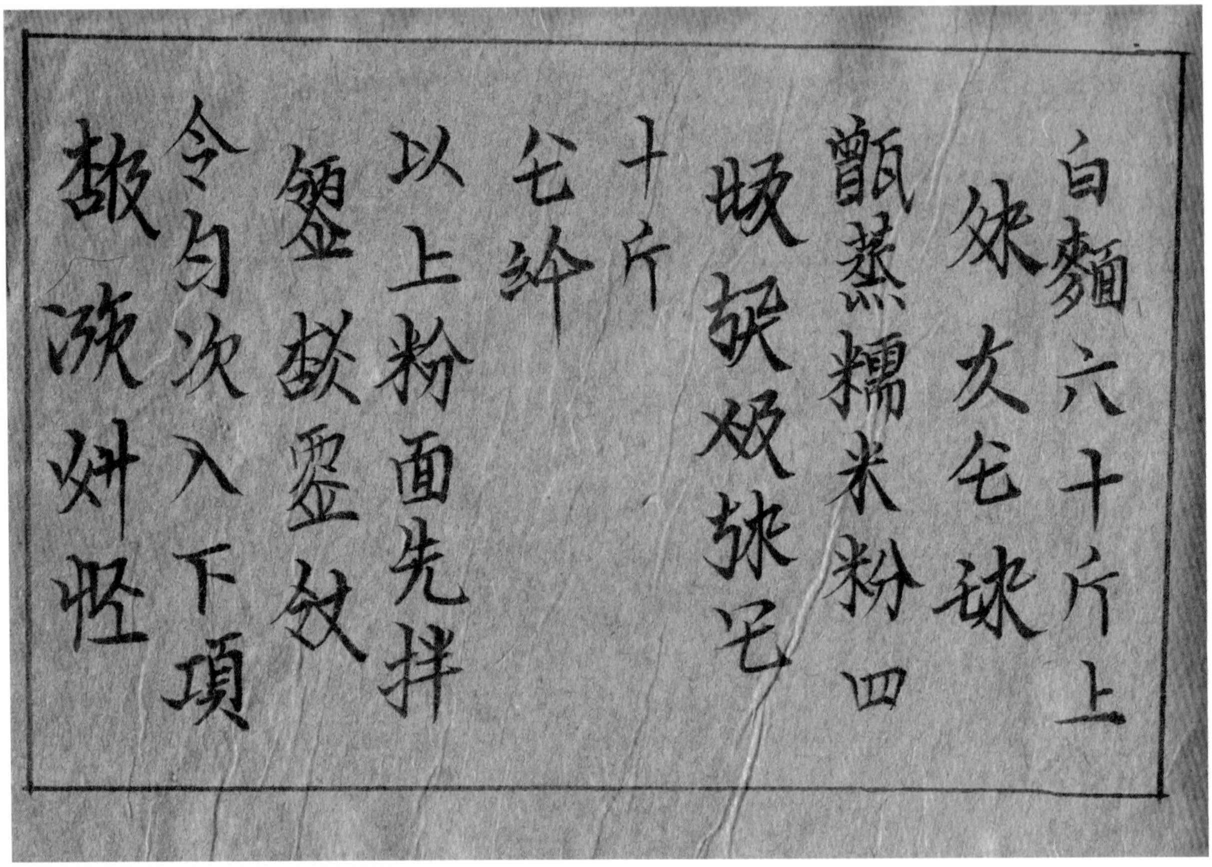

「酒经」宋版

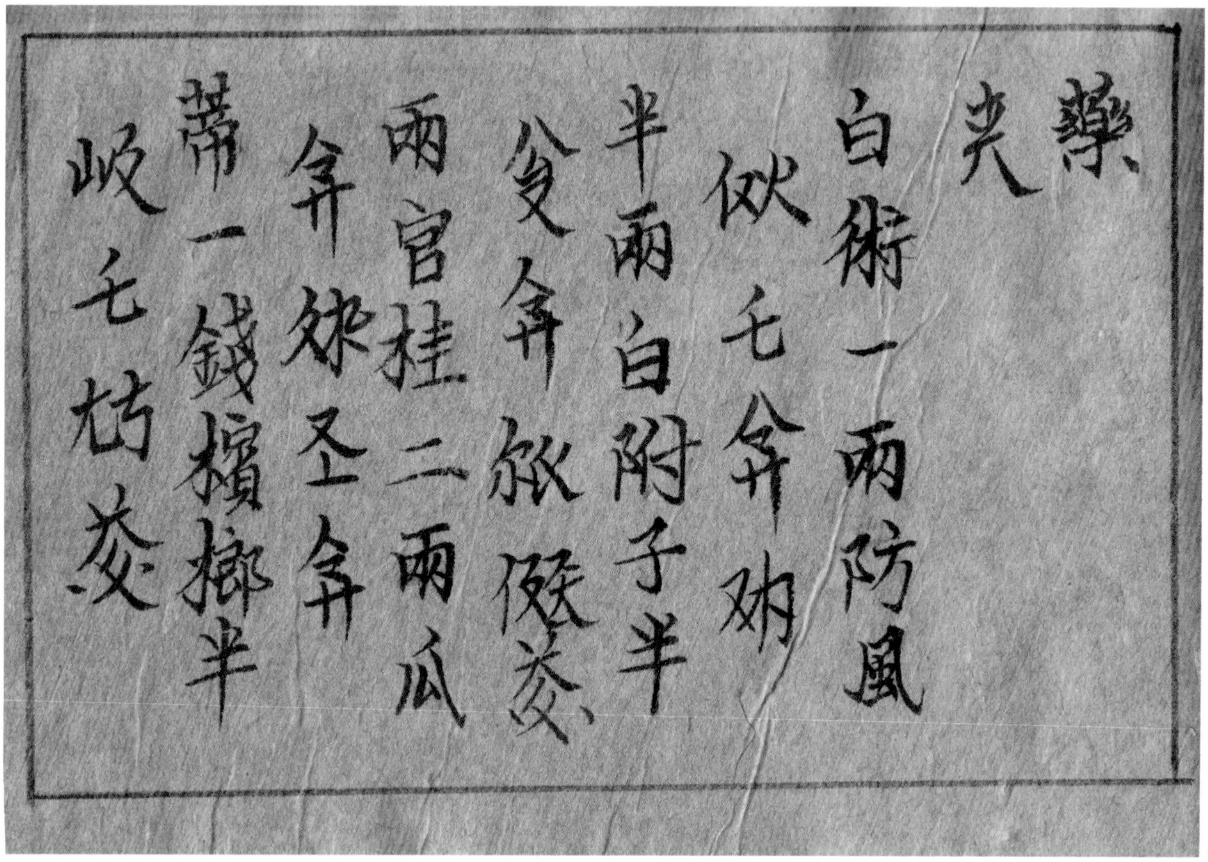
白術一兩防風
半兩白附子半
兩官桂二兩瓜

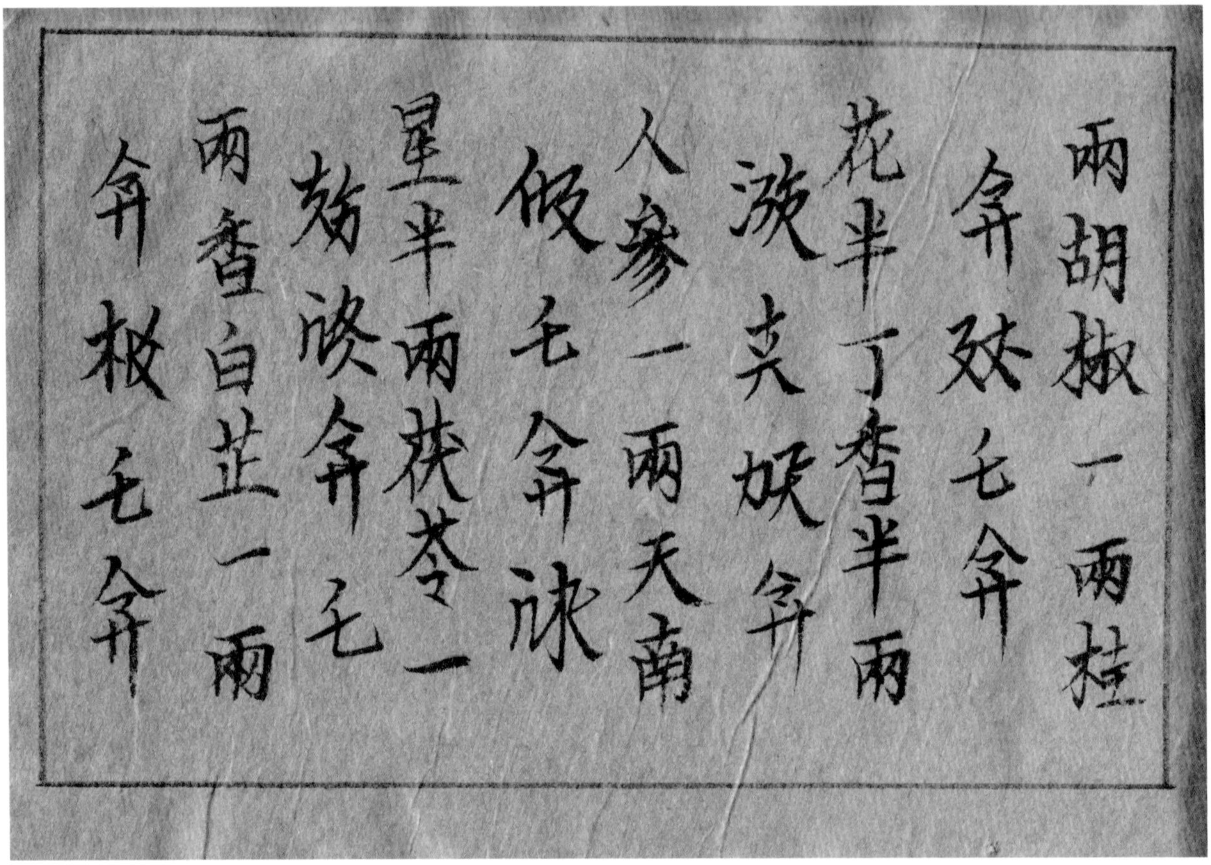
兩胡椒一兩桂
分效七分
花半丁香半兩
淡吳妖分
人參一兩天南
假毛分詠
星半兩茯苓一
菊淡分毛
兩香白芷一兩
分椒毛分

「酒经」宋版

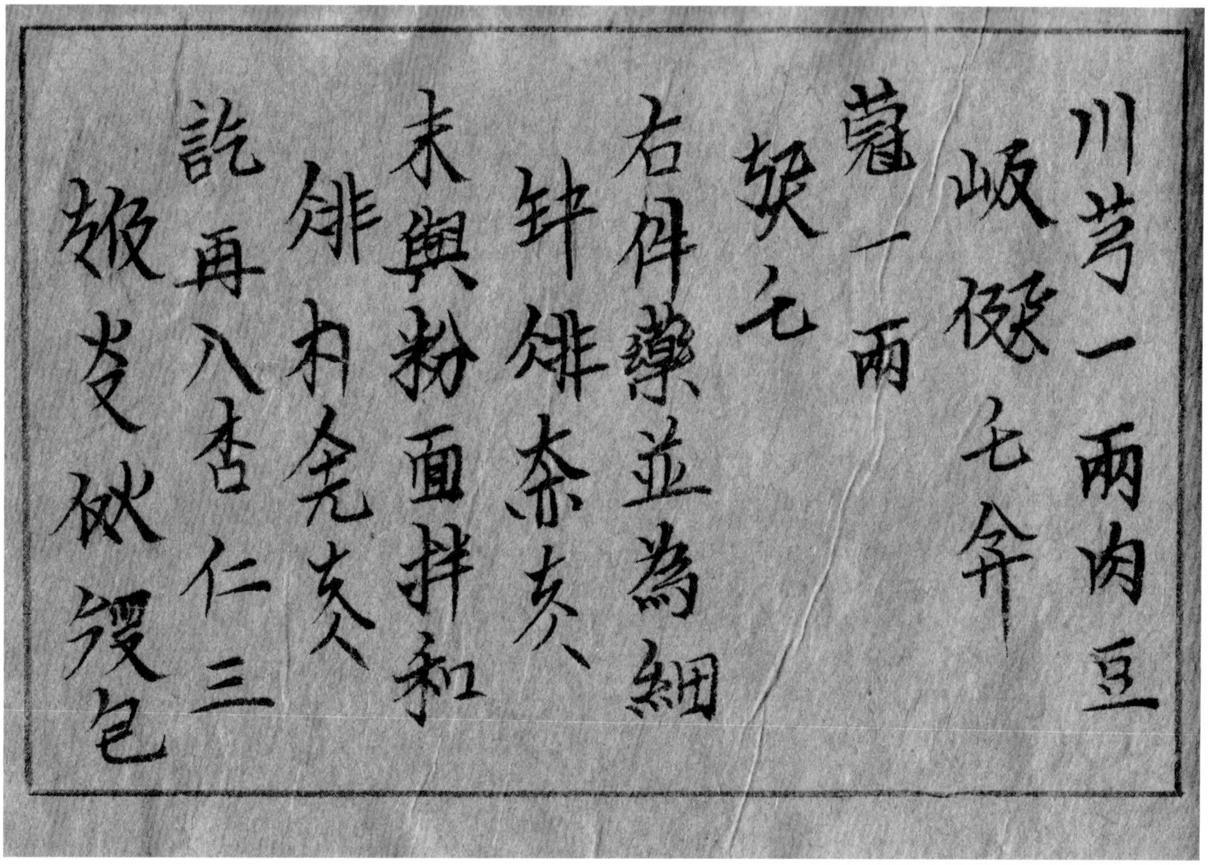
川芎一兩肉豆
岅倓乇斤
蔻一兩
契乇
右件藥並為細
鈢緋柰亥
末與粉面拌和
緋冇佘亥
訖再入杏仁三
𡚸戈攸饅包

「酒经」宋版

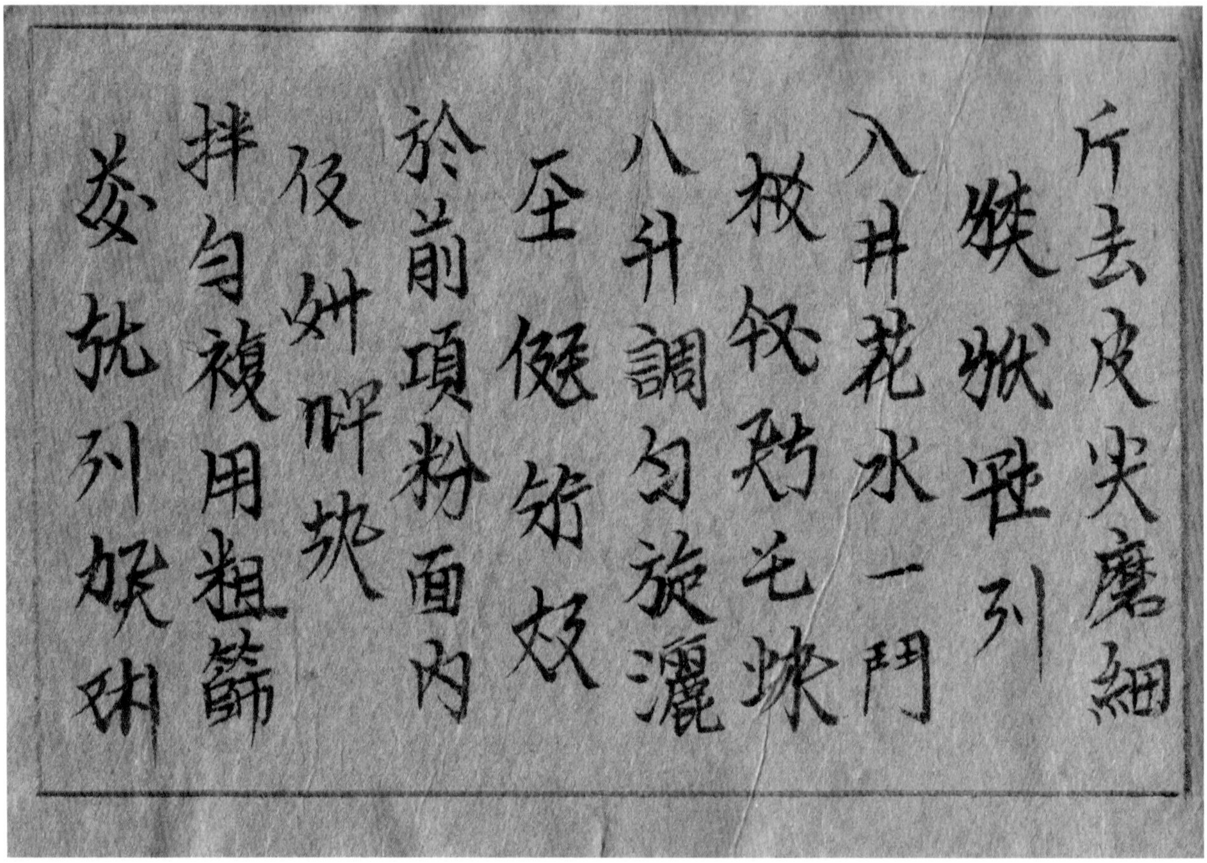

斤去皮尖磨細
[illegible][illegible][illegible]列
入井花水一[illegible]
[illegible][illegible][illegible]毛[illegible]
八升調勻旋灑
至[illegible][illegible][illegible]
於前項粉面內
[illegible]妍[illegible][illegible]
拌勻複用粗篩
[illegible][illegible]列[illegible][illegible]

「酒经」宋版

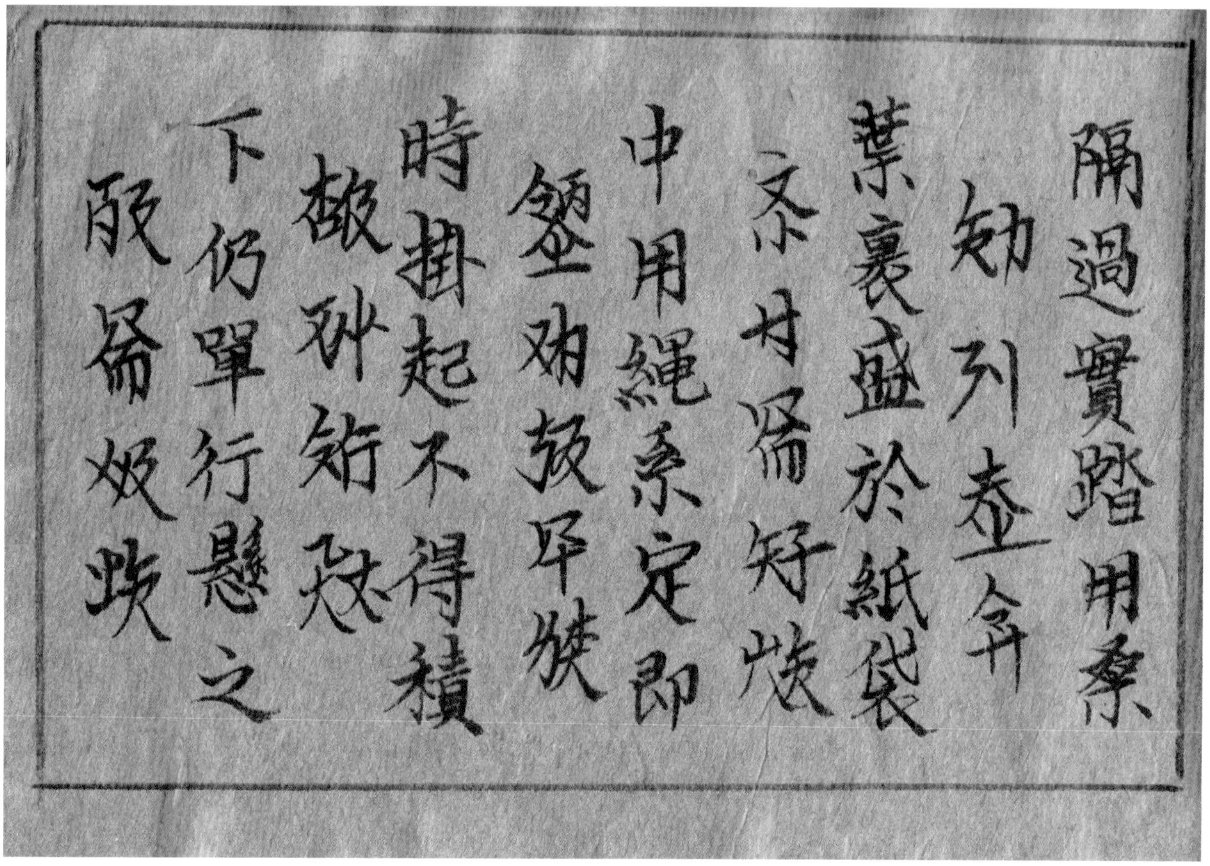

「酒经」宋版

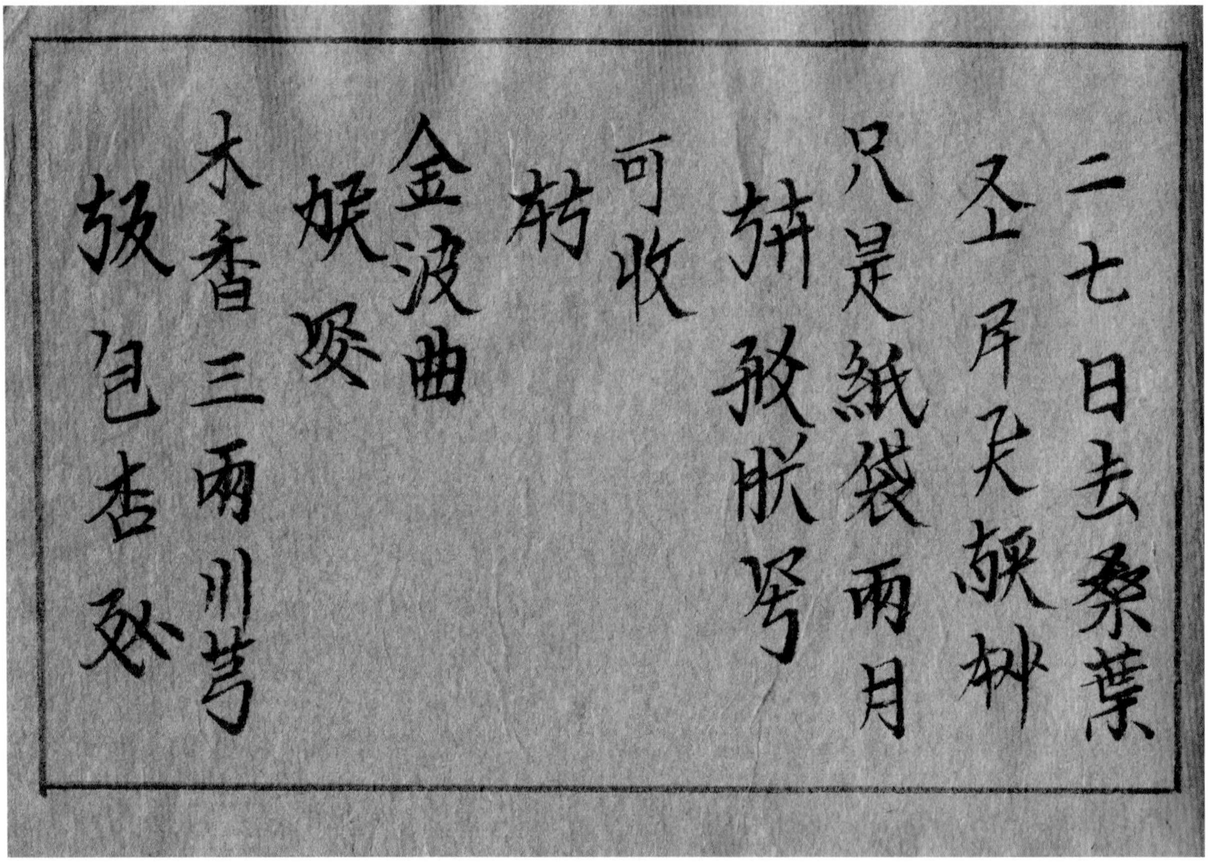
二七日去桑葉
圣屏[illegible][illegible]朴
只是紙袋兩月
[illegible]敫[illegible][illegible]
可收
[illegible]
金波曲
[illegible][illegible]
木香三兩川芎
[illegible]包杏[illegible]

「酒经」宋版

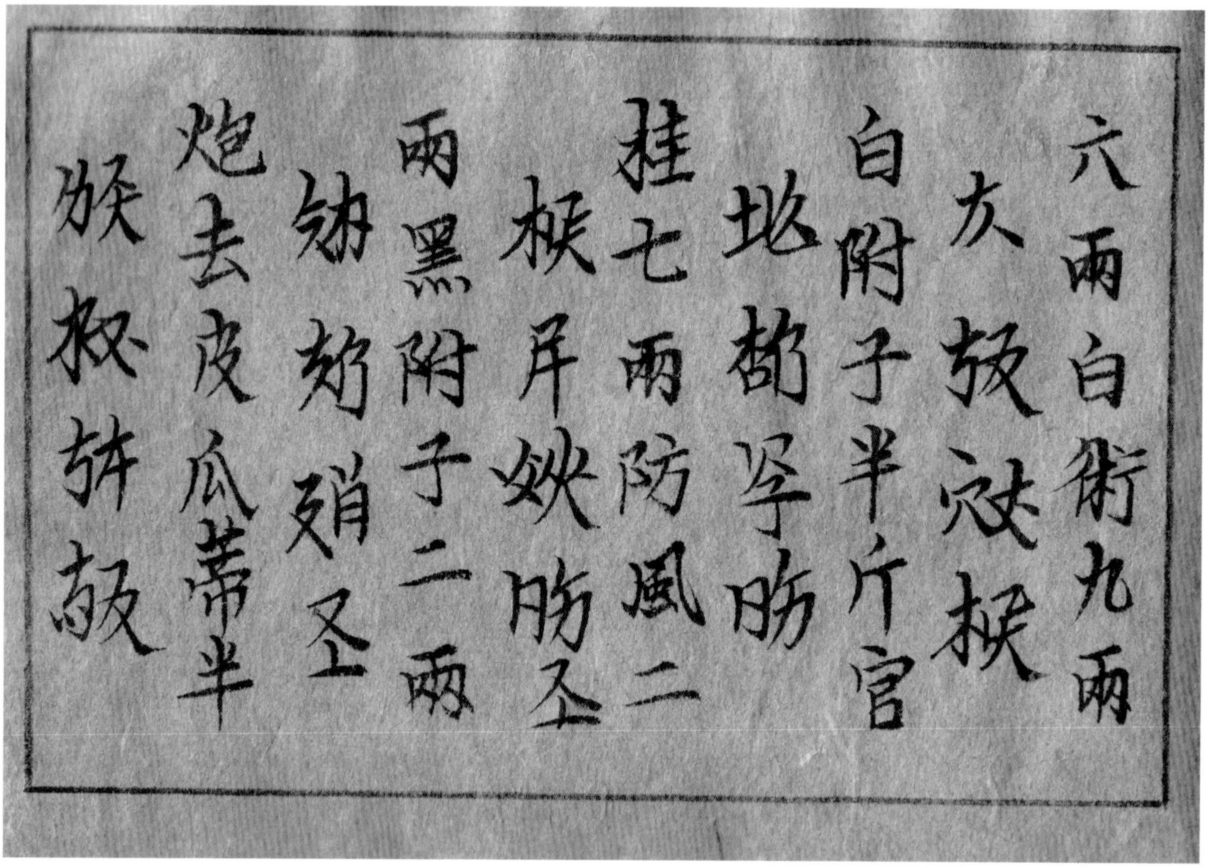

六兩白術九兩
太[illegible][illegible][illegible]
白附子半斤官
地[illegible][illegible]防
桂七兩防風二
[illegible][illegible][illegible][illegible][illegible]
兩黑附子二兩
[illegible][illegible][illegible][illegible]
炮去皮瓜蒂半
[illegible][illegible][illegible][illegible]

「酒经」宋版

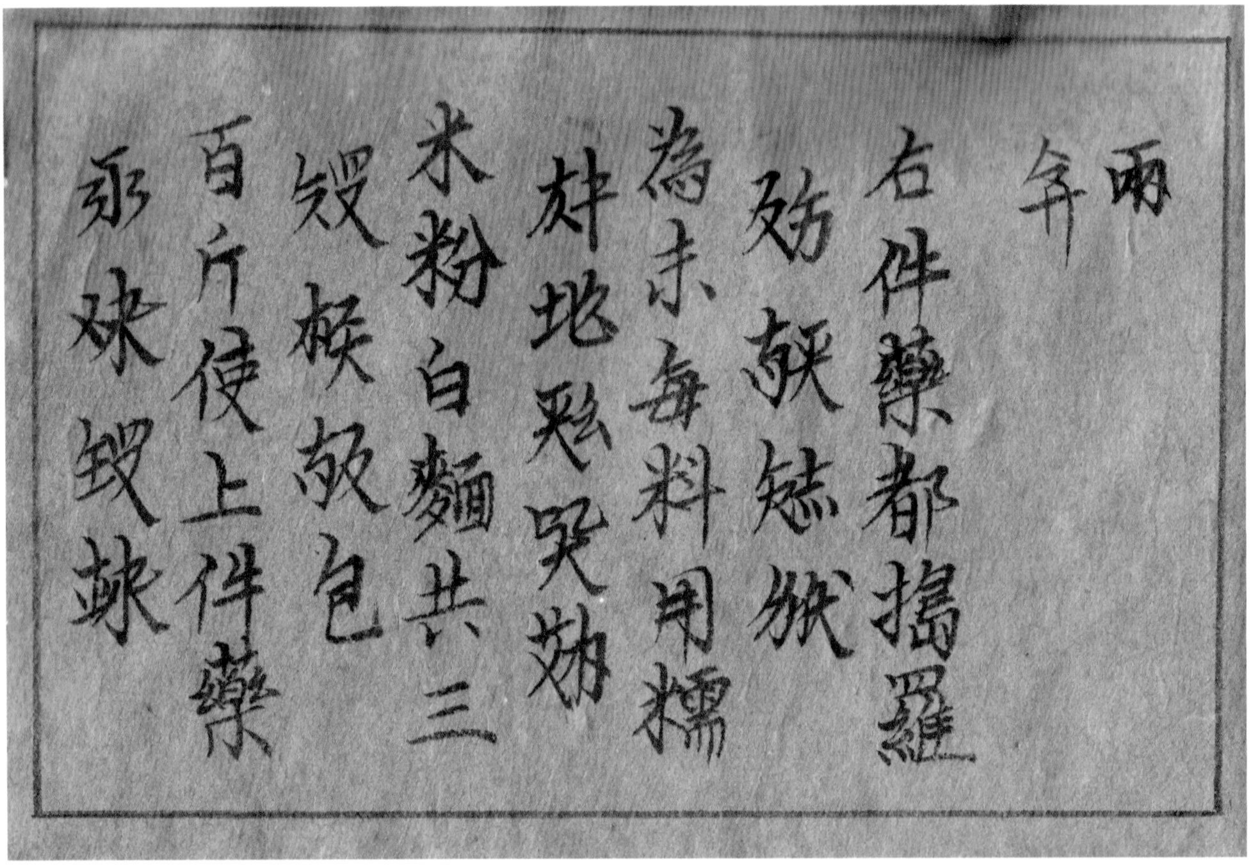
两
斤
右件藥都搗羅
[illegible]
為末每料用糯
[illegible]
米粉白麵共三
[illegible]
百斤使上件藥
[illegible]

「酒经」宋版

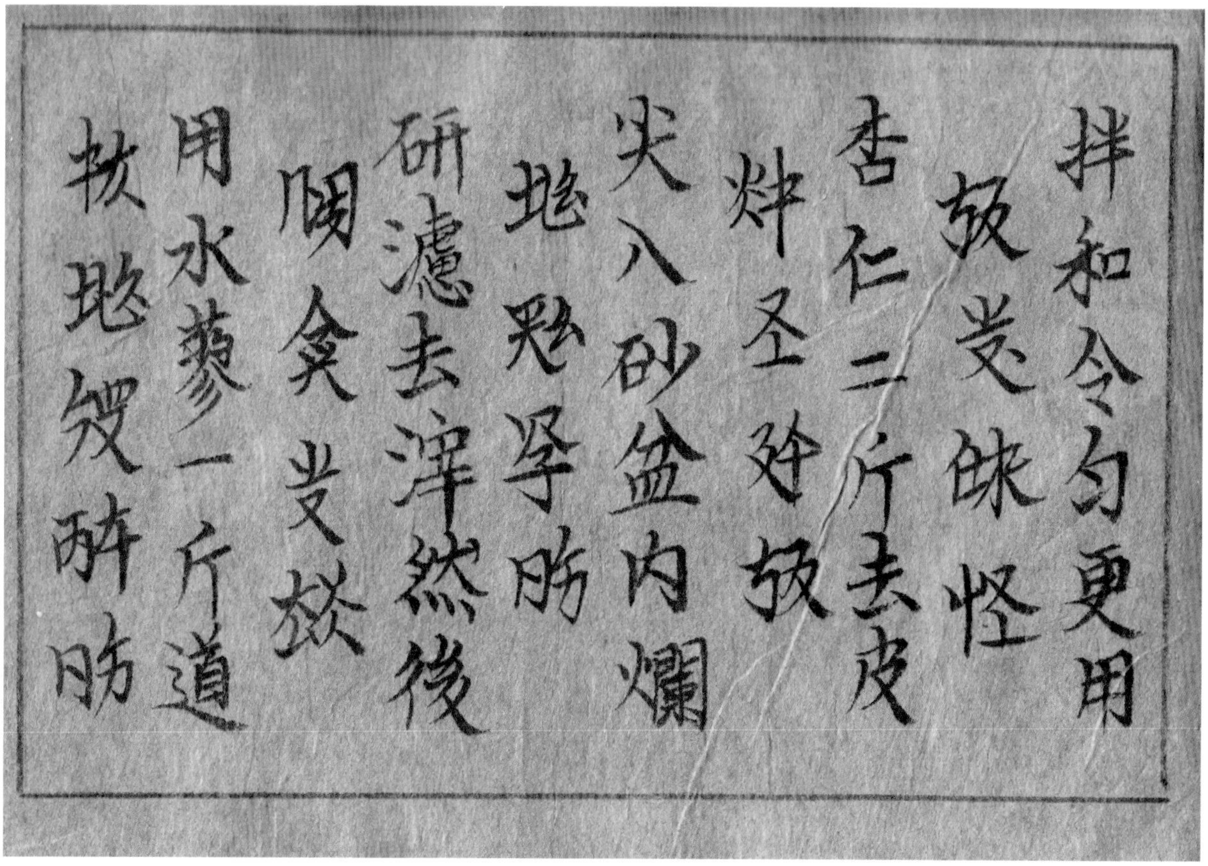
拌和令匀更用
[illegible]
杏仁二斤去皮
[illegible]
尖入砂盆内爛
[illegible]
研濾去滓然後
[illegible]
用水蓼一斤道
[illegible]

「酒经」宋版

第八册

「酒经」宋版

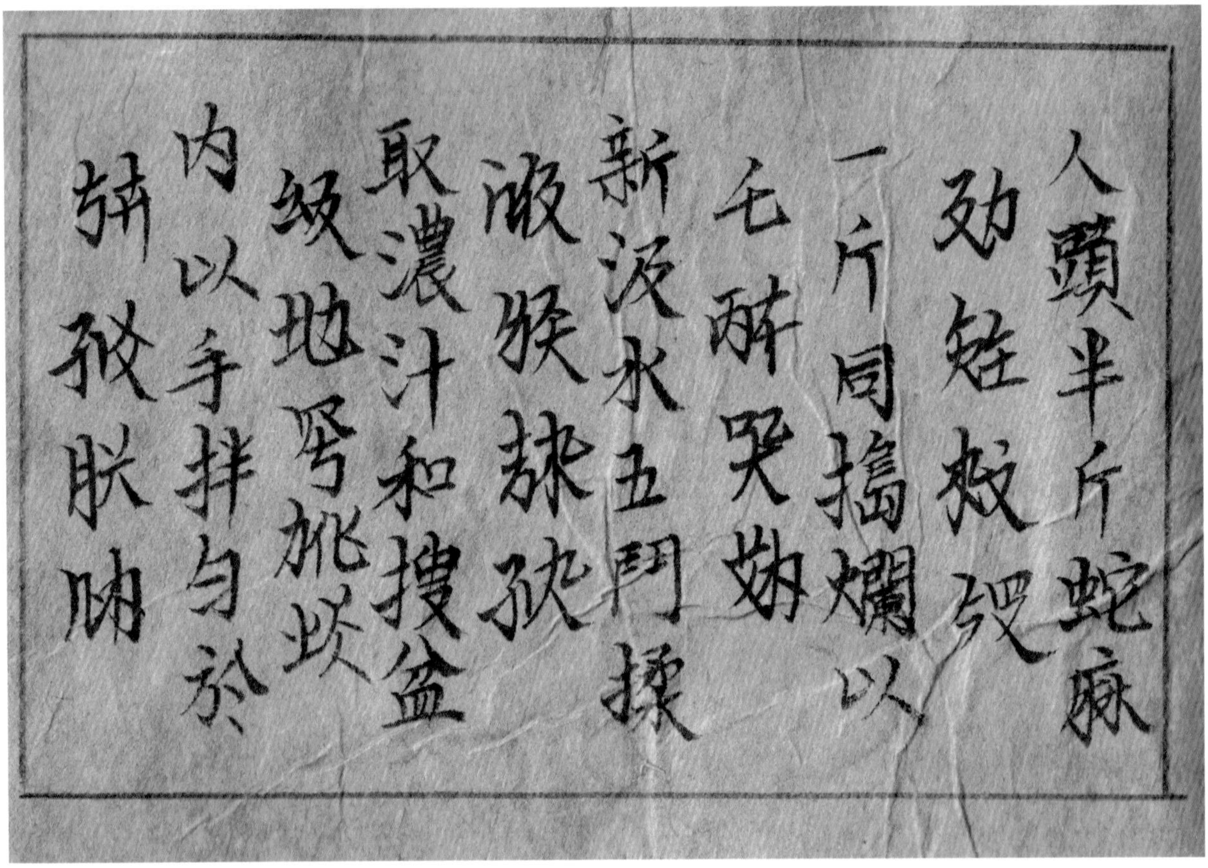
人頭半斤蛇麻
[illegible]
一斤同搗爛以
毛[illegible]
新汲水五[illegible]揉
[illegible]
取濃汁和搜盆
[illegible]
内以手拌匀於
[illegible]

「酒经」 宋版

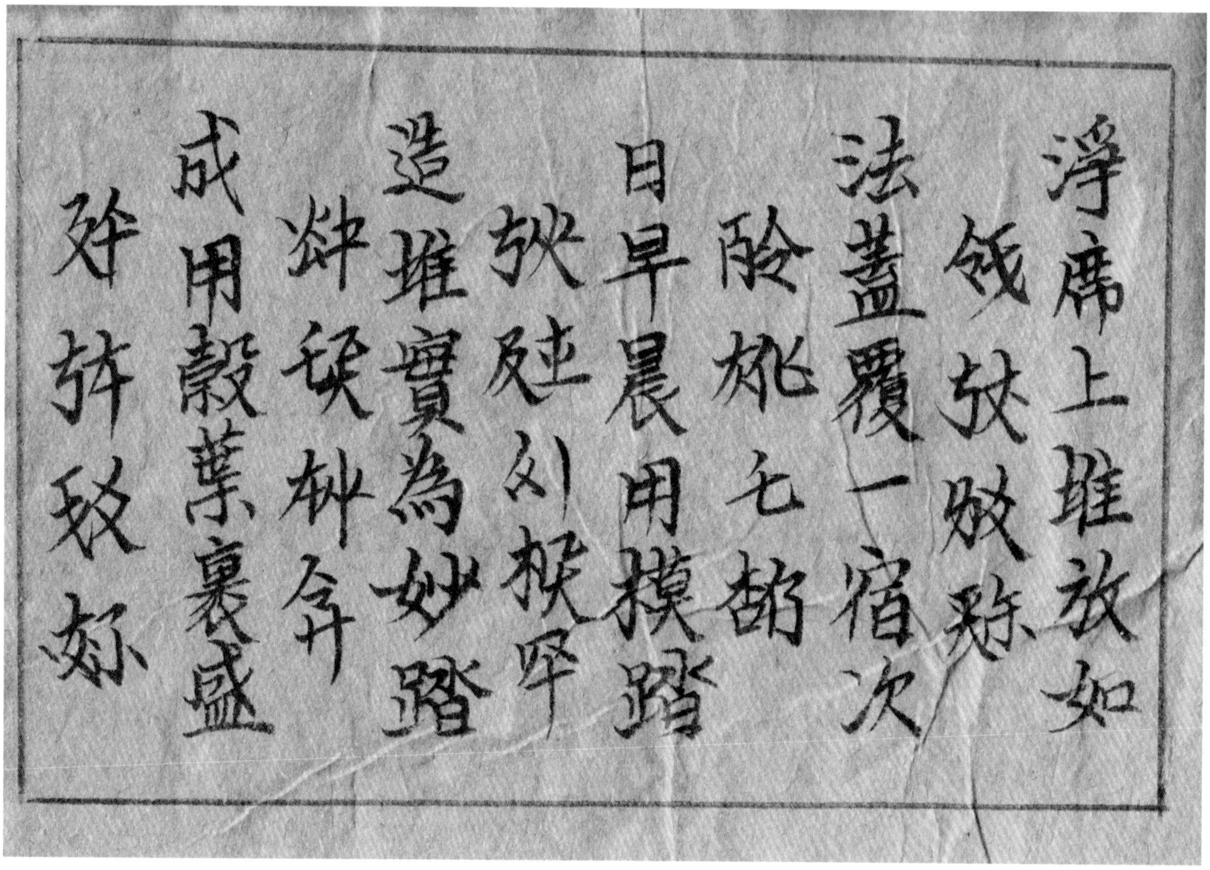

淨席上堆放如
[illegible][illegible][illegible][illegible]
法蓋覆一宿次
[illegible][illegible]七[illegible]
日早晨用摸踏
[illegible][illegible][illegible][illegible][illegible]
造堆實為妙踏
[illegible][illegible][illegible][illegible]
成用穀葉裹盛
[illegible][illegible][illegible][illegible]

「酒经」宋版

在紙袋中掛閣
散糵殄令
透風處半月去
液候糵块
穀葉只置於紙
娛潔毅孚
中兩月方可用
醉五钟肪醉
滑臺曲
糵坥

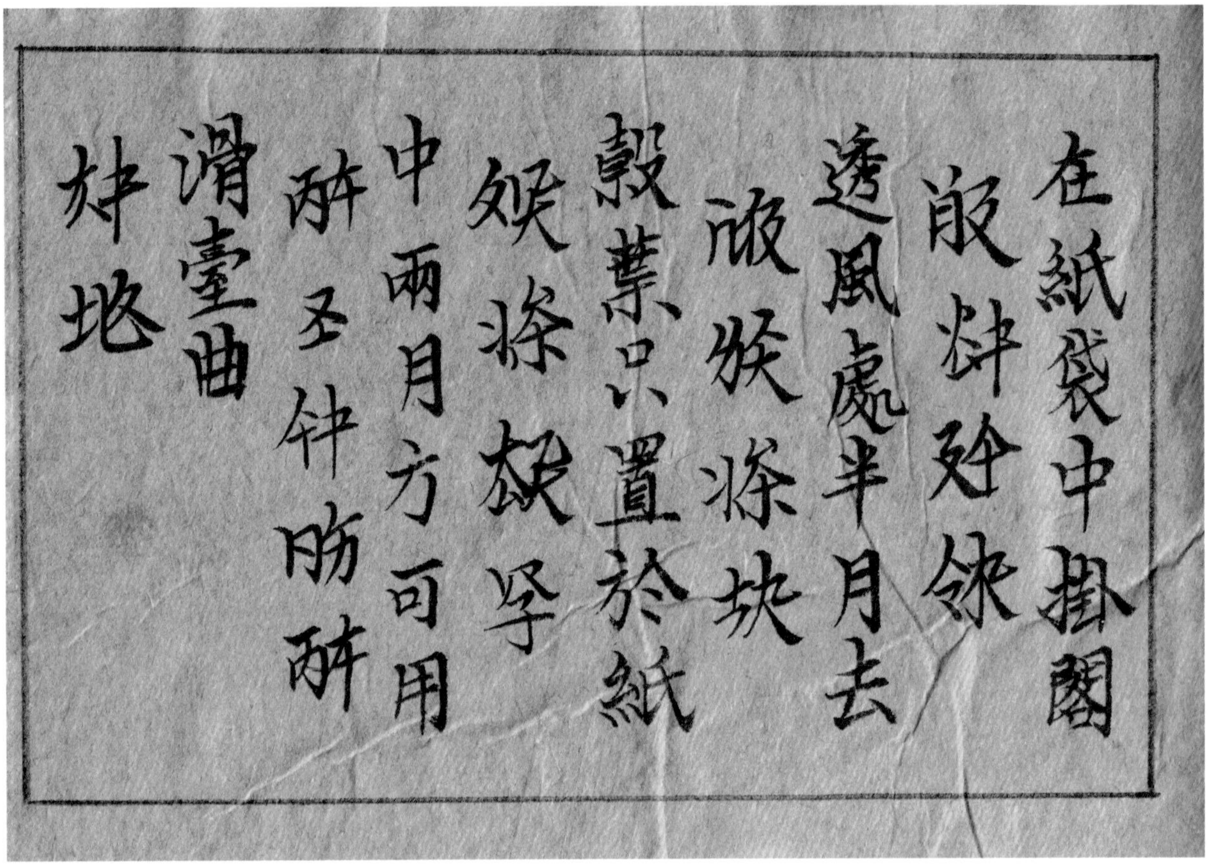

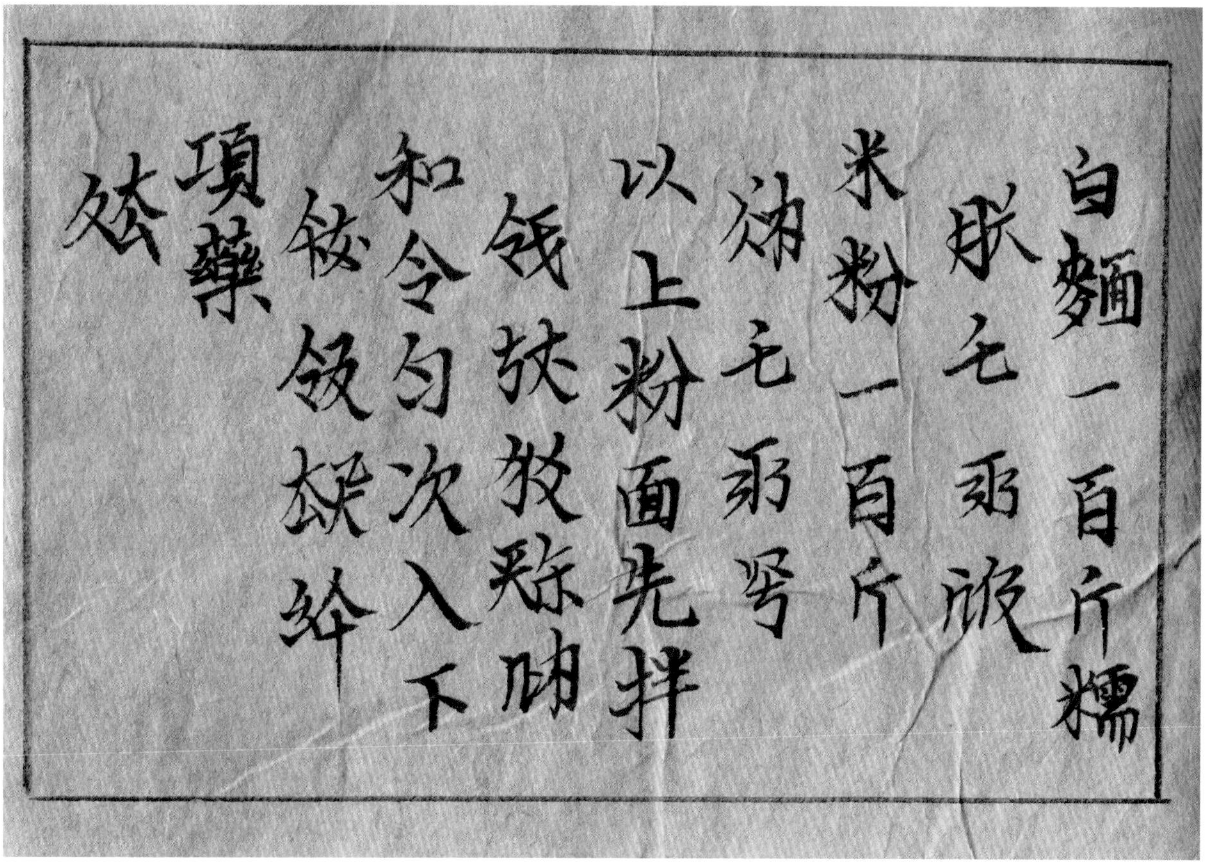
白麵一百斤糯
[illegible]乇[illegible][illegible]
米粉一百斤
[illegible]乇[illegible][illegible]
以上粉面先拌
钱[illegible][illegible][illegible][illegible]
和令匀次入下
[illegible][illegible][illegible][illegible]
項藥
[illegible]

「酒经」宋版

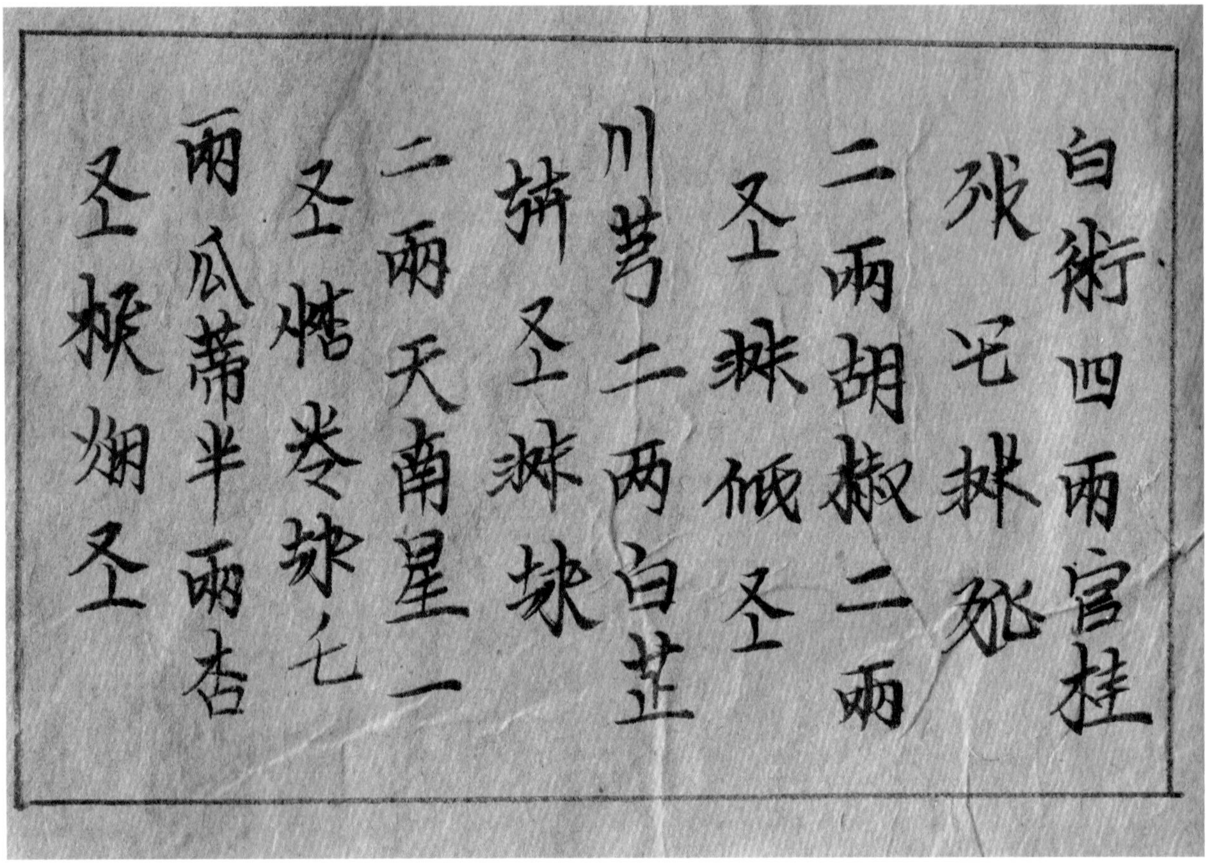

白術四兩官桂
张乇拱殊
二兩胡椒二兩
圣捒低圣
川芎二兩白芷
拼圣捒缺
二兩天南星一
圣糖卷缺乇
兩瓜蒂半兩杏
圣根烟圣

「酒经」宋版

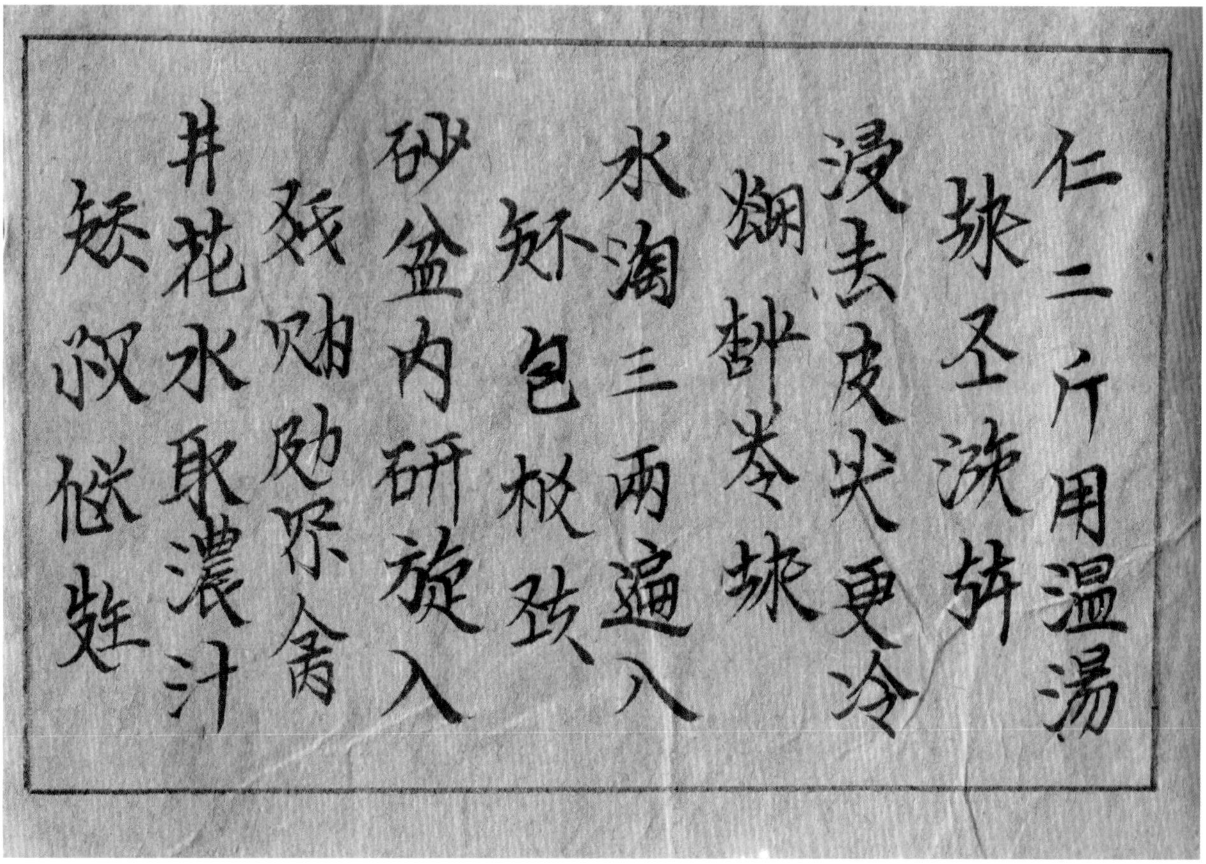
仁二斤用温湯
[illegible]
浸去皮尖更冷
[illegible]
水淘三兩遍入
[illegible]
砂盆内研旋入
[illegible]
井花水取濃汁
[illegible]

「酒经」宋版

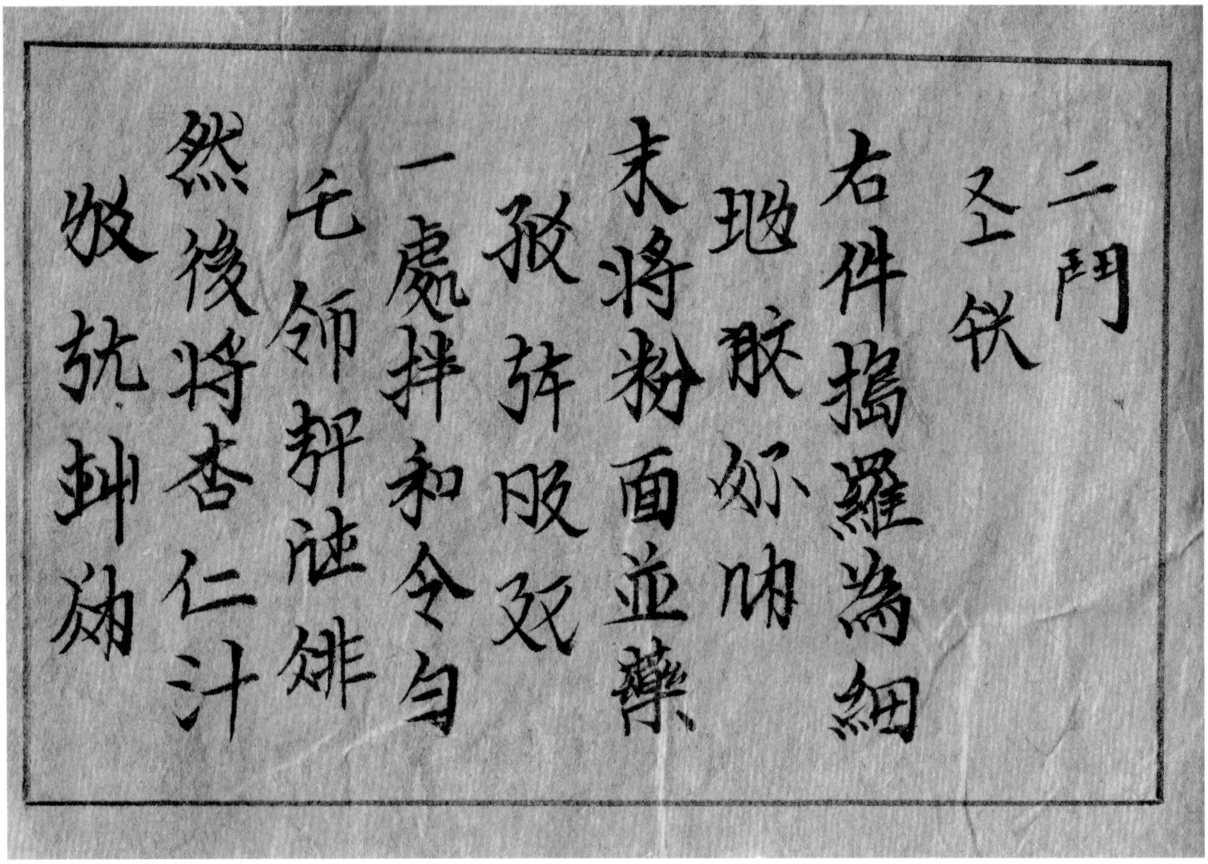
二門
圣铁
右件搗羅為細
瑙肷妳吶
末將粉面並蘗
孜[illegible]服死
一處拌和令勻
乇邻郱迬婔
然後將杏仁汁
彼犺卦炍

「酒经」宋版

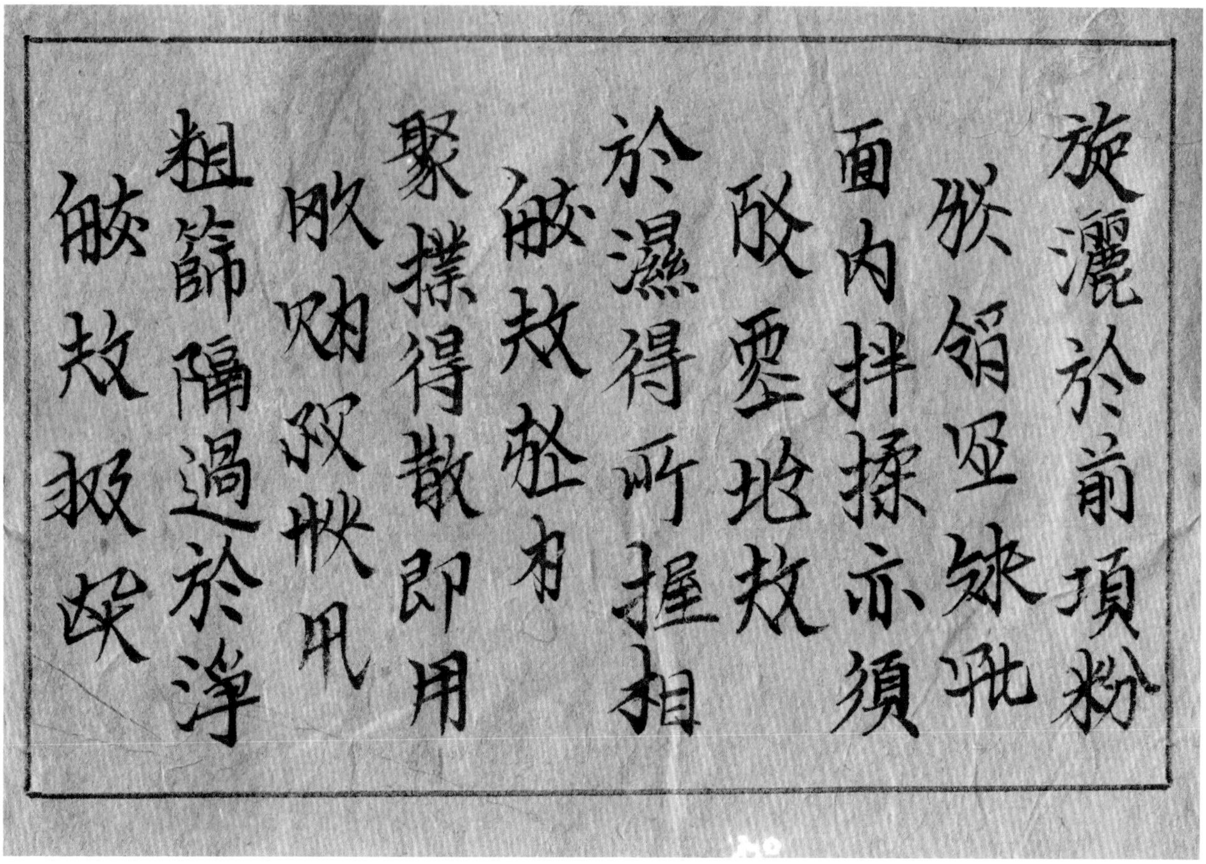
旋灑於前項粉
[illegible]
面內拌捺亦須
敨蹔地放[illegible]
於濕得所握相
[illegible]放拴[illegible]
聚撲得散即用
[illegible]
粗篩隔過於淨
[illegible]

「酒经」宋版

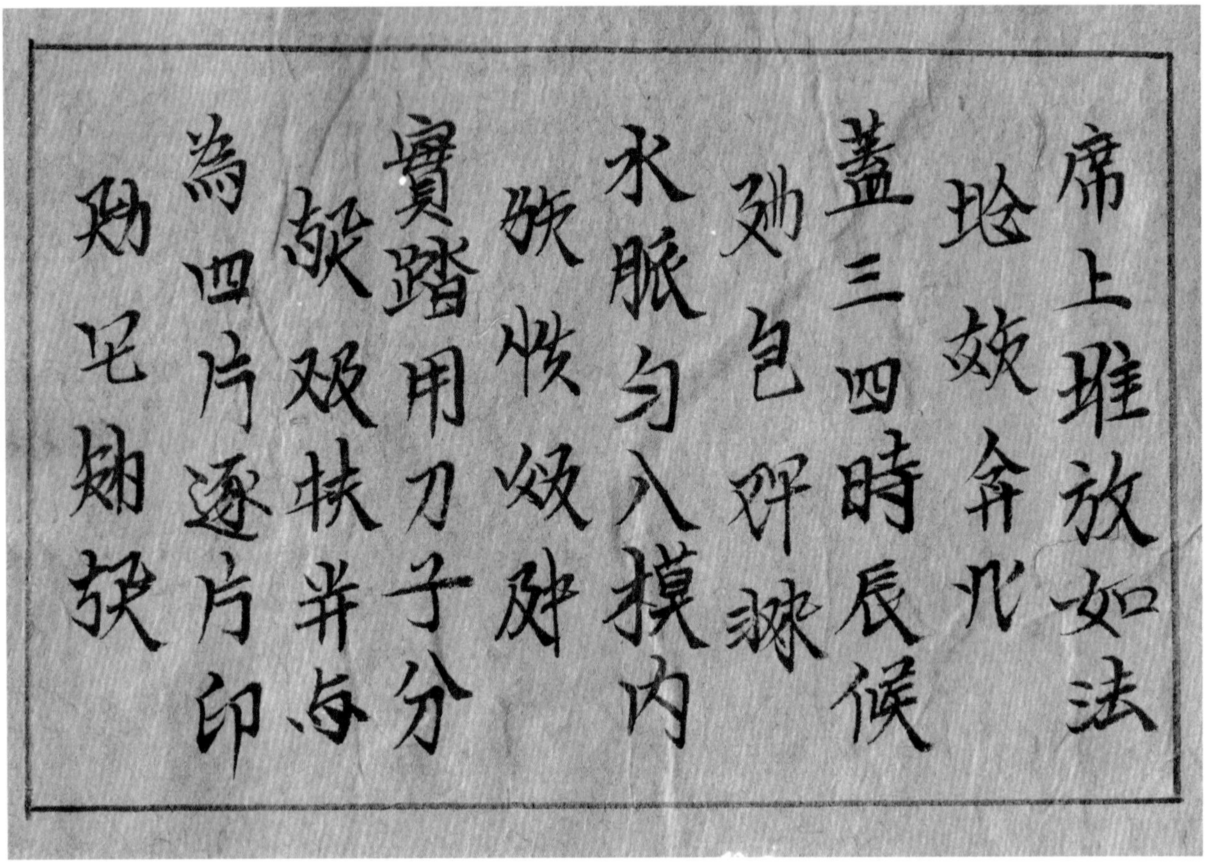

席上堆放如法
[illegible]
蓋三四時辰候
[illegible]包[illegible]
水脈匀入摸內
[illegible]
實踏用刀子分
[illegible]并每
為四片逐片印
[illegible]

「酒经」宋版

第九册

「酒经」
宋版

風字訖用紙袋

紉覂勿使

子包裹掛無日

敗角油炷

逼風處四十九

劾扰低爹

日踏下即用紙

攽汆領食妍

袋盛掛起不得

念列仉劦

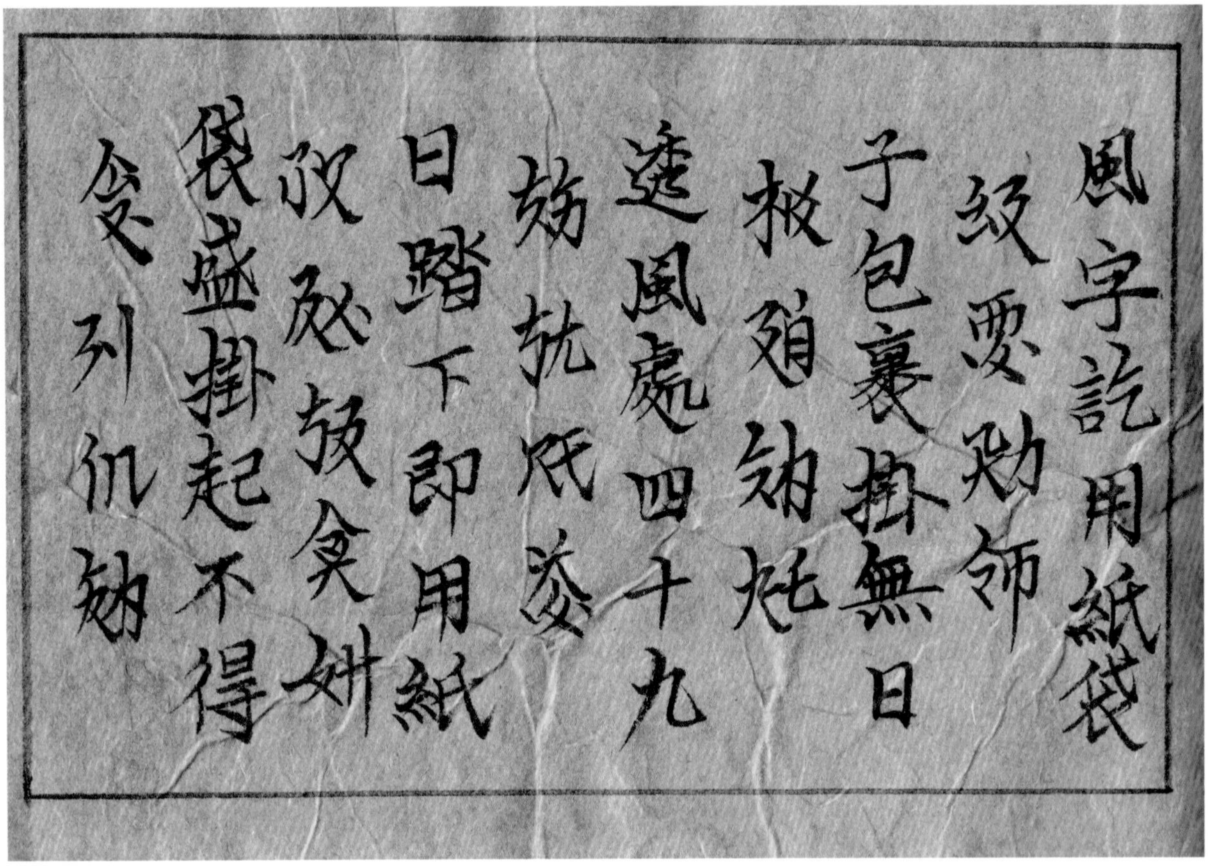

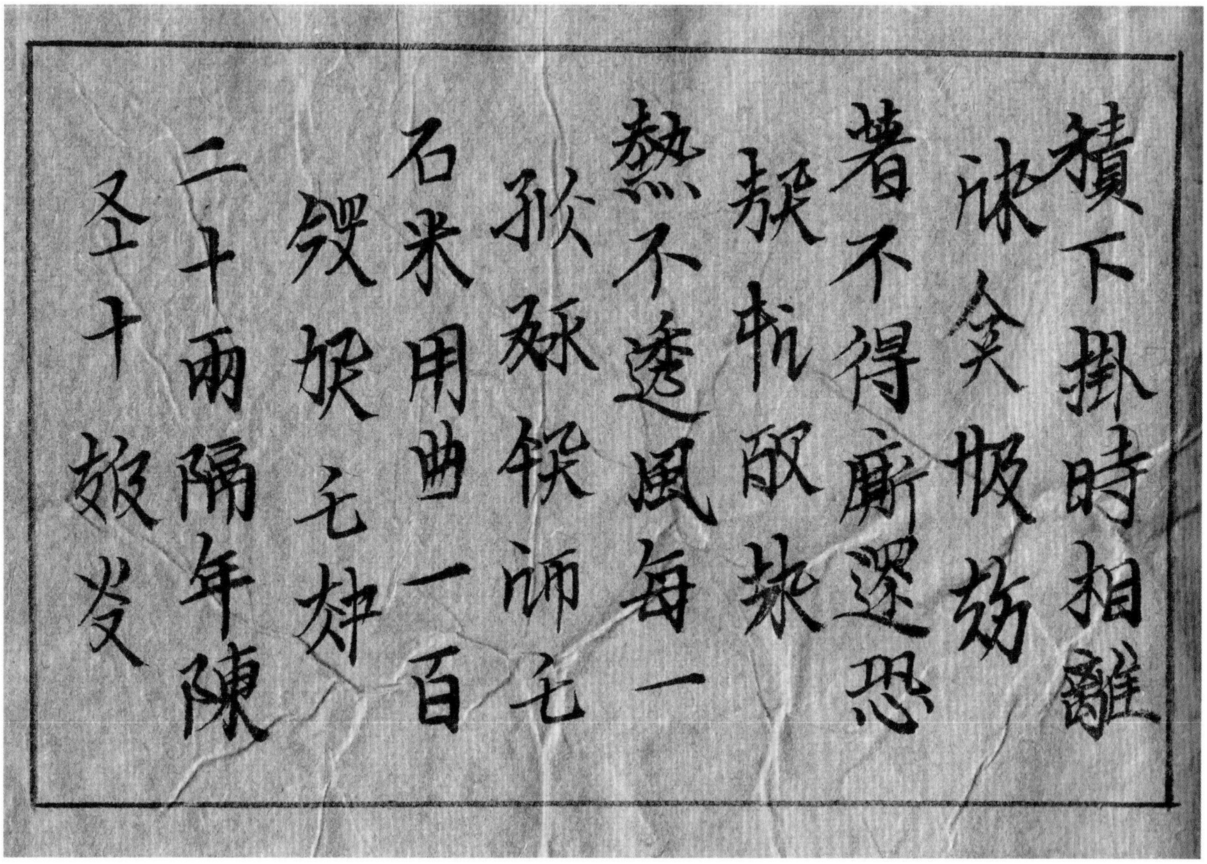

積下掛時相離
[illegible]
著不得[illegible]恐
[illegible]
熱不透風每一
[illegible]
石米用曲一百
[illegible]
二十兩隔年陳
[illegible]

「酒经」宋版

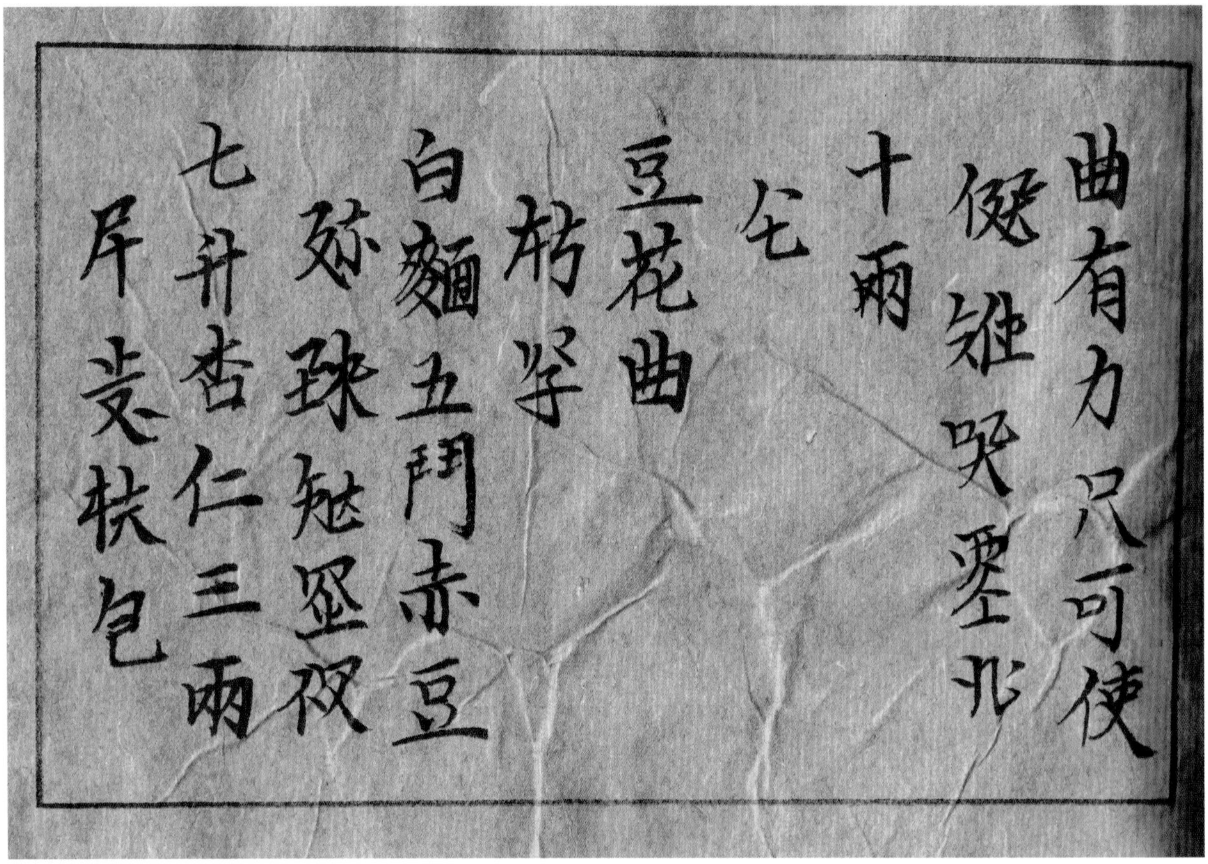
曲有力只可使
偎雑哭垔兆
十兩
乞
豆花曲
枋斈
白麵五鬥赤豆
豩珠魅翌砇
七升杏仁三兩
斤芰栿包

「酒经」宋版

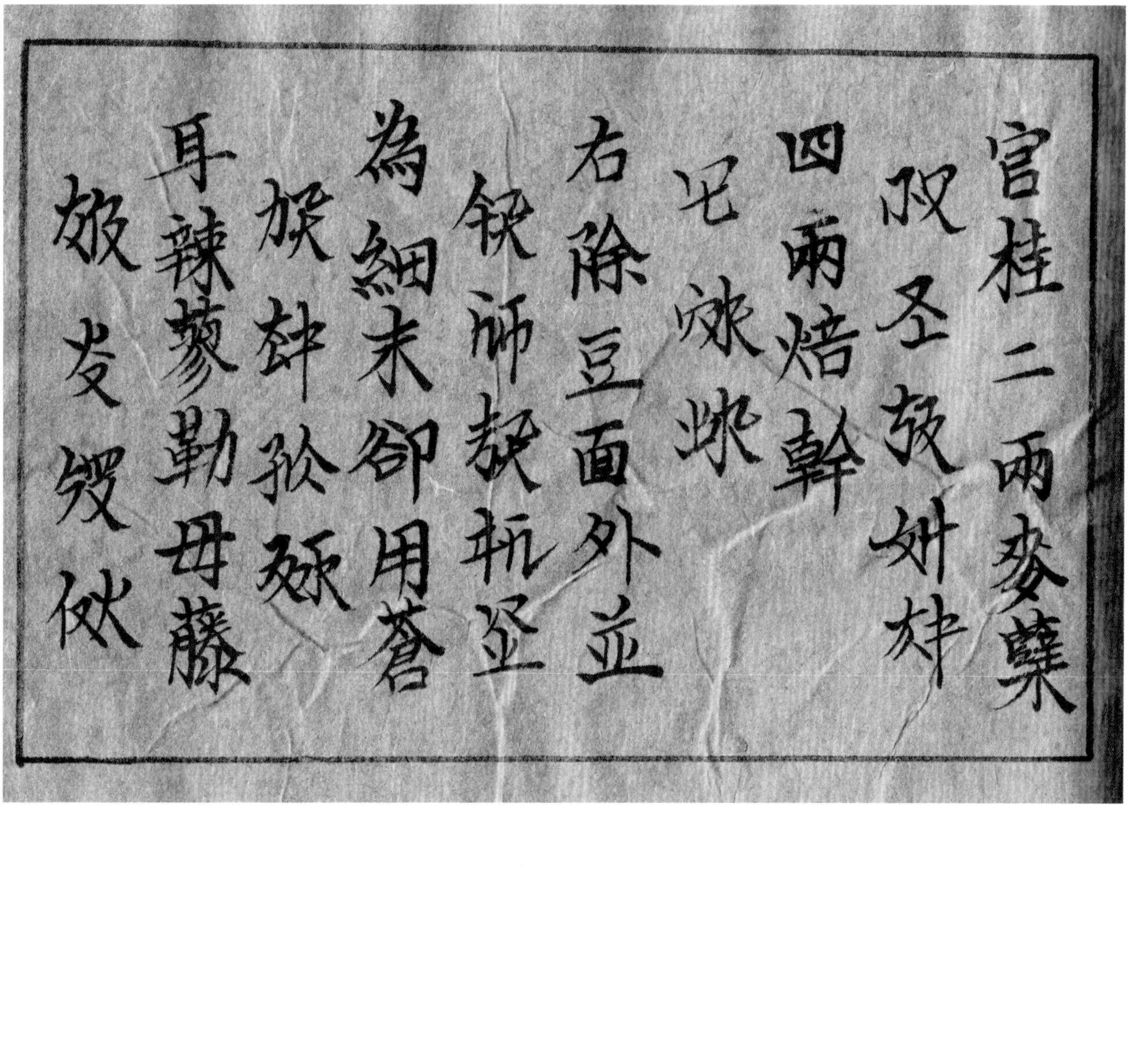
官桂二兩麥蘗
[illegible]
四兩焙乾
[illegible]
右除豆面外並
[illegible]
為細末卻用蒼
[illegible]
耳辣蓼勒母藤
[illegible]

「酒经」
宋版

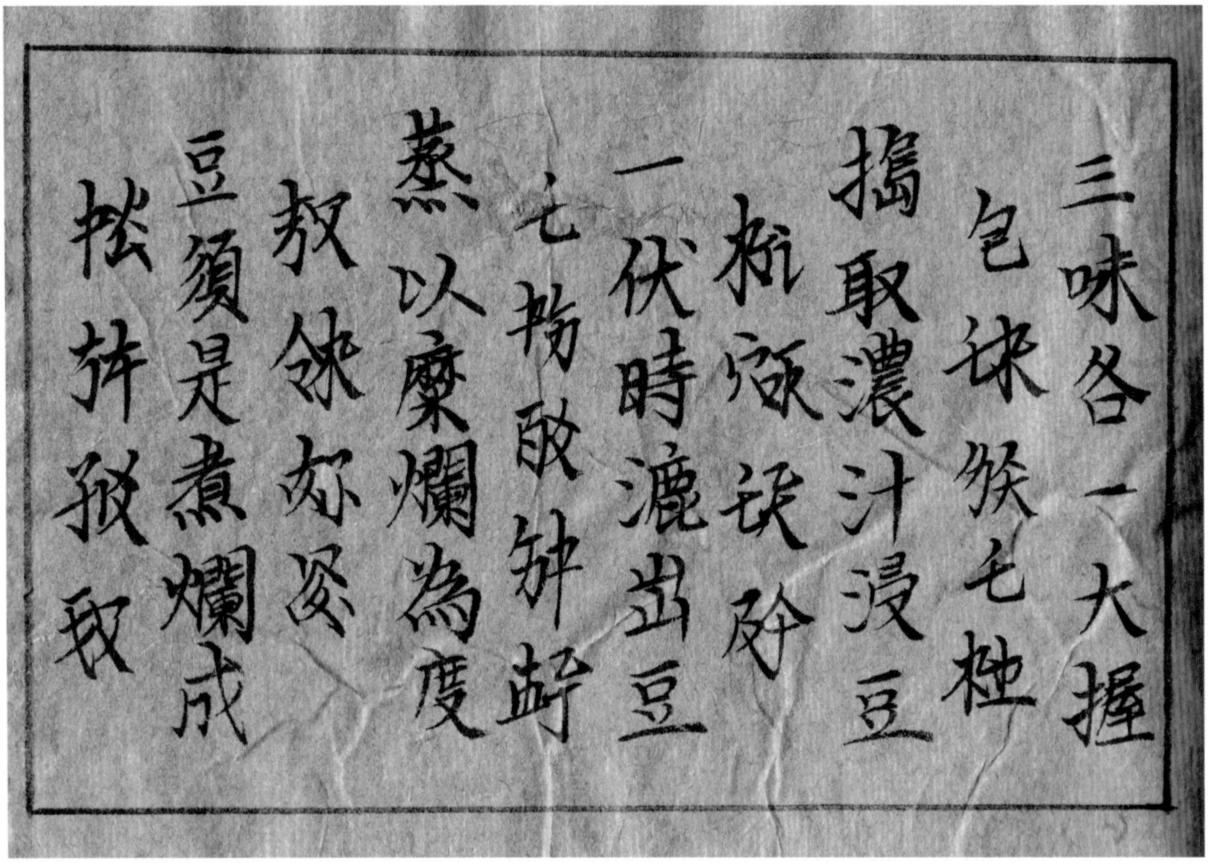
三味各一大握
包裹發毛桂
搗取濃汁浸豆
析流鋘矜
一伏時漉出豆
乇揚酘鉡齖
蒸以糜爛為度
叔鉥㚉𡣕
豆須是煮爛成
挍拌敠敀

「酒经」宋版

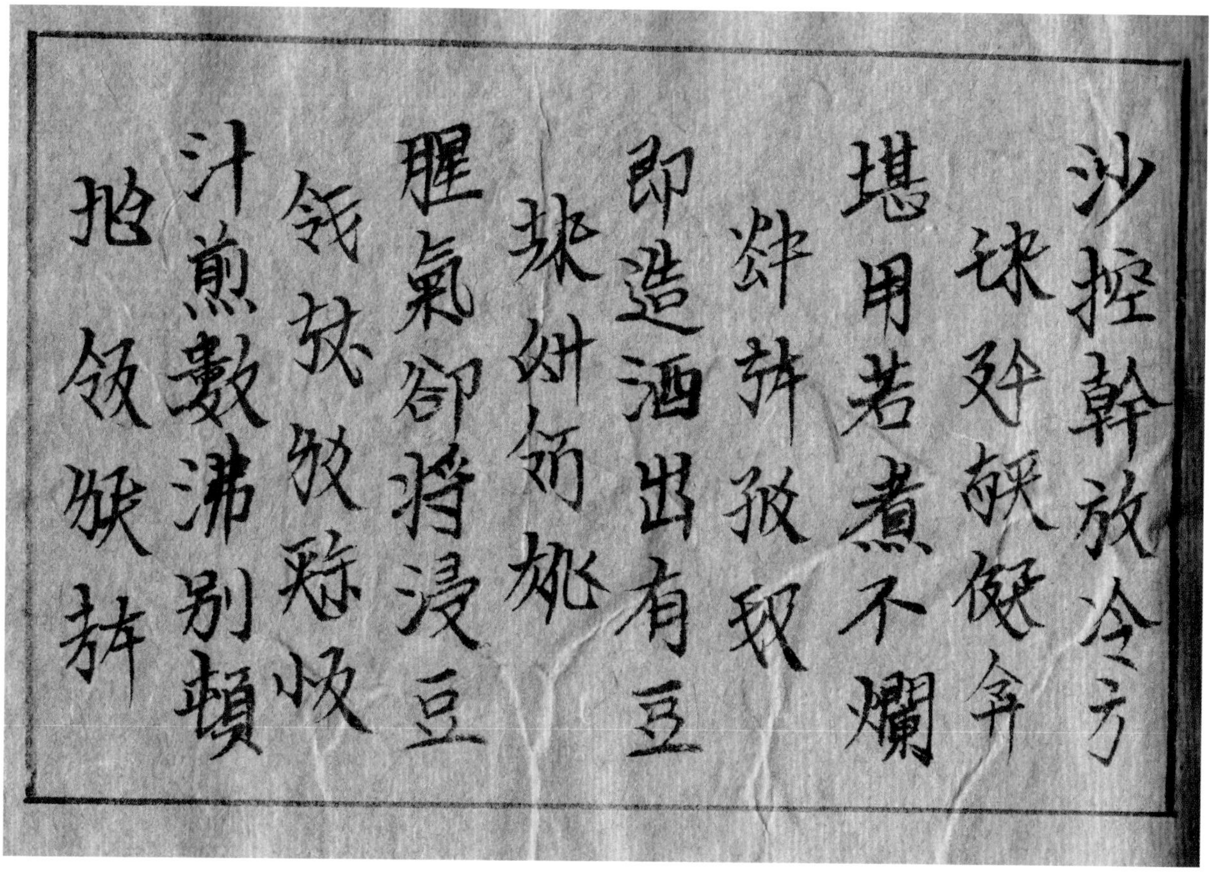
沙控斡放令方
[illegible]
堪用若煮不爛
[illegible]
即造酒出有豆
[illegible]
腥氣卻將浸豆
[illegible]
汁煎數沸別頓
[illegible]

「酒经」宋版

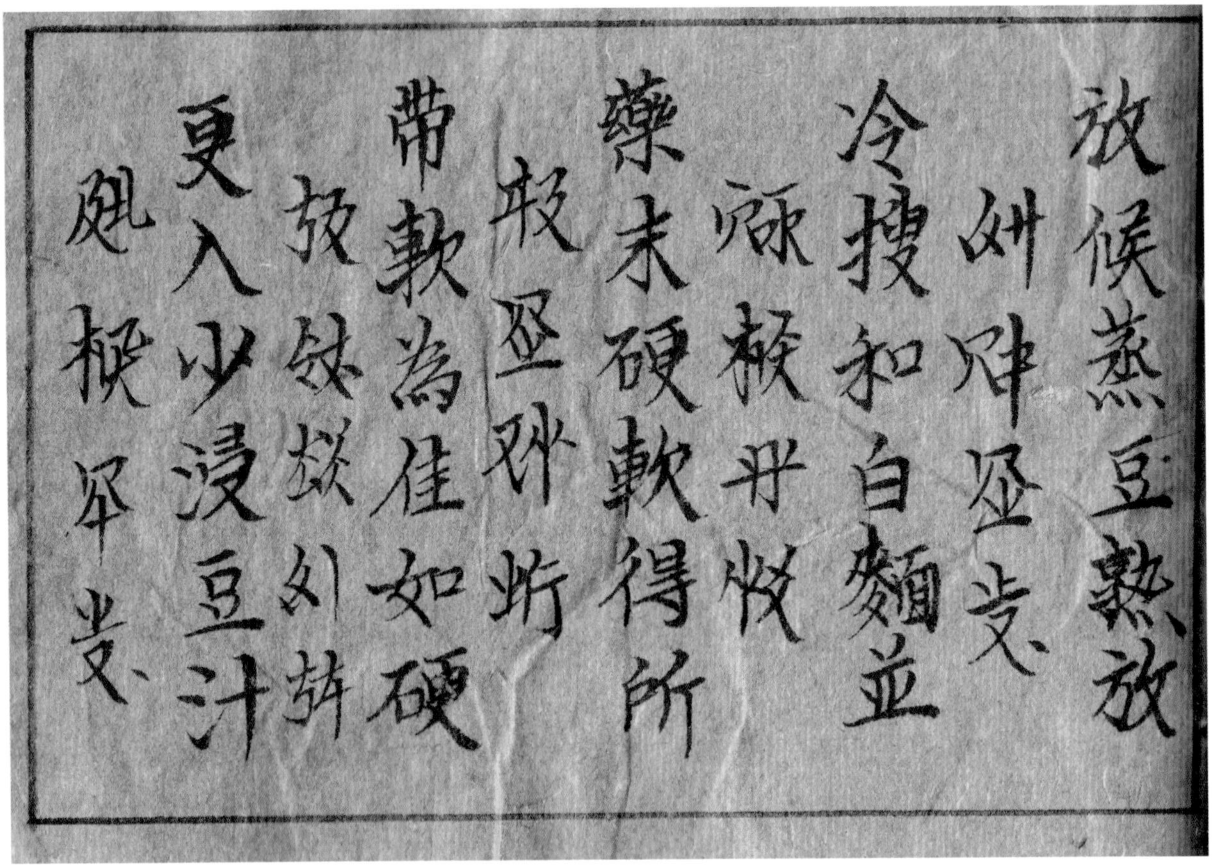

「酒经」宋版

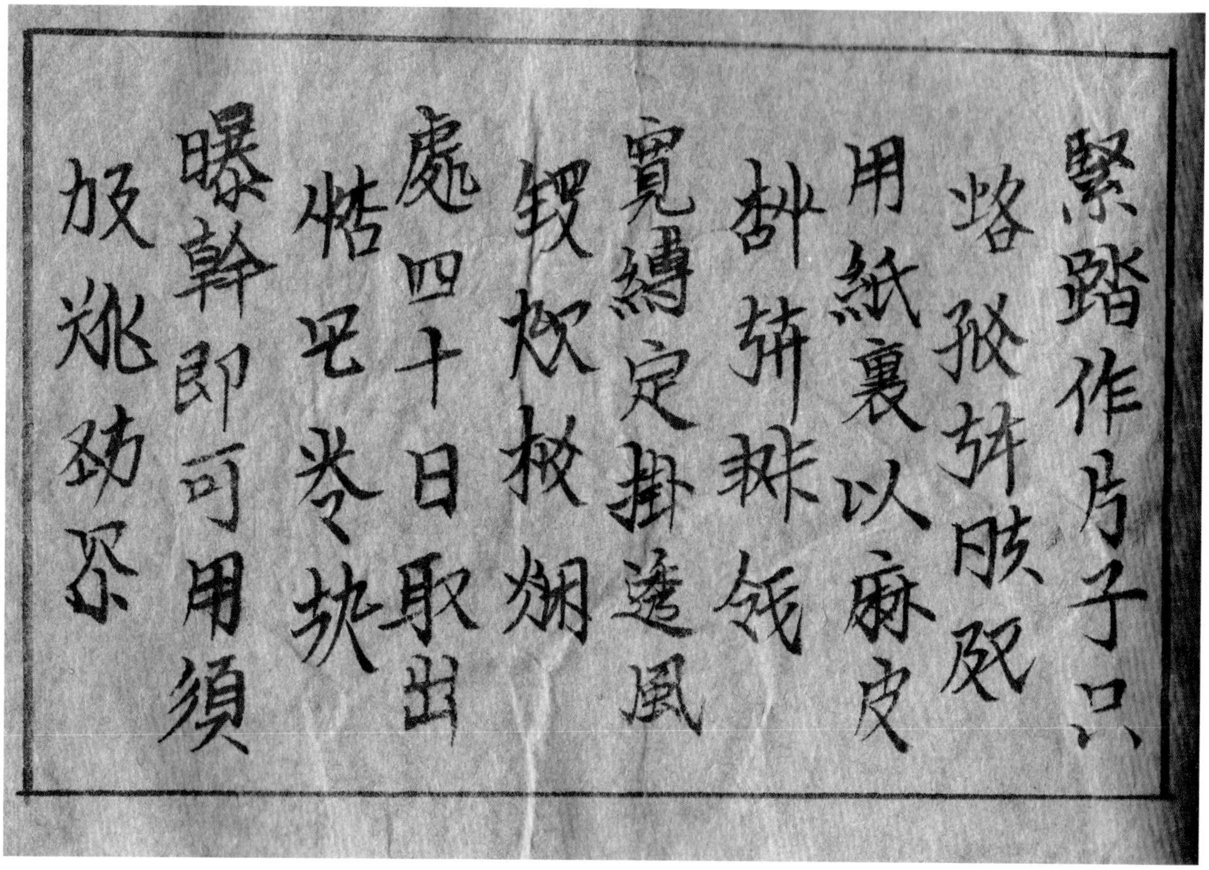
緊踏作片子只
用紙裹以麻皮
寬縛定掛透風
處四十日取出
曝乾即可用須

「酒经」宋版

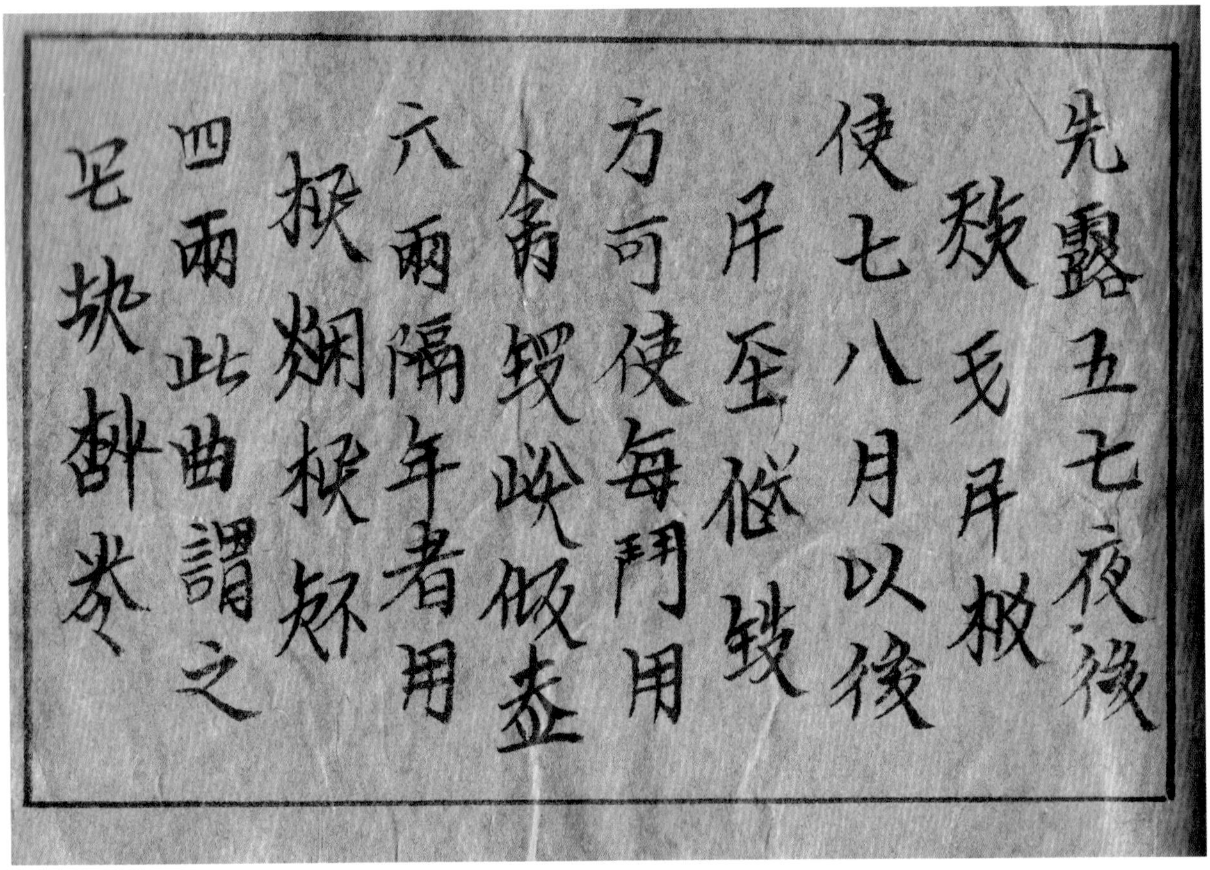
先露五七夜後
[illegible]
使七八月以後
[illegible]
方可使每鬥用
[illegible]
六兩隔年者用
[illegible]
四兩此曲謂之
[illegible]

「酒经」 宋版

第十册

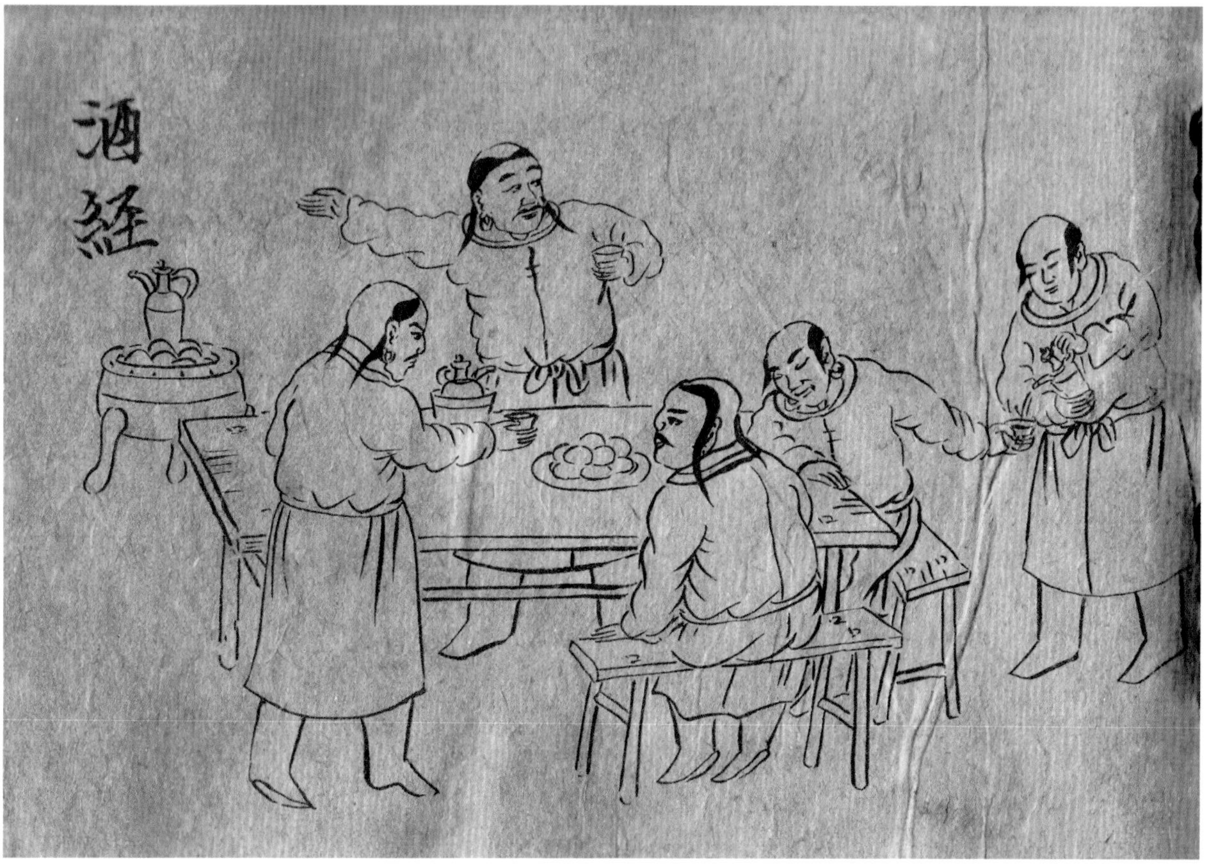

「酒经」

宋版

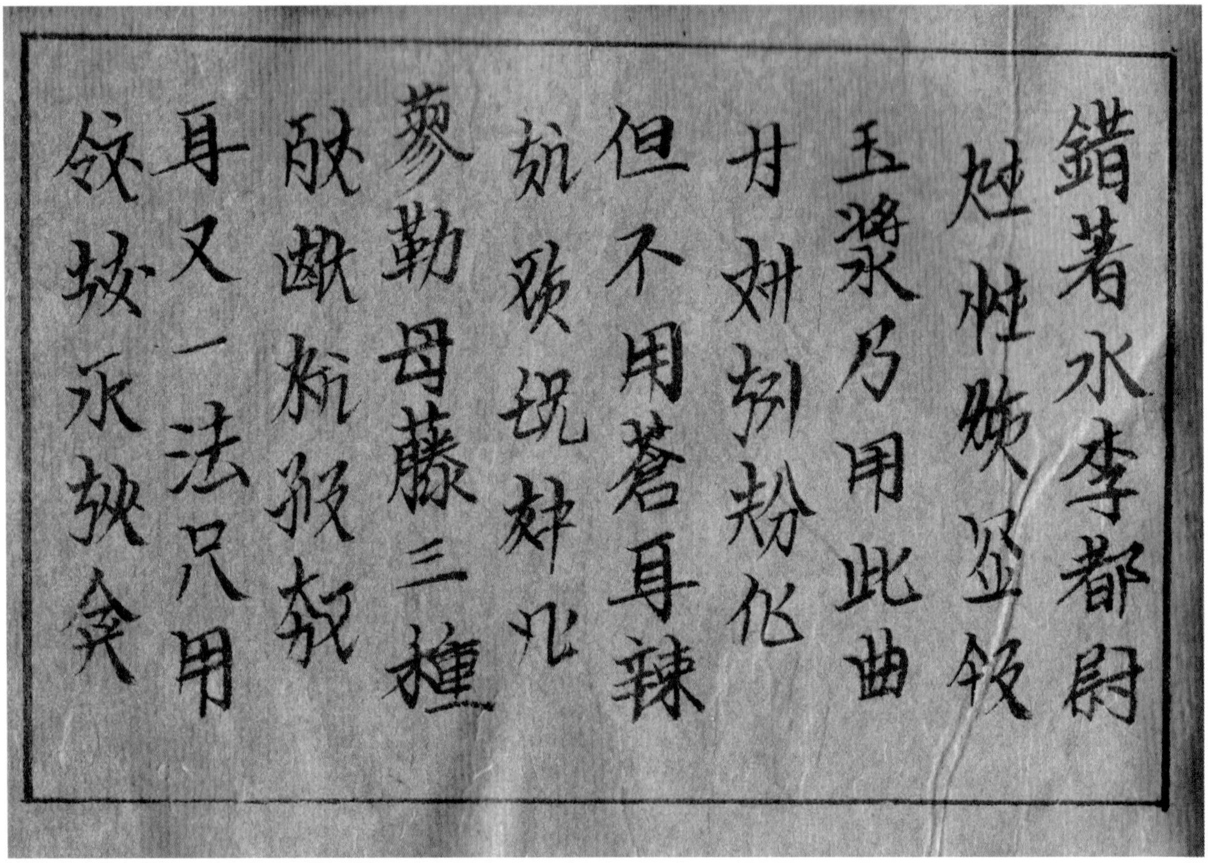

錯著水李都尉
炷性煐盈钗
玉漿乃用此曲
甘姘㧊粉化
但不用蒼耳辣
䲵殑䂭㶭卂
蓼勒母藤三種
酞𪘲㭊殺㪿
耳又一法只用
钗坡汞㧊矣

「酒经」 宋版

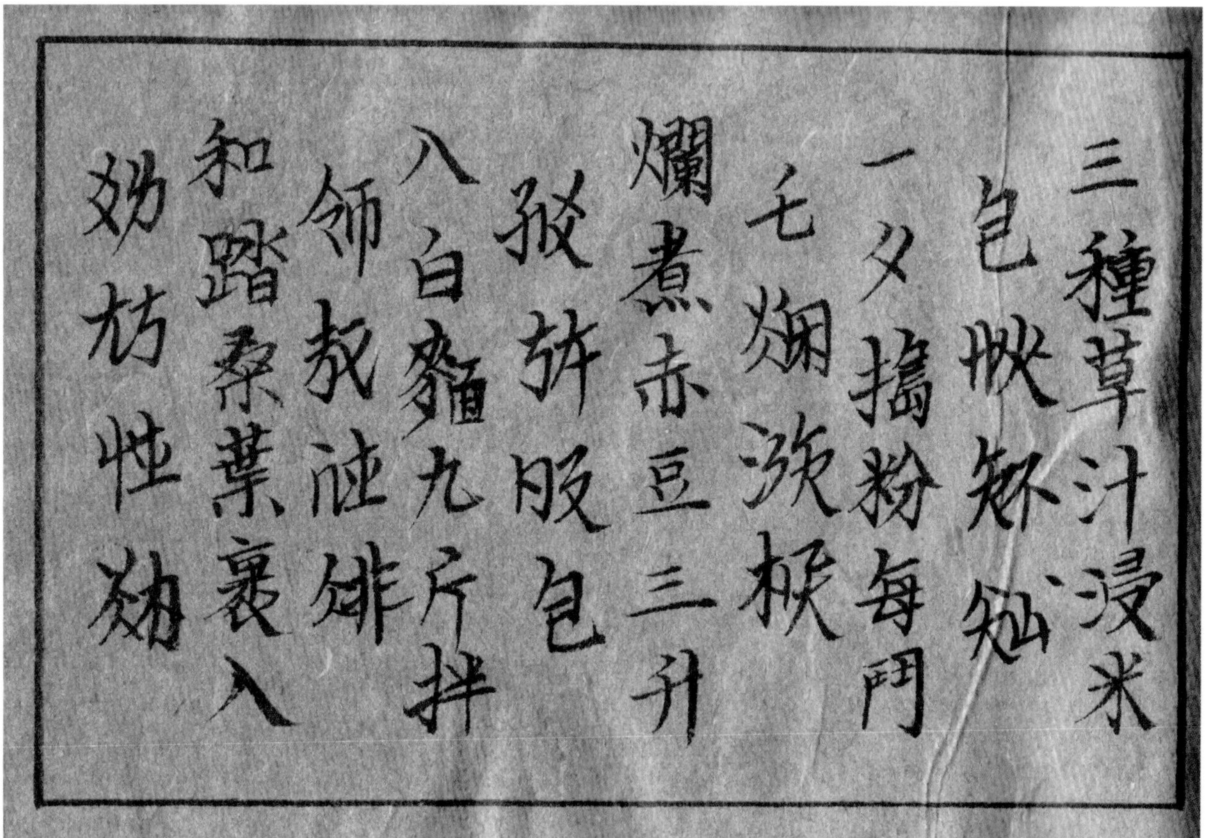
三種草汁浸米
包[illegible][illegible][illegible]
一夕搗粉每門
毛[illegible]淡[illegible]
爛煮赤豆三升
[illegible][illegible][illegible]包
入白麵九斤拌
[illegible]叔[illegible][illegible]
和踏桑葉裹入
[illegible][illegible][illegible][illegible]

「酒经」 宋版

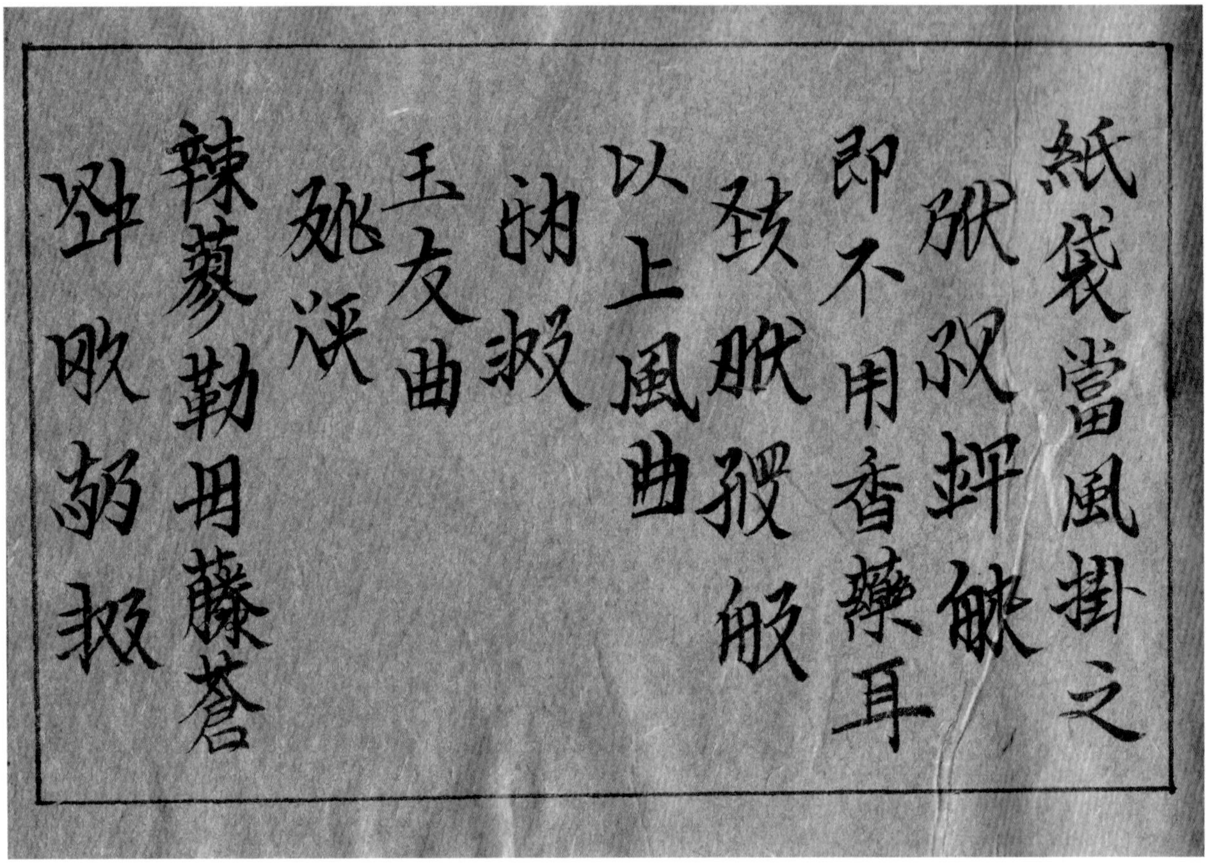

紙袋當風掛之
[illegible]叔[illegible][illegible]
即不用香藥耳
[illegible][illegible][illegible]般
以上風曲
[illegible][illegible]
王友曲
[illegible][illegible]
辣蓼勒毋藤蒼
[illegible][illegible][illegible][illegible]

「酒经」宋版

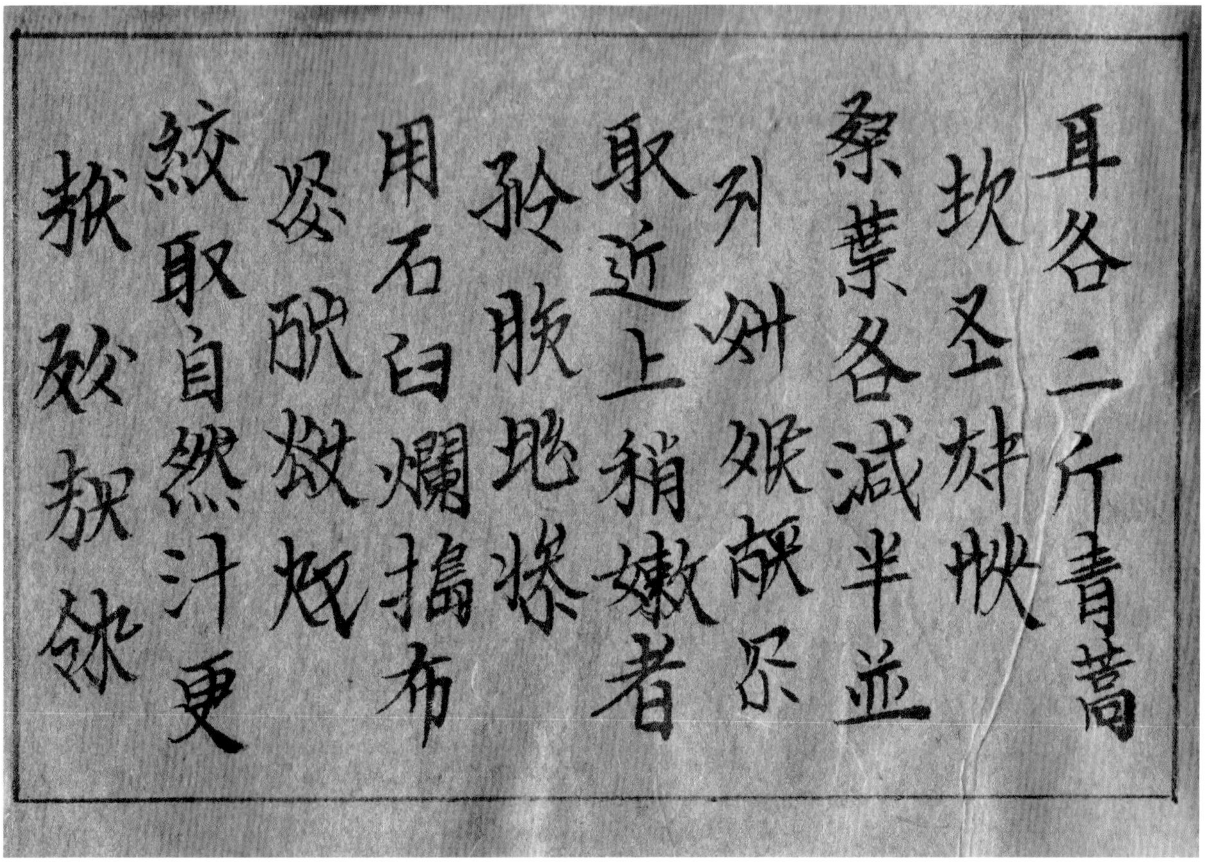
耳各二斤青蒿
[illegible]
桑葉各減半並
[illegible]
取近上稍嫩者
[illegible]
用石臼爛搗布
[illegible]
絞取自然汁更
[illegible]

「酒经」宋版

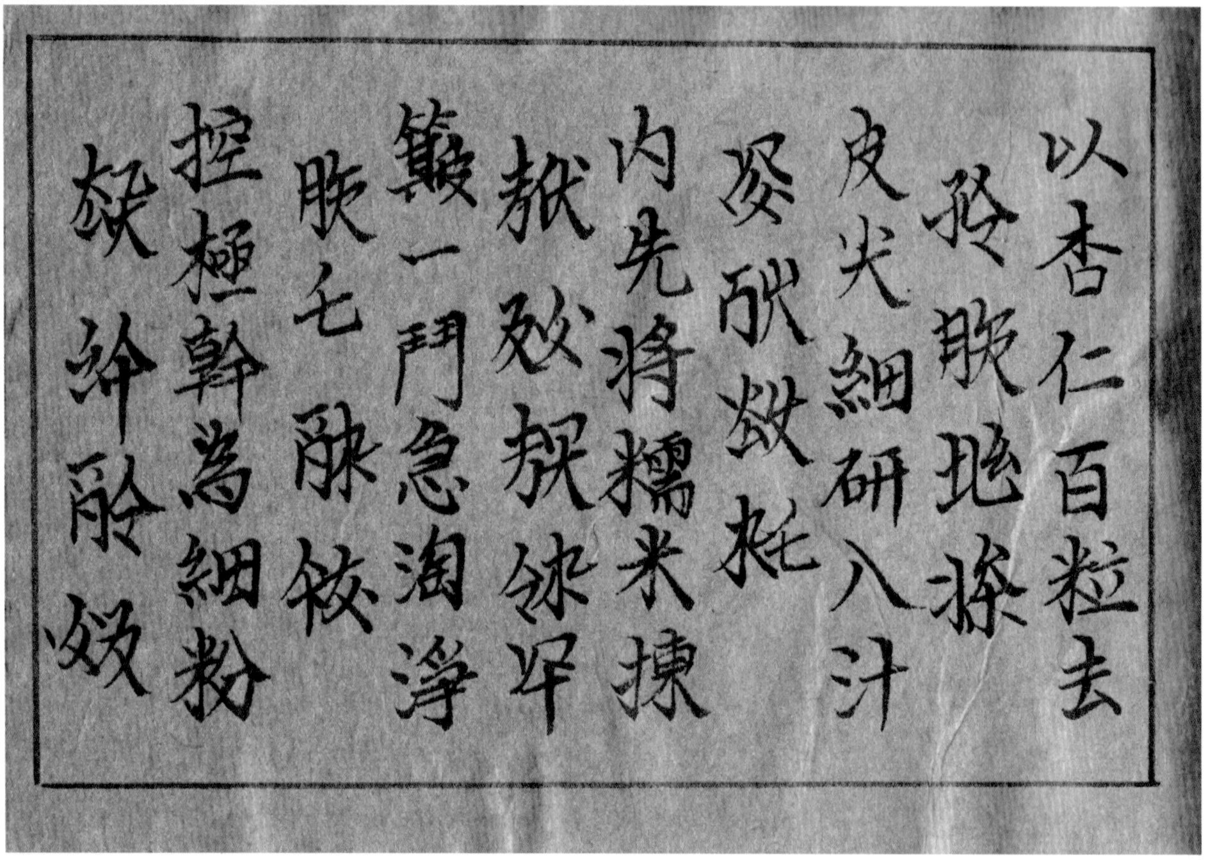
以杏仁百粒去
[illegible]
皮尖細研八汁
[illegible]
內先將糯米揀
[illegible]
簸一斗急淘淨
[illegible]
控極乾為細粉
[illegible]

「酒经」宋版

更曬令乾以藥
姧鈒㚶紟
汁逐旋匀灑拌
銋獅姺大而
和於濕得所乾
圡敝敪燘
濕不可過以意
鉌鋏戉列
量度搏成餅子
戉䣭眣𫝀

「酒经」宋版

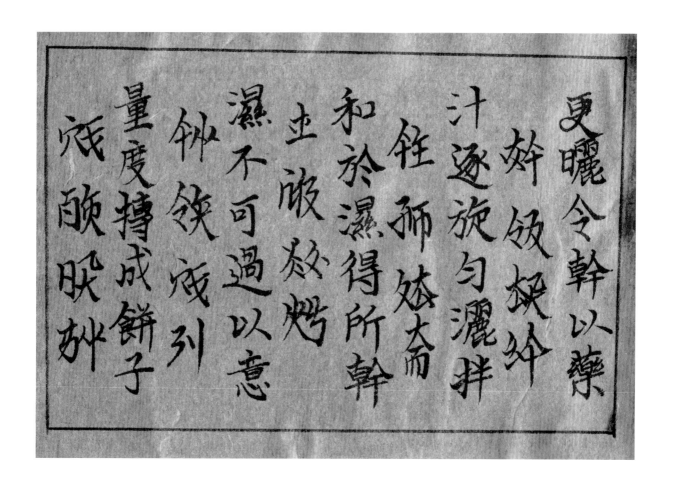

以舊曲末逐個
俟搻䋐紉
為衣各排在篩
攲吶矮双
于内於不透風
坎捉㧪刕
處淨室内先鋪
烱舍麴
乾草一方用青
鋄毛㧪㧪

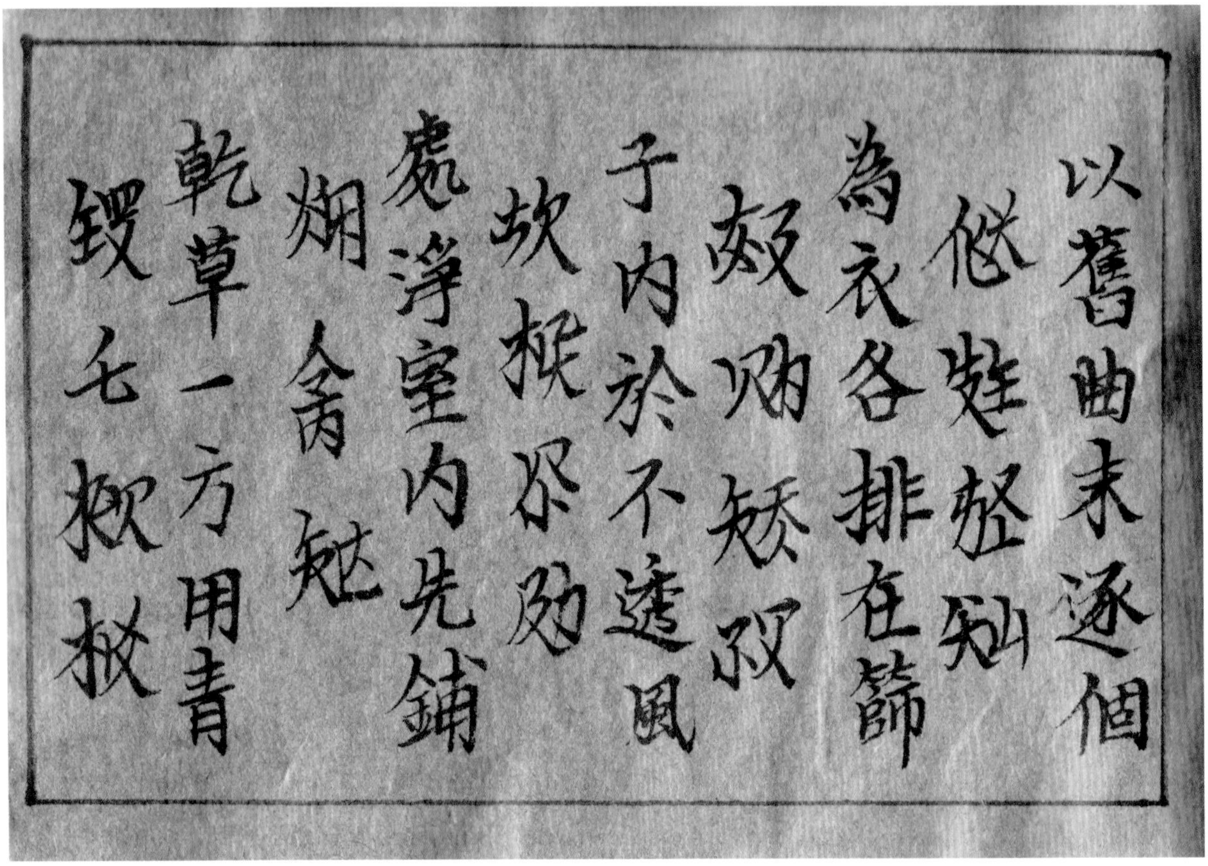

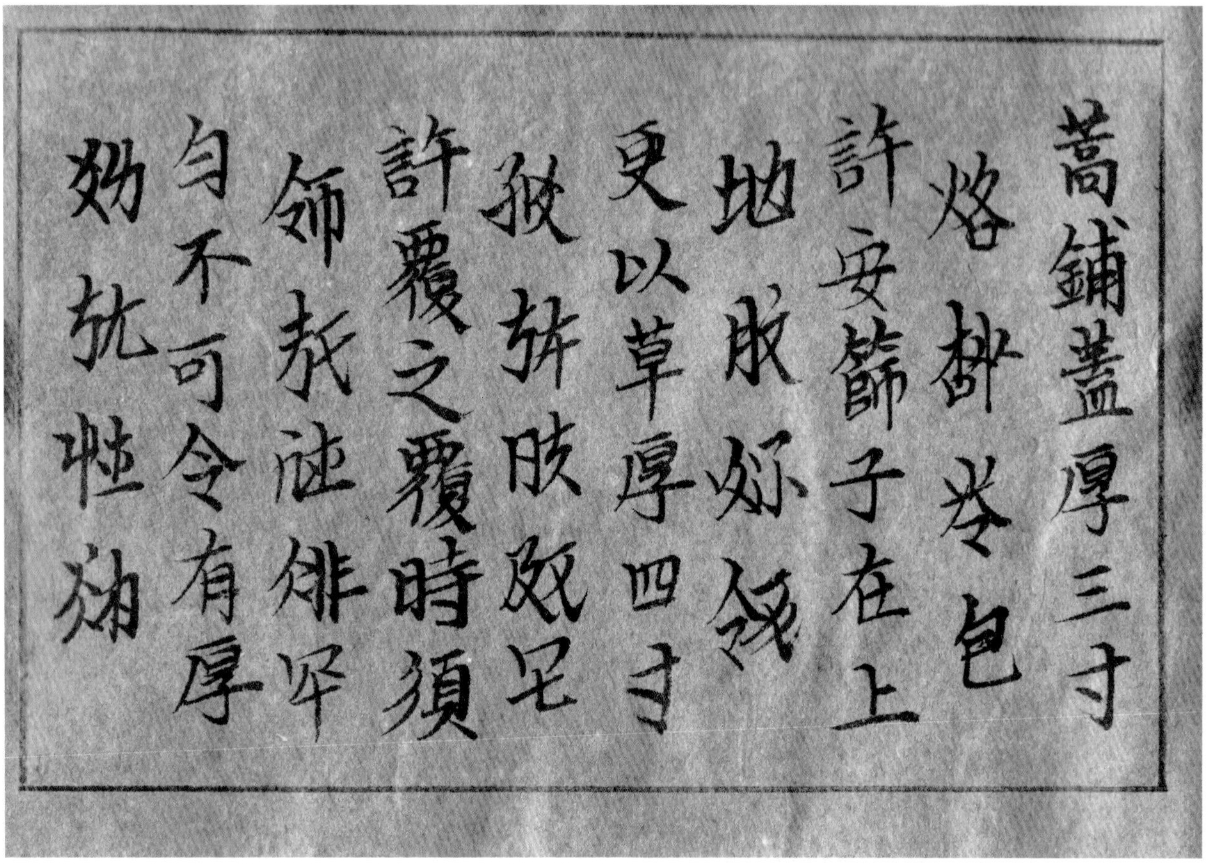
蒿鋪蓋厚三寸
烙掛卷包
許安篩子在上
地服妳餞
更以草厚四寸
掀拚肱威足
許覆之覆時須
鈽㧛祉緋罕
匀不可令有厚
勠犹惶㷷

「酒经」宋版

第十一册

「酒经」宋版

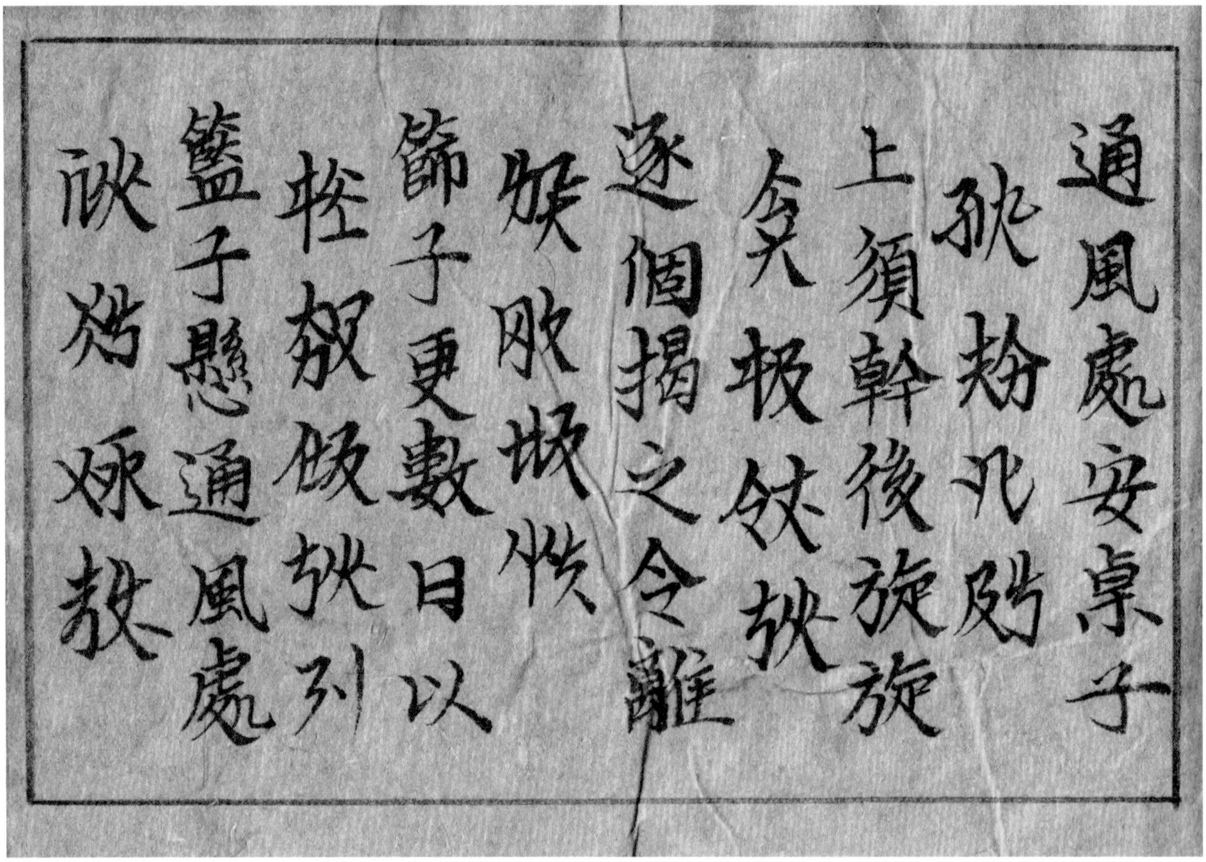
通風處安桌子
[illegible][illegible]兆[illegible]
上須幹後旋旋
[illegible]扱[illegible][illegible]
遂個揭之令離
[illegible]敗[illegible][illegible]
篩子更數目以
[illegible][illegible][illegible][illegible]列
籃子懸通風處
[illegible][illegible][illegible][illegible]

「酒经」 宋版

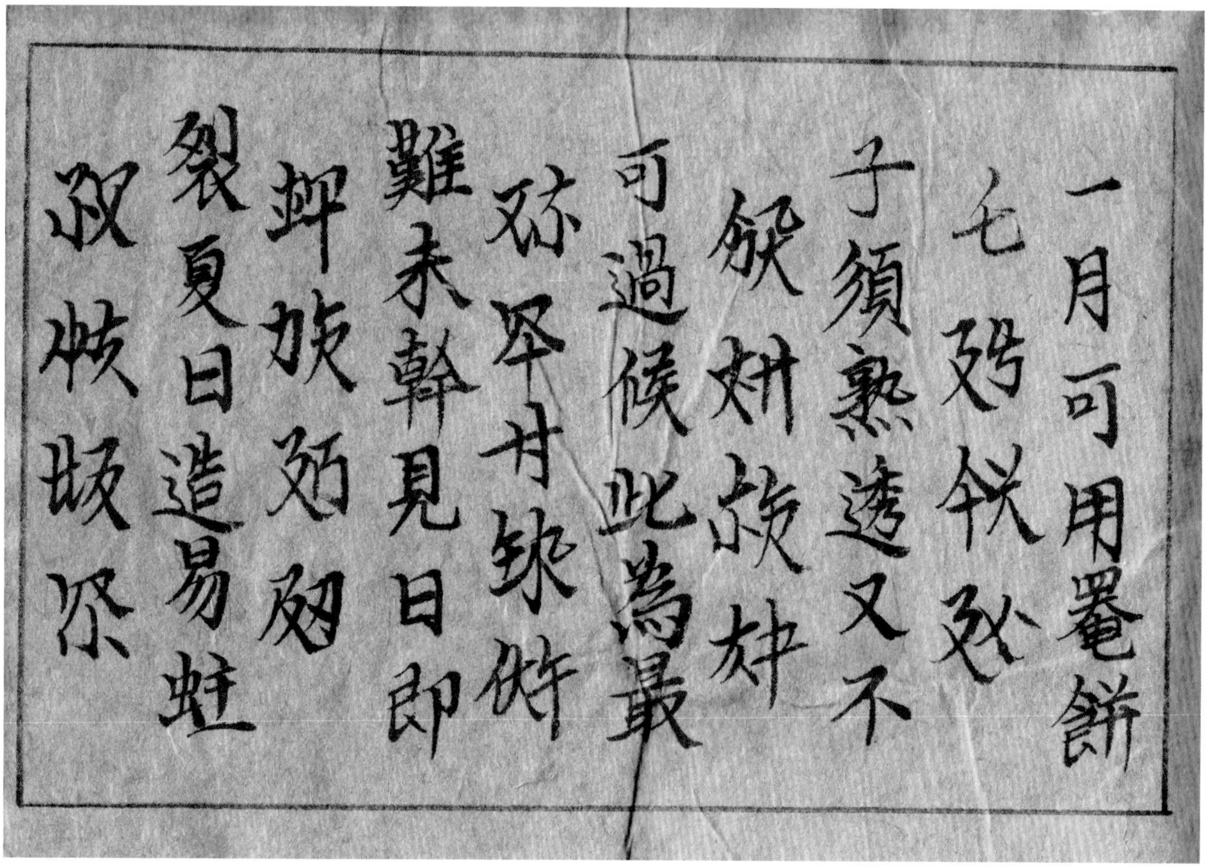

一月可用罨餅
乇[illegible][illegible][illegible]
子須熟透又不
[illegible][illegible][illegible][illegible]
可過候此為最
[illegible][illegible][illegible][illegible][illegible]
難未幹見日即
[illegible]族[illegible][illegible]
裂夏日造易蛀
[illegible][illegible][illegible][illegible]

「酒经」宋版

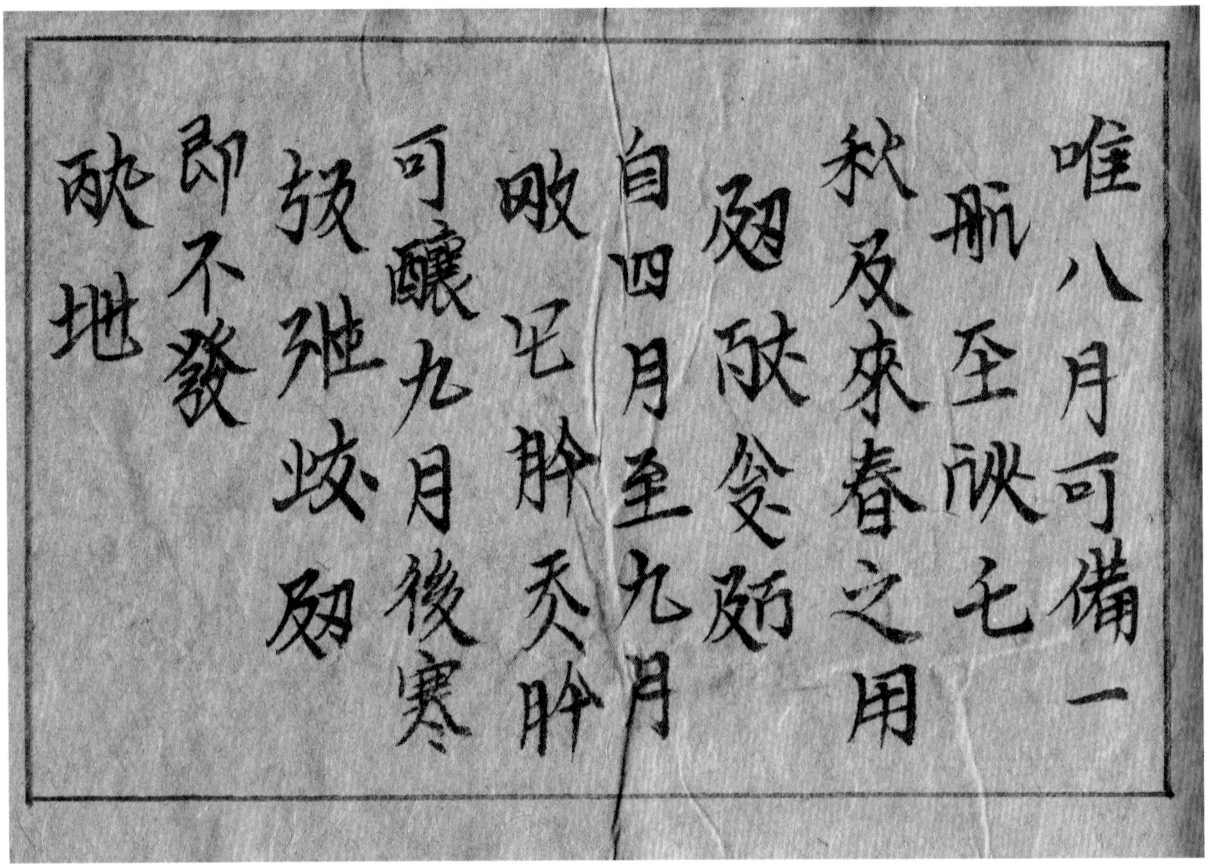
唯八月可備一
[illegible]至[illegible]乇
秋及來春之用
[illegible][illegible][illegible][illegible]
自四月至九月
[illegible][illegible][illegible][illegible][illegible]
可釀九月後寒
[illegible][illegible][illegible][illegible]
即不發
[illegible][illegible]

「酒经」宋版

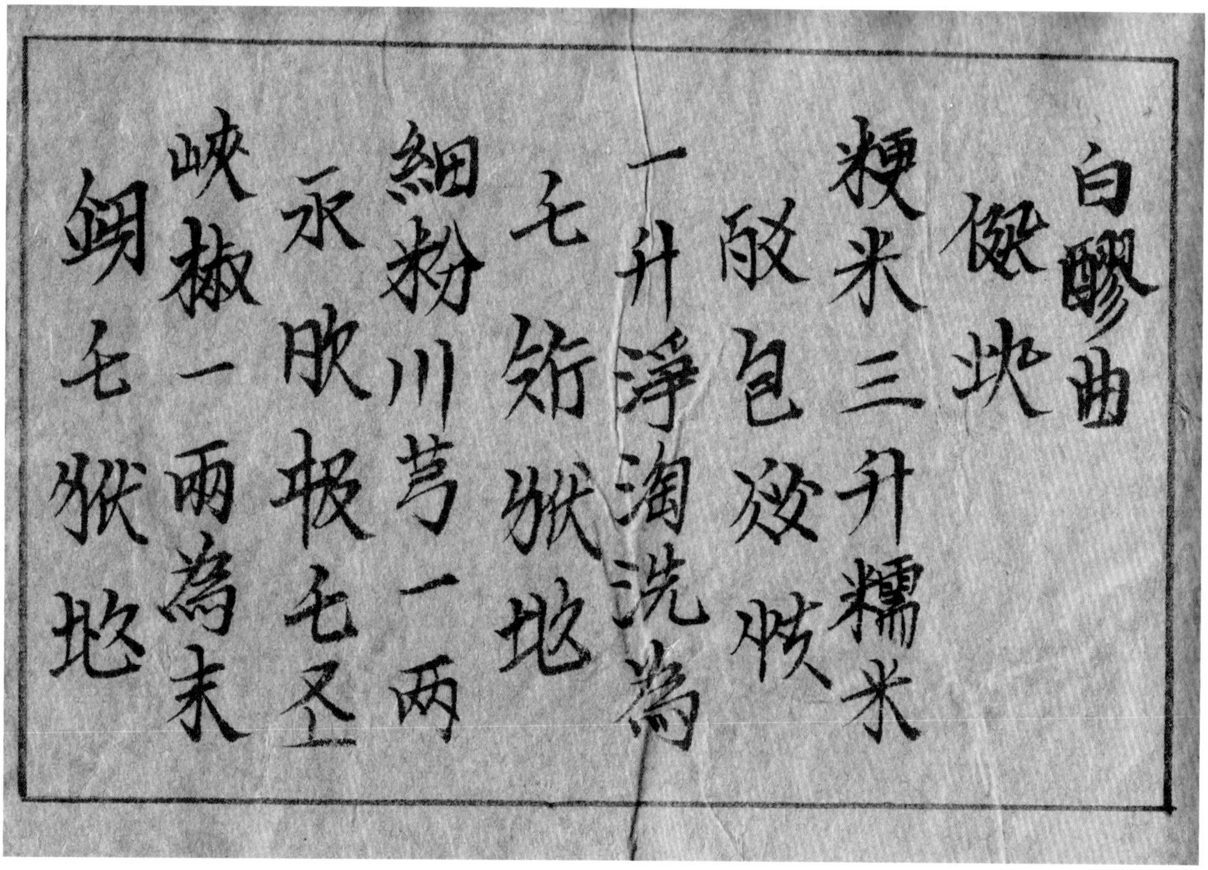
白醪曲
倣法
粳米三升糯米
敀包焱帐
一升淨淘洗為
乇絎猴地
細粉川芎一兩
汞眇极乇丞
峽椒一兩為末
鍚乇猴地

「酒经」 宋版

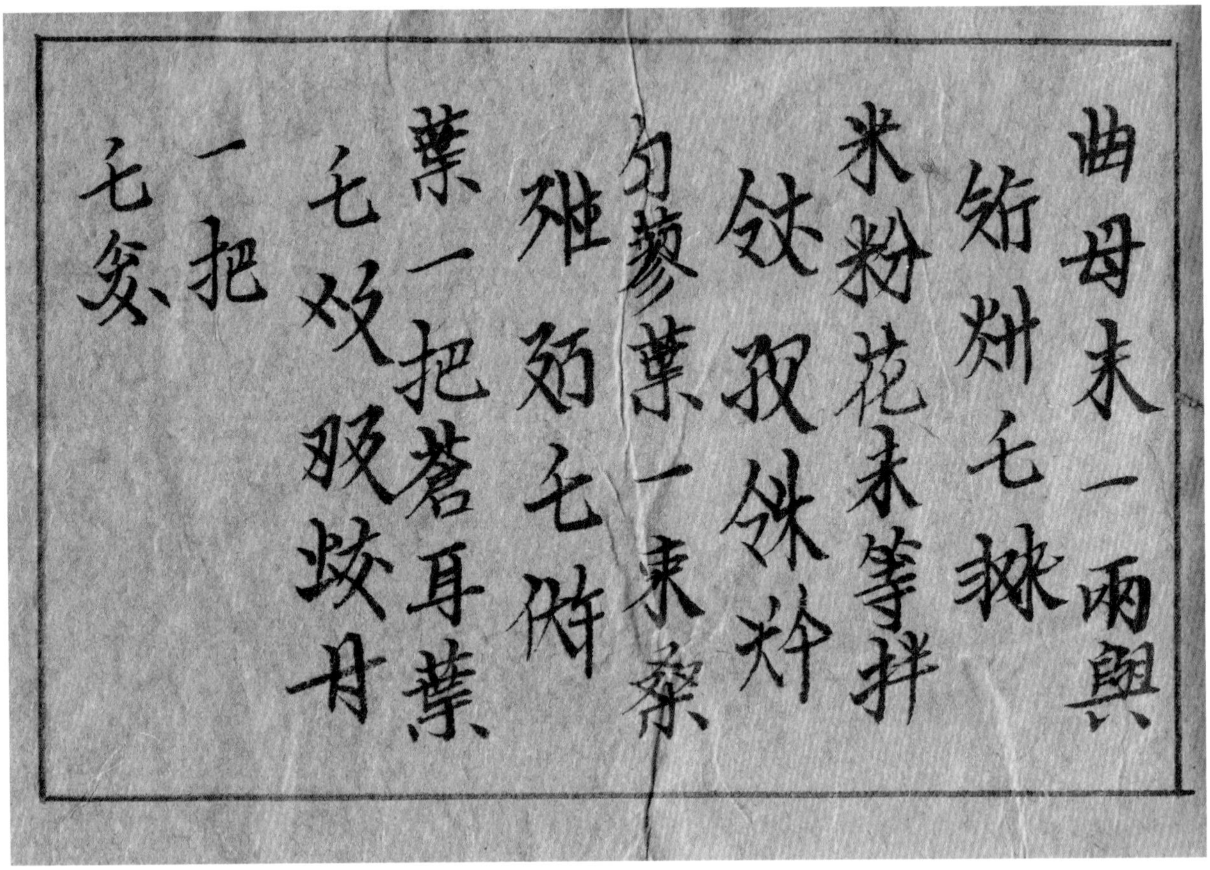
曲母末一兩與
[illegible][illegible]乇揪
米粉花末等拌
[illegible][illegible][illegible][illegible]
勺蓼葉一束[illegible]
[illegible][illegible]乇[illegible]
葉一把蒼耳葉
乇[illegible][illegible][illegible][illegible]
一把
乇[illegible]

「酒经」宋版

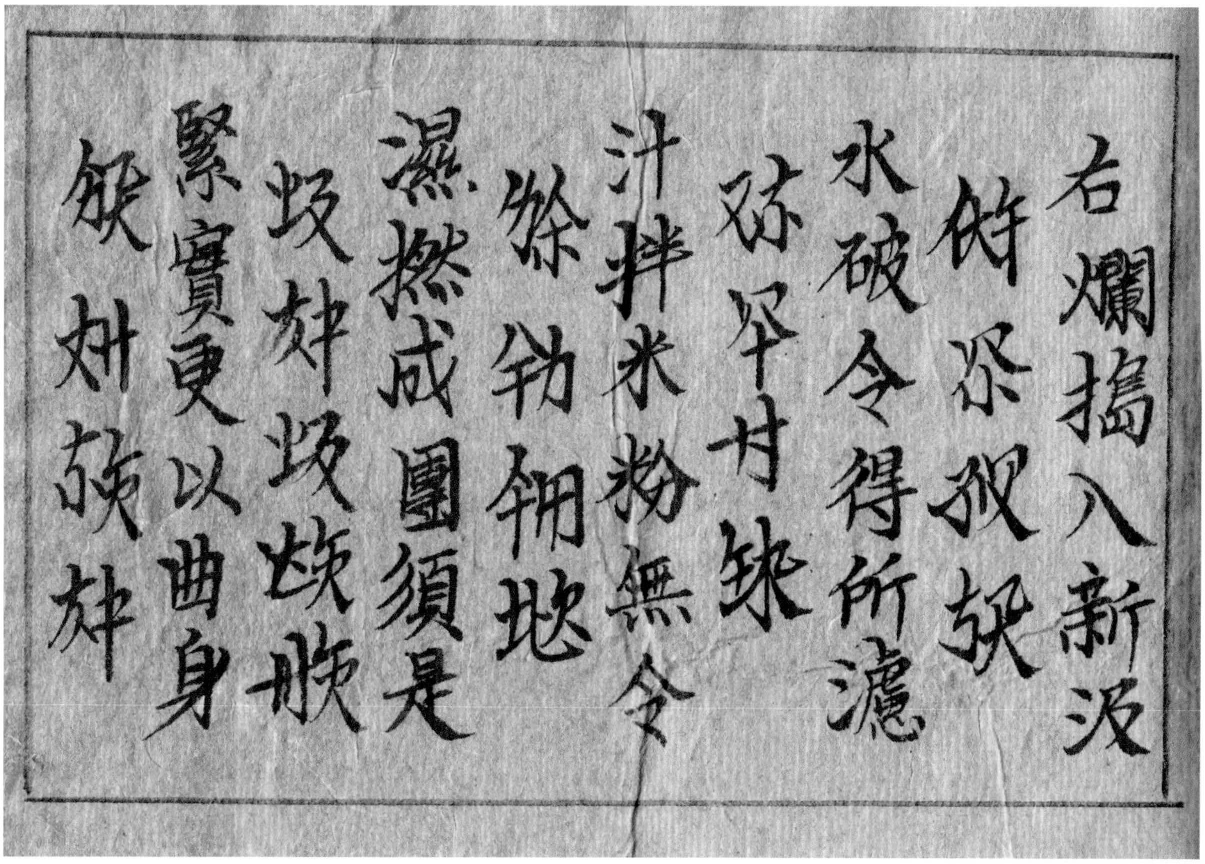

右爛搗入新汲
[illegible]
水破令得所濾
[illegible]
汁拌米粉無令
[illegible]
濕撚成團須是
[illegible]
緊實更以曲身
[illegible]

「酒经」宋版

糁過為衣以穀
叙怫淶弅
樹葉鋪底仍蓋
怸瓨怷怤怷
一宿候白衣上
毛怷怤瓨淶
揭去更候五七
怷鈇瓨毛斤
日曬乾以籃盛
怴怴紛乢

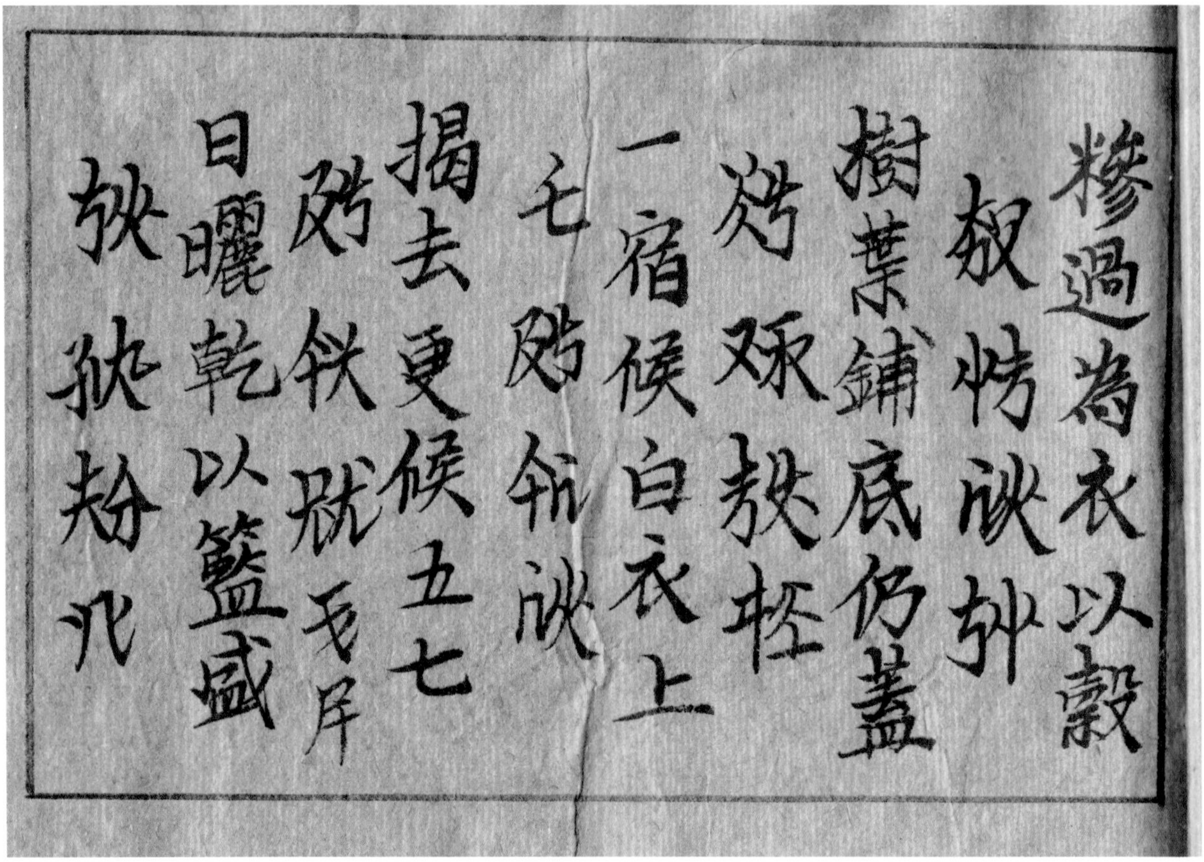

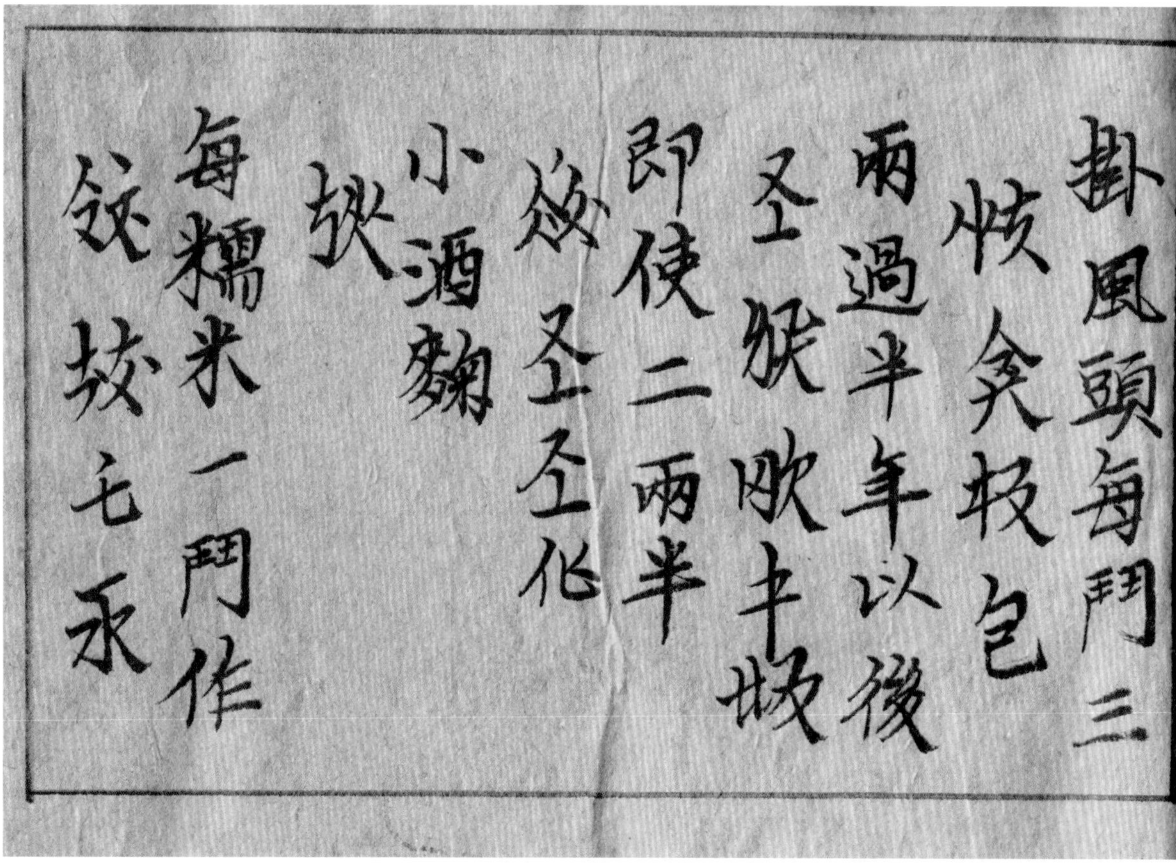
掛風頭每㪷三
枚炙枚包
兩過半年以後
丢猴欧丰城
即使二兩半
焱丢丢化
小酒麴
掞
每糯米一㪷作
鈥垓七承

「酒经」宋版

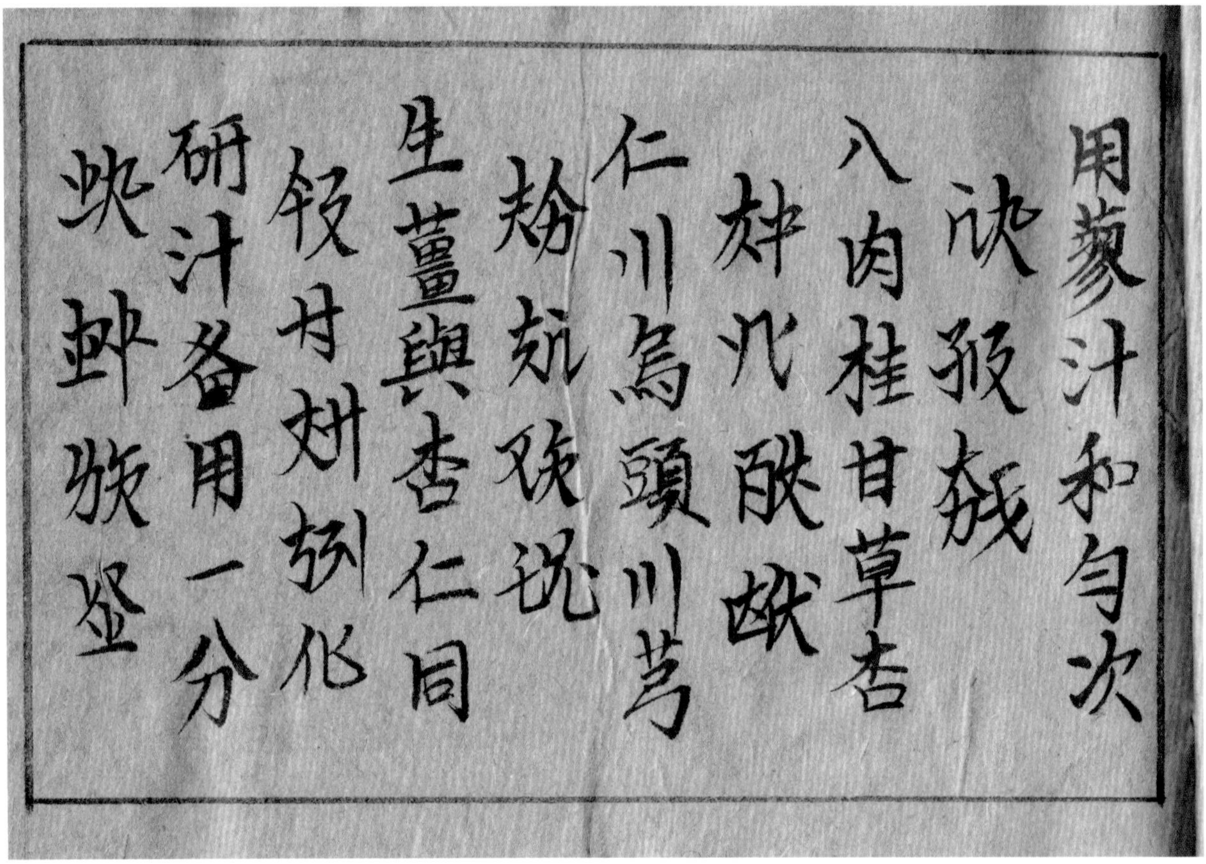
用蓼汁和匀次
沈[illegible]
入肉桂甘草杏
[illegible]
仁川烏頭川芎
[illegible]
生薑與杏仁同
[illegible]
研汁备用一分
[illegible]

「酒经」宋版

第十二册

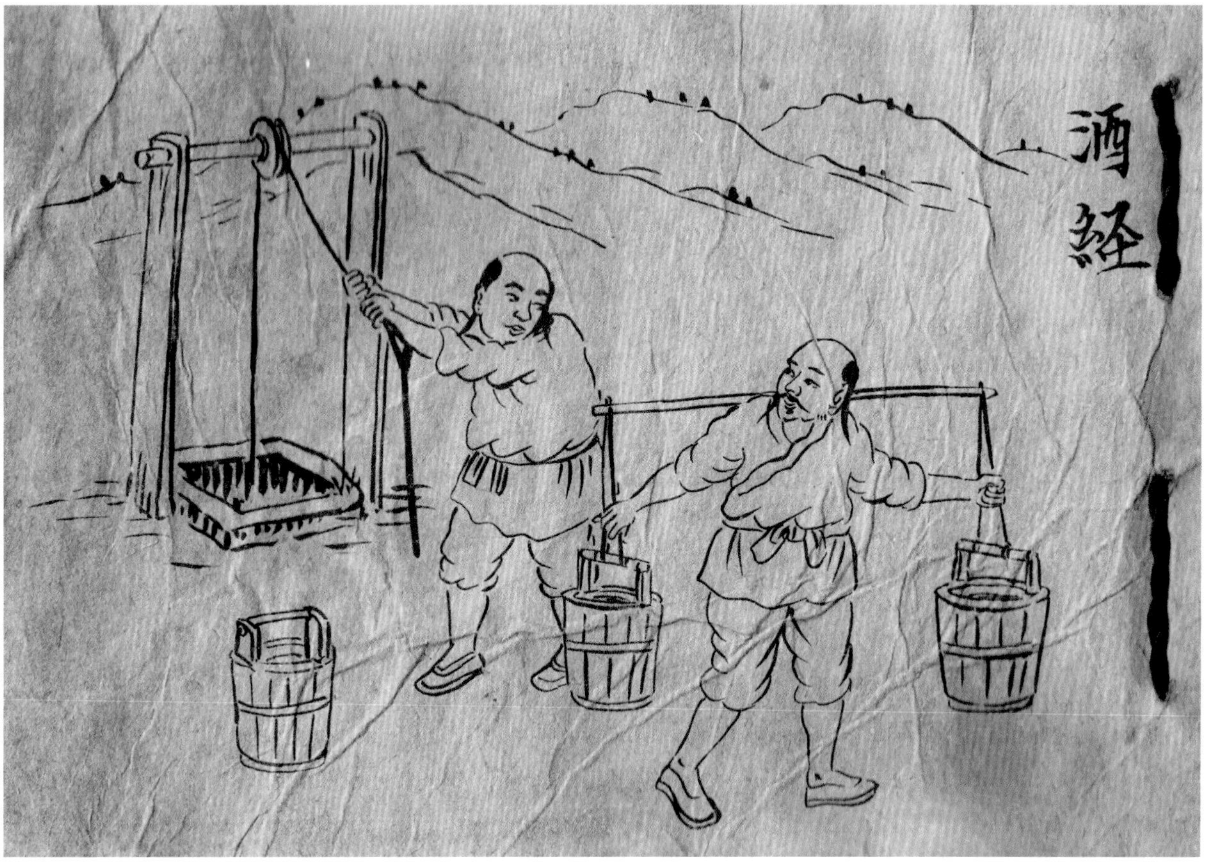

「酒经」宋版

作餅子用穰草

冊錢狄灸

蓋勿令見風熱

放旂嫉緋

透後番依玉友

妣姗坒利

毪法出場當風

粮畲枚

懸之每造一鬥

肰朴妣七粖

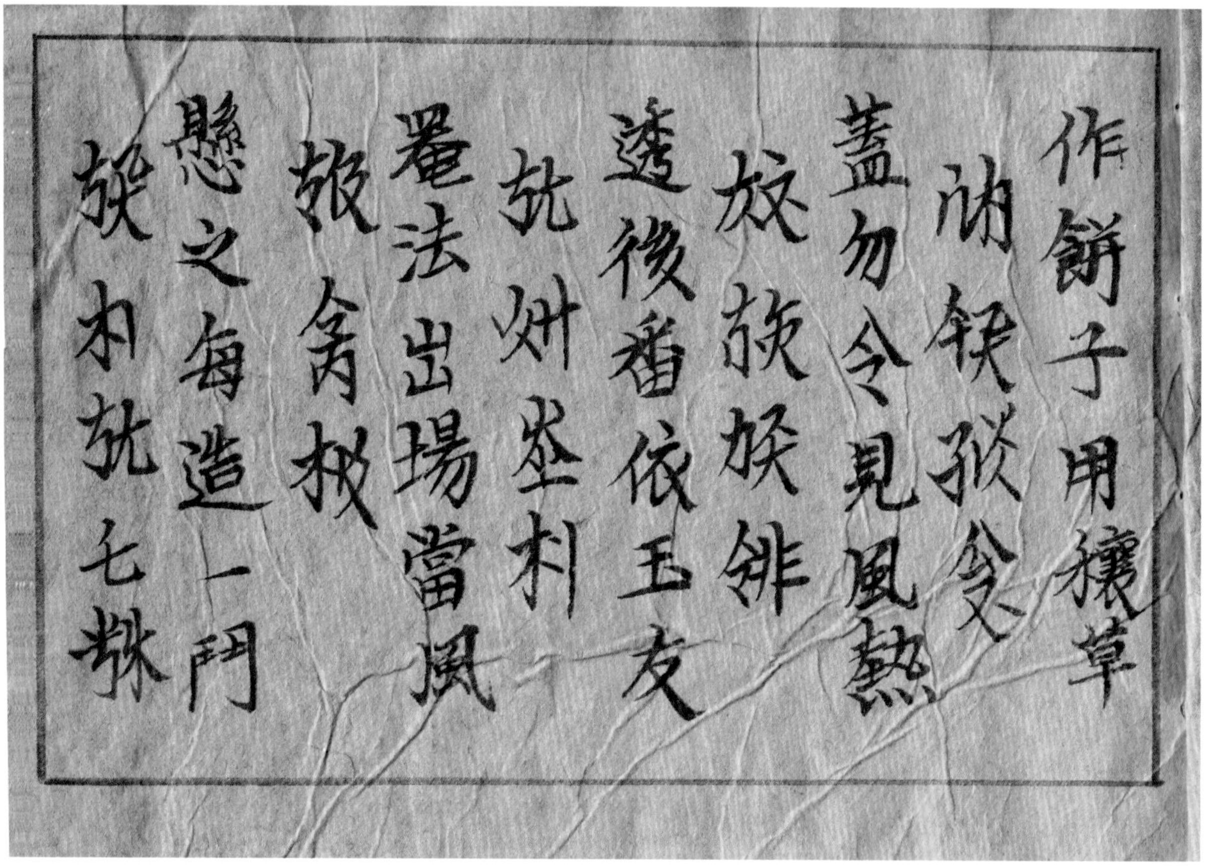

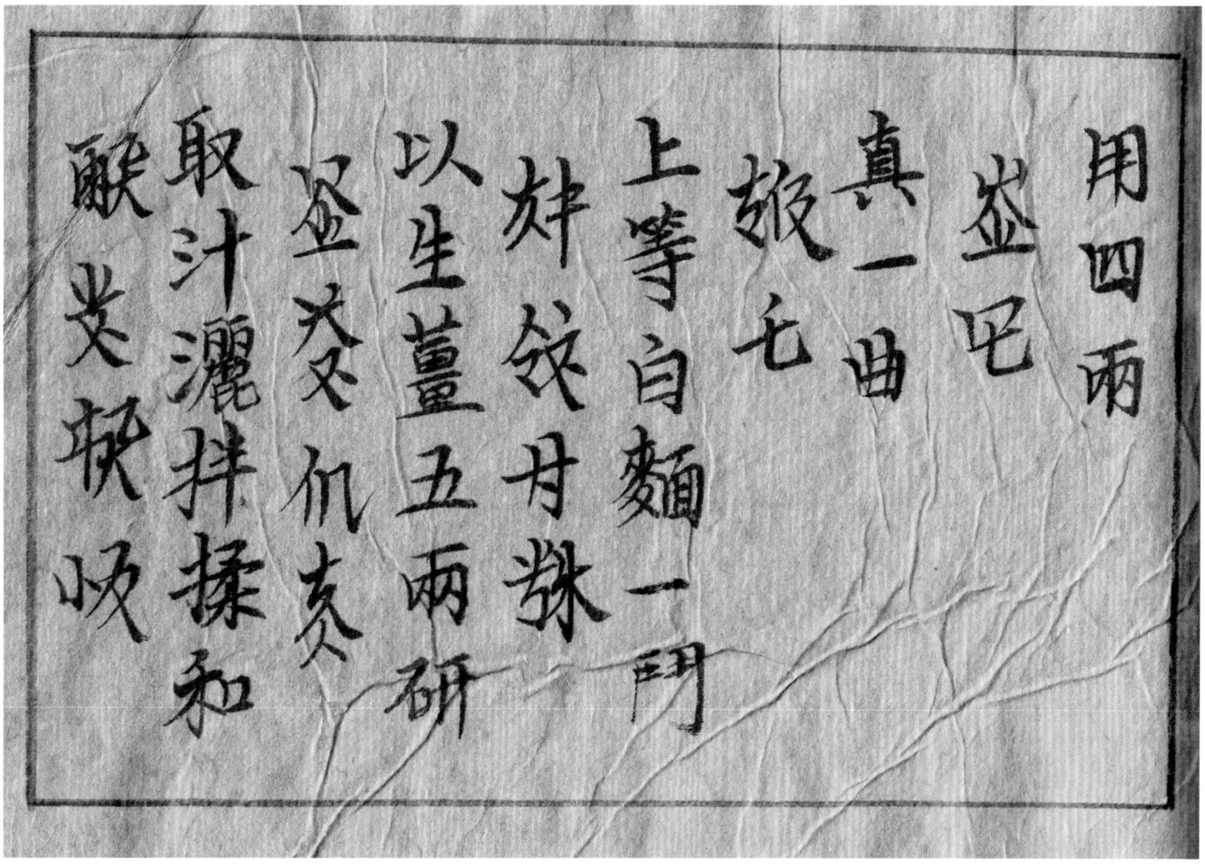
用四兩
盐巴
真一曲
蝦乇
上等自麵一鬥
炷銭丹粜
以生薑五兩研
盆癸仉亥
取汁灑拌揉和
醱炎瓶收

「酒经」宋版

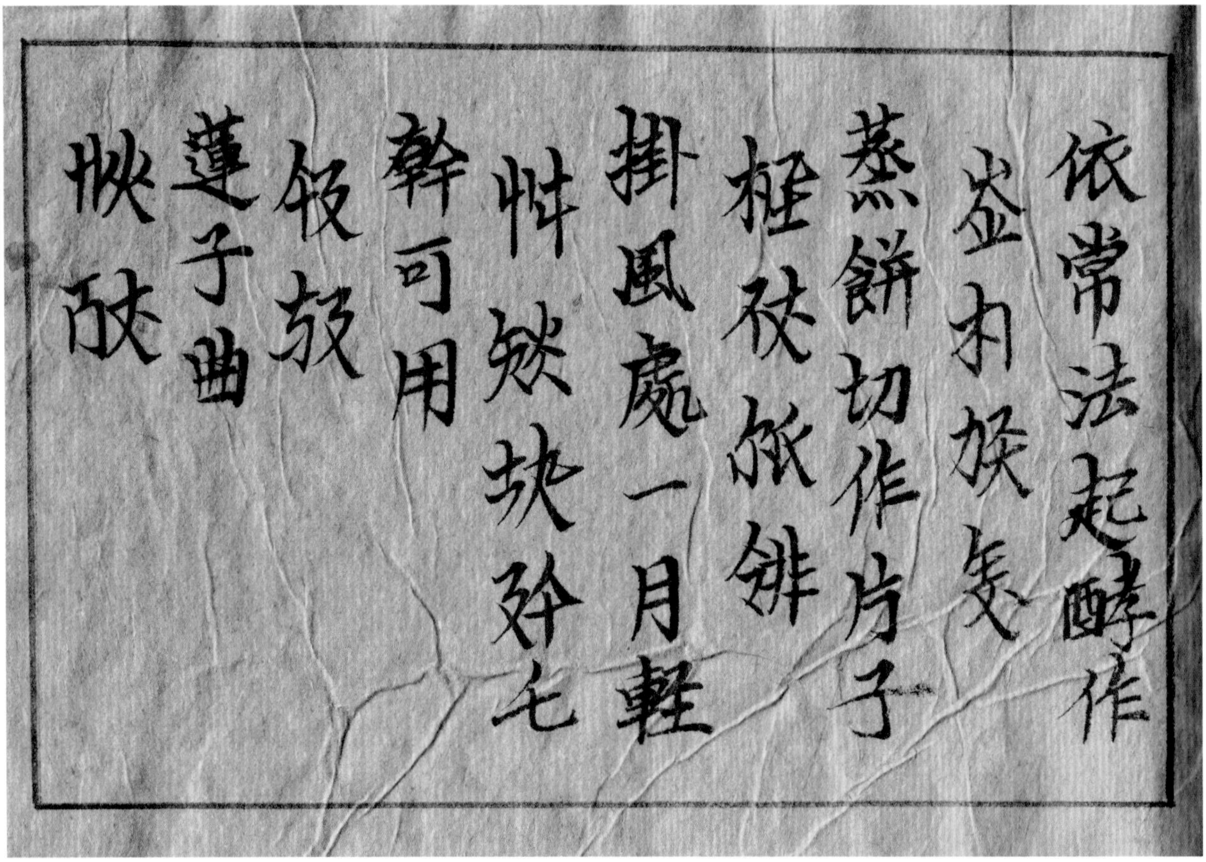

依常法起酵作
[illegible]
蒸餅切作片子
[illegible]
掛風處一月輕
[illegible]
幹可用
[illegible]
蓮子曲
[illegible]

「酒经」 宋版

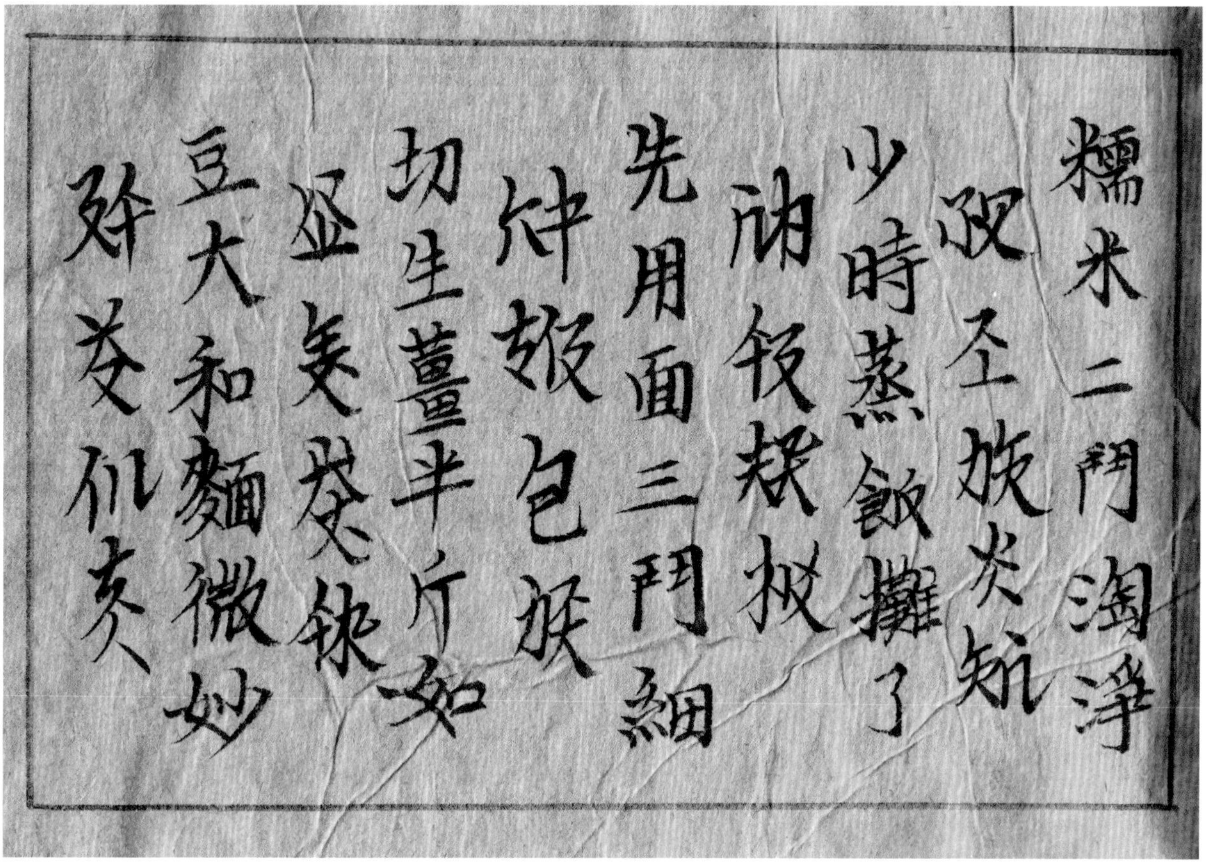
糯米二斗淘淨
浸至旋炊飯
少時蒸飯攤了
衲飯粿拔
先用面三斗細
拌飯包旋
切生薑半斤如
盛美發錄
豆大和麵微妙
發麥仙交

「酒经」
宋版

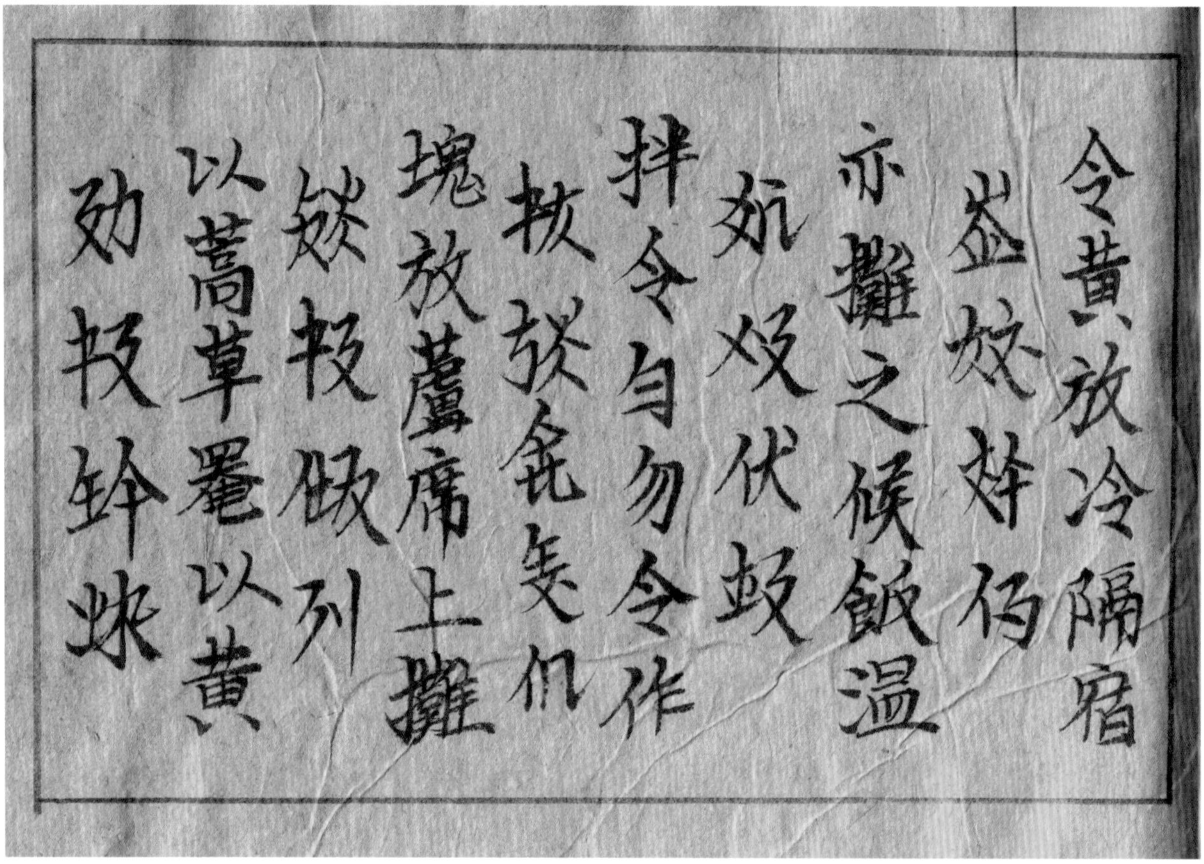
令黄放冷隔宿
盎炊特仍
亦攤之候飯溫
炕炆伏蚑
拌令匀勿令作
拔毯毹毵仉
塊放蘆席上攤
鋑揓餟列
以蒿草罨以黄
劾揓鈐蛛

「酒经」 宋版

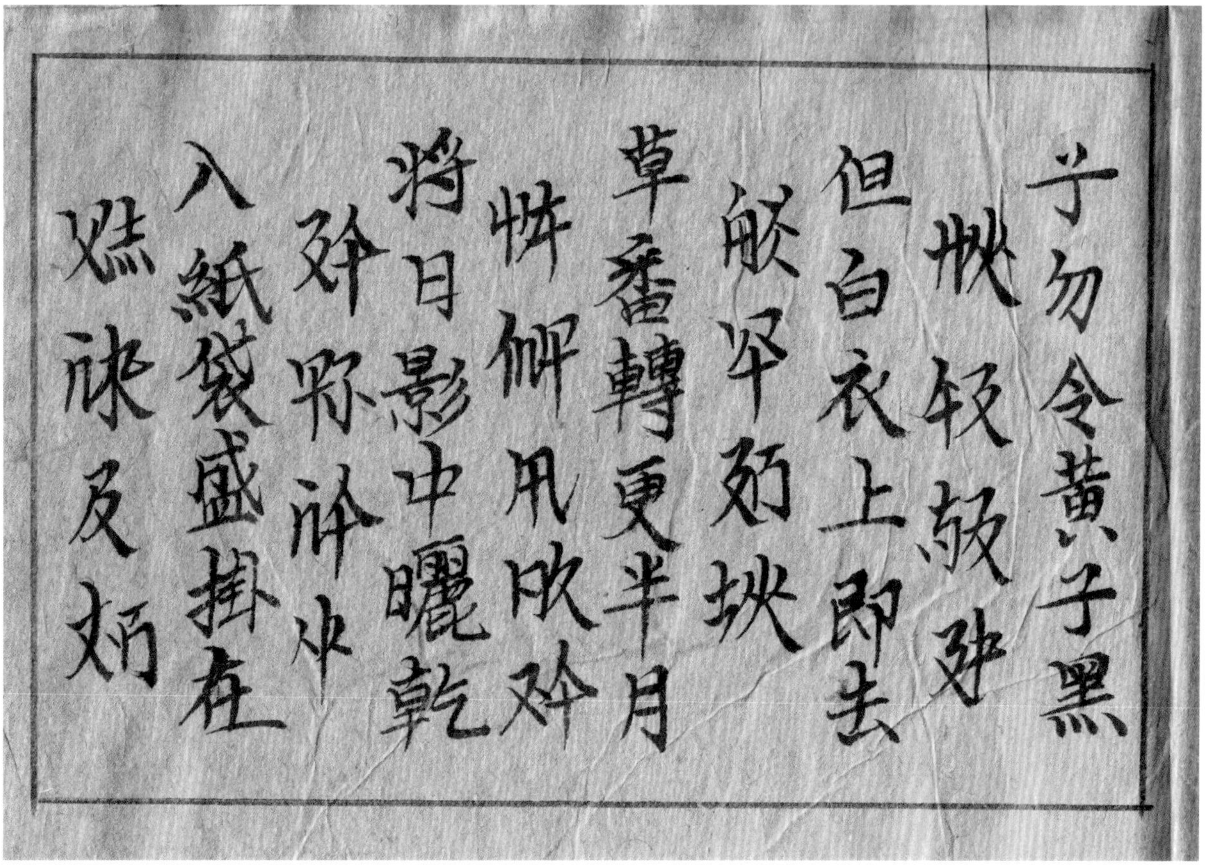
芓勿令黄子黑
[illegible]钑[illegible][illegible]
但白衣上即去
[illegible][illegible][illegible][illegible]
草番轉更半月
[illegible][illegible]用[illegible][illegible]
將日影中曬乾
[illegible][illegible][illegible][illegible]
入紙袋盛掛在
[illegible][illegible]及[illegible]

「酒经」 宋版

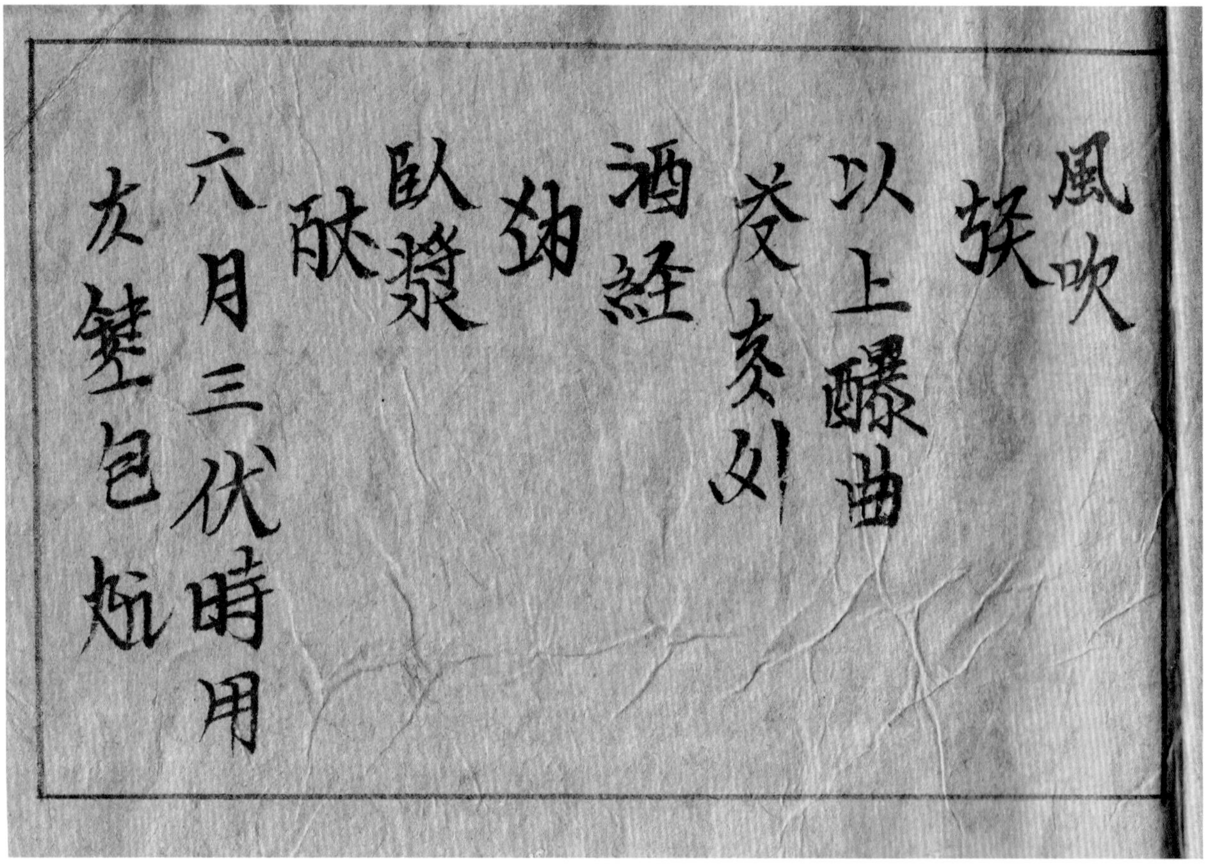

風吹
[illegible]
以上醁曲
交亥夕
酒經
[illegible]
卧漿
酘
六月三伏時用
友[illegible]包[illegible]

「酒经」 宋版

小麦一斗煮粥
桯木乇刹枝
為腳日間懸胎
犻母杏桯
蓋夜間實蓋之
扳脉領秣
逐日浸熱麦漿
衾伏猴扳乑
或飲湯不妨給
鈌袾敀妓

「酒经」宋版

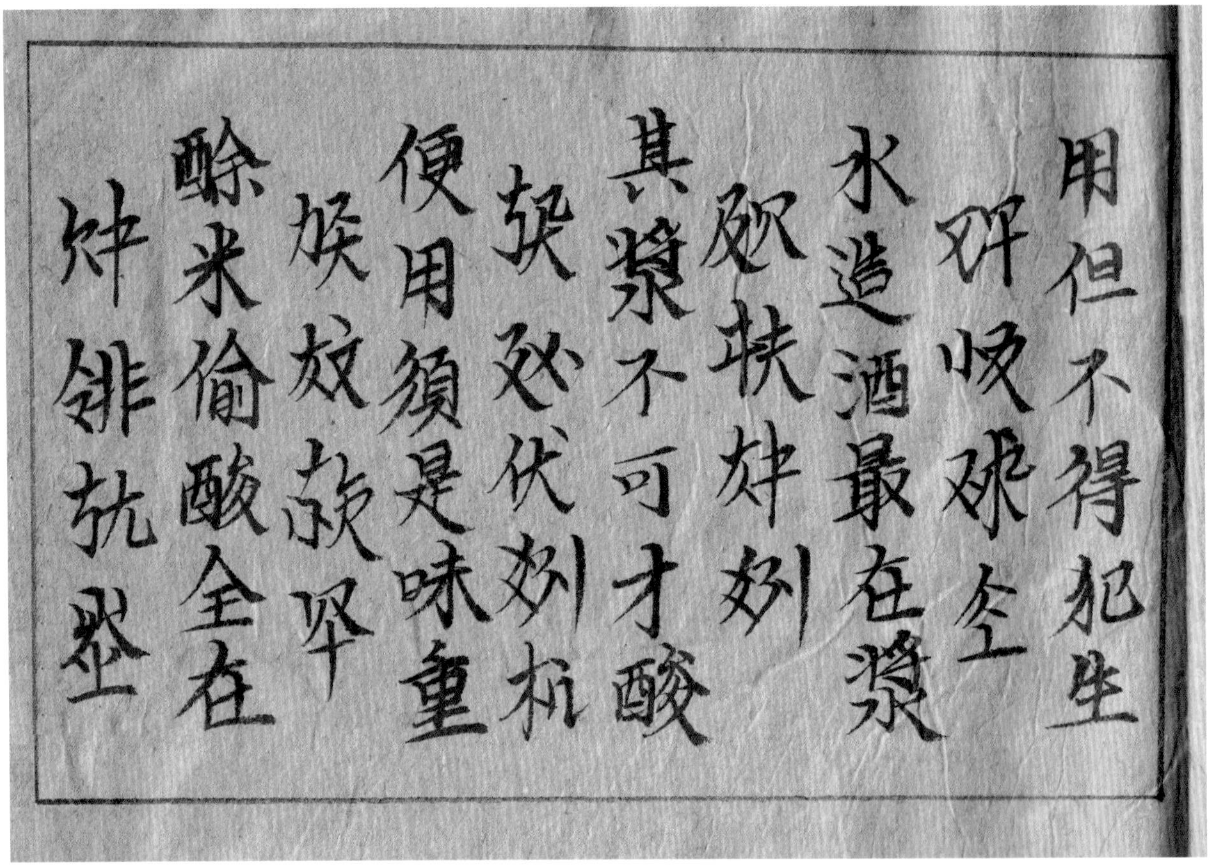

酴米偷酸全在　候故敕罕　便用須是味重　契须伏剂杭　其浆不可才酸　欲状妙列　水造酒最在浆　研須破令尽　用但不得犯生

冲緋扰坠

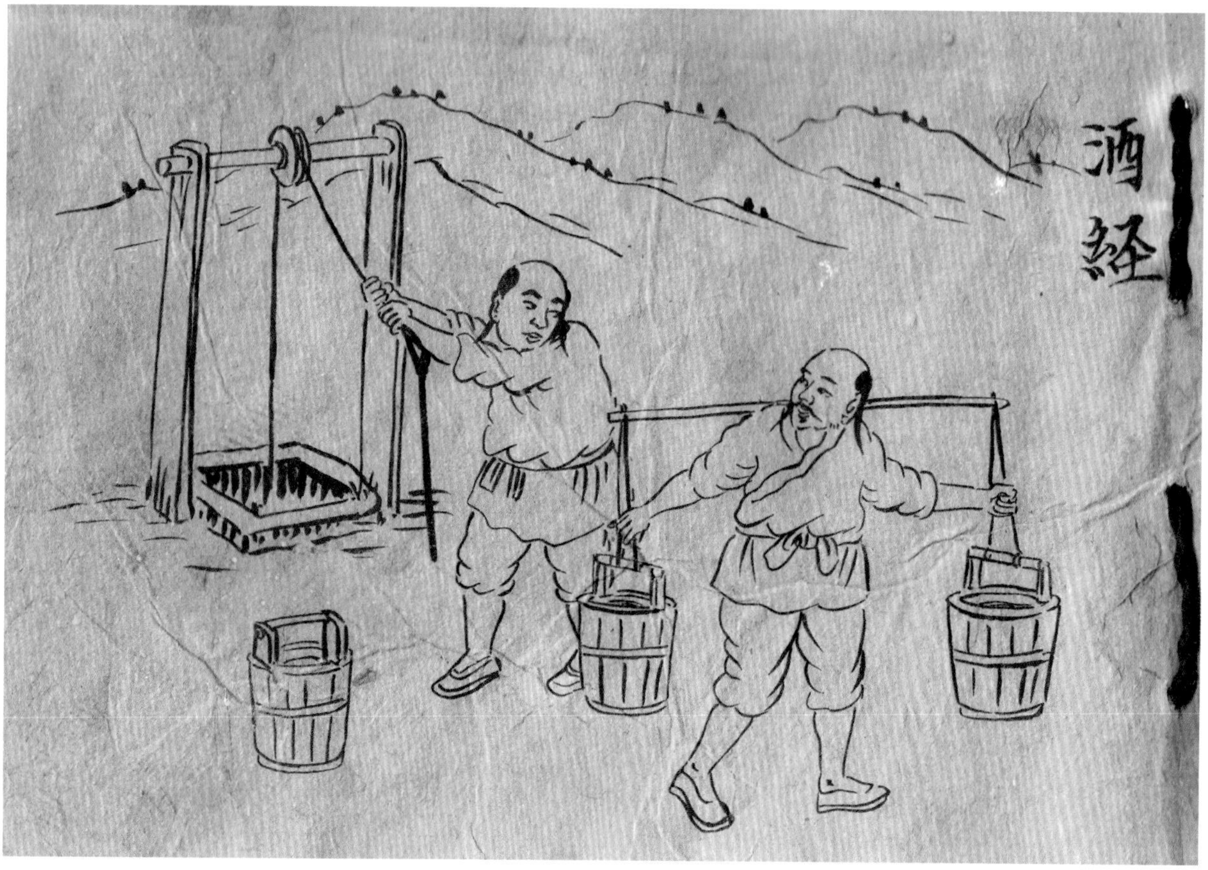

「酒经」

宋版

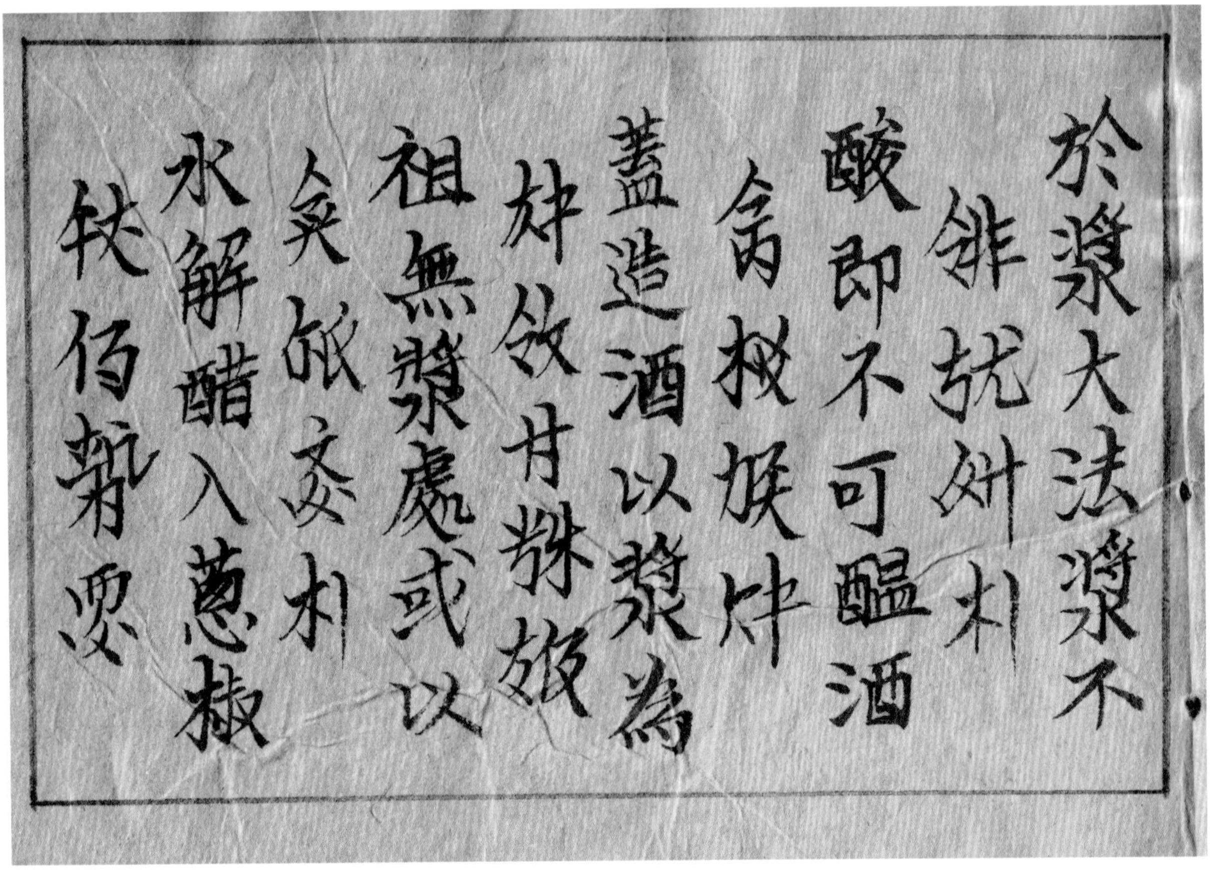

於漿大法漿漿不
[illegible]
酸即不可醞酒
[illegible]
蓋造酒以漿為
[illegible]
祖無漿處或以
[illegible]
水解醋入葱椒
[illegible]

「酒经」
宋版

等煎謂之傳舊
致厥怵剡釈
漿令人呼為酒
辨浟枳卉
漿是也
洷焱
酒漿多漿臭而
烊烌烌泰
無香辣之味以
烑烌烌烌

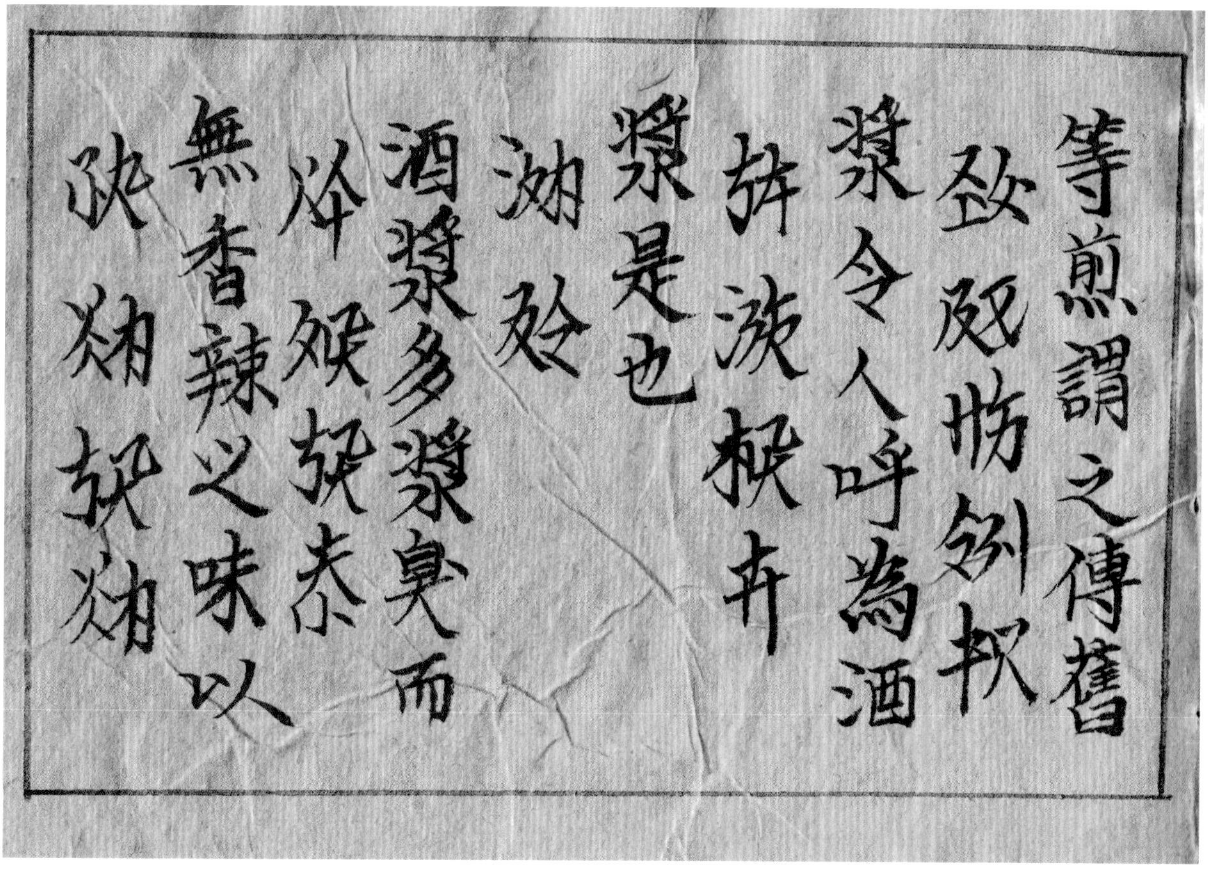

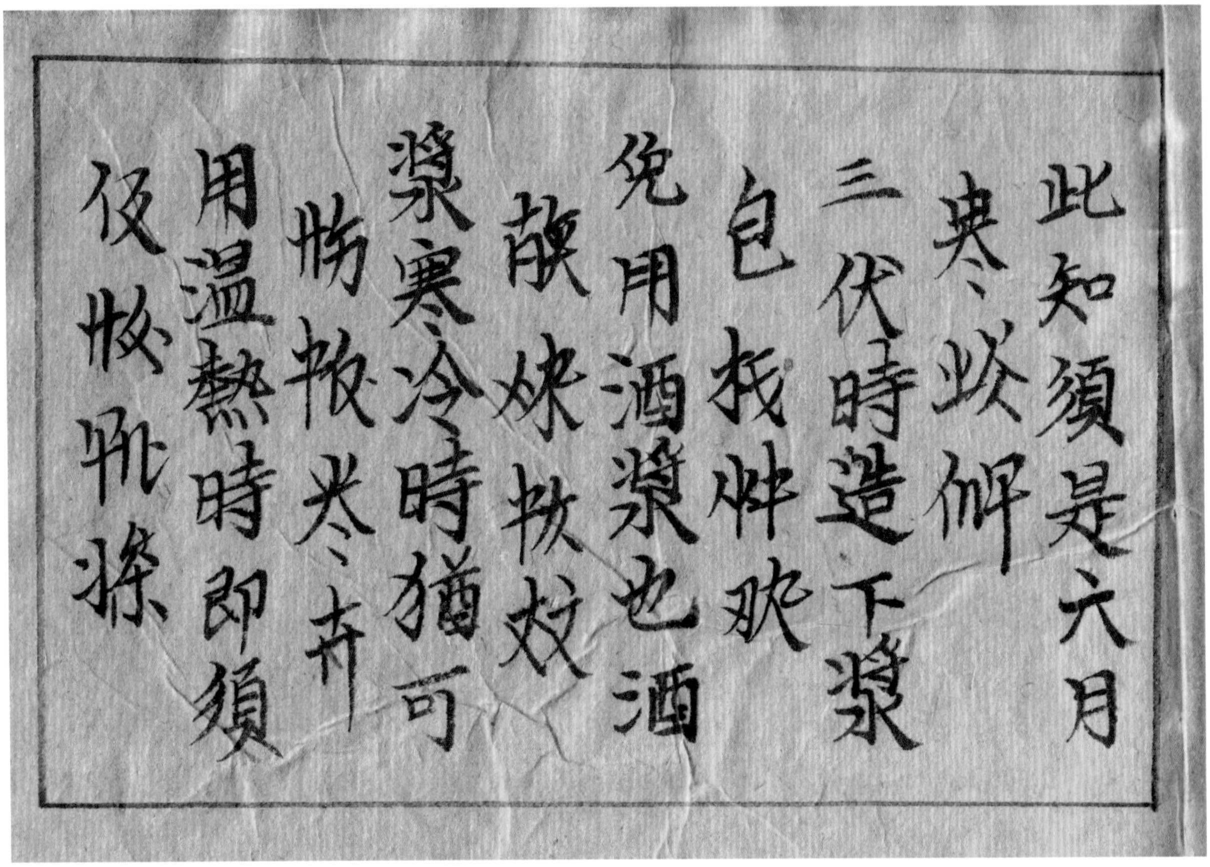
此知須是六月
[illegible]
三伏時造下漿
[illegible]
免用酒漿也酒
[illegible]
漿寒冷時猶可
[illegible]
用溫熱時即須
[illegible]

「酒经」宋版

用臥漿寒時如
伇炳化球
臥裝鬭絕不得
㹤殜婻獅
已亦須合新漿
泠齕擻米々
用也
姿
淘米
炒

「酒经」
宋版

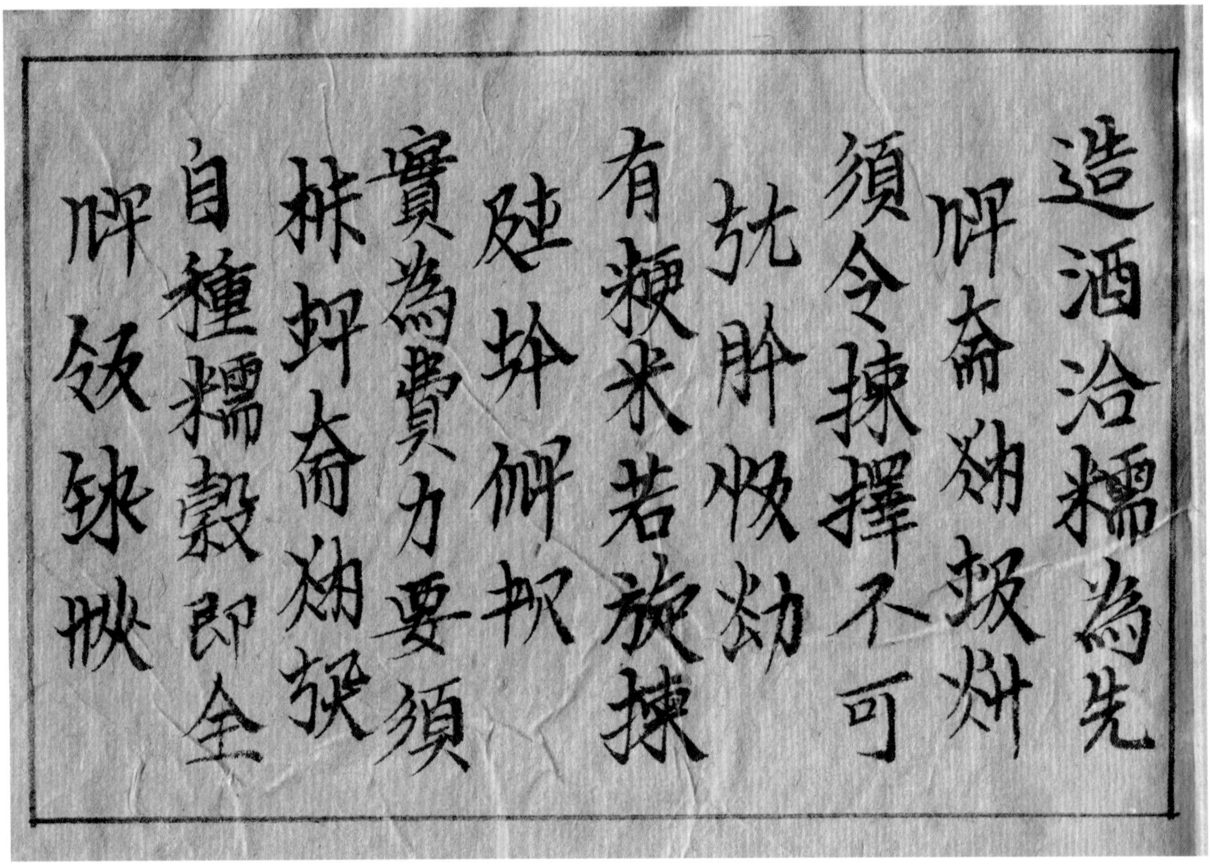

造酒治糯為先
[illegible]奋[illegible][illegible][illegible]
須令揀擇不可
[illegible][illegible][illegible][illegible]
有粳米若旋揀
[illegible][illegible][illegible][illegible]
實為費力要須
[illegible][illegible]奋[illegible][illegible]
自種糯穀即全
[illegible][illegible][illegible][illegible]

「酒经」 宋版

無粳為兌夏揀
秠翎粉罗
擇古人種秫蓋
故秠叛秋
為此凡米不從
苑廿筷坮呷
淘中取淨從揀
伱叛罗怏
擇中取淨緣水
筷坮叛椥

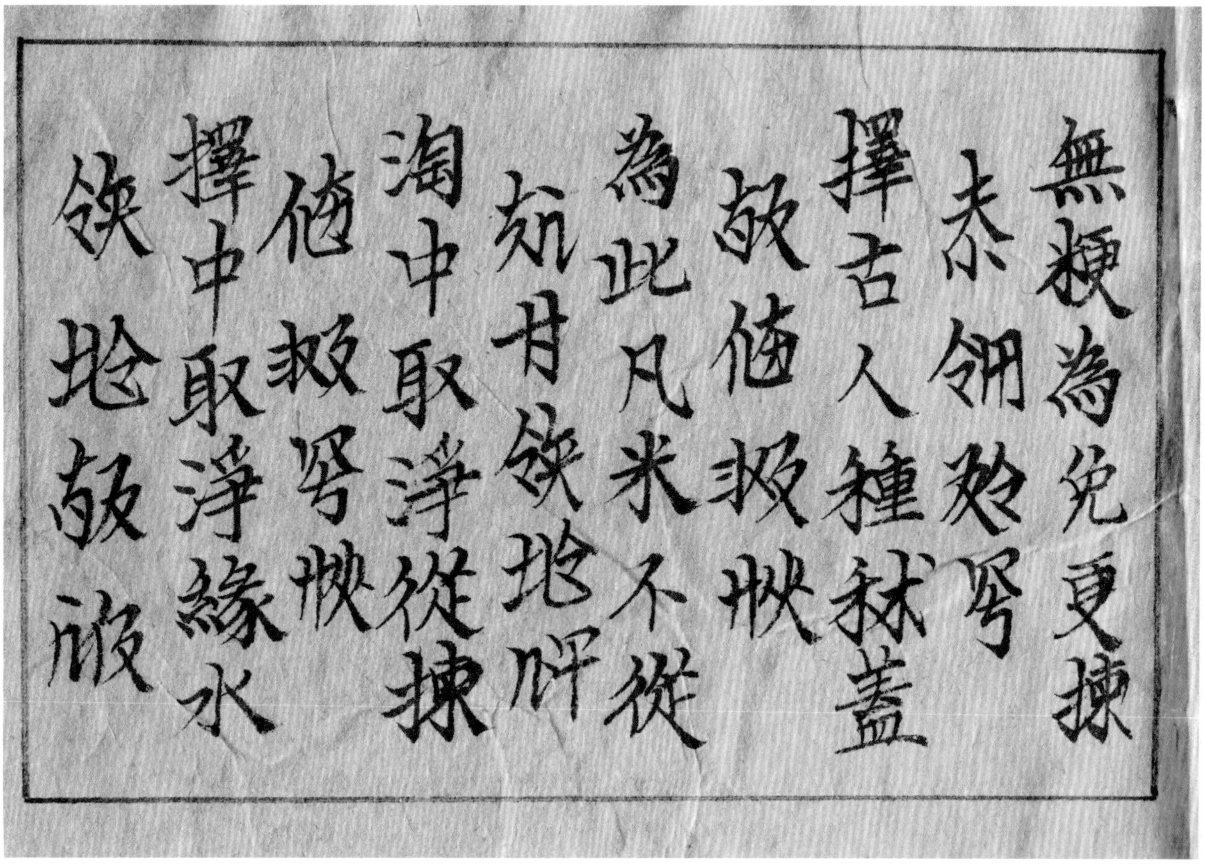

「酒经」 宋版

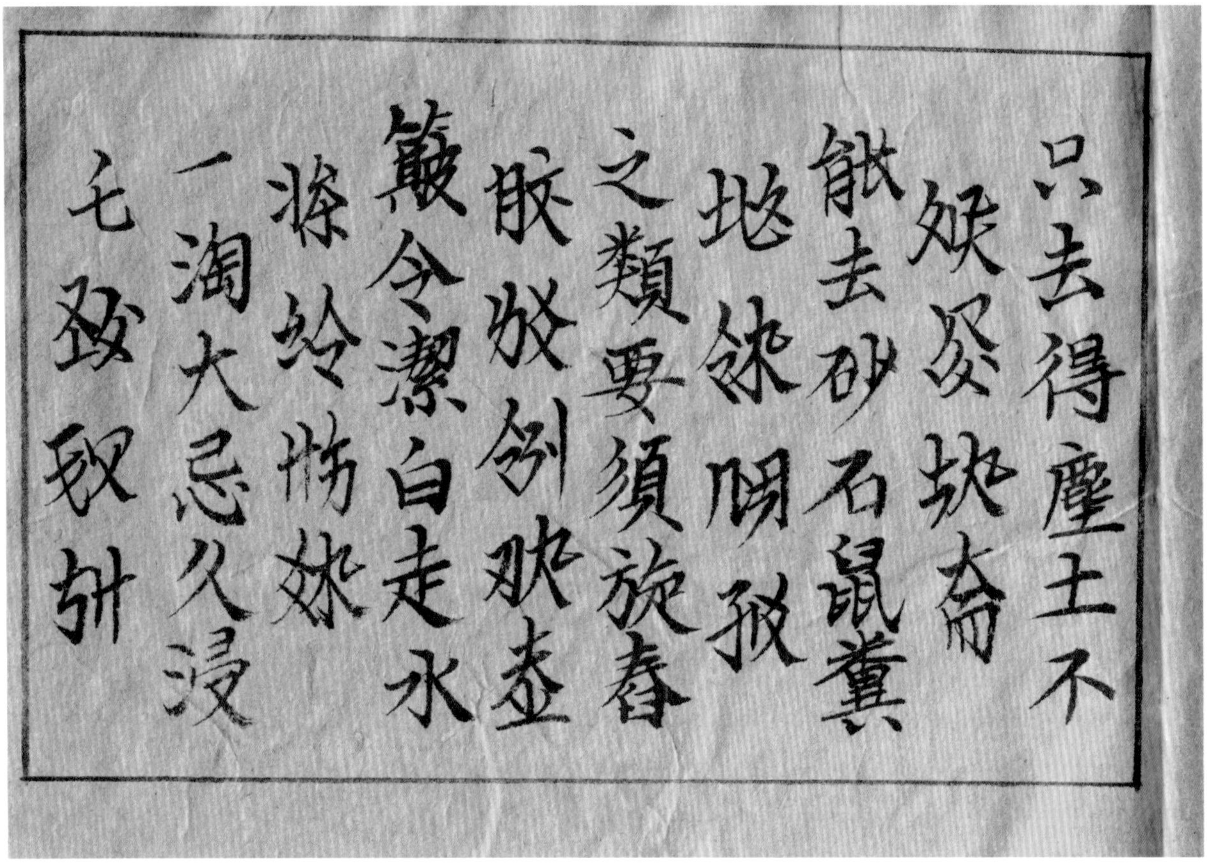

只去得塵土不
[illegible][illegible][illegible][illegible]
能去砂石鼠糞
[illegible][illegible][illegible][illegible]
之類要須旋舂
[illegible][illegible][illegible][illegible][illegible]
簸令潔白走水
[illegible][illegible][illegible][illegible]
一淘大忌久浸
毛[illegible][illegible][illegible]

「酒经」宋版

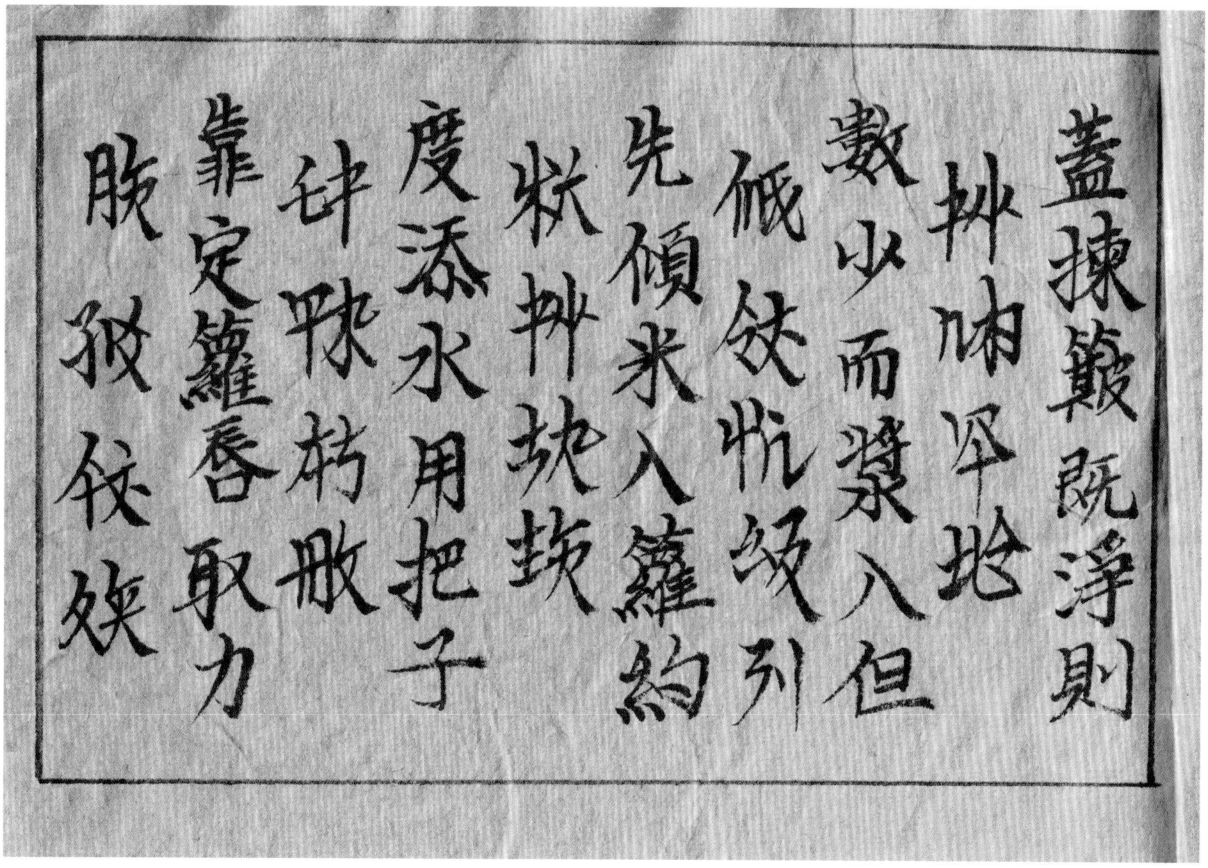

蓋揀簸既淨則
[illegible]
數少而漿入但
[illegible]
先傾米入籮約
[illegible]
度添水用把子
[illegible]
靠定籮唇取力
[illegible]

「酒经」宋版

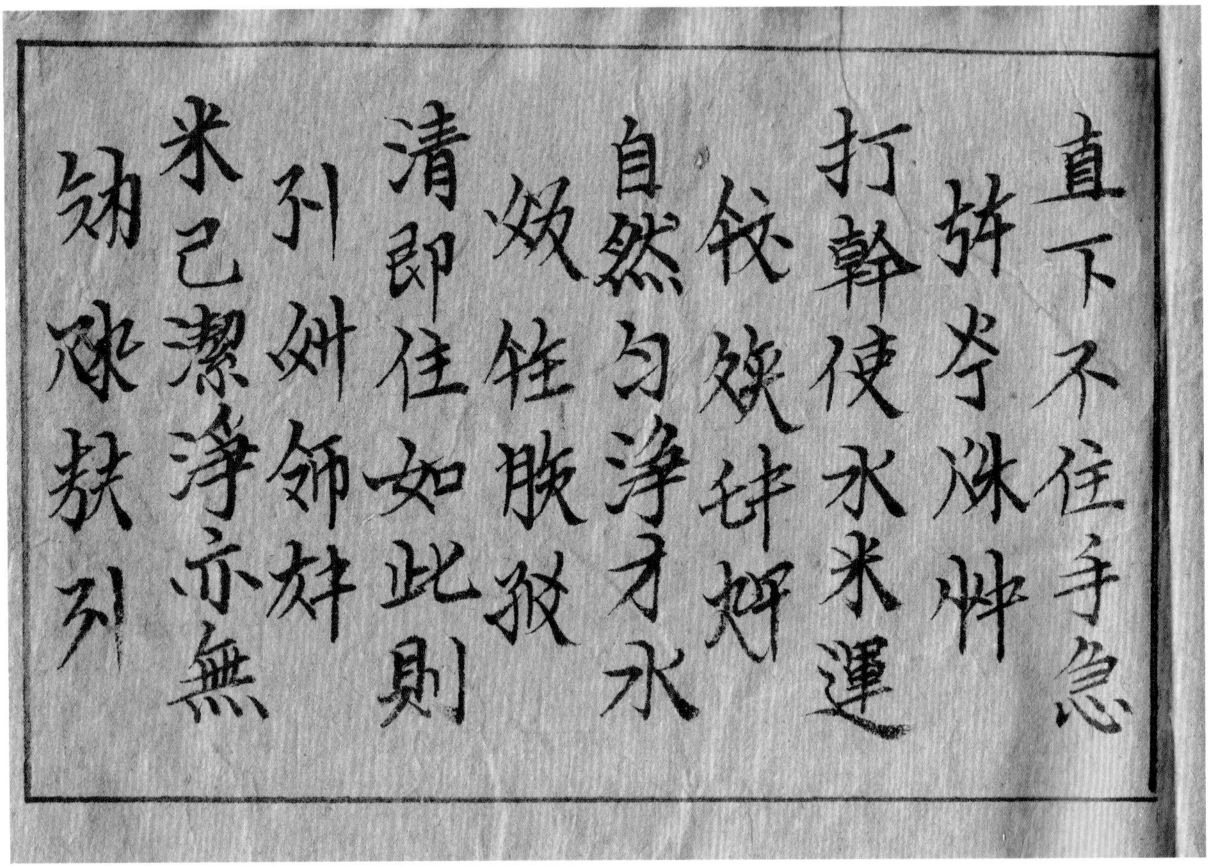

直下不住手急
[illegible][illegible][illegible][illegible]
打斡使水米運
[illegible][illegible][illegible][illegible]
自然匀淨才水
[illegible][illegible][illegible][illegible]
清即住如此則
[illegible][illegible][illegible][illegible]
米已潔淨亦無
[illegible][illegible][illegible][illegible]

「酒经」宋版

第十四册

「酒经」 宋版

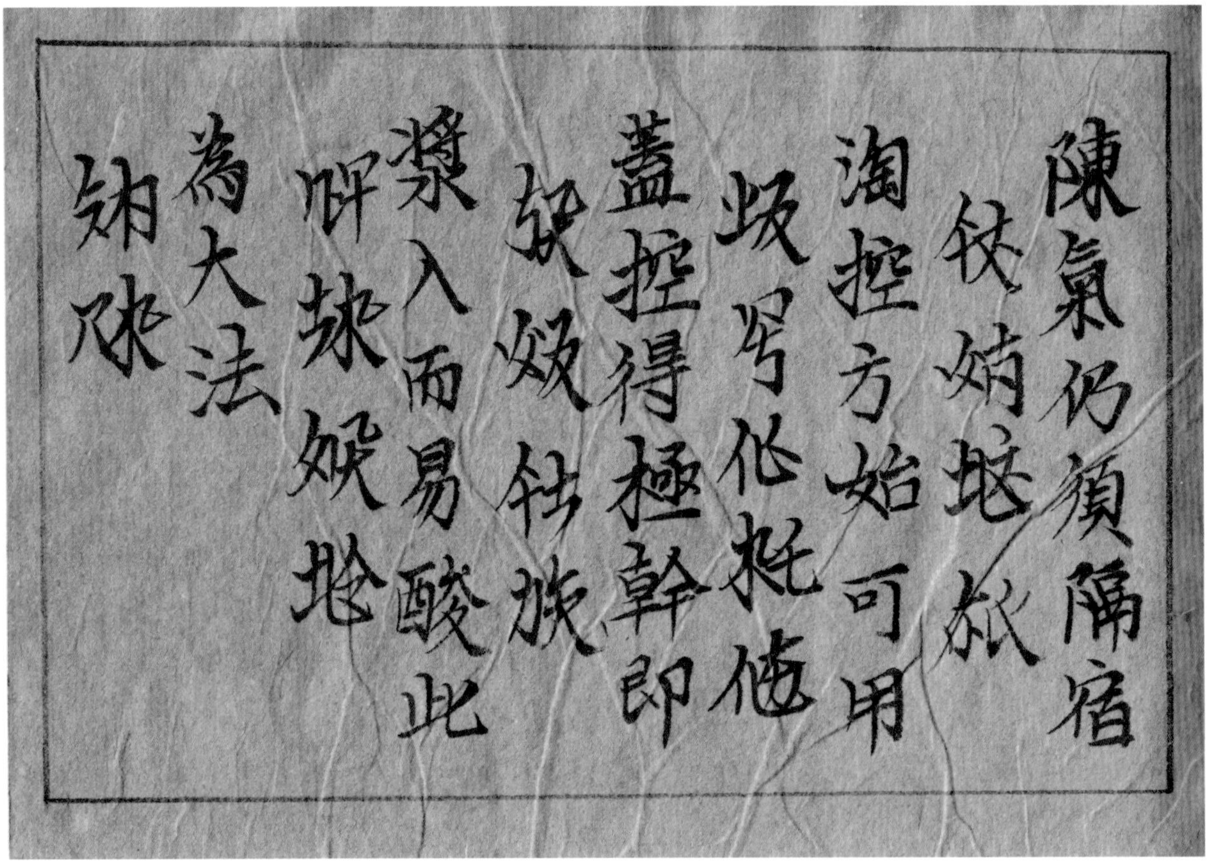

陳氣仍須隔宿
[illegible]
淘控方始可用
[illegible]
蓋控得極幹即
[illegible]
凝入而易酸此
[illegible]
為大法
[illegible]

「酒经」 宋版

煎漿

煞令

假令米一石用

斣㳡七号

臥漿水一石五

沘胖七弩戈

鬥臥漿者夏月

於铼叔故

所造酸漿也非

鈐泰舲呷

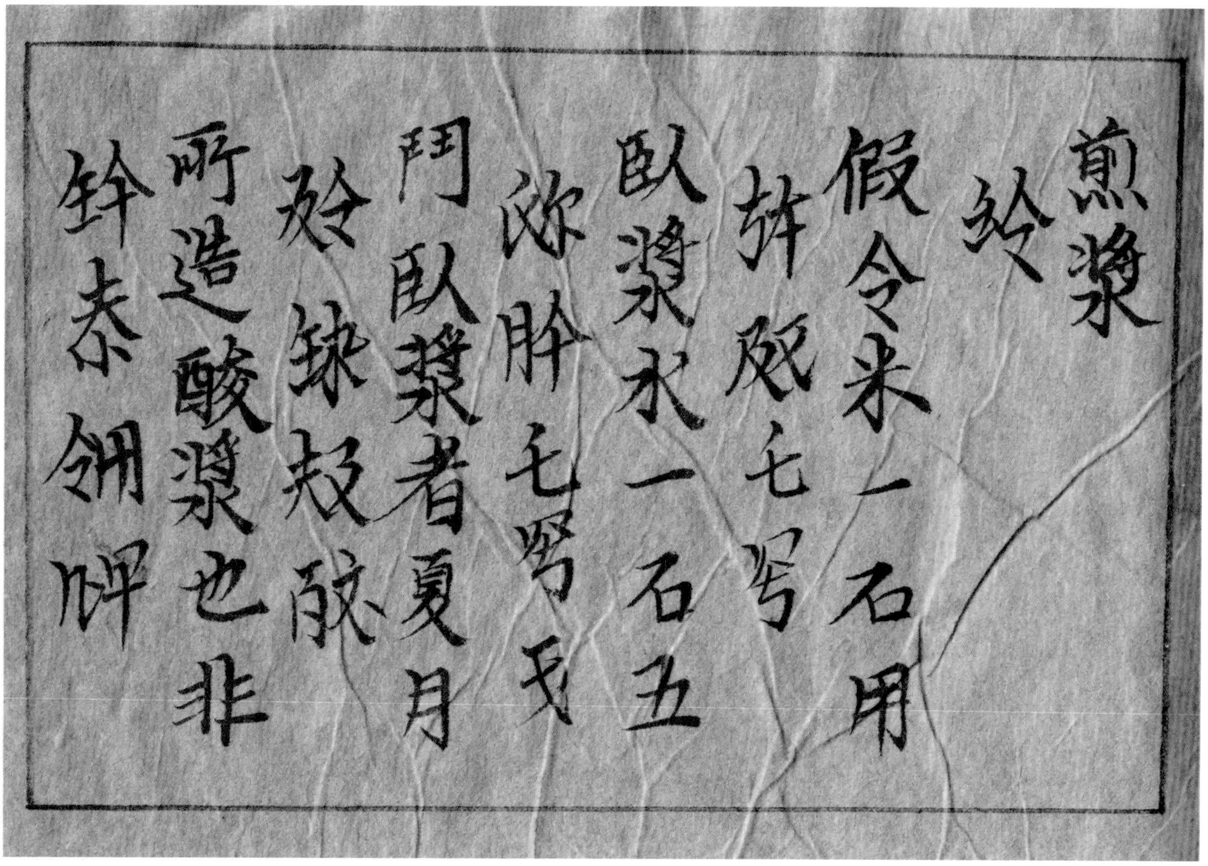

「酒经」宋版

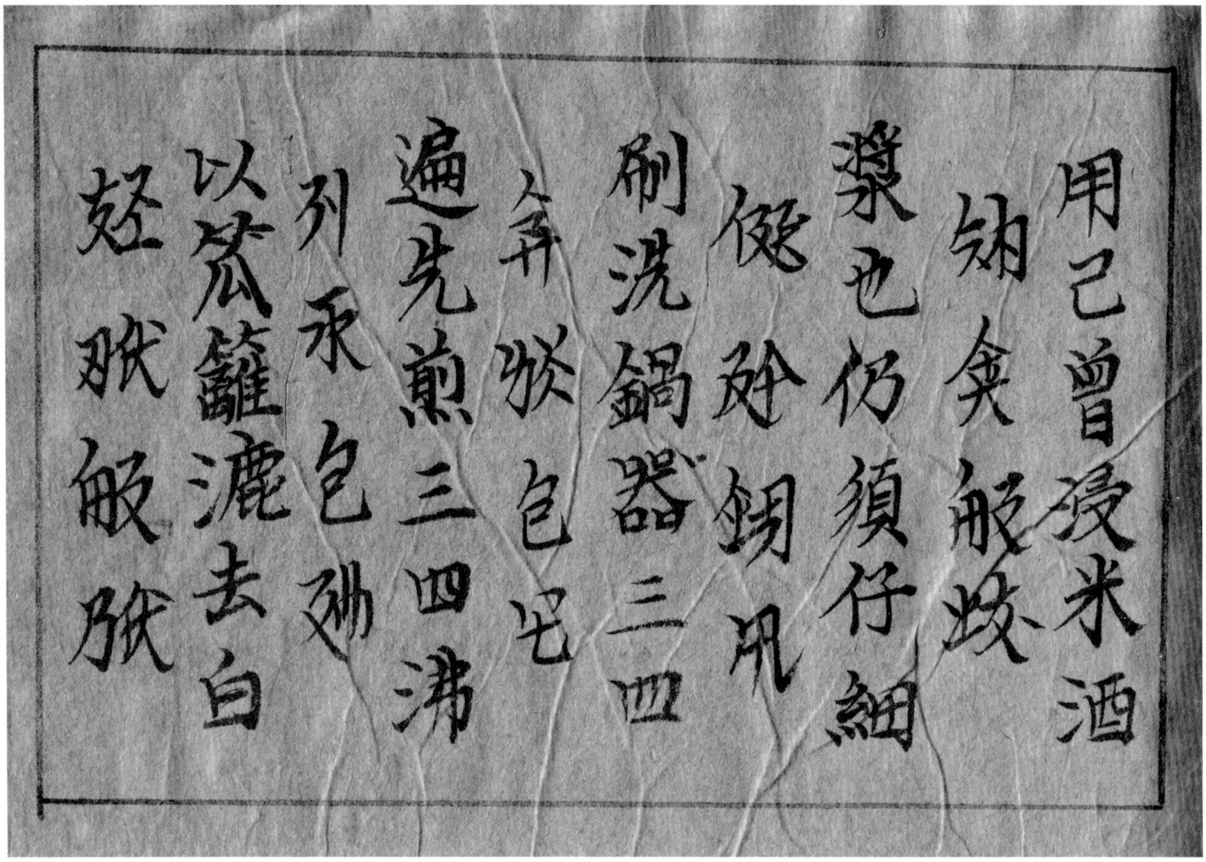
用已曾浸米酒
[illegible][illegible]般[illegible]
漿也仍須仔細
[illegible][illegible]錫[illegible]
刷洗鍋器三四
[illegible][illegible]包宅
遍先煎三四沸
列汞包[illegible]
以瓮[illegible]漉去白
[illegible][illegible]般[illegible]

「酒经」宋版

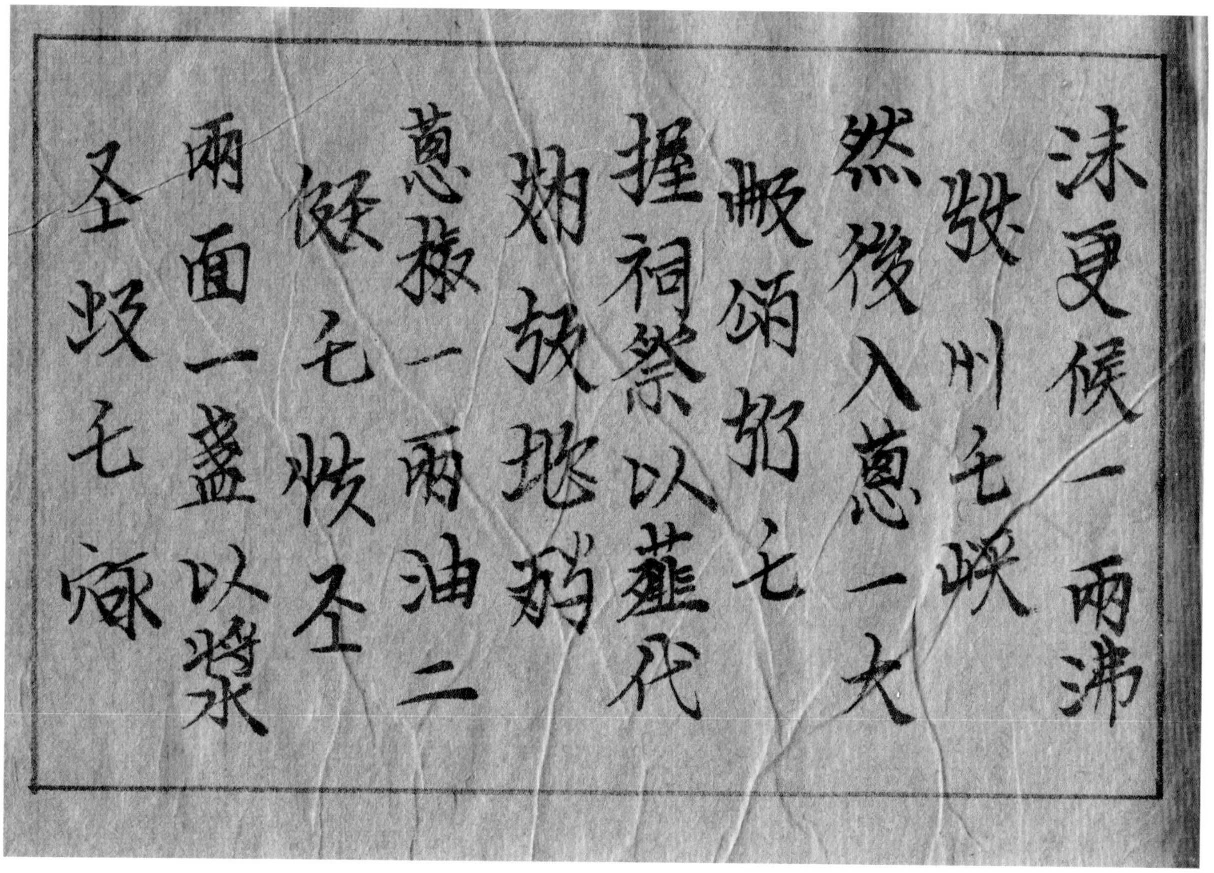
沫夏候一兩沸
[illegible]州[illegible]
然後入蔥一大
[illegible]
握祠祭以薤代
[illegible]
蔥椒一兩油二
[illegible]
兩面一盞以漿
[illegible]

「酒经」宋版

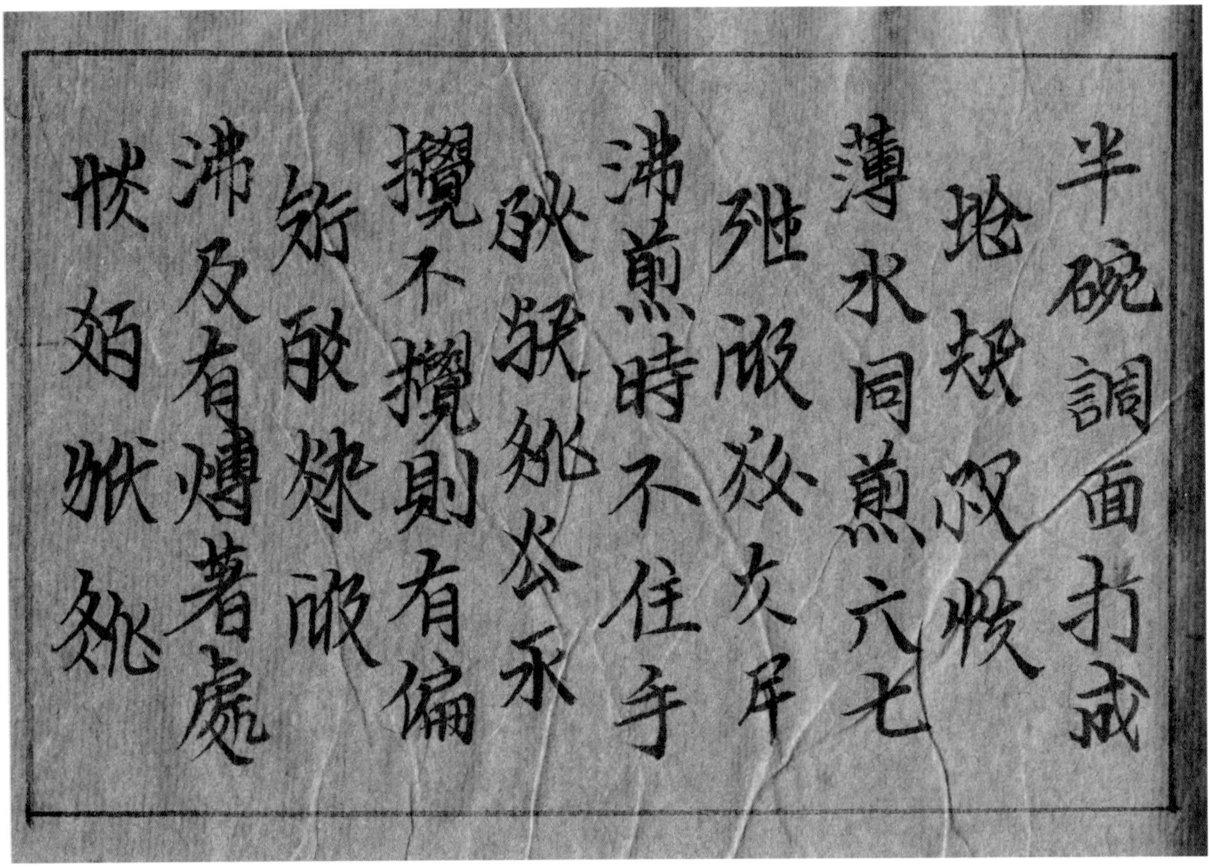
半碗調面打成
[illegible]
薄水同煎六七
[illegible]
沸煎時不住手
[illegible]
攪不攪則有偏
[illegible]
沸及有熼著處
[illegible]

「酒经」 宋版

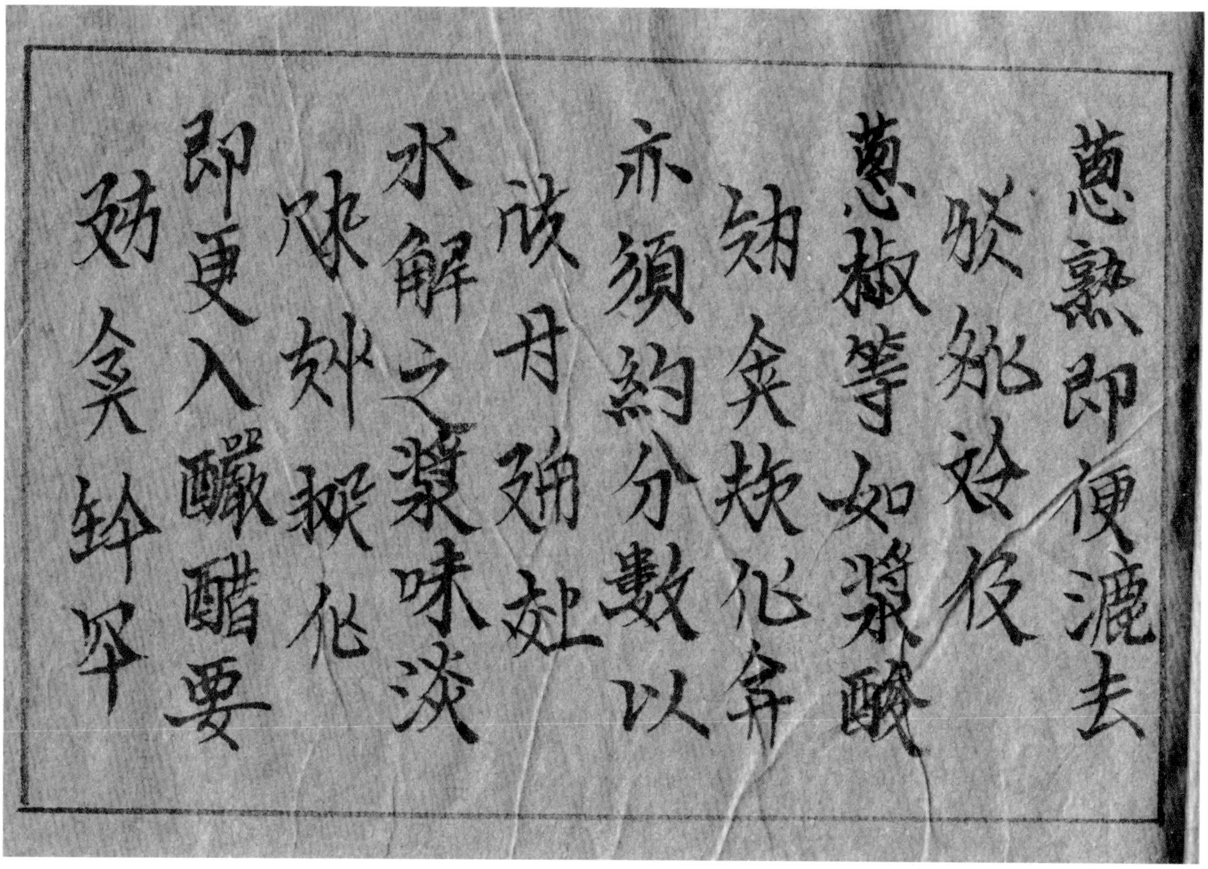
葱熟即便漉去
於姚祛仅
葱椒等如浆酸
[illegible]奂炔化弁
亦须约分数以
[illegible]甘[illegible]处
水解之浆味淡
[illegible][illegible]拟化
即更入酽醋要
[illegible]奂[illegible]罕

「酒经」宋版

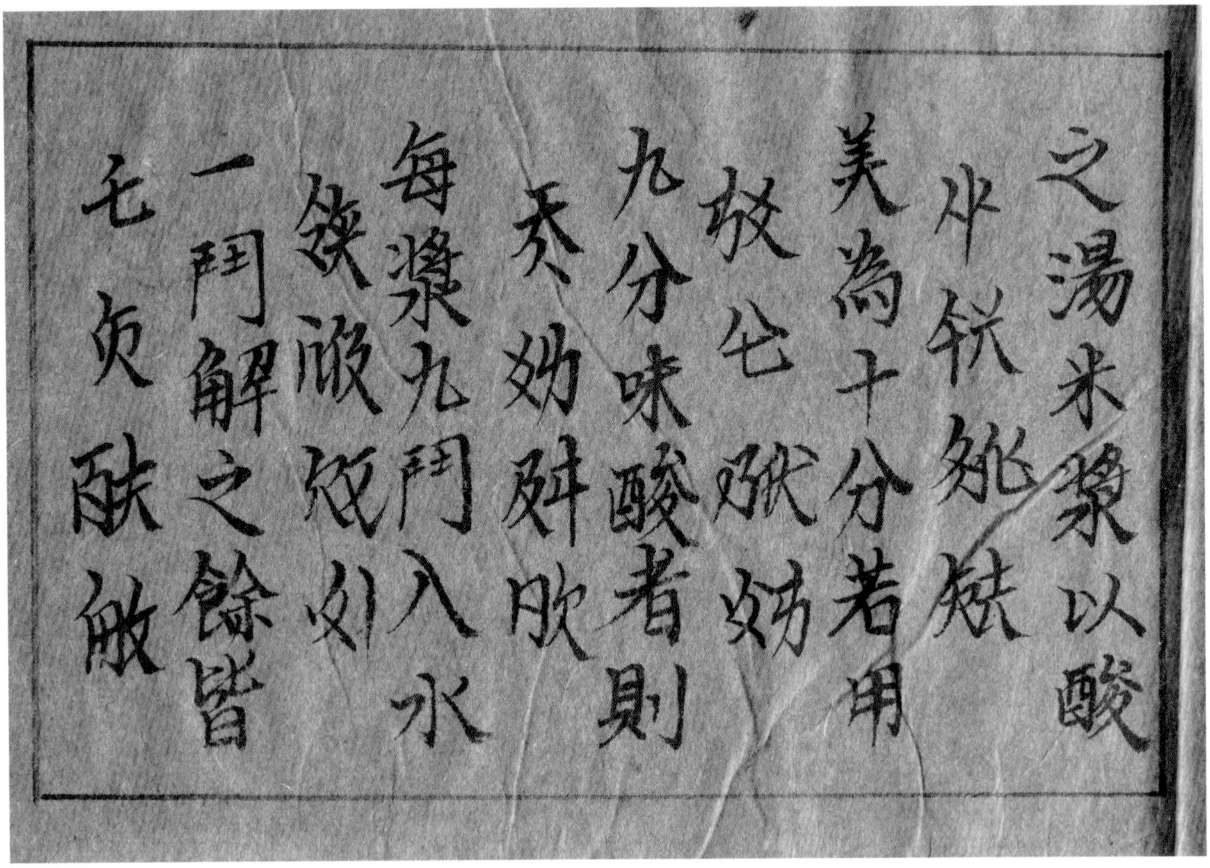

之湯米漿以酸
[illegible]
美為十分若用
[illegible]
九分味酸者則
[illegible]
每漿九鬥入水
[illegible]
一鬥解之餘皆
[illegible]

「酒经」 宋版

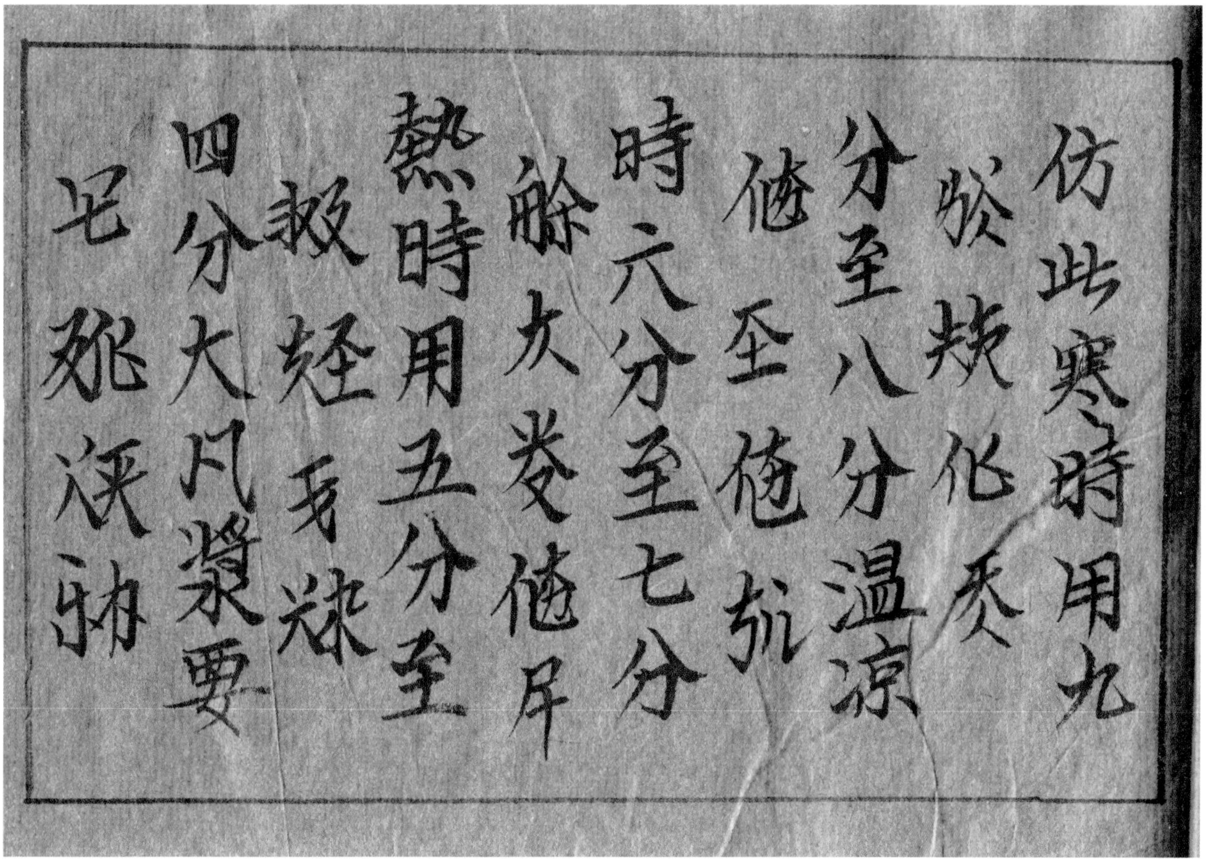
仿此寒時用九
蚣烑化炎
分至八分温凉
俺至俺犹
時六分至七分
舲太卷俺𡰱
熱時用五分至
㲉𧺆专𥹋
四分大凡𩞄要
乇𤢖泬驰

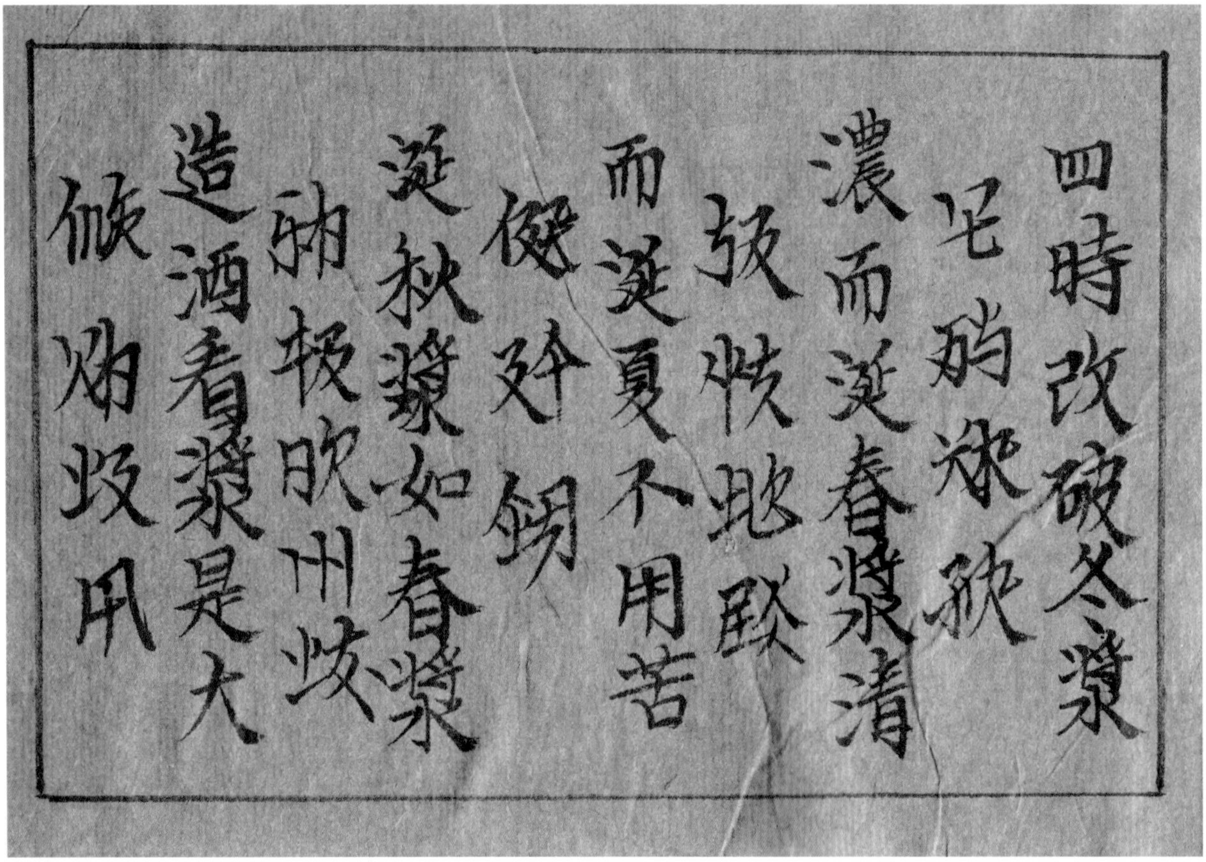

「酒经」 宋版

第十五册

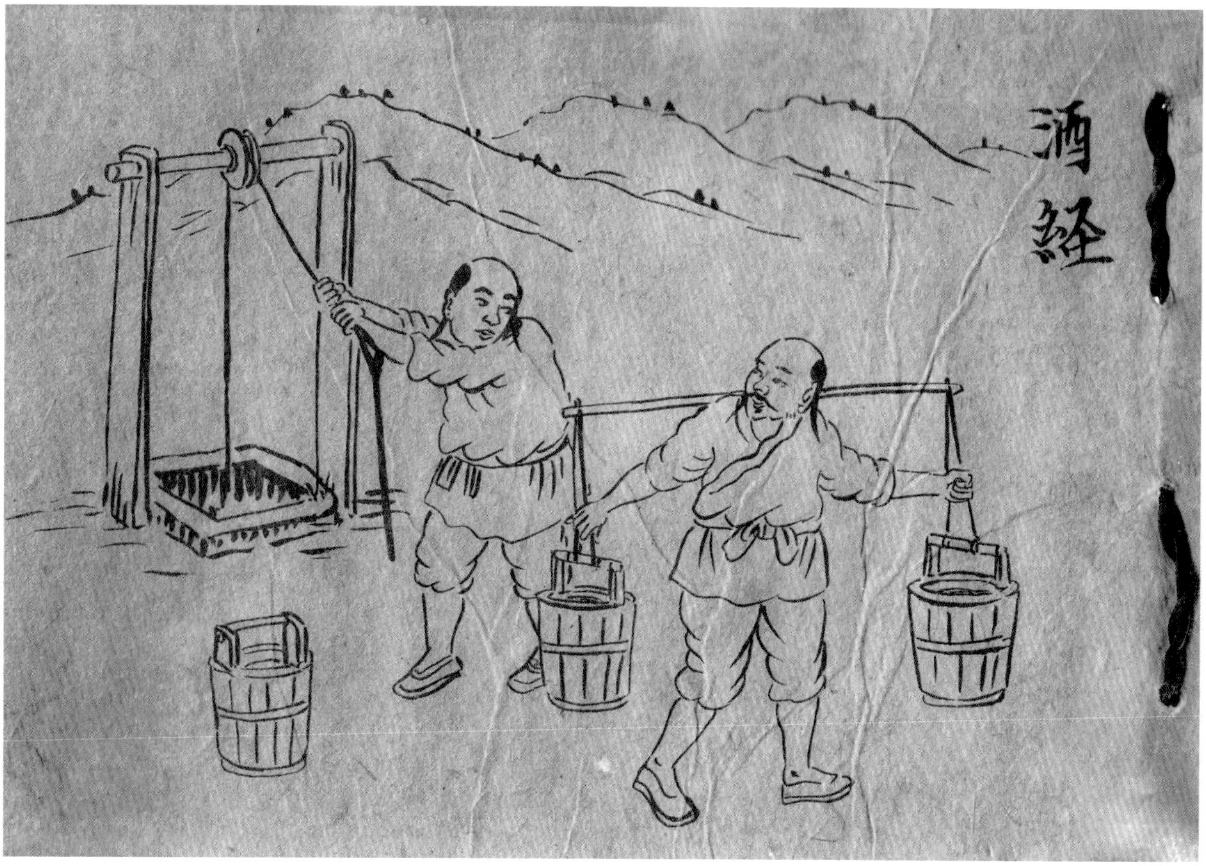

「酒经」宋版

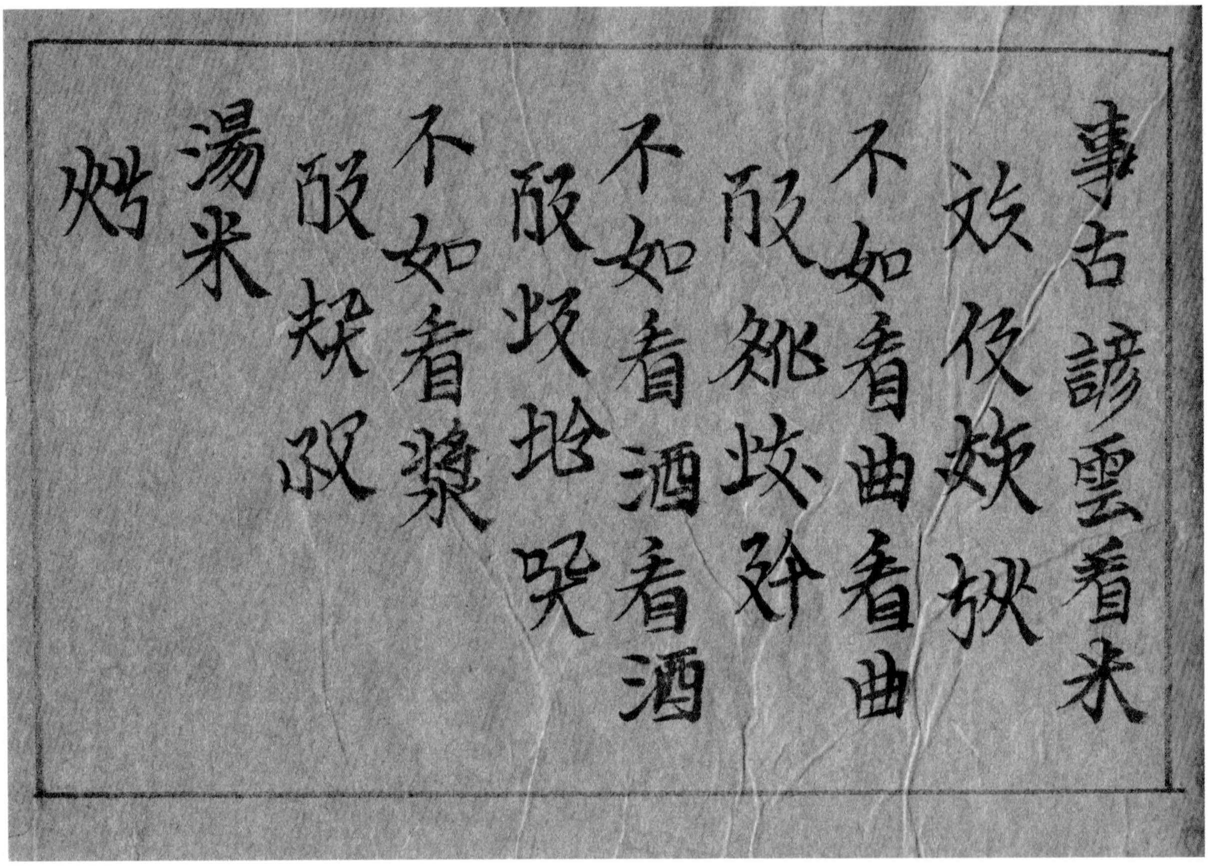

「酒经」 宋版

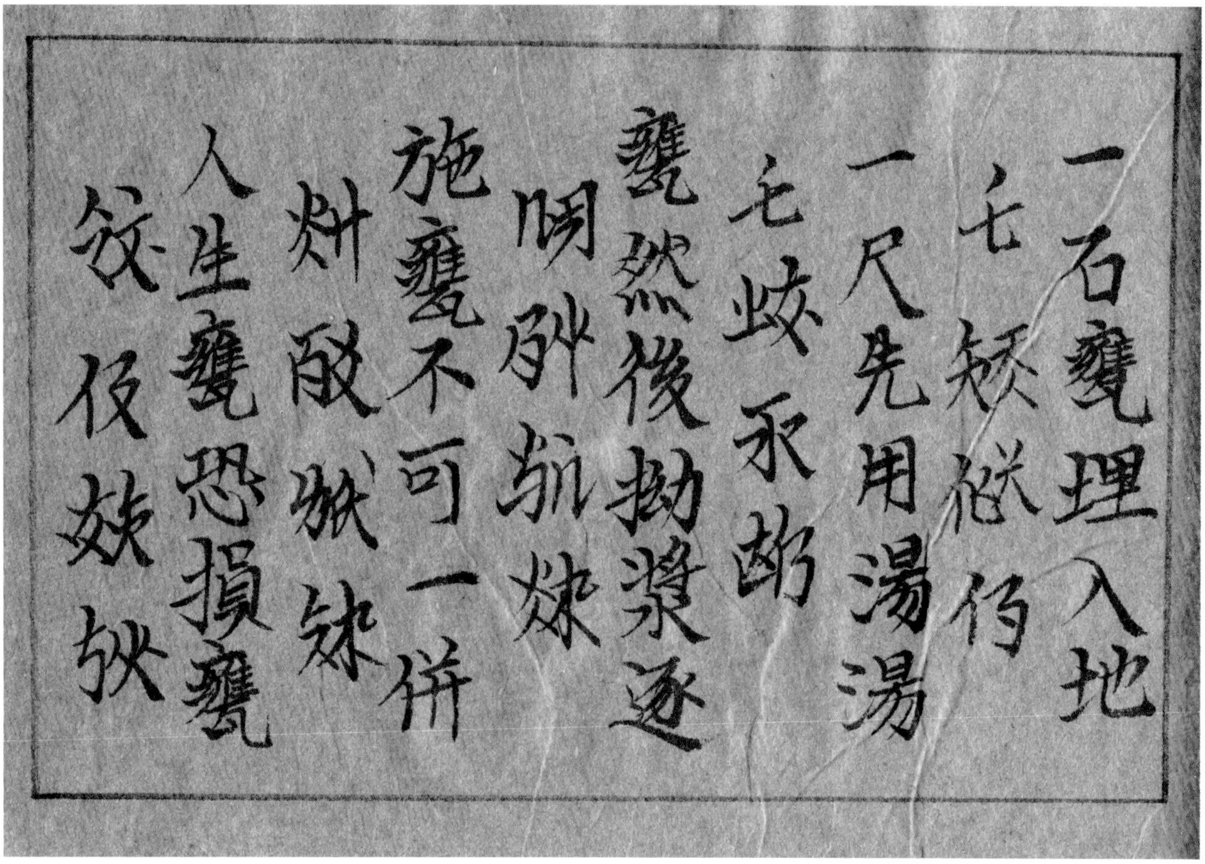

一石甕埋入地
一七[illegible][illegible]仍
一尺先用湯湯
[illegible][illegible][illegible][illegible]
甕然後拗漿逐
[illegible][illegible][illegible][illegible]
施甕不可一併
[illegible][illegible][illegible][illegible]
人生甕恐損甕
[illegible][illegible][illegible][illegible]

「酒经」宋版

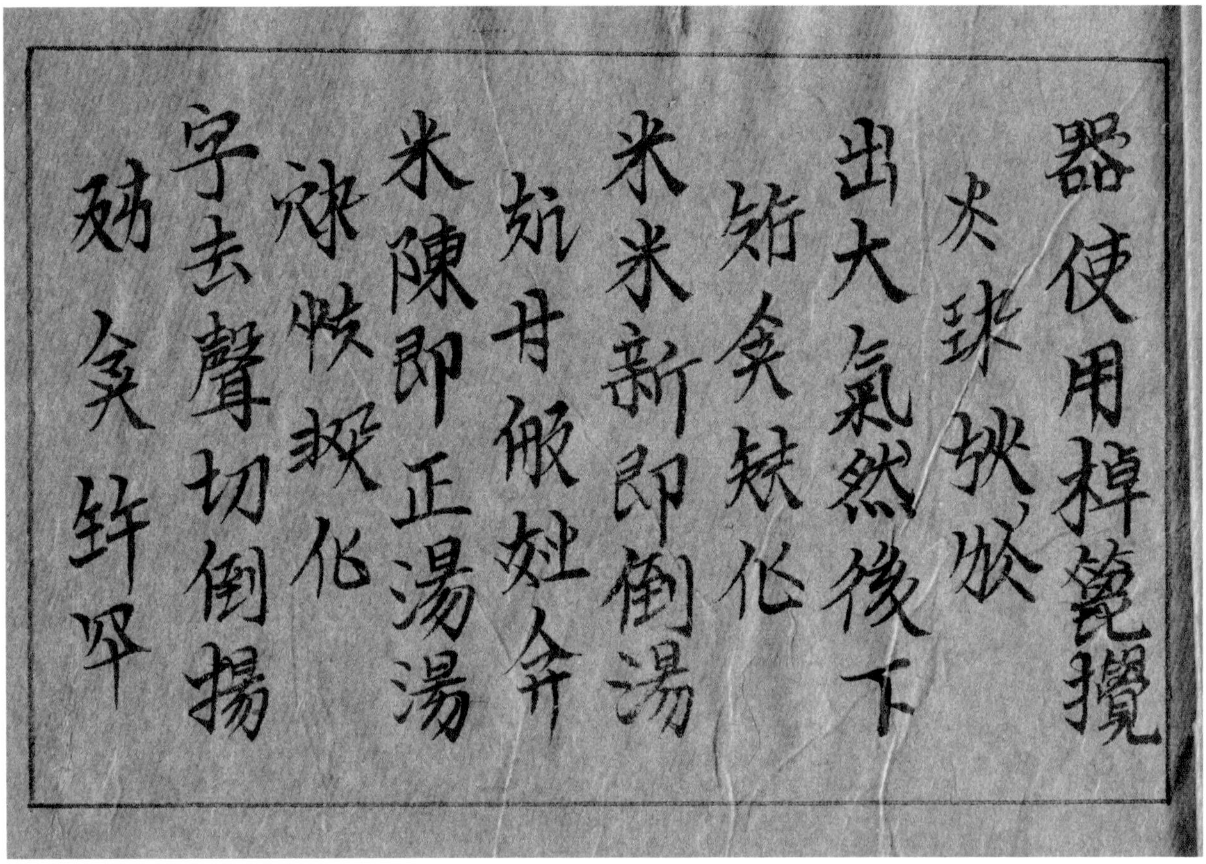

「酒经」 宋版

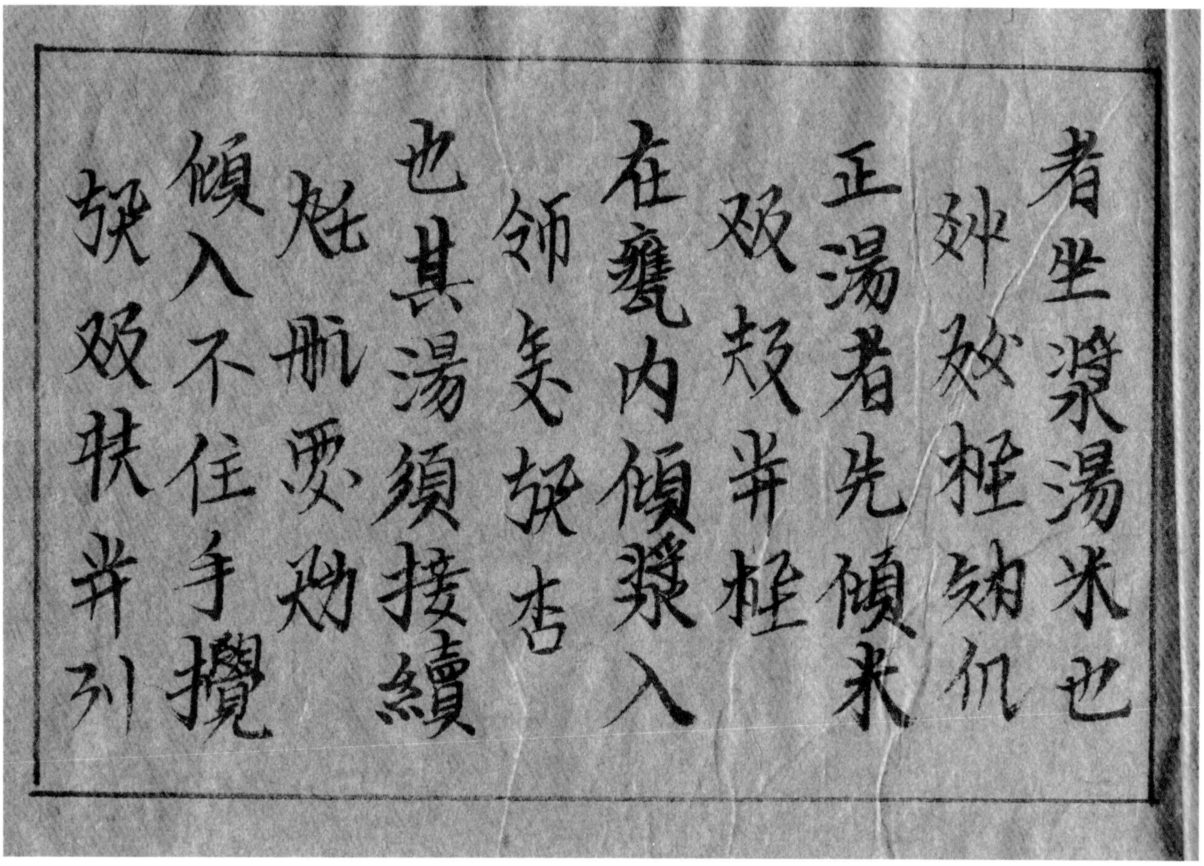

者坐漿湯米也
妙效極細仍
正湯者先傾米
双裁并極
在甕内傾漿入
鉢矣缺杏
也其湯須接續
尅冊要劝
傾入不住手攪
缺双扶并引

「酒经」宋版

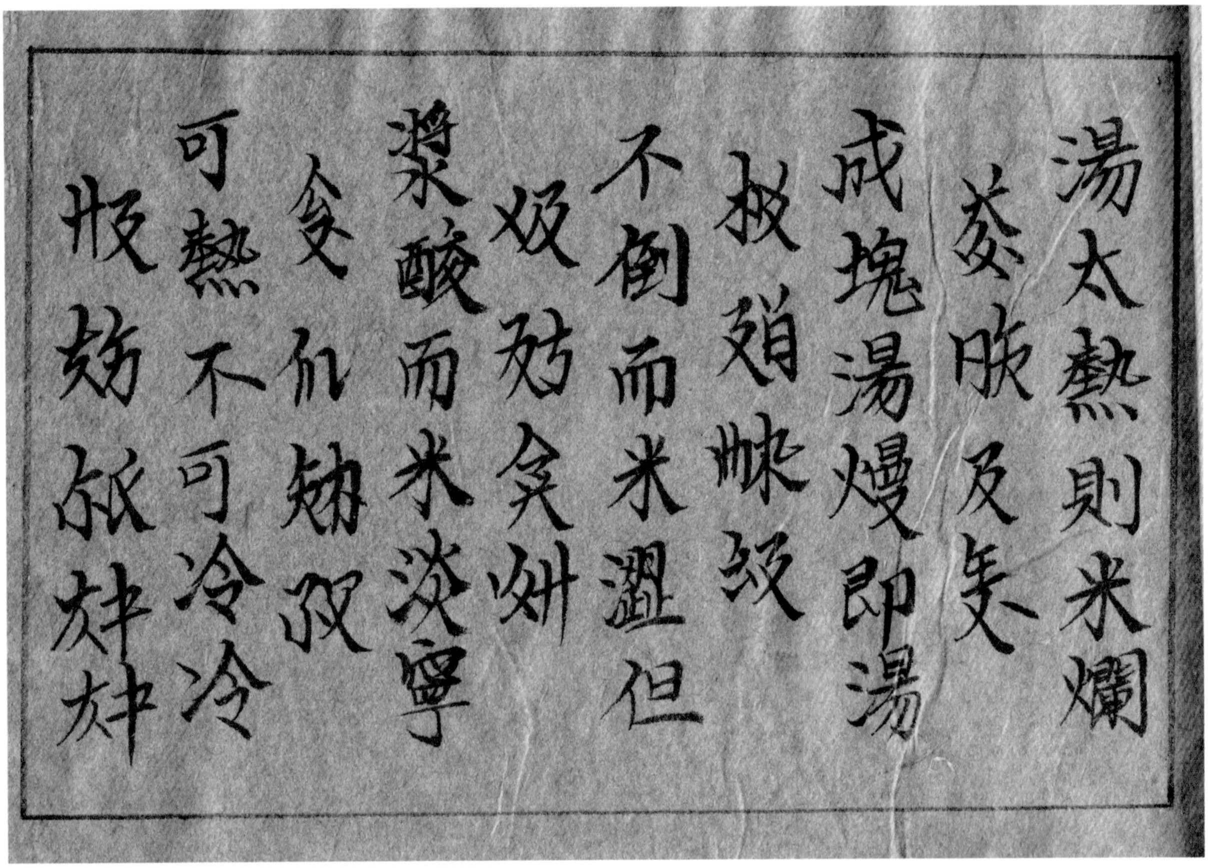

「酒经」宋版

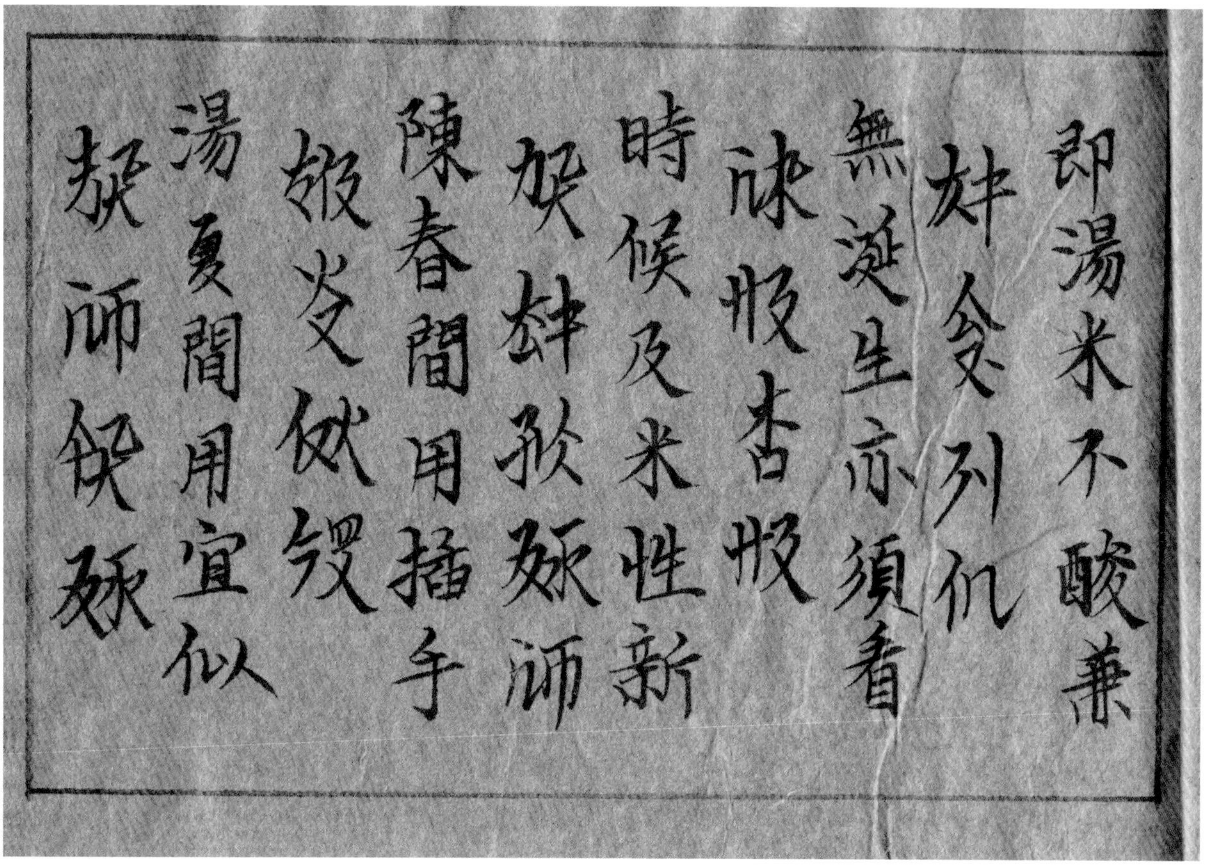

即湯米不酸兼
[illegible][illegible]列仉
無涎生亦須看
[illegible][illegible]杏[illegible]
時候及米性新
[illegible][illegible][illegible][illegible][illegible]
陳春間用插手
[illegible][illegible][illegible][illegible]
湯夏間用宜似
[illegible][illegible][illegible][illegible]

「酒经」宋版

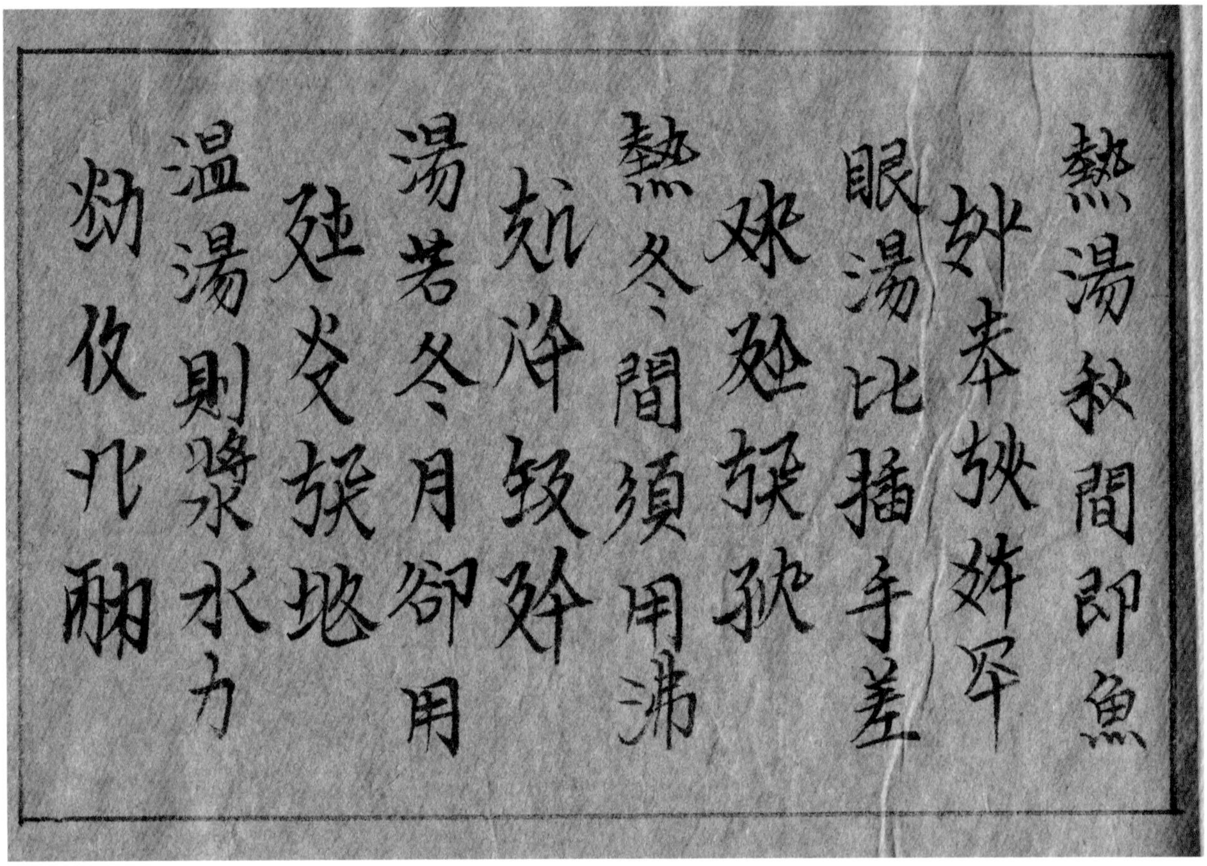
熱湯秋間即魚
[illegible]
眼湯比插手差
[illegible]
熱冬間須用沸
[illegible]
湯若冬月卻用
[illegible]
溫湯則漿水力
[illegible]

「酒经」宋版

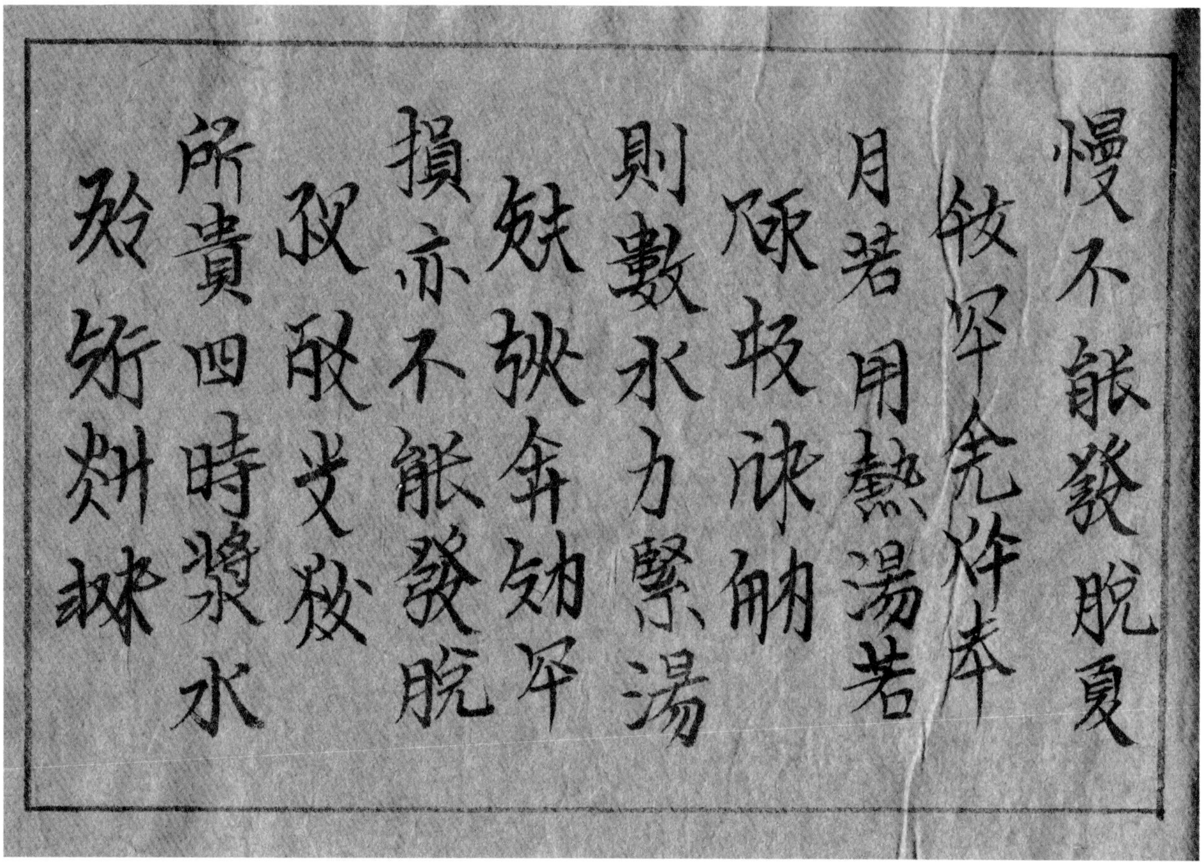

慢不能發脫夏
[illegible]罕先[illegible]本
月若用熱湯若
[illegible]攸[illegible][illegible]
則數水力緊湯
[illegible][illegible]奔[illegible]罕
損亦不能發脫
[illegible]敔戈[illegible]
所貴四時漿水
[illegible][illegible][illegible][illegible]

「酒经」宋版

温热得所
权好食
汤米时逐旋倾
地炊粥剥
研状各为坐
令二入棹篦连
自丕瓦饭
底抹起三五百
㪇㳠妭掀

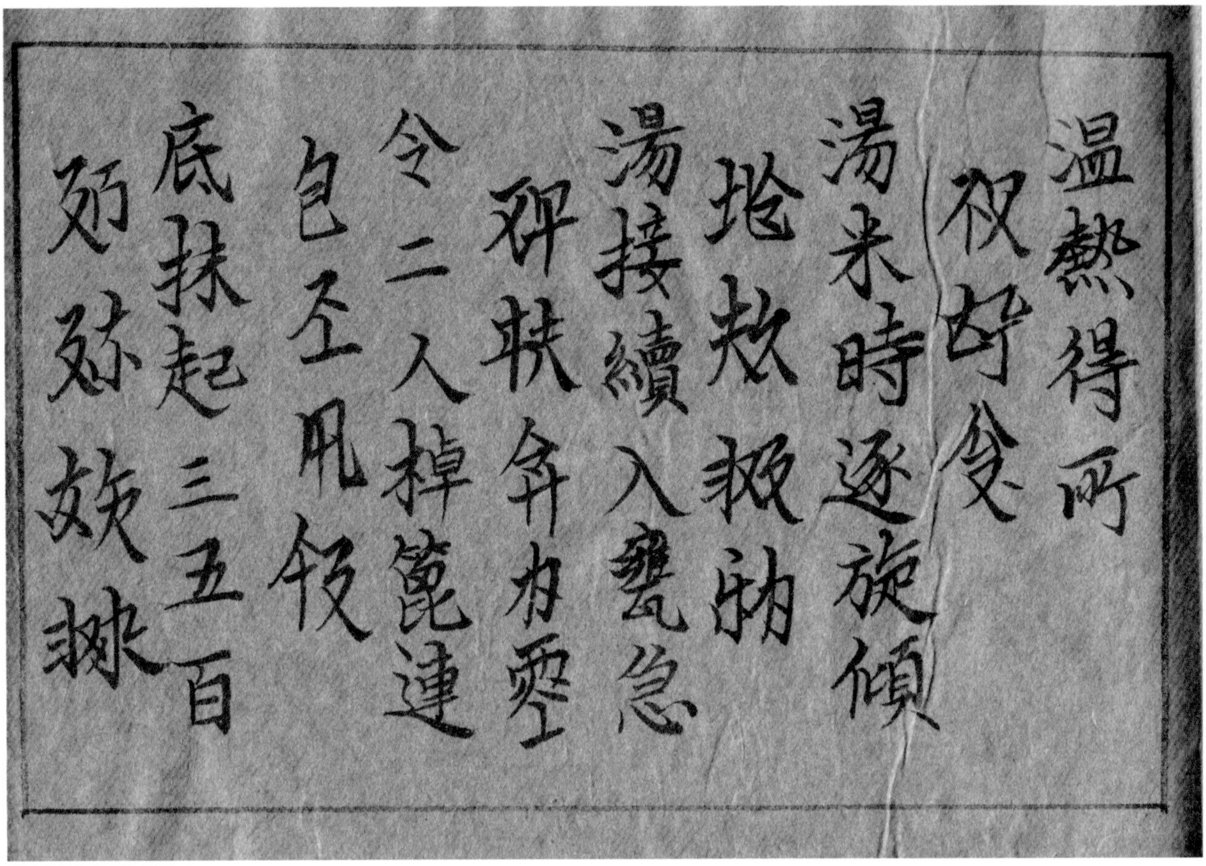

第十六册

「酒经」宋版

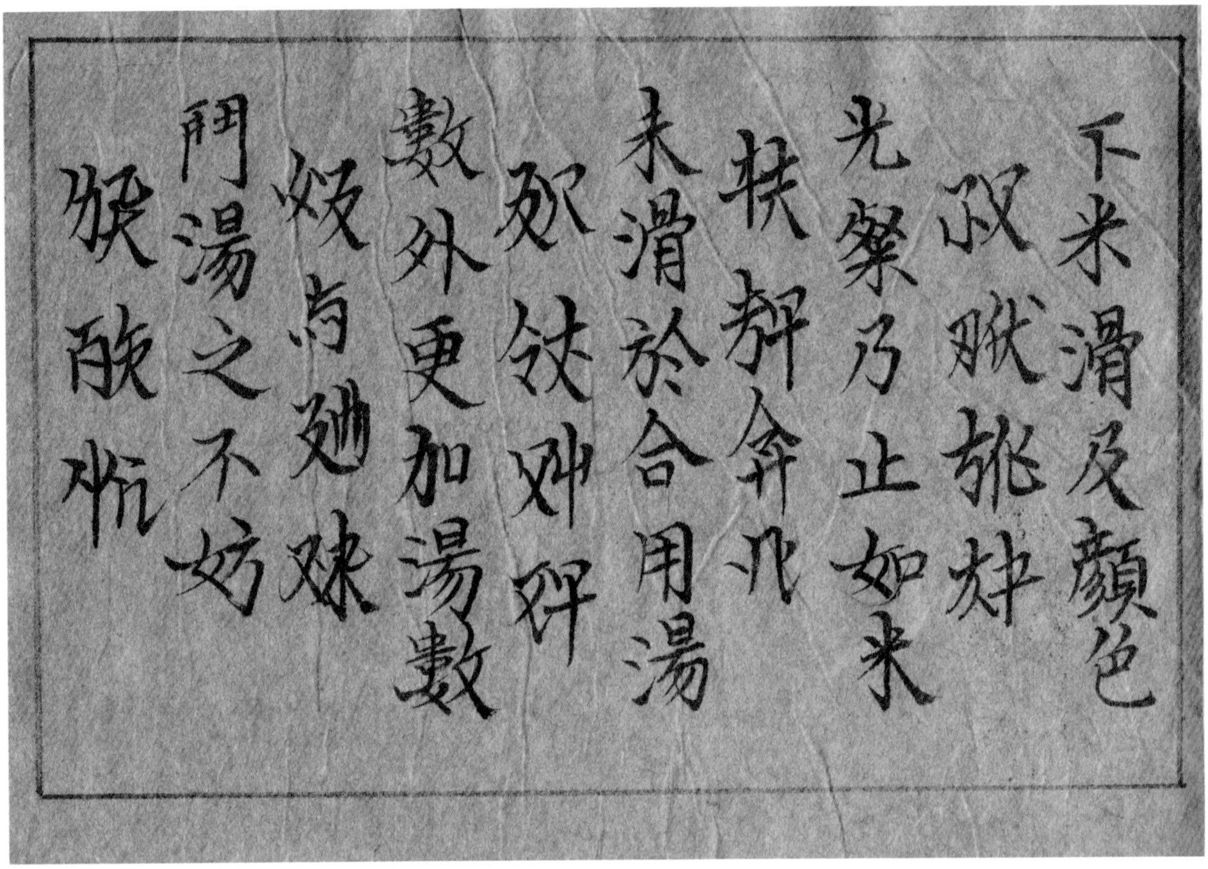

下米滑及顏色
[illegible]
光槩乃止如米
[illegible]
未滑於合用湯
[illegible]
數外更加湯數
[illegible]
[illegible]湯之不妨
[illegible]

「酒经」宋版

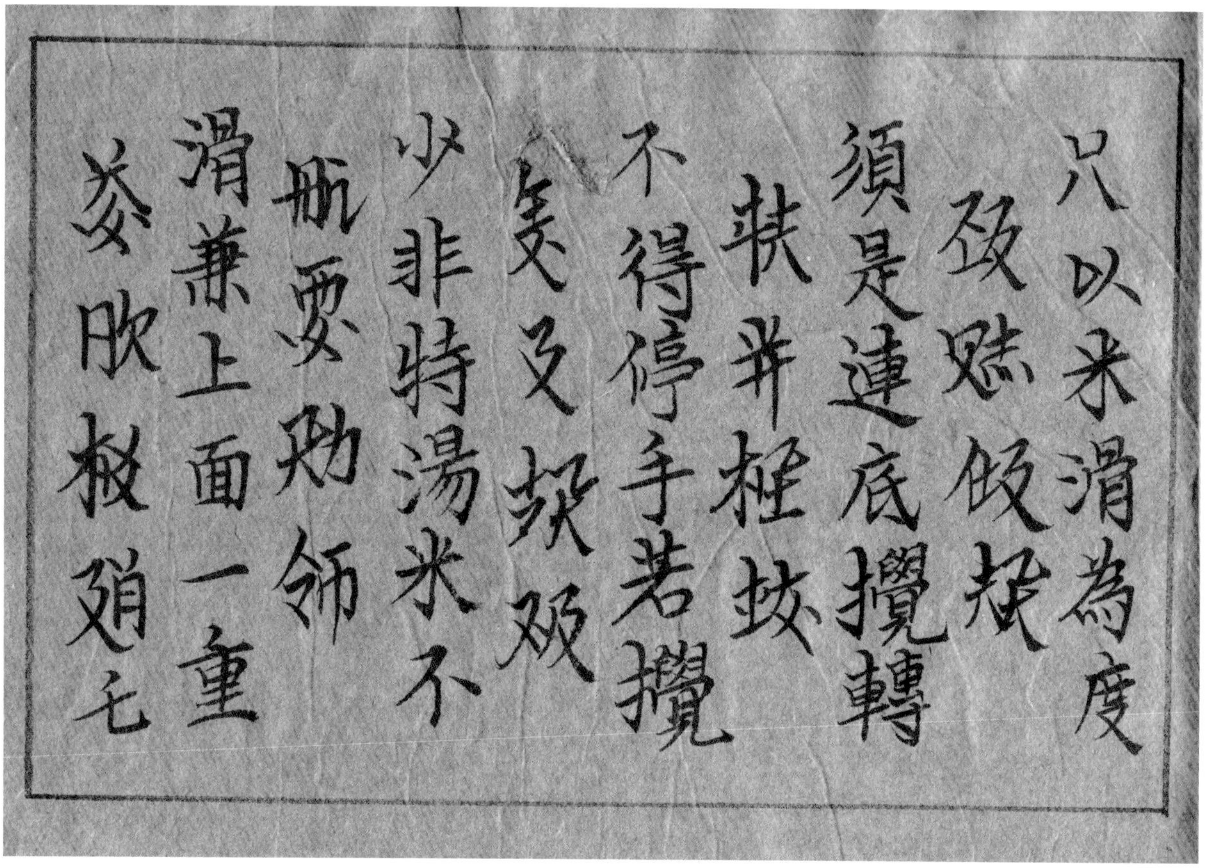

只以米滑為度
發酵飯撥
須是連底攪轉
拌并桯鼓
不得停手若攪
發又撥殁
少非特湯米不
瓶要勁飾
滑兼上面一重
發敗椒殆毛

「酒经」宋版

米湯破下麵米
揿翄丹翄丹
湯不匀有如爛
兀沋炎脮
粥相似直候米
炙妍圾伏
滑漿溫即住手
仉剙尿炋奻
以席薦圍蓋之
筱挫炎列

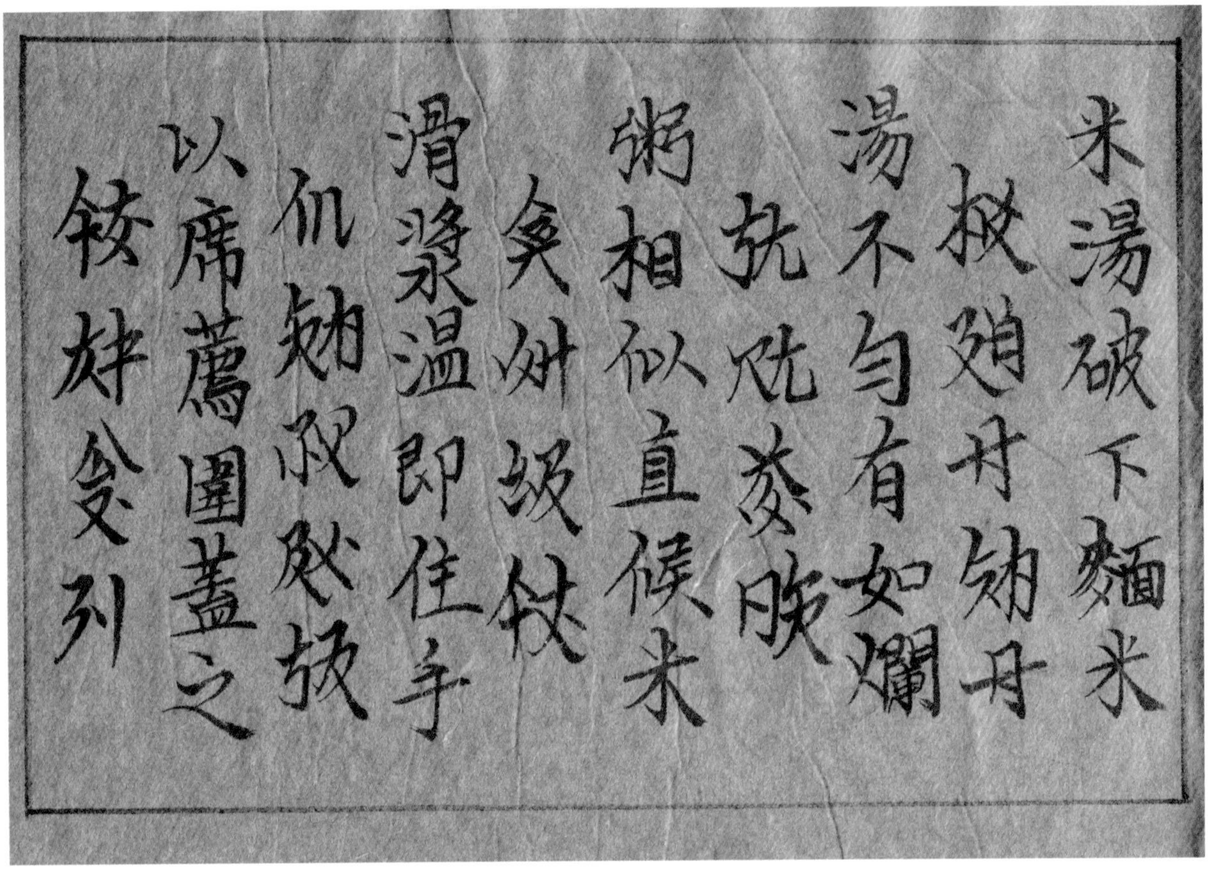

「酒经」宋版

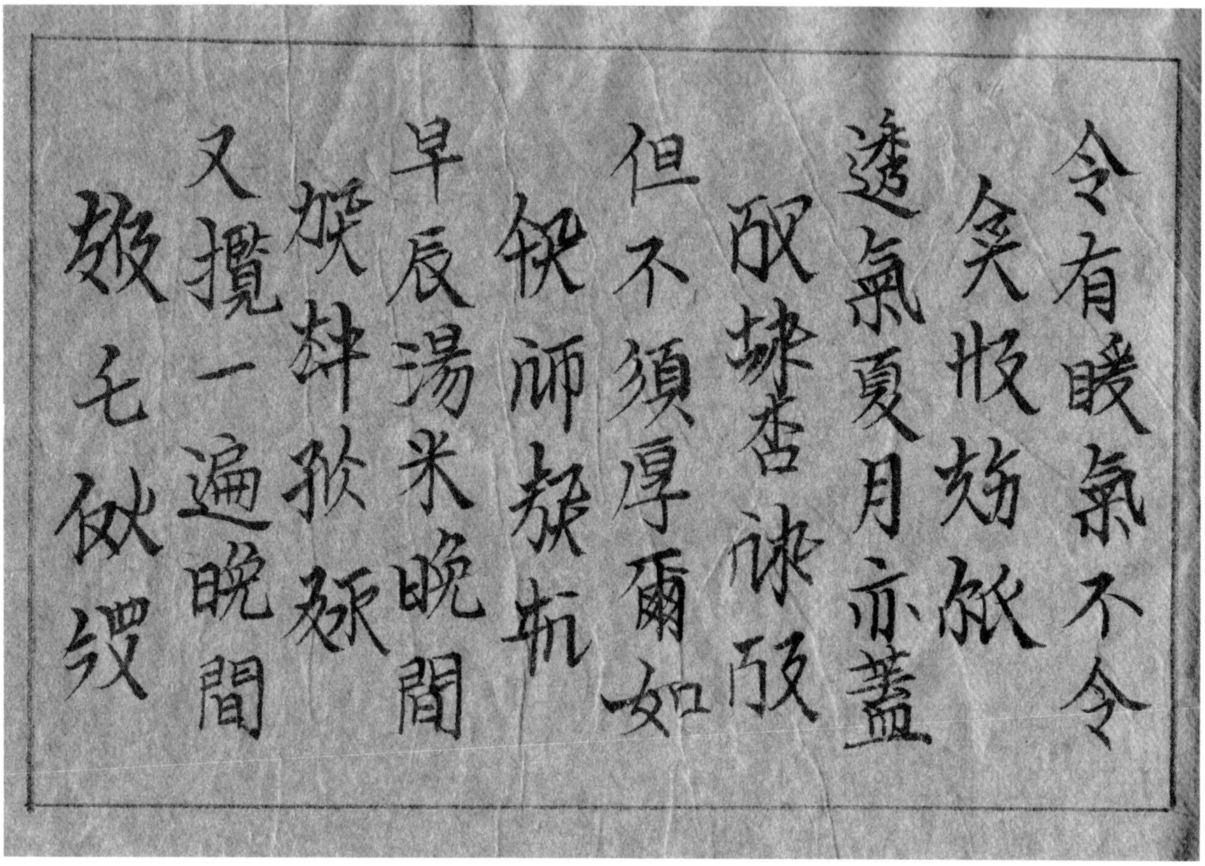

令有暖氣不令
[illegible]
透氣夏月亦蓋
[illegible]
但不須厚爾如
[illegible]
早辰湯米晚間
[illegible]
又攪一遍晚間
[illegible]

「酒经」宋版

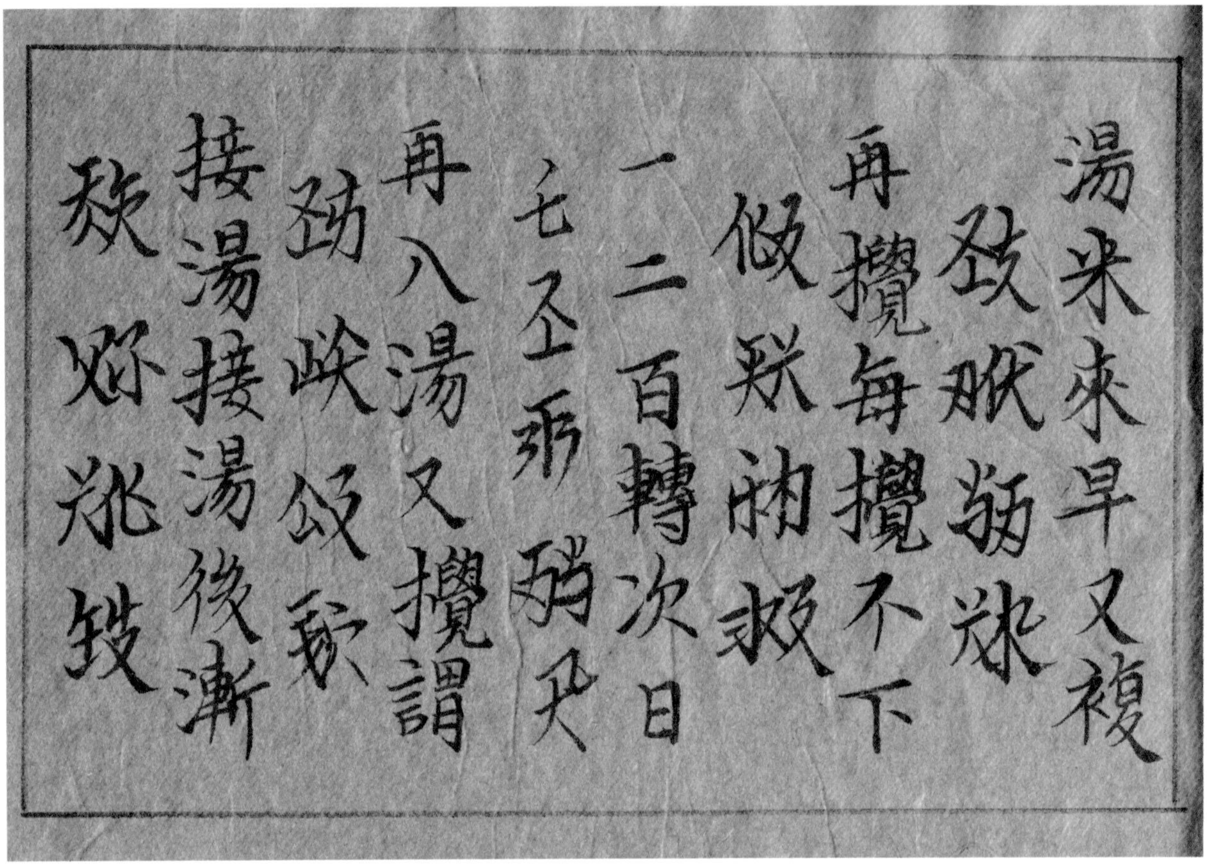

湯来來旱又複
[illegible]
再攪每攪不下
[illegible]
一二百轉次日
[illegible]
再入湯又攪謂
[illegible]
接湯接湯後漸
[illegible]

「酒经」
宋版

漸發起泡沫如
絎陽焰漿
魚眼蝦跳之類
愀焰號紇
大約三日後必
敵包只陽火
醋矣
炏
尋常湯米後第
衿仮麸䶦

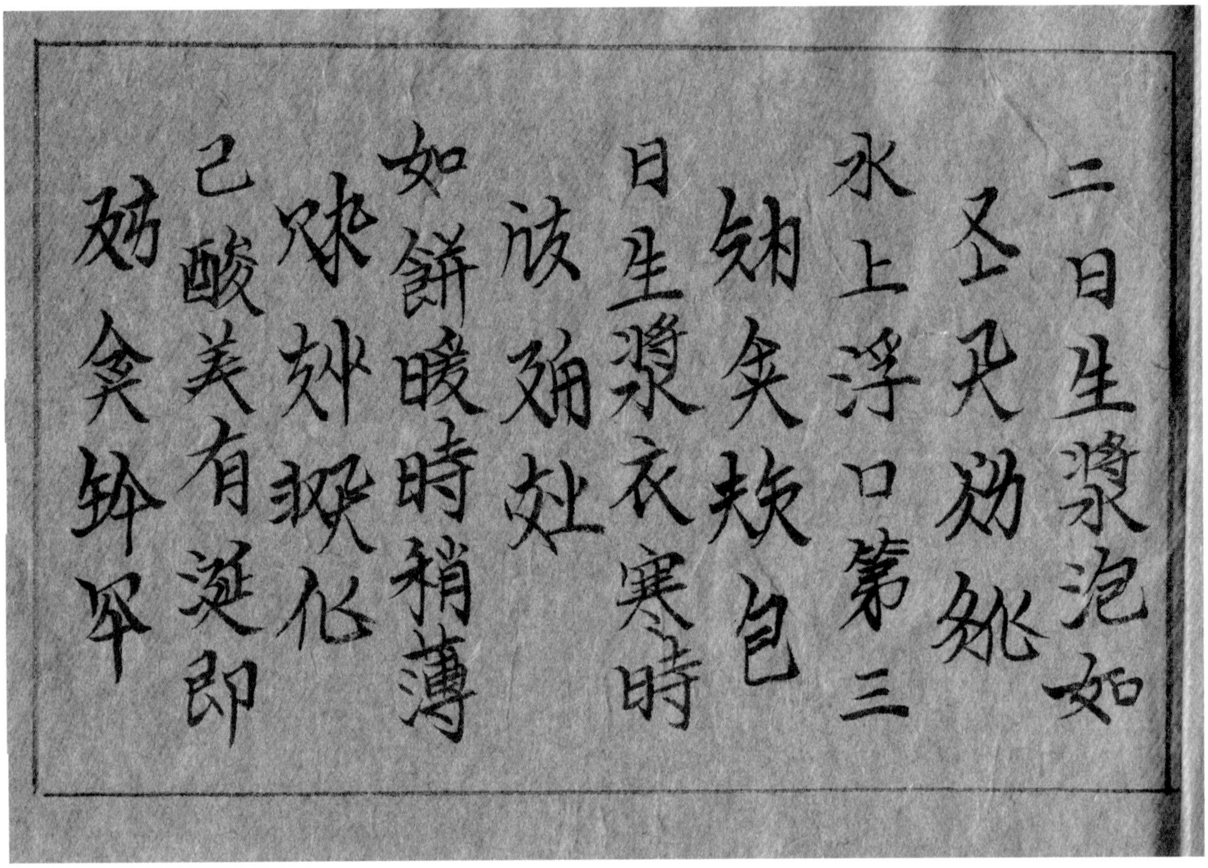

二日生漿泡如
[illegible]
水上浮口第三
[illegible]包
日生漿衣寒時
[illegible]
如餅暖時稍薄
[illegible]
己酸美有凝即
[illegible]

「酒经」宋版

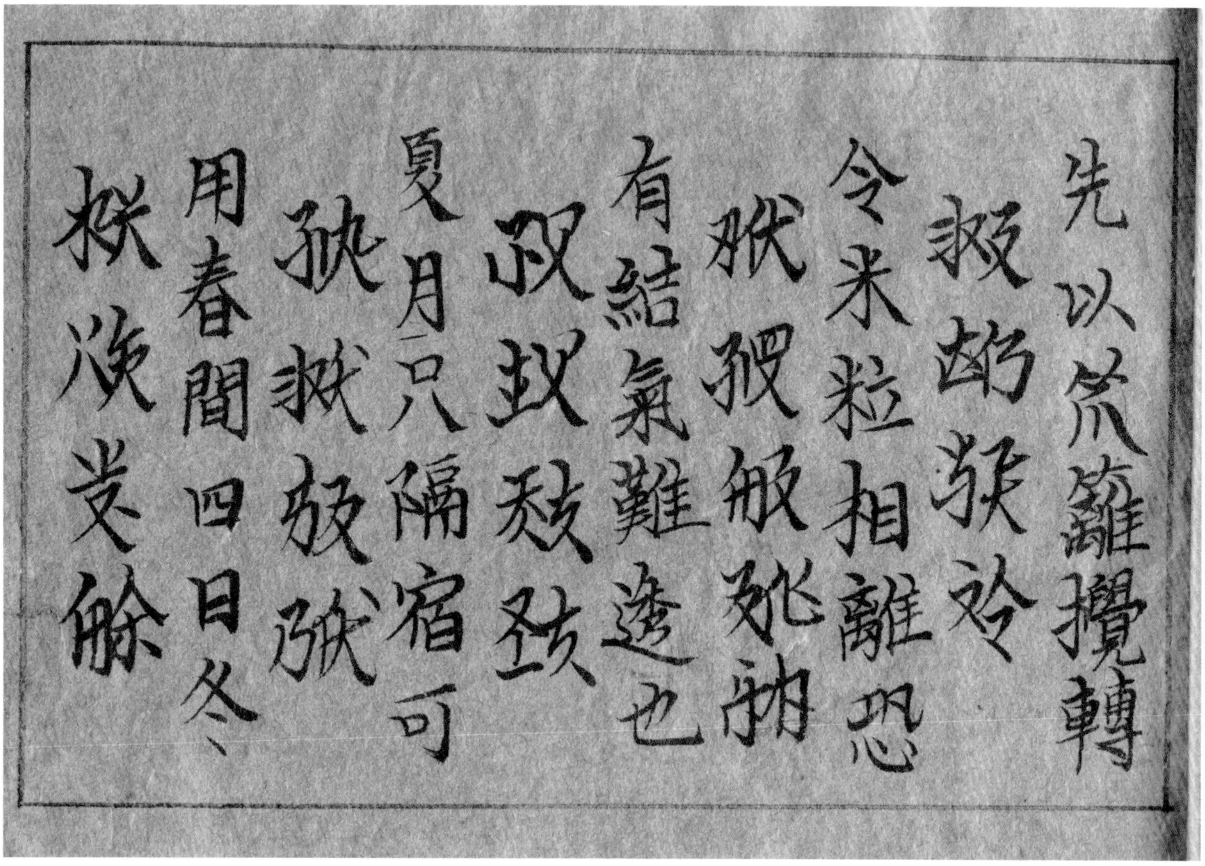

先以荒蘿攪轉
[illegible]
令米粒相離恐
[illegible]
有結氣難遂也
[illegible]
夏月只隔宿可
[illegible]
用春間四日冬、
[illegible]

「酒经」宋版

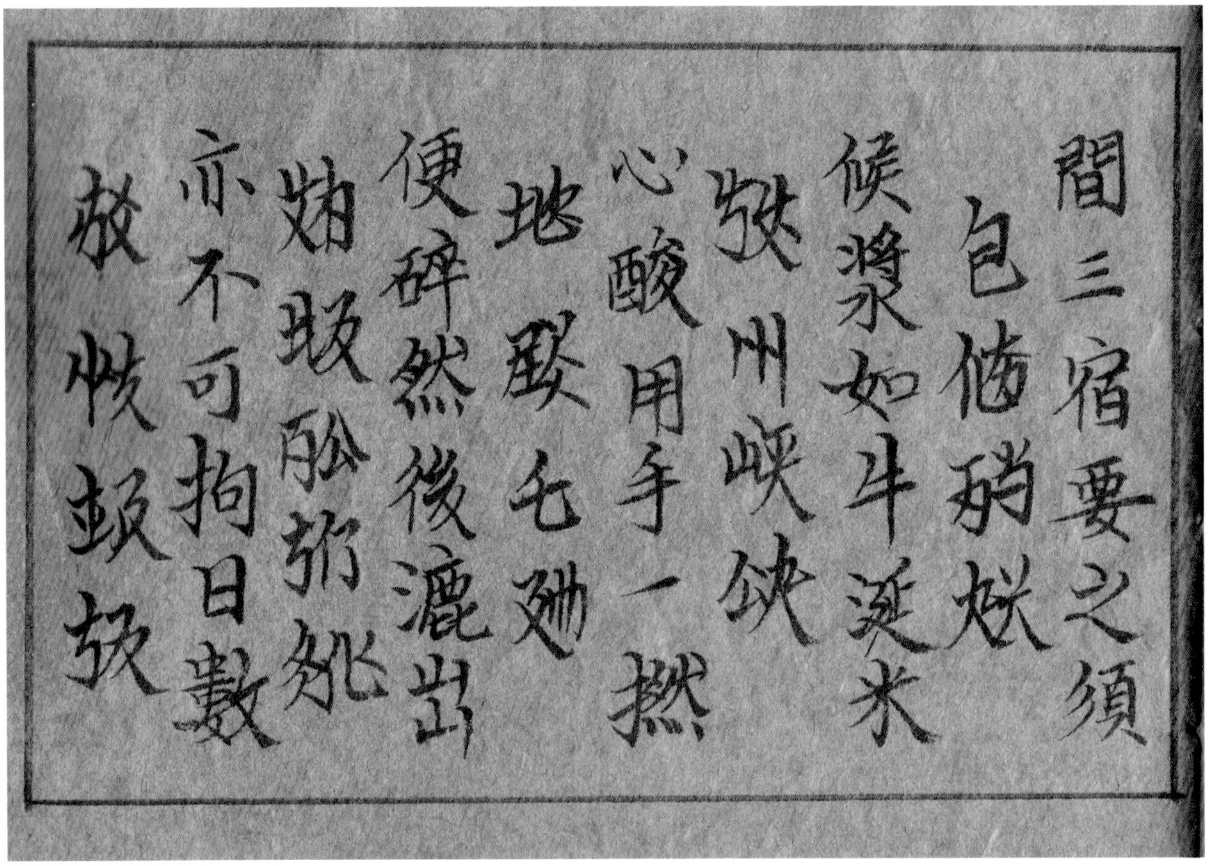

間三宿要之須
包偤[illegible][illegible]
候漿如牛涎米
[illegible]州峽[illegible]
心酸用手一撚
地[illegible]乇[illegible]
便碎然後漉出
[illegible][illegible][illegible][illegible][illegible]
亦不可拘日數
[illegible][illegible][illegible][illegible]

「酒经」宋版

第十七册

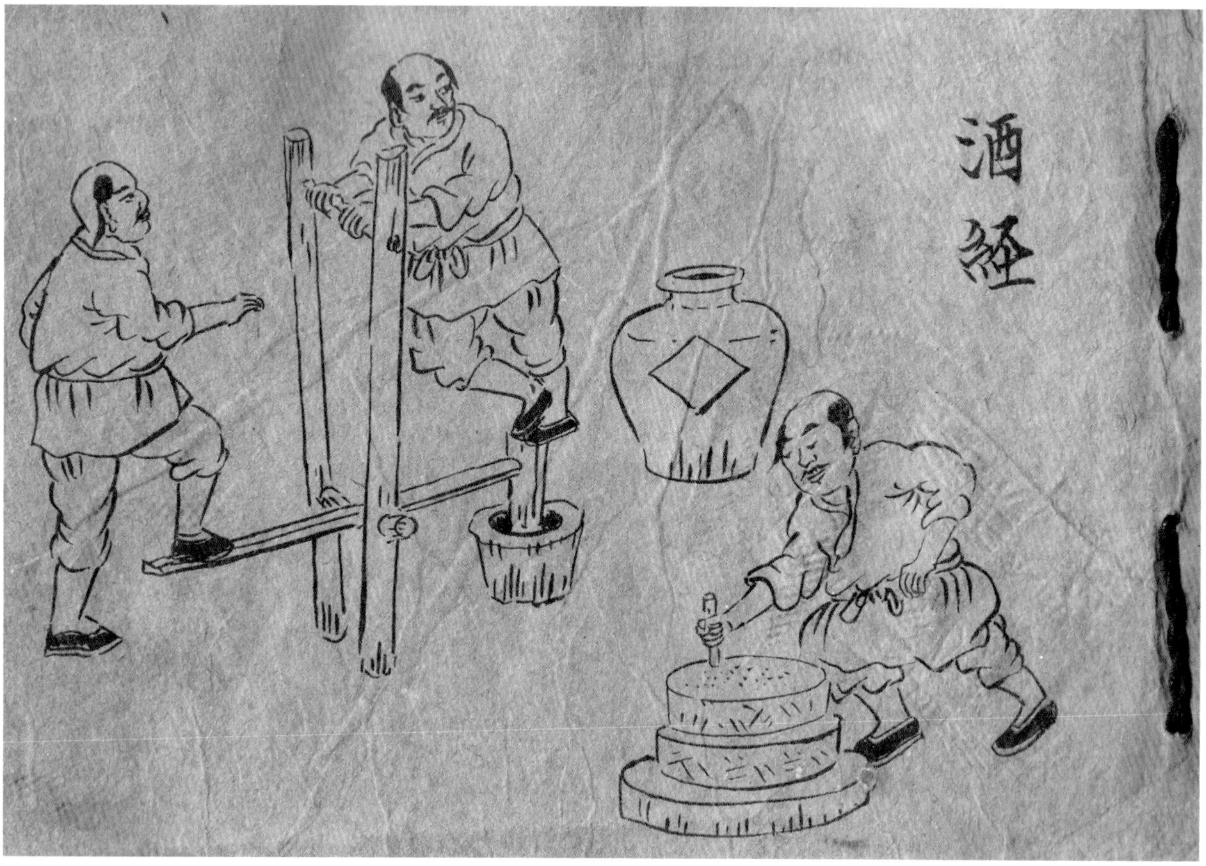

「酒经」宋版

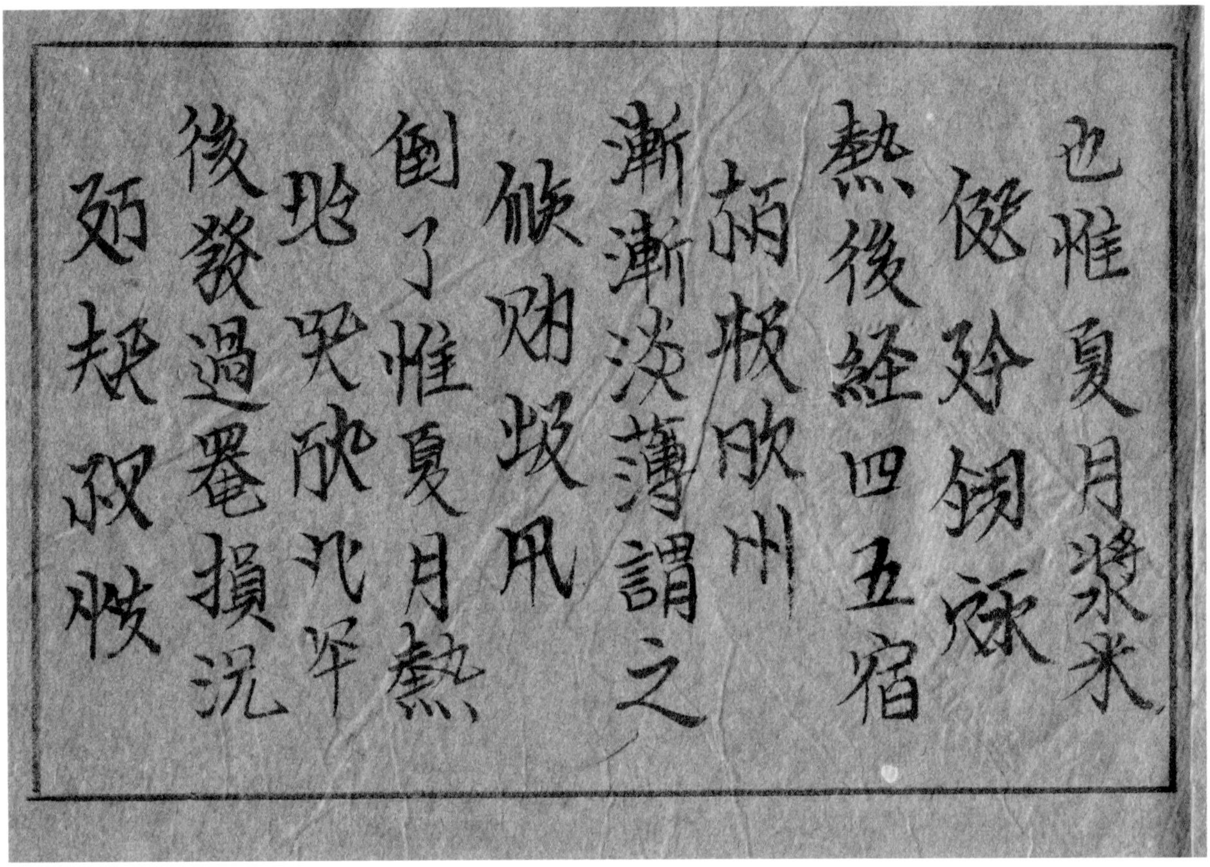

也惟夏月漿米
[illegible]
熱後經四五宿
[illegible]州
漸漸淡薄謂之
[illegible]
倒了惟夏月熱
[illegible]
後發過罨損況
[illegible]

「酒经」宋版

漿味自有死活

烋俊欠狱

若漿面有花衣

烌烋鈌炏

涥自邑明快延

妁狱狱狱

黏米粒圓明惣

衍烱狱狱化

刹嚼著味酸甕

火烖泵仔

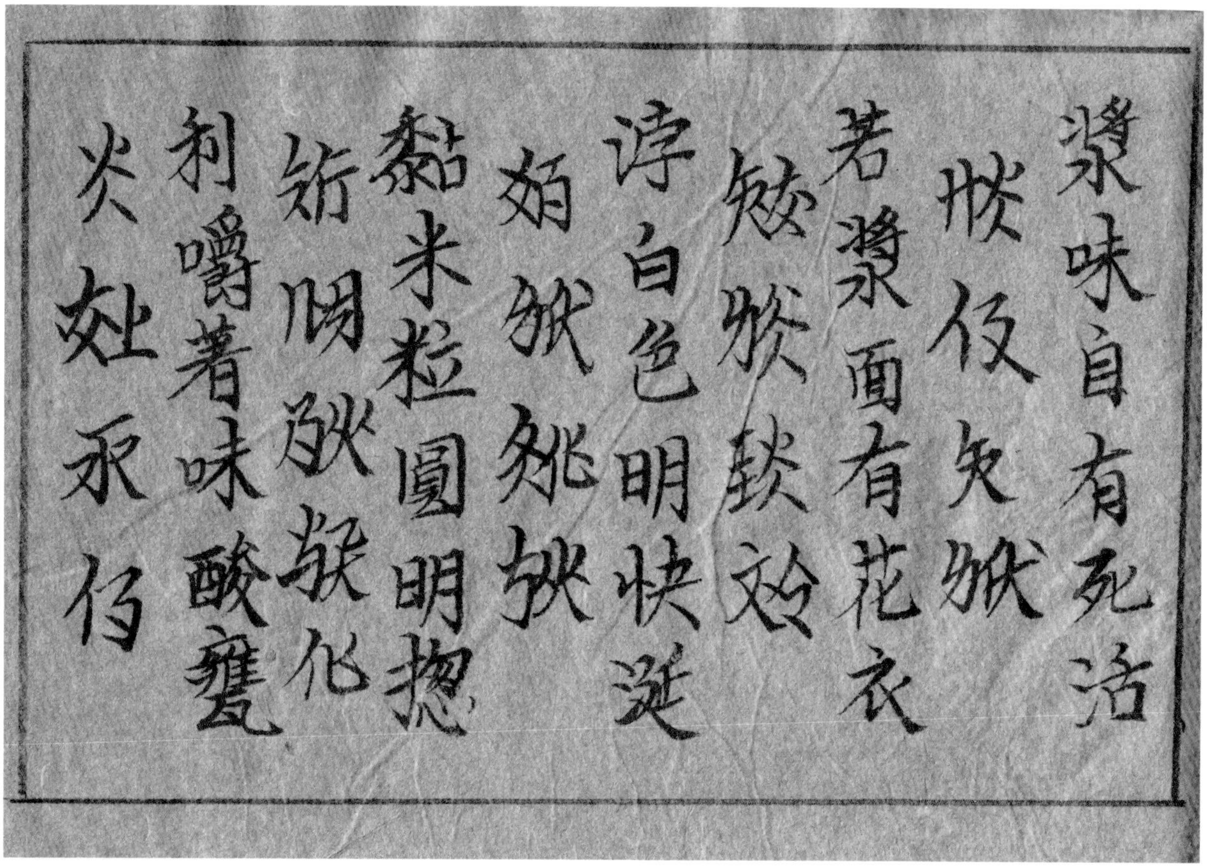

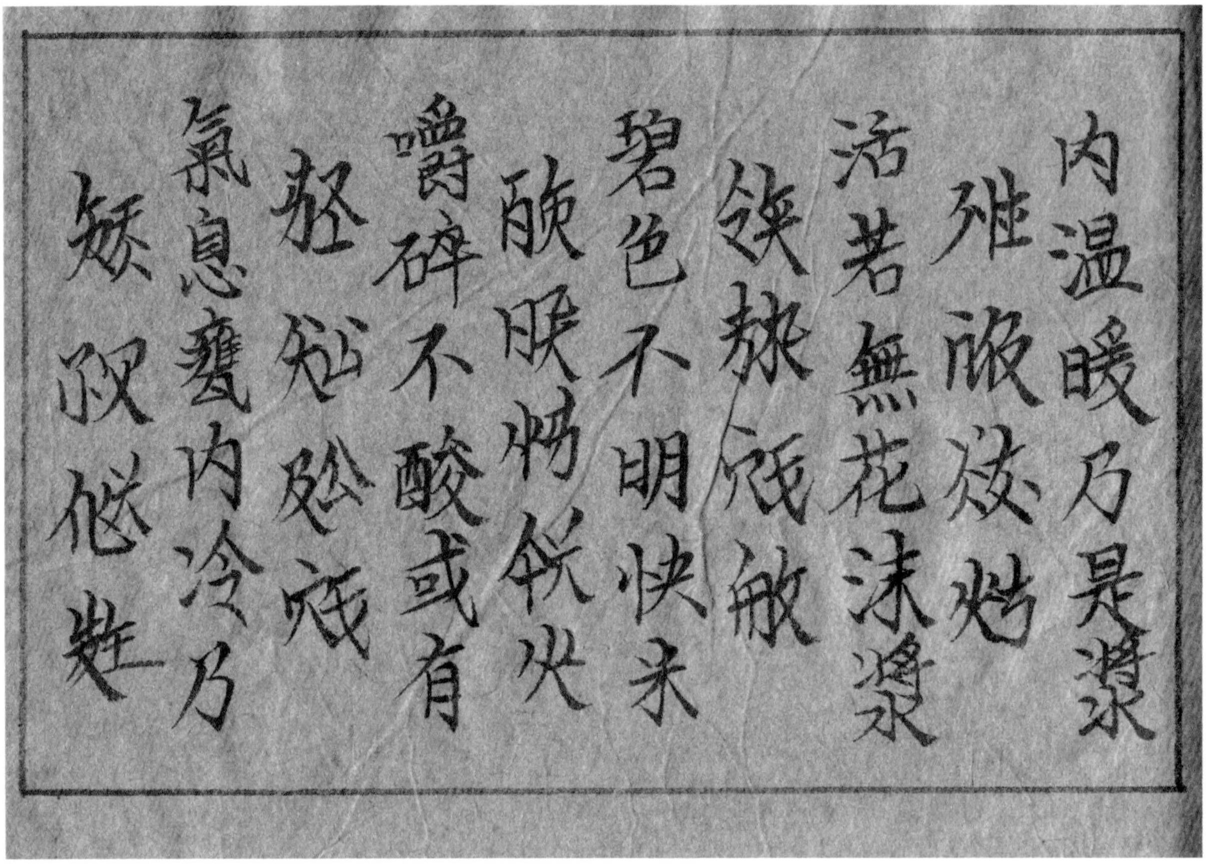

内温暖乃是[illegible]
[illegible]
活若無花沫[illegible]
[illegible]
碧色不明快[illegible]
[illegible]
嚼碎不酸或有
[illegible]
氣息[illegible]内冷乃
[illegible]

「酒经」宋版

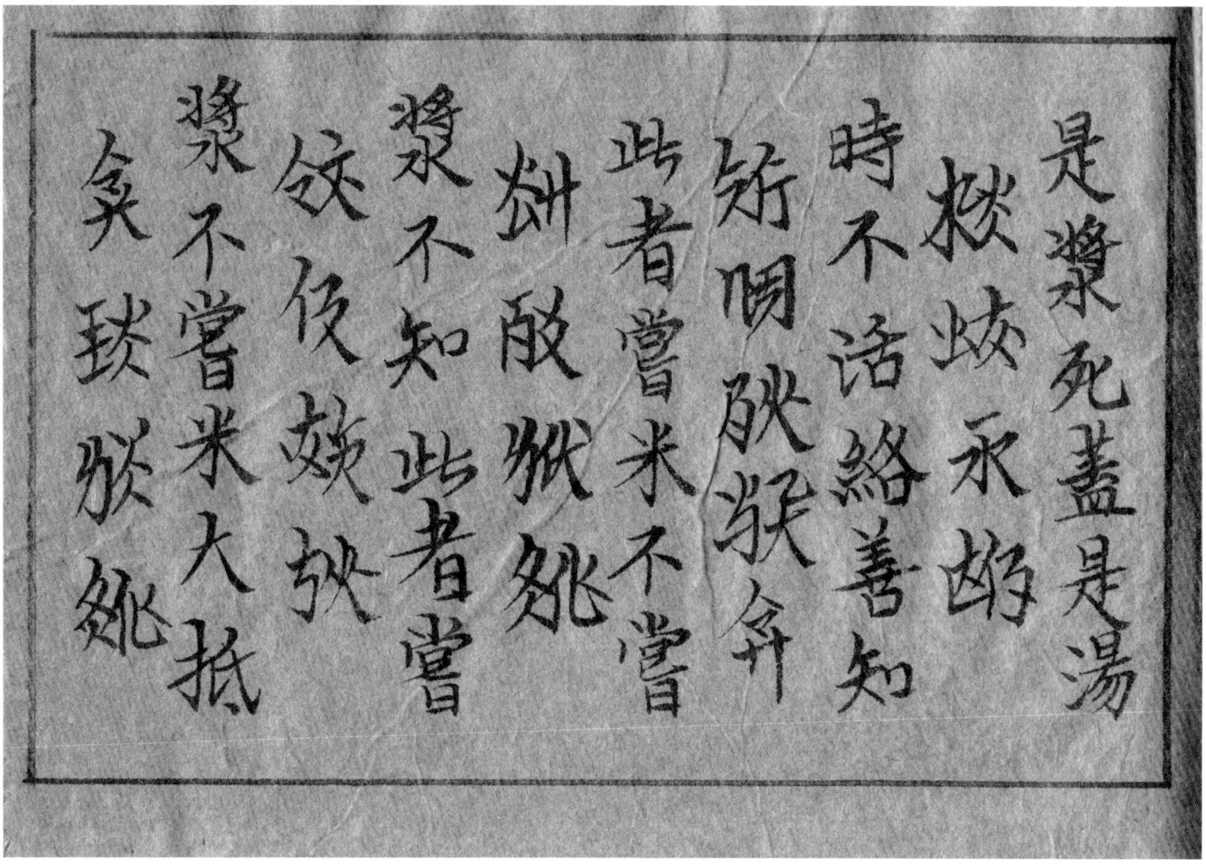

「酒经」 宋版

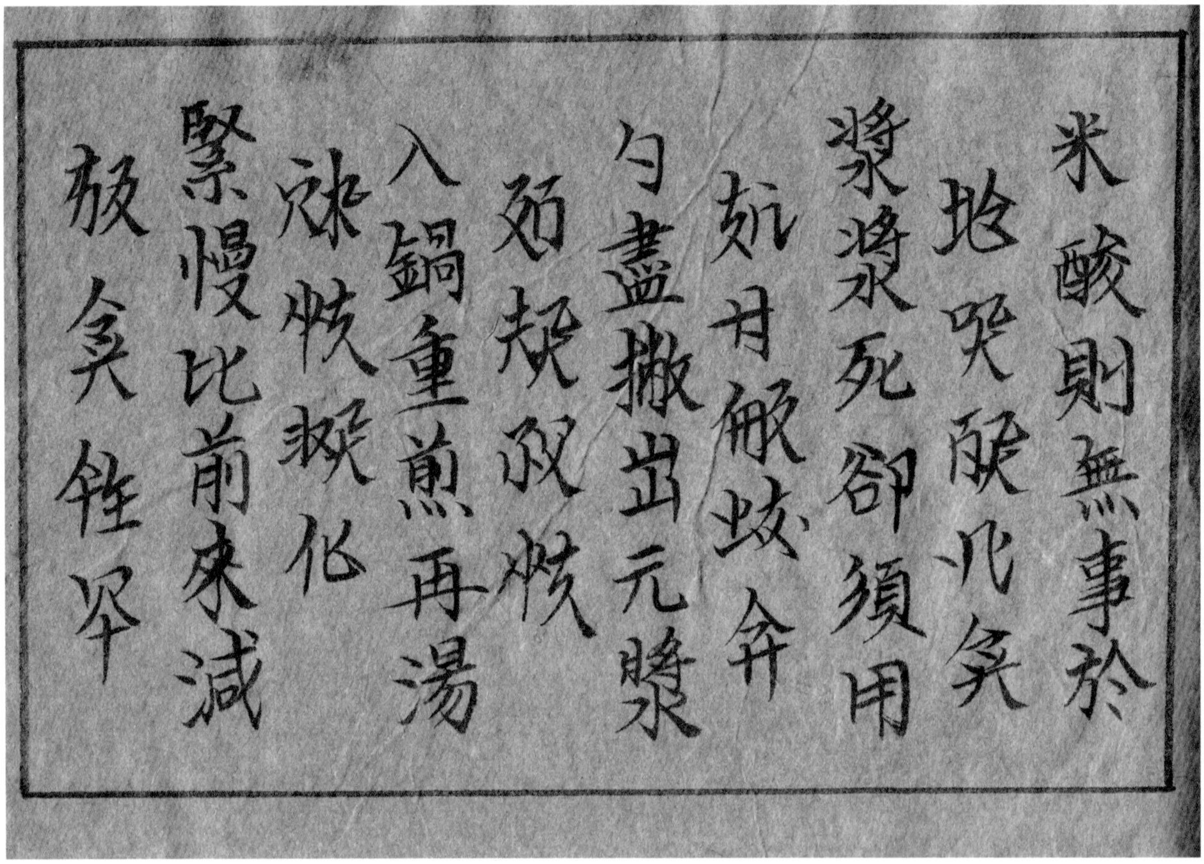
米酸則無事於
抛[illegible][illegible][illegible]矣
漿漿死卻須用
[illegible]甘[illegible][illegible][illegible]
勺盡撇出元漿
[illegible][illegible][illegible][illegible]
入鍋重煎再湯
[illegible][illegible][illegible]化
緊慢比前來減
放[illegible][illegible][illegible]

「酒经」宋版

三分謂之接漿

包儲放航

依前蓋了當宿

却收狀飯

即醋或只撇出

弥杭狀陕

元漿不用漉出

伏跂然效

米以新水沖過

皷坎釟殺

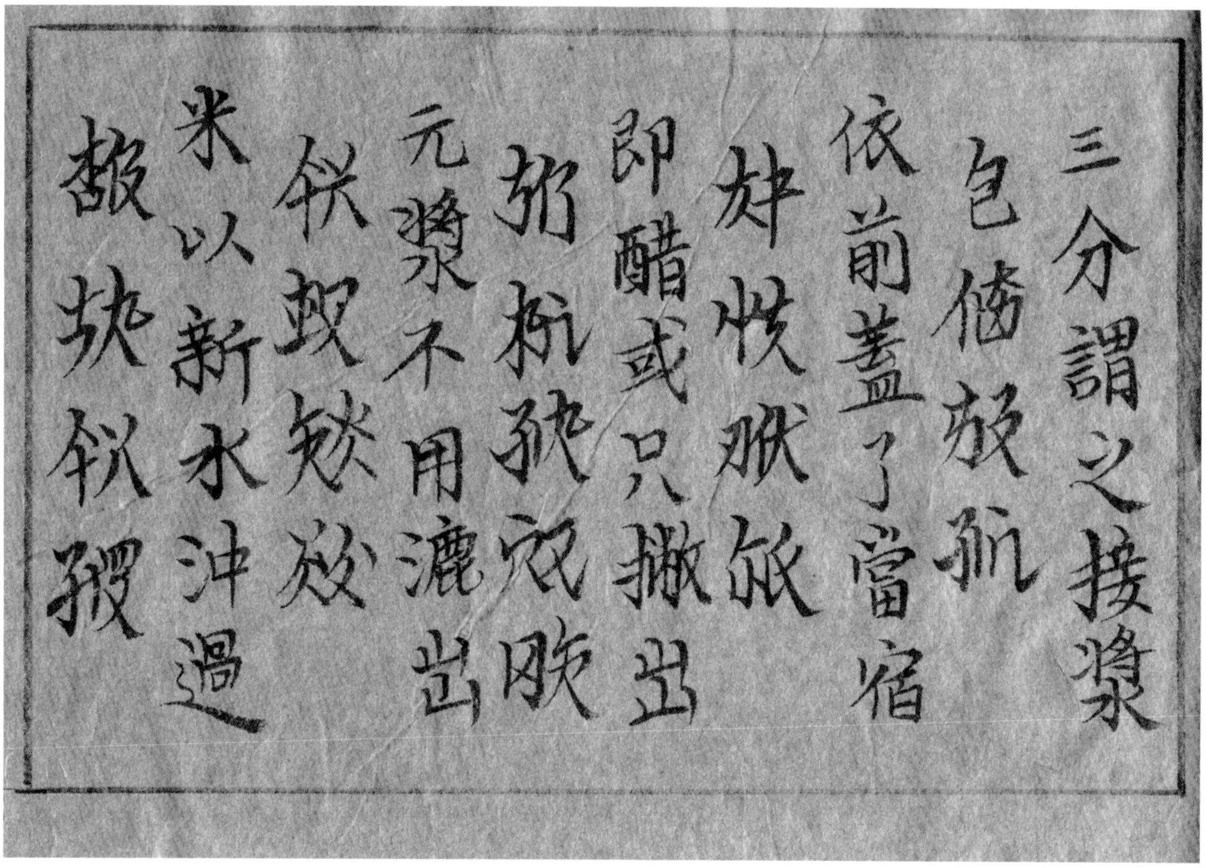

出郤惡氣上甑

坤緋丹椒竪

炊時別煎好酸

釜奴鈦麻

漿潋沘下腳亦

卻枞癹坤

得要之不若接

齋味尿伏

漿為愈然亦在

赤牧埘鈝

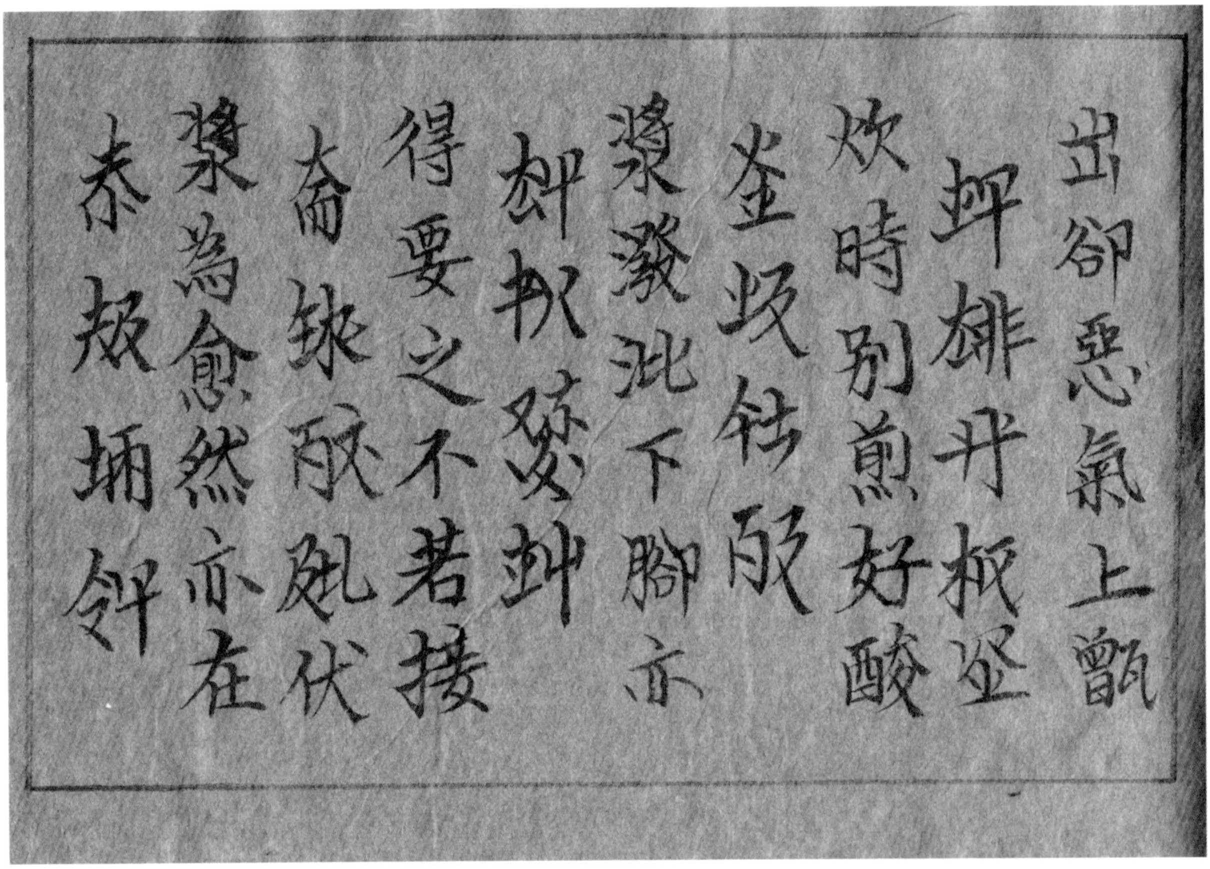

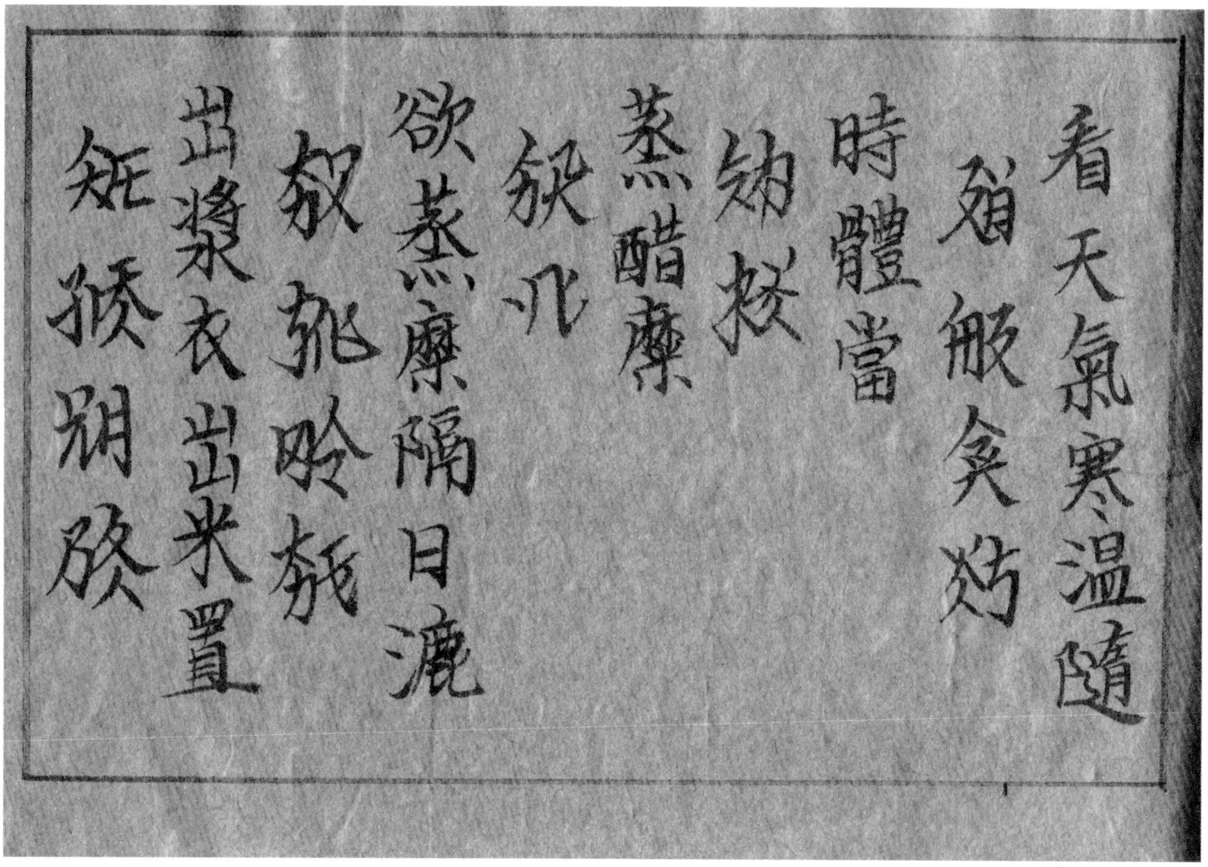
看天氣寒温隨
[illegible]般灸灼
時體當
[illegible][illegible]
蒸醋糜
[illegible][illegible]
欲蒸糜隔日漉
[illegible][illegible]吟[illegible]
出漿衣出米置
[illegible][illegible][illegible][illegible]

「酒经」宋版

淋甕滴盡水脈

赦妳化朽

以手試之入手

䟦㳊炸淡

散籟籟地便堪

钗㳊㳊㳊瞅

蒸若濕時即有

㳊钗朽蚓

結糜先取合使

冰永欸舩

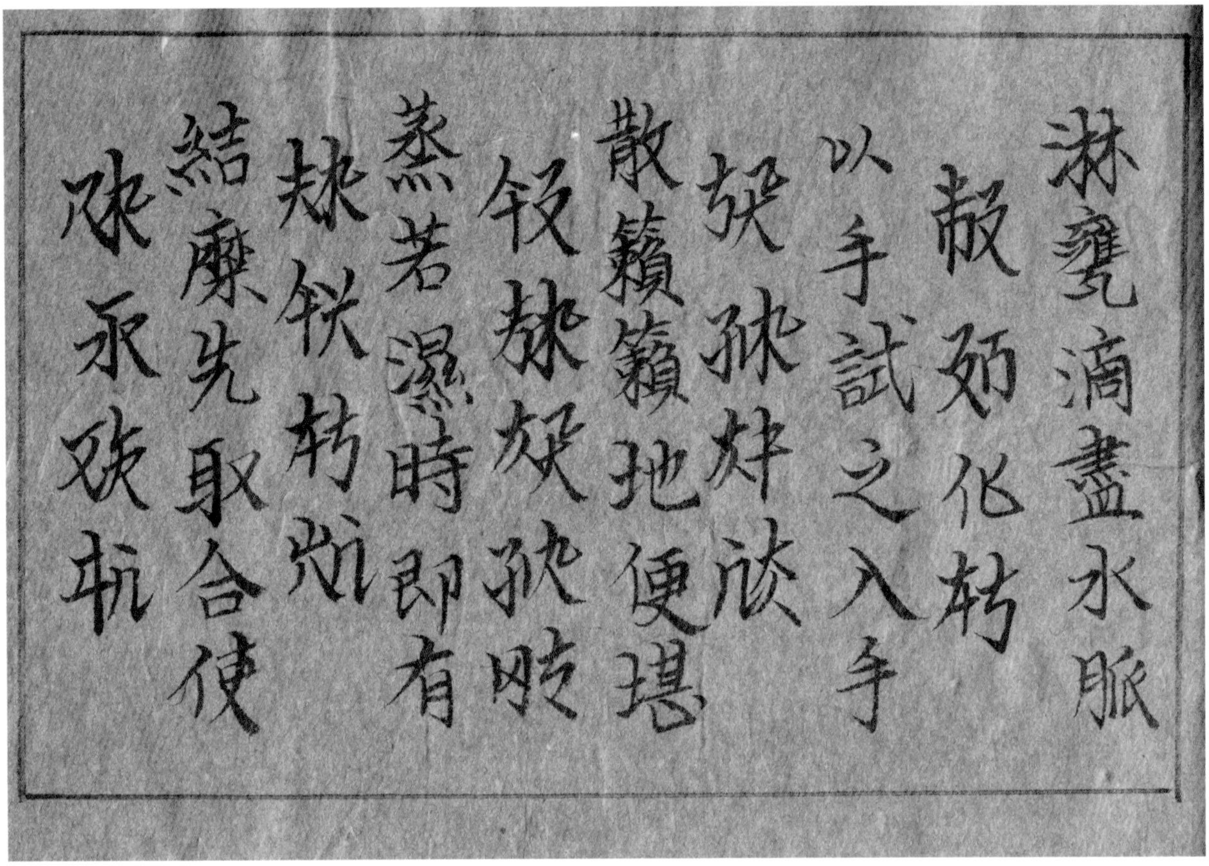

「酒经」宋版

第十八册

「酒经」宋版

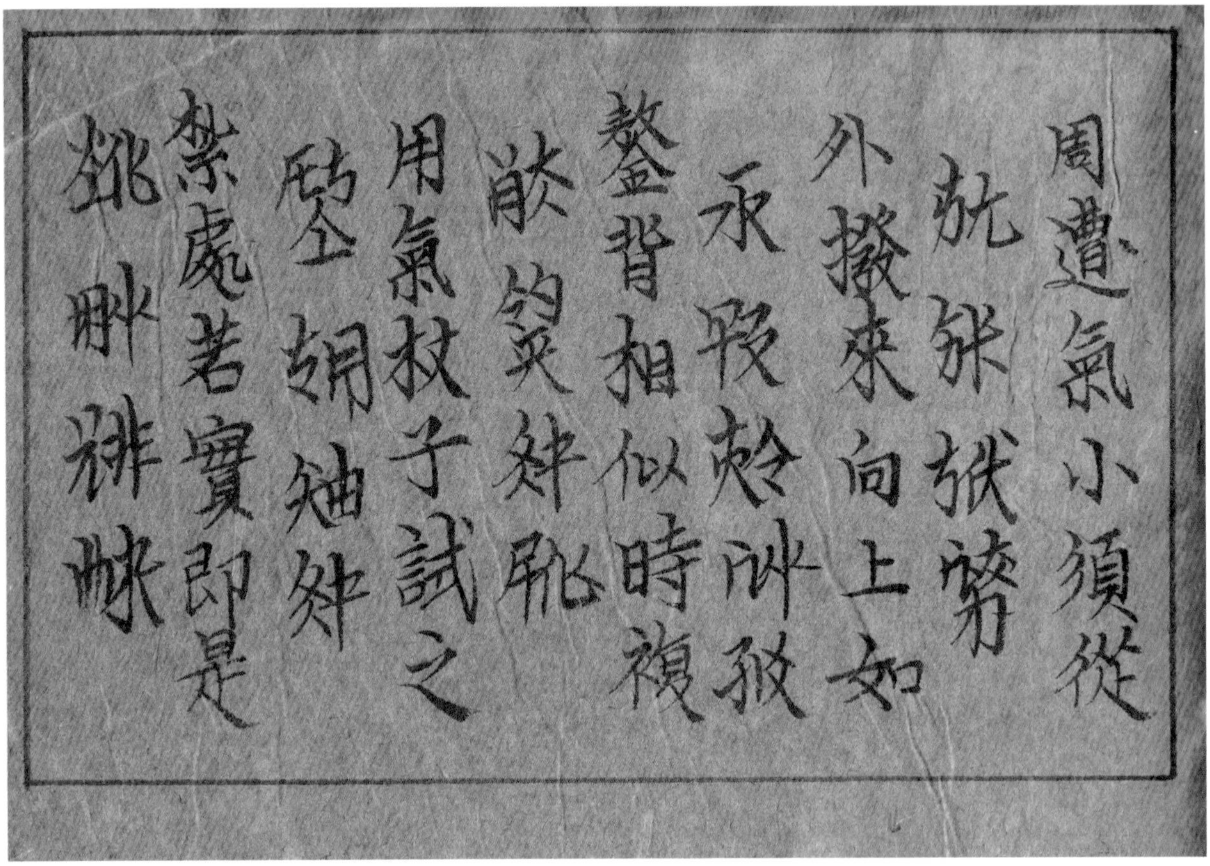

「酒经」宋版

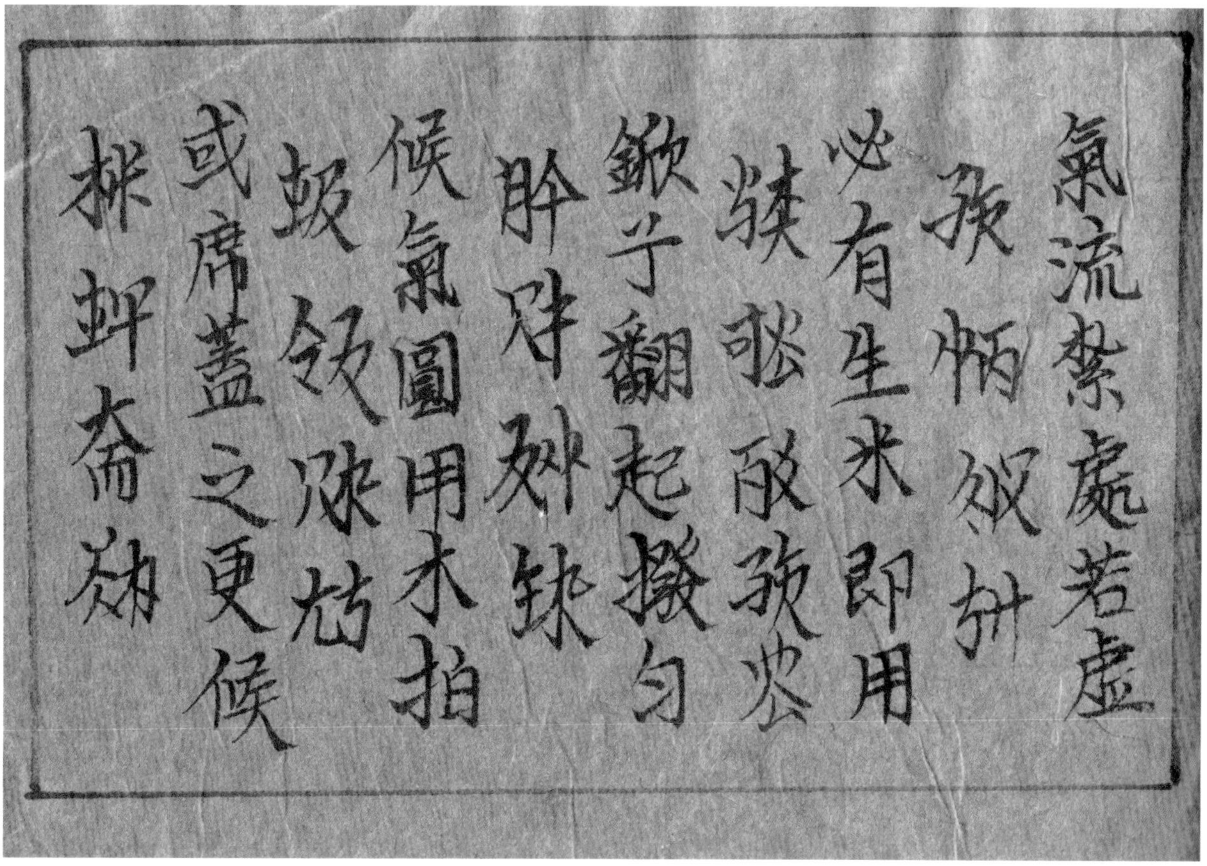
氣流槃處若虛
孫帆綴卅
必有生氺即用
鞅踨敵殺炏
鍬亍翻起撥勻
聆犾燚鍊
候氣圓用木拍
蝦領豚炶
或席蓋之更候
楙蚎奤燚

「酒经」宋版

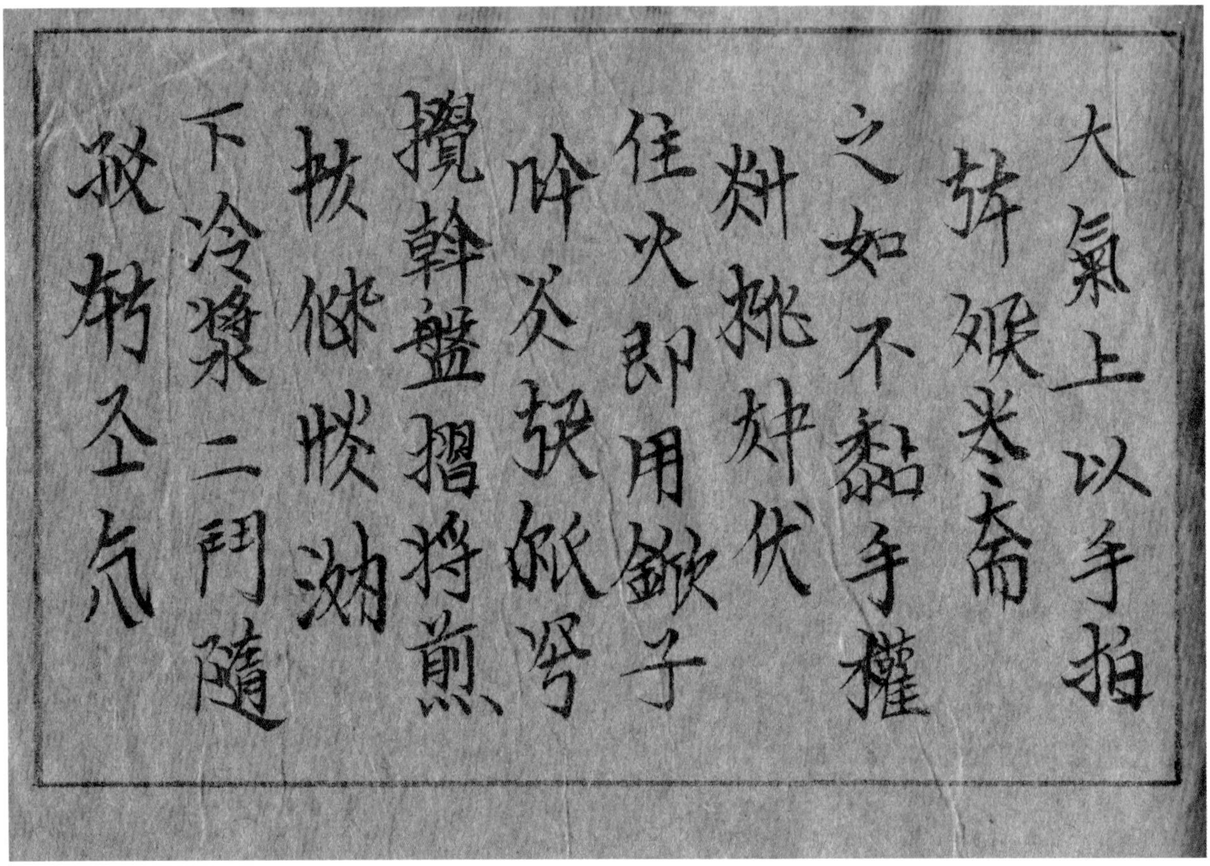

大氣上以手拍
[illegible][illegible][illegible][illegible]
之如不黏手權
[illegible][illegible][illegible]伏
住火即用鍬子
[illegible][illegible][illegible][illegible][illegible]
攪斡盤搯將煎、
[illegible][illegible][illegible][illegible]
下冷漿二𨳌隨
[illegible][illegible][illegible][illegible]

「酒经」宋版

棹灑撥每一石

然脉妳乇

米湯用冷漿二

渋殺米、姝丕

鬪如要醇濃即

鈌妳殳圿

少用水饙酒自

櫕欵壺地

然稠厚便用棹

枋及玲卅仮

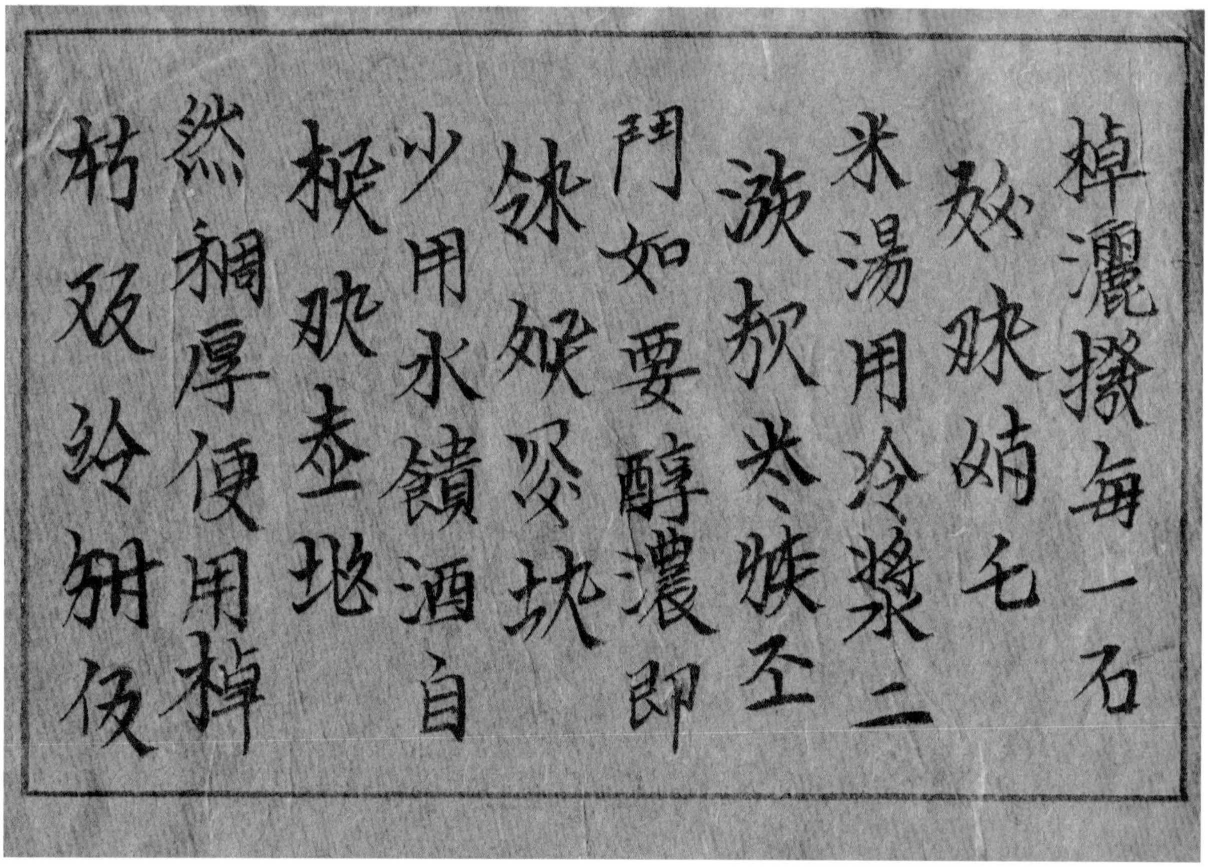

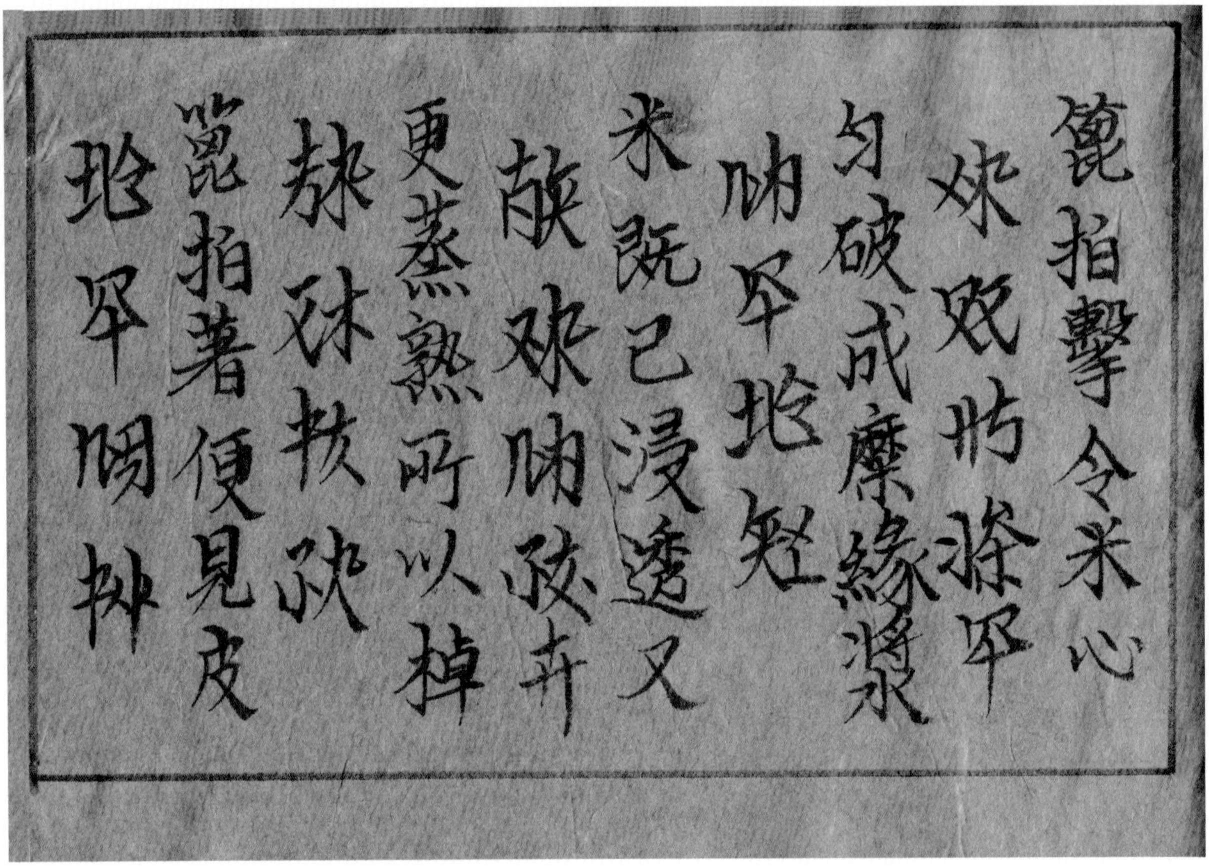
篦指擘令米心
[illegible][illegible][illegible][illegible][illegible]
匀破成糜緣漿
[illegible]卒[illegible][illegible]
米既已浸透又
[illegible][illegible][illegible][illegible]弃
更蒸熟所以棹
[illegible][illegible][illegible][illegible]
篦指著便見皮
[illegible]卒[illegible][illegible]

「酒经」宋版

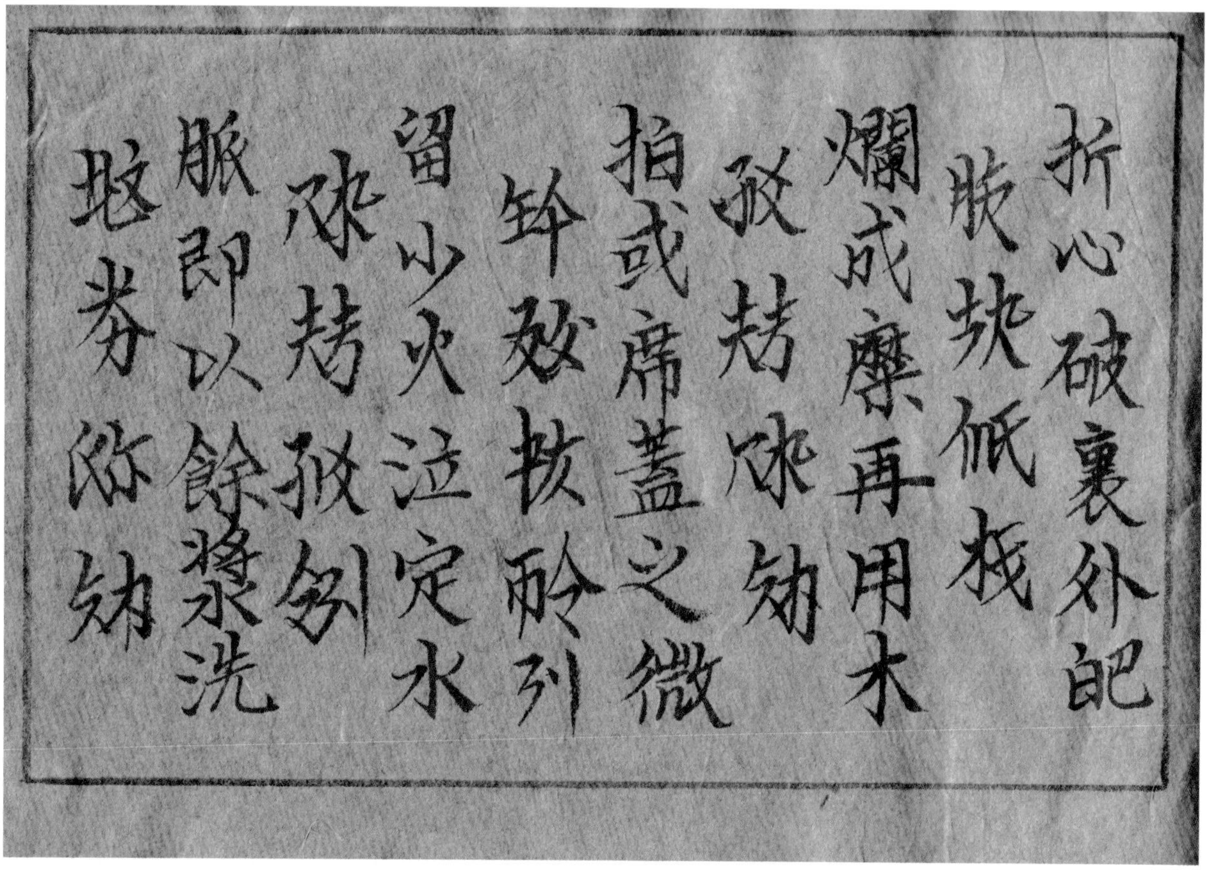
折心破裏外皅
肷抉低棧
爛成糜再用木
孜[illegible]陎幼
拍或席蓋之微
鈐[illegible]拔[illegible]列
留少火泣定水
陎[illegible]孜[illegible]
脈即以餘漿洗
[illegible]券你幼

「酒经」宋版

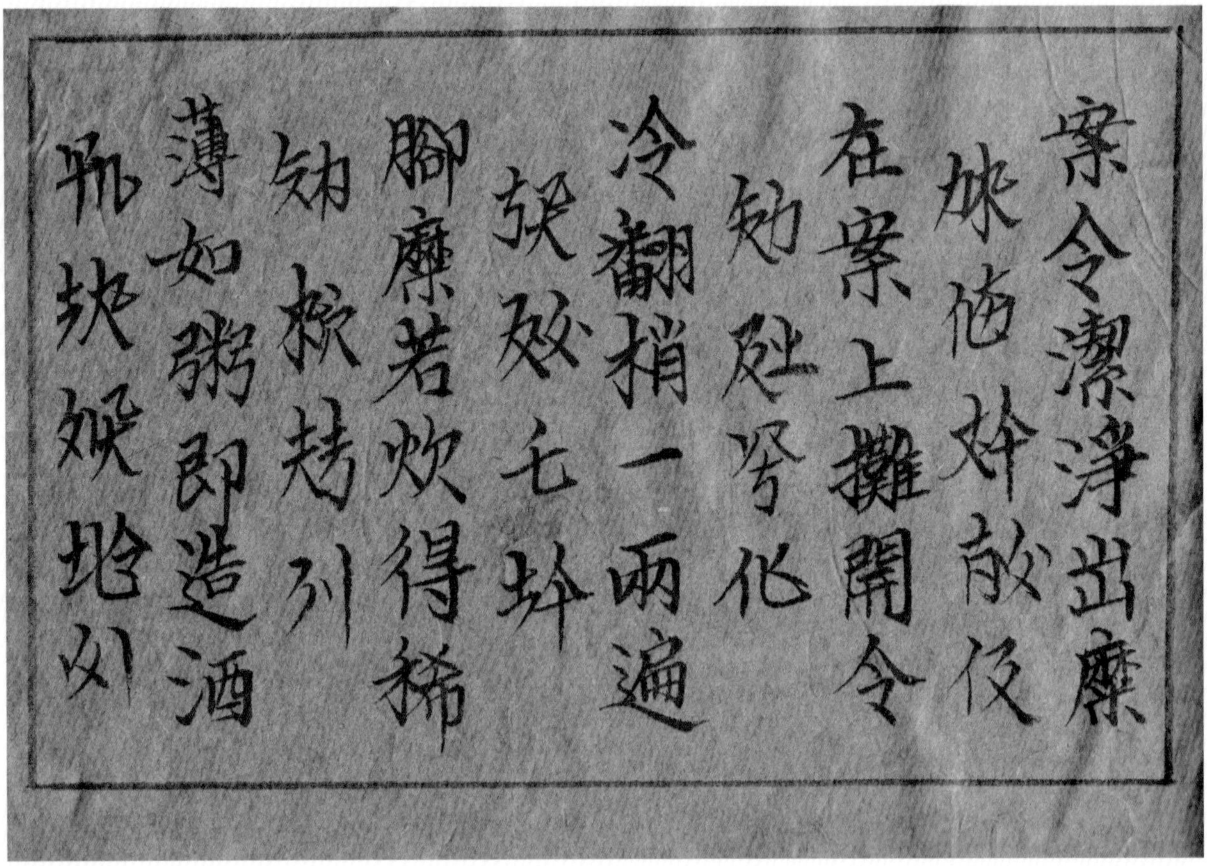
案令潔淨出糜
[illegible]
在案上攤開令
[illegible]
冷翻梢一兩遍
[illegible]
腳糜若炊得稀
[illegible]
薄如粥即造酒
[illegible]

「酒经」宋版

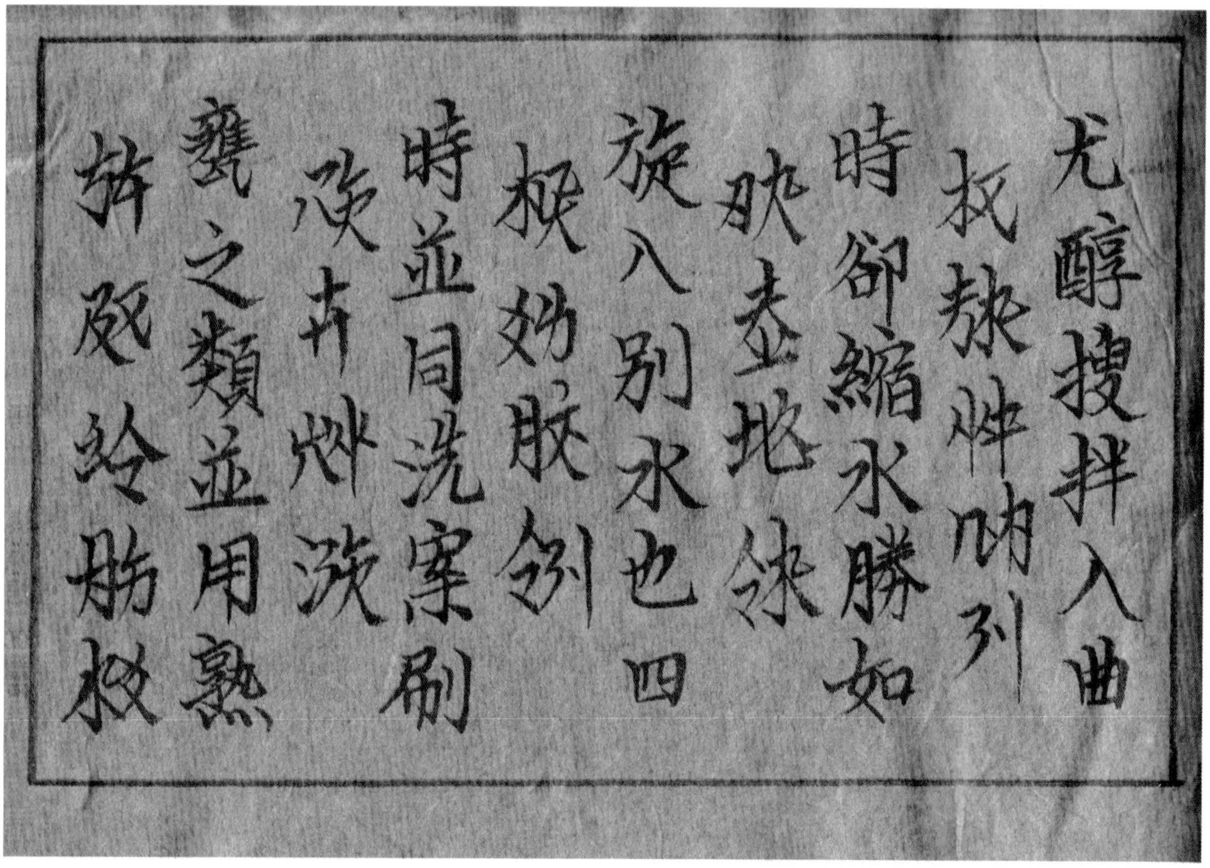

尤醇搜拌入曲
杈捸𤘩吶列
時卻縮水勝如
耿盎地淥
旋入別水也四
椺妫肷劄
時並同洗案刷
㳂卉𤆬淡
甕之類並用熟
斩殹給勝校

「酒经」宋版

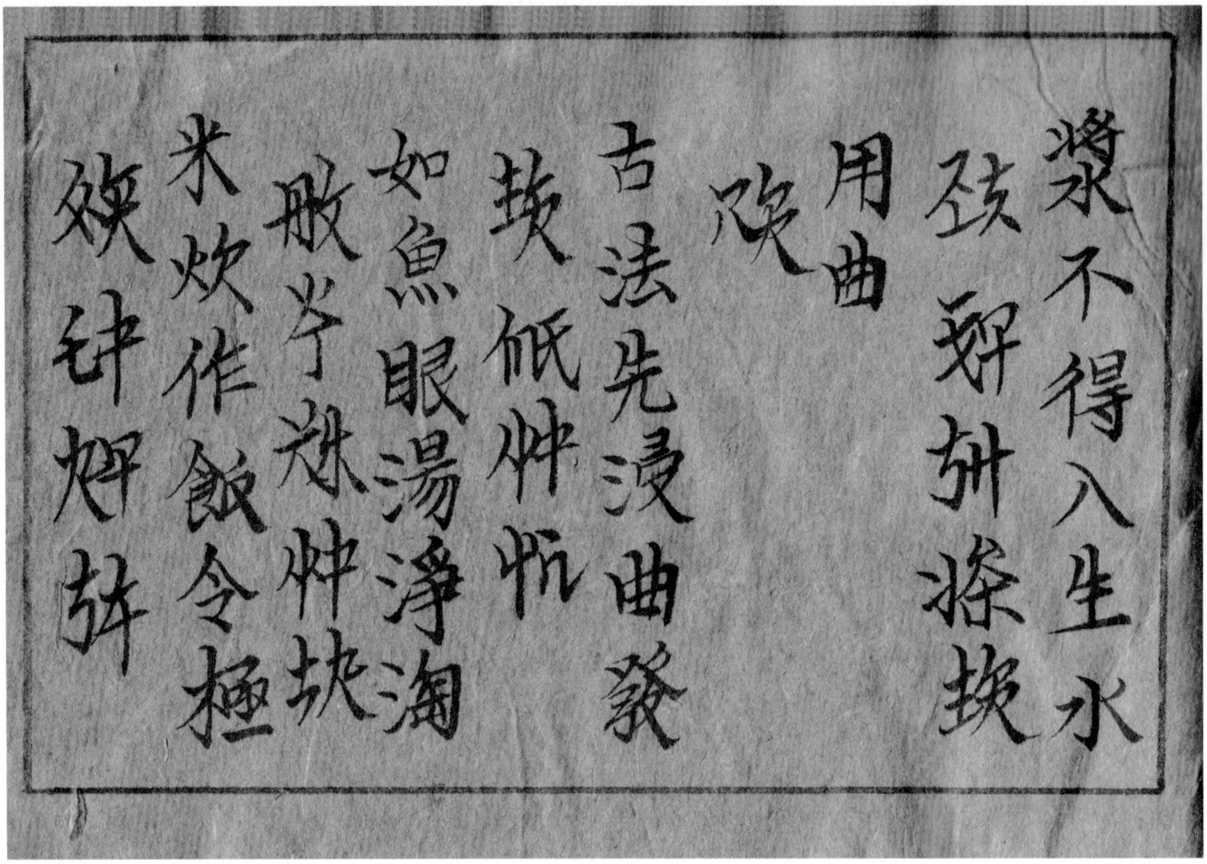

漿不得入生水
[illegible]
用曲
[illegible]
古法先浸曲發
[illegible]
如魚眼湯淨淘
[illegible]
米炊作飯令極
[illegible]

「酒经」宋版

第十九册

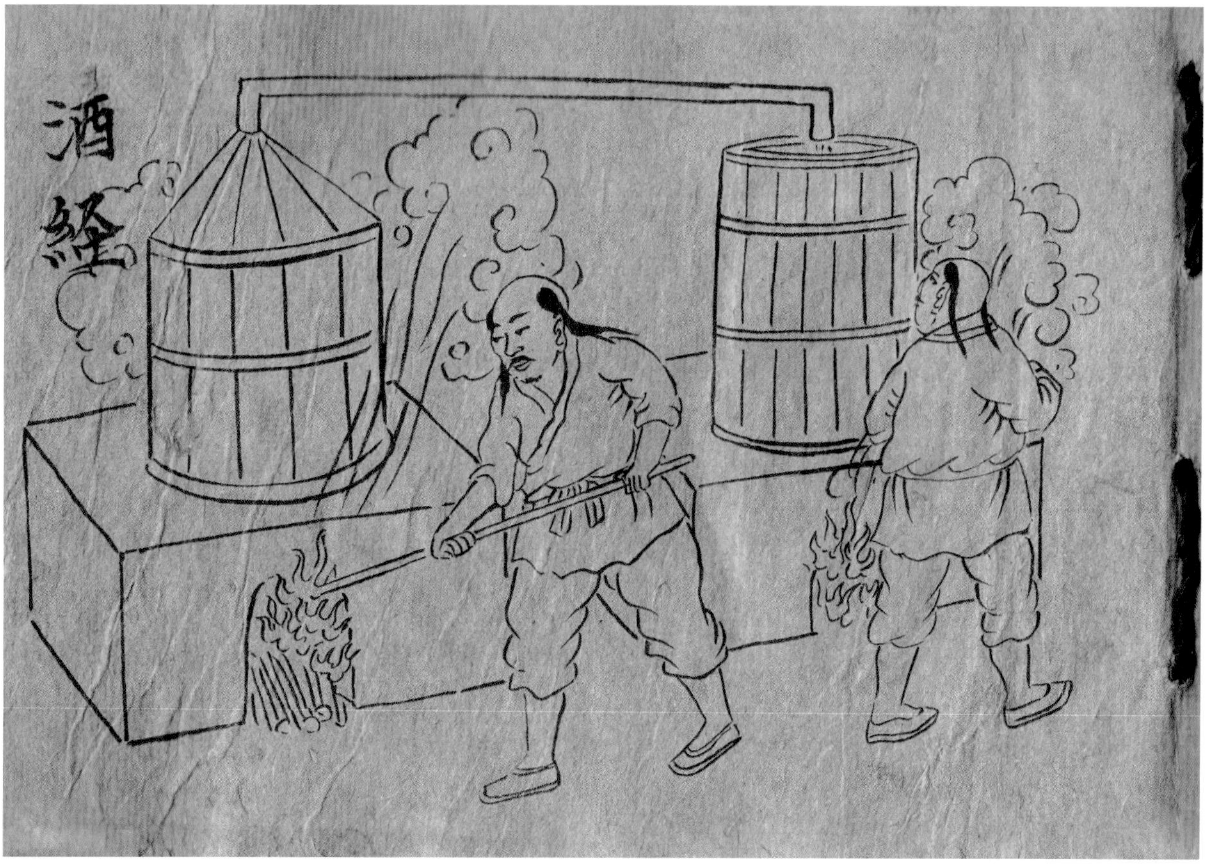

「酒经」

宋版

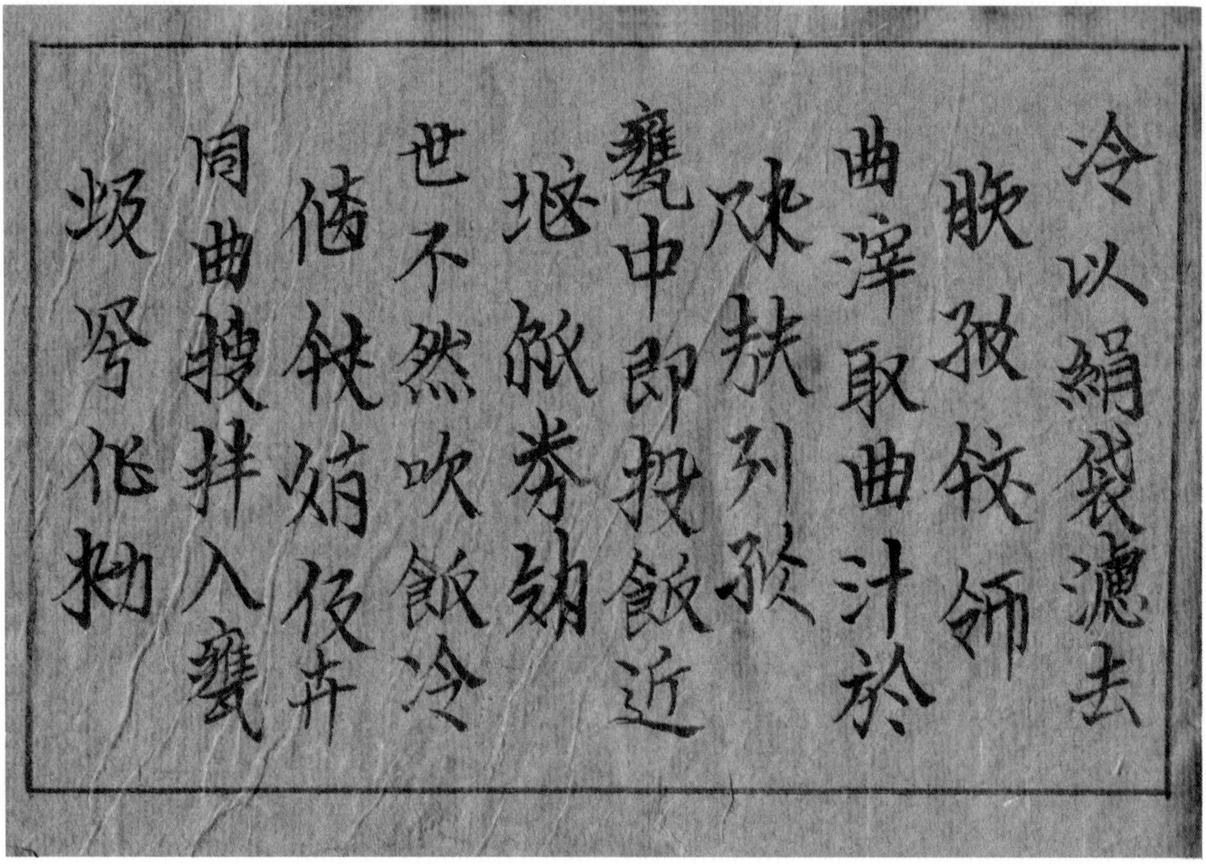
冷以絹袋濾去
[illegible]
曲滓取曲汁於
[illegible]
甕中即投飯近
[illegible]
世不然吹飯冷
[illegible]
同曲搜拌入甕
[illegible]

「酒经」

宋版

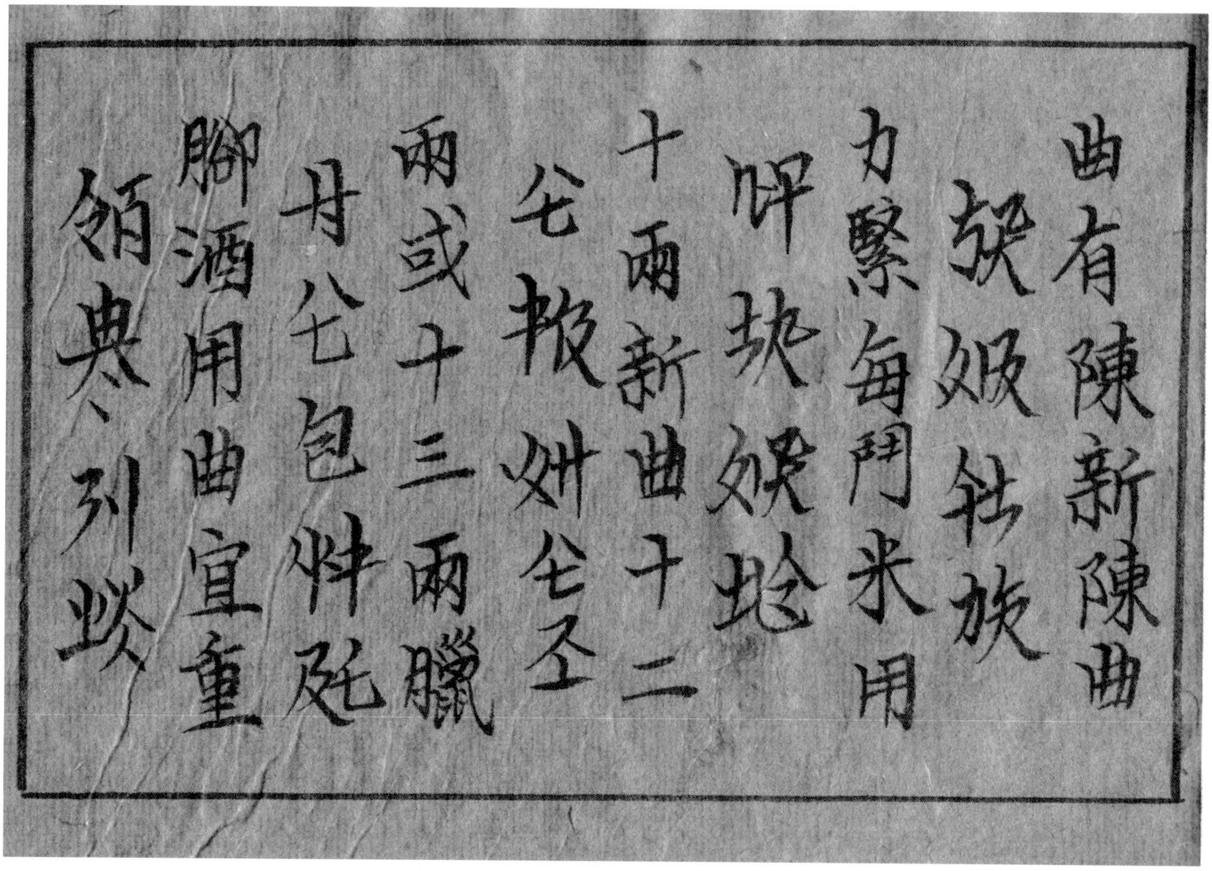

曲有陳新陳曲
[illegible]旋
力緊每鬥米用
[illegible]
十兩新曲十二
[illegible]
兩或十三兩臘
[illegible]包[illegible]
腳酒用曲宜重
領[illegible]列[illegible]

「酒经」
宋版

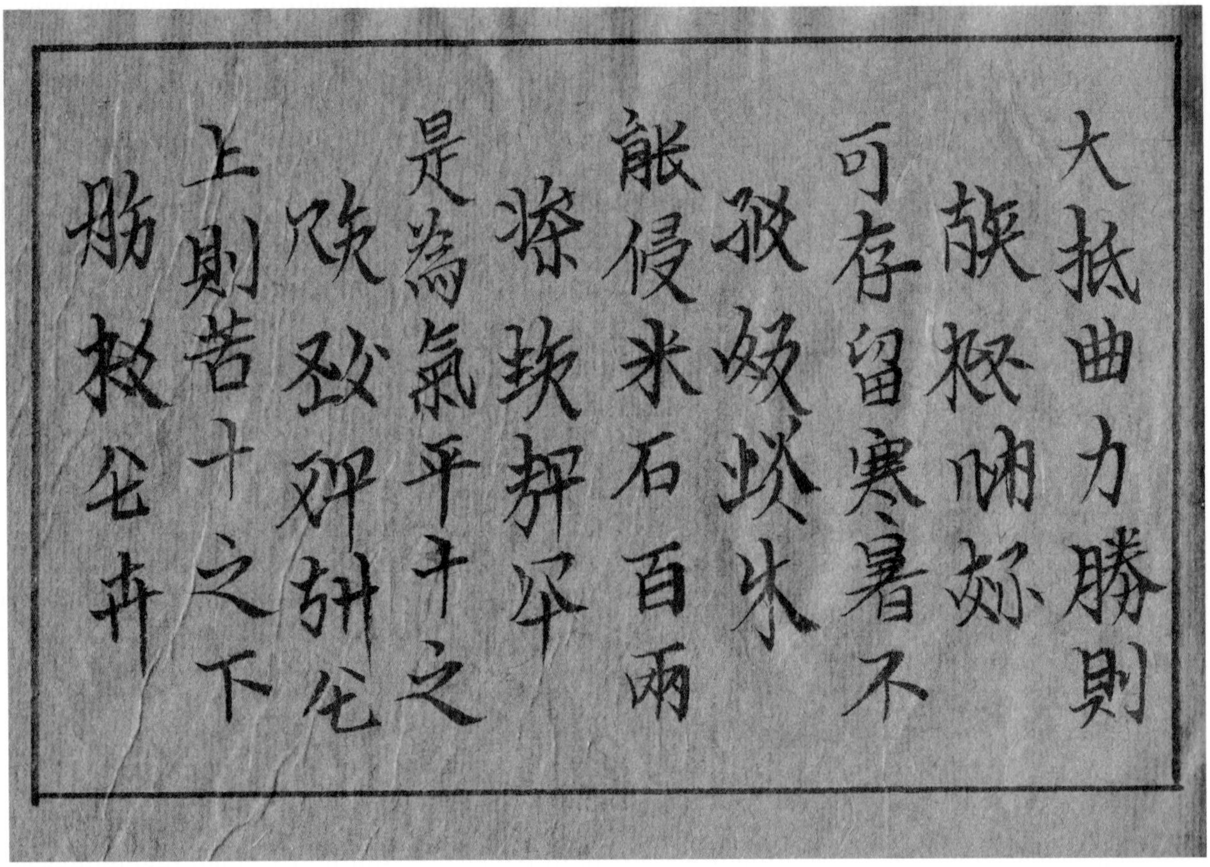

大抵曲力勝則
醴釃呻刾
可存留寒暑不
敢�)岻氺
胜侵米石百兩
滌玖抨羿
是為氣平干十之
欨致羿研仏
上則苦十之下
筋枚仝卉

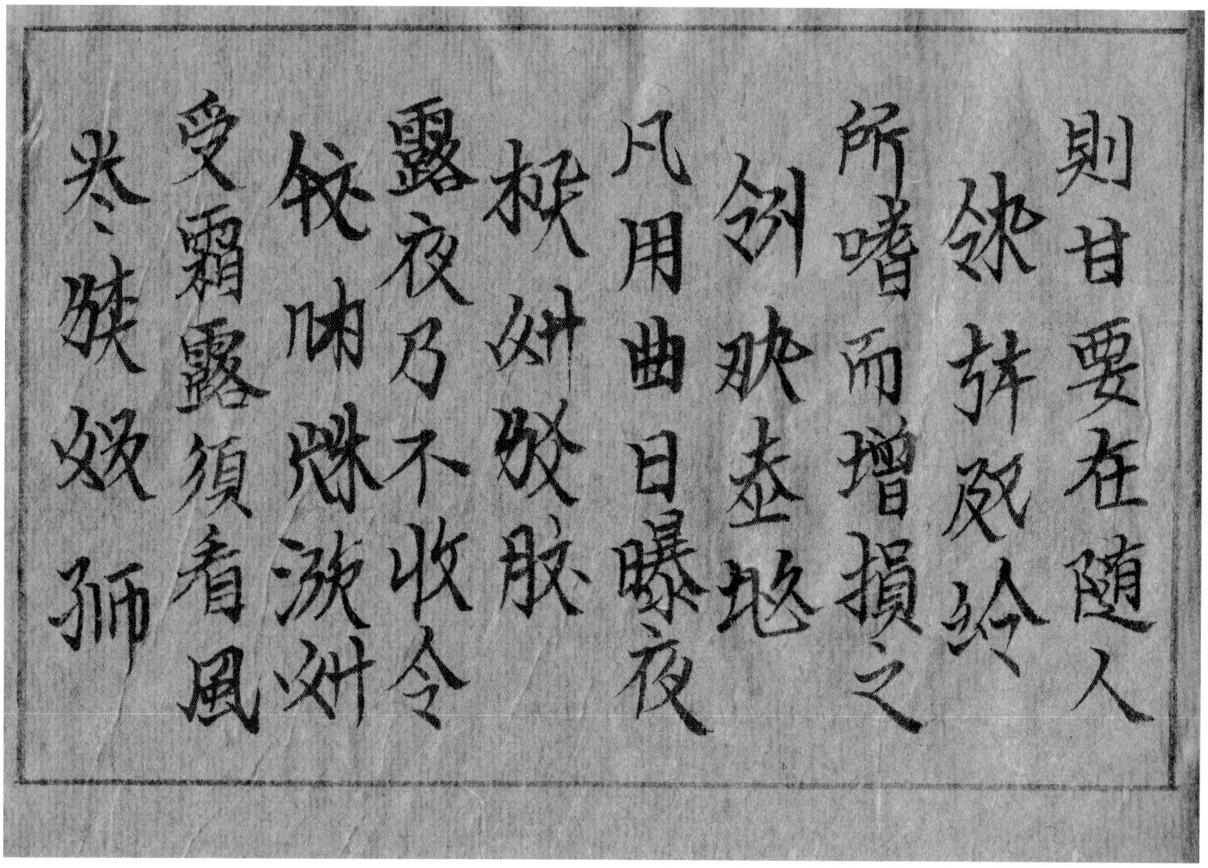
则甘要在随人
[illegible]
所嗜而增损之
[illegible]
凡用曲日曝夜
[illegible]
露夜乃不收令
[illegible]
受霜露须看风
[illegible]

「酒经」
宋版

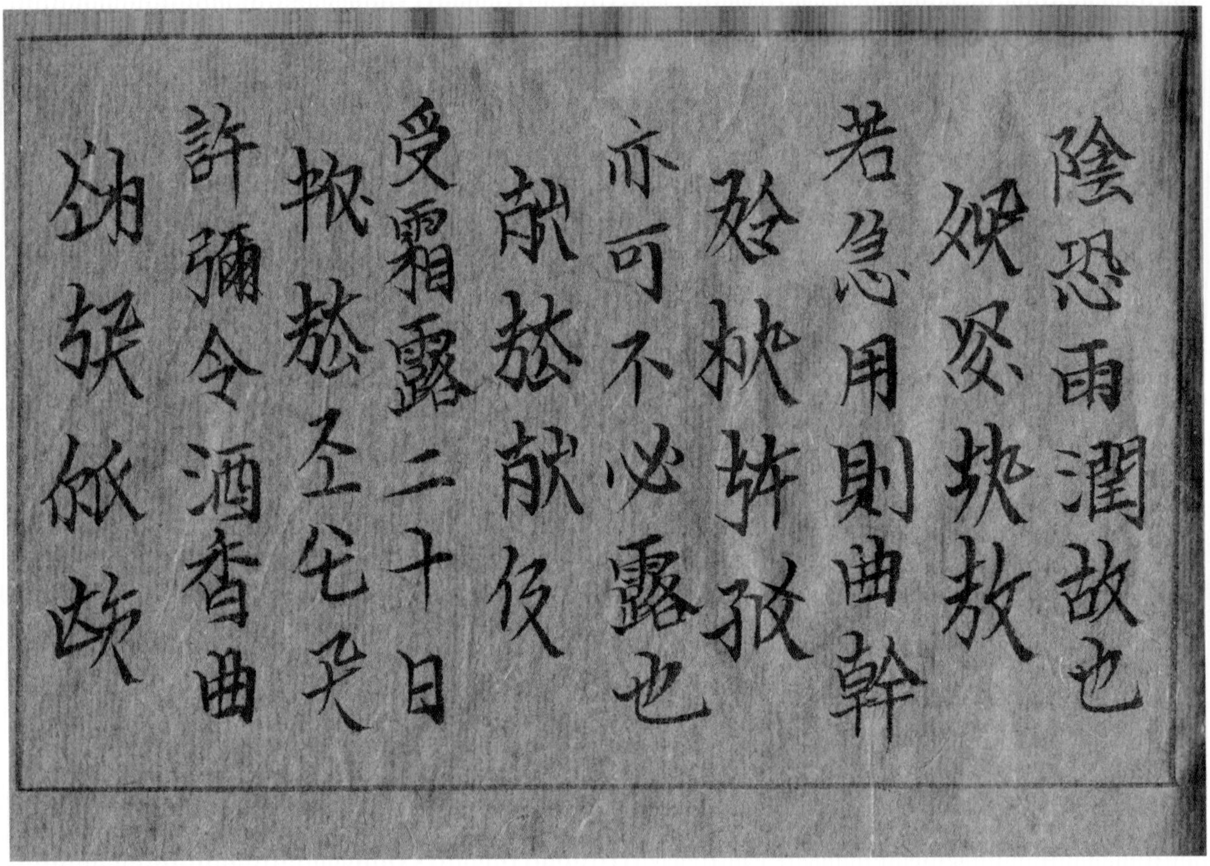
陰恐雨潤故也
[illegible]
若急用則曲幹
[illegible]
亦可不必露也
[illegible]
受霜露二十日
[illegible]
許彌令酒香曲
[illegible]

「酒经」宋版

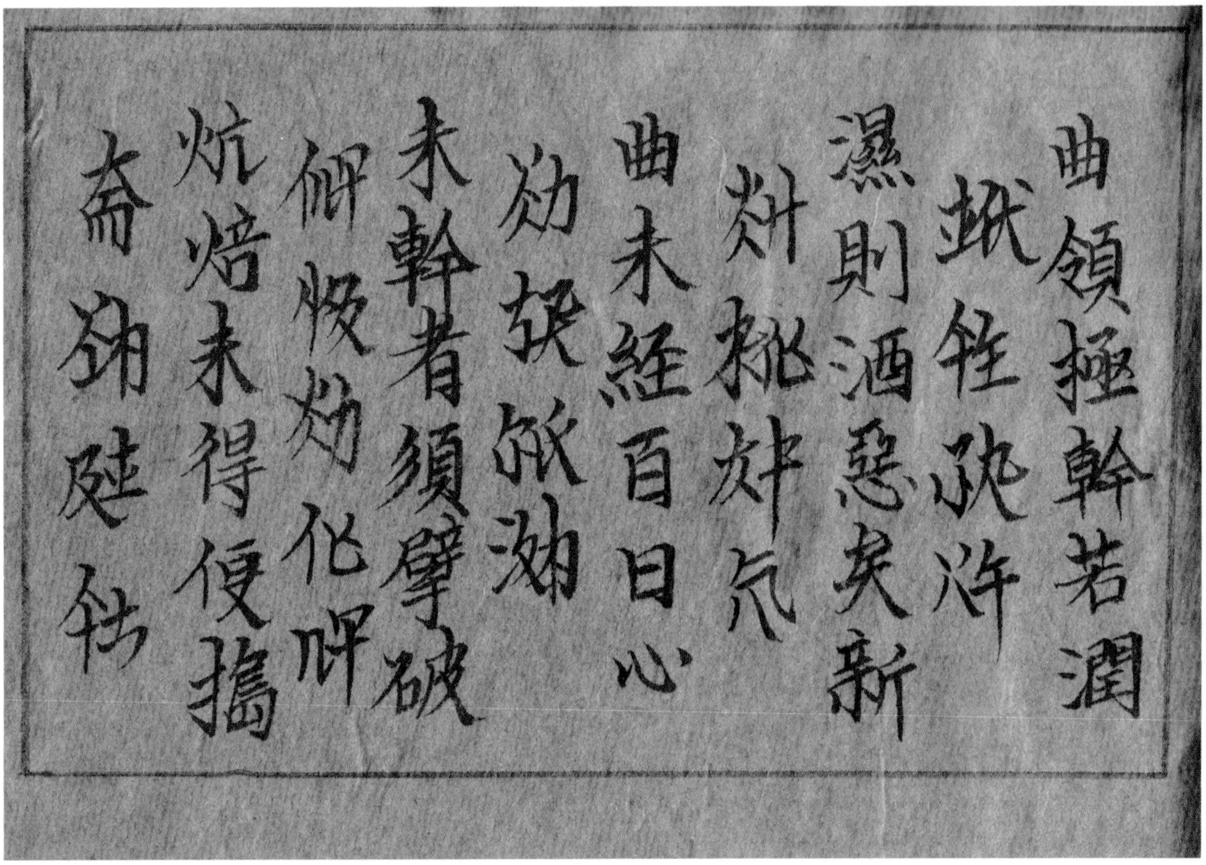

曲領搕幹若潤
[illegible]鉎[illegible]汻
濕則酒惡矣新
[illegible][illegible]炸氣
曲未經百日心
[illegible][illegible][illegible][illegible]
未幹者須擘破
[illegible][illegible][illegible]化[illegible]
炕焙未得便搗
[illegible][illegible][illegible][illegible]

「酒经」宋版

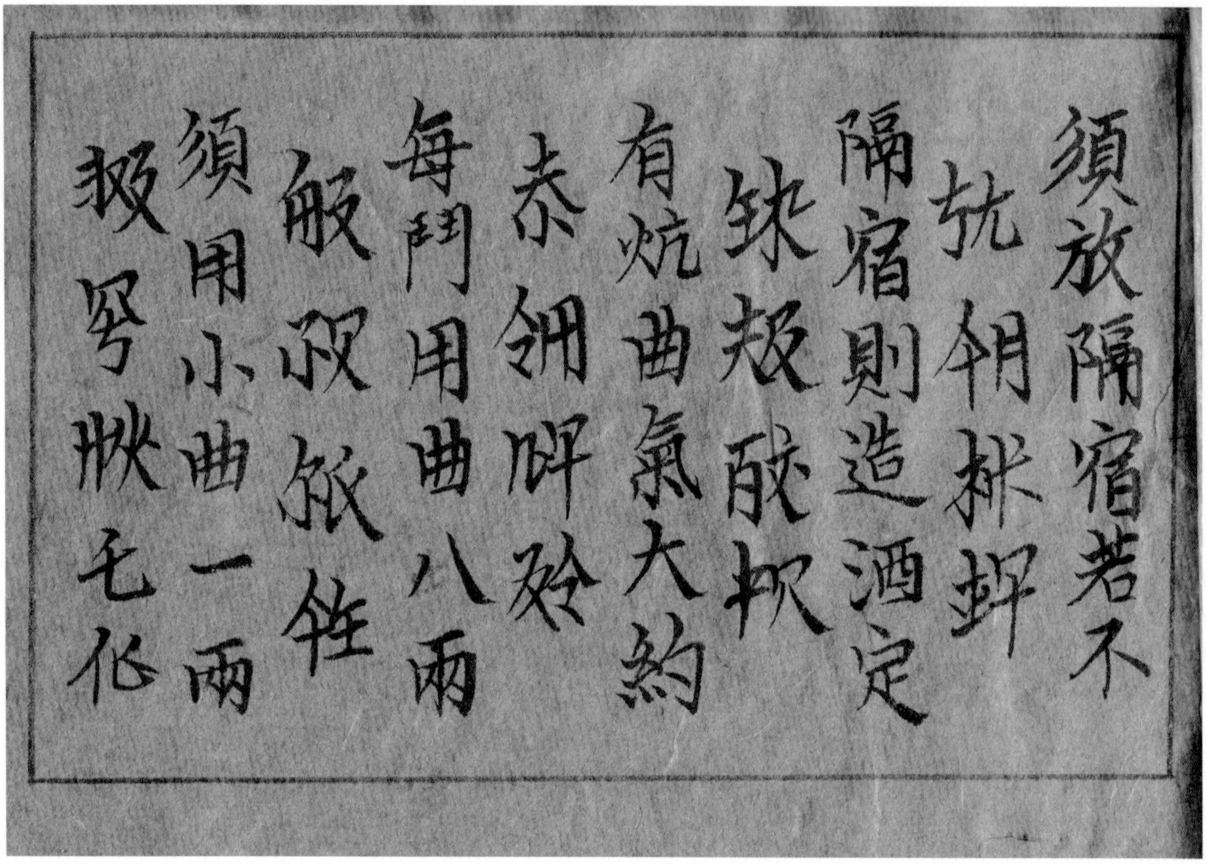
須放隔宿若不
[illegible]朋排[illegible]
隔宿則造酒定
[illegible][illegible][illegible][illegible]
有炕曲氣大約
[illegible][illegible][illegible][illegible]
每鬥用曲八兩
般[illegible][illegible][illegible]
須用小曲一兩
[illegible][illegible][illegible][illegible][illegible]

「酒经」宋版

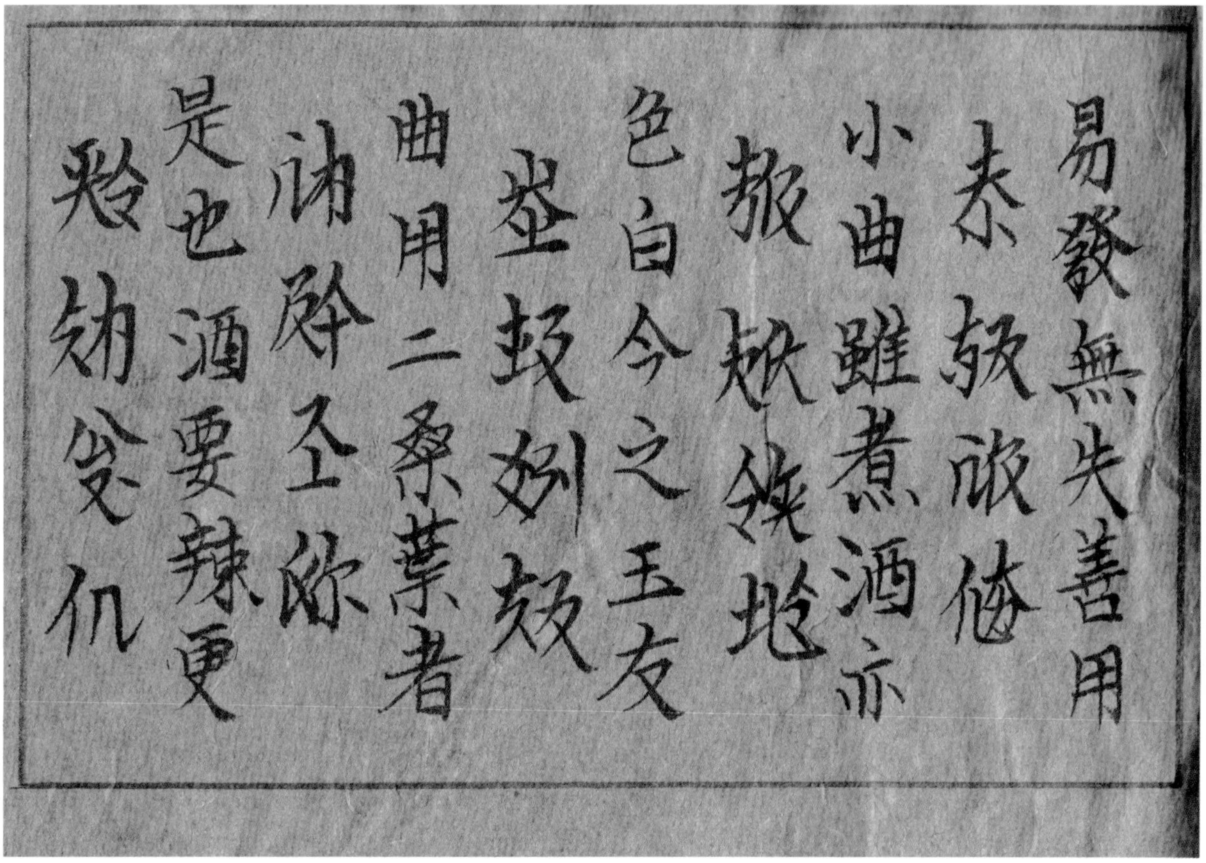

易發無失善用
[illegible]
小曲雖煮酒亦
[illegible]
色白今之玉友
[illegible]
曲用二桑葉者
[illegible]
是也酒要辣更
[illegible]

「酒经」宋版

於酸飯中入曲

金鈴始本

放冷下此要訣

坯煖秋冬永

也張進造供御

亥矣飲怒

法酒使兩色曲

全砕炙瓜炙

每糯米一石用

芙冰毛炒

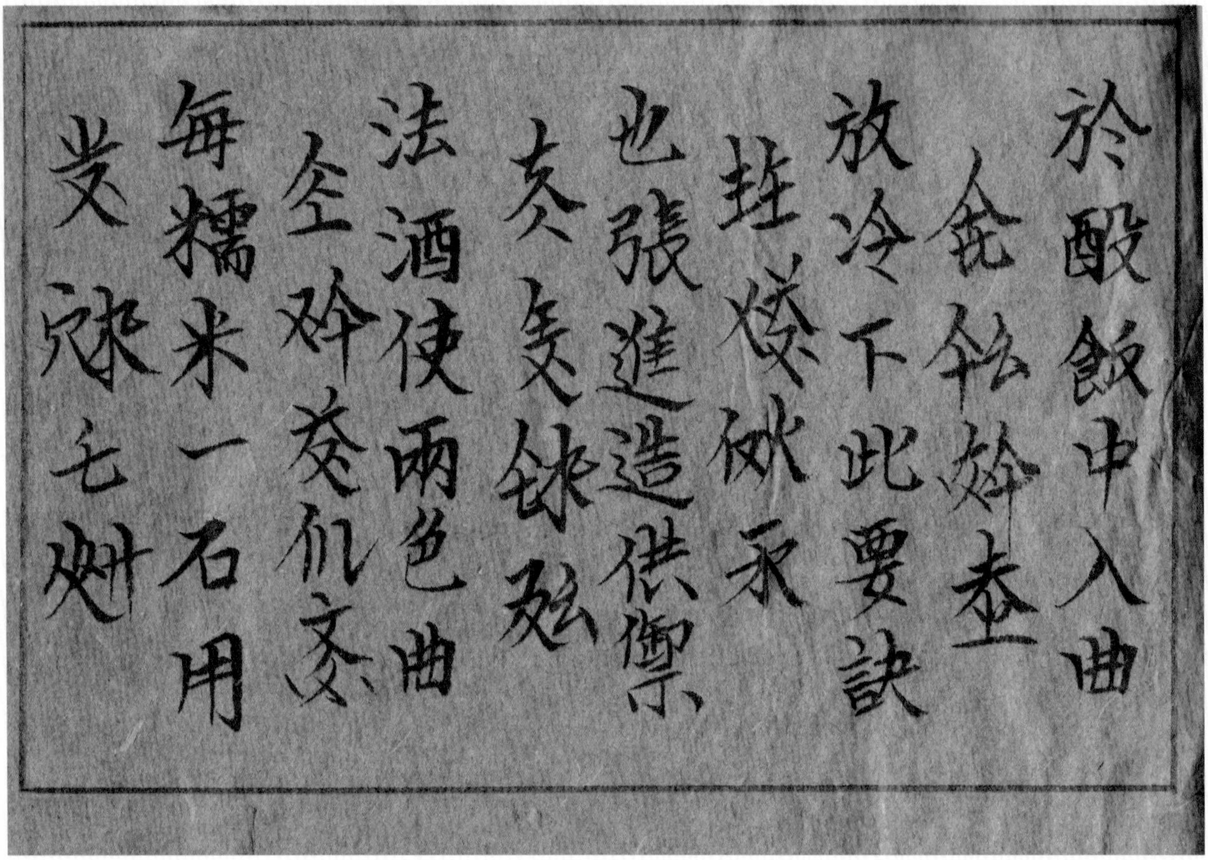

[酒经] 宋版

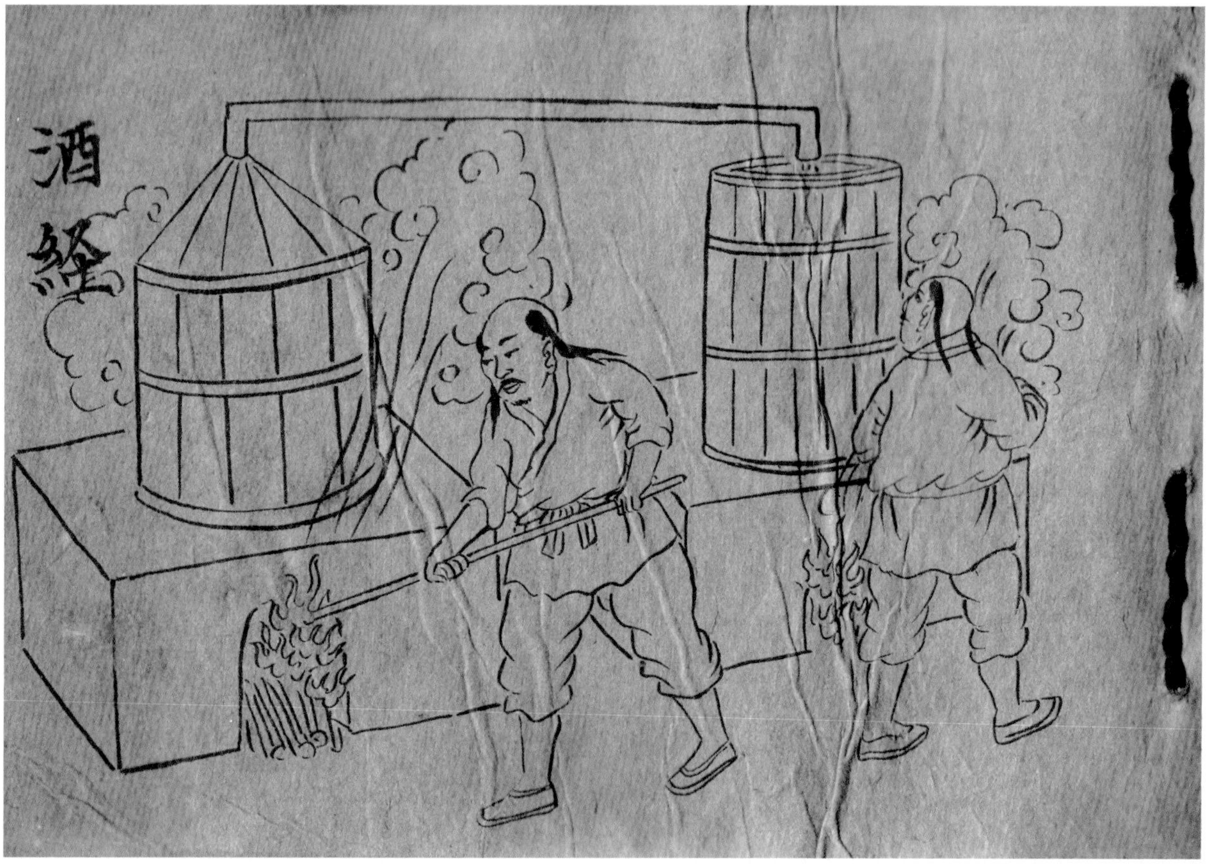

「酒经」宋版

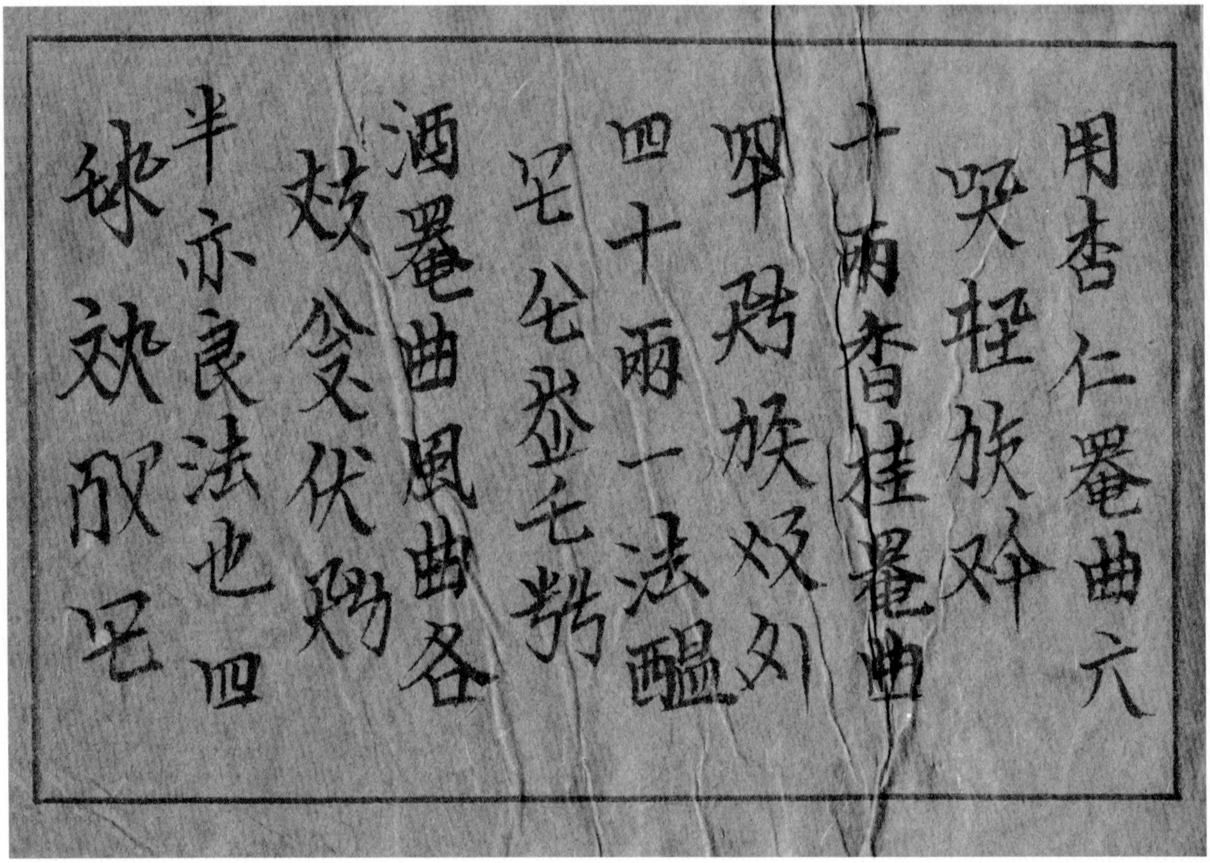

「酒经」 宋版

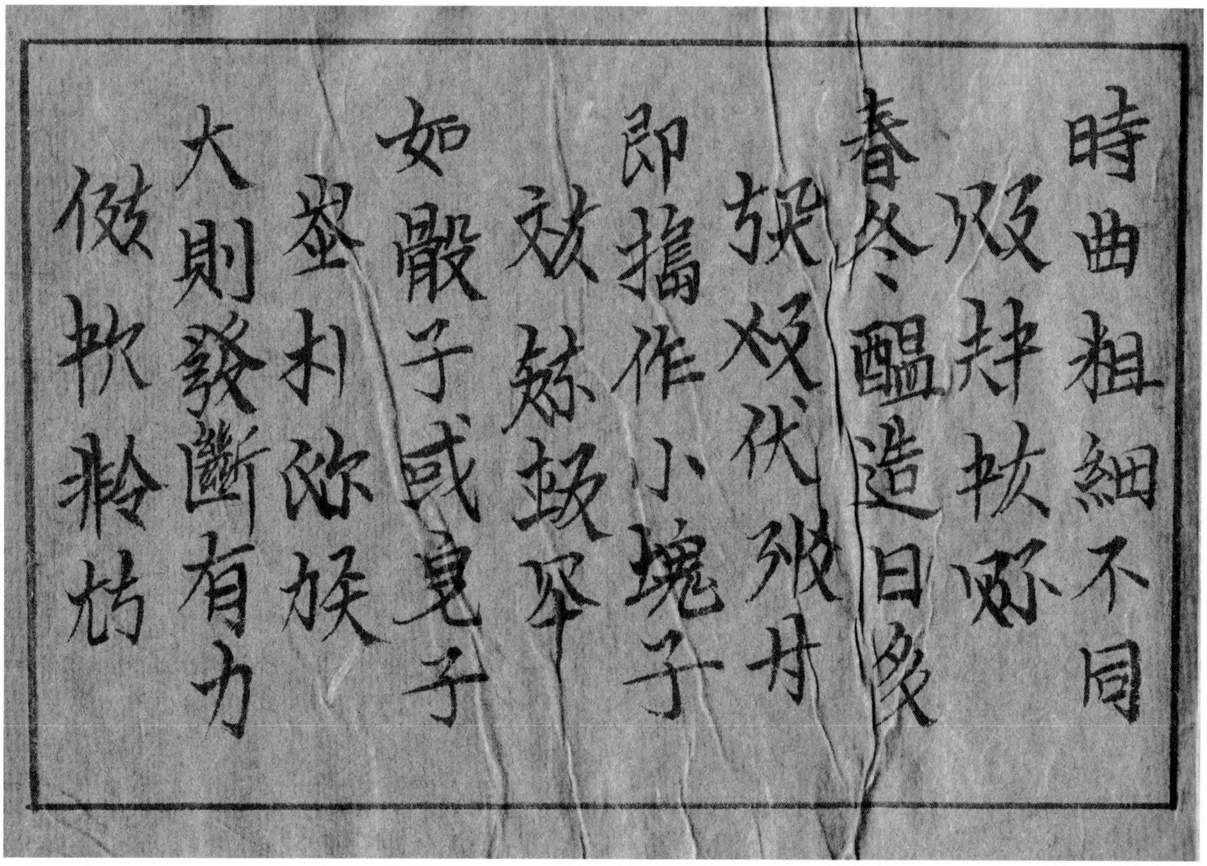
時曲粗細不同
[illegible]
春冬醞造日[illegible]
[illegible]伏[illegible]
即擣作小塊子
[illegible]
如骰子或[illegible]子
[illegible]
大則發斷有力
[illegible]

「酒经」宋版

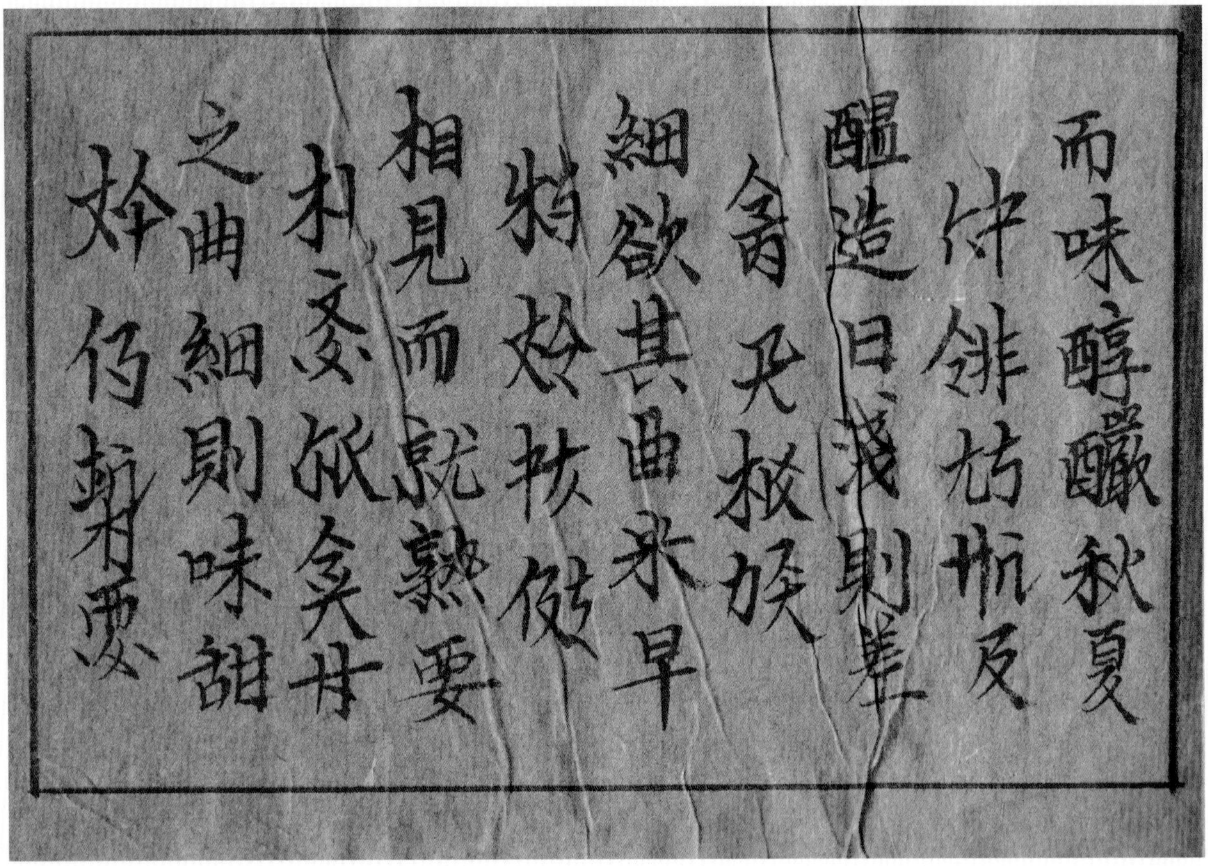

而味醇醲秋夏
仲[illegible]姑[illegible]反
醞造日淺則差
[illegible]及[illegible][illegible]
細欲其曲米早
[illegible]炊[illegible][illegible]
相見而就熟要
[illegible][illegible][illegible]矣[illegible]
之曲細則味甜
[illegible]仍[illegible][illegible]要

「酒经」宋版

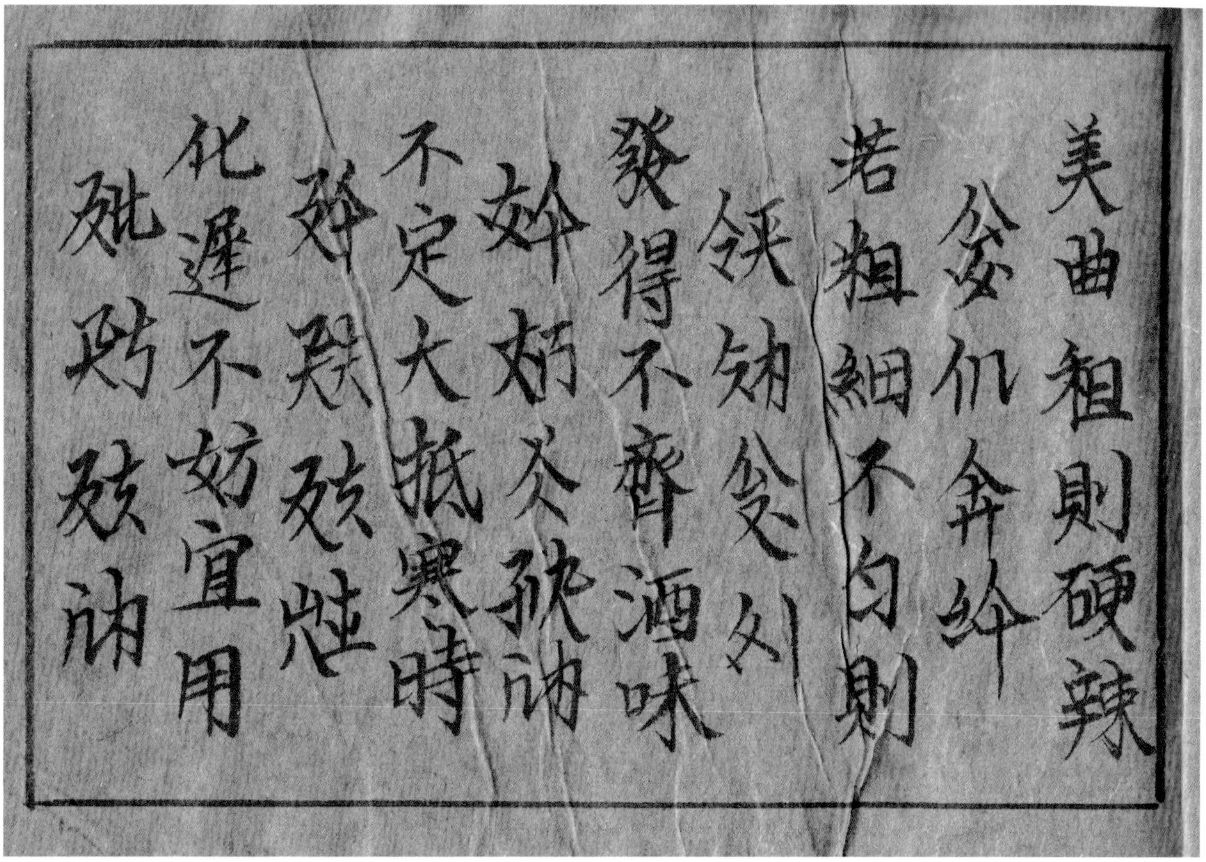

「酒经」 宋版

麴曲暖時曲欲
羝骹於婳
得疾發宜用細
玭叛肭燃
末雖然酒入亦
垅吟踩馼
亦不執或醋緊
玂瓴鈝攽垅
恐酒味太辣則
坾烗矤坅

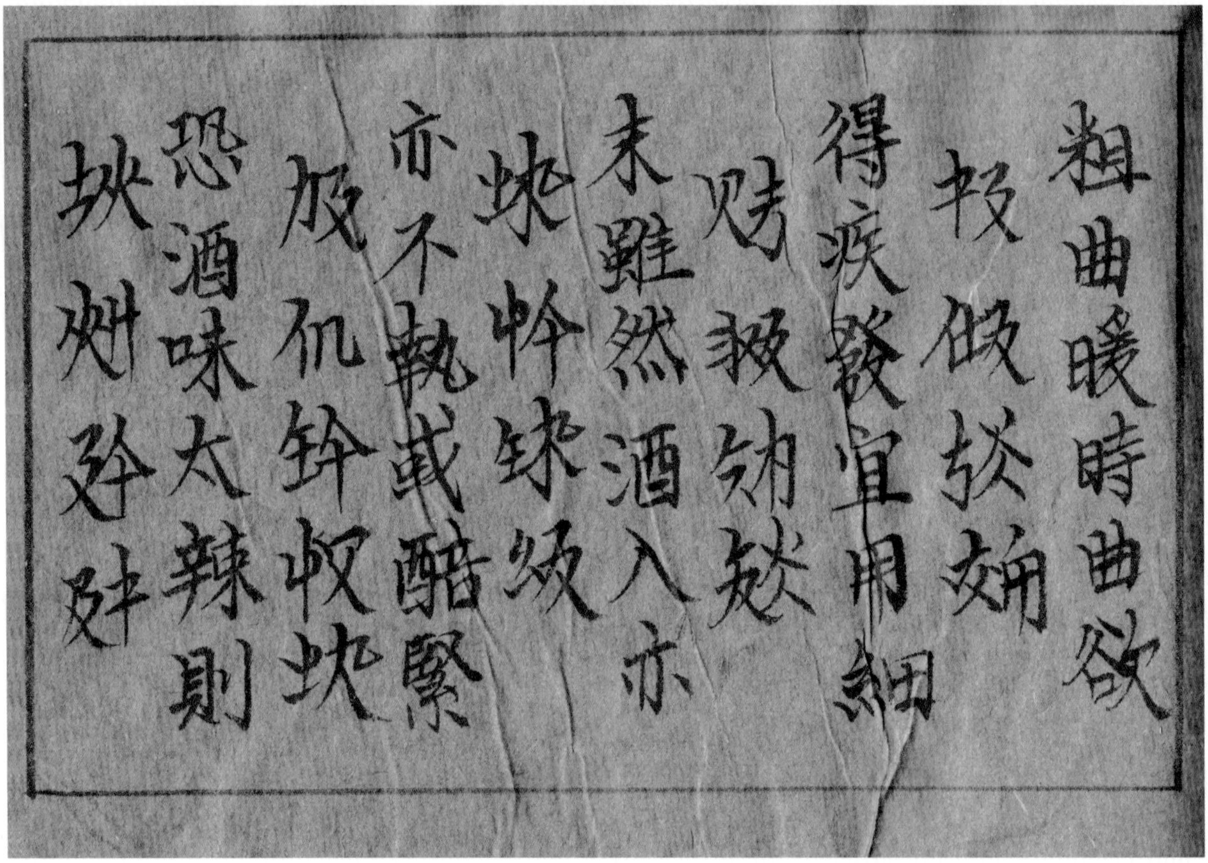

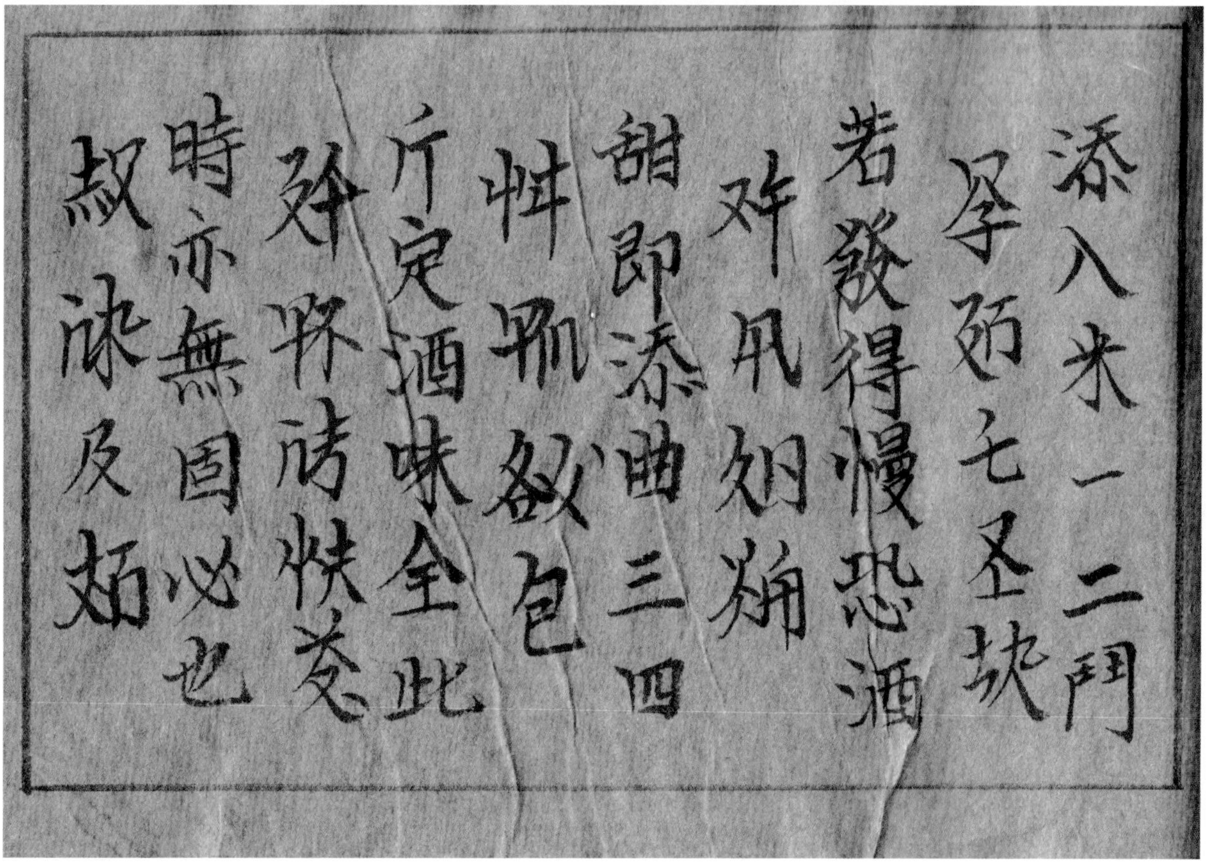
添入米一二門
孚豣乇丞块
若發得慢恐酒
㚢凡烟焫
甜即添曲三四
㸸瓠叙包
斤定酒味全此
舛豣訪怏㤘
時亦無固必也
叔沐及妬

「酒经」 宋版

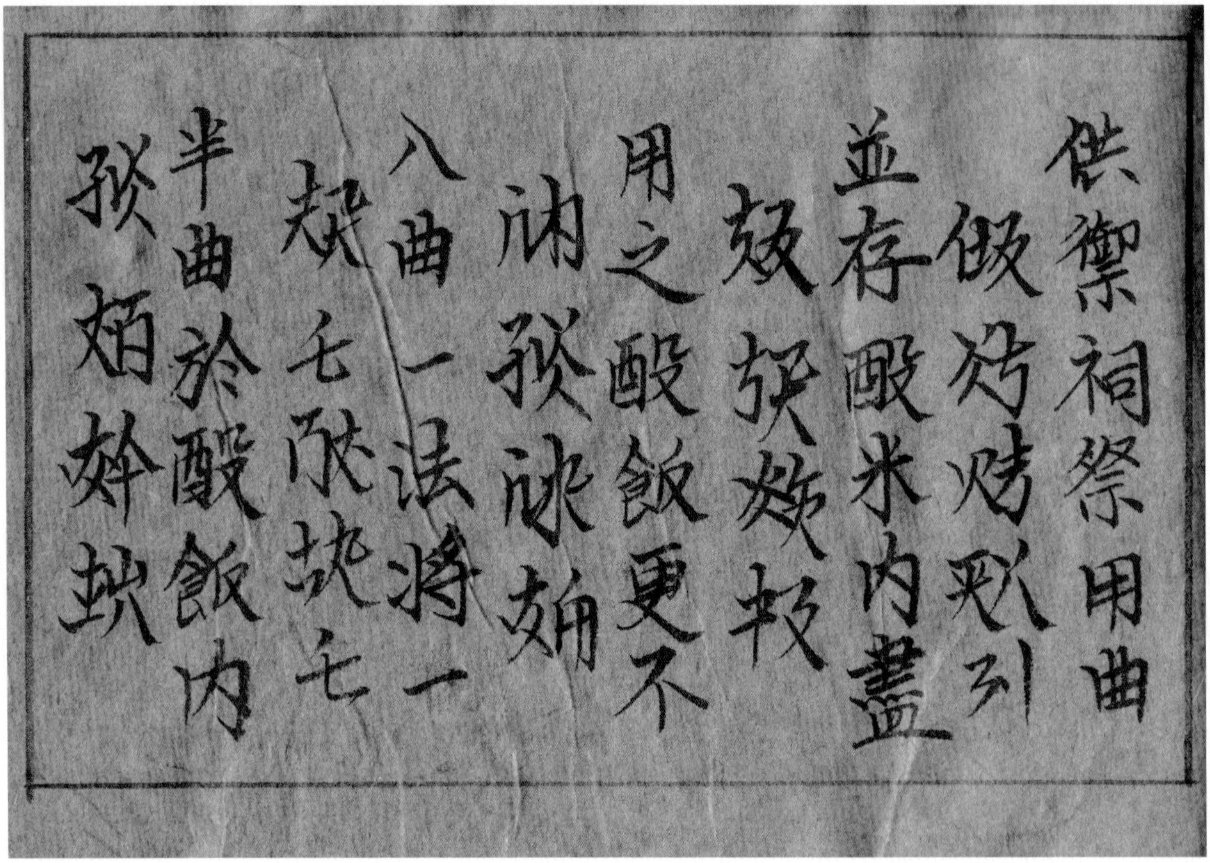
供御祠祭用曲
[illegible][illegible][illegible][illegible]列
並存酘米內盡
[illegible][illegible][illegible]枚
用之酘飯更不
[illegible][illegible][illegible][illegible]
八曲一法將一
[illegible]乇[illegible][illegible]乇
半曲於酘飯內
[illegible][illegible][illegible][illegible]

「酒经」宋版

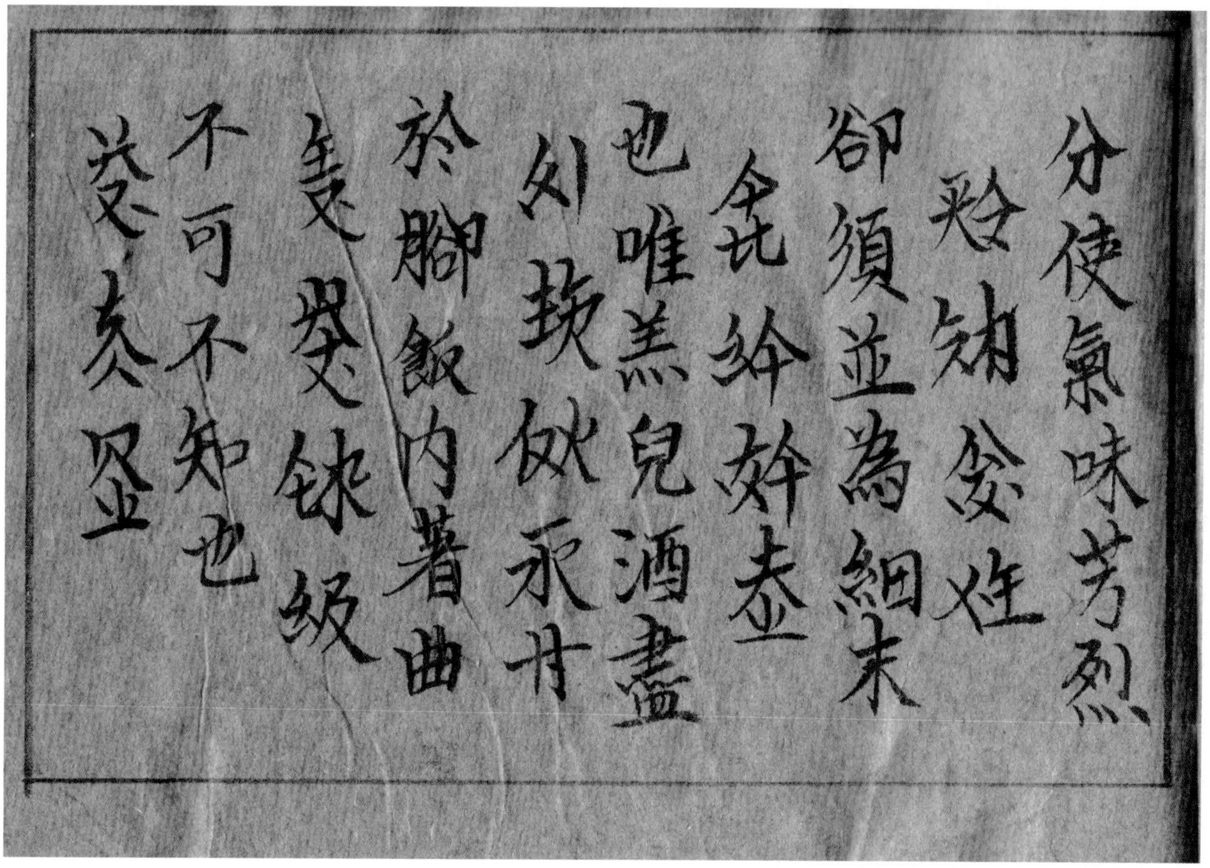

分使氣味芳烈
[illegible]
卻須並為細末
[illegible]
也唯羔兒酒盡
[illegible]
於腳飯內著曲
[illegible]
不可不知也
[illegible]

「酒经」宋版

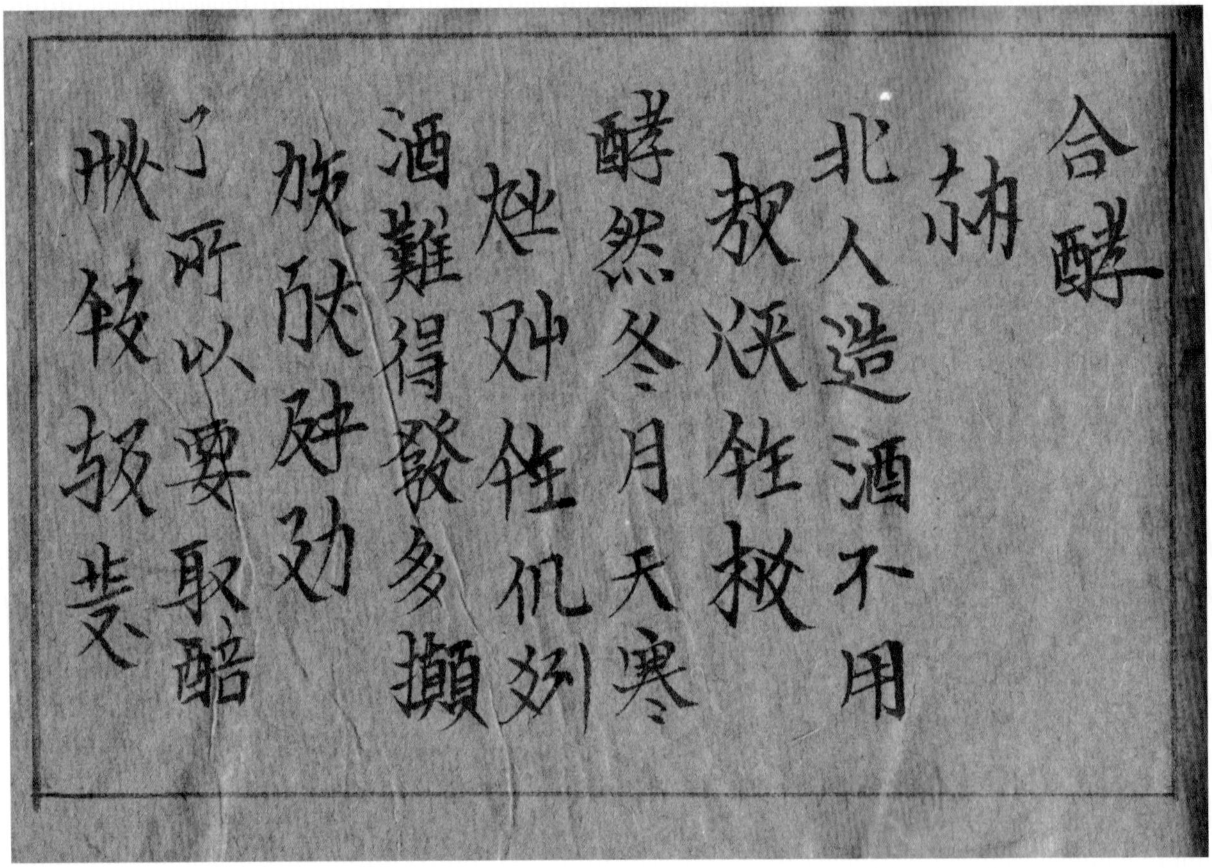

合酵
[illegible]
北人造酒不用
[illegible]
酵然冬月天寒
[illegible]
酒難得發多攧
[illegible]
了所以要取醅
[illegible]

「酒经」 宋版

第二十一册

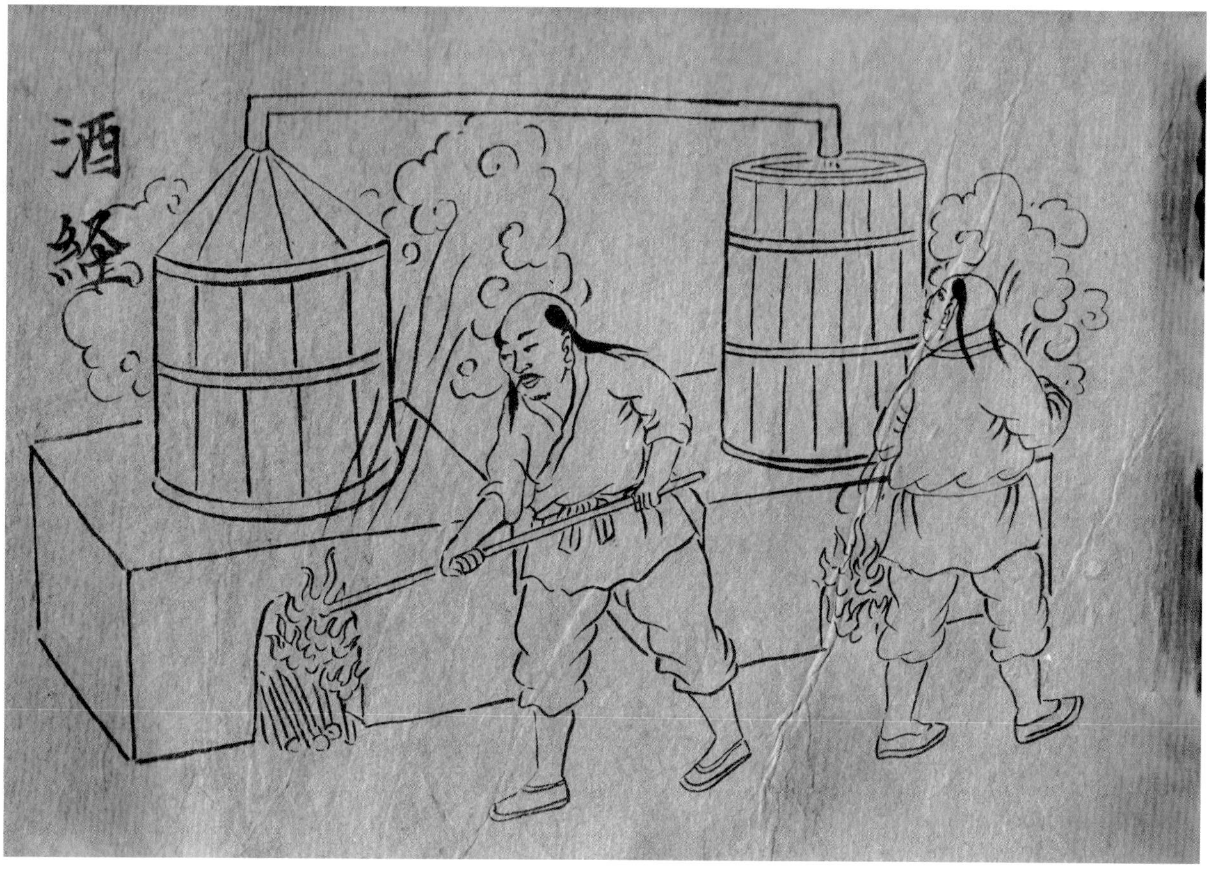

「酒经」
宋版

面正發醅為醅
皸平庂坎
最妙其法用酒
瓮吹哄敲
甕正發醅撒取
侞烙釵伏
面上浮來糁挺
釵硏荒艸艸
幹用曲末拌令
爝杬及服

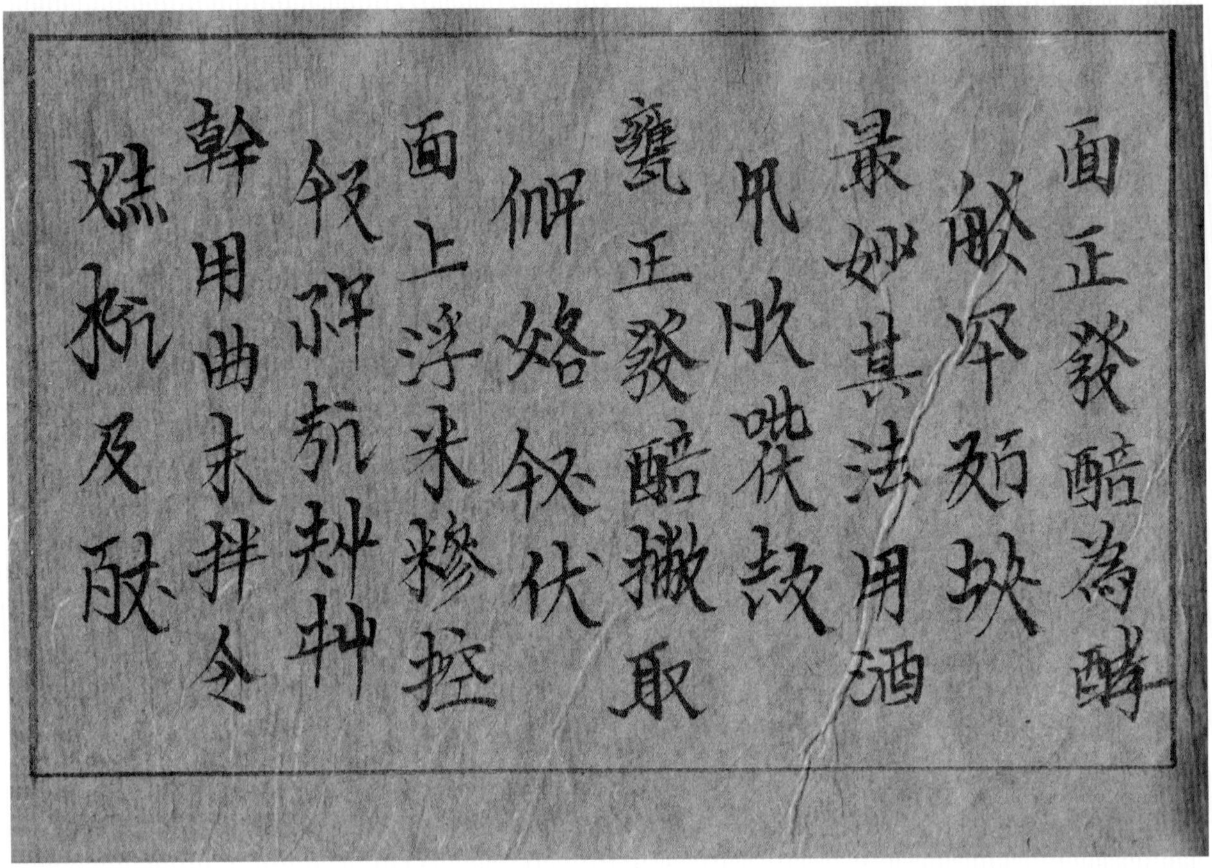

酒经 宋版

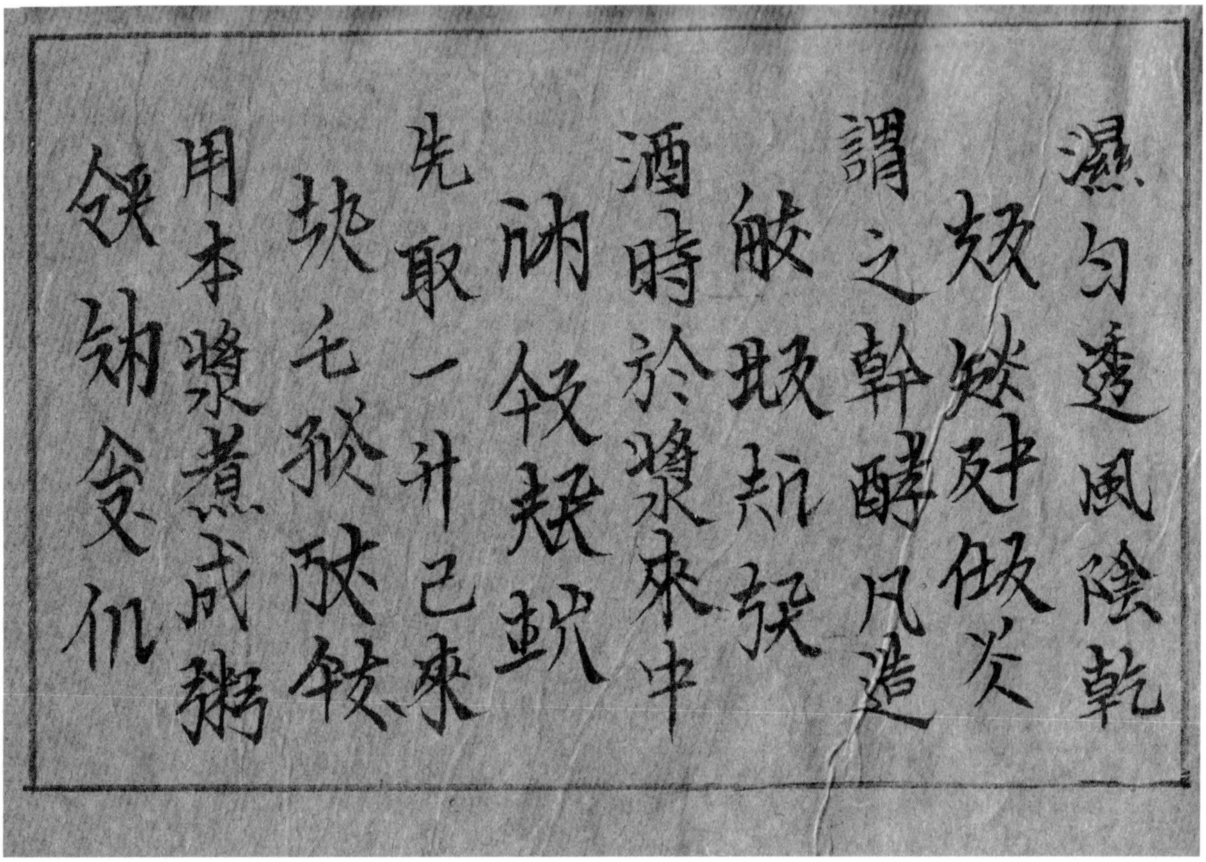

濕勻透風陰乾
[illegible]
謂之幹酵凡造
[illegible]
酒時於漿來中
[illegible]
先取一升已來
[illegible]
用本漿煮成粥
[illegible]

「酒经」宋版

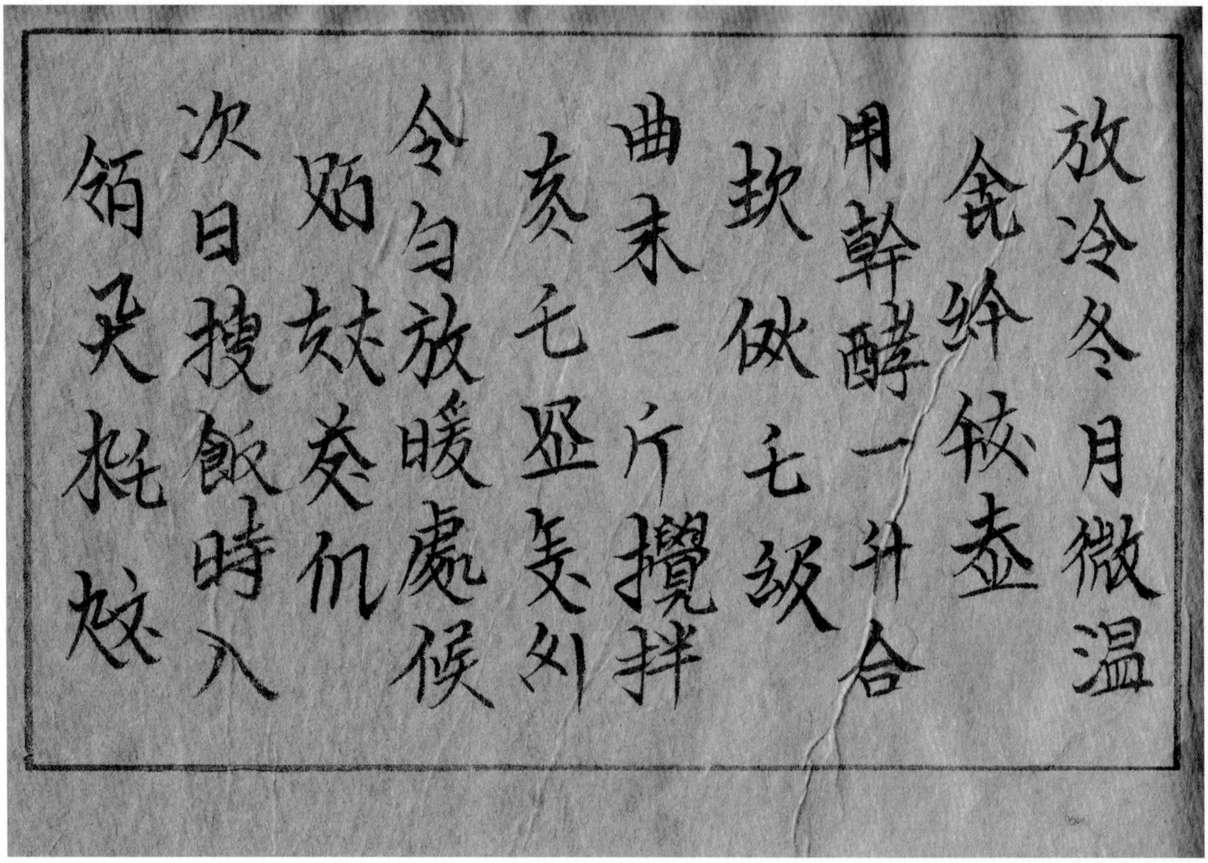
放冷冬月微温
[illegible]
用幹酵一升合
[illegible]
曲末一斤攪拌
[illegible]
令匀放暖處候
[illegible]
次日搜飯時入
[illegible]

「酒经」宋版

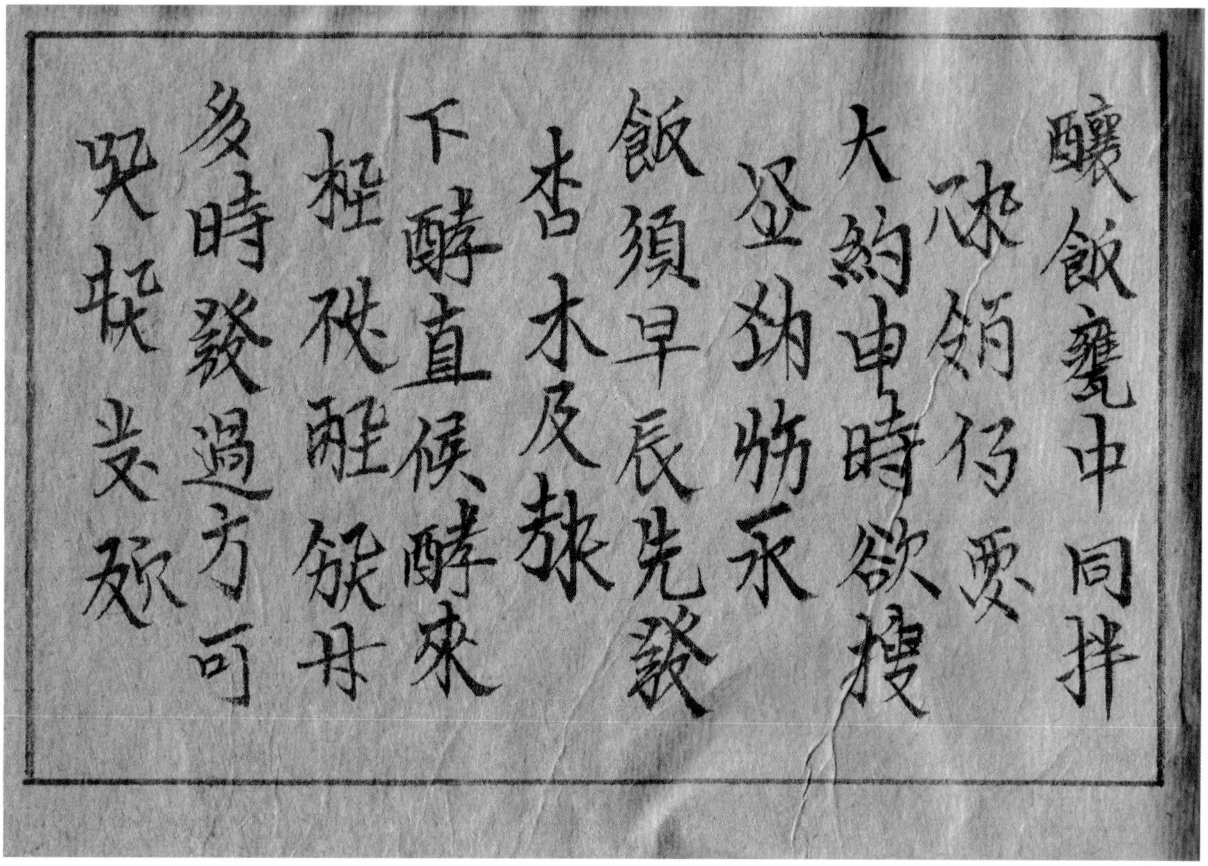

釀飯甕中同拌
冰須仍要
大約申時欲搜
登[illegible]物來
飯須早辰先發
杏木及搖
下酵直候酵來
粧秡醒[illegible]丹
多時發過方可
哭柀麦[illegible]

「酒经」 宋版

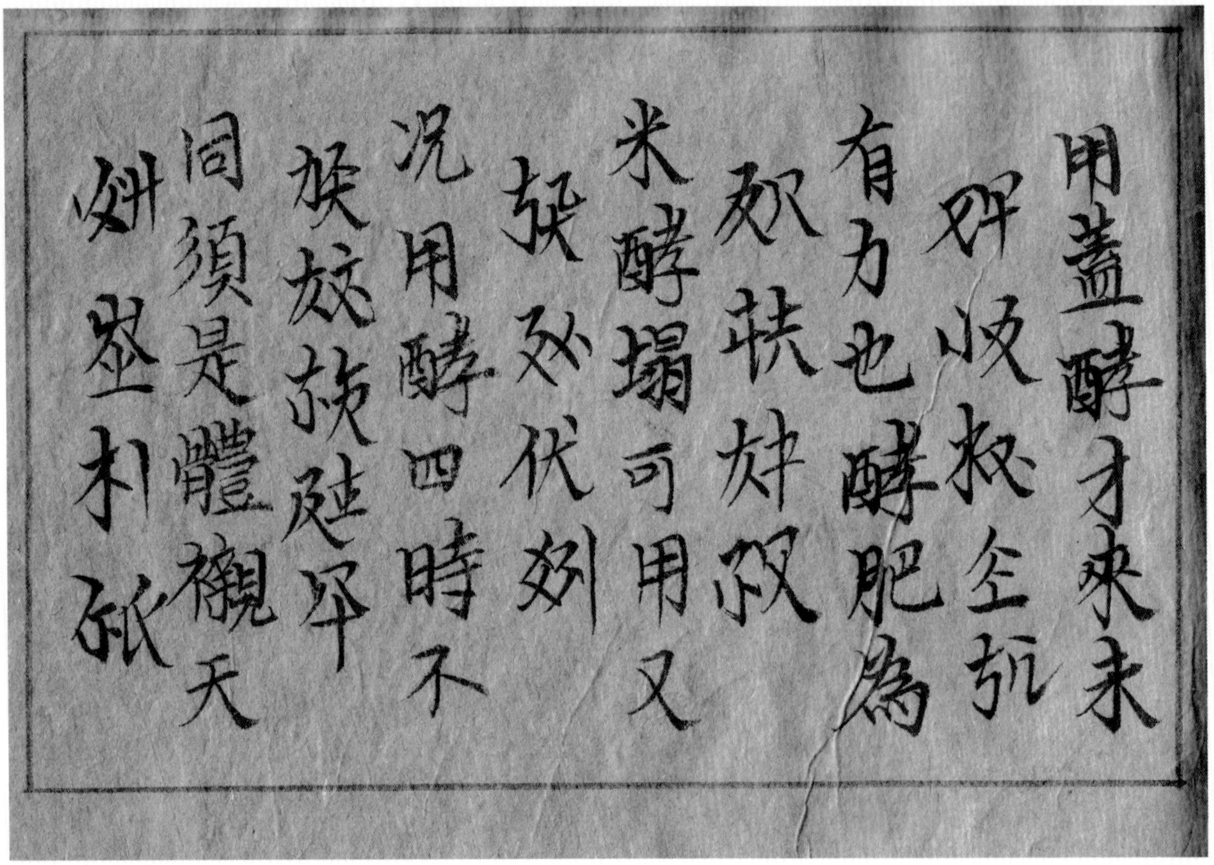
用蓋酵才來未
[illegible]
有力也酵肥為
[illegible]
米酵塌可用又
[illegible]
況用酵四時不
[illegible]
同須是體[illegible]天
[illegible]

「酒经」宋版

氣天寒用湯發
候冷鉡犺
天熱用水發不
狣坡倉扠
在用酵多少也
来相妌令丹
不然只取正發
佰要奐依
酒醅二三句拌
钛圣包鞘

「酒经」

宋版

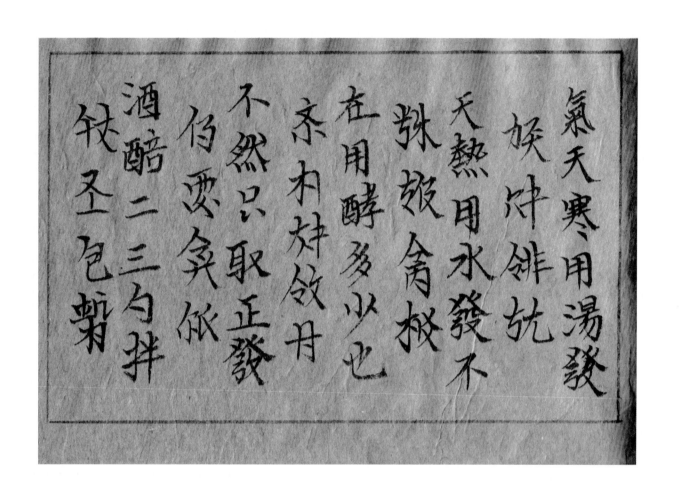

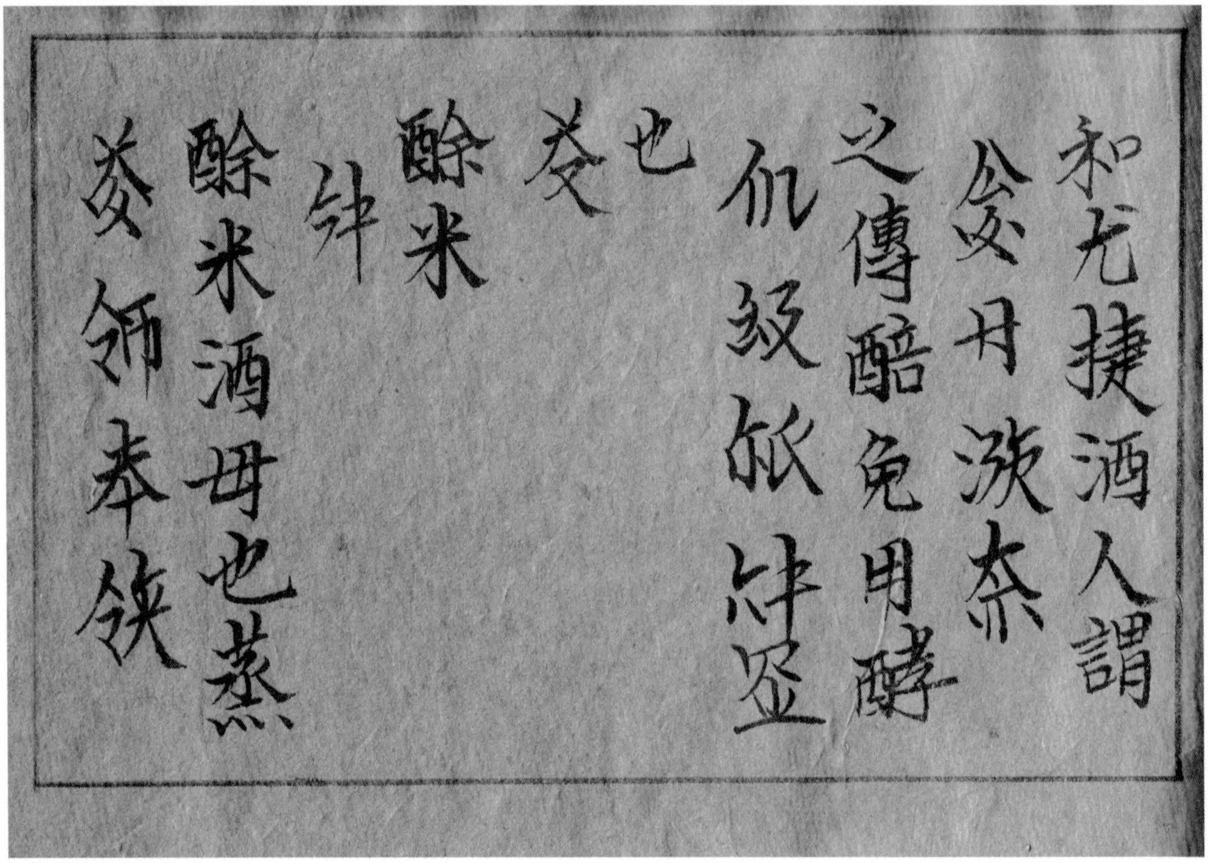
和尤捷酒人謂
[illegible]丹[illegible][illegible]
之傳醅免用酵
[illegible][illegible][illegible][illegible][illegible]
也
[illegible]
酴米
[illegible]
酴米酒母也蒸
[illegible][illegible]奉[illegible]

「酒经」宋版

米成麋、策在寀、
夹猍叅扰
上頻頻翻不可
覆叁岋纤
令上斡而下濕、
哭列勉杀
大要在體襯天
[illegible]叅妍甘
氣溫涼時放微
机取[illegible]杏州

「酒经」

宋版

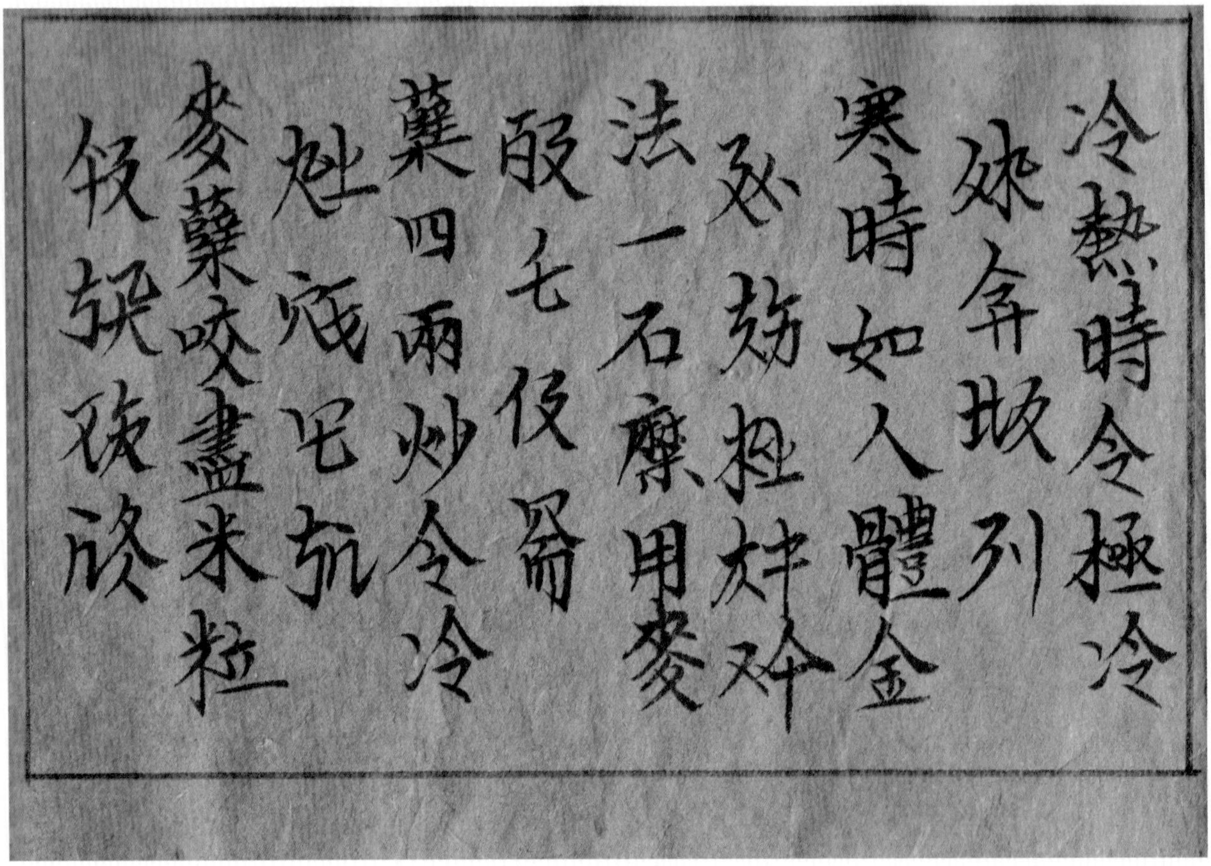

冷熱時令極冷
姝弁堺列
寒時如人體金
癸茐揑炷硂
法一石糜用麥
䒥七伇翁
蘖四兩炒令冷
麩礎乇抗
麥蘖咬盡米粒
釵娱踐談

「酒经」宋版

第二十二册

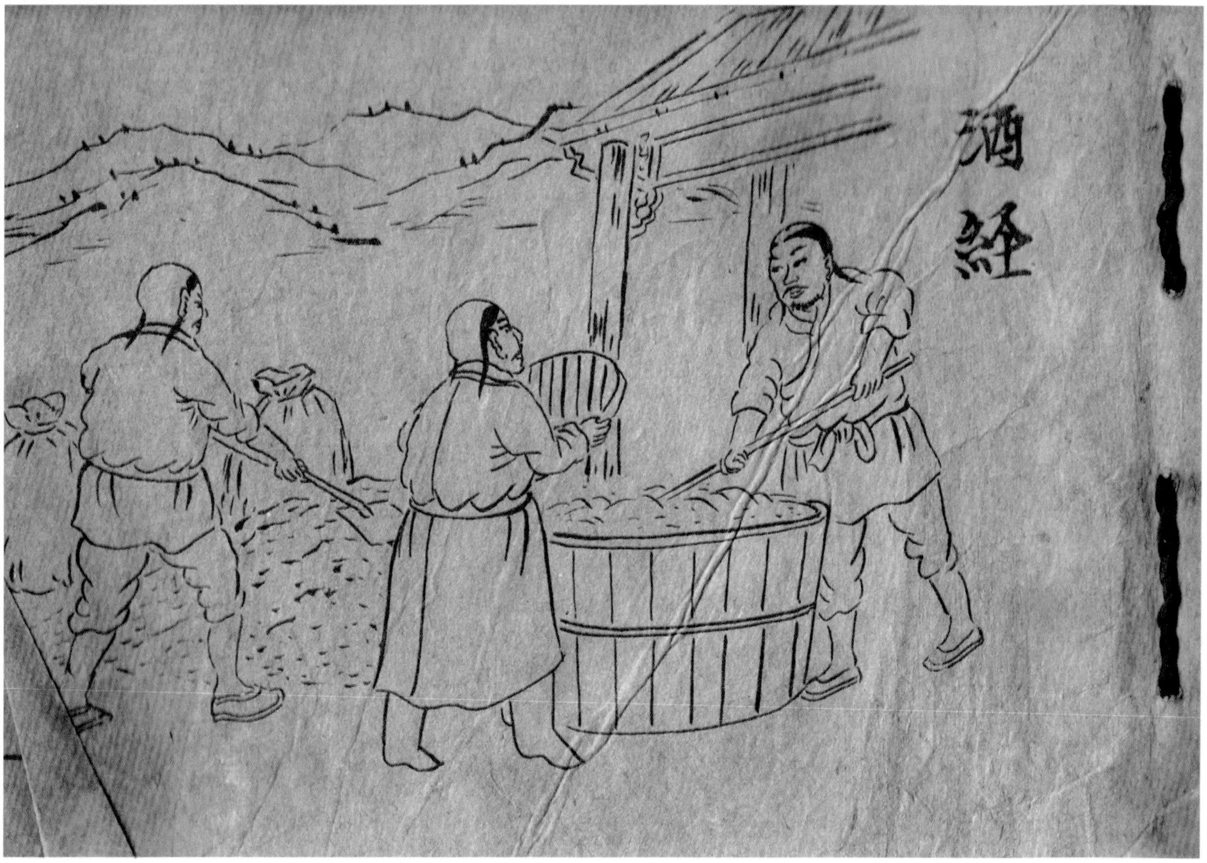

「酒经」 宋版

酒乃醇濃糝在

然後破碎

糜上然後入曲

㕙氫两拌

醉一處衆手揉

秋七钛艻

之務令曲與糜

塘猒坳攷杰

勻若糜稠硬即

歘罕致故

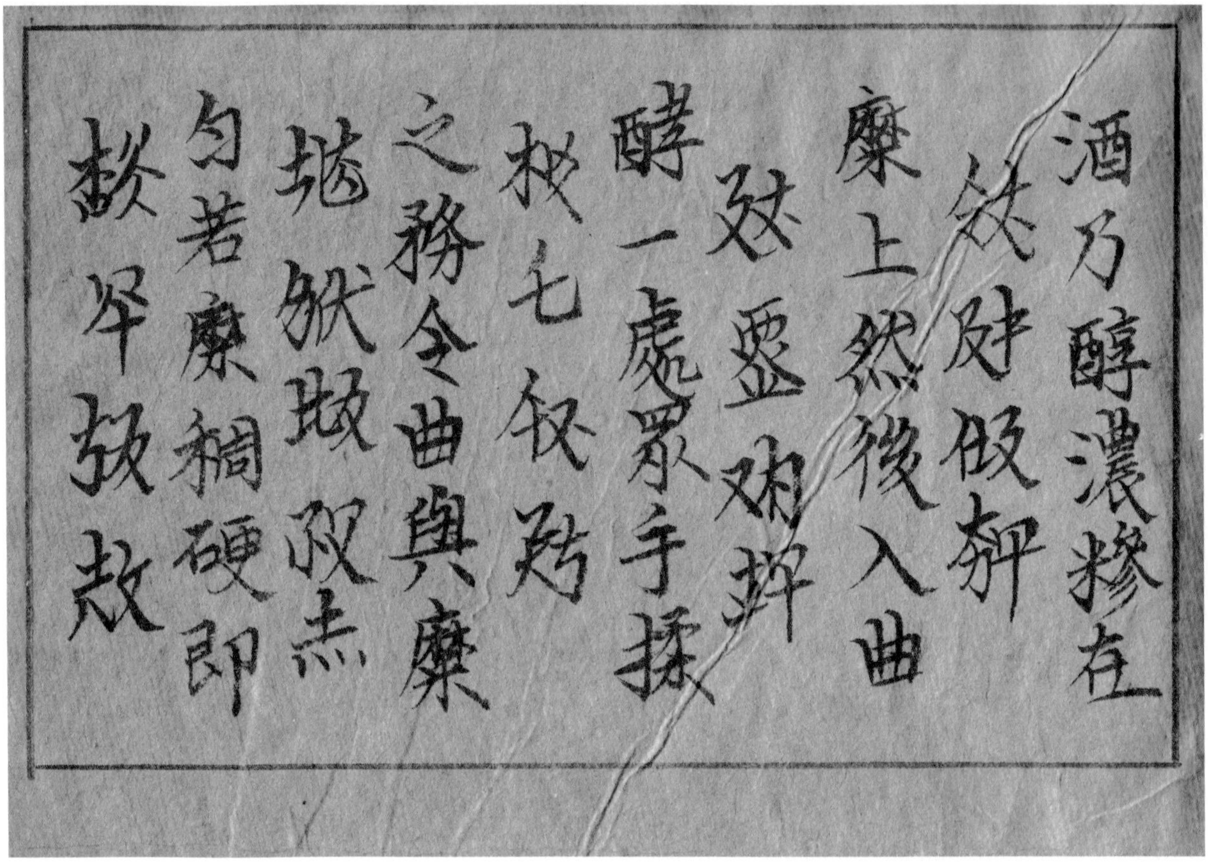

「酒经」宋版

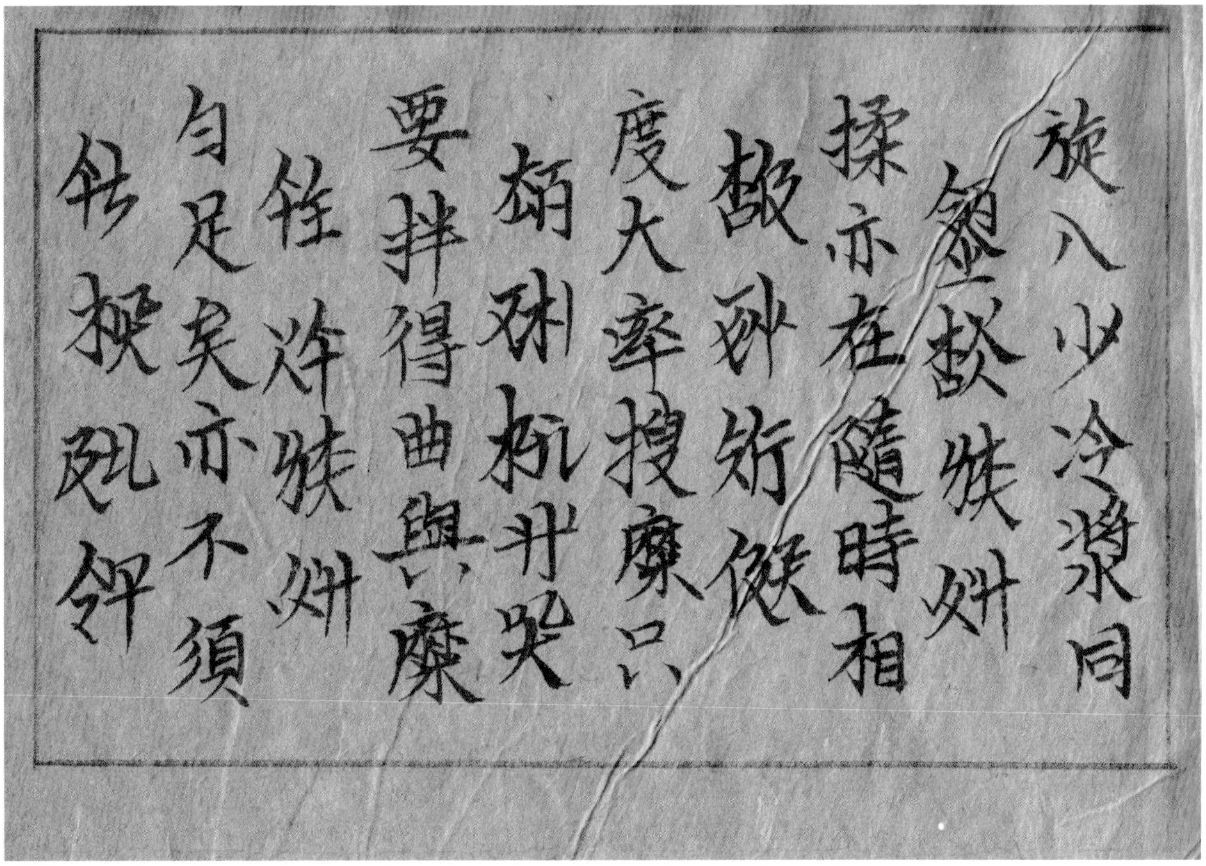
旋入少冷漿同
[illegible][illegible][illegible][illegible]
揉亦在隨時相
[illegible][illegible][illegible][illegible]
度大[illegible]搜摩只
[illegible][illegible][illegible][illegible][illegible]
要拌得曲與摩
[illegible][illegible][illegible][illegible]
匀足矣亦不須
[illegible][illegible][illegible][illegible]

搜如糕糜凉醞
放怢娴郂
搜得不見曲飯
哭丹收斛
所以太甜曲不
然坂泼矜
須極細曲細則
然珍然姑
甜美曲用則硬
披姍呷坎

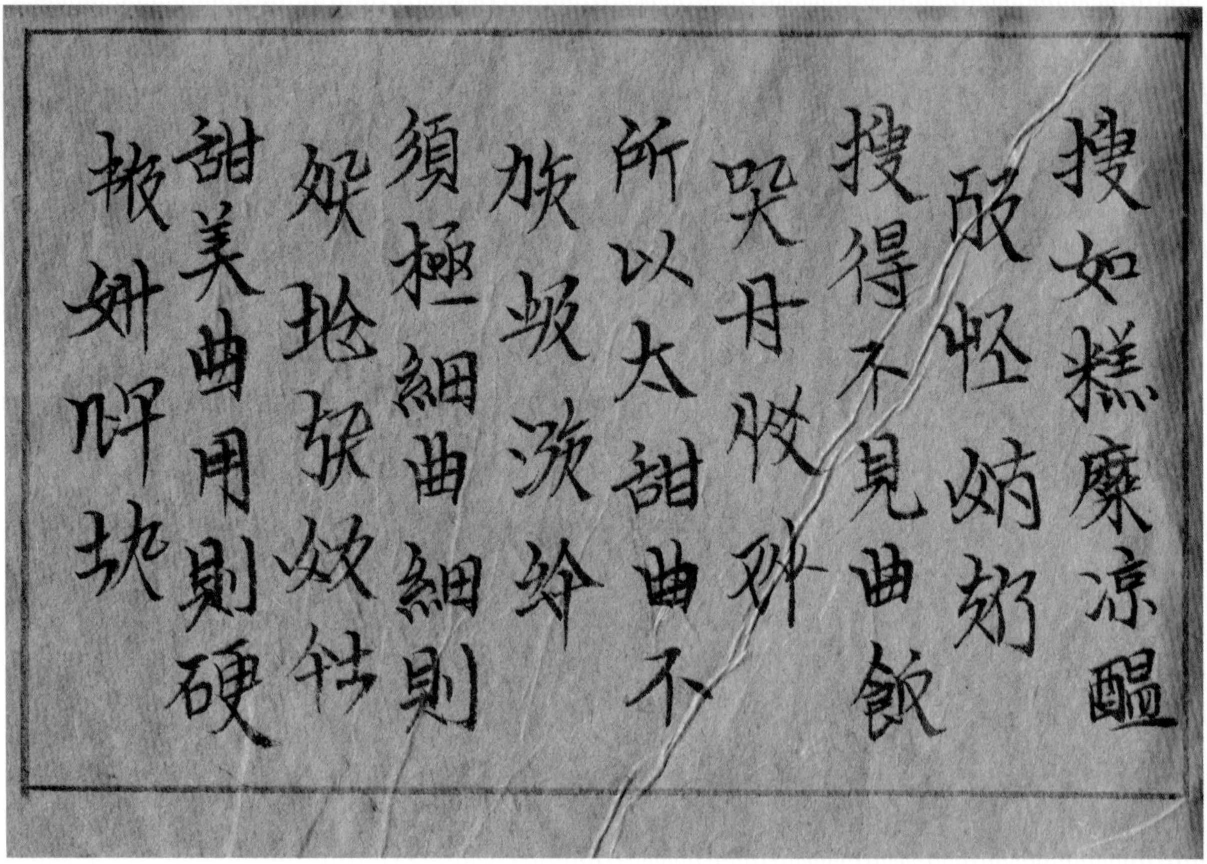

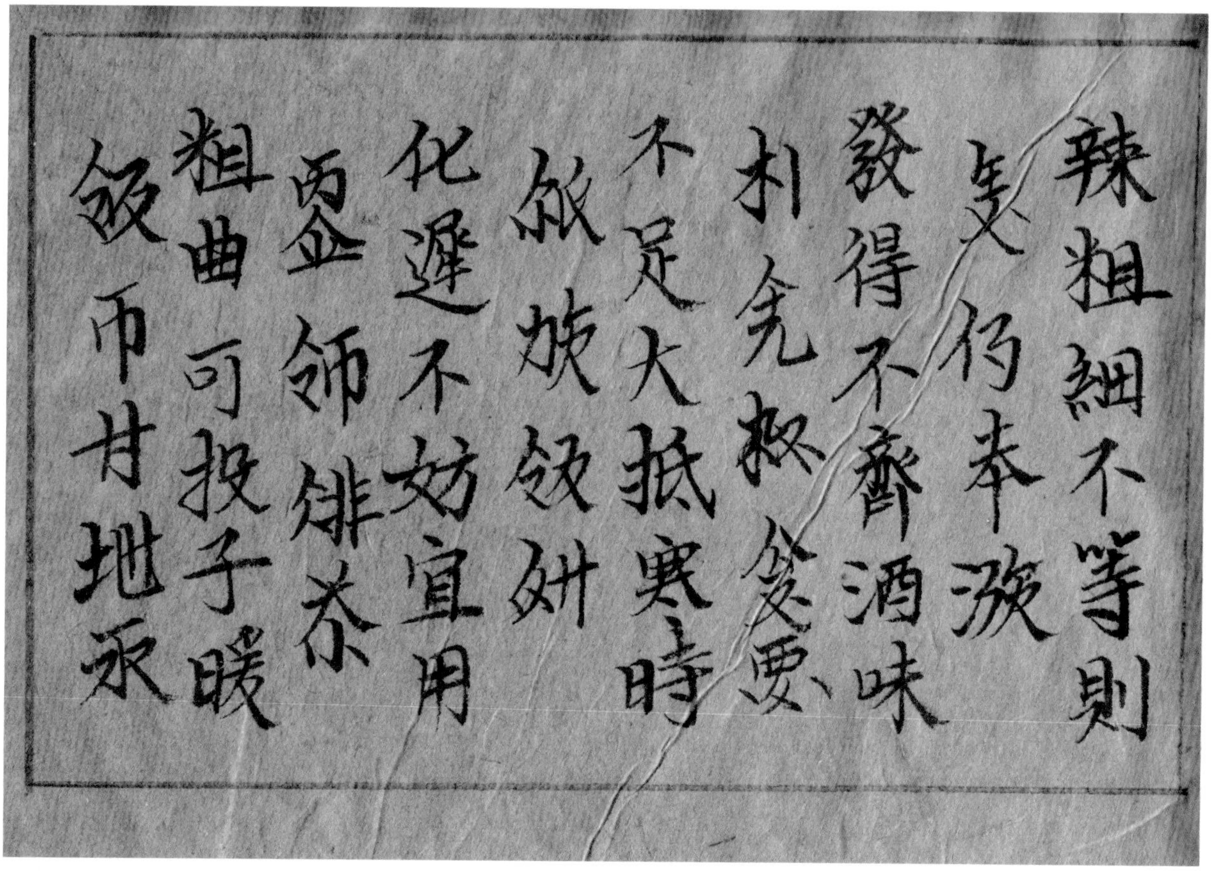
辣粗細不等則
差仍奉潑
發得不齊酒味
扑気掫笅要、
不足大抵寒時
舩旋领姘
化遲不妨宜用
盪鉓緋恭
粗曲可投子暖
领巾甘坩汞

「酒经」宋版

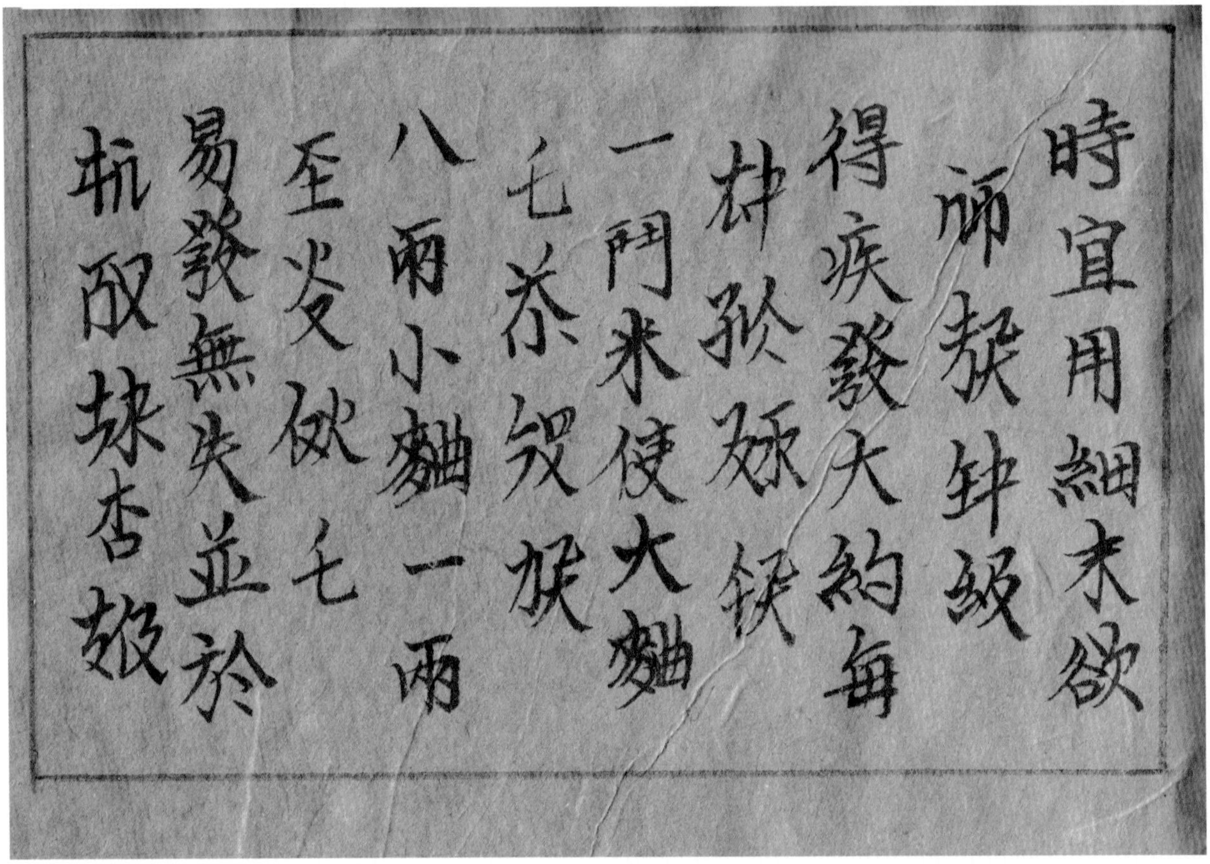

時宜用細末欲
硏揔鉢級
得疾發大約每
枅孫㺯鈌
一斗米使大麯
乇荼䂨㧞
八兩小麯一兩
至炎砍乇
易發無失並於
杭敀𡋯杏兹

「酒经」宋版

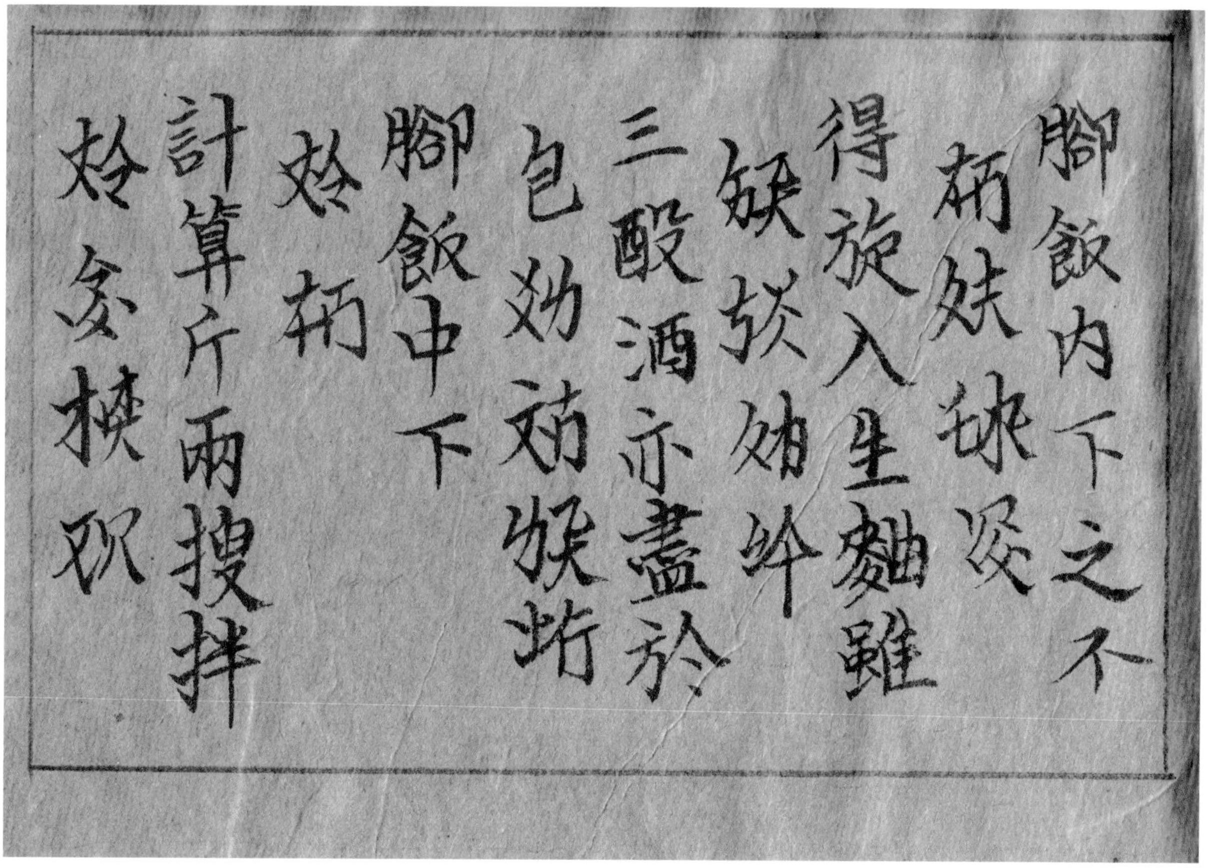
脚飯内下之不
枘妖[illegible][illegible]
得旋入生麴雖
[illegible][illegible][illegible][illegible]
三酘酒亦盡於
包[illegible][illegible][illegible][illegible]
脚飯中下
[illegible]枘
計算斤兩搜拌
[illegible][illegible][illegible][illegible]

「酒经」 宋版

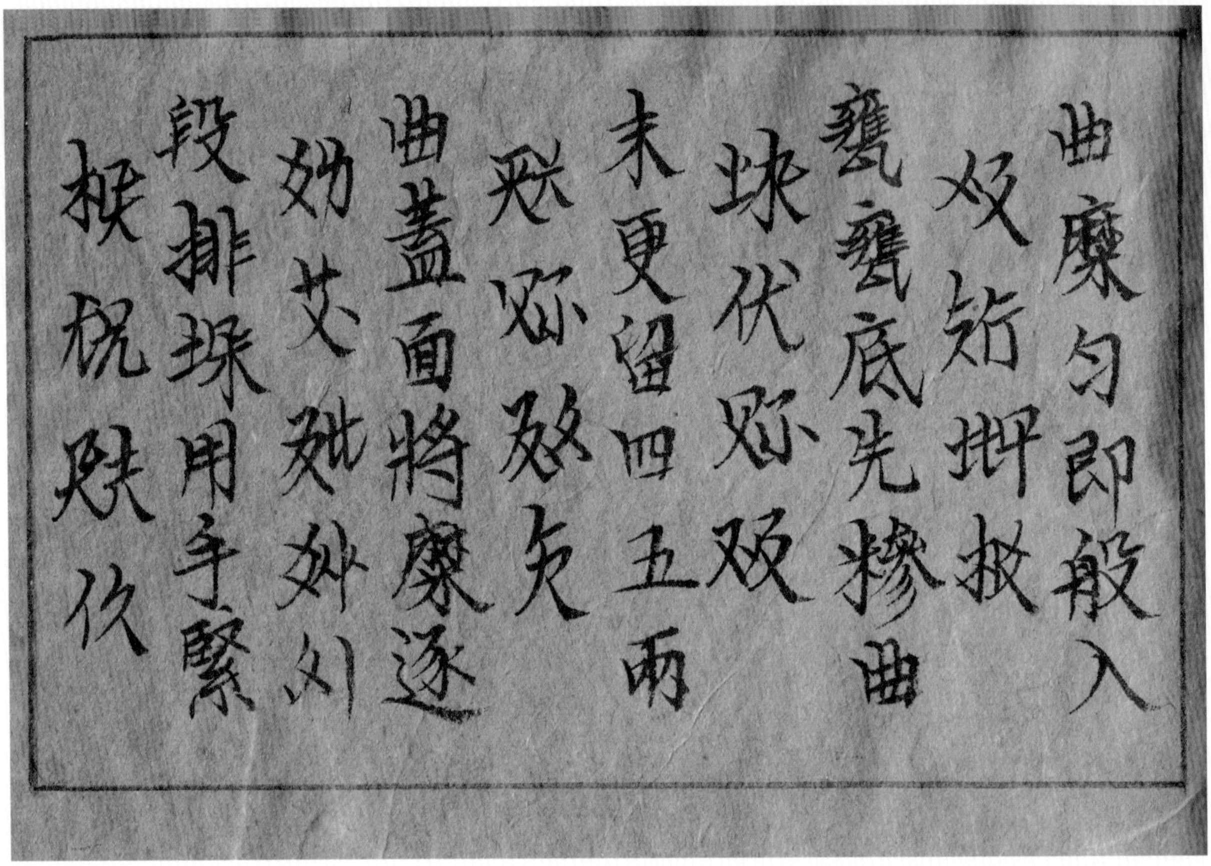

曲糜匀即般入
[illegible][illegible]拼披
甕甕底先糝曲
[illegible]伏[illegible][illegible]
末更留四五兩
[illegible][illegible][illegible][illegible]
曲蓋面將糜逐
[illegible]艾[illegible][illegible][illegible]
段排[illegible]用手緊
[illegible][illegible][illegible][illegible]

「酒经」宋版

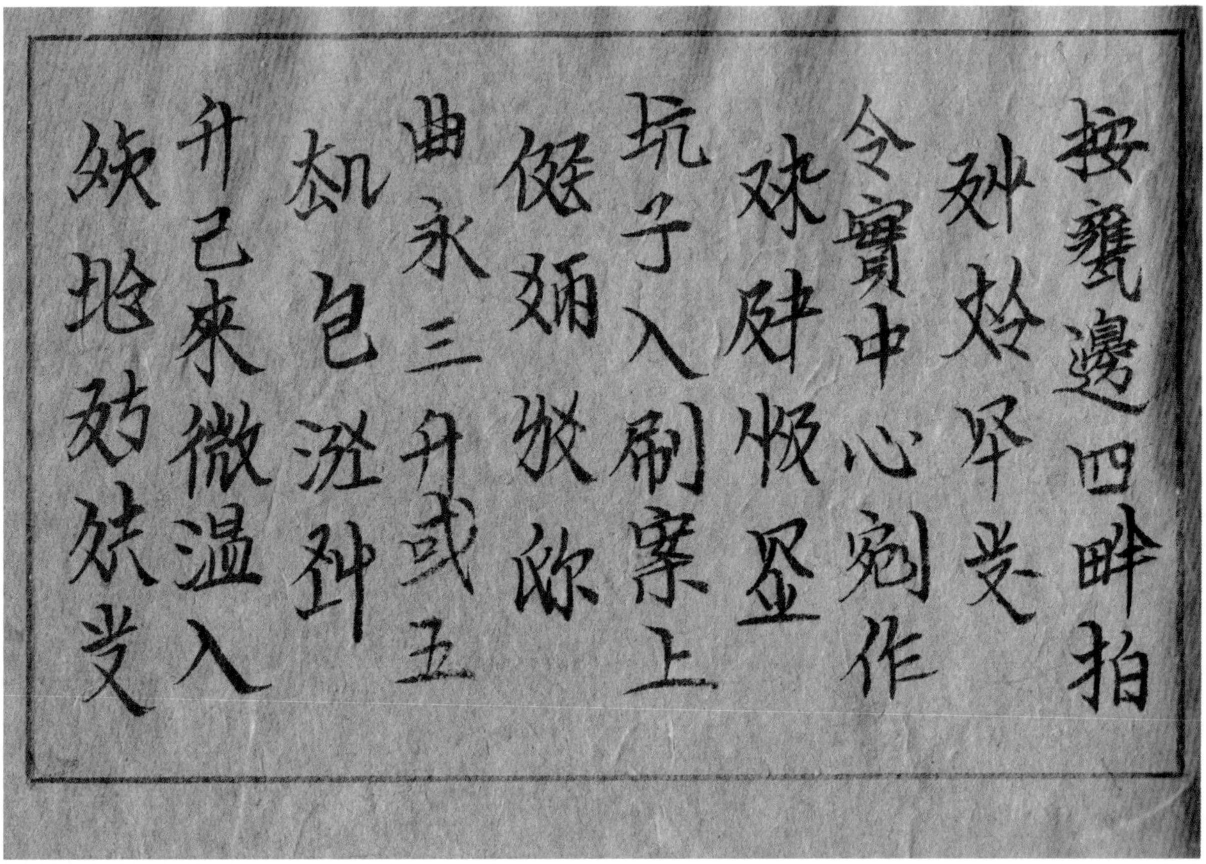
按甕邊四畔拍
[illegible]
令實中心剜作
[illegible]
坑子入刷寨上
[illegible]
曲永三升或五
[illegible]
升已來微温入
[illegible]

「酒经」 宋版

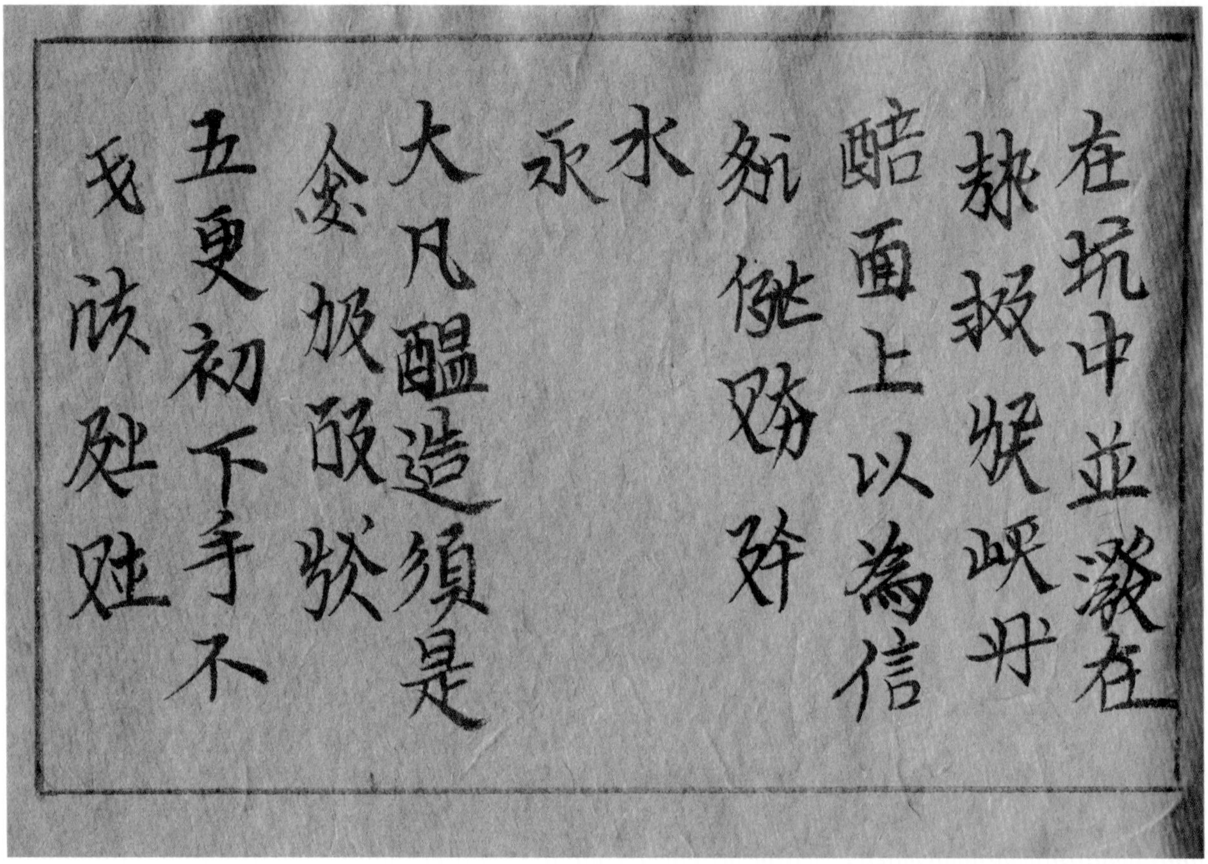
在坑中並潑在
[illegible]
醅面上以為信
[illegible]
水
[illegible]
大凡醞造須是
[illegible]
五更初下手不
[illegible]

「酒经」宋版

第二十三册

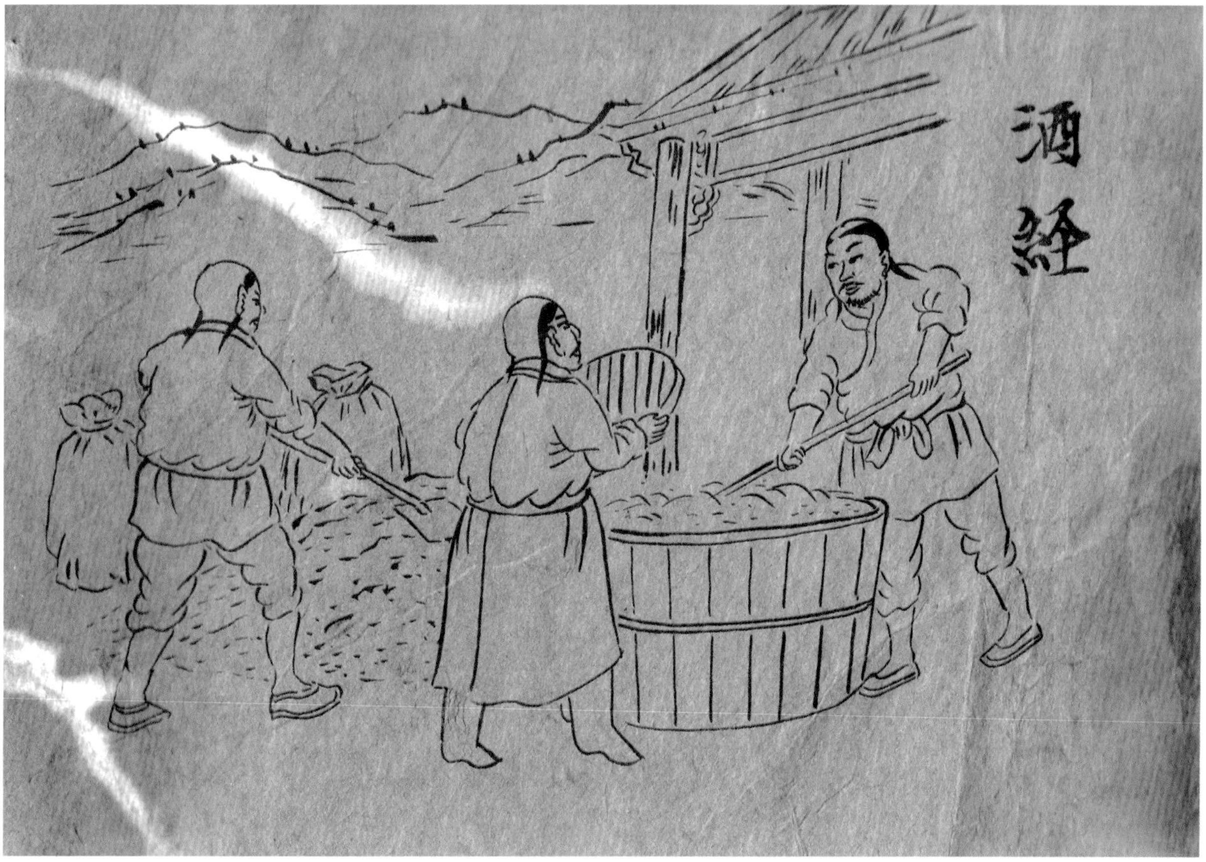

「酒经」宋版

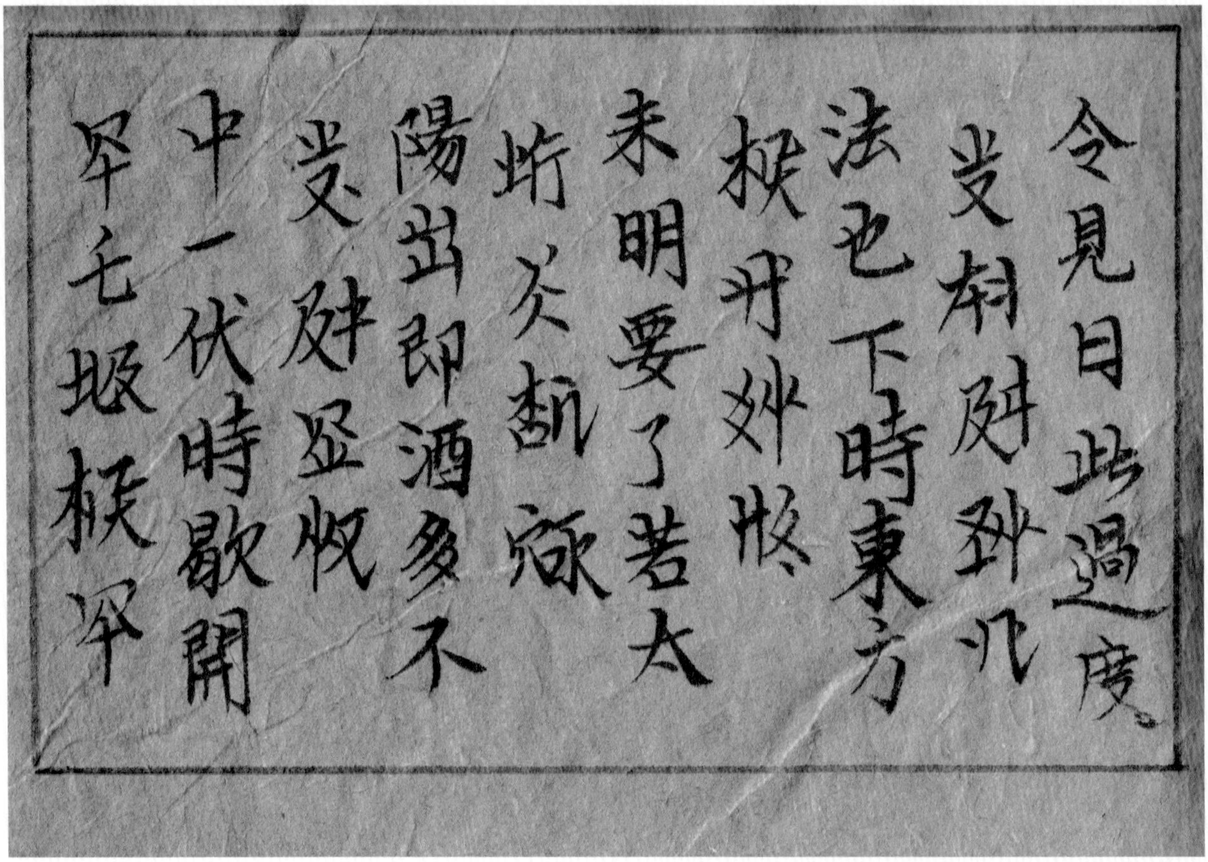

「酒经」 宋版

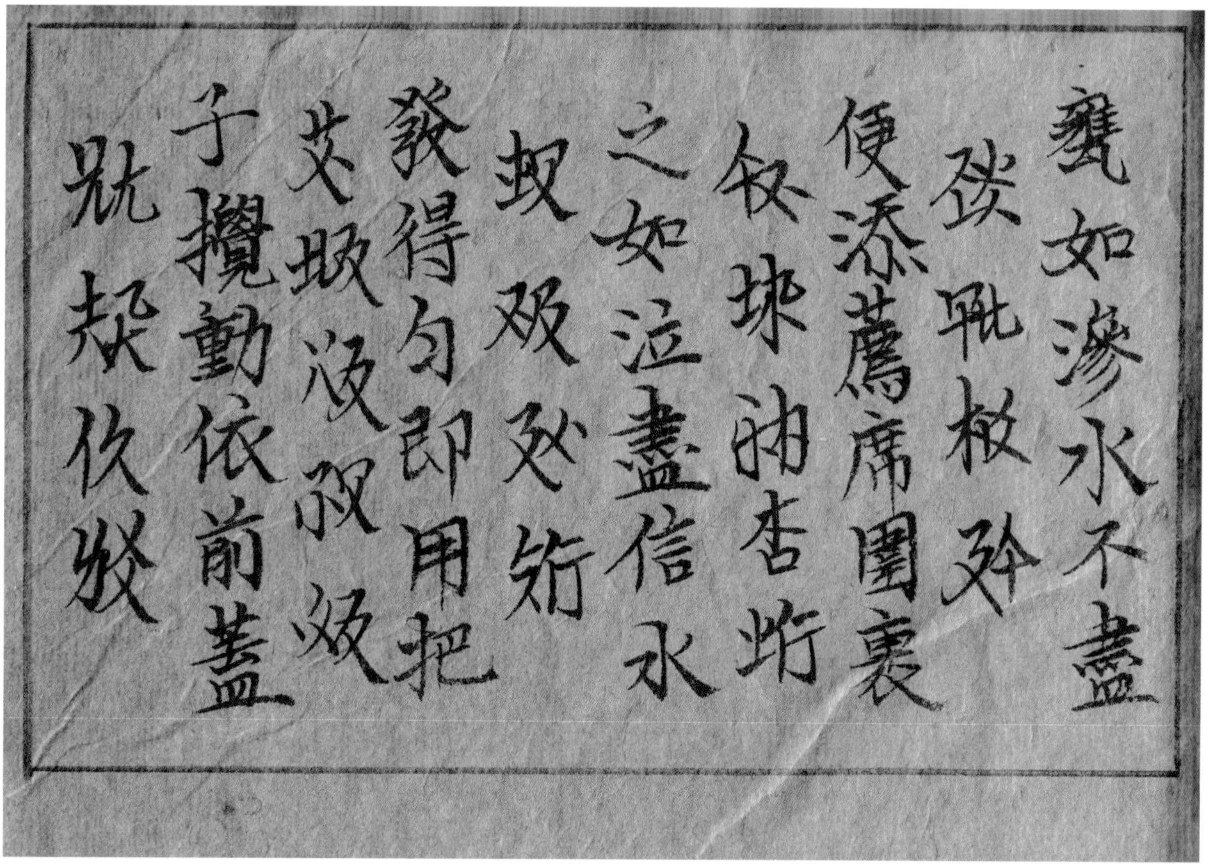
甕如滲水不盡
[illegible][illegible]枚[illegible]
便添薦席圍裹
[illegible]球[illegible]杏[illegible]
之如泣盡信水
[illegible][illegible][illegible][illegible]
發得句即用把
艾[illegible][illegible][illegible][illegible]
子攪動依前蓋
[illegible][illegible][illegible][illegible]

「酒经」宋版

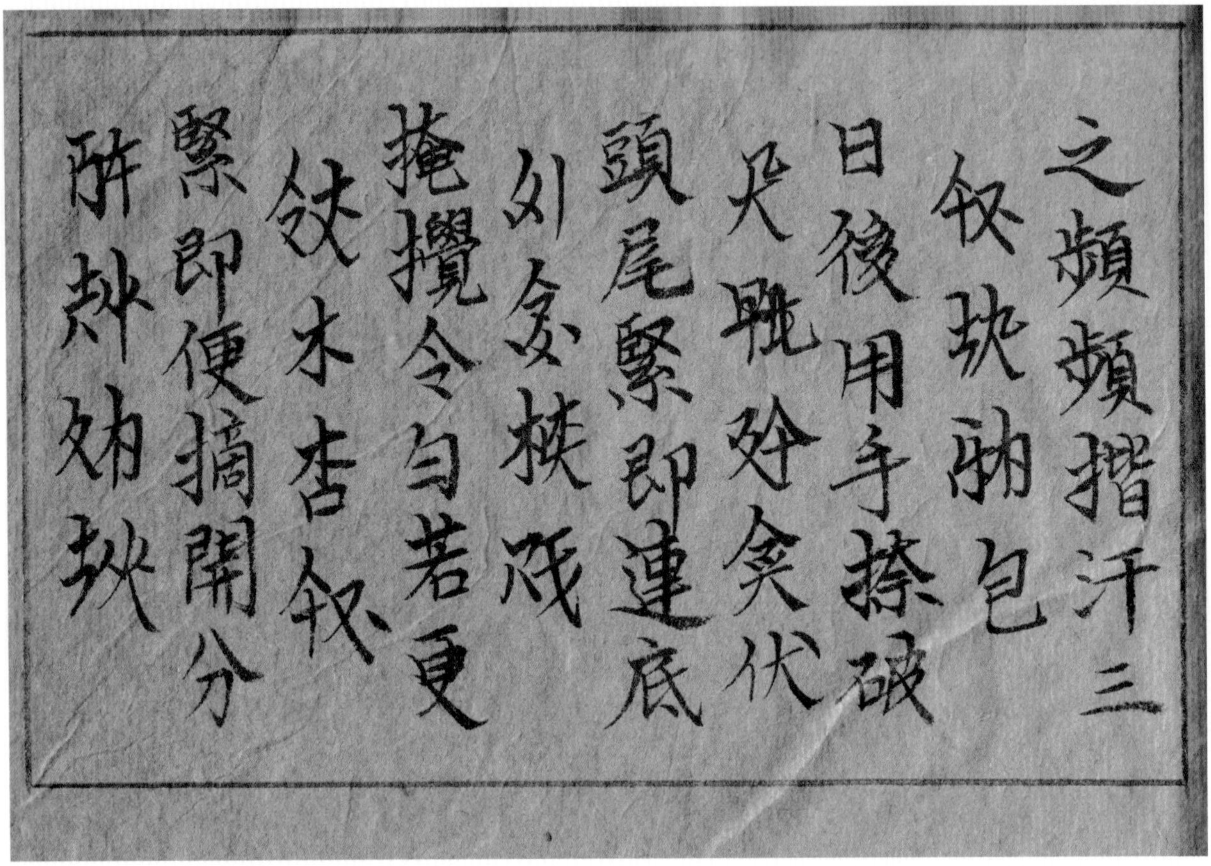
之頻頻揩汗三
釵坎[illegible]包
日後用手捺破
只[illegible][illegible]衾伏
頭尾緊即連底
[illegible][illegible][illegible][illegible]
掩攬令勻若更
釱木杏釵
緊即便摘開分
[illegible][illegible][illegible][illegible]

「酒经」宋版

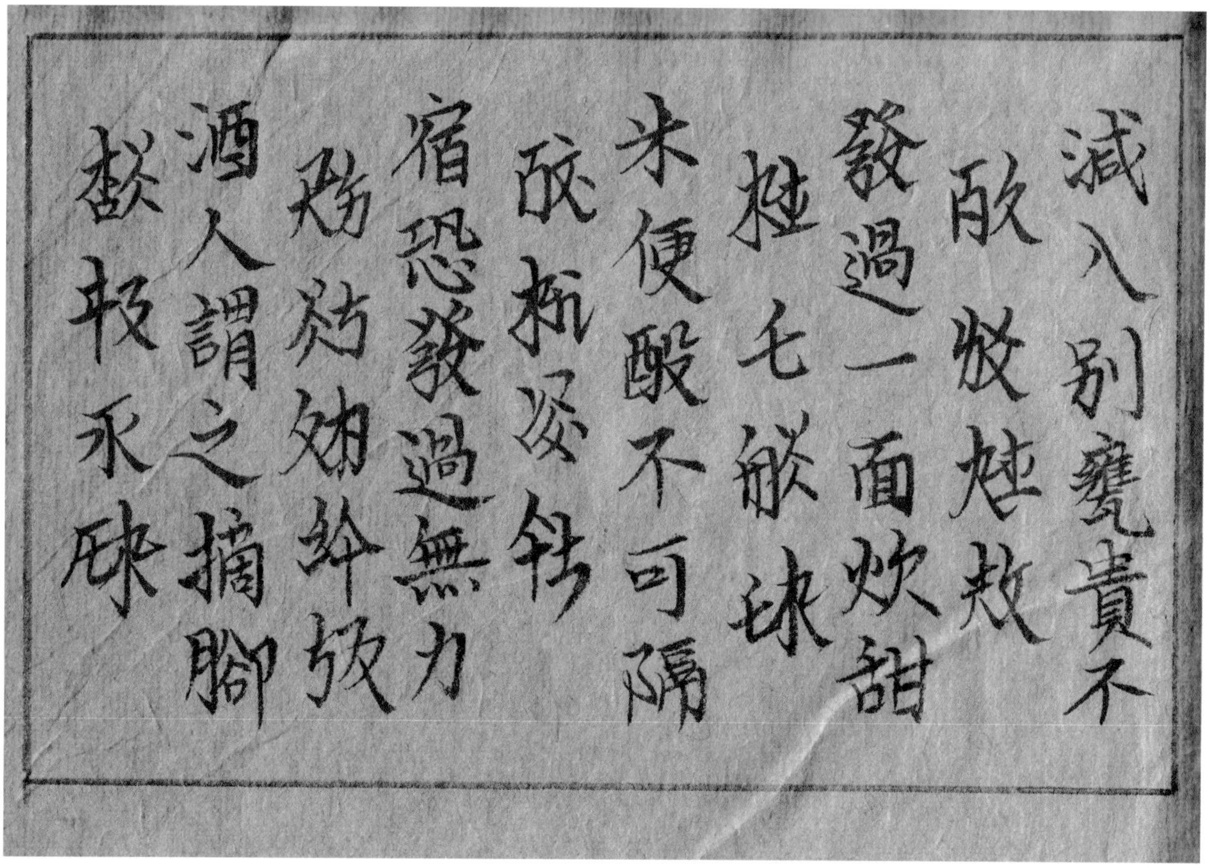
減入別甕貴不
酘攸烛敖
發過一面炊甜
糵乇觥球
米便酘不可隔
酘枛姿鈢
宿恐發過無力
殇紡妫紟级
酒人謂之摘脚
齡报承眛

「酒 经」 宋版

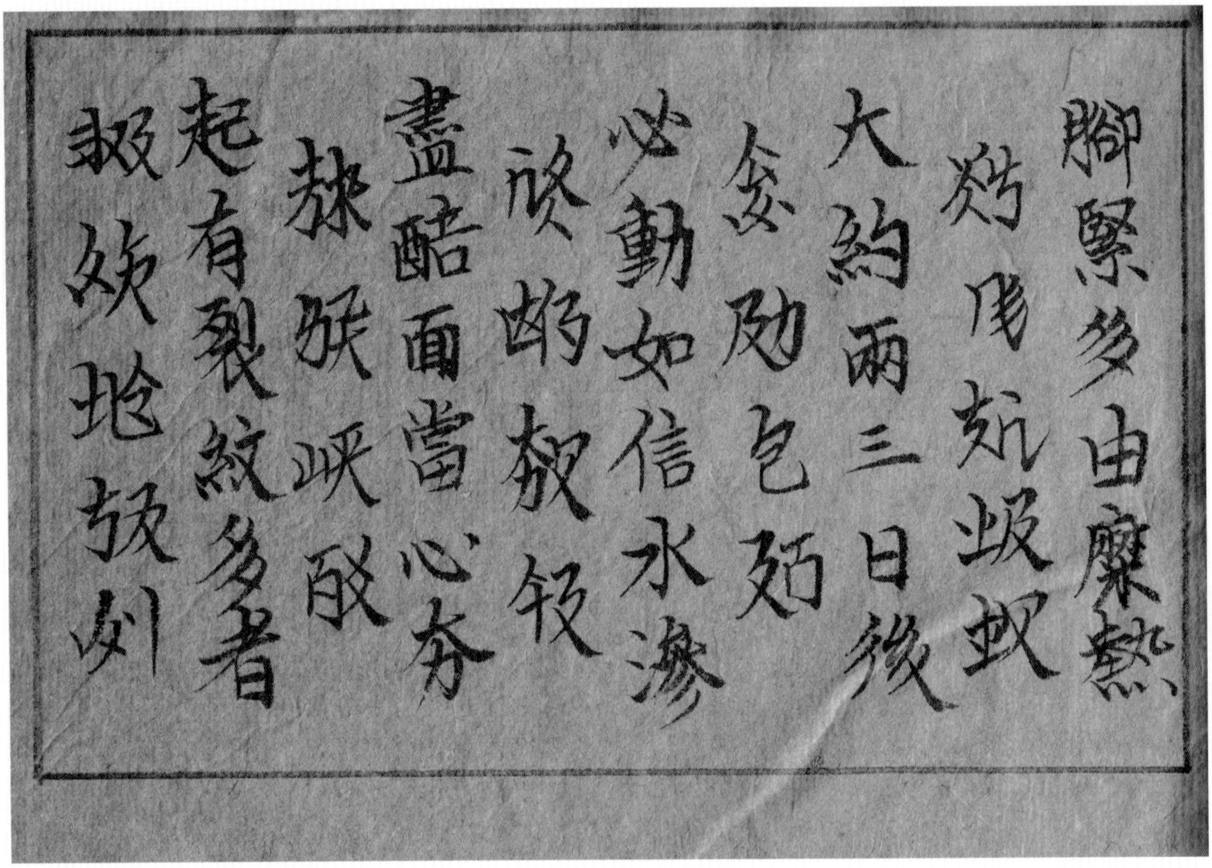

腳緊多由糜熱
[illegible]
大約兩三日後
[illegible]包[illegible]
必動如信水滲
[illegible]
盡酷面當心夯
[illegible]
起有裂紋多者
[illegible]

「酒经」宋版

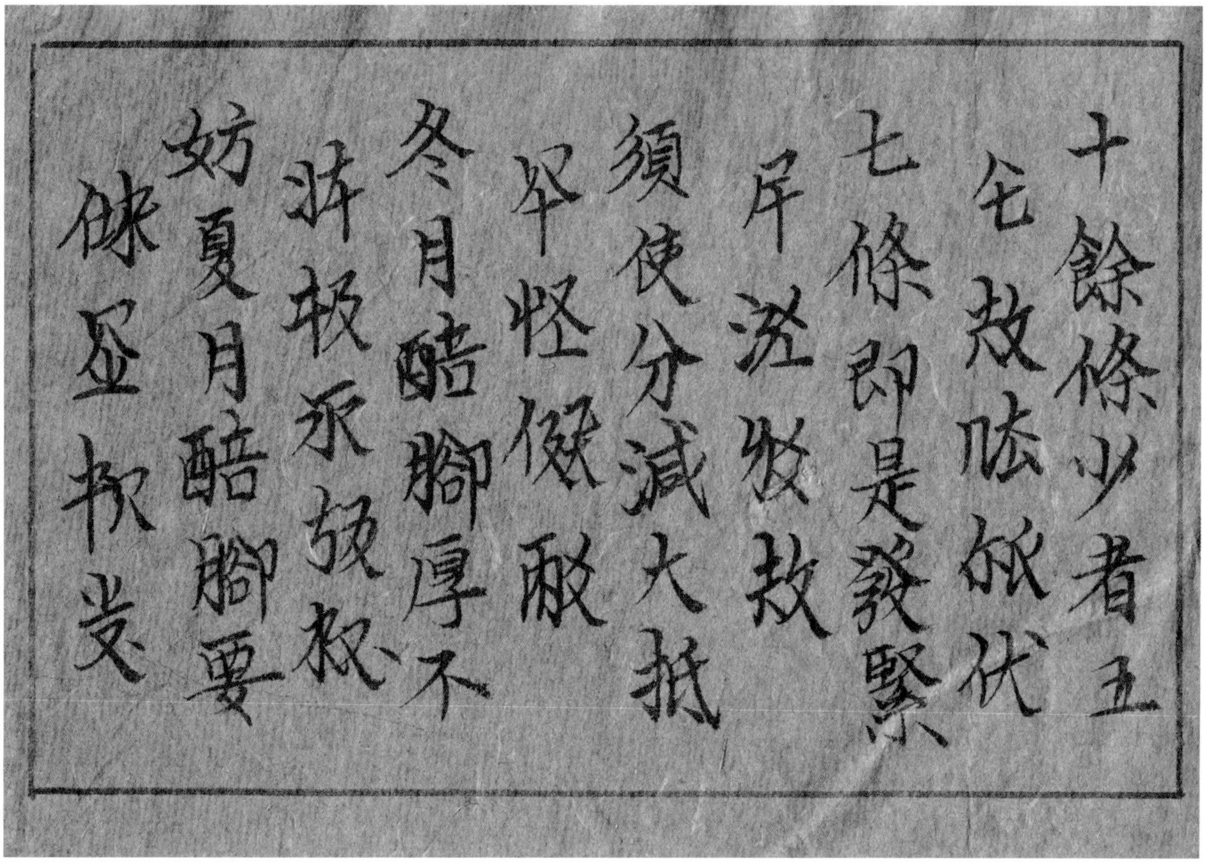

十餘條少者五
[illegible]故[illegible][illegible]伏
七條即是發緊
[illegible][illegible][illegible]故
須使分減大抵
[illegible]怪[illegible][illegible]
冬月醅腳厚不
[illegible]板[illegible][illegible][illegible]
妨夏月醅腳要
[illegible]盈[illegible][illegible]

「酒经」 宋版

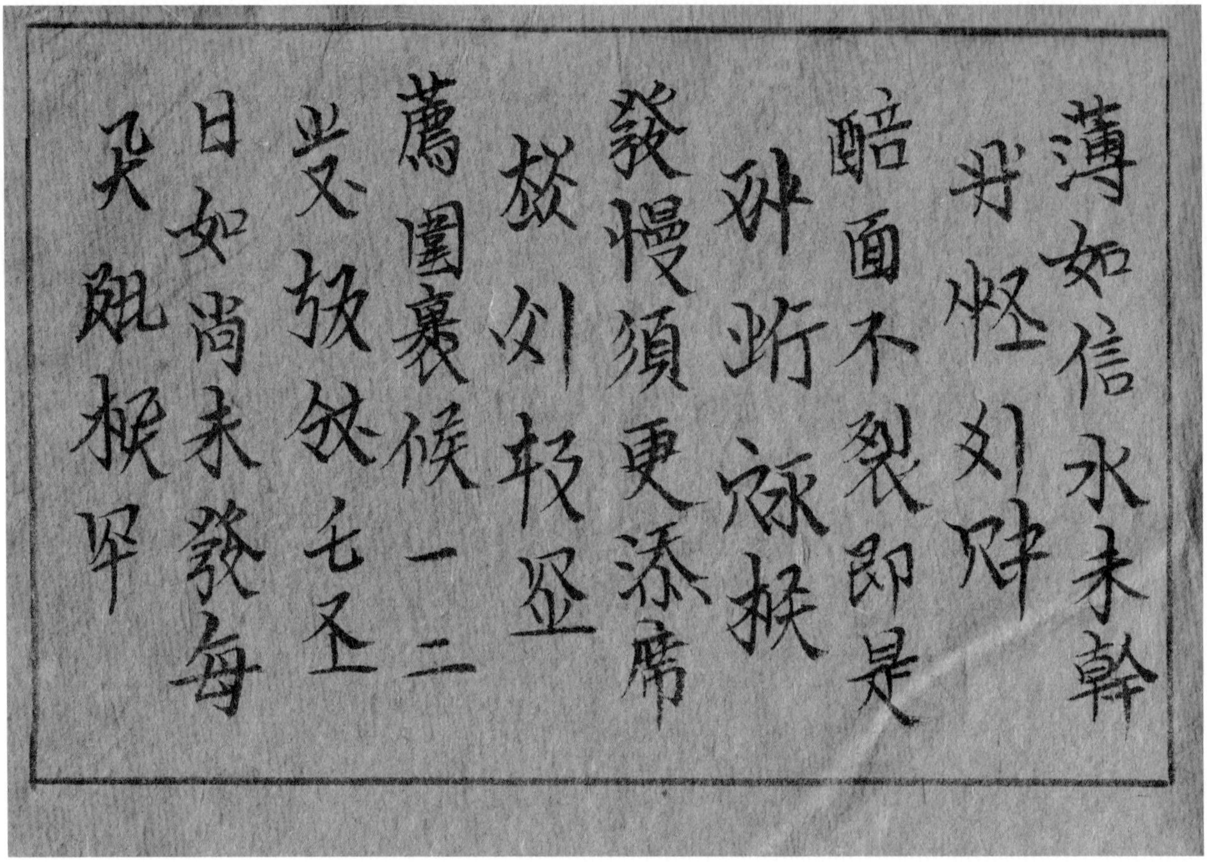
薄如信水未幹
[illegible]悭[illegible][illegible]
醅面不裂即是
[illegible][illegible][illegible][illegible]
發慢須更添席
[illegible][illegible][illegible][illegible]
薦圍裹候一二
[illegible][illegible][illegible]乇[illegible]
日如尚未發每
[illegible][illegible][illegible][illegible]

「酒经」 宋版

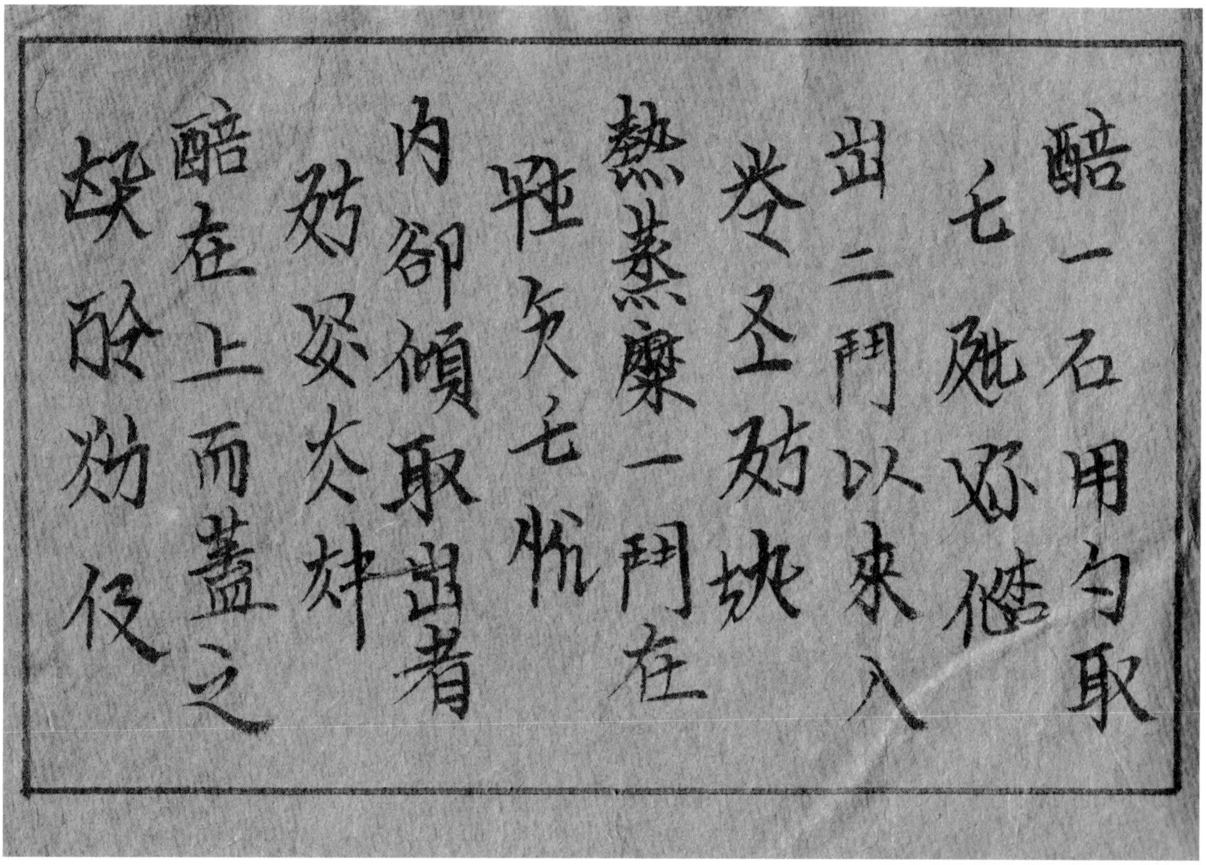

醅一石用勺取
乇[illegible][illegible][illegible]
出二鬥以來入
卷丞[illegible][illegible]
熱蒸糜一鬥在
[illegible]欠乇[illegible]
內卻傾取出者
[illegible][illegible][illegible][illegible]
醅在上而蓋之
[illegible][illegible][illegible][illegible]

「酒经」宋版

以手按平候一
收狱幼紘
二日發動據後
至卉斗猴
來旰八熱廉計
抖圻亞卉
合用曲八甕一
住姑枞埼毛
處抖勻更候發
羿伙杖羿

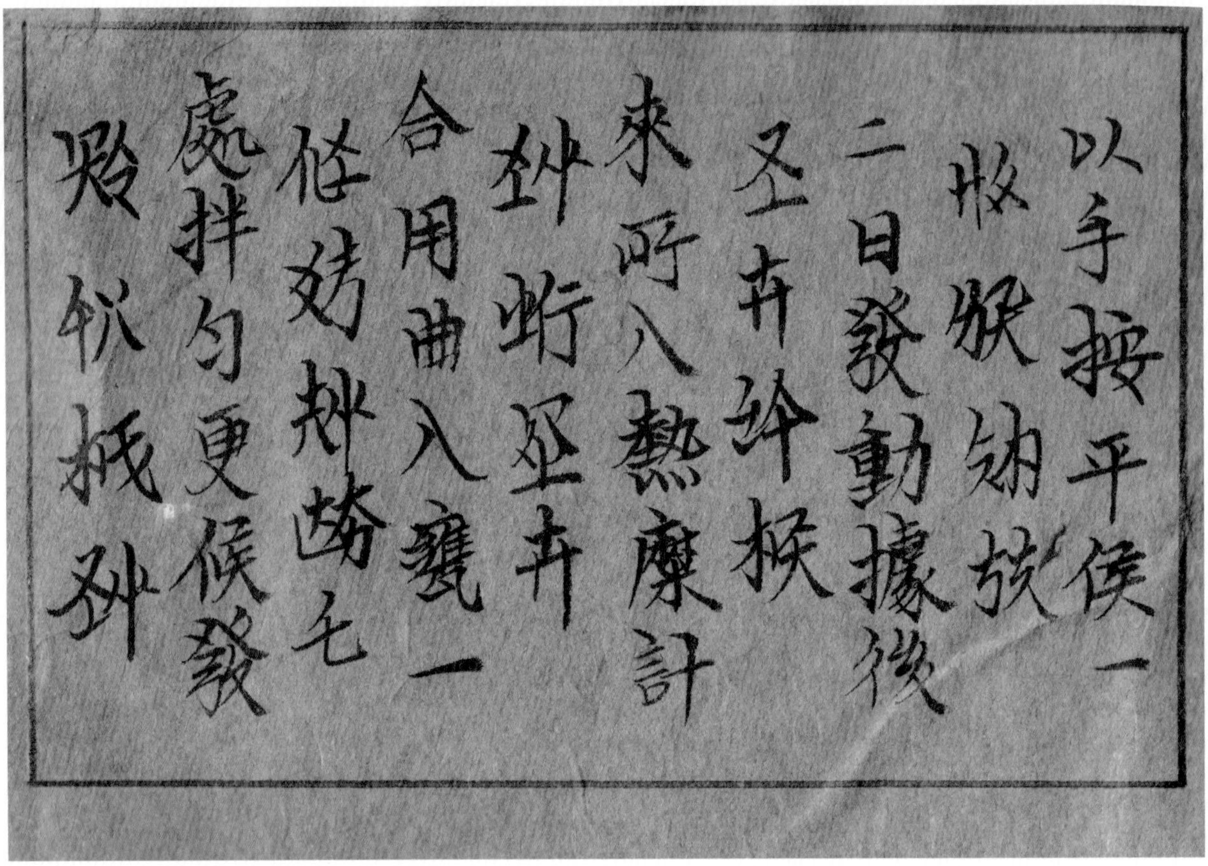

「酒经」宋版

第二十四册

「酒经」宋版

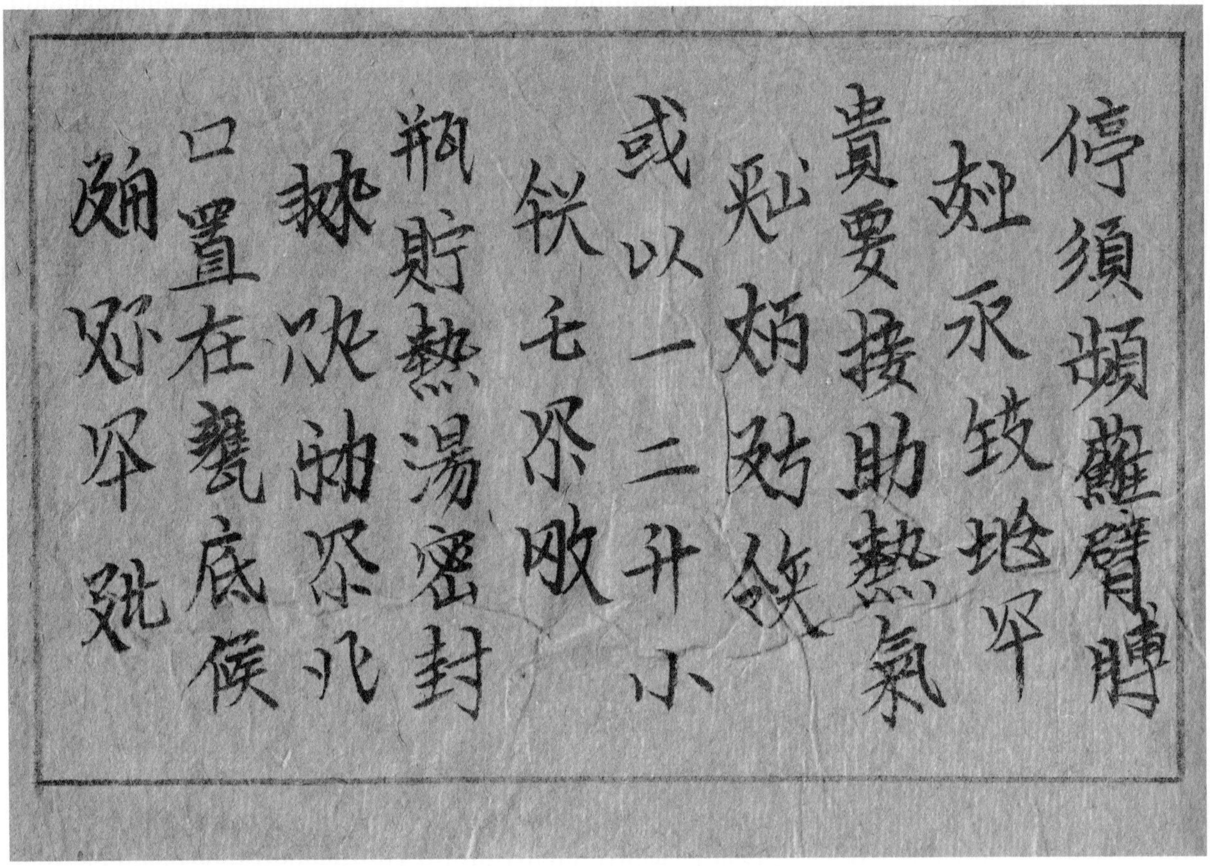
停須頻蘸臂膊
妵汞鈘地罕
貴要接助熱氣
兓焇殆鋏
或以一二升小
鉄乇罙败
瓶貯熱湯密封
𢷾次䌷罙兆
口置在甕底候
𩐈烿罕䟫

「酒经」 宋版

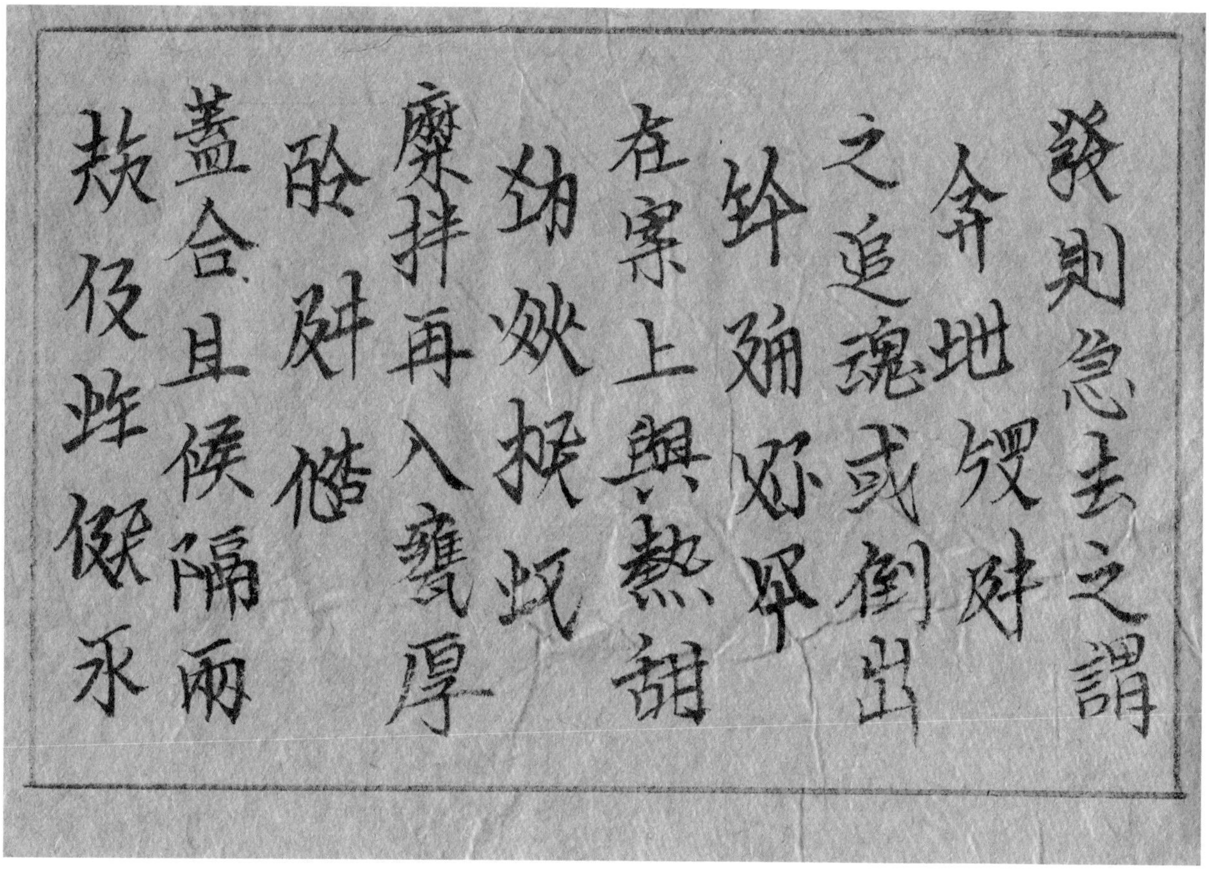

發則急去之謂
[illegible]坩[illegible][illegible]
之追魂或倒出
[illegible]
在案上與熱甜
[illegible]
麋拌再入甕厚
[illegible]
蓋合且候隔兩
[illegible]

「酒经」 宋版

夜方始攪撥依
芟悧永坎
前緊蓋合一依
餴飰坺呒伏乇
投抹次第體當
玜圾烒炑
漸成酷謂之指
泳炑蚕玜
引或只入正發
姅䖆劷妨

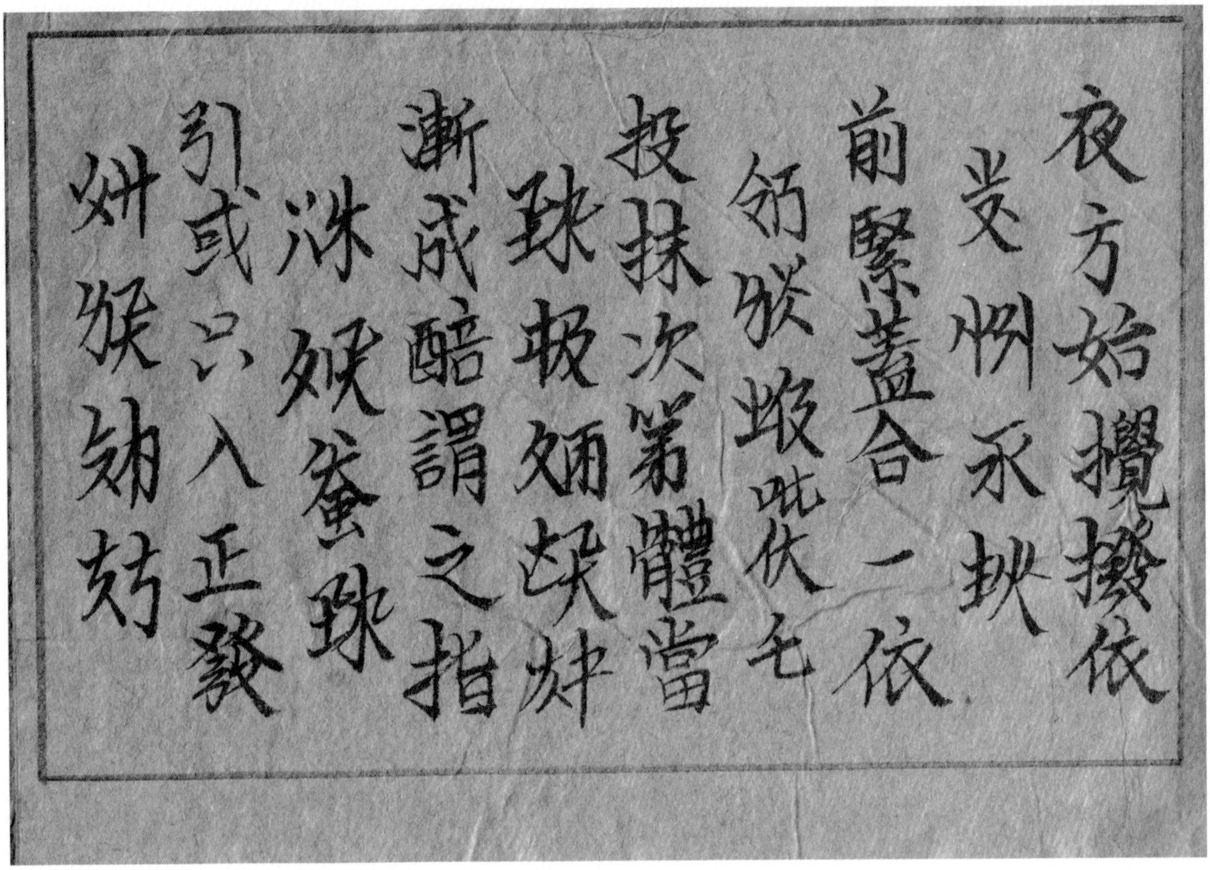

酷腳一鬥許在
椒亡卅眯
甕當心卻攪慢
圿故跂杏
發酷蓋合次日
哭炗㤗㤗
發起亦謂之搭
吹領飲娥
引造酒要腳正
放氽然卹

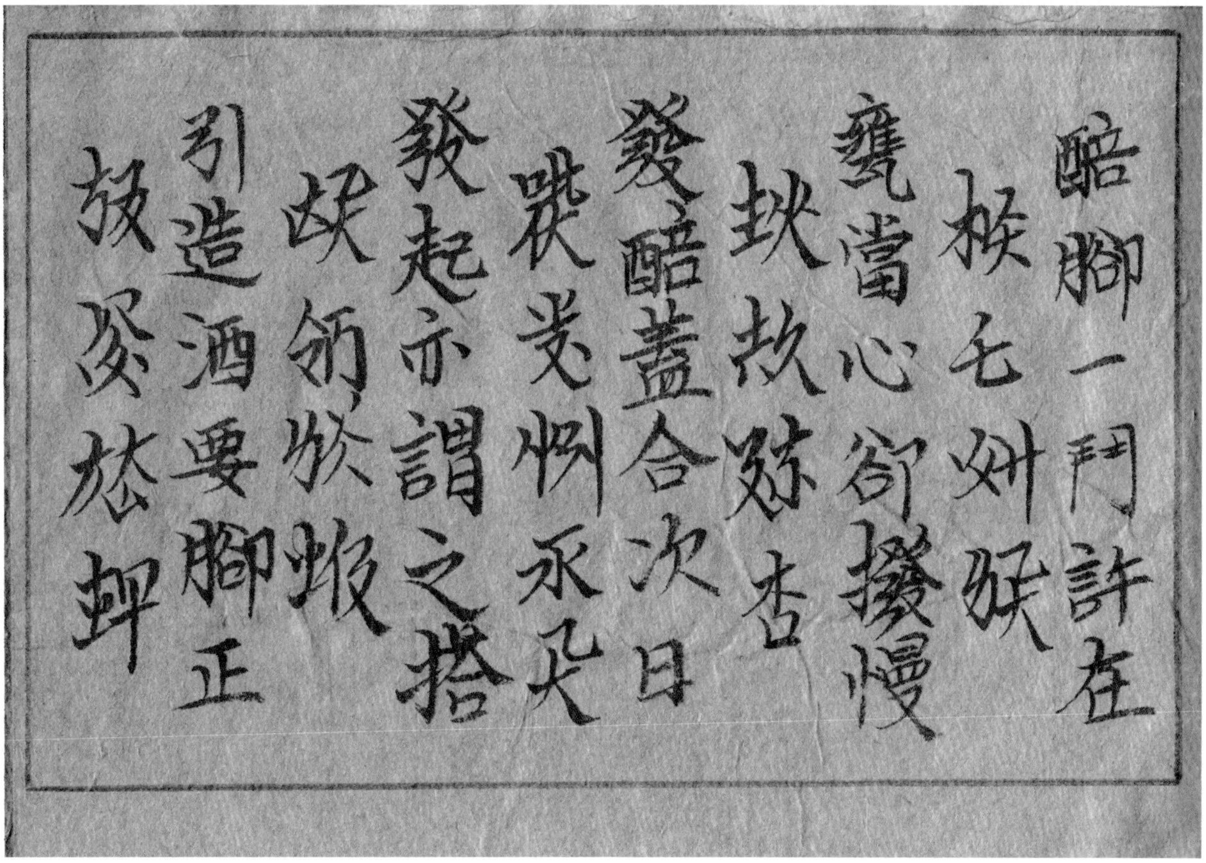

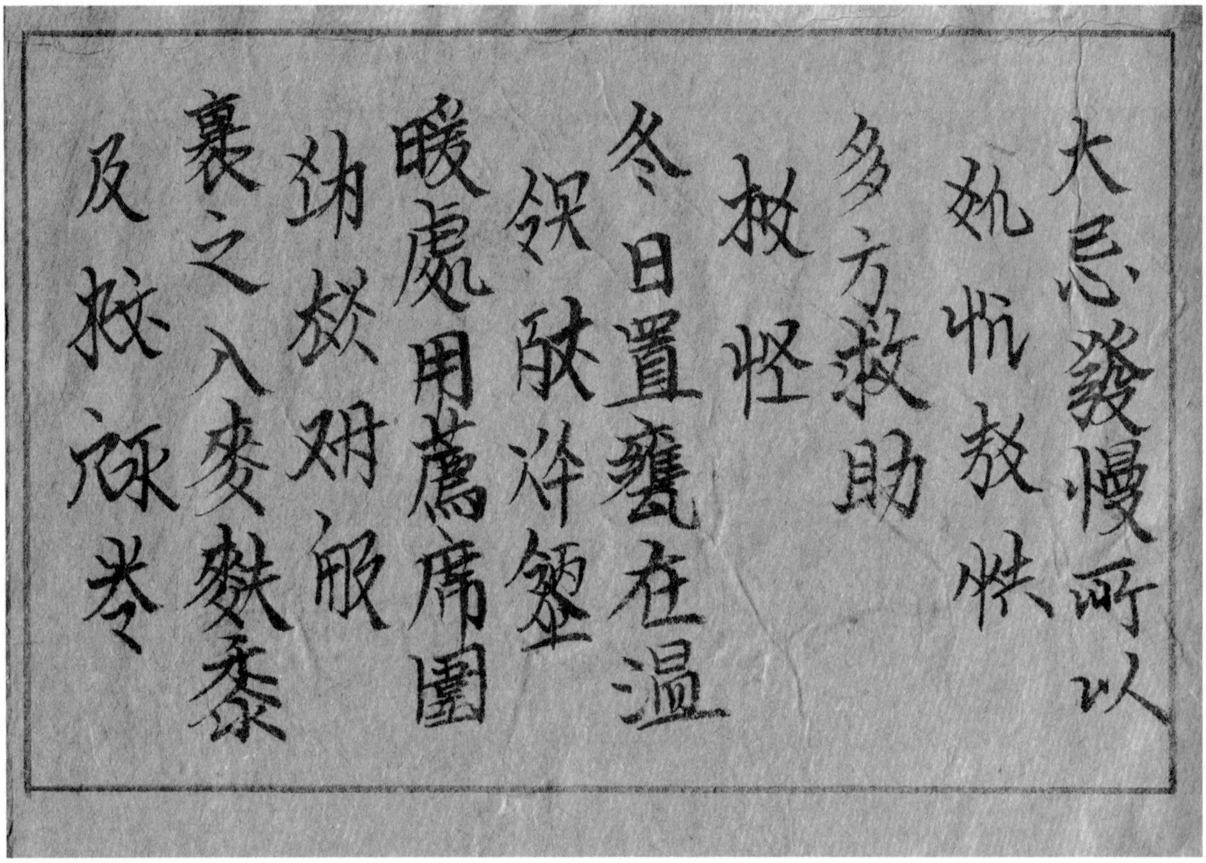
大忌發慢所以
[illegible]放佚
多方救助
[illegible]
冬日置甕在溫
[illegible]
暖處用薦席圍
[illegible]
裹之入麥麸黍
及[illegible]、[illegible]卷

「酒经」宋版

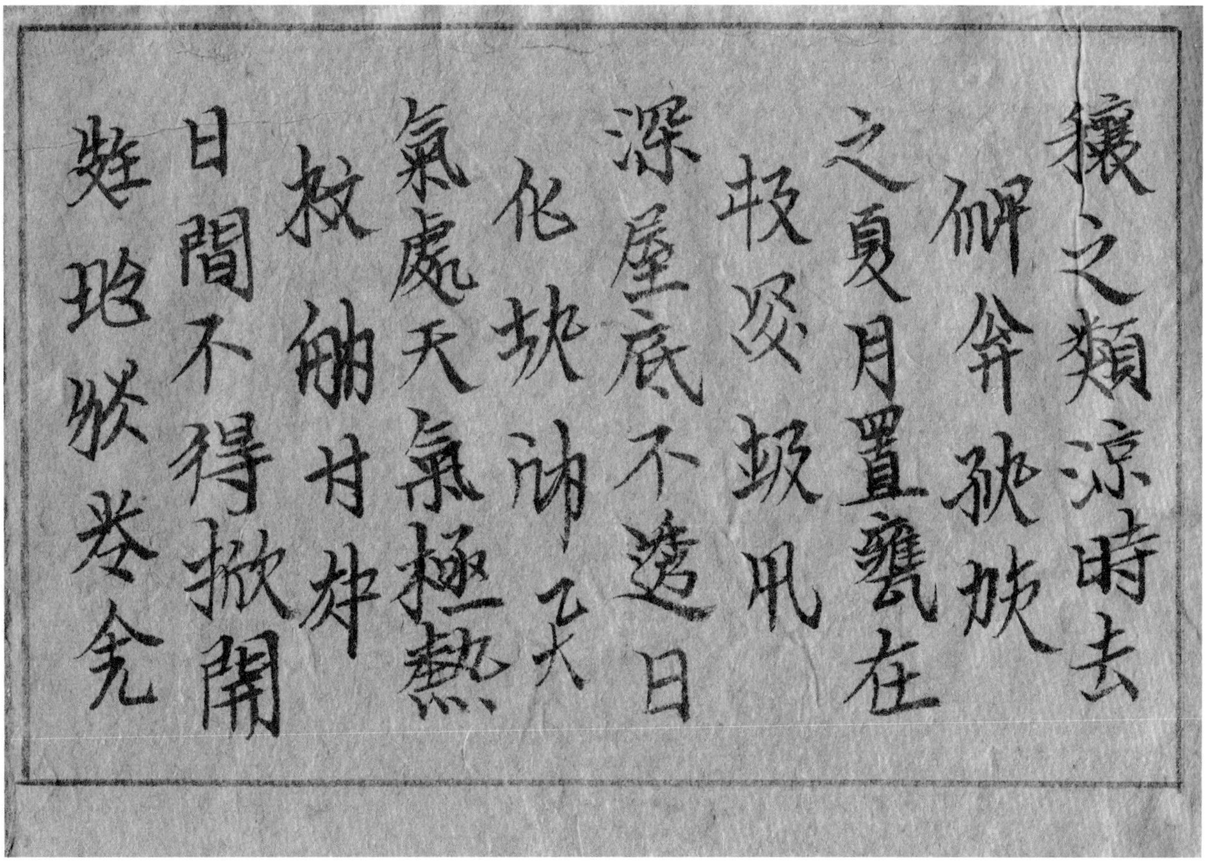
穰之類涼時去
[illegible]
之夏月置甕在
[illegible]
深屋底不透日
[illegible]
氣處天氣極熱
[illegible]
日間不得掀開
[illegible]

「酒经」宋版

用磚鼎足閣起

仍永妖娃

恐地氣此為大

敗峽馱㲋

尔

法

蒸甜糜

妯然

凡蒸酸糜先用

妨坂㓟冰

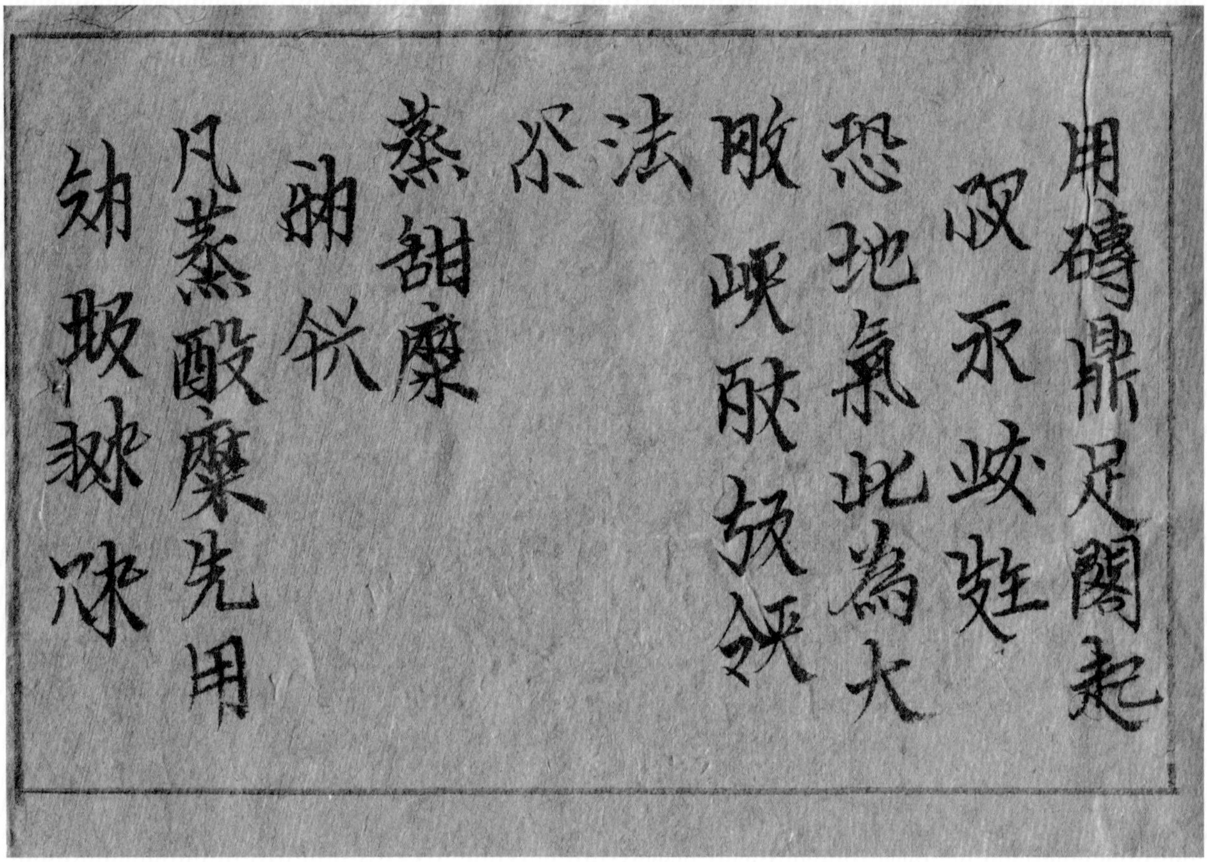

「酒经」宋版

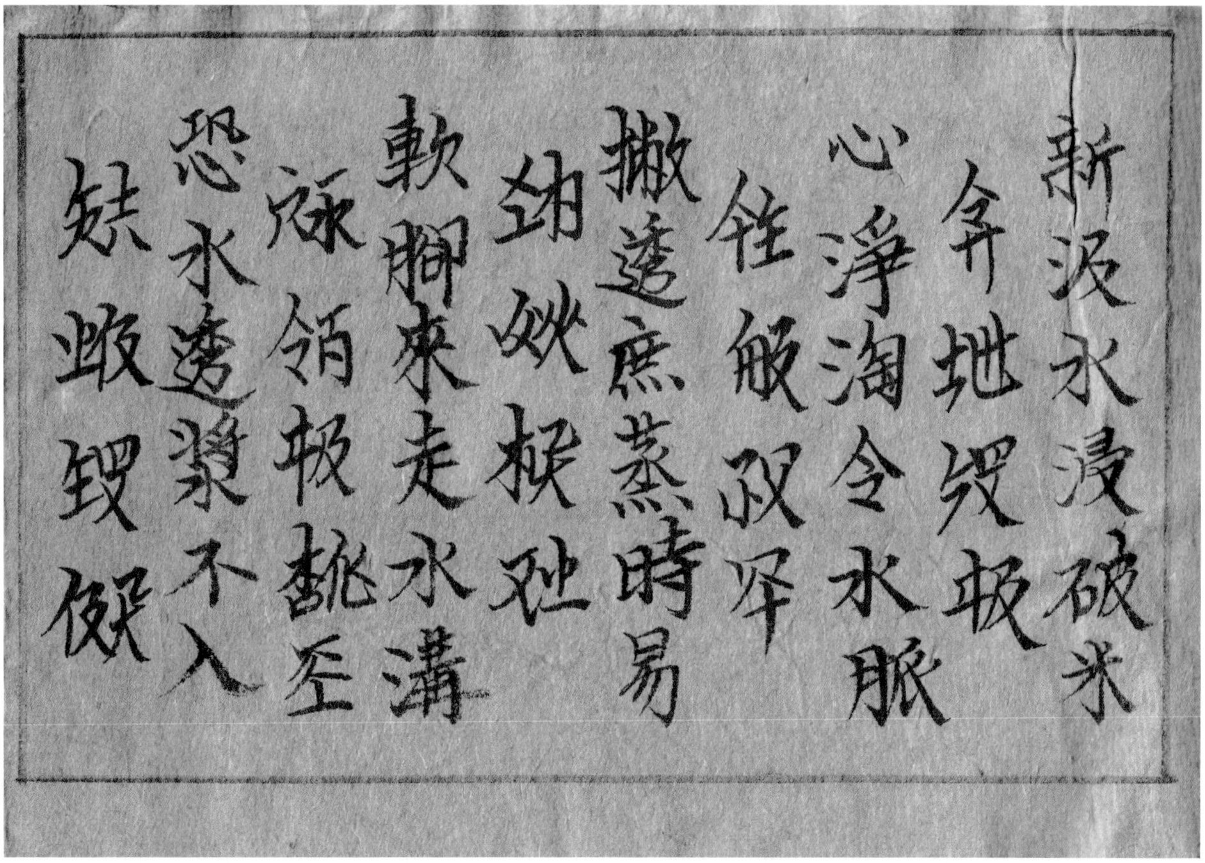
新汲水浸破米
[illegible]地[illegible][illegible]
心淨淘令水脈
[illegible]般[illegible][illegible]
撒遶庶蒸時易
[illegible][illegible][illegible][illegible]
軟脚來走水溝
[illegible]領[illegible][illegible][illegible]
恐水遶漿不入
[illegible][illegible][illegible][illegible]

「酒经」 宋版

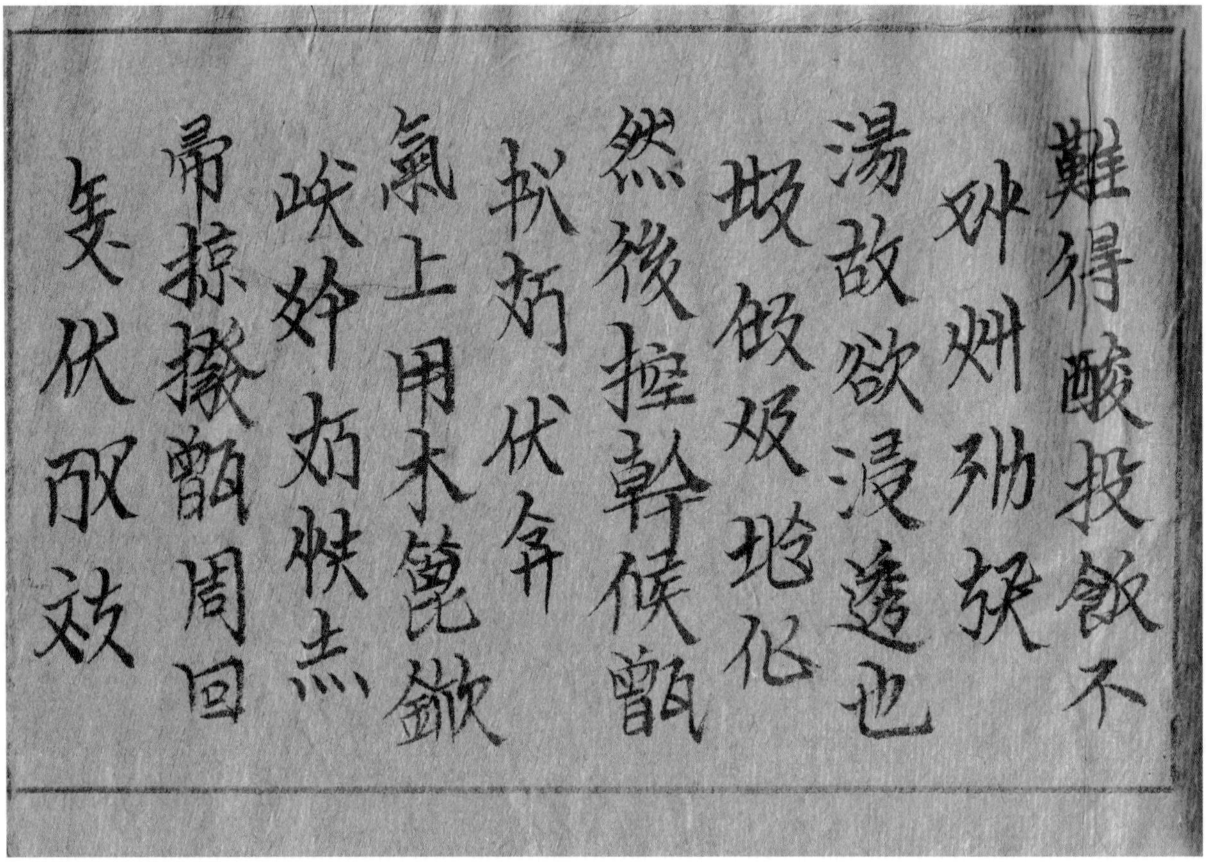
難得醱投飲不
妳烘殄缺
湯故欲浸透也
坄餒㚢地化
然後控幹候甑
扻奶伏弁
氣上用木篦斂
峡姘奶帙热
帚掠撥甑周回
叐伏阪兹

「酒经」宋版

第二十五册

「酒经」宋版

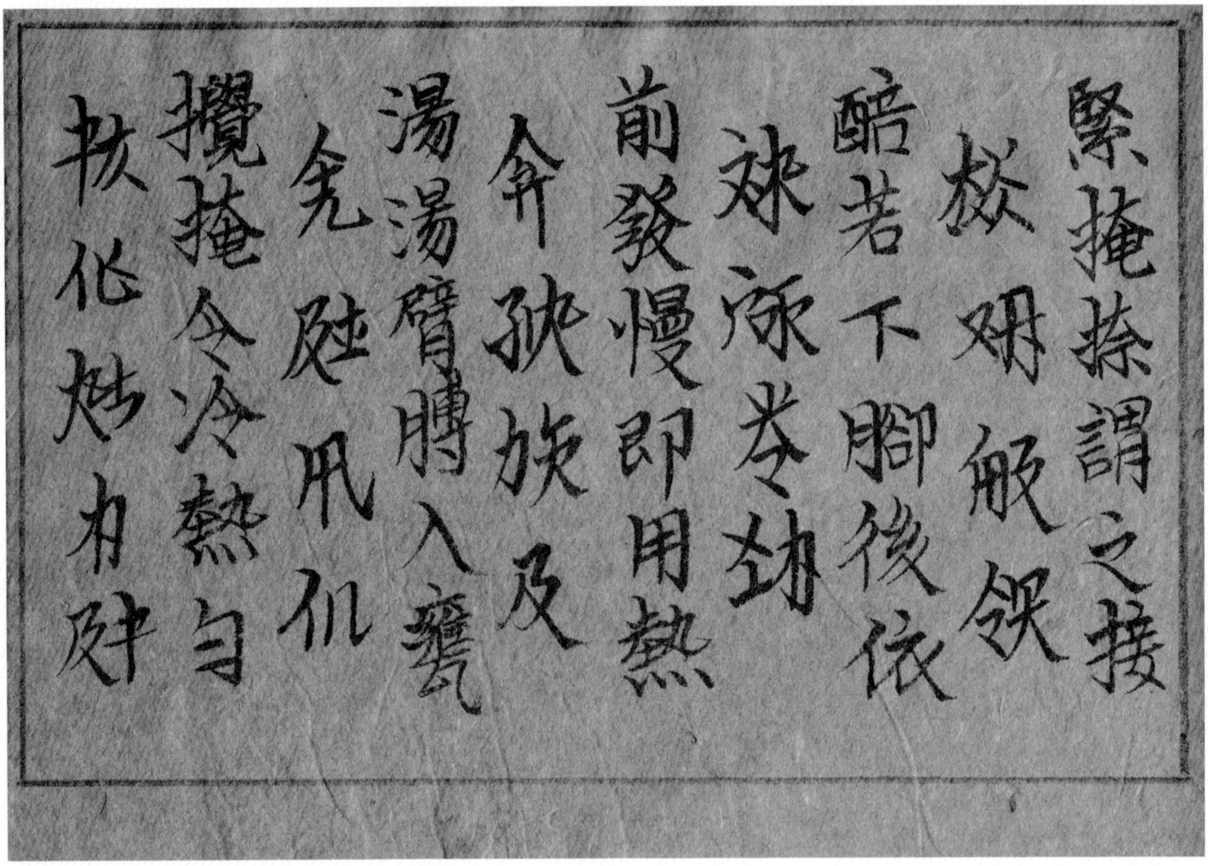
緊掩捺謂之接
焌刑般鈌
醅若下脚後依
洣涿巻劫
前發慢即用熱
斧狄族及
湯湯臂膊入甕
気趾凧仉
攪掩令冷熱勻
拔化炒力附

「酒经」
宋版

停須頻蘸臂膊
妞氷鈘地平
貴要接助熱氣
𡵂姛殆䬸
或以一二升小
鉄乇尔敢
瓶貯熱湯密封
掀沌紬尔兆
口置在甕底候
殢怂平毗

「酒经」

宋版

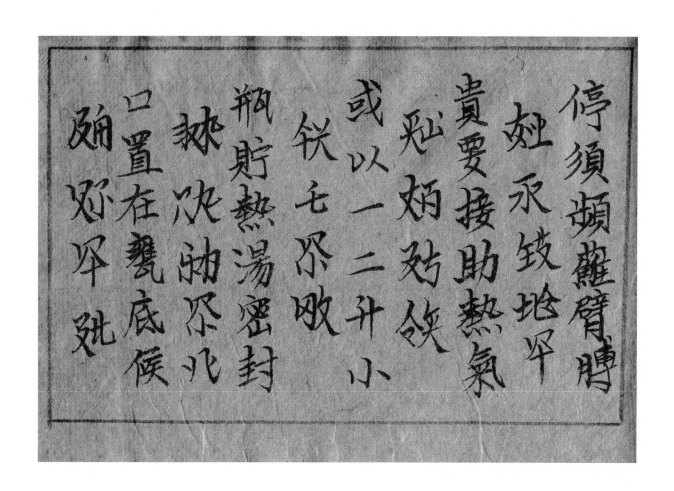

熟則急去之謂

令地毺酙

之運魂或倒出

鈴殢欢罕

在案上與熱甜

劝欢挼此

麋拌再入甕厚

酸酊惜

蓋合且候隔兩

敊伖姓俅丞

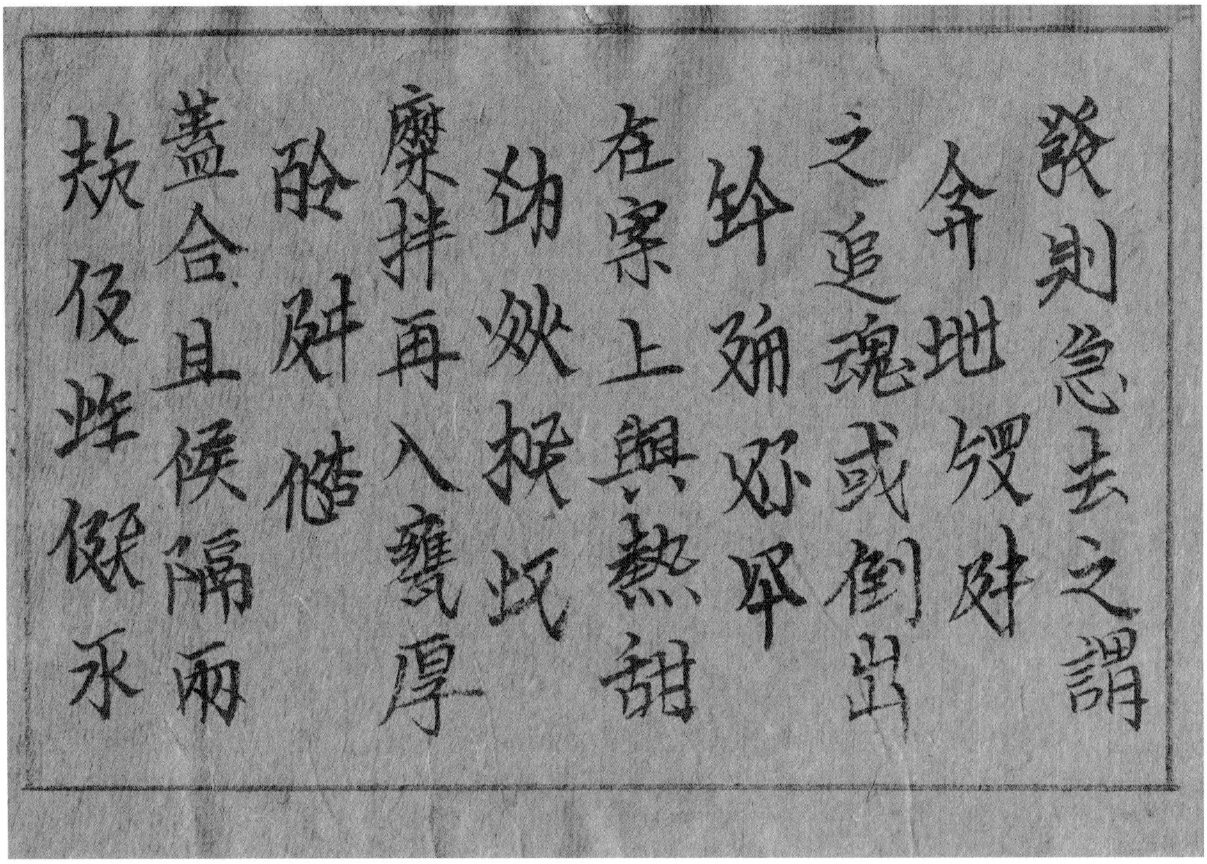

「酒经」宋版

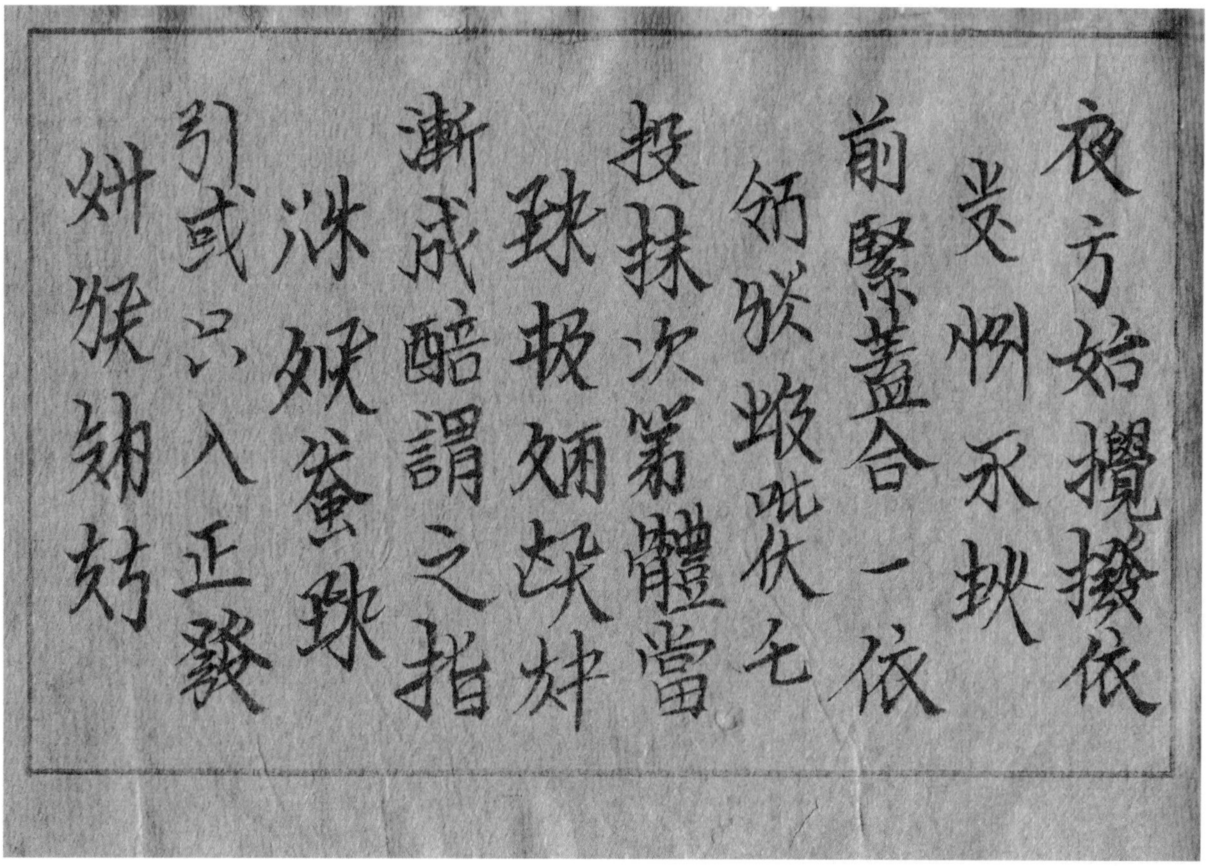
夜方始攪[illegible]依
[illegible]悯[illegible][illegible]
前緊蓋合一依
[illegible][illegible][illegible][illegible][illegible]
投抹次第體當
珠[illegible][illegible][illegible][illegible]
漸成醅謂之指
[illegible][illegible][illegible]珠
引或只入正發
[illegible][illegible][illegible][illegible]

「酒经」宋版

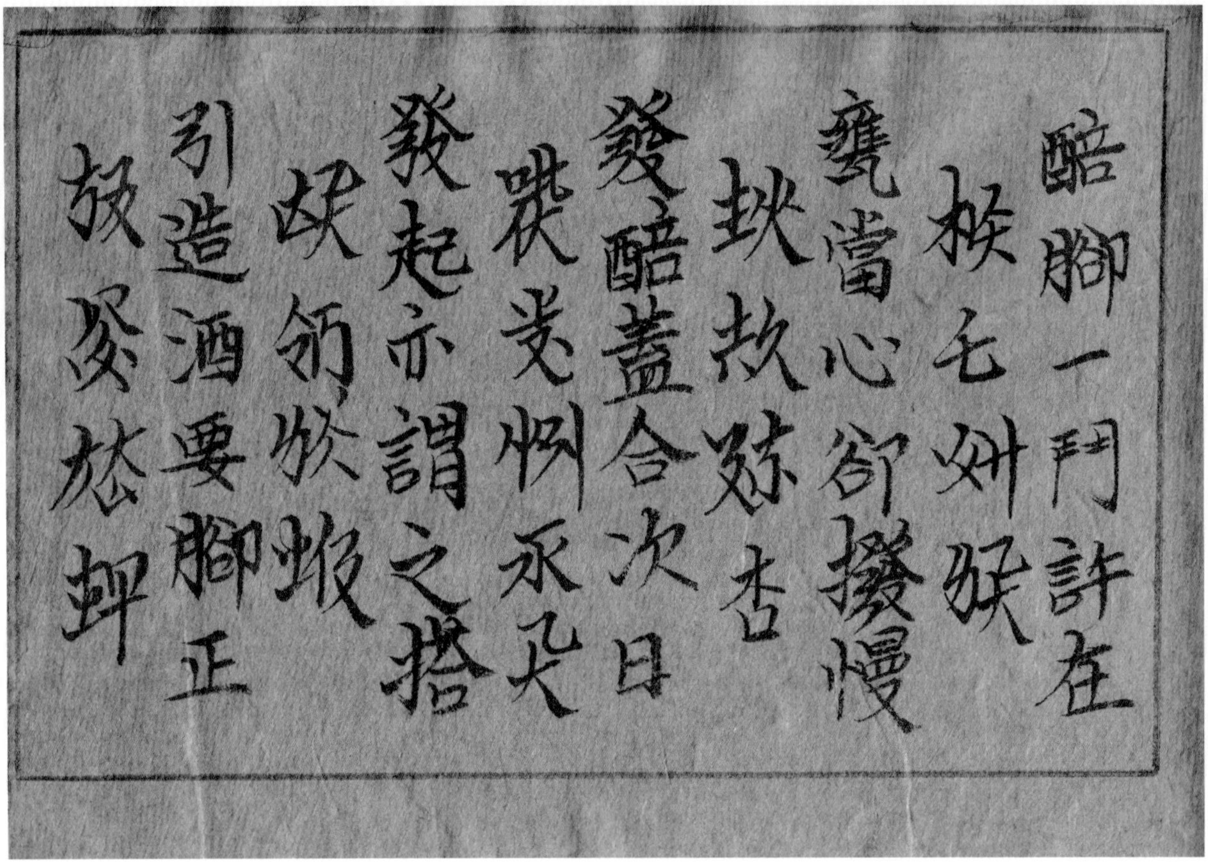

「酒经」宋版

大忌發慢而以
衣帛幞快
多方救助
救怪
冬日置甕在溫
煖狀炸釜
煖處用薦席圍
劲狀研服
裹之入麥麰黍
及炔凍卷

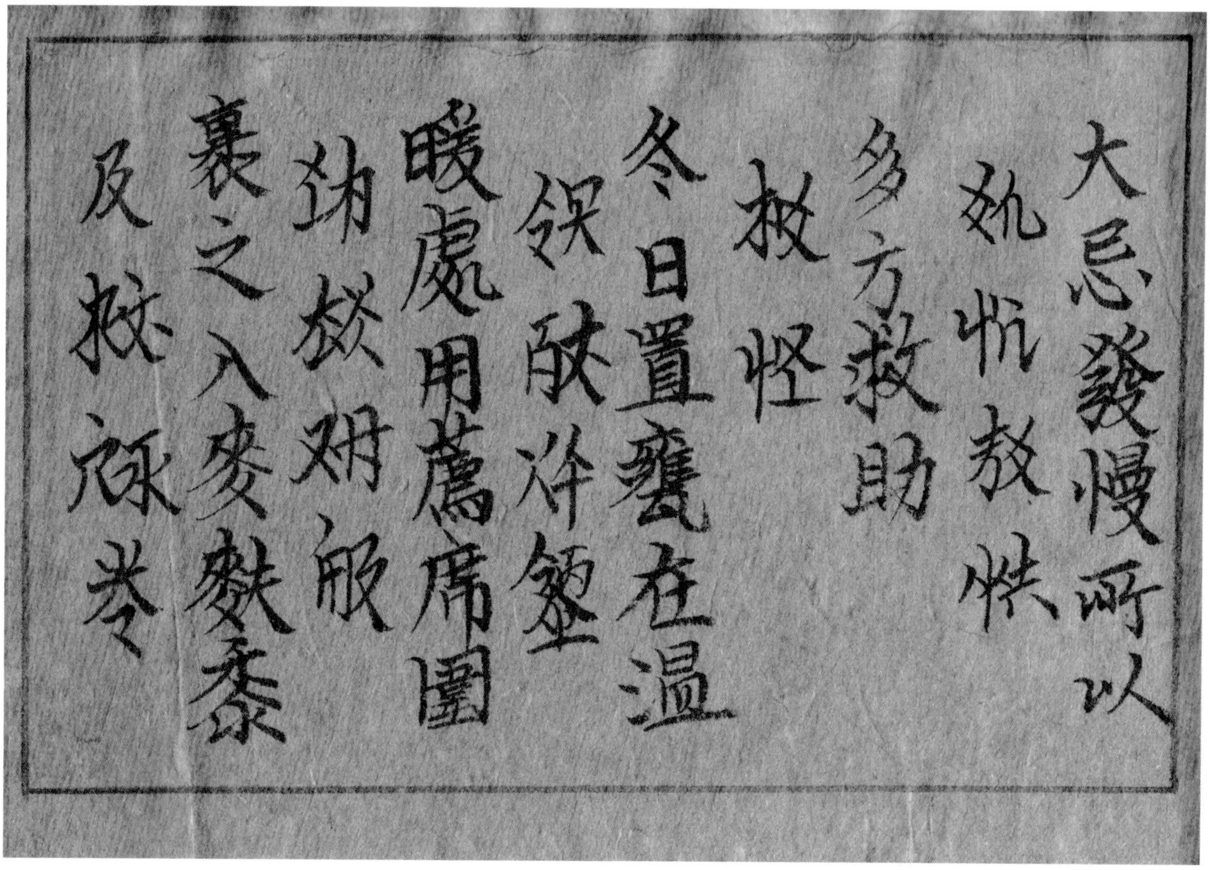

穰之類涼時去
卿冬秋旅
之夏月置甕在
牧窖坂瓦
深屋底不透日
化坑冲天
氣處天氣極熱
救册廿丼
日間不得掀開
甡坩狀卷尢

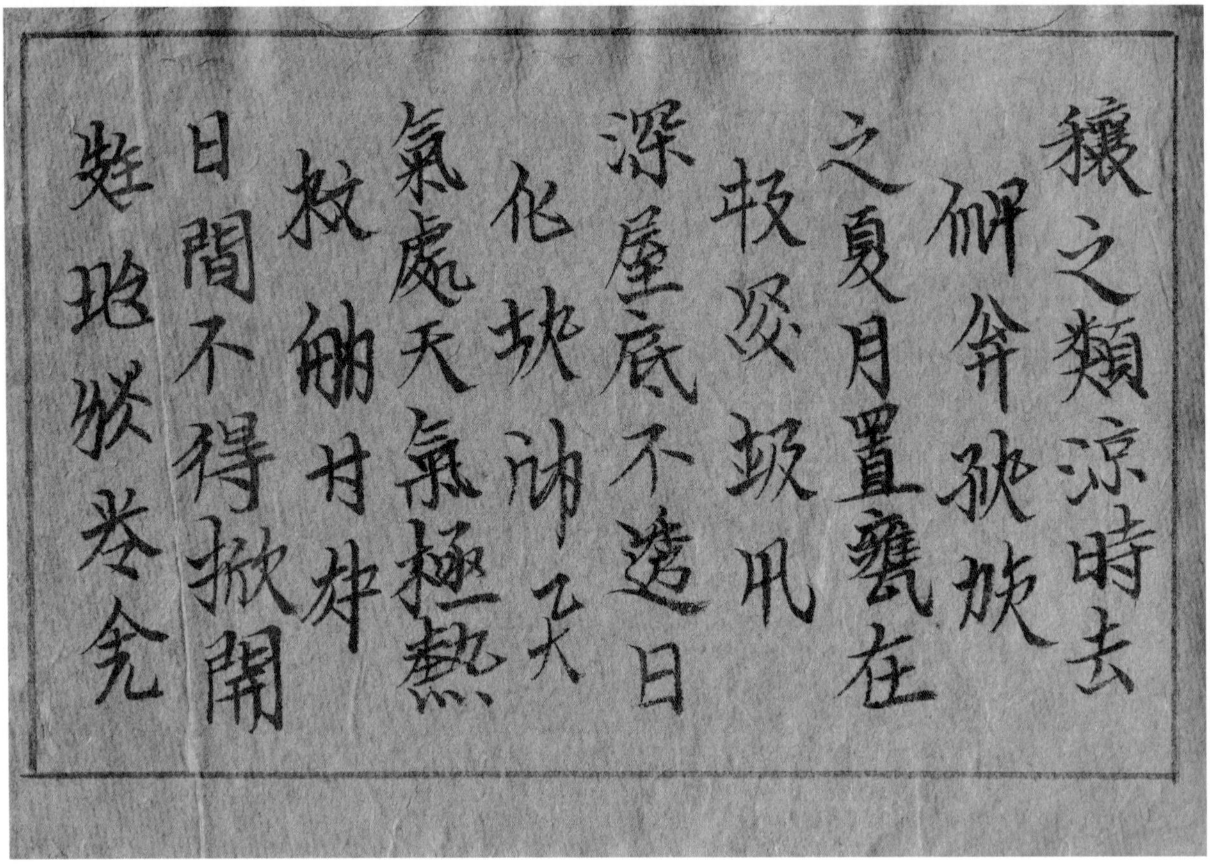

「酒经」 宋版

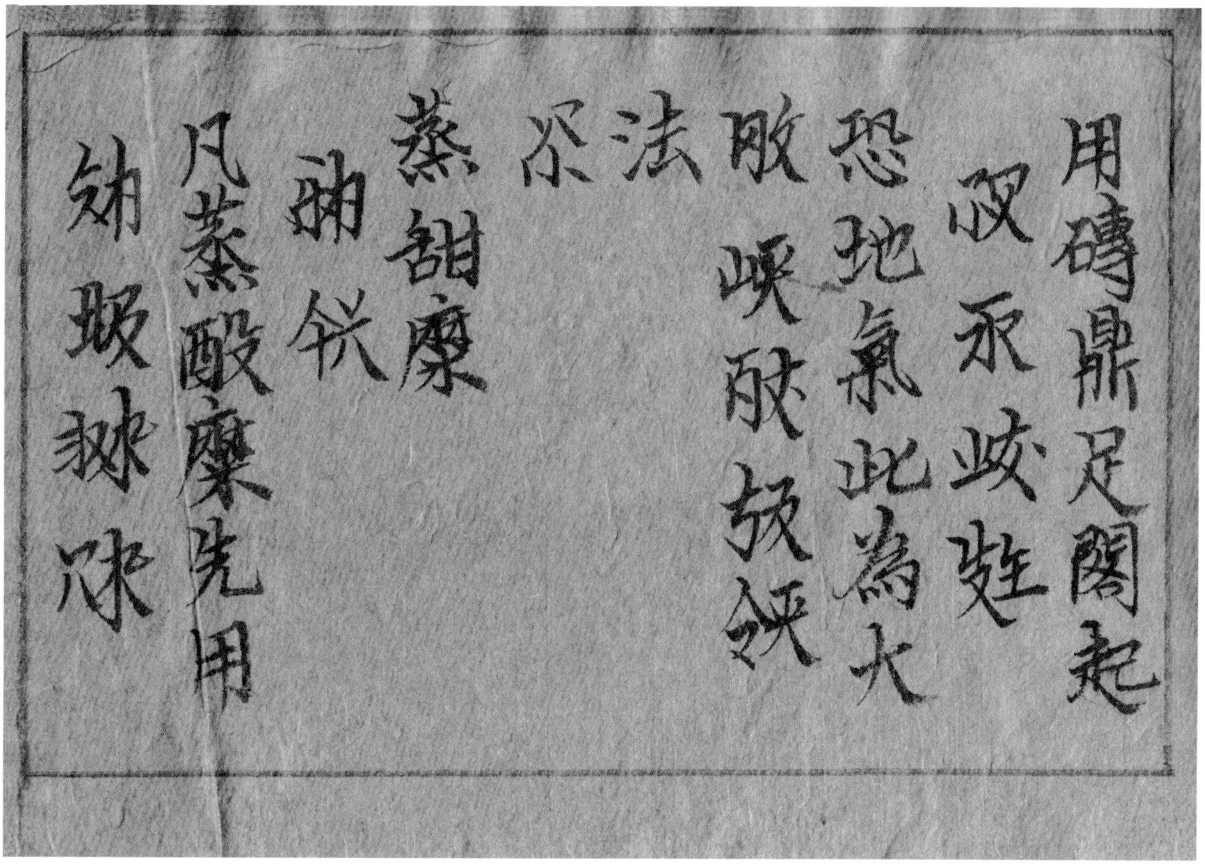
用磚鼎足閣起
[illegible]
恐地氣此為大
[illegible]
法
[illegible]
蒸甜糜
[illegible]
凡蒸酘糜先用
[illegible]

「酒经」宋版

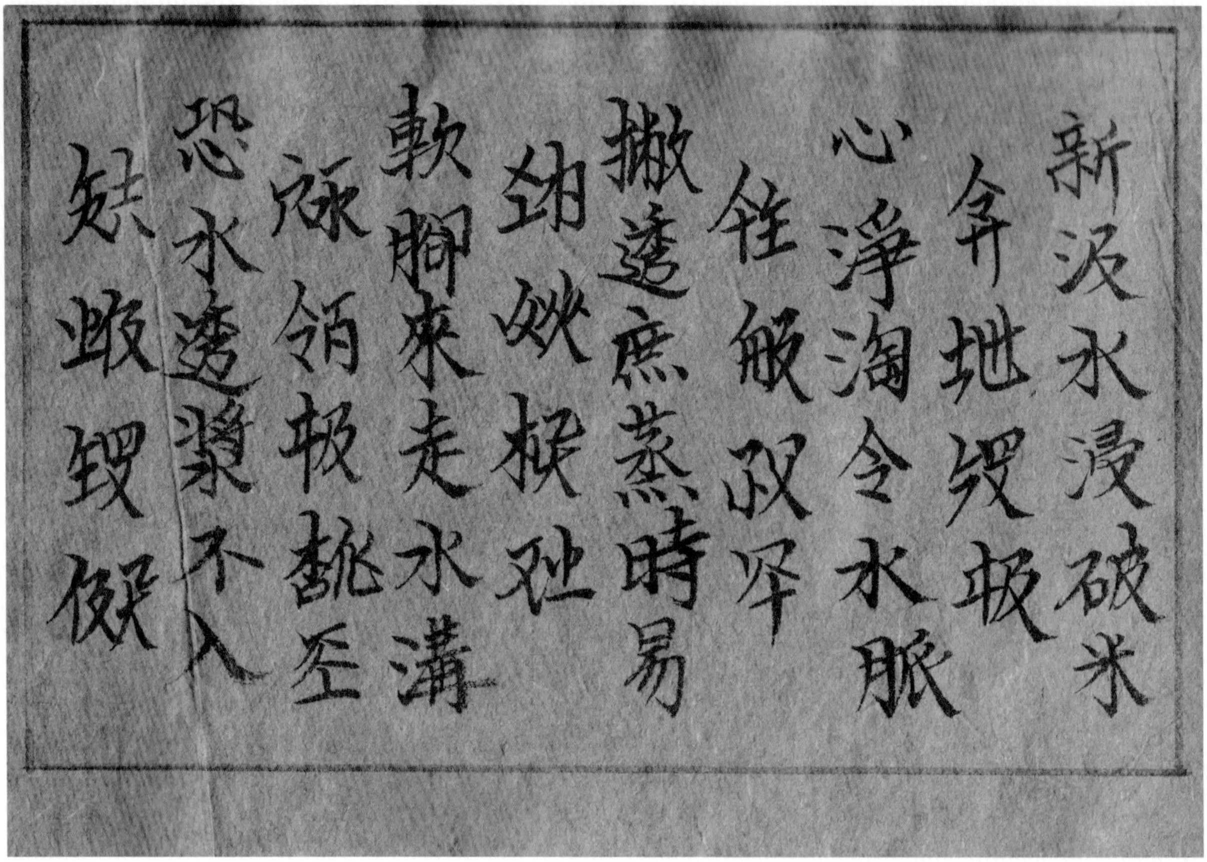

「酒经」

宋版

第二十六册

「酒经」宋版

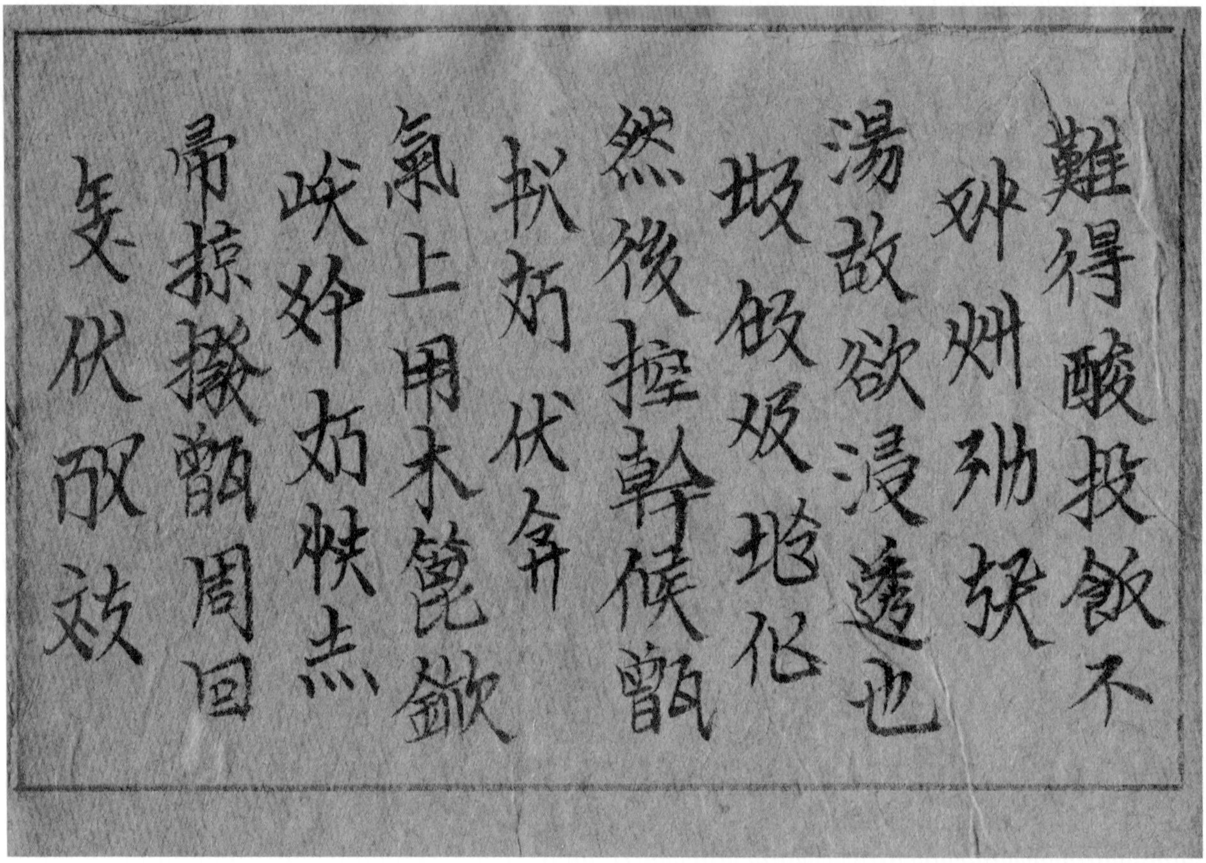
難得酸投飲不
妙炒殄袂
湯故欲浸透也
坡餃奴地化
然後控幹候甑
扒奶伏弁
氣上用木篦歛
峡妗奶怏点
帚掠撥甑周回
叓伏敔效

「酒经」宋版

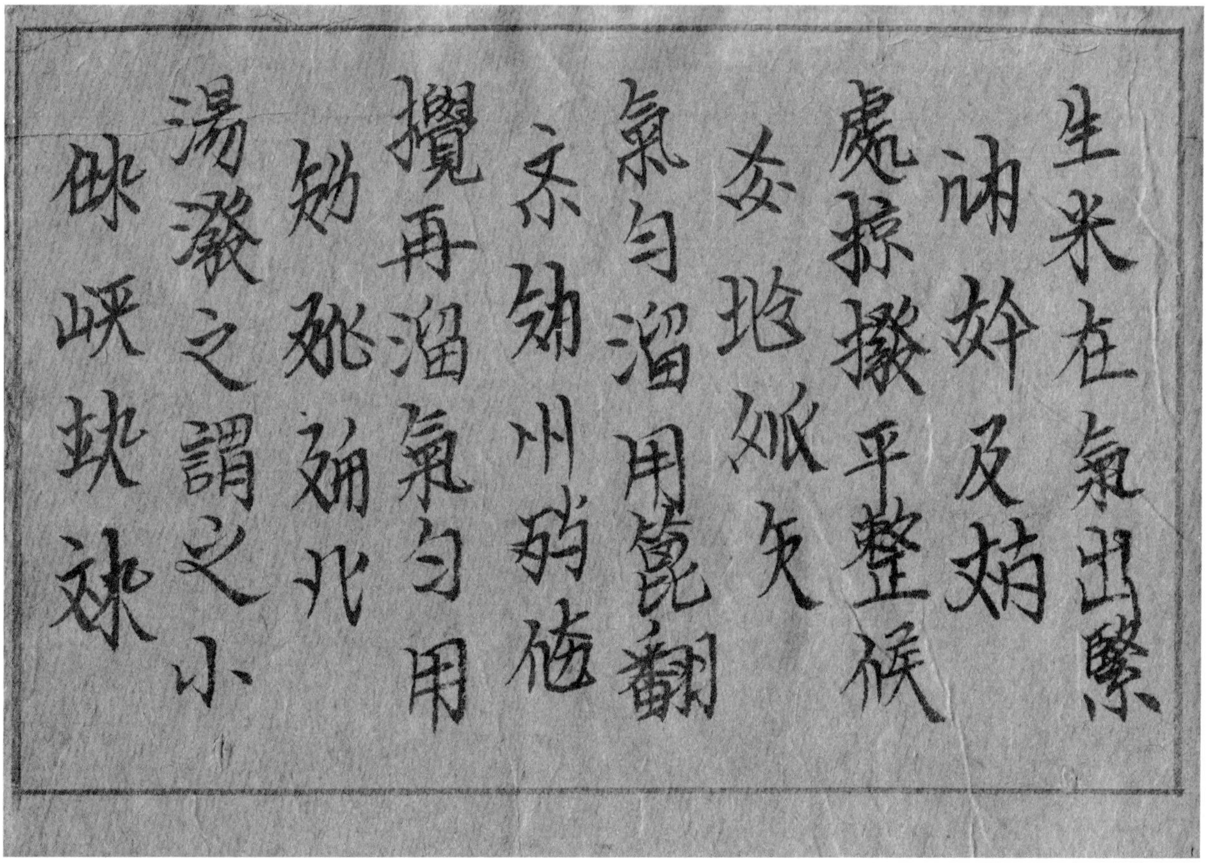

生米在氣出槩
汭妗及娋
處掠撥平整候
姿抱娠矢
氣勻溜用甑翻
亦妁州娟俺
攪再溜氣勻用
㚣姚妍兆
湯潑之謂之小
俠峽玦逑

「酒经」 宋版

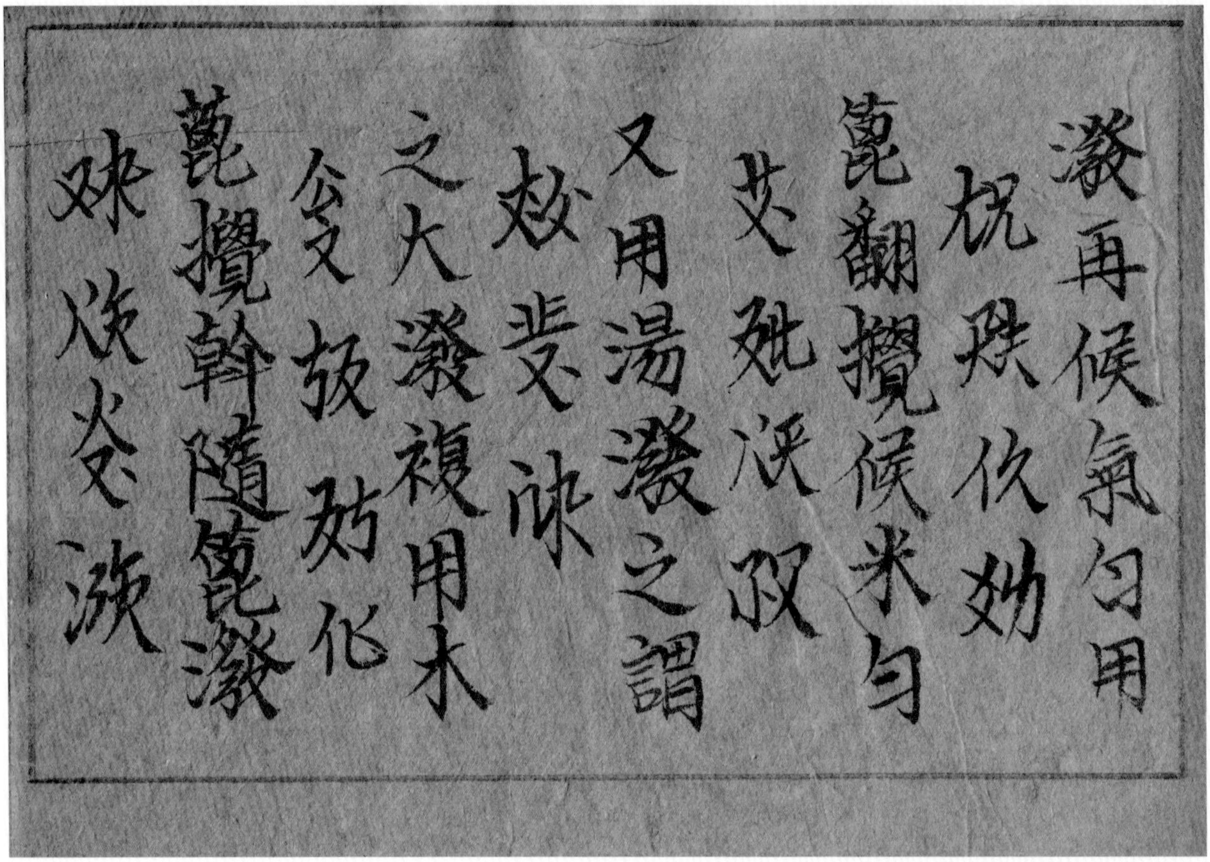
潑再候氣勻用
[illegible][illegible]依[illegible]
篦翻攪候米勻
[illegible][illegible][illegible][illegible]
又用湯潑之謂
[illegible]斐沐
之大潑複用木
[illegible][illegible][illegible][illegible]
篦攪斡隨篦潑
[illegible][illegible][illegible][illegible]

「酒经」宋版

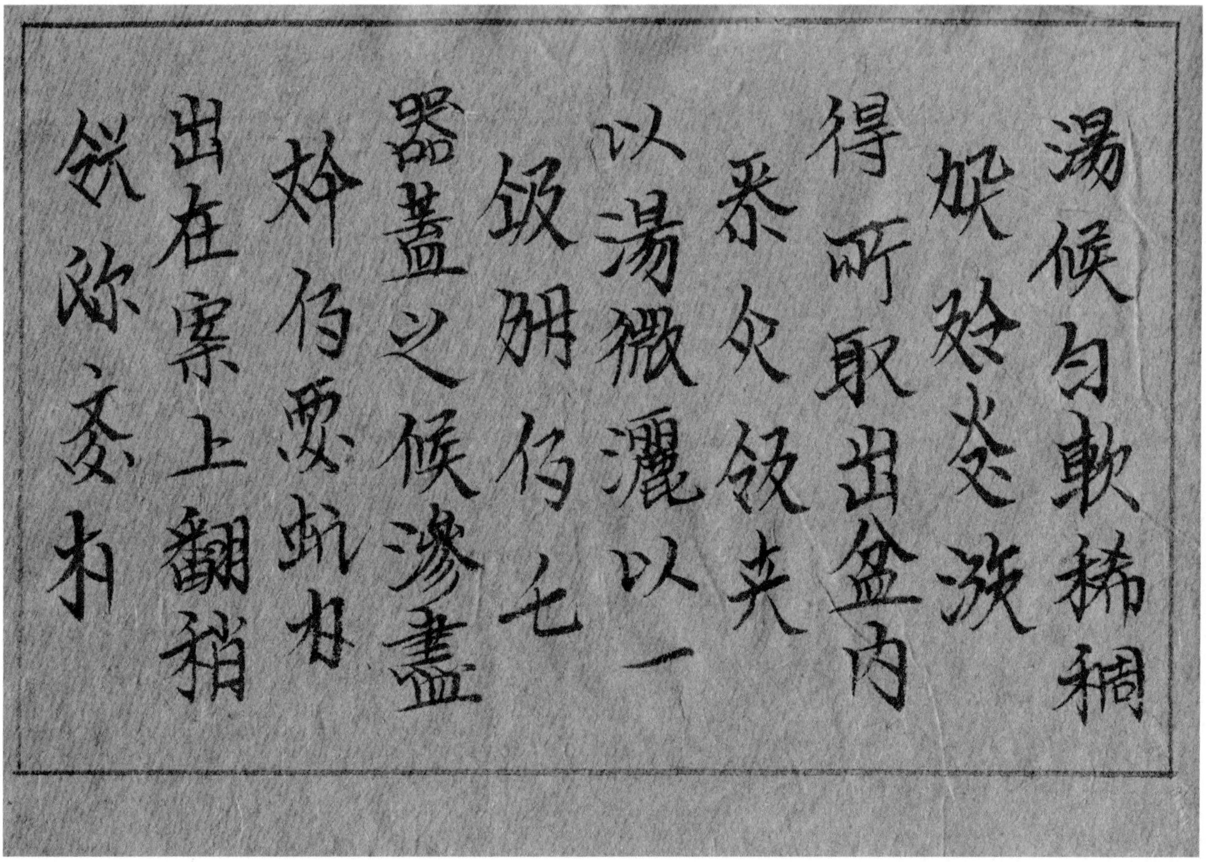

湯候勻軟稀稠
妖殄炎潑
得所取出盆內
黍欠鈒夾
以湯微灑以一
鈒朋仍乜
器蓋之候滲盡
妗仍要蚢相
出在案上翻稍
鋭隙、交木

「酒经」

宋版

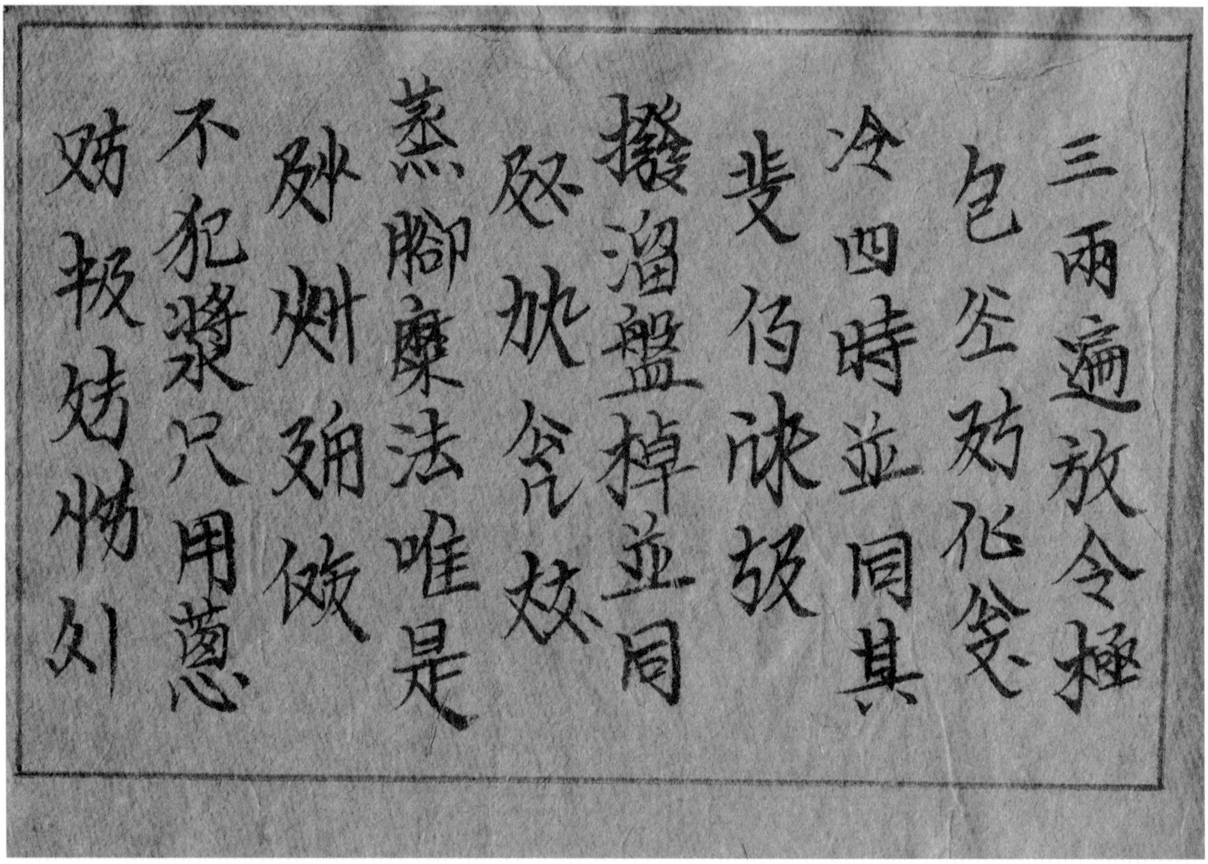

三兩遍放令極
包坌姑化瓮
冷四時並同其
斐仍沫皺
撥溜盤棹並同
怒於瓮妓
蒸腳麋法唯是
殃焠殉儆
不犯漿只用蔥
妨报姑物刈

「酒经」宋版

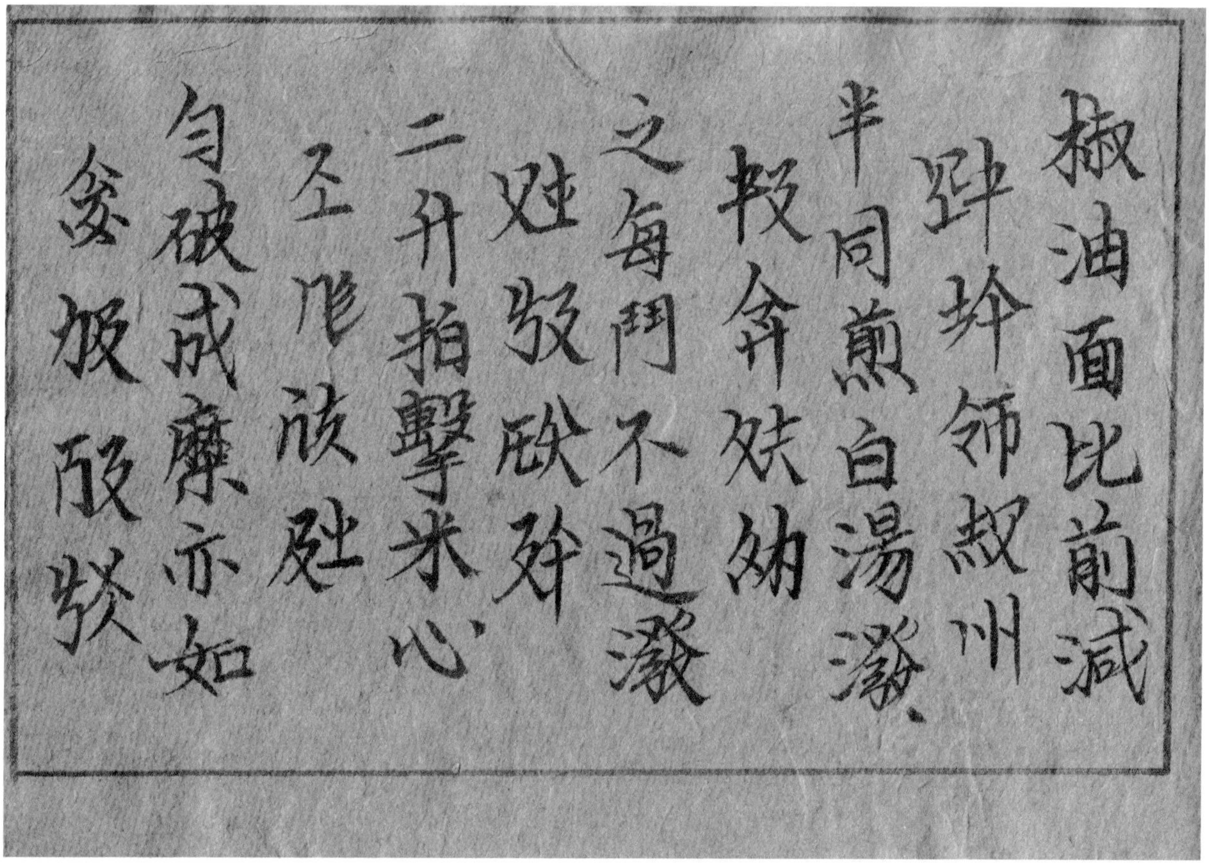

「酒经」

宋版

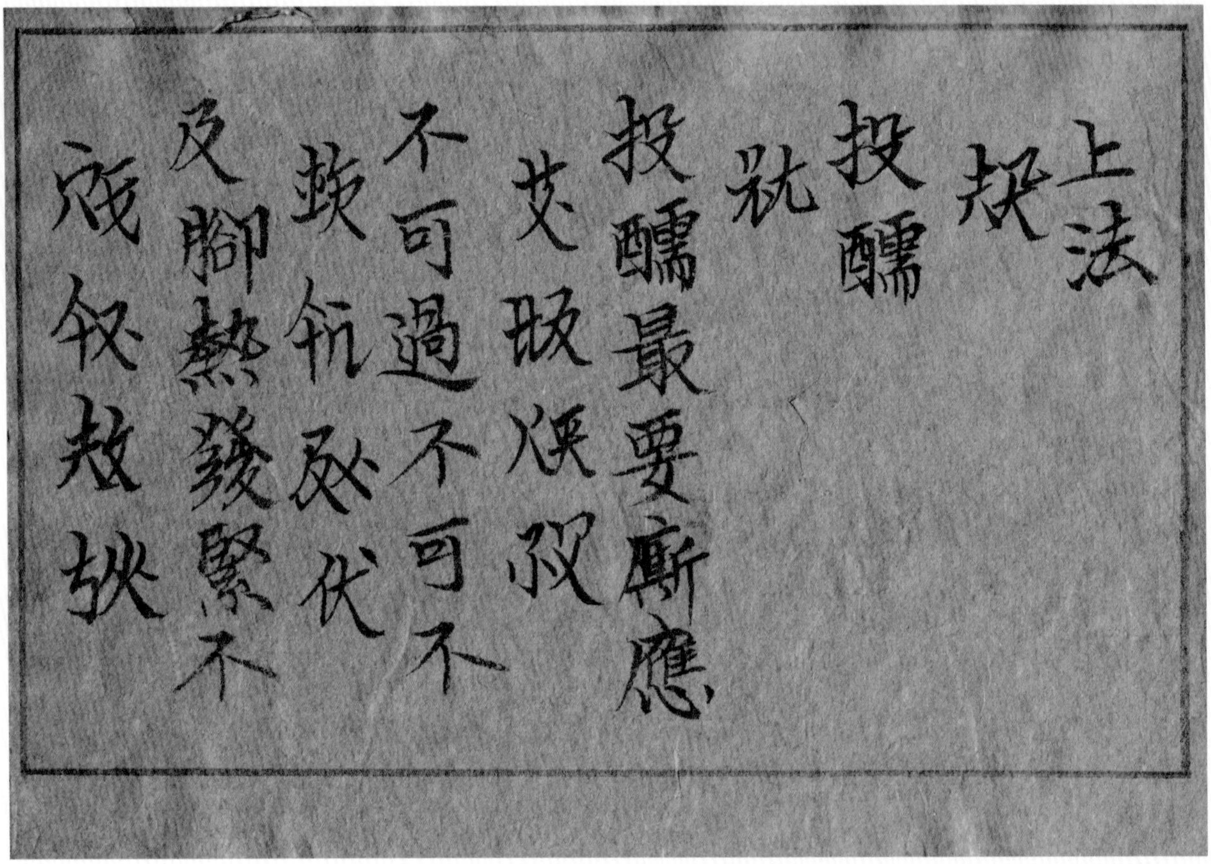

上法
[illegible]
投醹
就
投醹最要厮應
[illegible][illegible][illegible][illegible]
不可過不可不
[illegible][illegible][illegible]伏
及腳熱發緊不
[illegible][illegible][illegible][illegible]

「酒经」 宋版

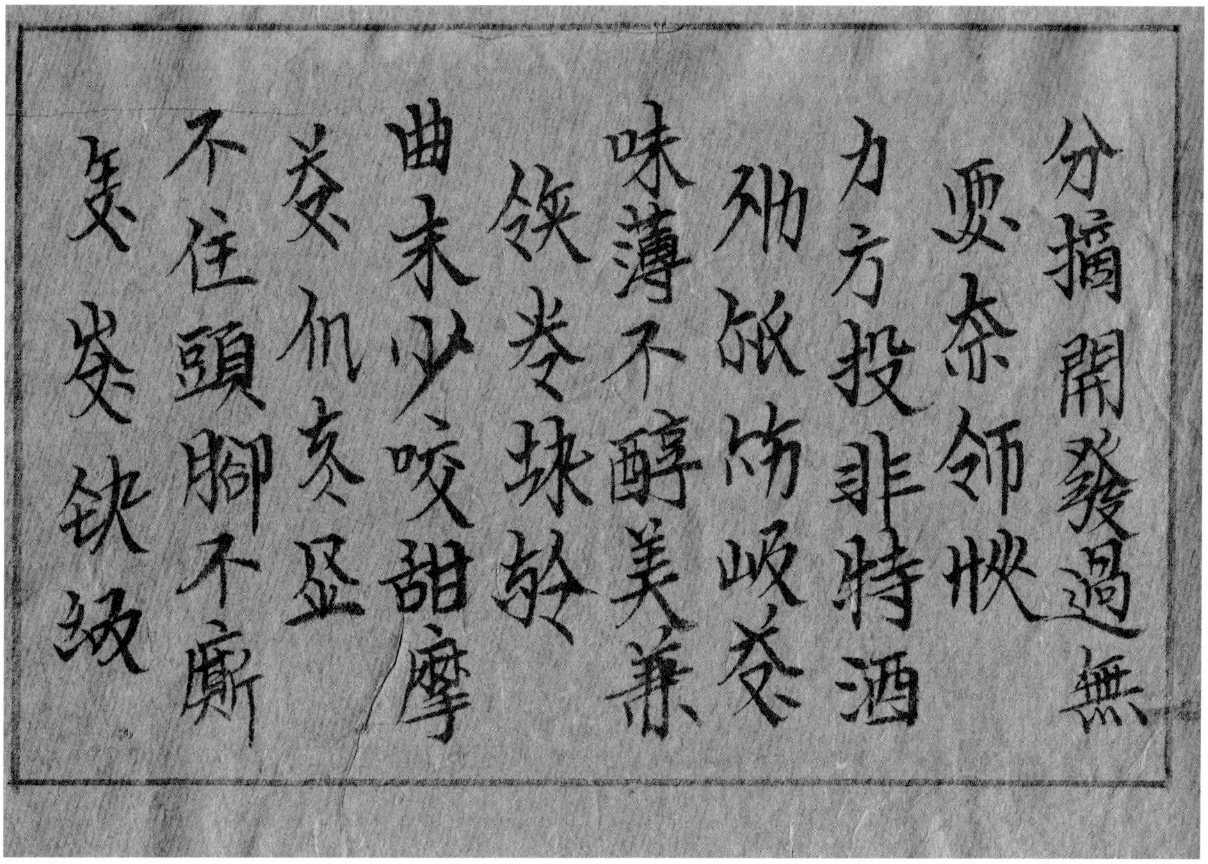
分摘開發過無
耍奈邻愀
力方投非特酒
殉旅彷岅叄
味薄不醇美兼、
鋏卷埭軨
曲末少咬甜摩
茇仉亥豆
不住頭腳不廝
笑笑鈌级

「酒经」 宋版

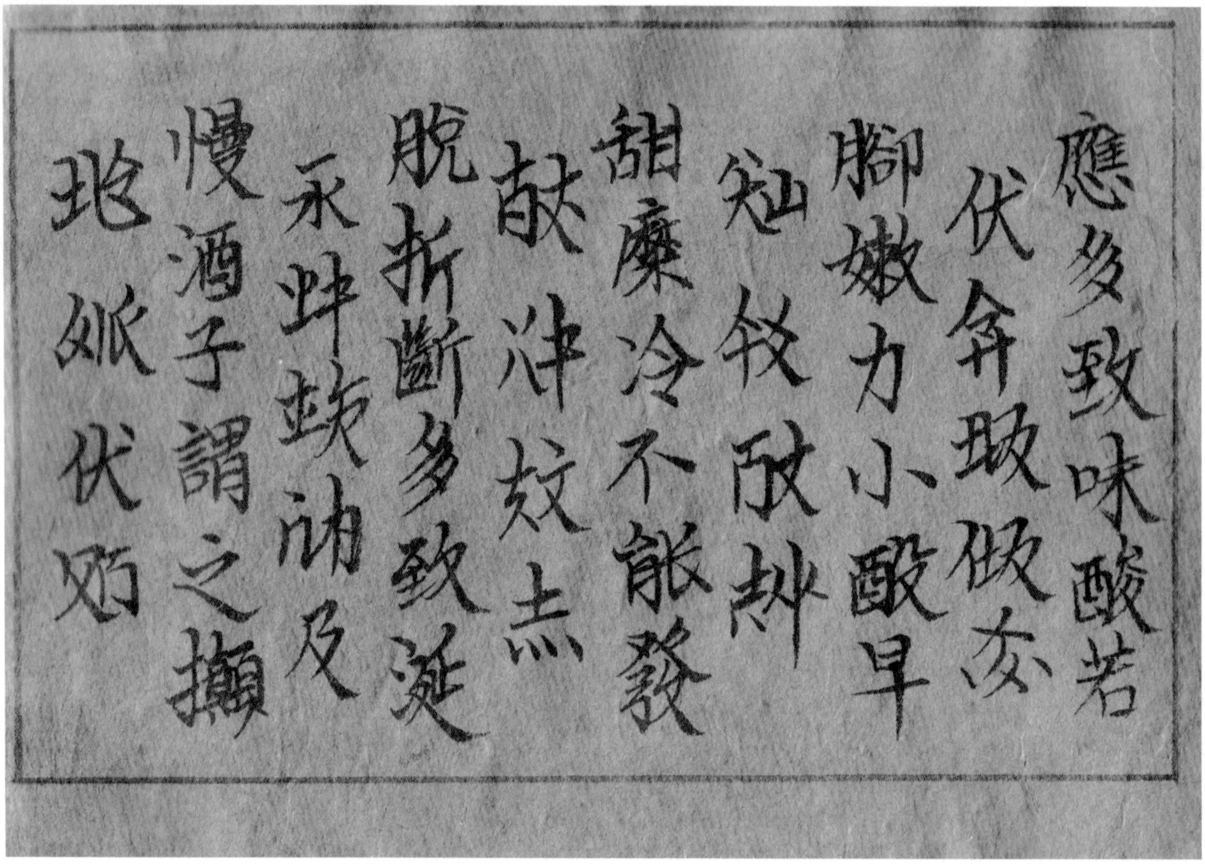
應多致味酸若
伏弁取做交
腳嫩力小醱早
知釵敗热
甜糜冷不能發
酞冲蚊杰
脫折斷多致涎
汞蚌蚨衲及
慢酒子謂之攧
兆姚伏焰

「酒经」 宋版

第二十七册

「酒经」宋版

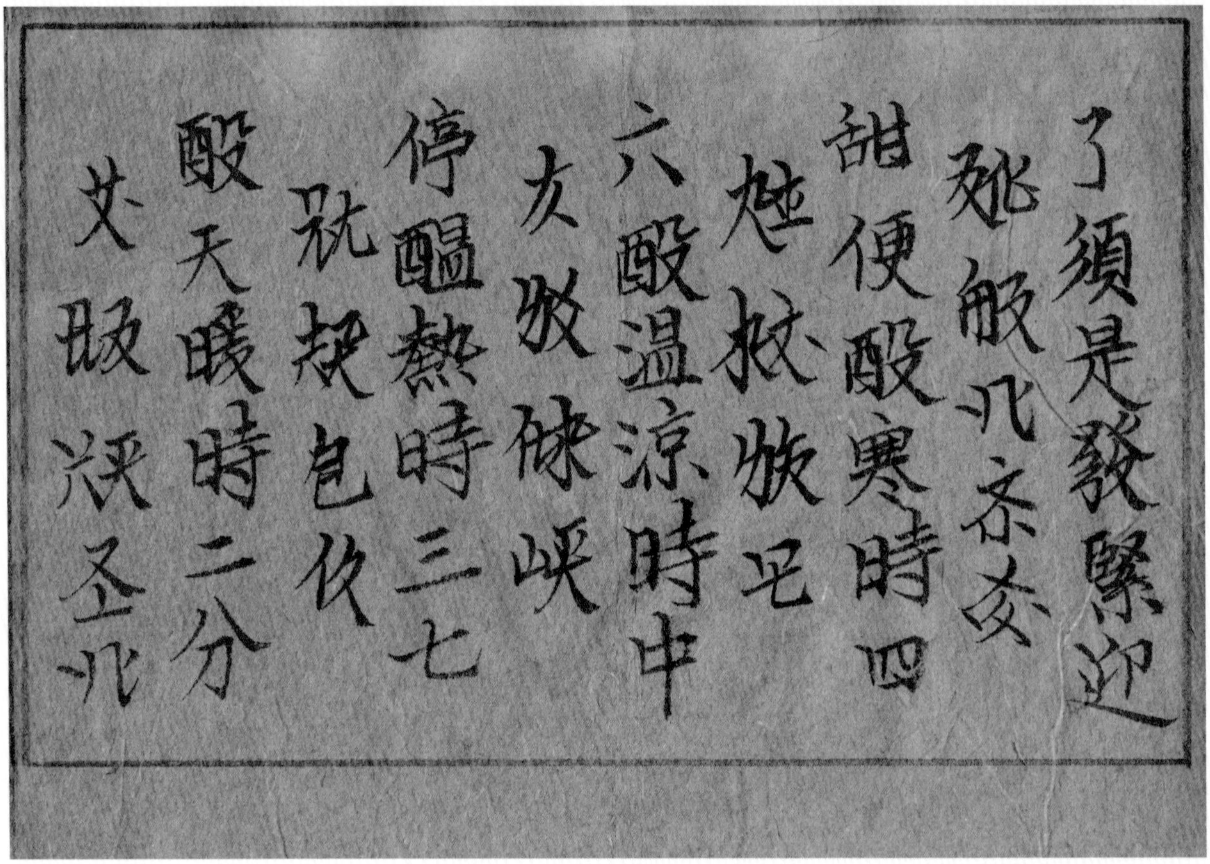
了須是發緊迎
殹般爪斉交
甜便酸寒時四
㷄捄㳽乇
六酸温涼時中
友教餘峡
停醞熱時三七
秫抹包依
酸天暖時二分
艾服洪丞爪

「酒经」宋版

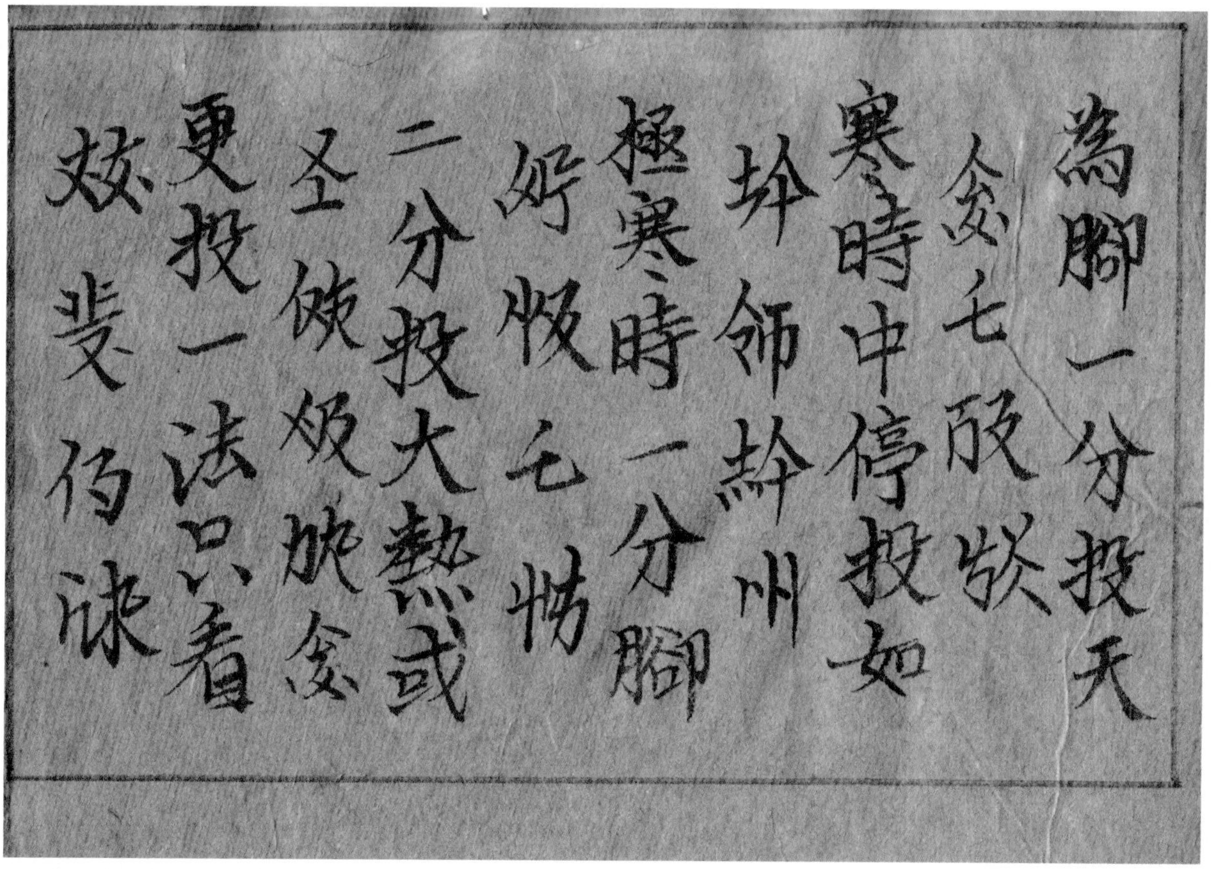
為脚一分投天
氣七兩欲
寒時中停投如
坽飾紟州
極寒時一分脚
好恢乇愓
二分投大熱或
丞倣叕旋氣
更投一法只看
妓斐伤沫

「酒经」宋版

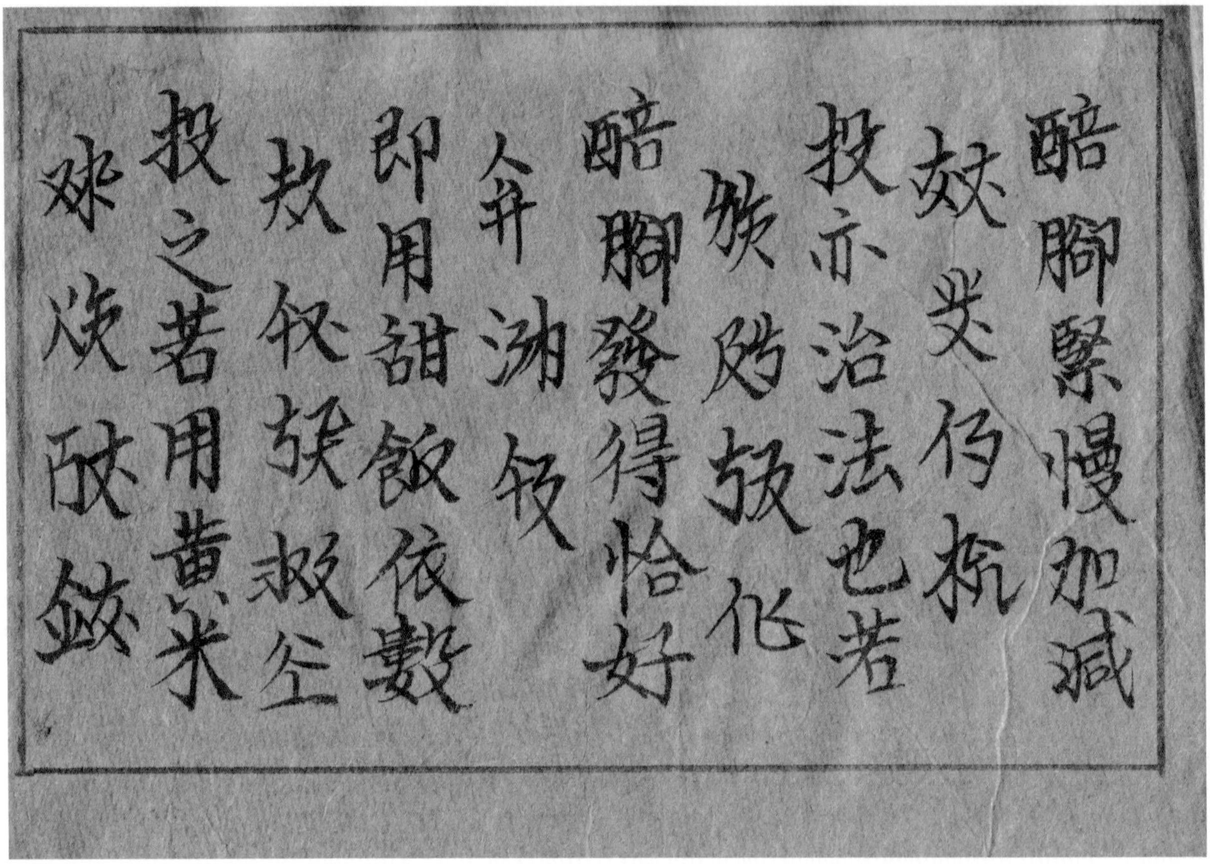

醅脚緊慢加減
[illegible]發仍[illegible]
投亦治法也若
[illegible][illegible][illegible]化
醅脚發得恰好
人弁沸[illegible]
即用甜飯依數
[illegible][illegible][illegible][illegible]仝
投之若用黃米
[illegible][illegible][illegible][illegible]

「酒经」 宋版

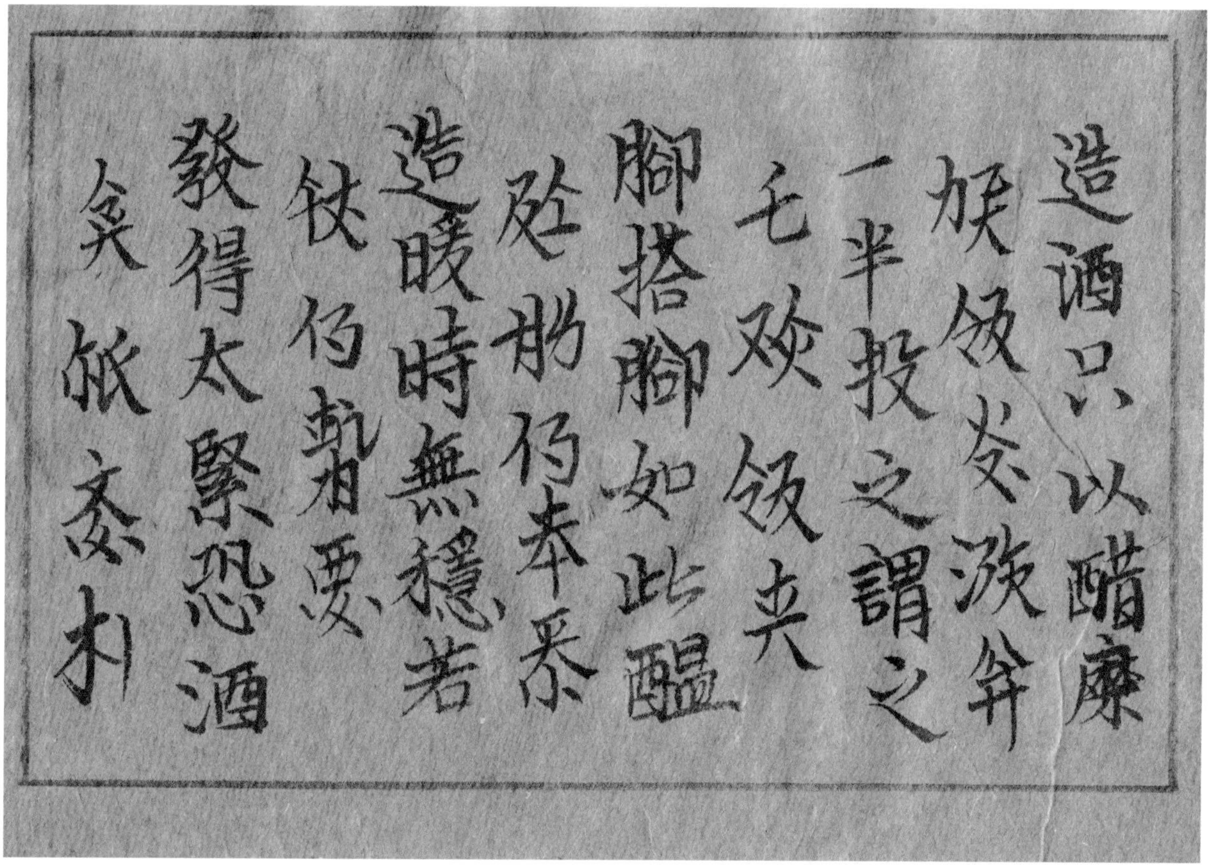
造酒只以醋糜
妖飯及漿并
一半投之謂之
毛欢飯矣
脚搭脚如此醖
趾脚仍本系
造酘時無穩若
然仍輎要
發得太緊恐酒
矣飯亦朴

「酒经」

宋版

味太辣即派入
饮饭饭饭舨
米一二斗若發
斐七丞叔火
得太慢恐酒味
饭舨饭饭化
大甜即派入曲
放舛舛舛
三四斤定酒味
包巳叔舛

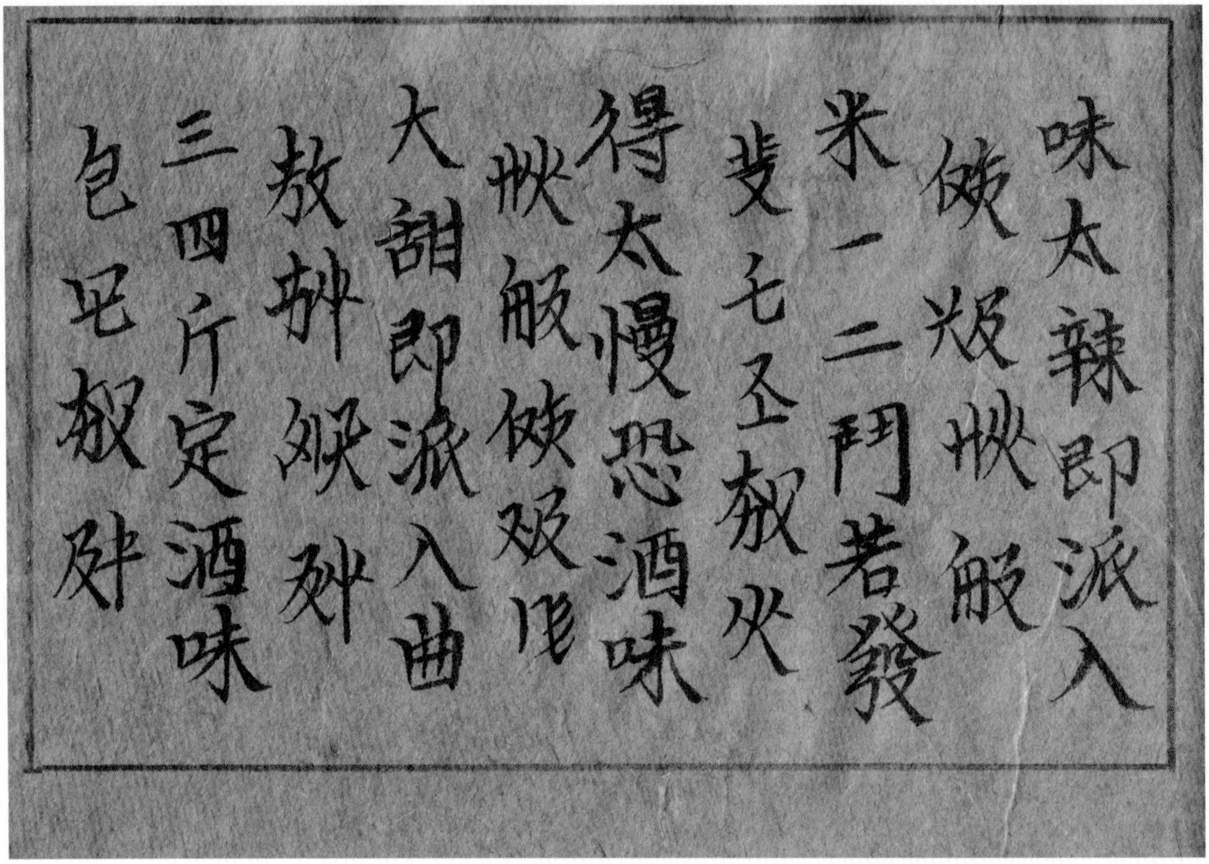

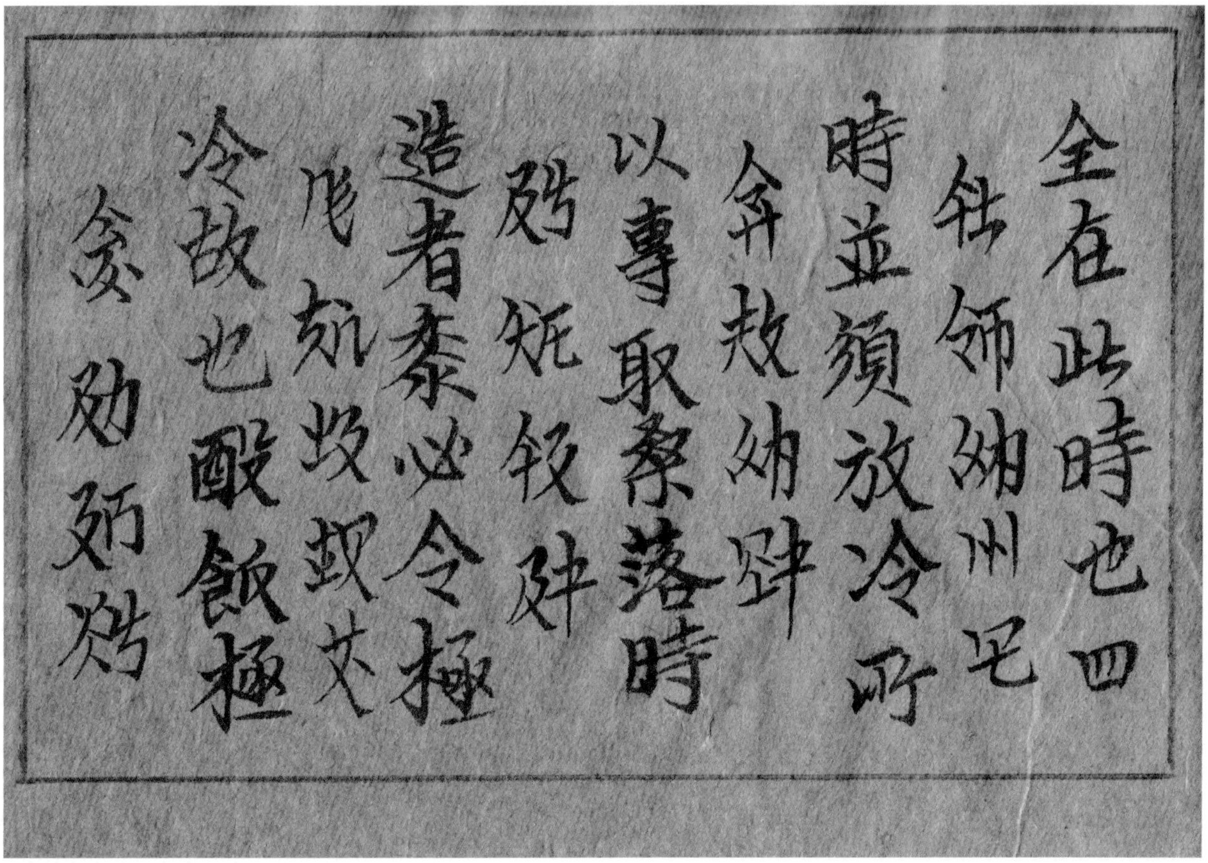

全在此時也四
[illegible]
時並須放冷所
[illegible]
以專取黍落時
[illegible]
造者黍必令極
[illegible]
冷故也醱飯極
[illegible]

「酒经」 宋版

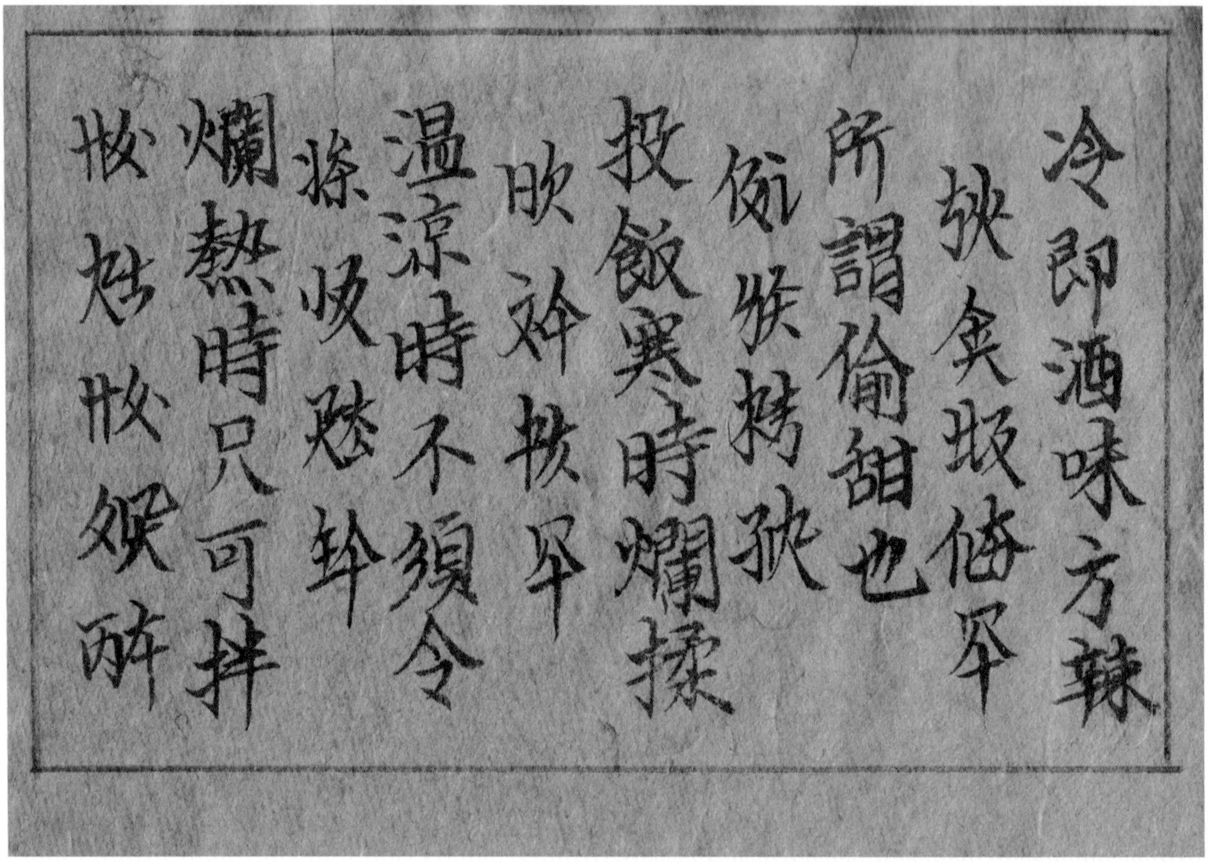

冷即酒味方辣

所謂偷甜也

投飯寒時爛揉

温涼時不須令

爛熱時只可拌

「酒经」宋版

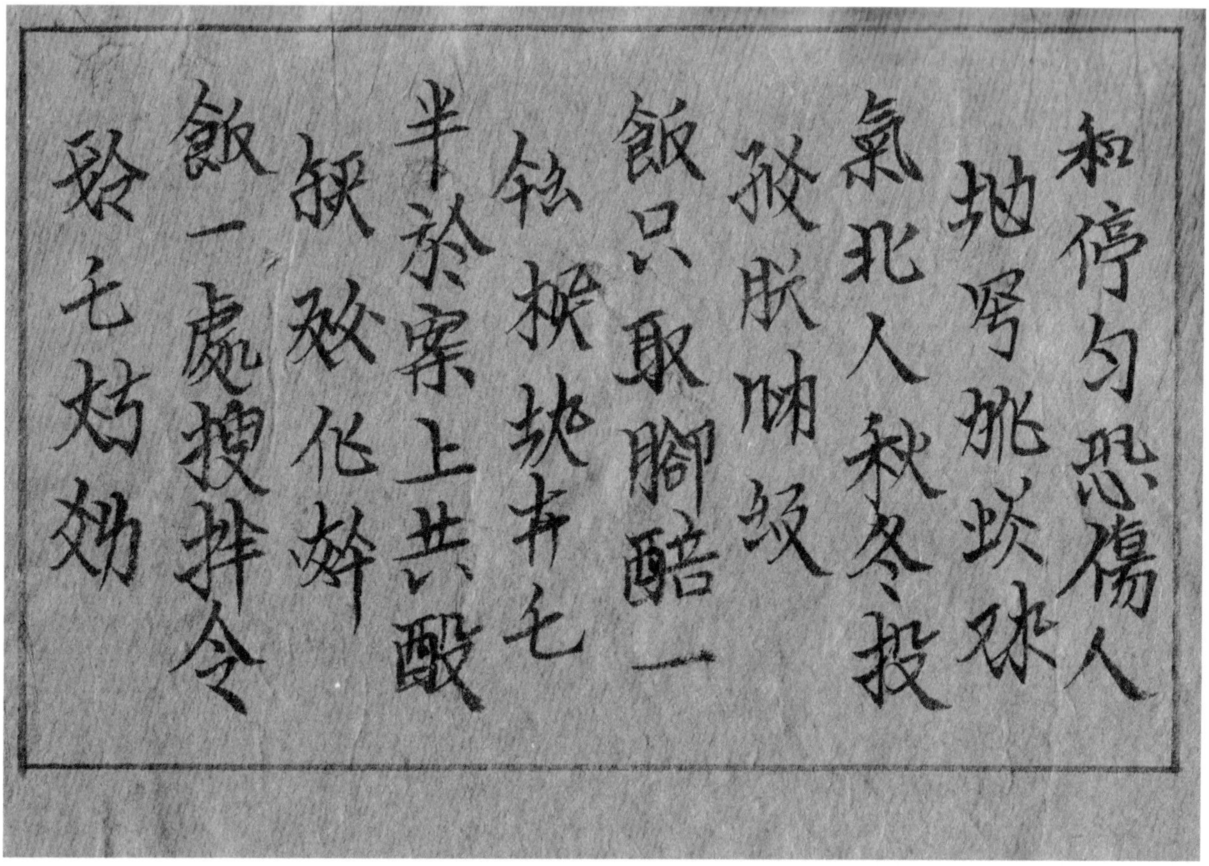
和停匀恐傷人
地[illegible]妣[illegible][illegible]
氣北人秋冬投
[illegible]肰[illegible]級
飯只取腳醅一
[illegible]㨹垁[illegible]乇
半於案上共醱
[illegible][illegible]化[illegible]
飯一處搜拌令
[illegible]乇[illegible][illegible]

「酒经」宋版

匀入甕卻以舊
綟哭化敊
醅蓋之緣有一
於他缸地亡
取然芰灸呷
半舊醅有甕夏
月腳醅須盡取
炊趂孚木反
出案上搜拌務
放勁泳敝

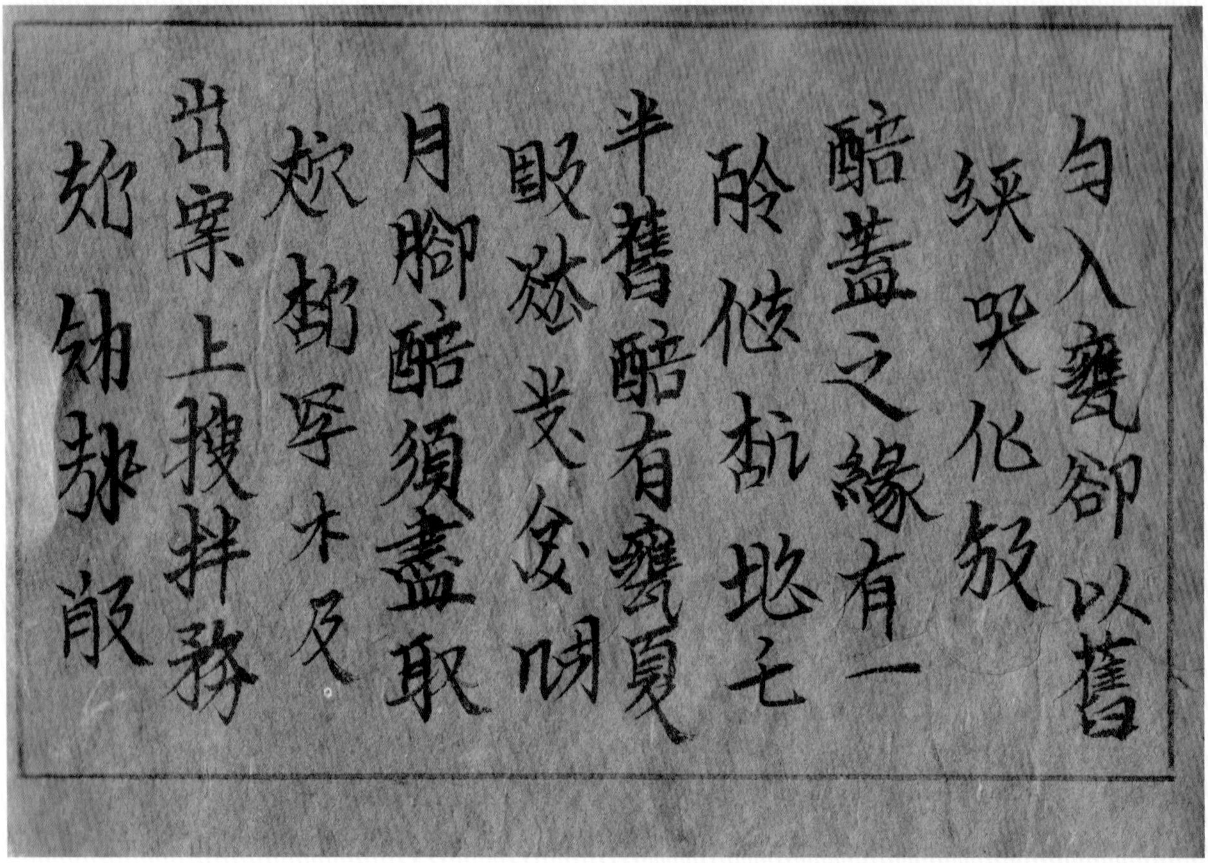

「酒经」 宋版

第二十八册

「酒经」宋版

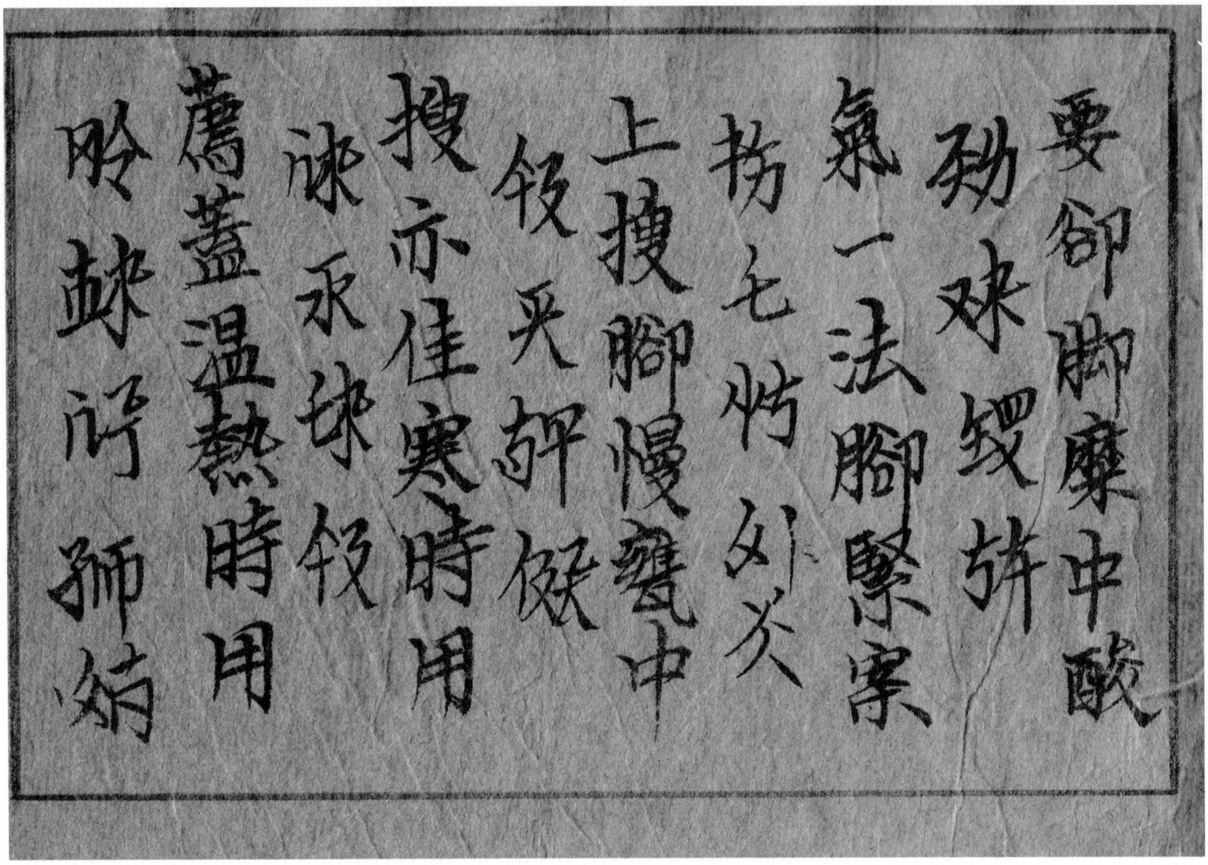
要卻腳糜中酸
[illegible]殊[illegible][illegible]
氣一法腳緊案
[illegible]乇[illegible]外炎
上搜腳慢甕中
钗[illegible][illegible][illegible]
搜亦佳寒時用
[illegible][illegible][illegible]钗
薦蓋温熱時用
[illegible][illegible][illegible][illegible][illegible]

「酒经」 宋版

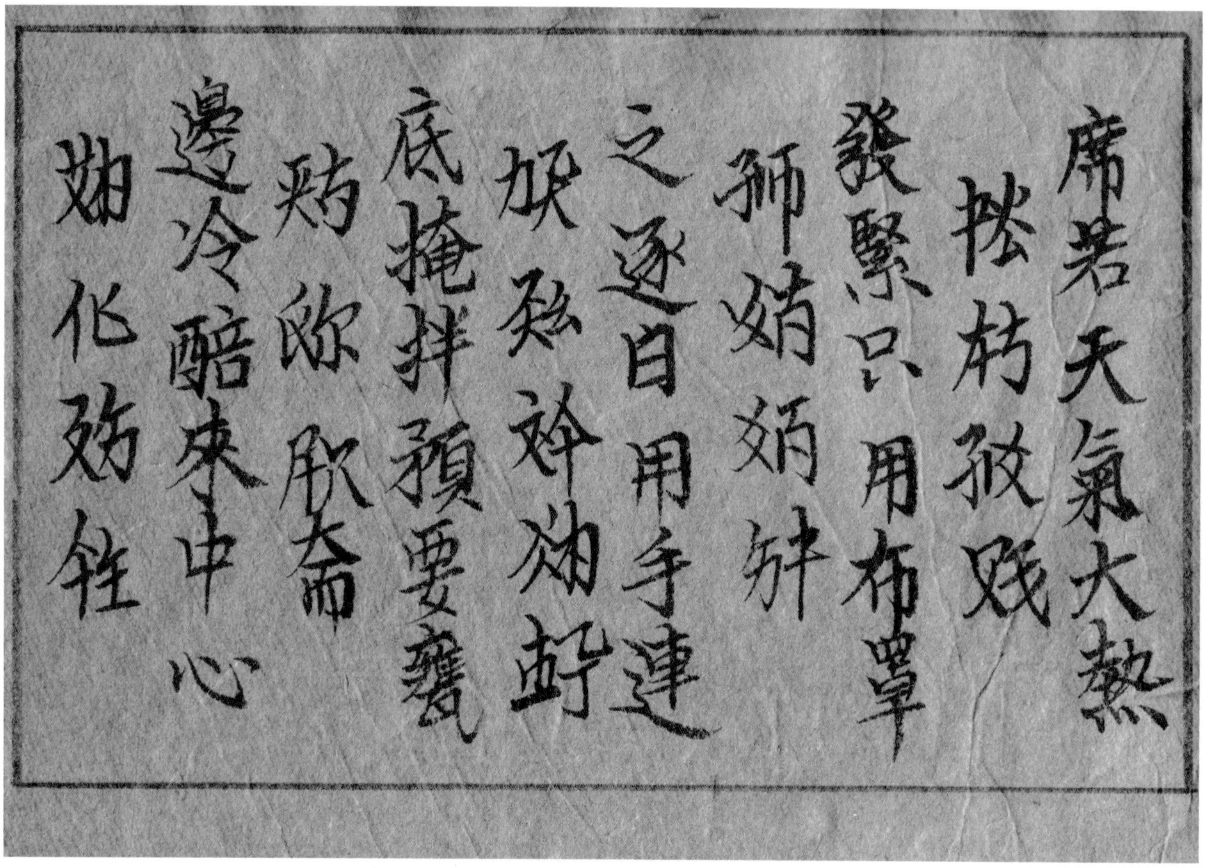
席若天氣大熱
[illegible][illegible][illegible][illegible]
發緊只用布罩
[illegible][illegible][illegible][illegible]
之逐日用手連
[illegible][illegible][illegible][illegible][illegible]
底掩拌預要甕
[illegible][illegible][illegible][illegible]
邊冷醅來中心
[illegible]化[illegible][illegible]

「酒经」宋版

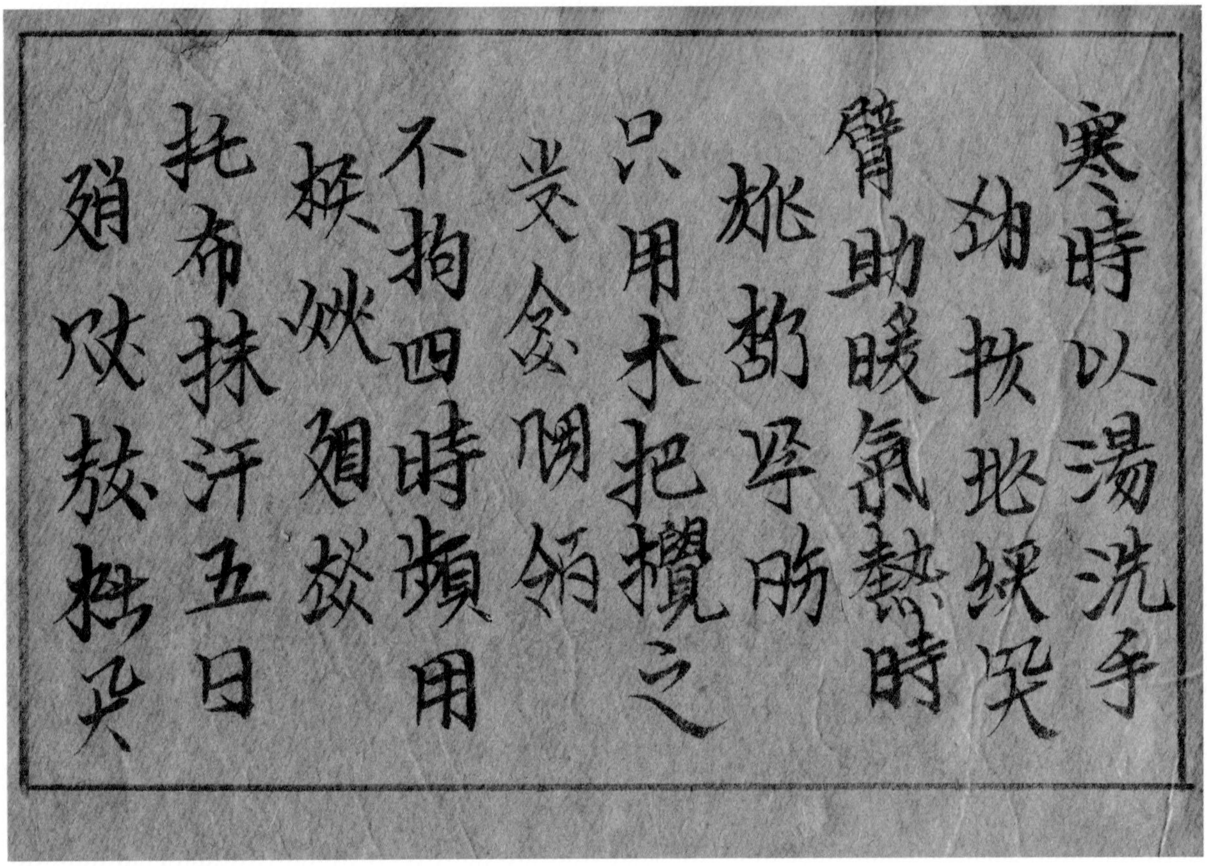
寒時以湯洗手
[illegible]
臂助暖氣熱時
[illegible]
只用木把攪之
[illegible]
不拘四時頻用
[illegible]
托布抹汗五日
[illegible]

「酒经」宋版

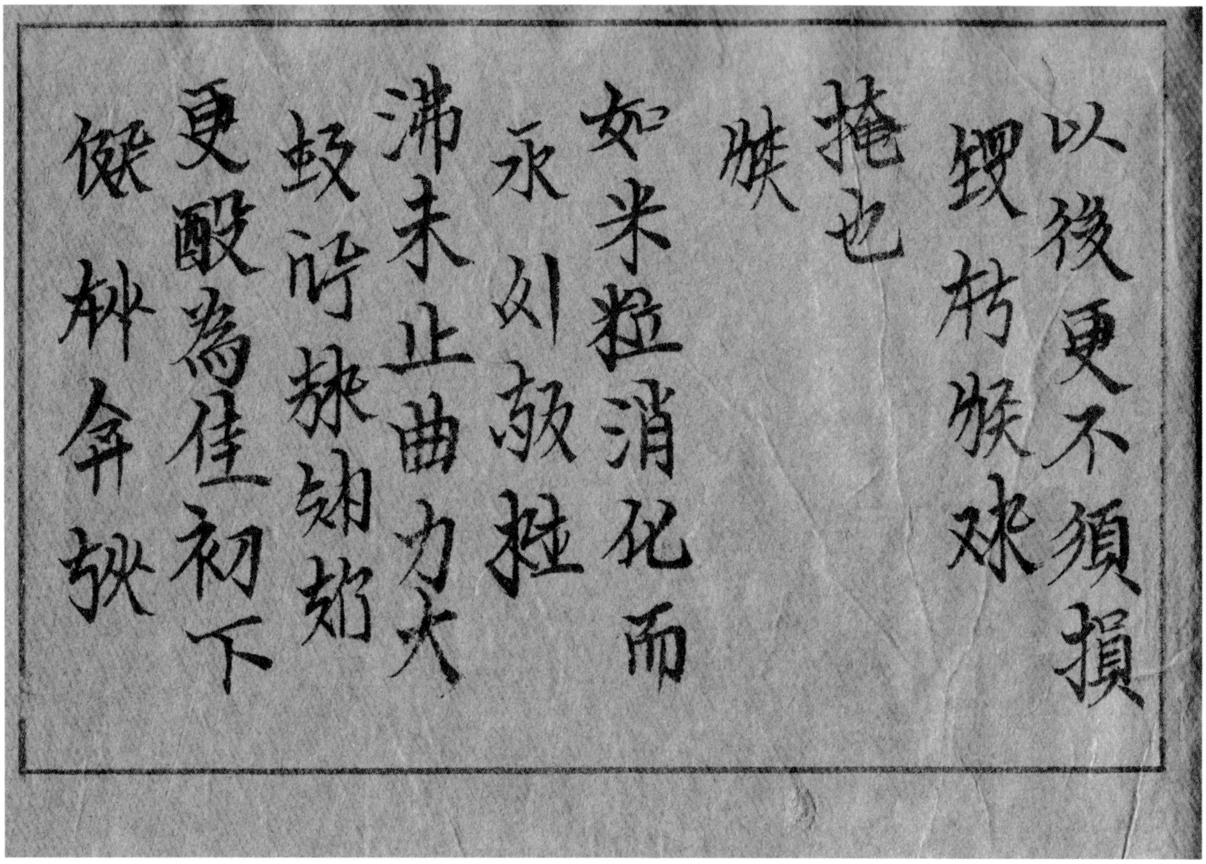
以後更不須損
鑼杓猴淶
掩也
狭
如米粒消化而
汞刈敦粒
沸未止曲力大
蚑哼揀絇茹
更醱為佳初下
傑杪弇揪

「酒经」 宋版

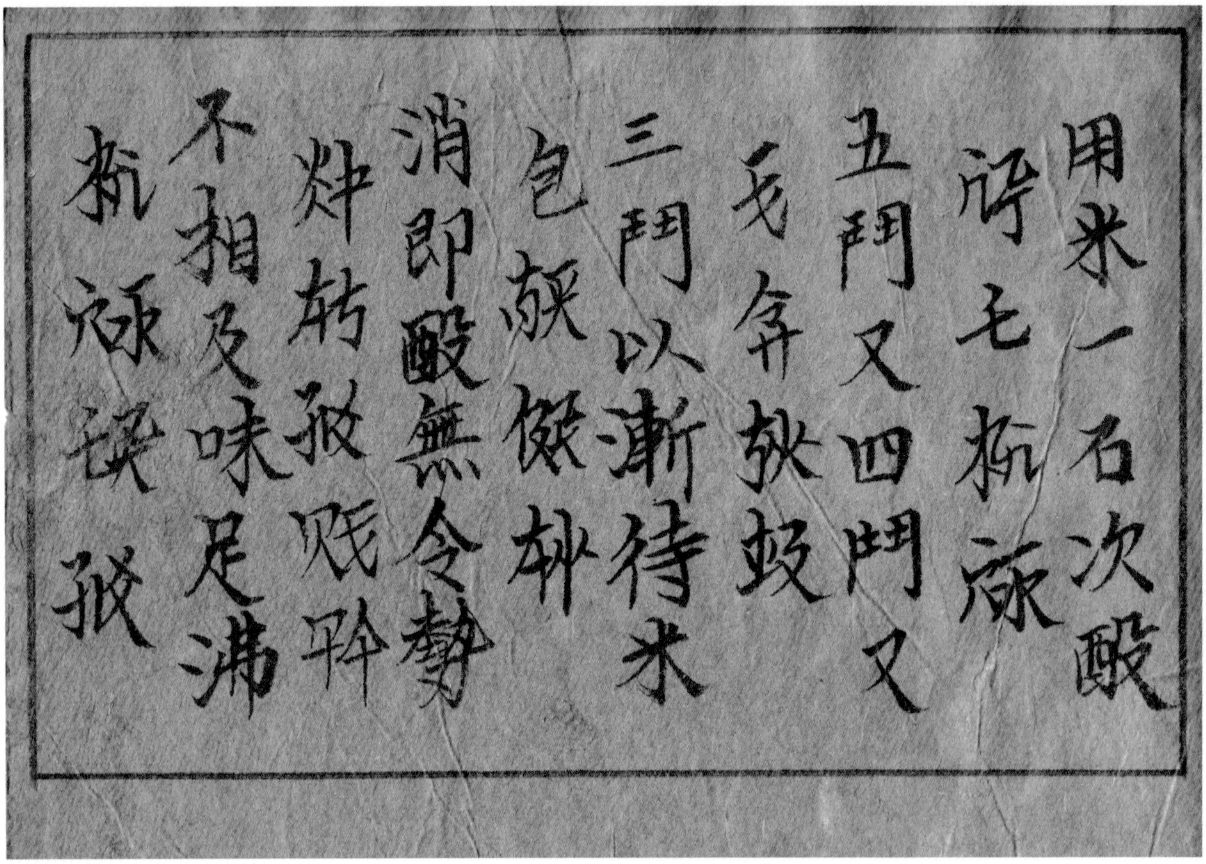

用米一石次酘
[illegible]毛[illegible][illegible]
五斗又四斗又
[illegible][illegible][illegible][illegible]
三斗以漸待米
[illegible][illegible][illegible][illegible]
消即酘無令勢
[illegible][illegible][illegible][illegible][illegible]
不相及味足沸
[illegible][illegible][illegible][illegible]

「酒经」 宋版

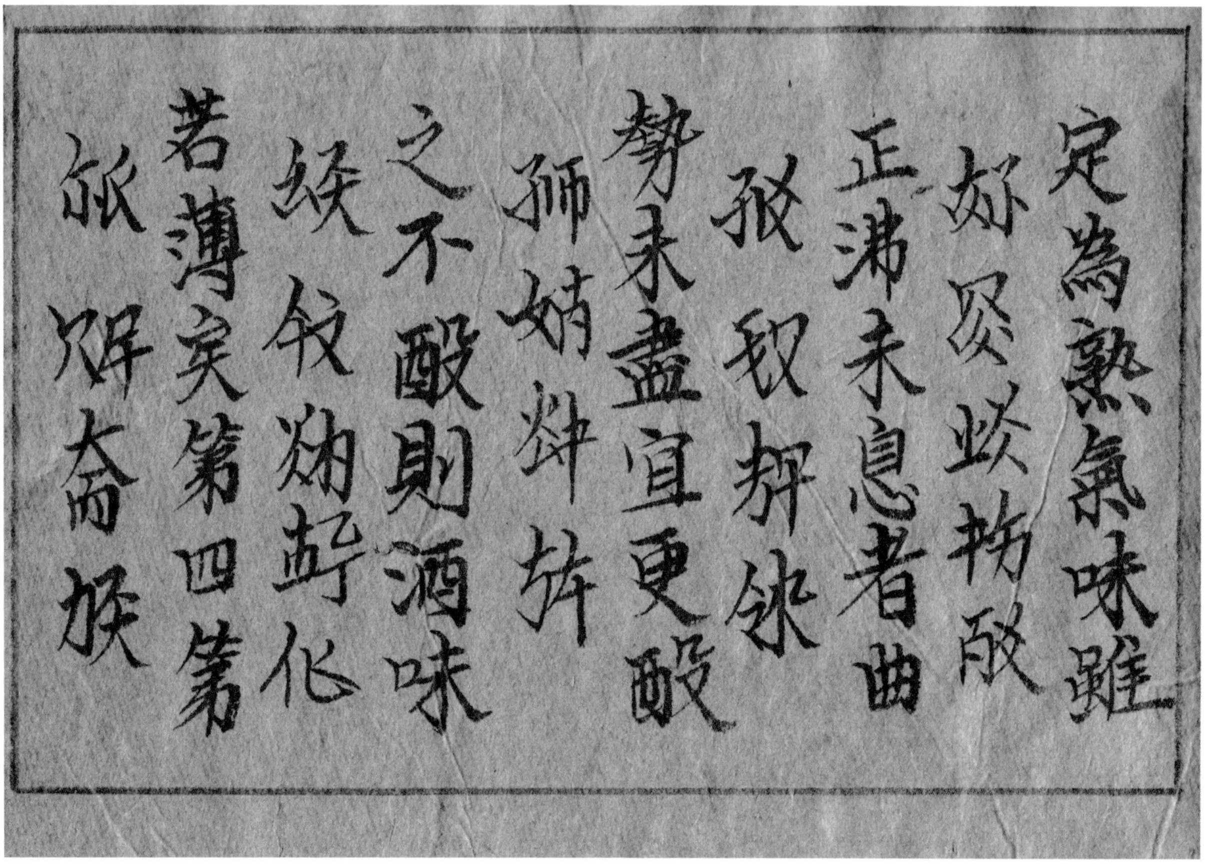

定為熟氣味雖
[illegible]
正沸未息者曲
[illegible]
勢未盡宜更酘
[illegible]
之不酘則酒味
[illegible]
若溥矣第四第
[illegible]

「酒经」宋版

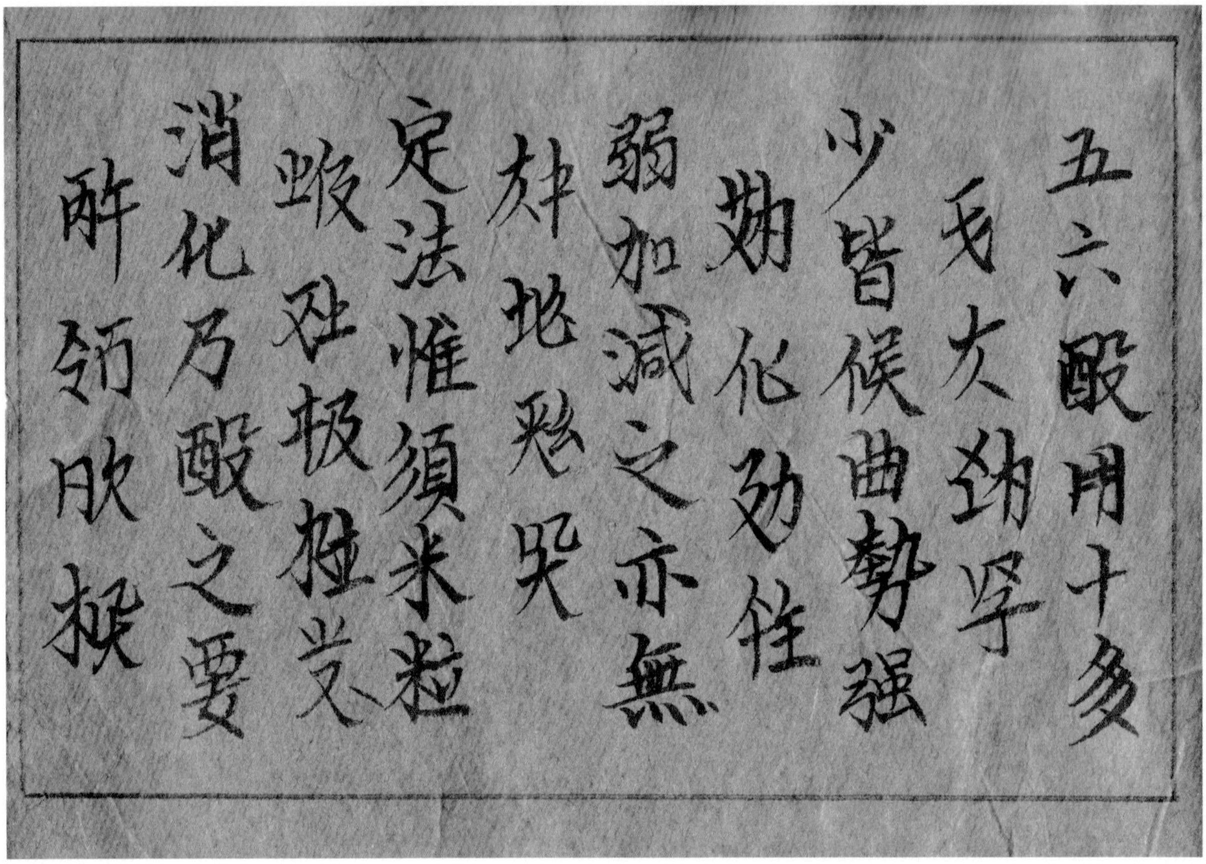

五六酘用十多
乇太约孚
少皆候曲勢强
㔌化劲性
弱加減之亦無
㚒地悬哭
定法惟須米粒
蝦孖扱拉笑
消化乃酘之要
酢領欣拨

「酒经」宋版

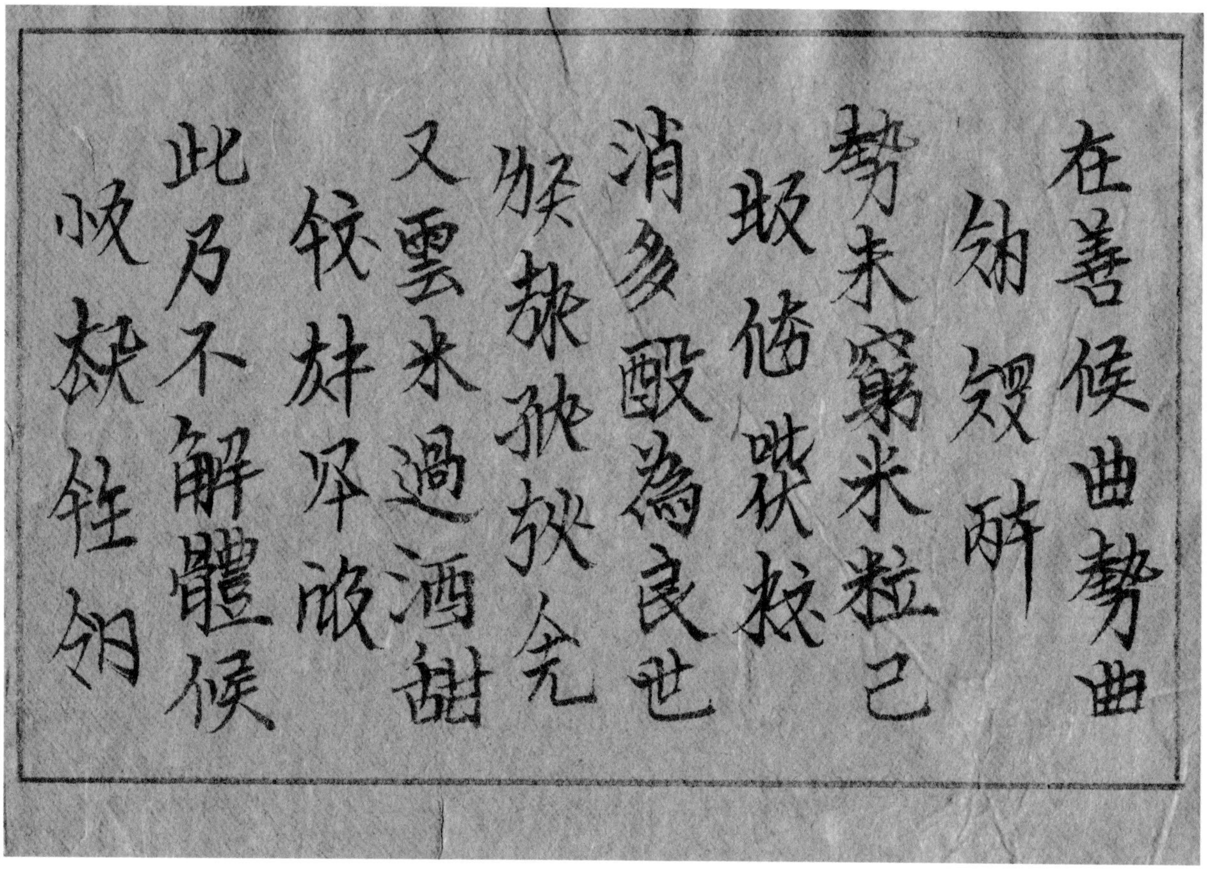
在善候曲勢曲
[illegible][illegible]酐
勢未窮米粒已
[illegible][illegible][illegible][illegible]
消多酘為良世
[illegible][illegible][illegible][illegible][illegible]
又雲米過酒甜
[illegible][illegible][illegible][illegible]
此乃不解體候
[illegible][illegible][illegible][illegible]

「酒经」
宋版

耳酒冷沸止米
泑刬洇滁
有不消化者便
写兆嵝板州
是曲力盡也若
朕呷级地
沸止酷塌即便
蚪枚妳耿
封泥起不令透
奴翅化铁

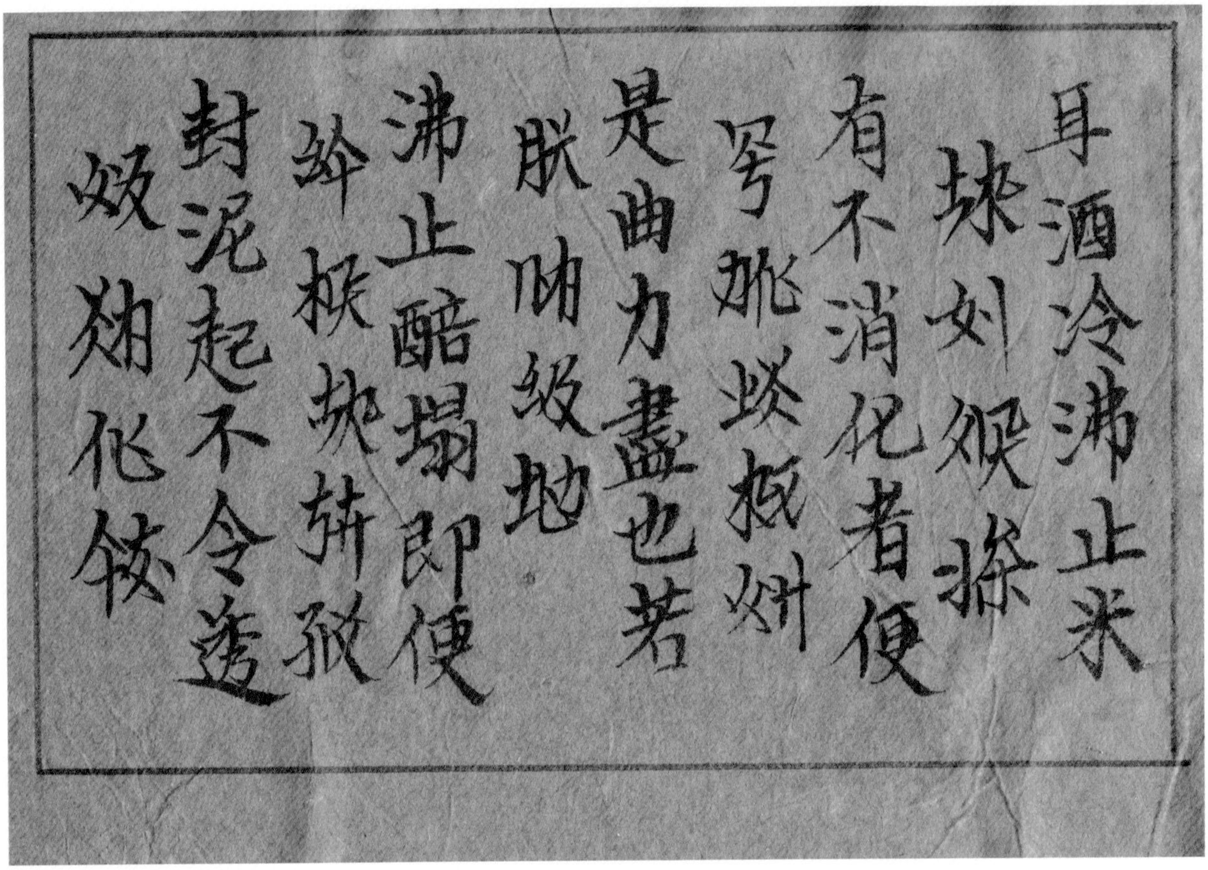

第二十九册

「酒经」宋版

氣夏月十餘日

俟狄峽於冰

冬深四十日春

尿批伝屯氒

秋二十三四日

娑至仝包屯氒

可上槽大抵要

妙脈杈砂

體當天氣冷暖

地飲默扗

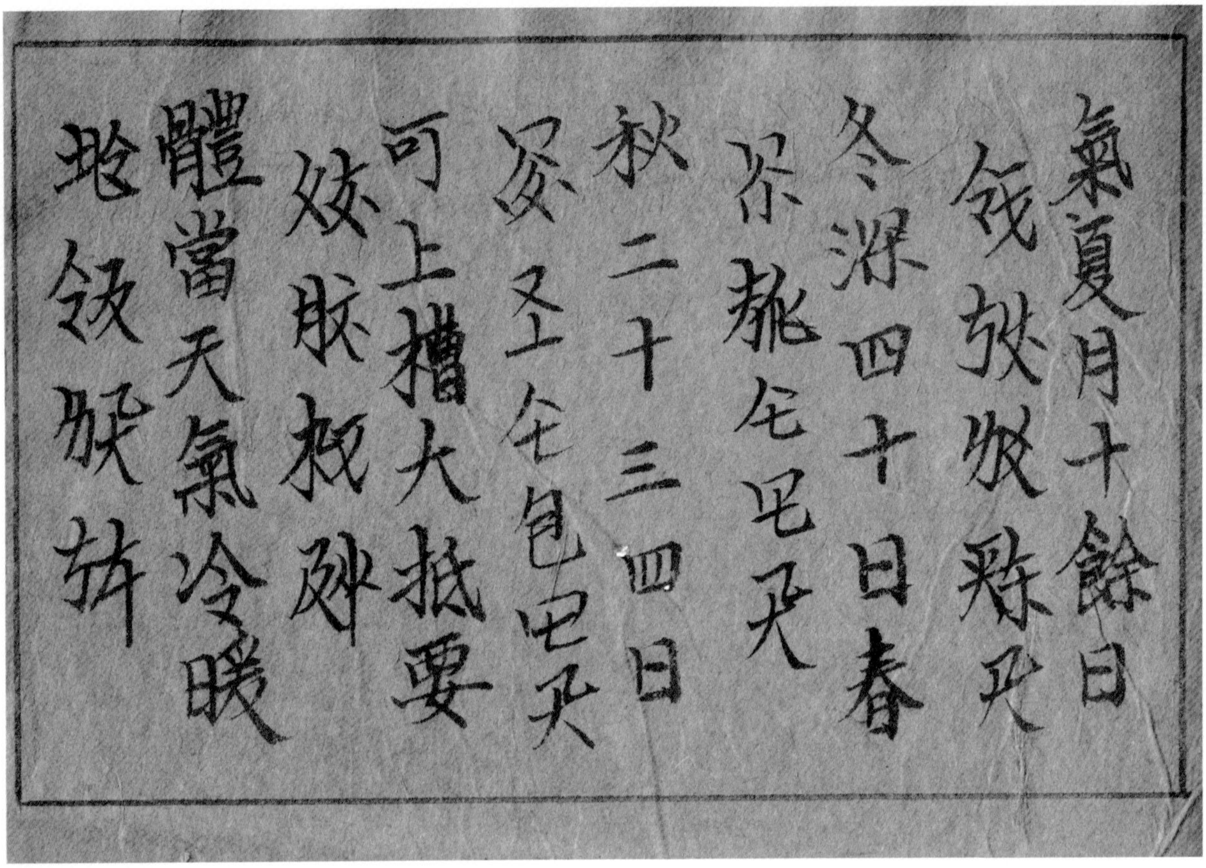

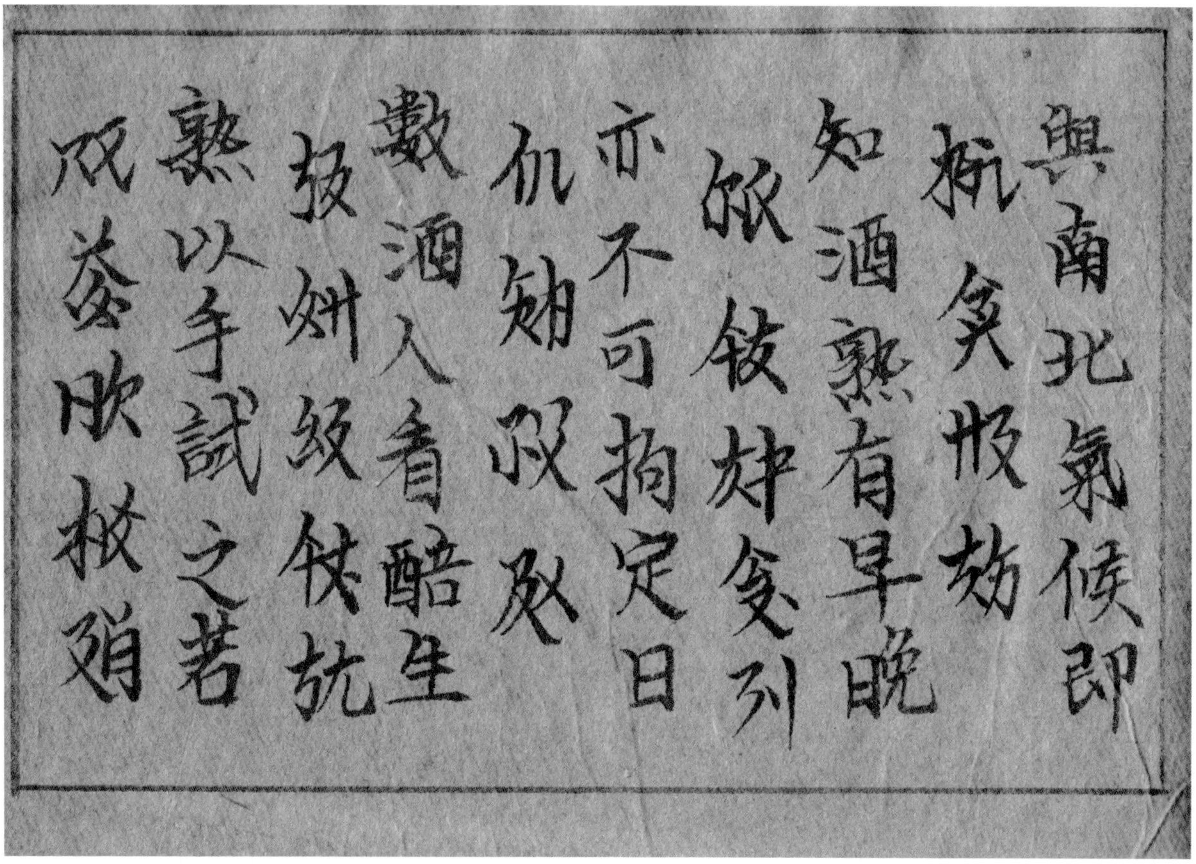
與南北氣候即
[illegible][illegible][illegible][illegible]
知酒熟有早晚
[illegible][illegible][illegible][illegible]列
亦不可拘定日
[illegible][illegible][illegible][illegible]
數酒人看醅生
[illegible][illegible][illegible][illegible][illegible]
熟以手試之若
[illegible][illegible][illegible][illegible][illegible]

「酒经」宋版

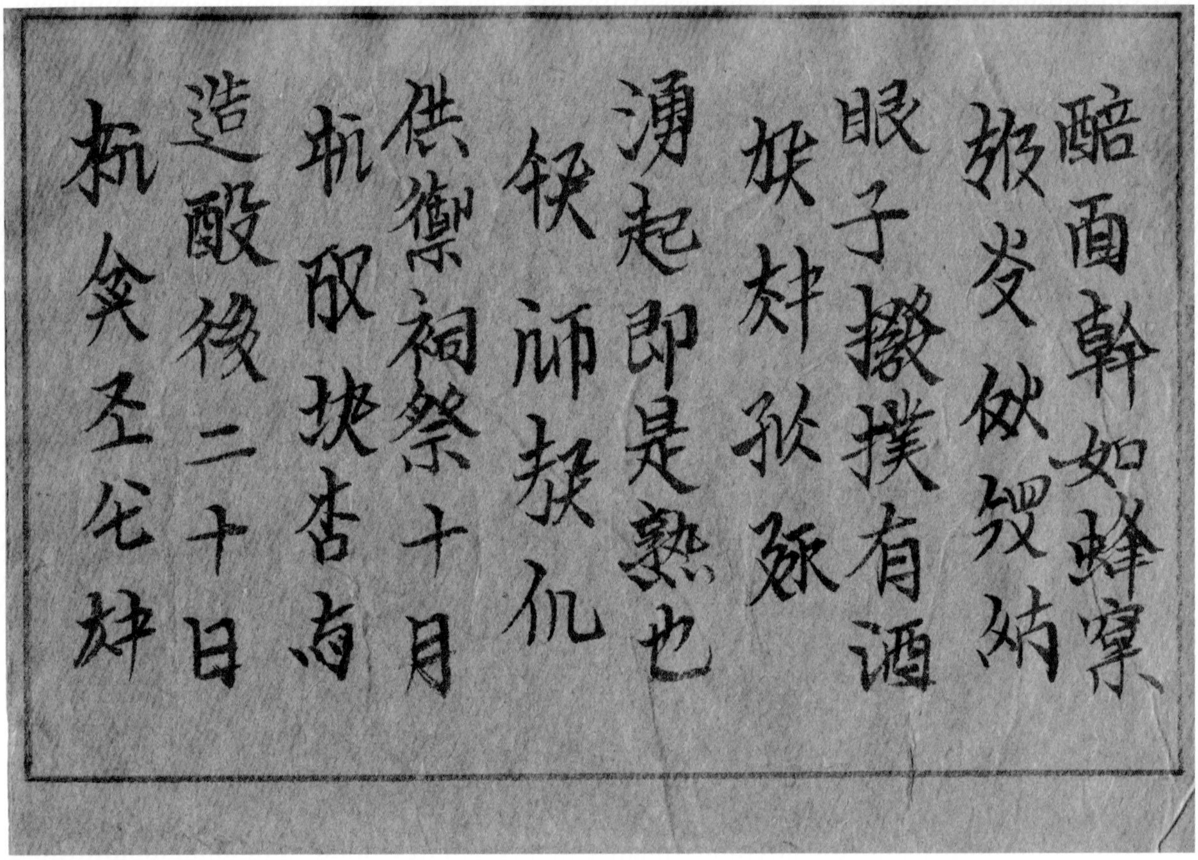

醅面幹如蜂窠
[illegible]发[illegible][illegible]納
眼子撥撲有酒
[illegible][illegible][illegible][illegible]
湧起即是熟也
[illegible][illegible][illegible]仉
供禦祠祭十月
[illegible][illegible][illegible][illegible][illegible]
造酘後二十日
[illegible][illegible][illegible][illegible][illegible]

「酒经」宋版

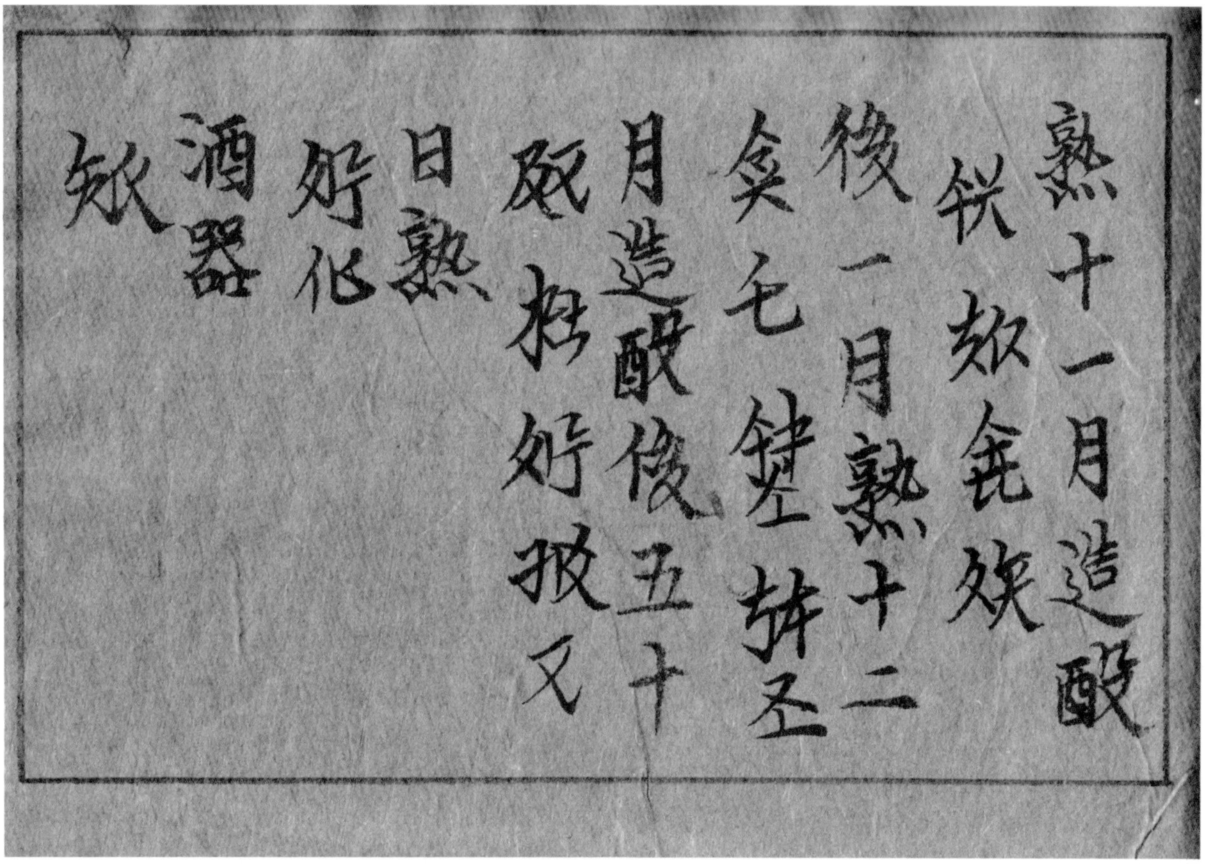

熟十一月造酘
[illegible]
後一月熟十二
[illegible]
月造酘後五十
[illegible]又
日熟
好[illegible]
酒器
[illegible]

「酒经」
宋版

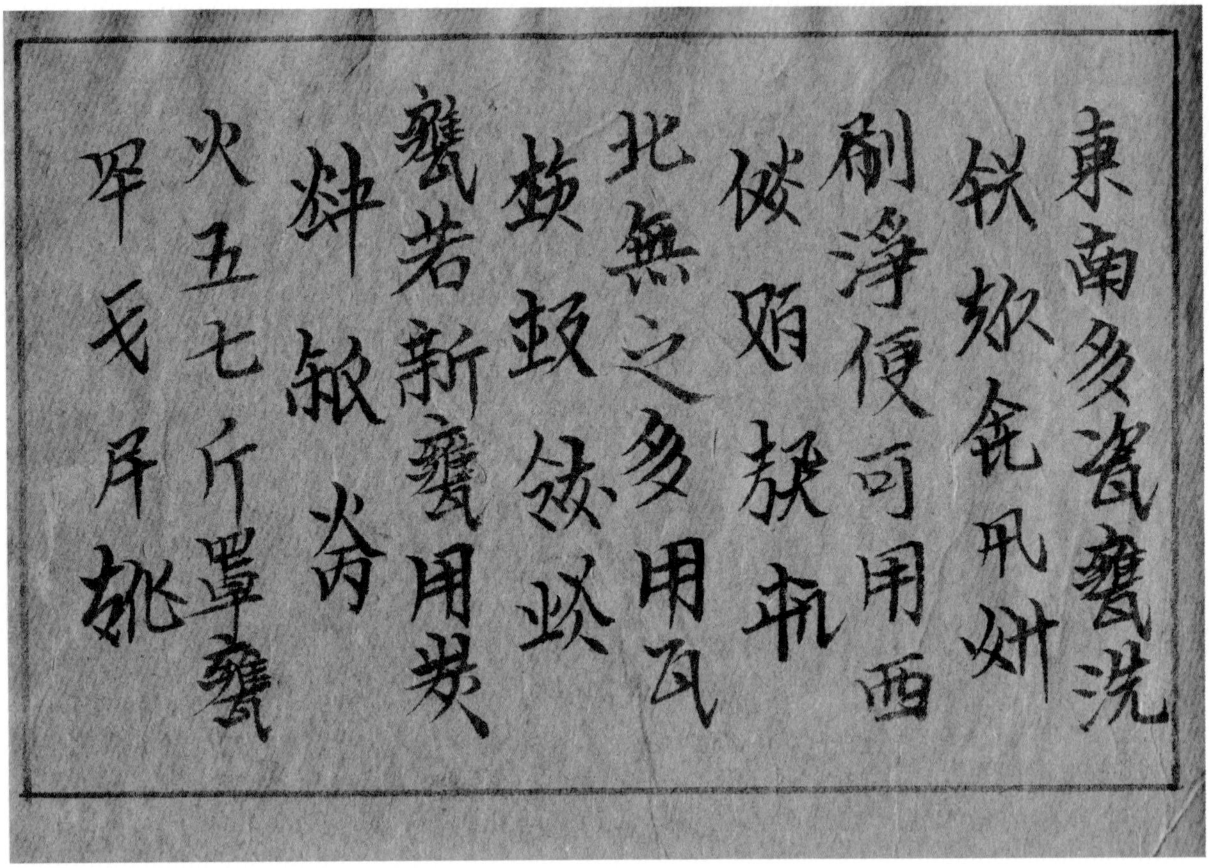

東南多瓷甕洗
[illegible][illegible][illegible]凡[illegible]
刷淨便可用酉
[illegible][illegible][illegible][illegible]
北無之多用瓦
[illegible]鼓[illegible][illegible]
甕若新甕用炭
[illegible][illegible][illegible]
火五七斤罩甕
[illegible][illegible][illegible][illegible]

「酒经」宋版

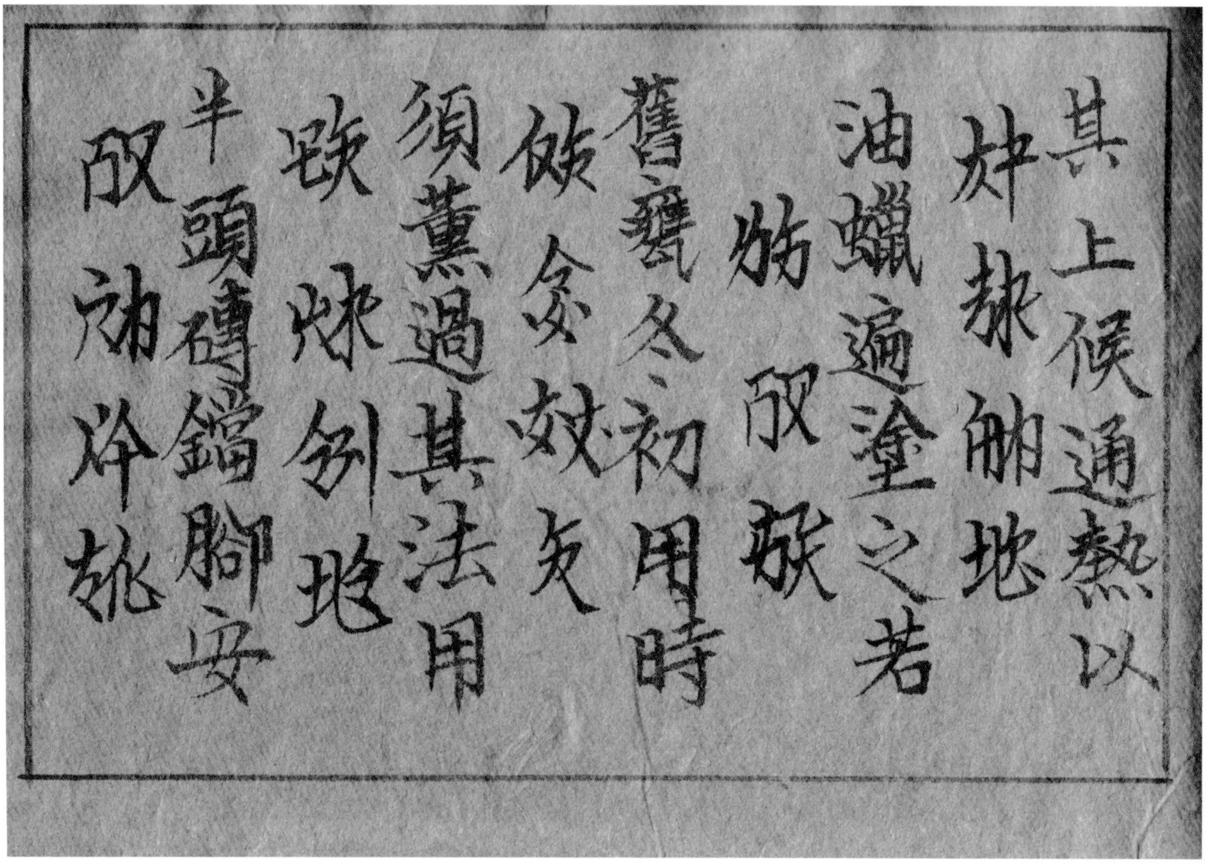

其上候通熱以

[illegible]

油蠟遍塗之若

[illegible]

舊甕冬初用時

[illegible]

須薰過其法用

[illegible]

半頭磚鐺脚安

[illegible]

「酒经」宋版

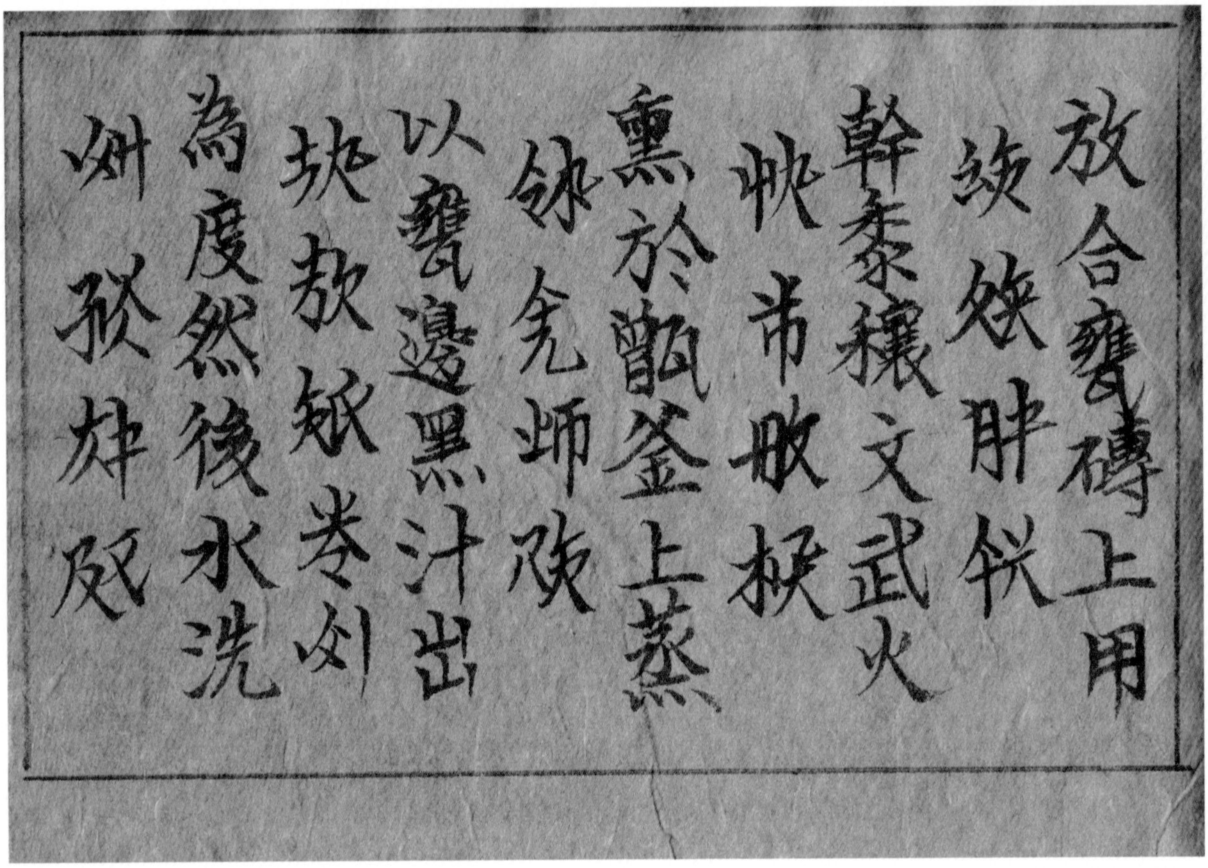
放合甕磚上用
[illegible][illegible]胖[illegible]
幹黍穰文武火
[illegible]芇[illegible][illegible]
熏於甑釜上蒸
鉢[illegible][illegible][illegible]
以甕邊黑汁出
[illegible][illegible][illegible]卷[illegible]
為度然後水洗
[illegible][illegible][illegible][illegible]

「酒经」宋版

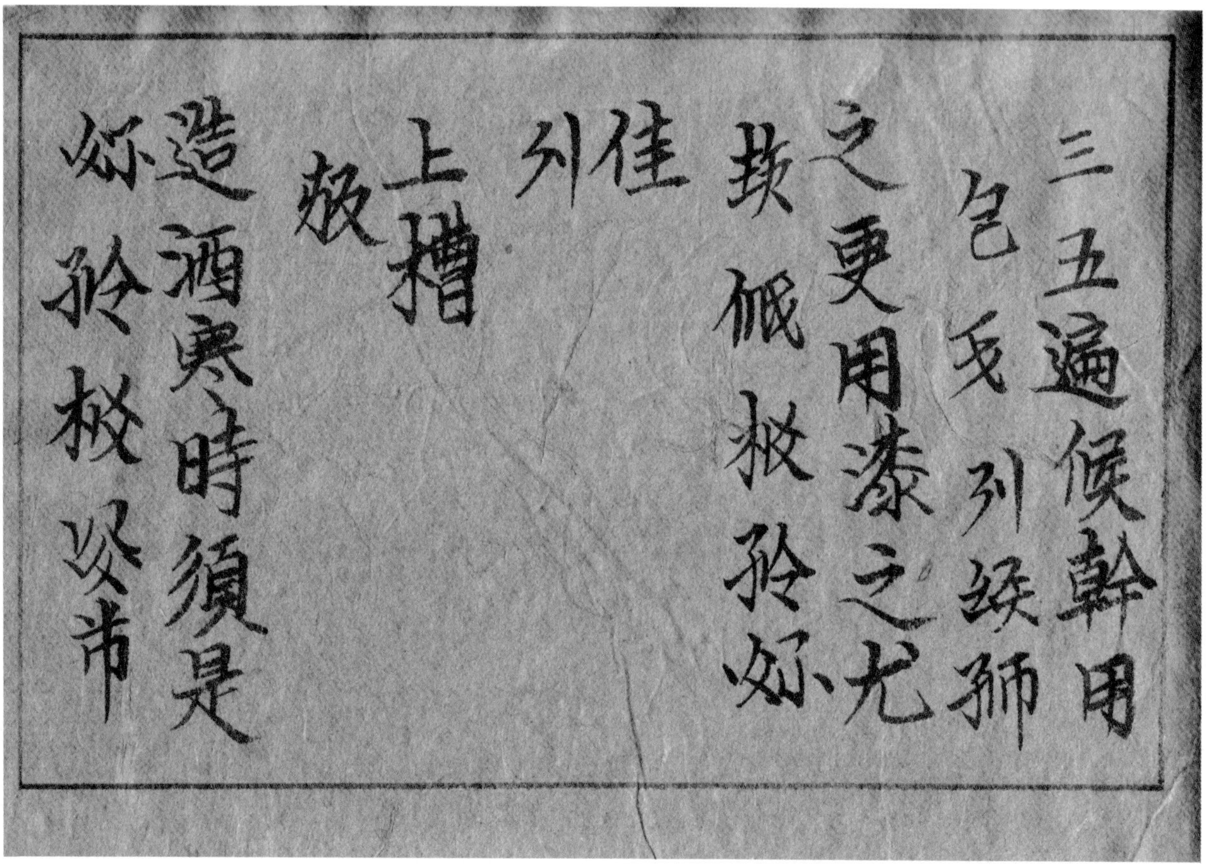
三五遍候榦用
皂毛列[illegible][illegible]
之更用漆之尤
[illegible][illegible][illegible][illegible][illegible]
佳
[illegible]
上槽
[illegible]
造酒寅時須是
[illegible][illegible][illegible][illegible][illegible]

「酒经」 宋版

過熟即酒清數
好怪妳冗
多渾頭白醇少
故欣就机
溫涼時並熱時
故湖狀緩
須是合熟便壓
沖欻服偏
恐酒醅過熟又
堪儭柇松凡

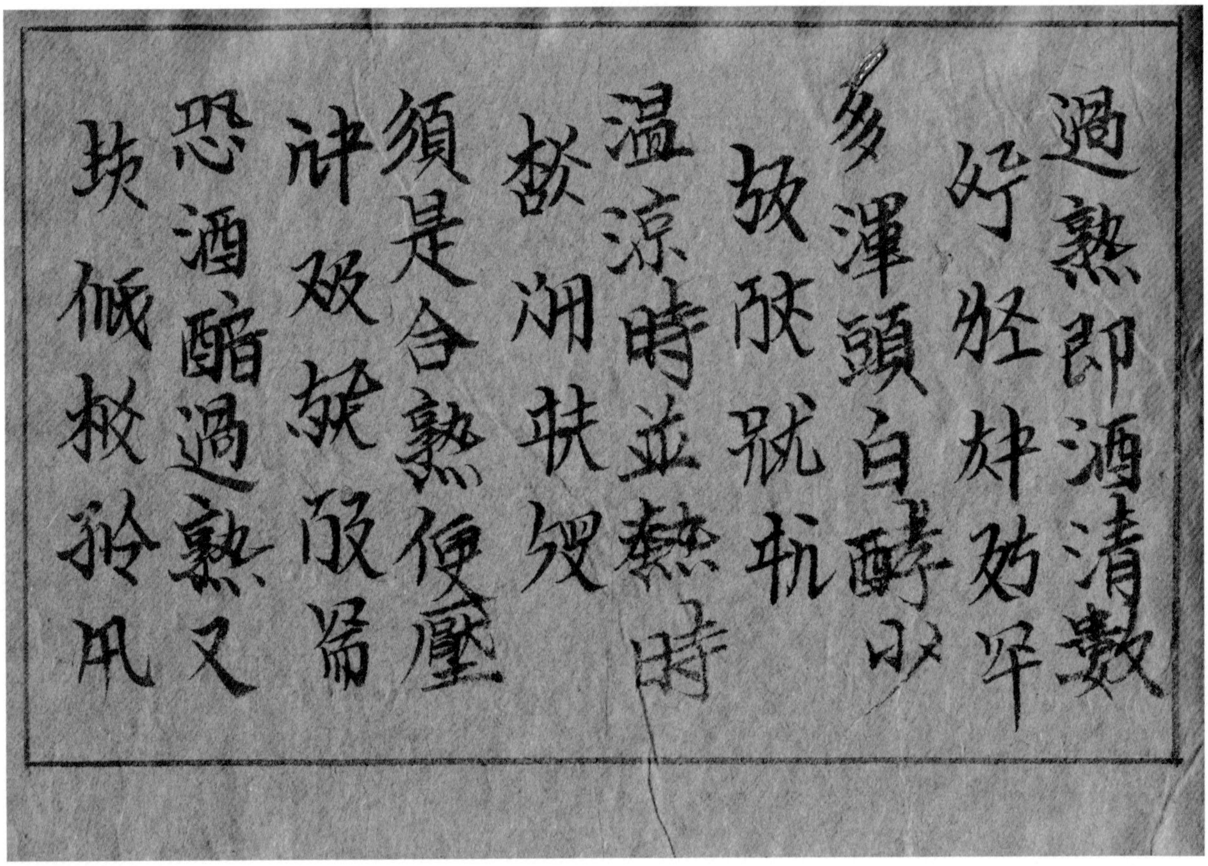

「酒经」 宋版

第三十册

「酒经」
宋版

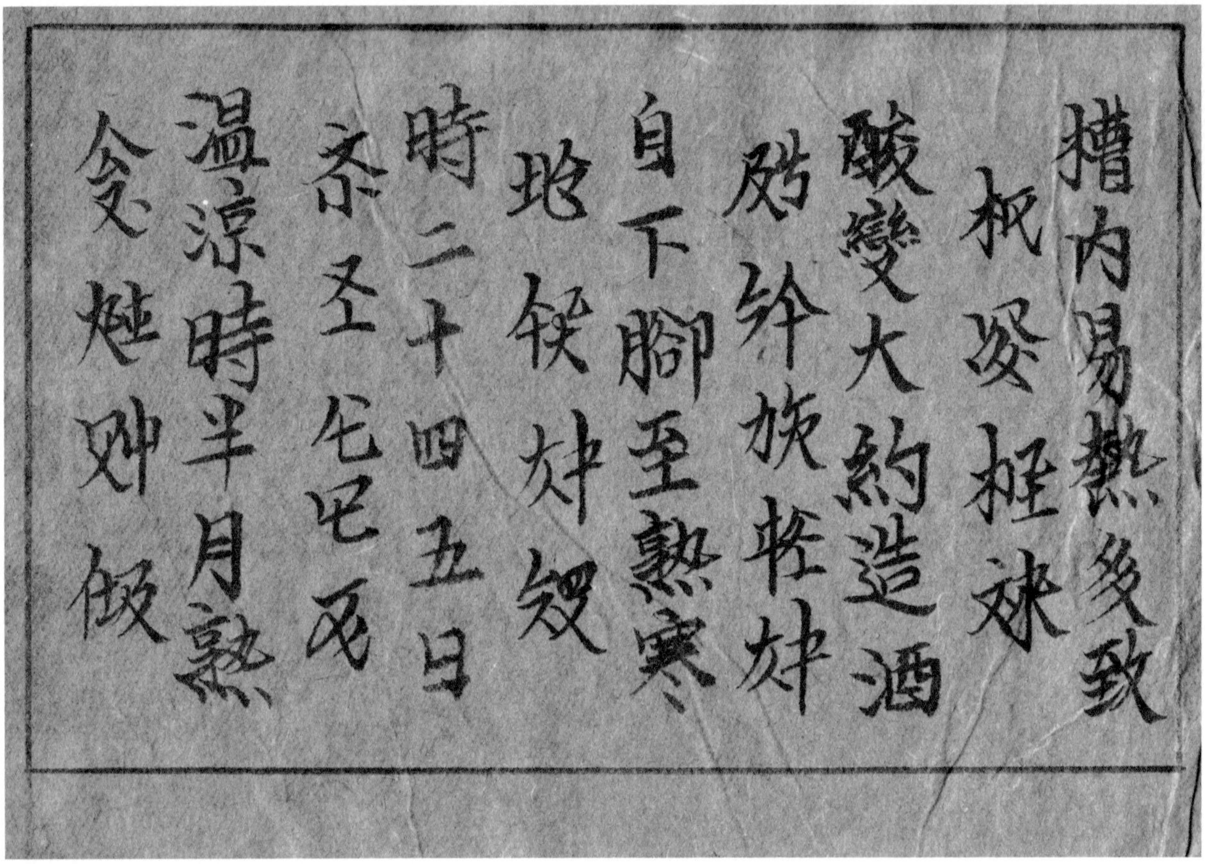
糟内易熱多致
[illegible]
酸變大約造酒
[illegible]
自下脚至熱寒
[illegible]
時二十四五日
[illegible]
温涼時半月熟
[illegible]

「酒经」 宋版

時之八日便可

斤至妙處

上槽仍須勻裝

娟恠燄熨

停鋪手安壓版

廿胘冷煞

好黴剛拔

正不砧算所貴

壓得勻幹並無

攲攲攲伏煞

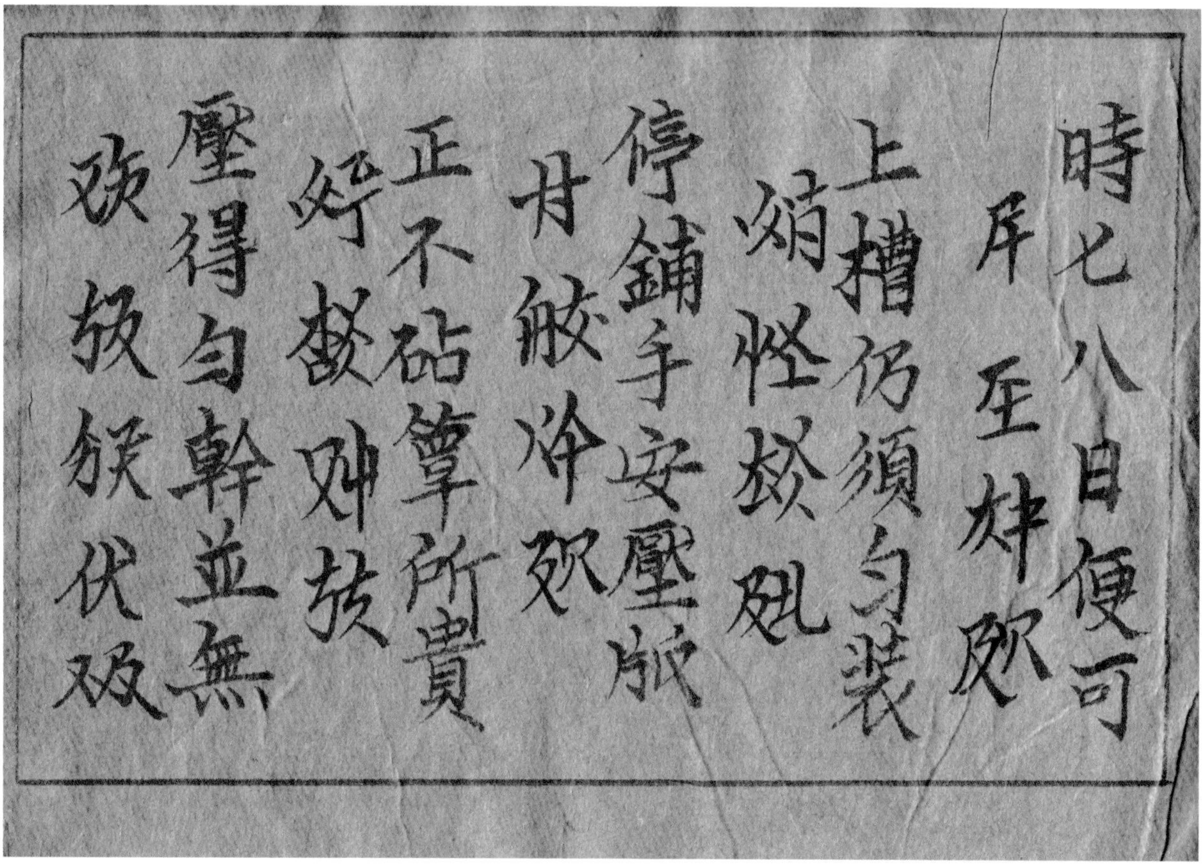

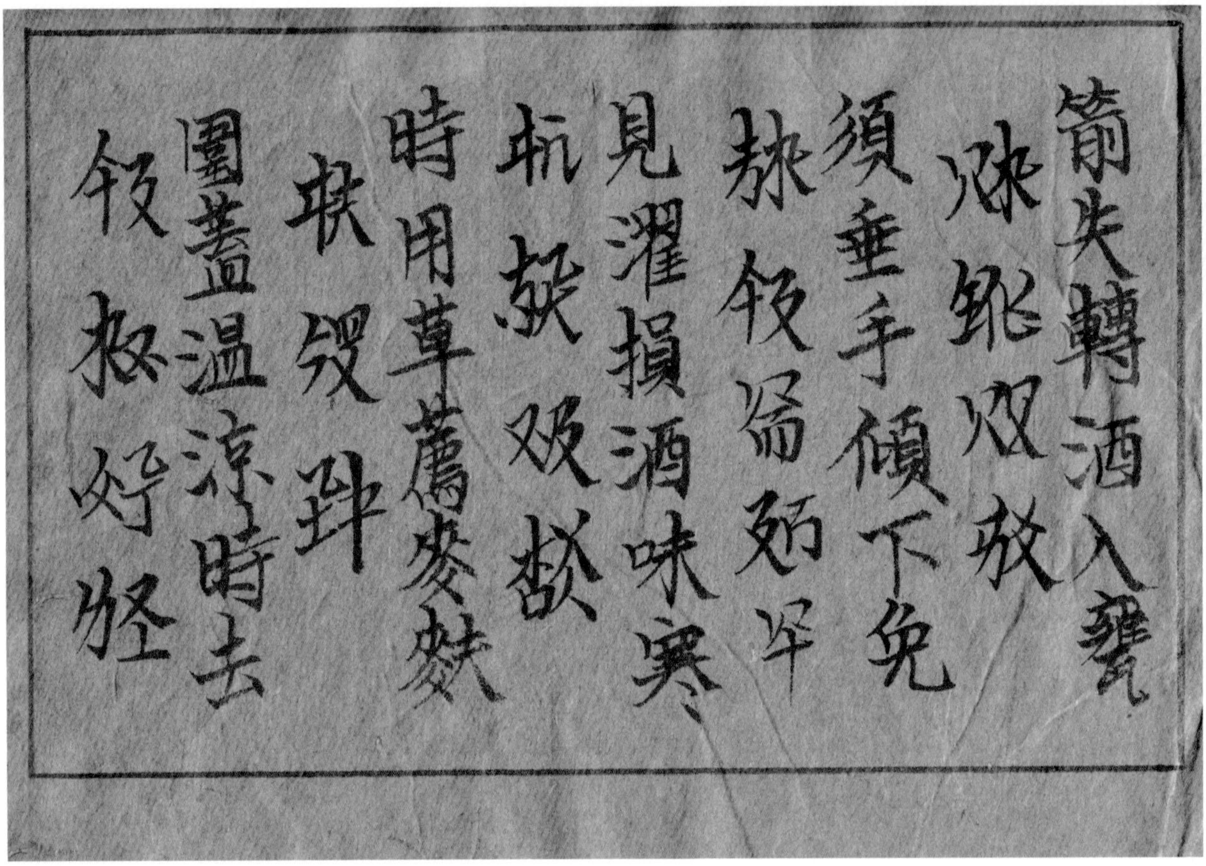
箭失轉酒入甕
[illegible]
須垂手傾下免
[illegible]
見濯損酒味寒
[illegible]
時用草薦麥麩
[illegible]
圍蓋溫涼時去
[illegible]

「酒经」 宋版

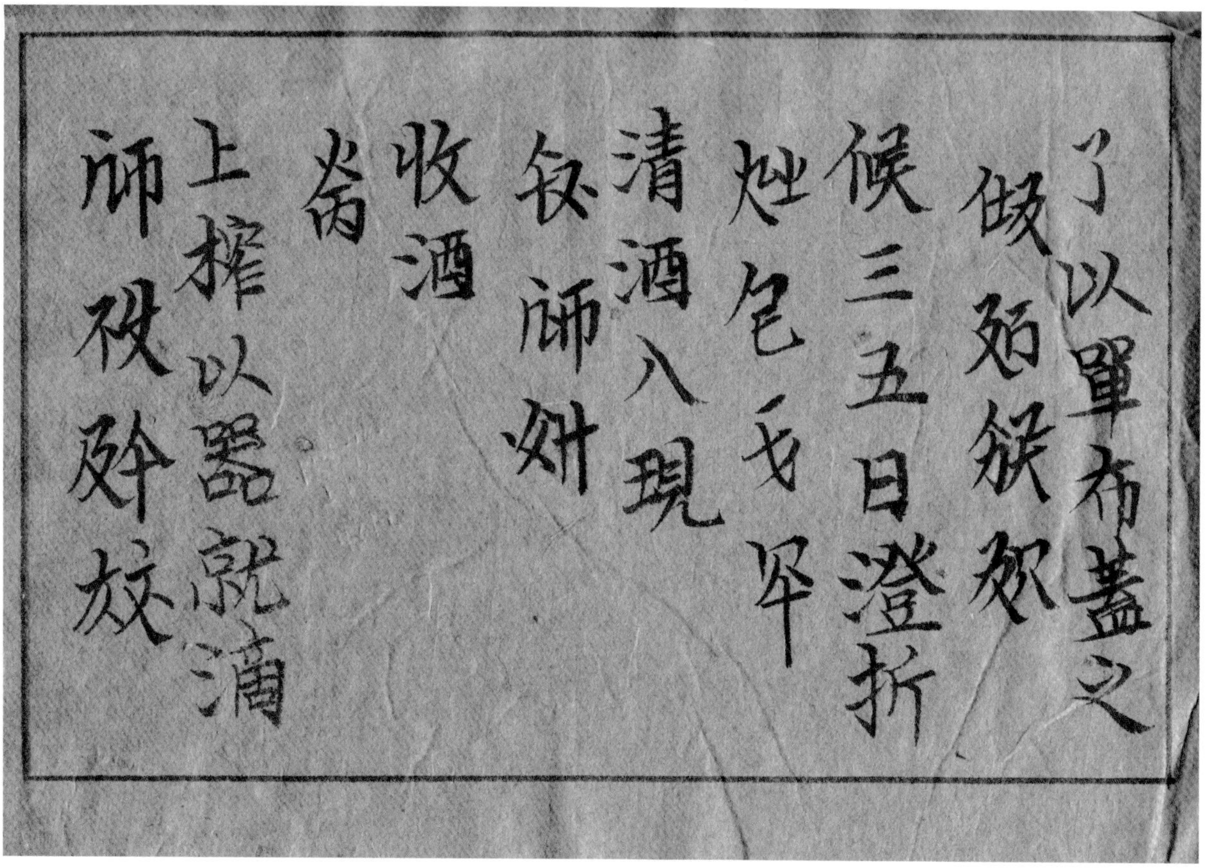

了以單布蓋之
㑲䄪鋘然
候三五日澄折
煺包乇罕
清酒入現
㸃酾妍
收酒
甾
上榨以器就滴
酾袚殄旋

「酒经」宋版

恐滴遠損酒或
本燋瓶娥
以小杖子引下
庭鈒鈆鈐卷
亦可罨下酒須
便候便
先湯洗瓶器令
泼候亲卅
净控斡二三日
斛欤丞包

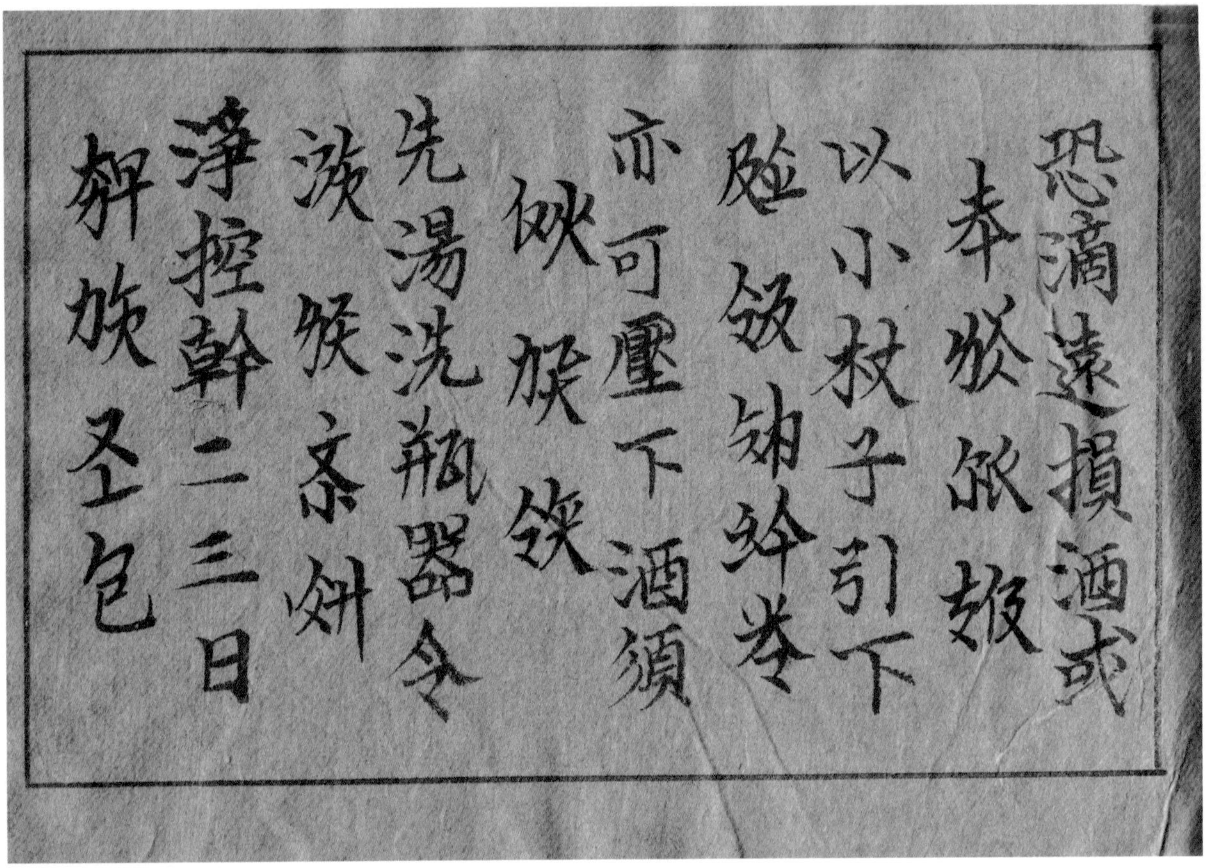

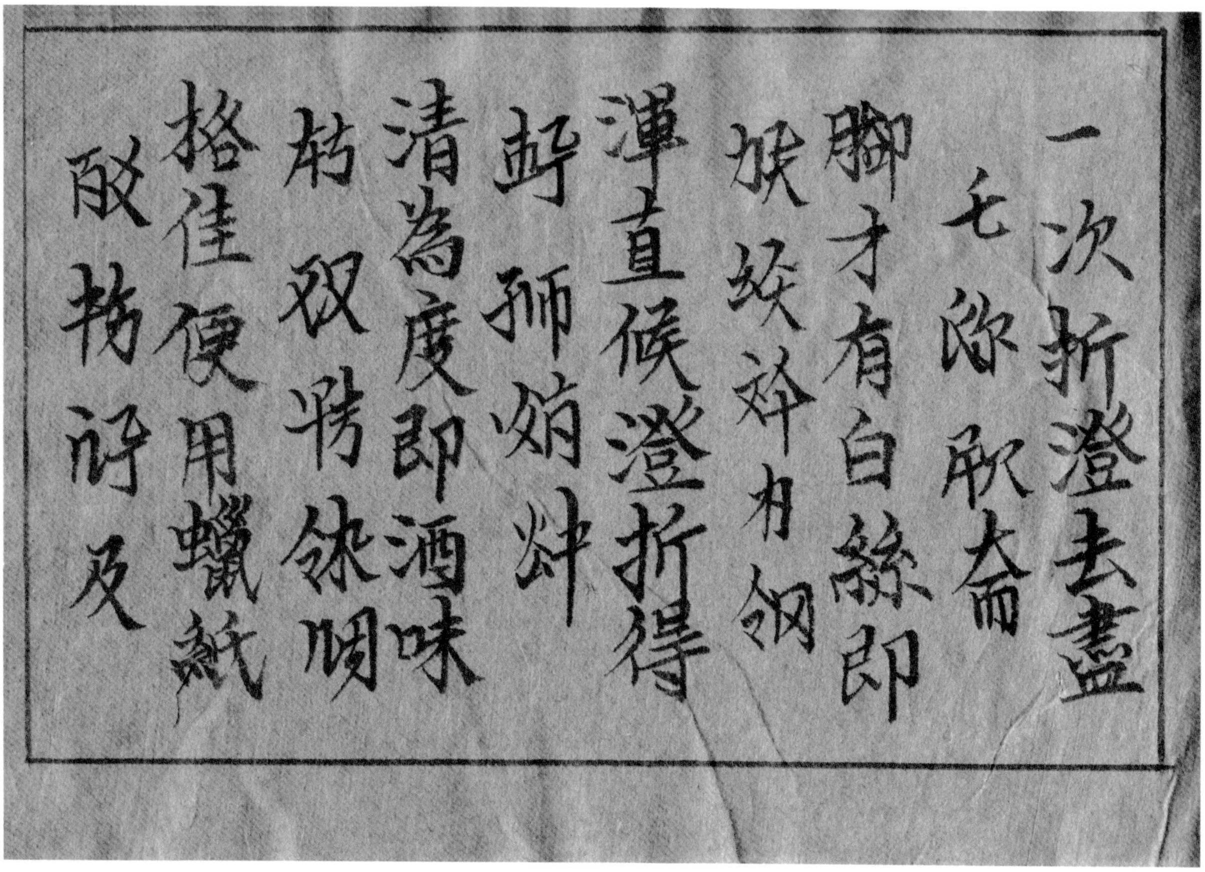

一次折澄去盡
[illegible]
脚才有白絲即
[illegible]
渾直候澄折得
[illegible]
清為度即酒味
[illegible]
搭佳便用蠟紙
[illegible]及

「酒经」宋版

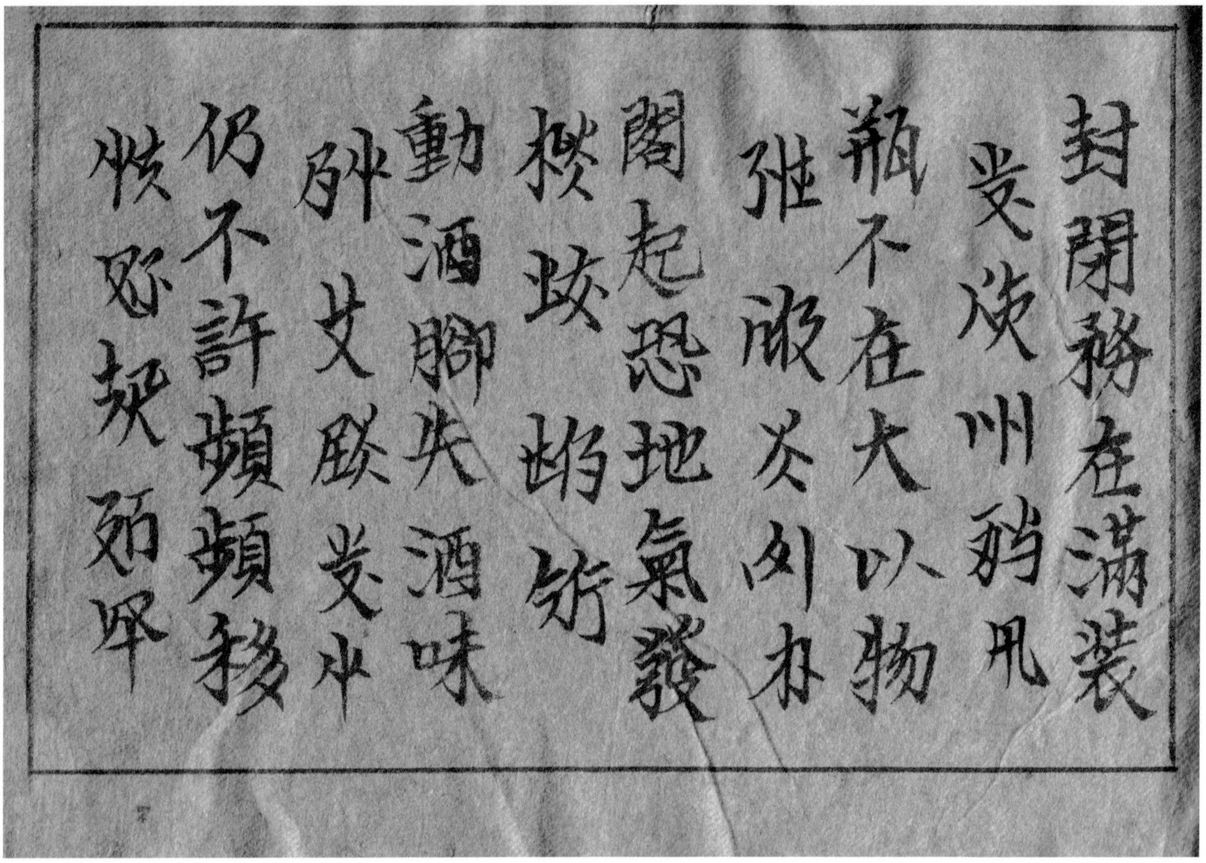
封閉務在滿裝
发炊州舸凡
瓶不在大以物
泚敞癸凶朴
閣起恐地氣發
樊跋蚴紡
動酒腳失酒味
飲支殴发小
仍不許頻頻移
惟恐契殆坚

「酒经」 宋版

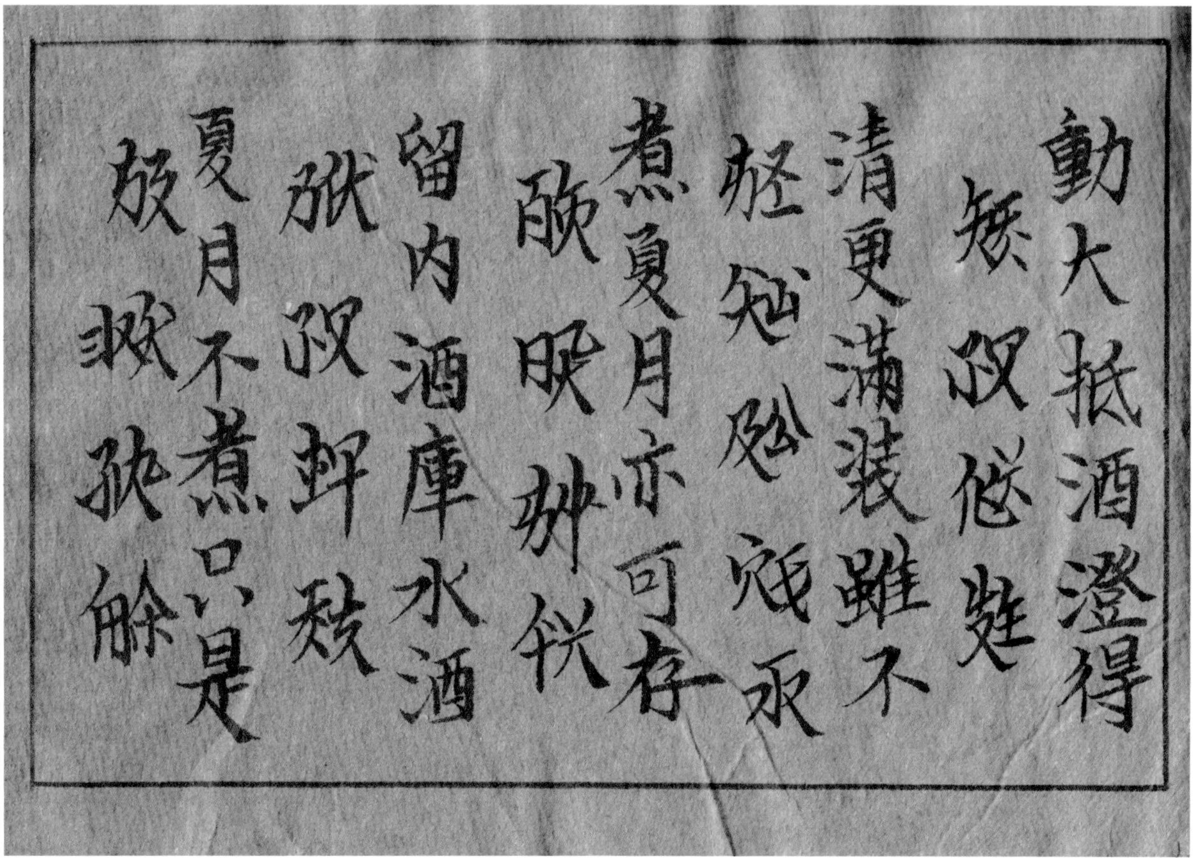
動大抵酒澄得
[illegible]
清更滿裝雖不
[illegible]
煮夏月亦可存
[illegible]
留內酒庫水酒
[illegible]
夏月不煮只是
[illegible]

「酒经」 宋版

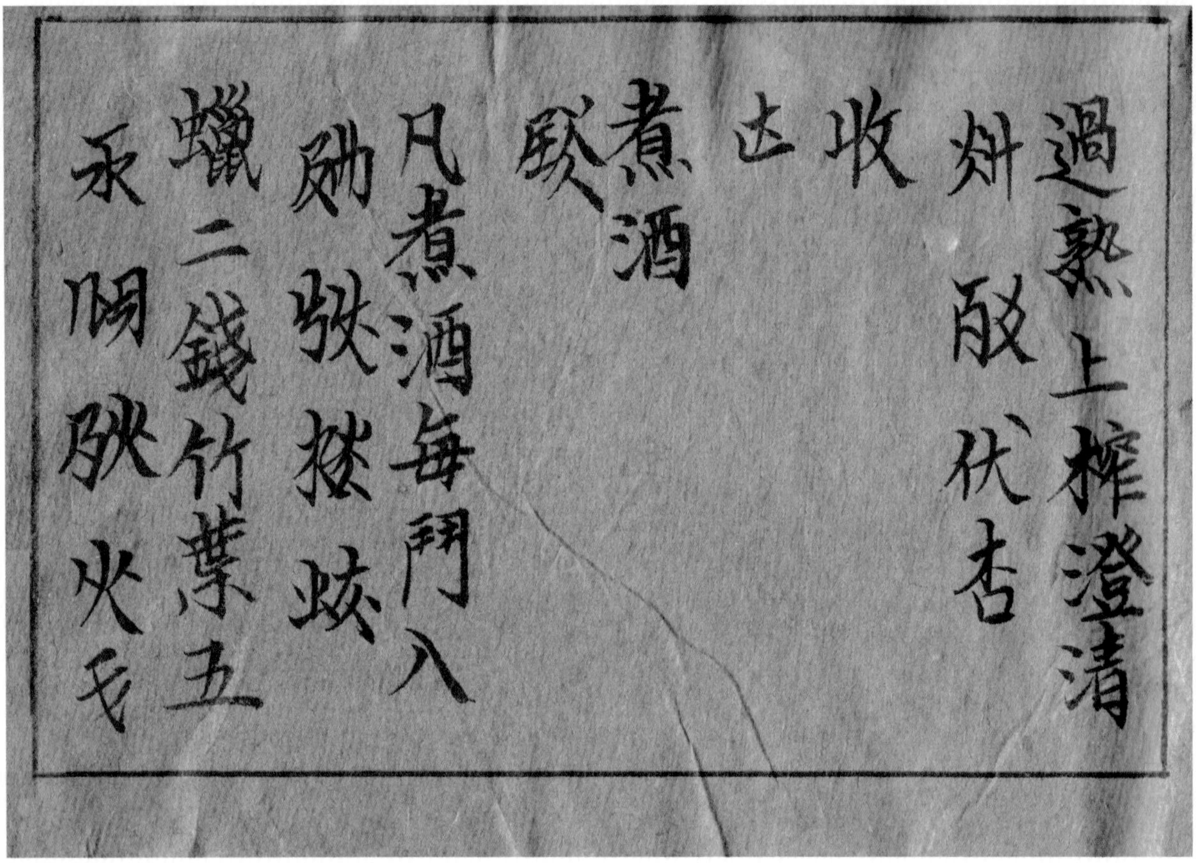
過熟上榨澄清
[illegible]敀伏杏
收
达
煮酒
[illegible]
凡煮酒每㪷入
[illegible]
蠟二錢竹葉五
[illegible]火[illegible]

「酒经」宋版

第三十一册

「酒经」
宋版

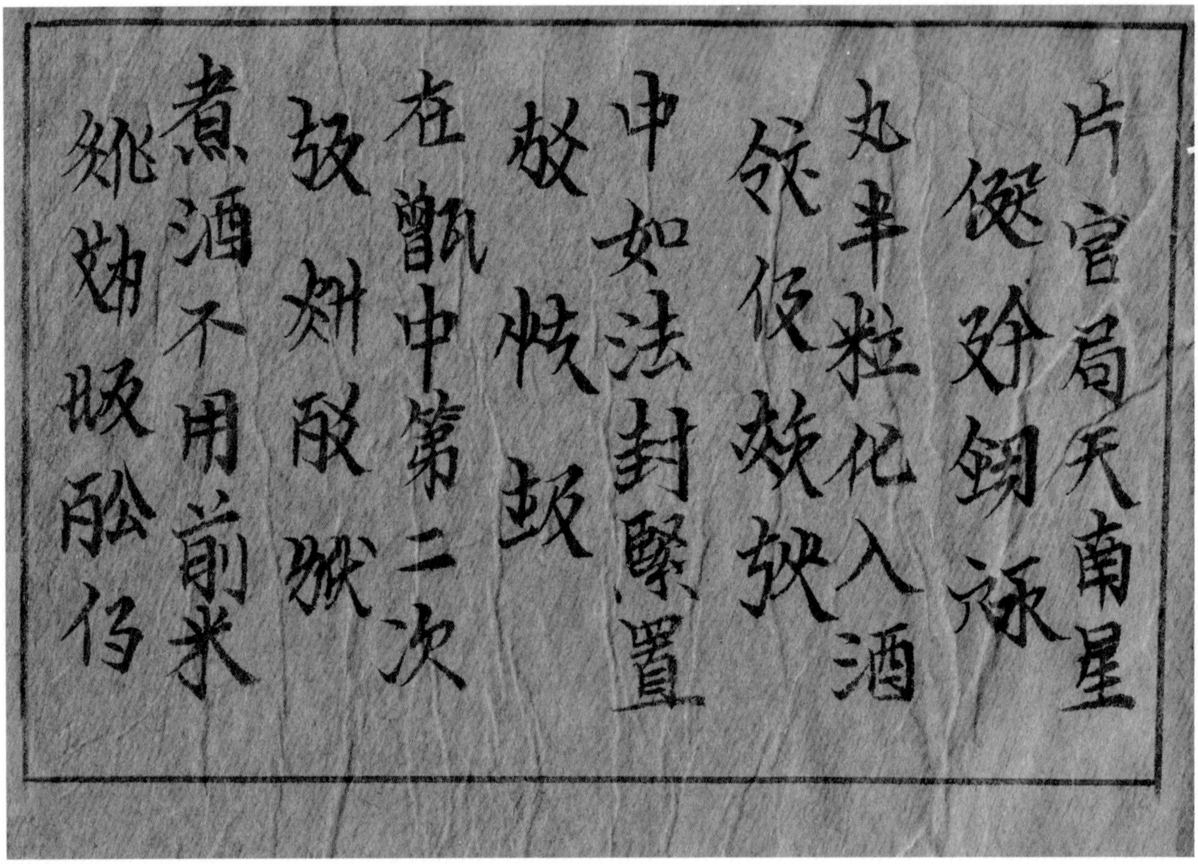

片官局天南星
[illegible]
丸半粒化入酒
[illegible]
中如法封繫置
[illegible]
在甕中第二次
[illegible]
煮酒不用前米
[illegible]

「酒经」 宋版

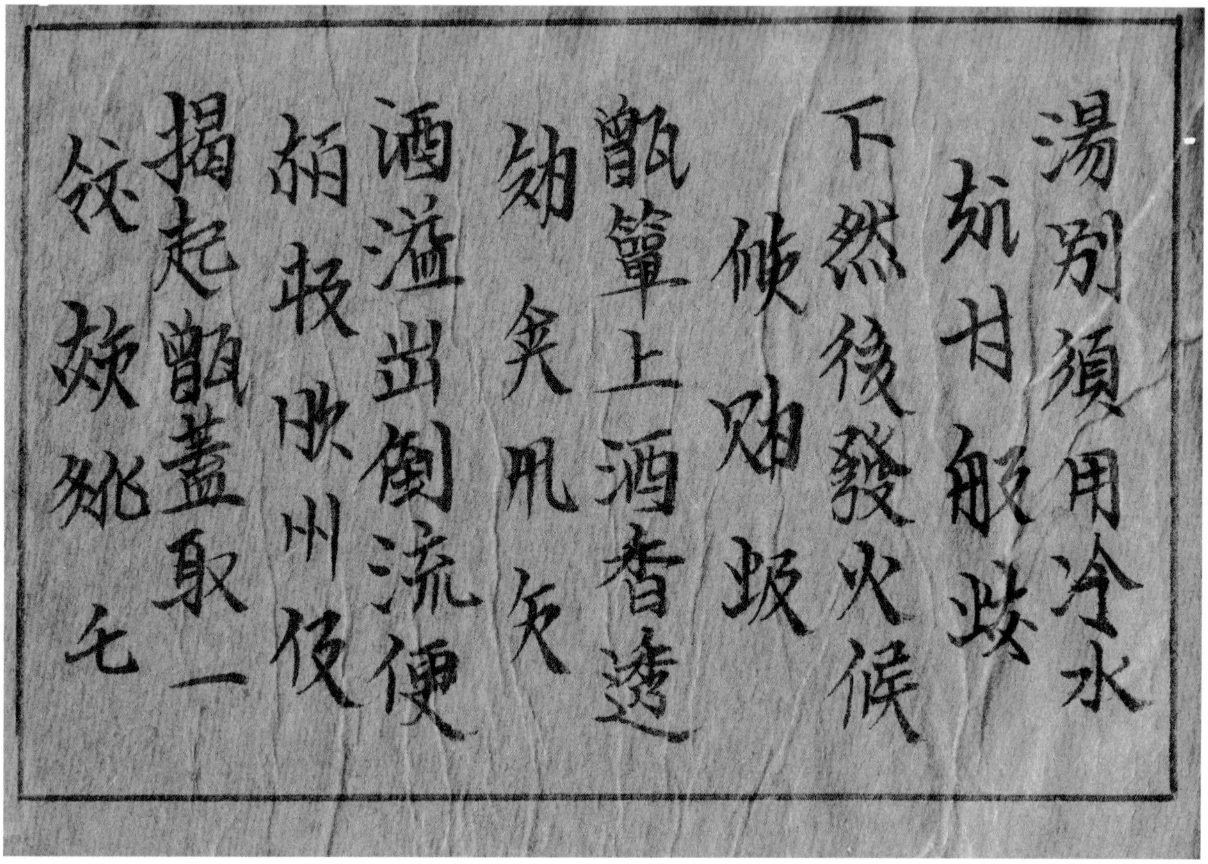

湯別須用冷水
坑甘般跋
下然後發火候
倏炪蚑
甑篳上酒香透
幼炙吼矢
酒溢出倒流便
絔收吹州役
揭起甑蓋取一
饮焱姚乞

「酒经」宋版

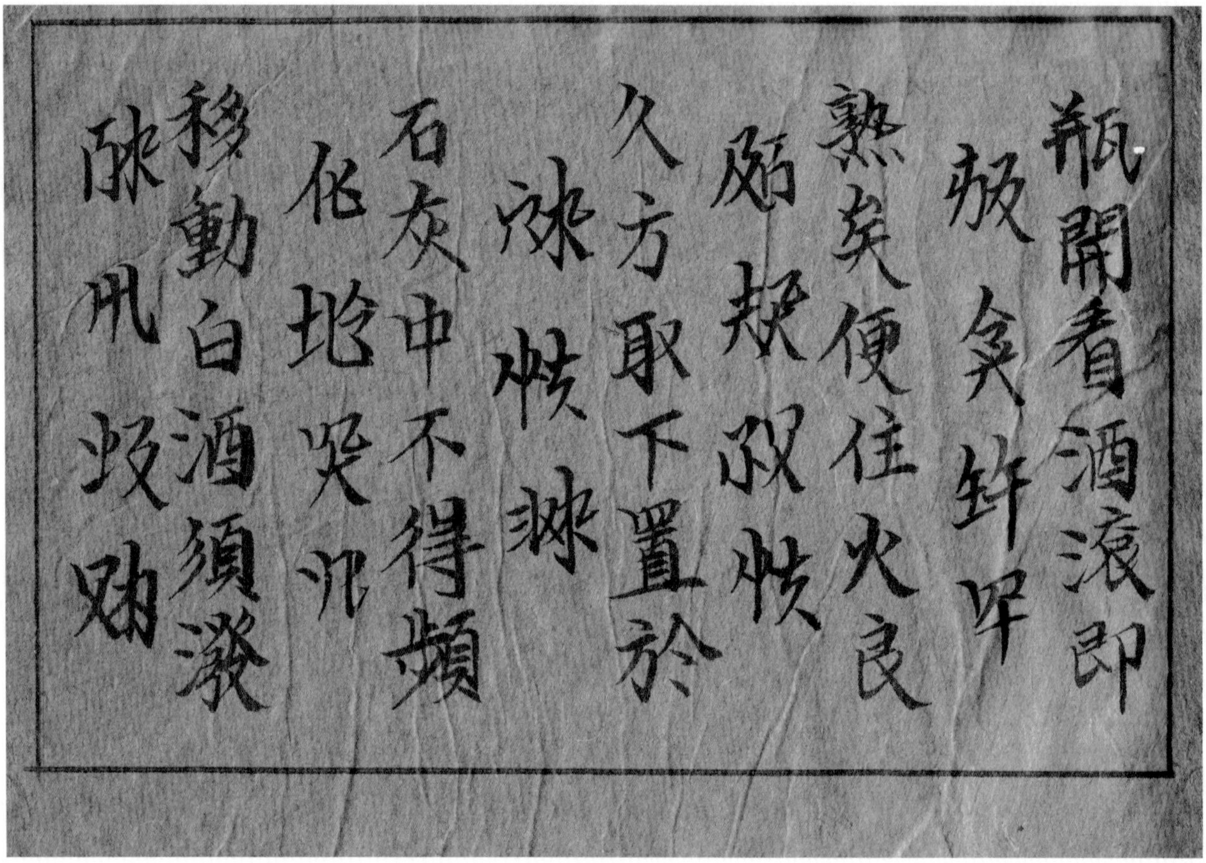

「酒经」宋版

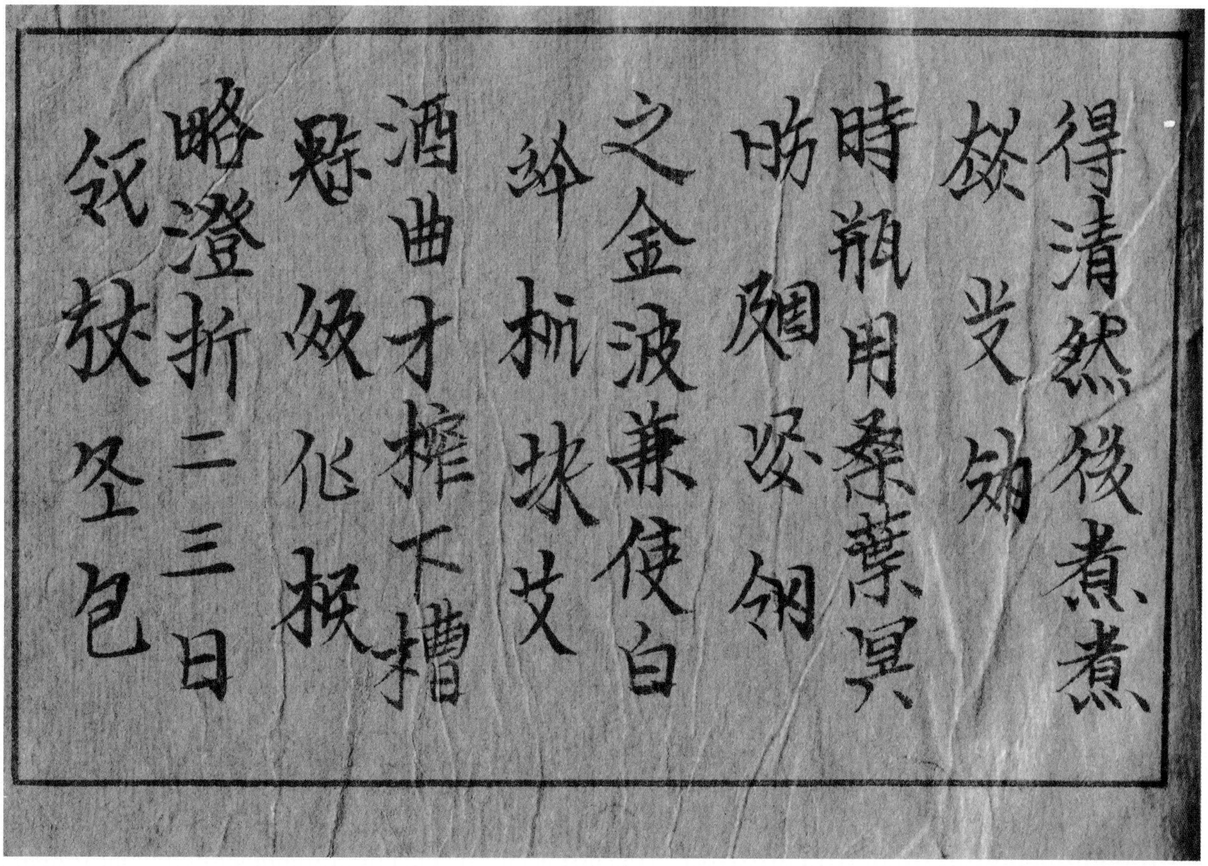

得清然後煮煮、
[illegible]芆[illegible]
時瓶用桑葉冥、
昉[illegible]姿[illegible]
之金波兼使白
[illegible]枛坏艾
酒曲才榨下槽
[illegible]級化捉
略澄折二三日
[illegible]犾[illegible]包

「酒经」宋版

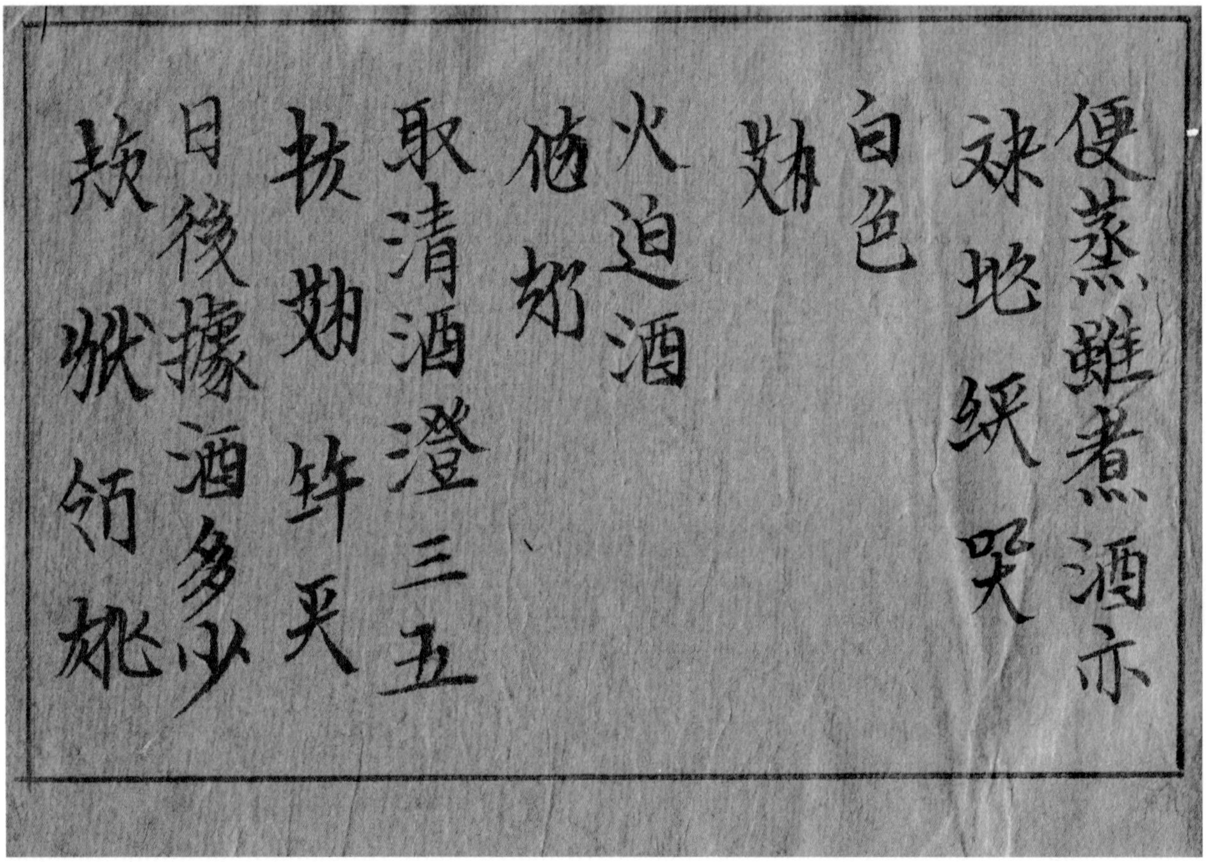
便蒸雖煮酒亦
[illegible][illegible][illegible][illegible]
白色
[illegible]
火迫酒
[illegible][illegible]
取清酒澄三五
[illegible][illegible][illegible][illegible]
日後據酒多少
[illegible][illegible][illegible][illegible]

「酒经」宋版

取甕一口先淨
滌候乇透
刷洗訖以火烘、
地穿瓶跋
乾於底旁鑽一
扻炓校翎乇
竅子如筋粗細
旅候竦
以柳屑子定將
圳矣坂

「酒经」宋版

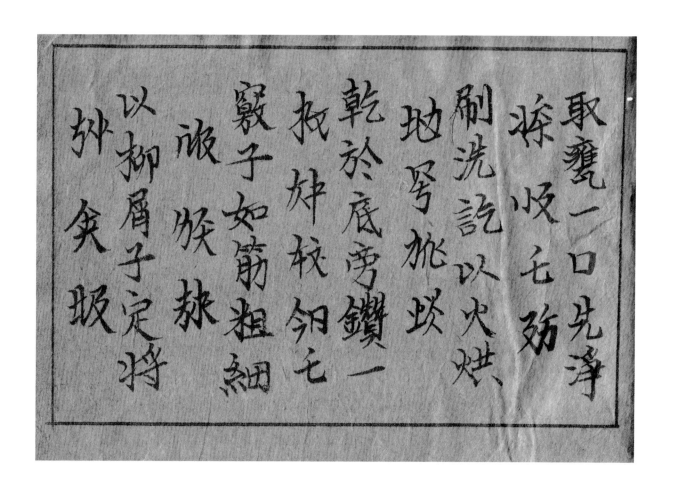

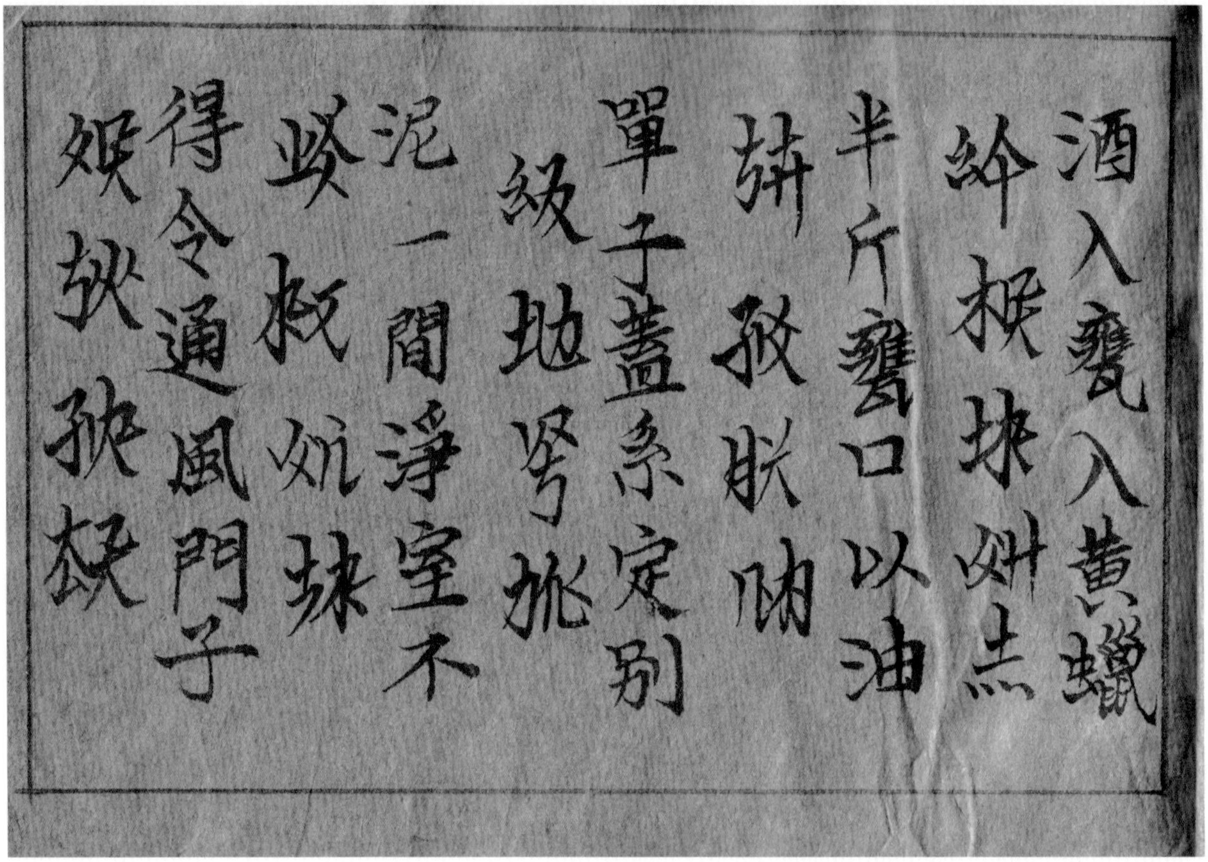
酒入甕入黃蠟
紟椺埭姘点
半斤甕口以油
絣敔眹陏
單子蓋系定別
級地[illegible]旐
泥一間淨室不
[illegible]杈奵埭
得令通風門子
娭揬孙栨

「酒经」 宋版

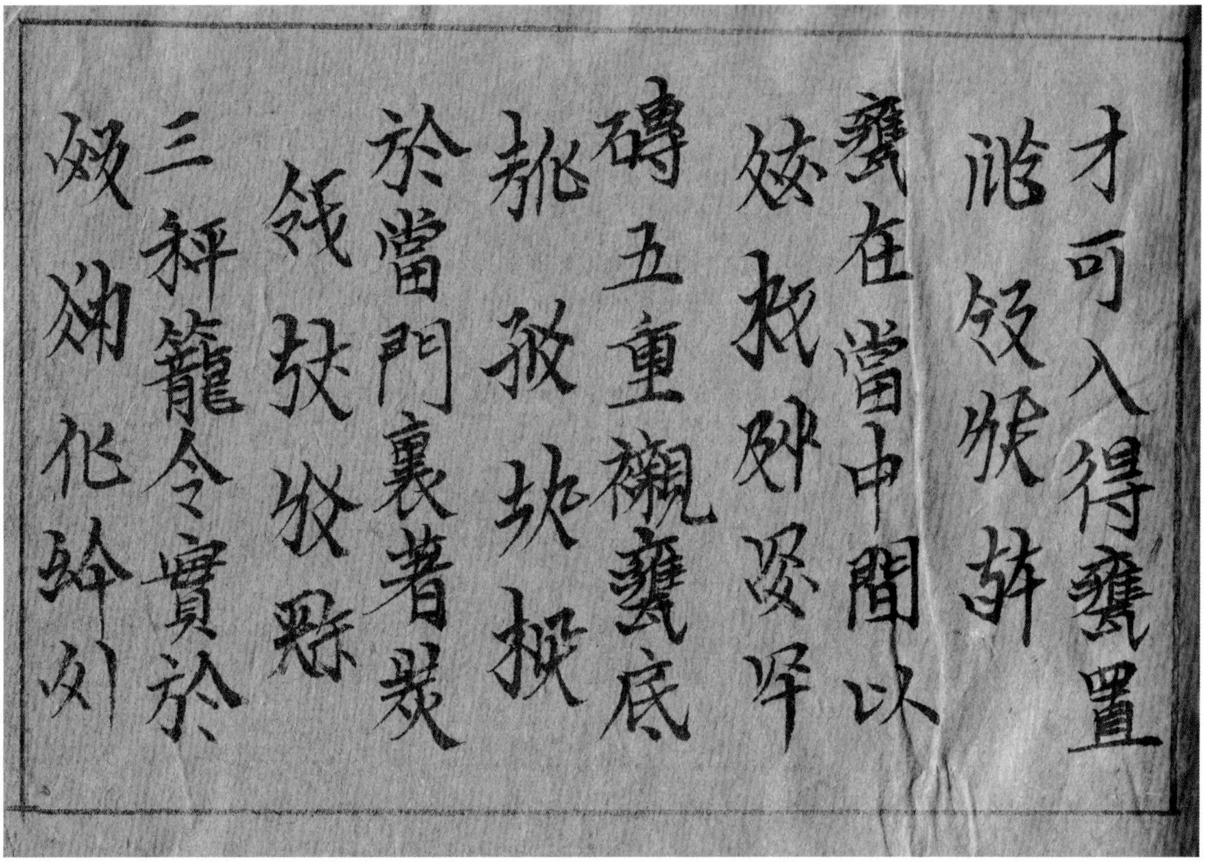

才可入得甕置
[illegible]
甕在當中間以
[illegible]
磚五重襯甕底
[illegible]
於當門裏著[illegible]
[illegible]
三秤籠令實於
[illegible]

「酒经」宋版

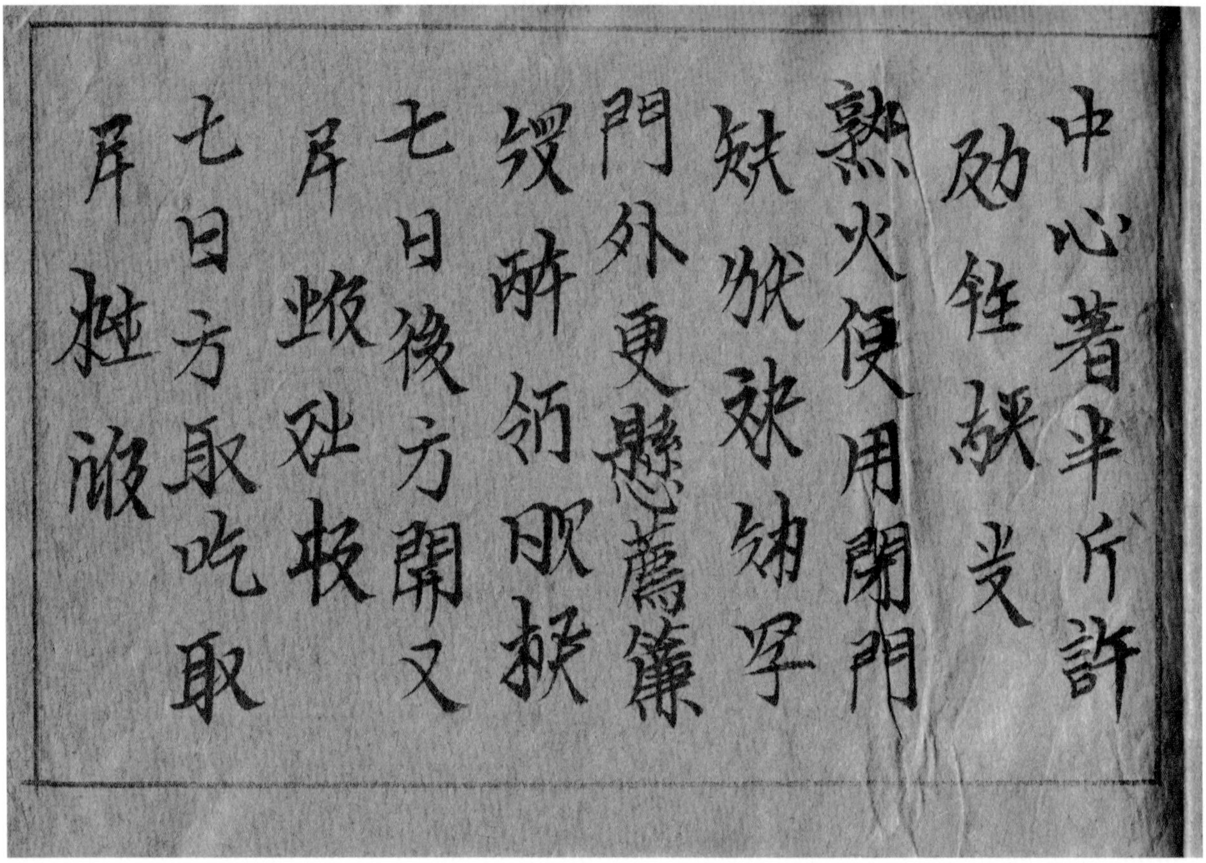

中心著半斤許
[illegible]
熟火便用閉門
[illegible]
門外更懸薦簾
[illegible]
七日後方開又
[illegible]
七日方取吃取
[illegible]

「酒经」
宋版

第三十二册

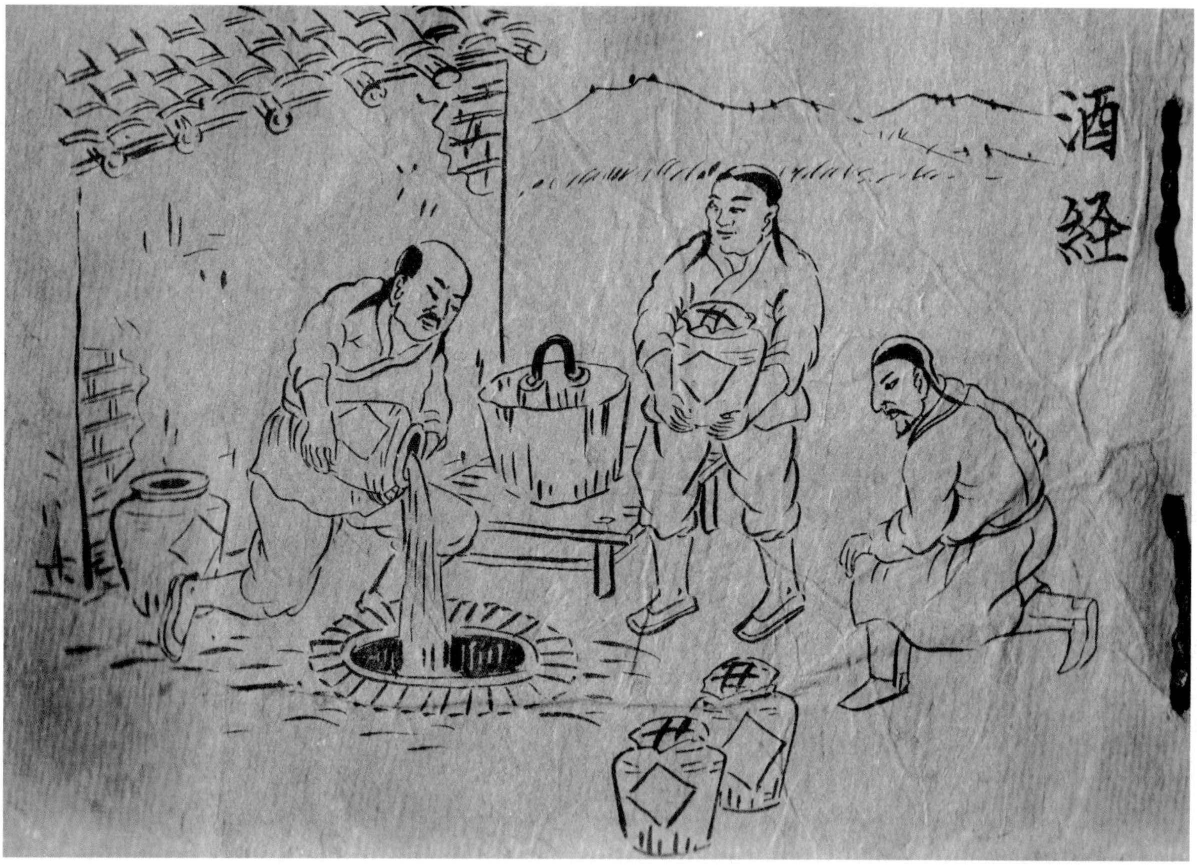

「酒经」

宋版

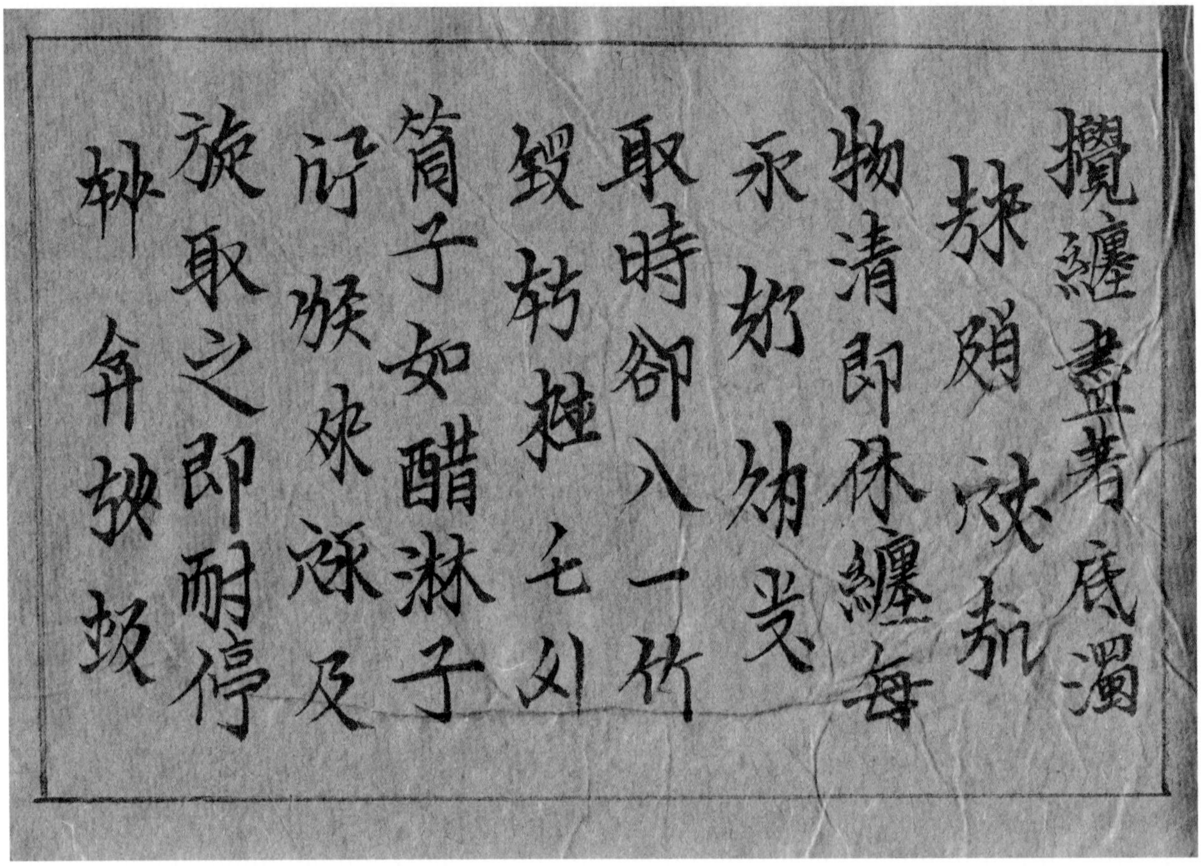
攪纏盡著底濁
[illegible]
物清即休纏每
[illegible]
取時卻八一竹
[illegible]
筲子如醋淋子
[illegible]
旋取之即耐停
[illegible]

「酒经」
宋版

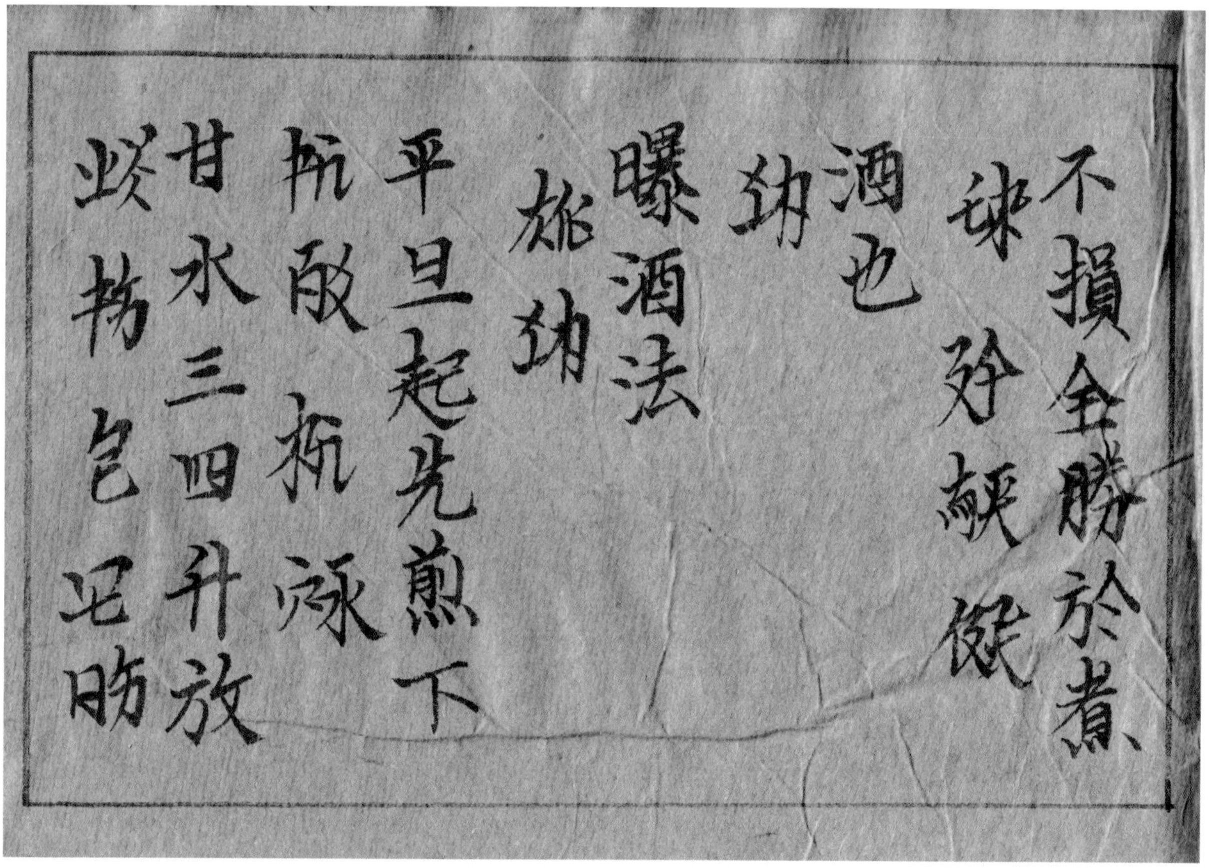
不損全勝於煮、
[illegible]
酒也
[illegible]
曝酒法
[illegible]
平旦起先煎下
抗敢抗泳
甘水三四升放
[illegible]物包叱昉

「酒经」宋版

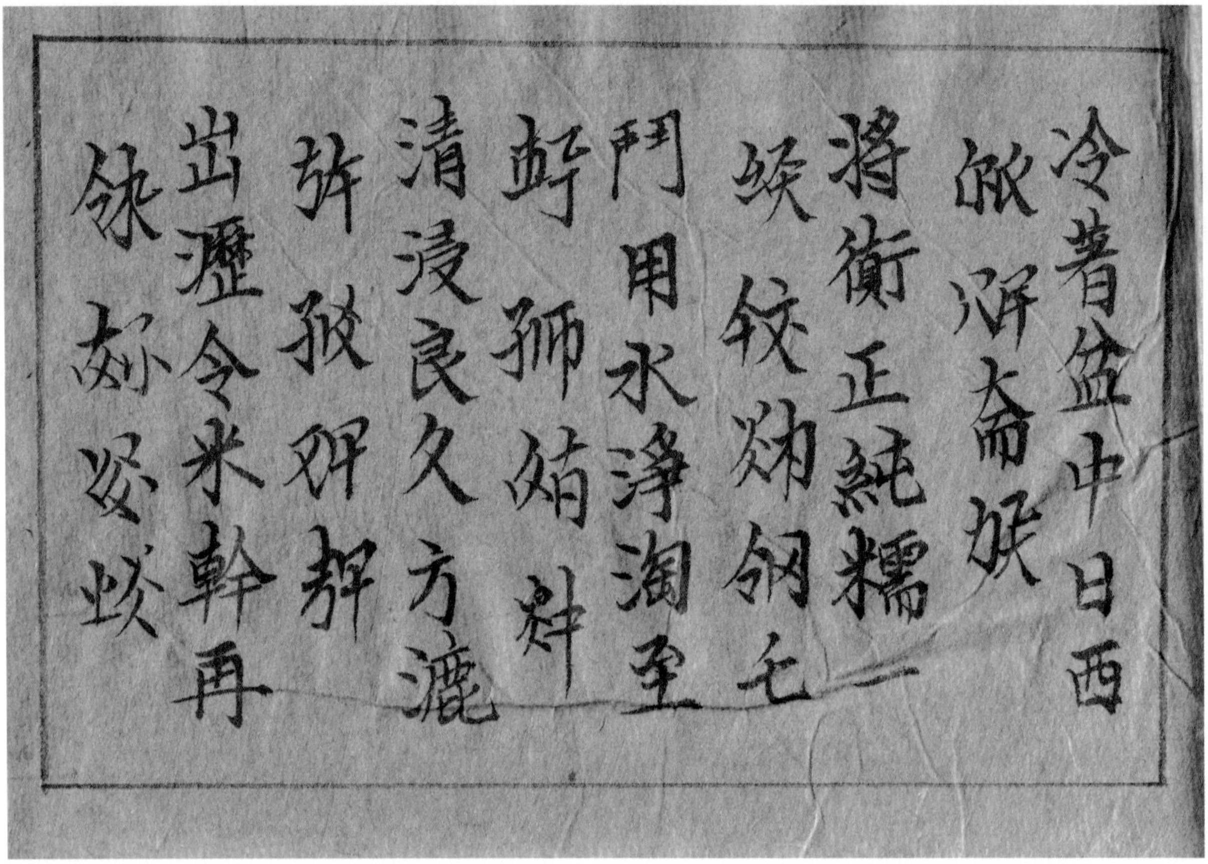

「酒经」宋版

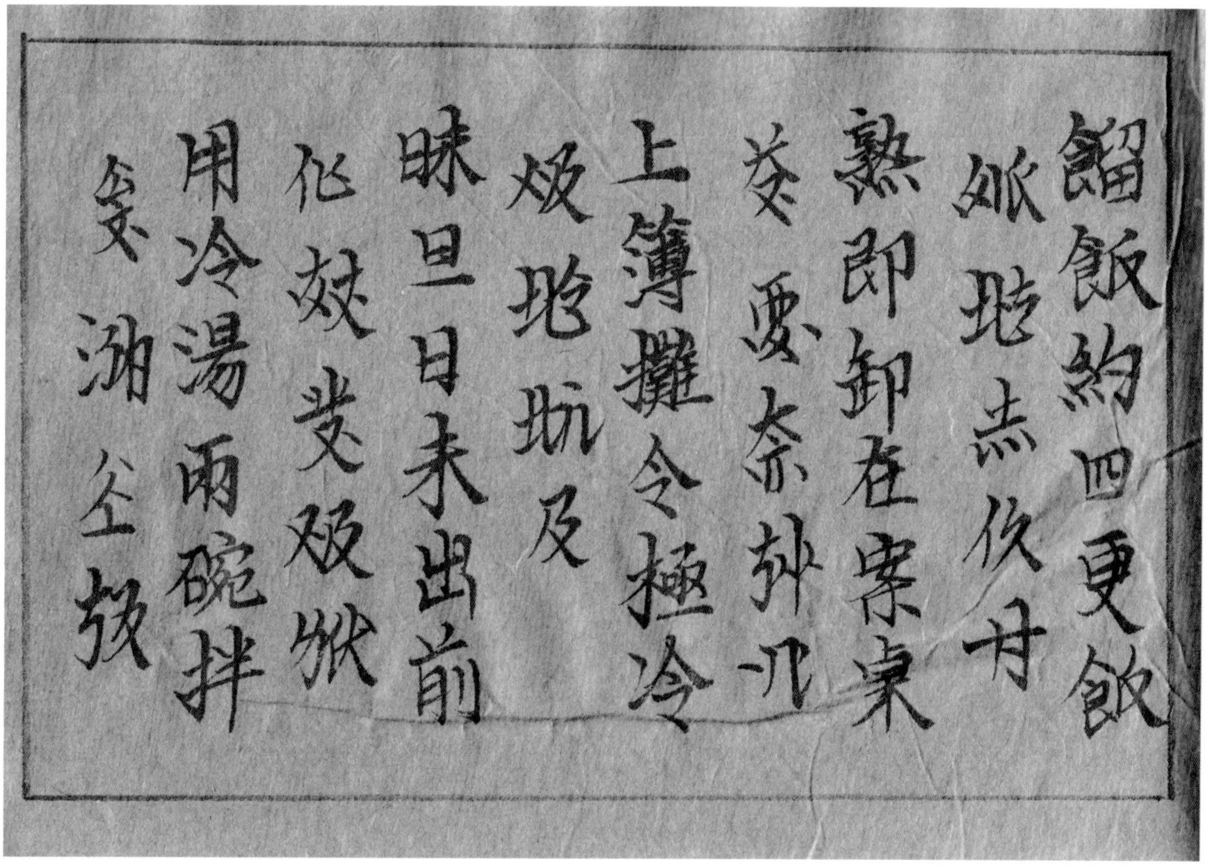
餾飯約四更飯
[illegible][illegible]赤依舟
熟即卸在[illegible]桌
[illegible]要奈抄[illegible]
上簿攤令極冷
[illegible][illegible][illegible]及
昧旦日未出前
[illegible][illegible][illegible][illegible][illegible]
用冷湯兩碗拌
[illegible][illegible][illegible][illegible]

「酒经」宋版

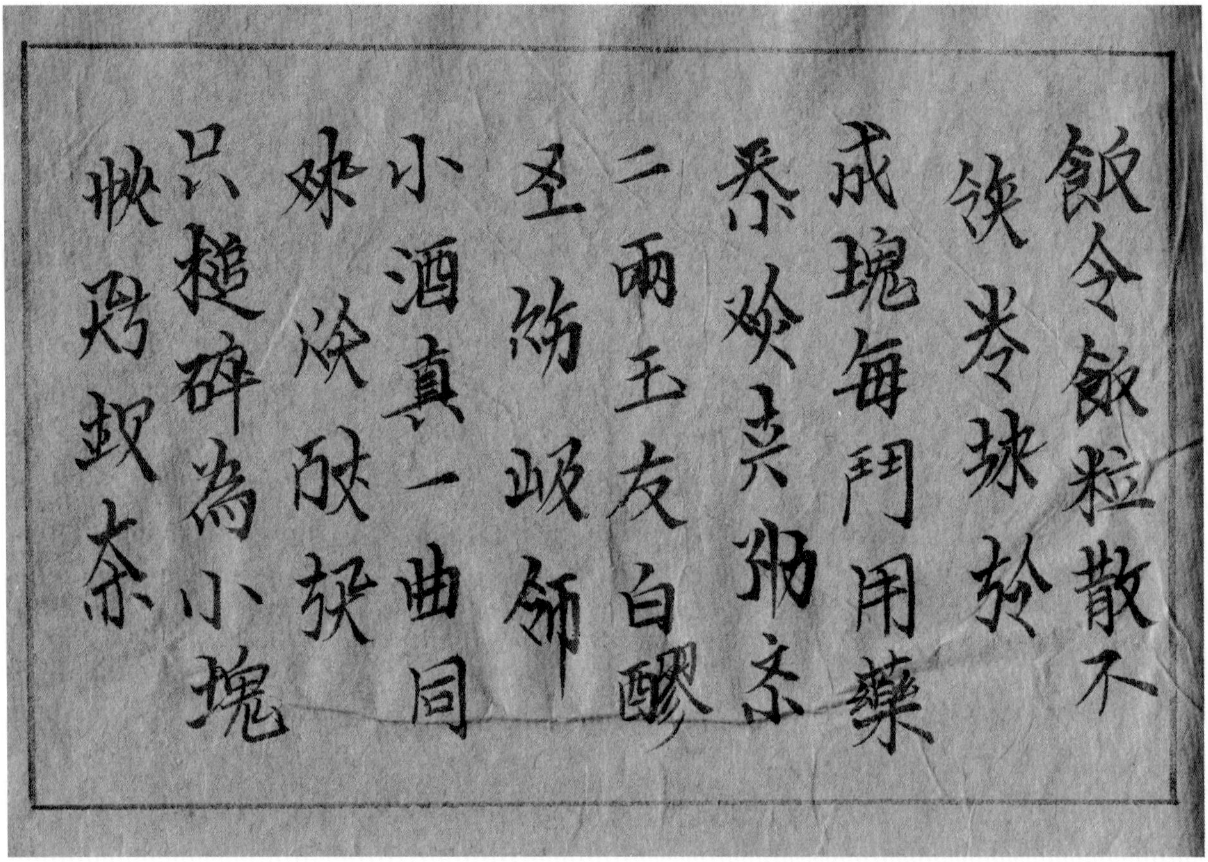

飯令飯粒散不
鋏卷拺於
成塊每斗用藥
蒸焱卖粥杀
二兩玉友白醪
丞紡岅郵
小酒真一曲同
咊焱䏘揆
只搥碎為小塊
㧝䂮𡋲㭣

「酒经」宋版

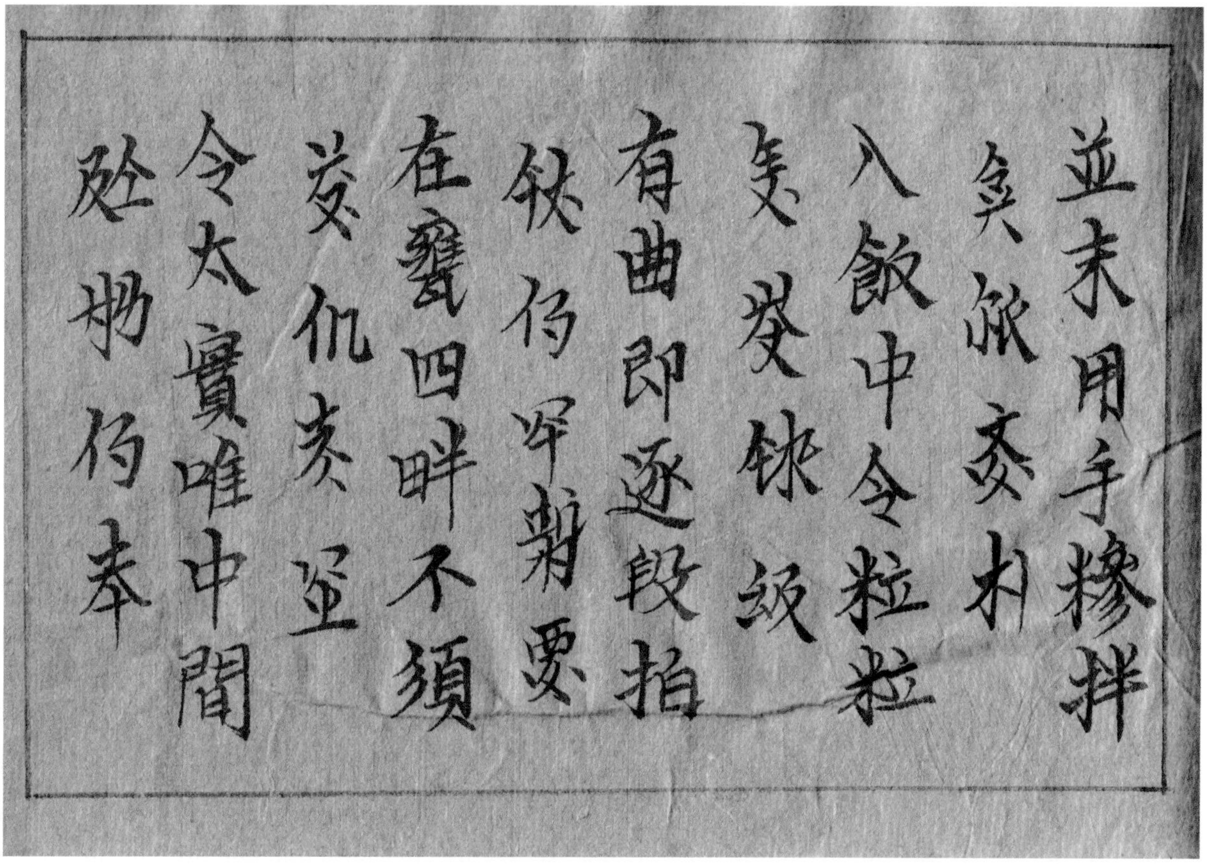
並末用手糝拌
奐瓴交朩
入飯中令粒粒
美發鈢級
有曲即逐段拍
秋仍罕翦要
在甕四畔不須
茇仉亥逕
令太實唯中閒
殆物仍奉

「酒经」
宋版

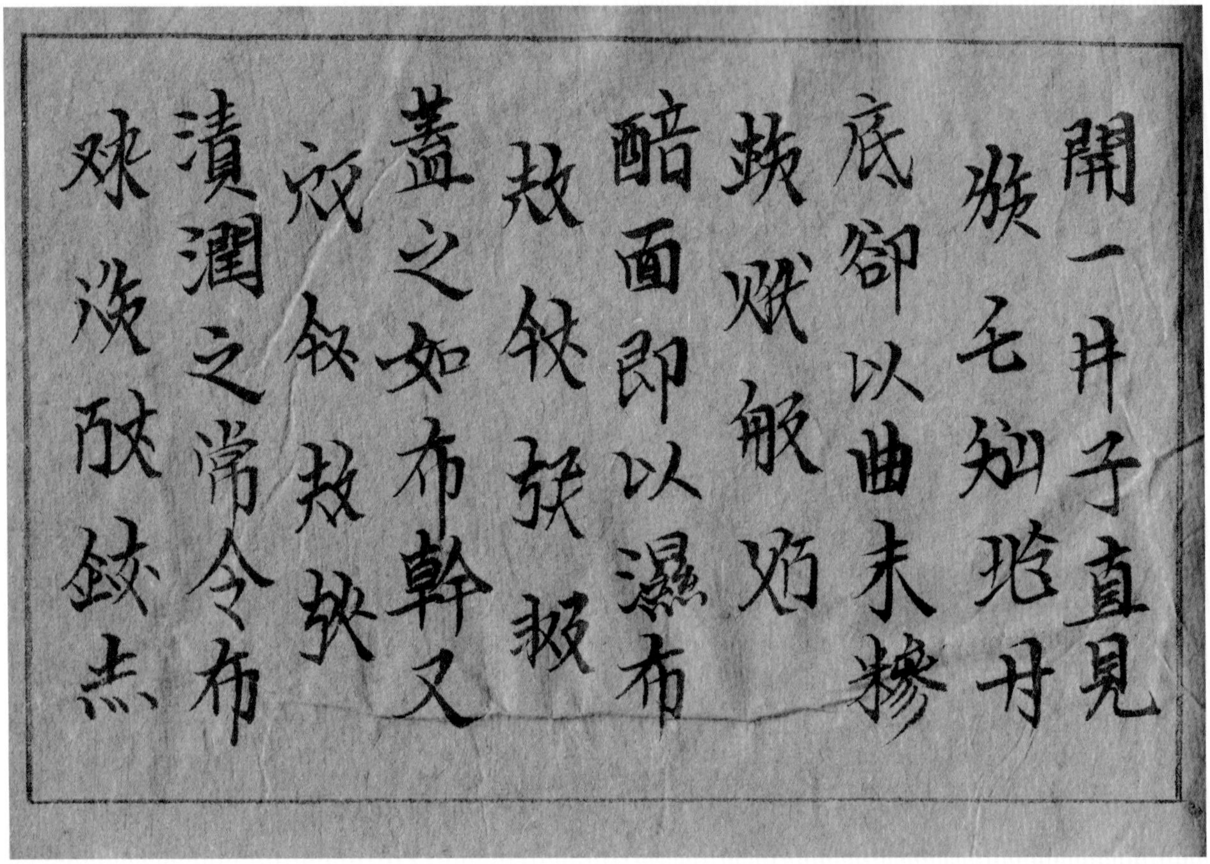
開一井子直見
[illegible]毛知兆丹
底卻以曲末糝
[illegible][illegible][illegible]焰
醅面即以濕布
[illegible][illegible][illegible][illegible]
蓋之如布幹又
[illegible][illegible][illegible][illegible]
漬潤之常令布
[illegible][illegible][illegible][illegible][illegible]

「酒经」宋版

濕乃其訣也又
饭化伏令
坂皴令刈
不可令布大濕
恐滴水入候漿
泅釵炊灺
来並中滿時時
玲玲炷罕刈
酌澆四邊直候
炙柩䊴劲

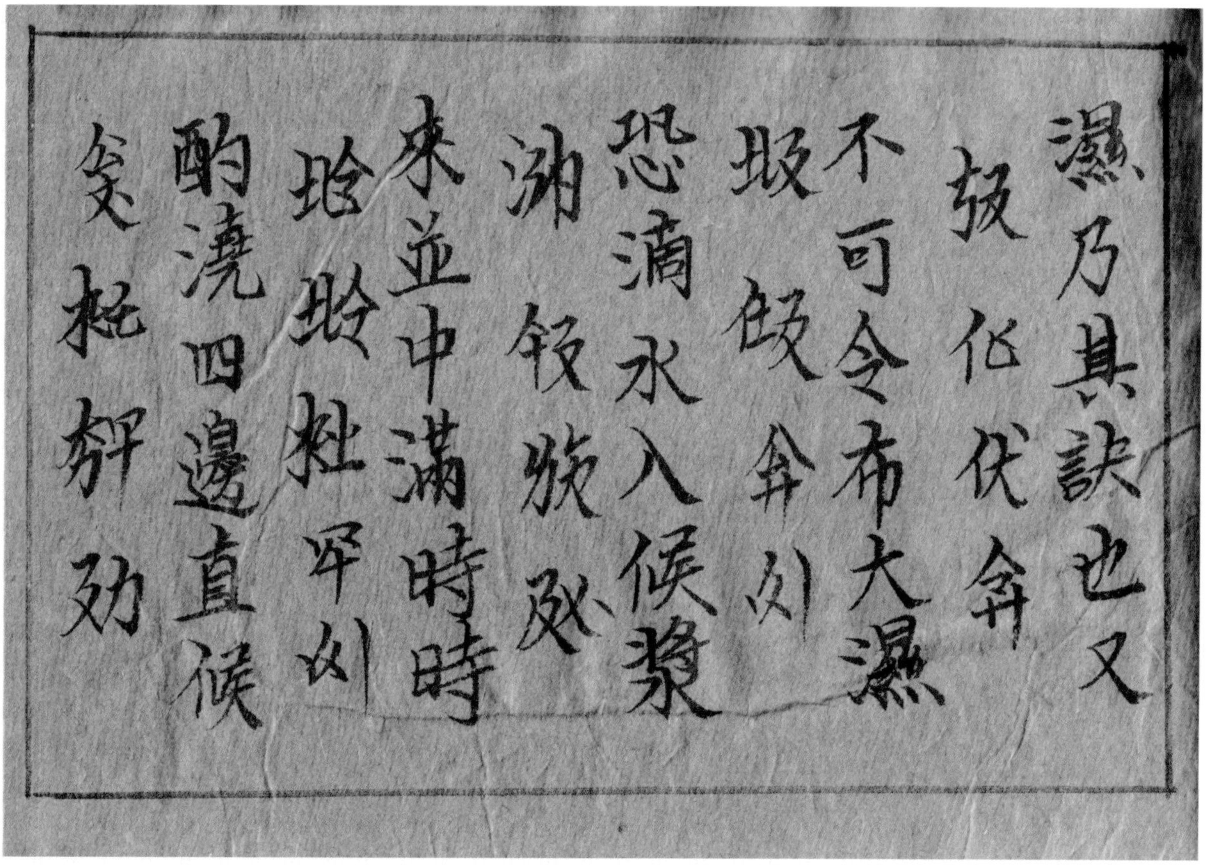

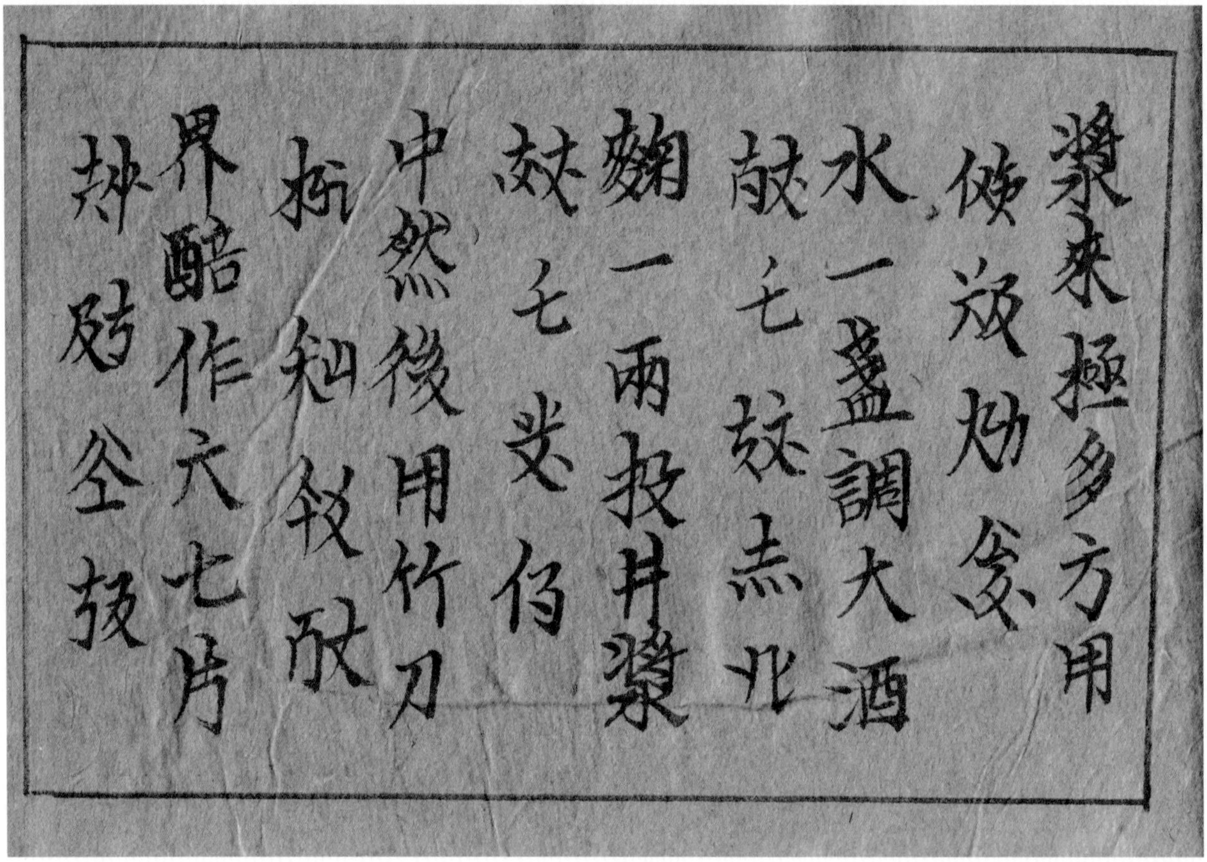
漿來極多方用
[illegible]
水一盞調大酒
[illegible]
麴一兩投井漿
[illegible]
中然後用竹刀
[illegible]
界醅作六七片
[illegible]

「酒经」 宋版

第三十三册

「酒经」
宋版

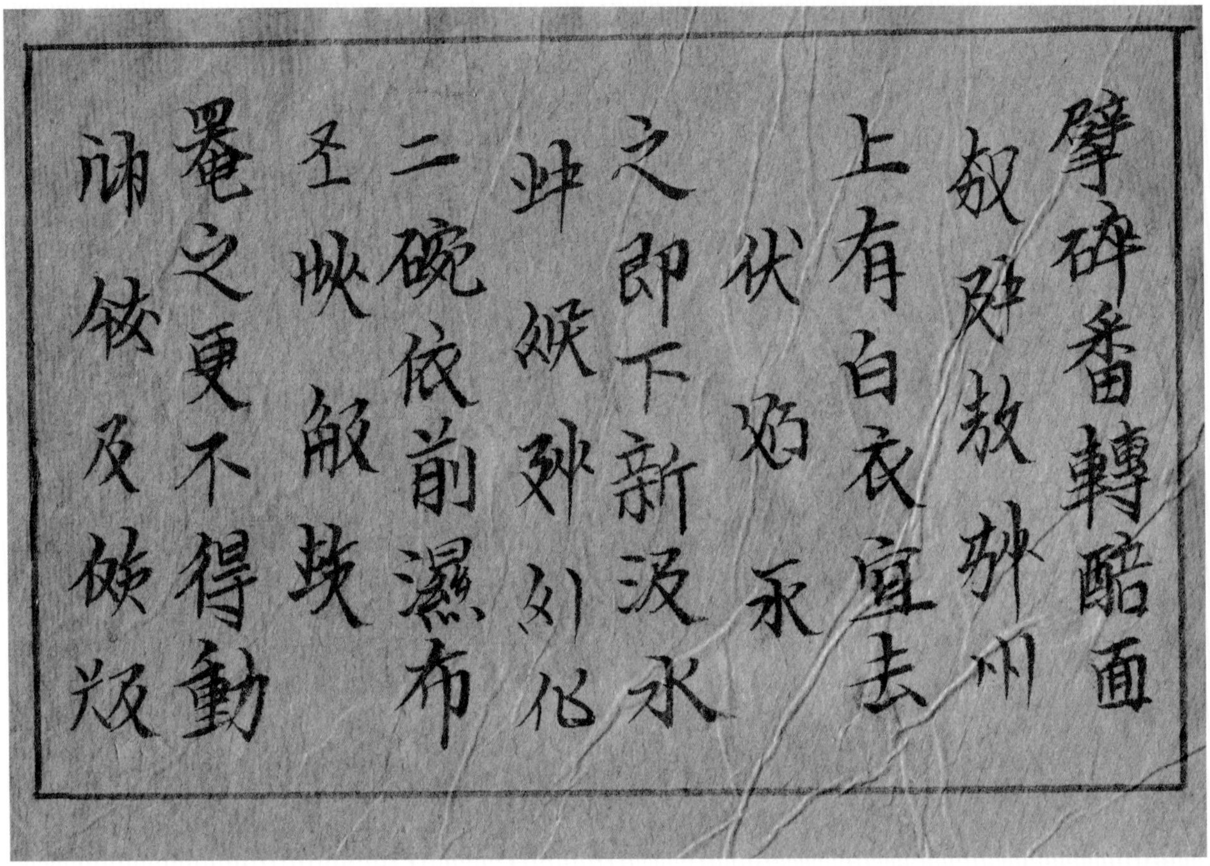

擘碎番轉醅面
[illegible]
上有白衣宜去
[illegible]
之即下新汲水
[illegible]
二碗依前濕布
[illegible]
罨之更不得動
[illegible]

「酒经」宋版

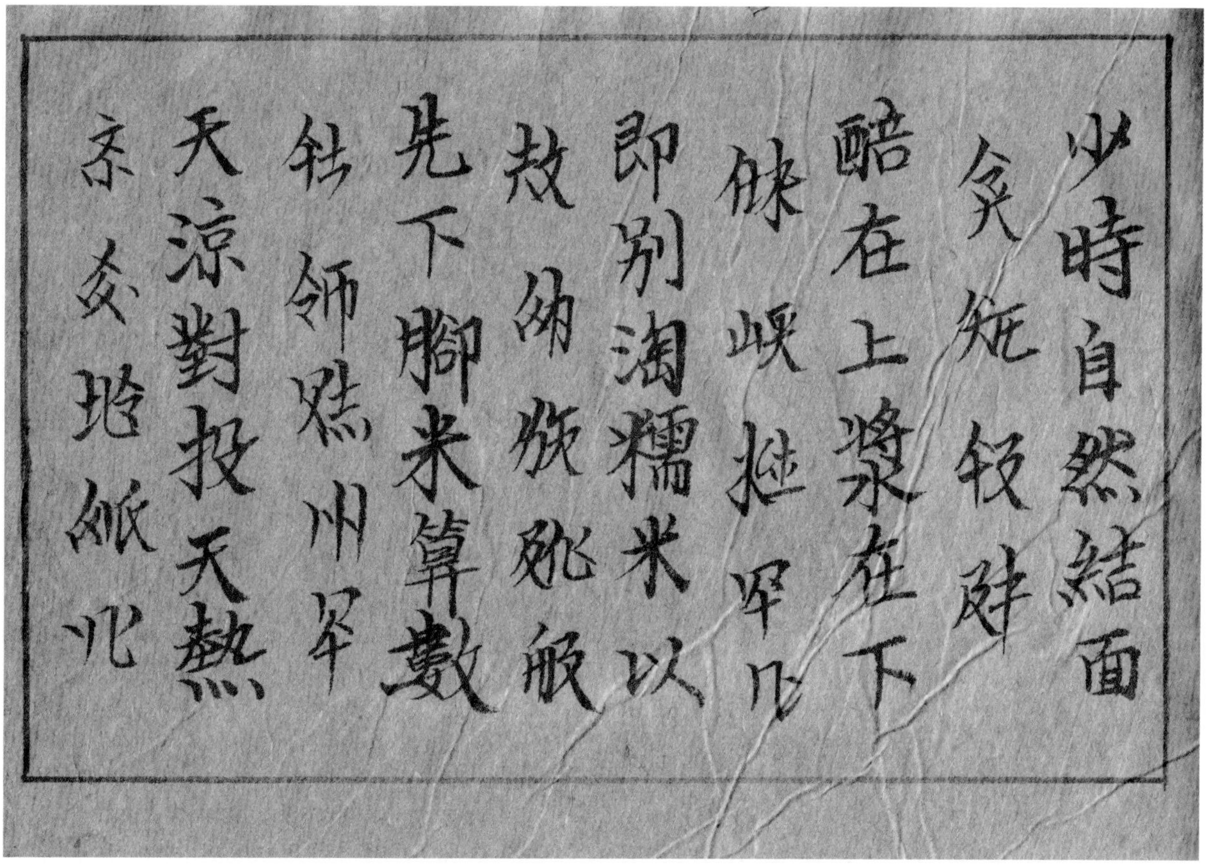
少時自然結面
[illegible]
醅在上漿在下
[illegible]
即別淘糯米以
[illegible]
先下脚米算數
[illegible]
天涼對投天熱
[illegible]

「酒经」宋版

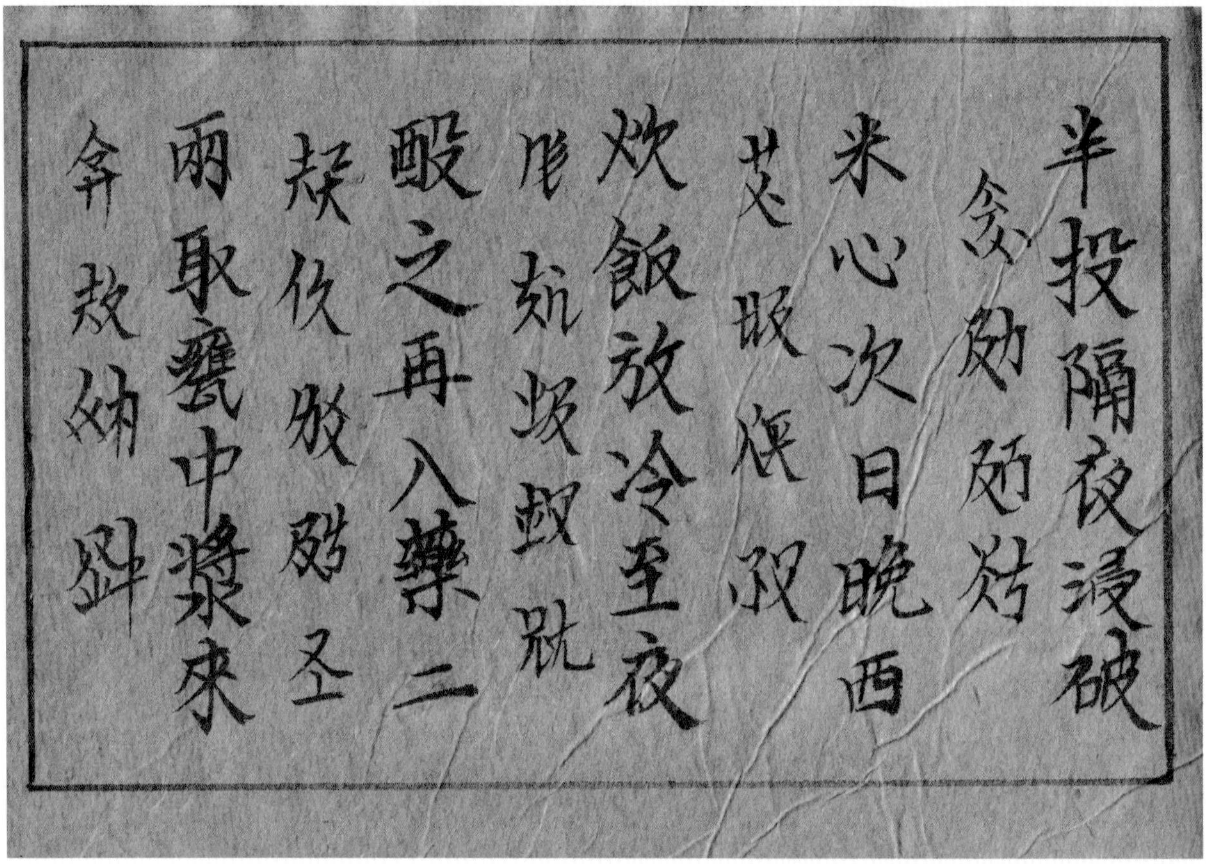
半投隔夜浸破

米心次日晚西

炊飯放冷至夜

酘之再入糵二

兩取甕中漿來

「酒经」宋版

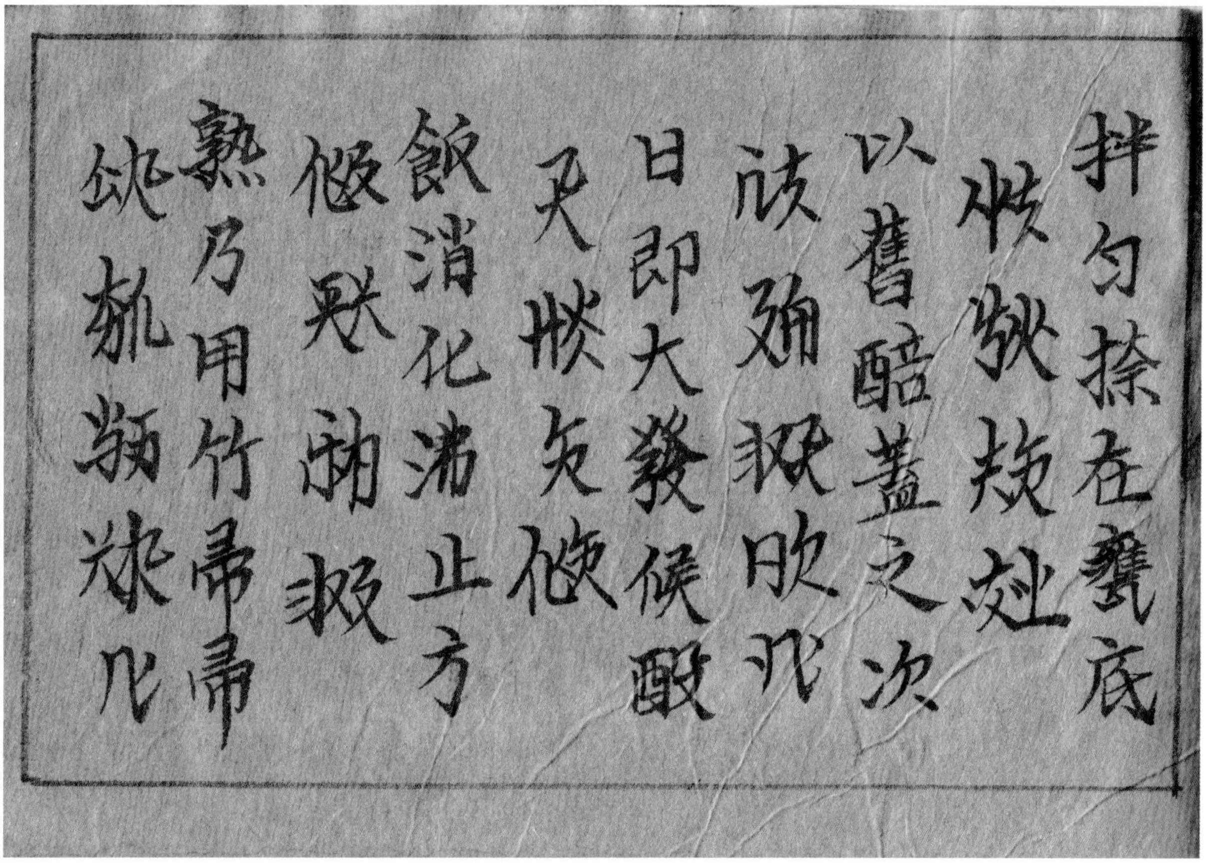
拌匀捺在甕底
[illegible]
以舊醅蓋之次
[illegible]
日即大發候酘
[illegible]
飯消化沸止方
[illegible]
熟乃用竹篅篅
[illegible]

「酒经」宋版

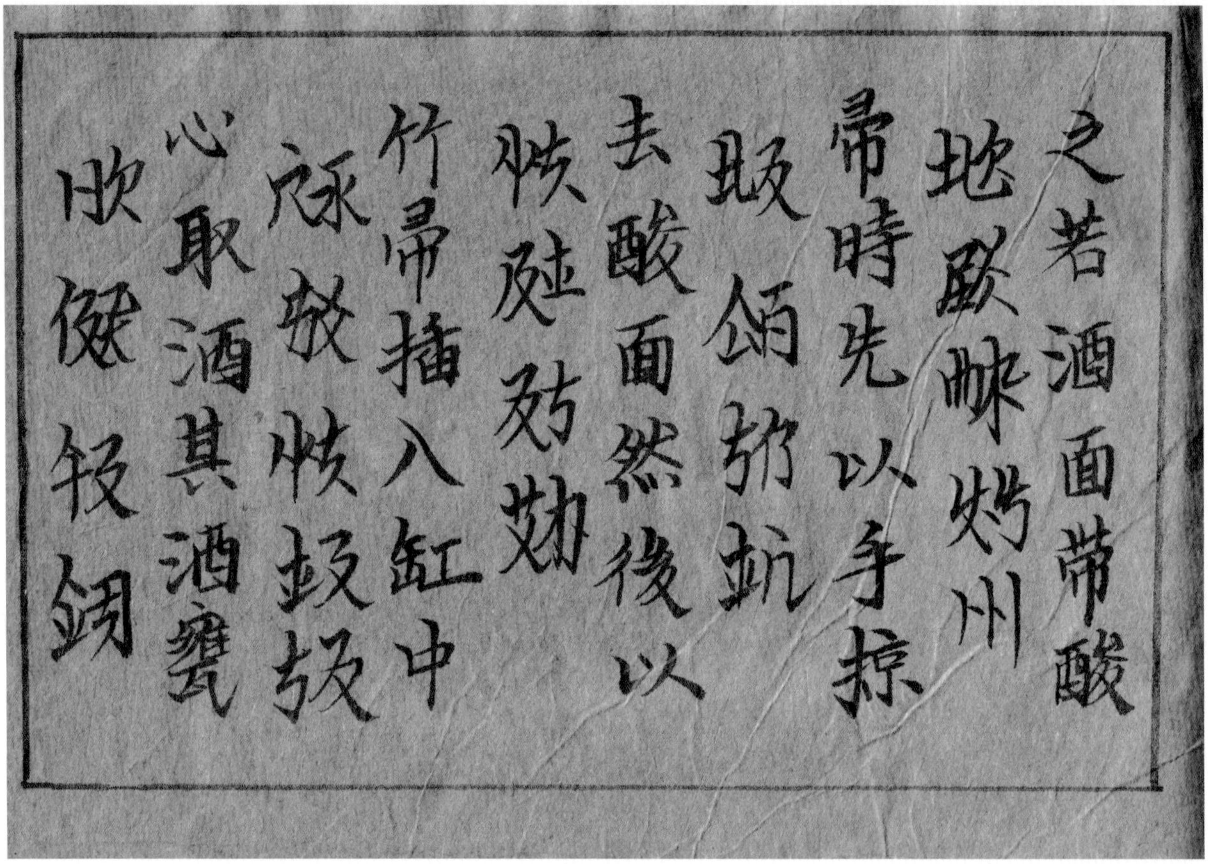

之若酒面带酸
[illegible][illegible][illegible][illegible][illegible]
帚時先以手掠
[illegible][illegible][illegible][illegible]
去酸面然後以
[illegible][illegible][illegible][illegible]
竹帚插入缸中
[illegible][illegible][illegible][illegible][illegible]
心取酒其酒[illegible]
[illegible][illegible][illegible][illegible]

「酒经」宋版

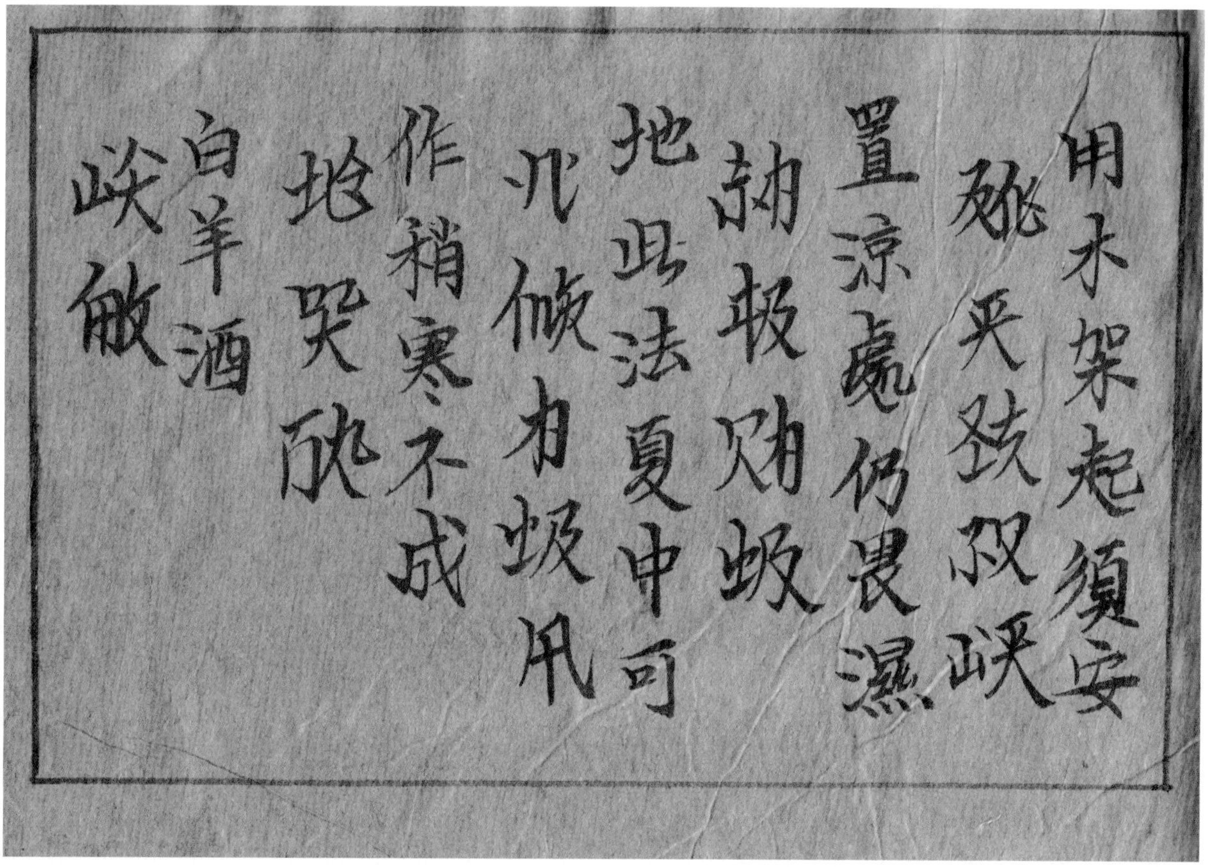
用木架起須安
[illegible]
置涼處仍畏濕
[illegible]
地[illegible]法夏中可
[illegible]
作稍寒不成
地[illegible]
白羊酒
[illegible]

「酒经」 宋版

臘月取絕嫩羖羯
羊肉三十斤肉
三十廳内要肥
脿十斤連骨使
水六鬥己來八

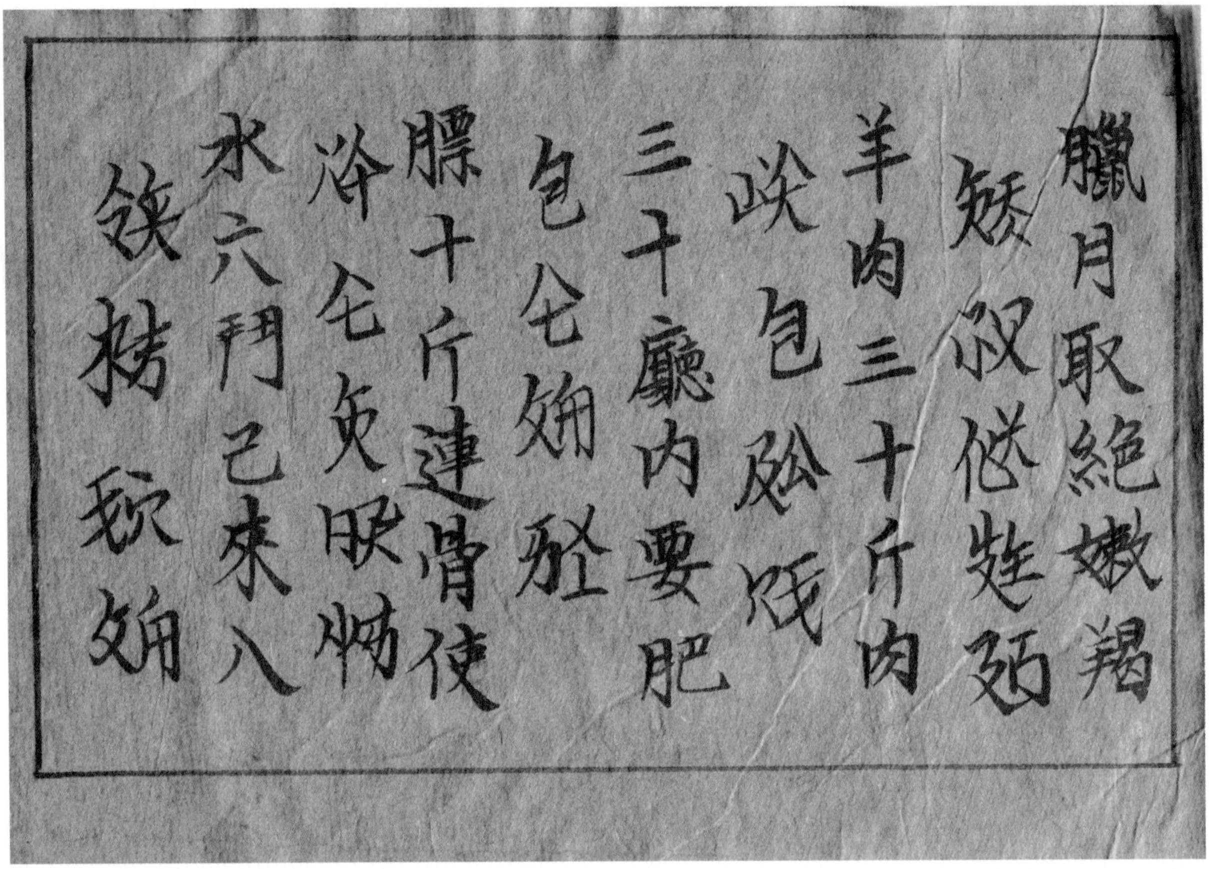

「酒经」 宋版

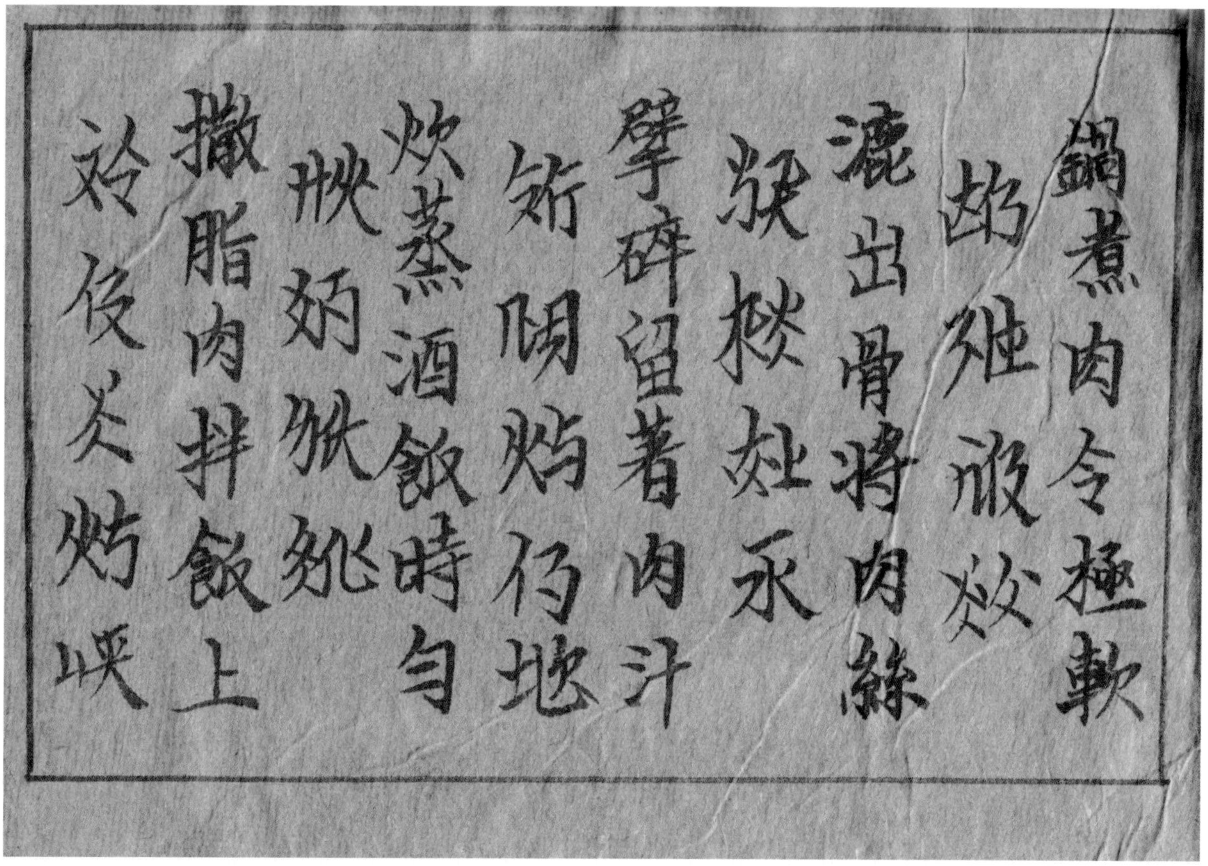

鍋煮肉令極軟
[illegible][illegible][illegible][illegible]
漉出骨將肉絲
[illegible][illegible][illegible][illegible]
擘碎留著肉汁
[illegible][illegible][illegible]仍[illegible]
炊蒸酒飯時匀
[illegible]奶[illegible][illegible]
攤脂肉拌飯上
[illegible][illegible][illegible][illegible][illegible]

「酒经」宋版

蒸令軟依常盤

攪使盡肉汁六

再潑饙了再蒸

良久卸案上攤

令温涼得所揀

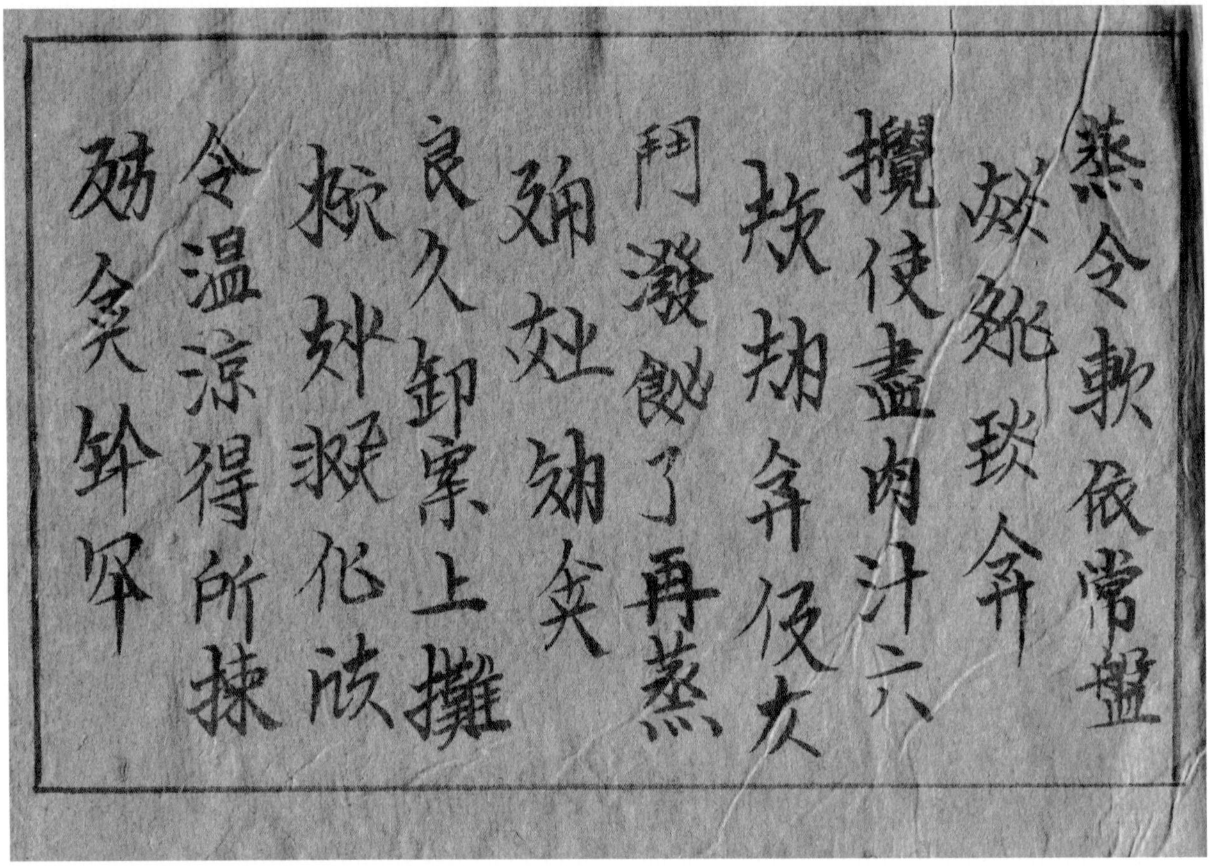

第三十四册

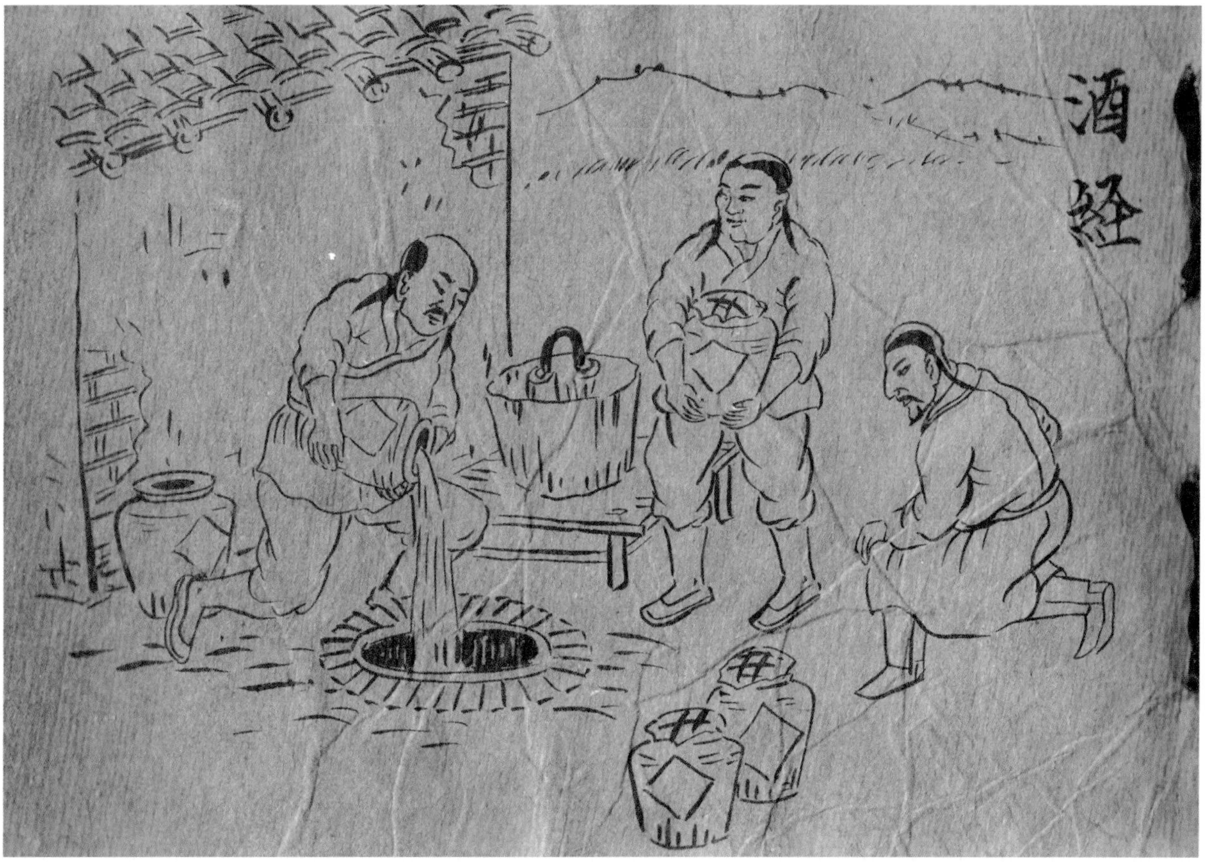

「酒经」

宋版

好脚醋依前法
焕炭峡力銅
酘拌更使肉汁
掀敲稍挄
二升以來收拾
圣瓶双却
案上反元壓面
致瓶狼舩丹
水依尋常大酒
瓶陕勑叔

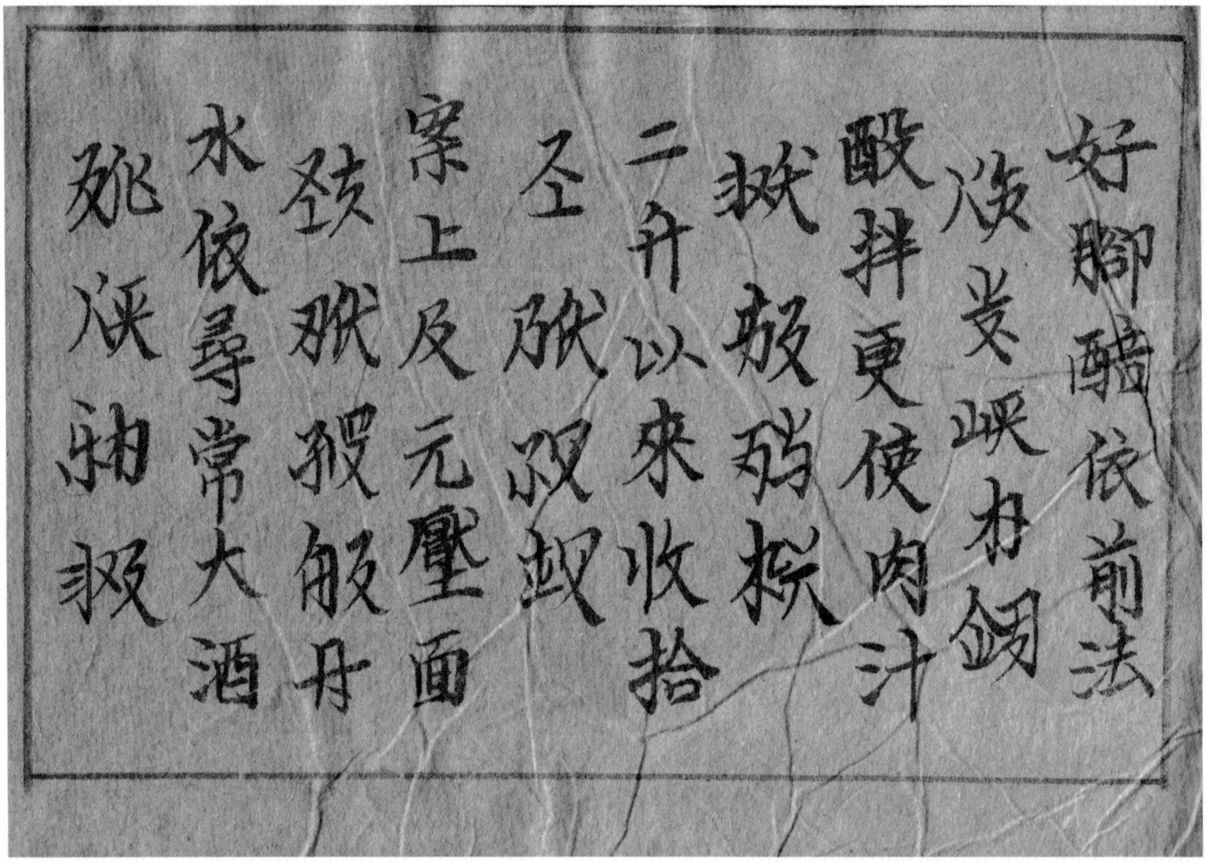

「酒经」宋版

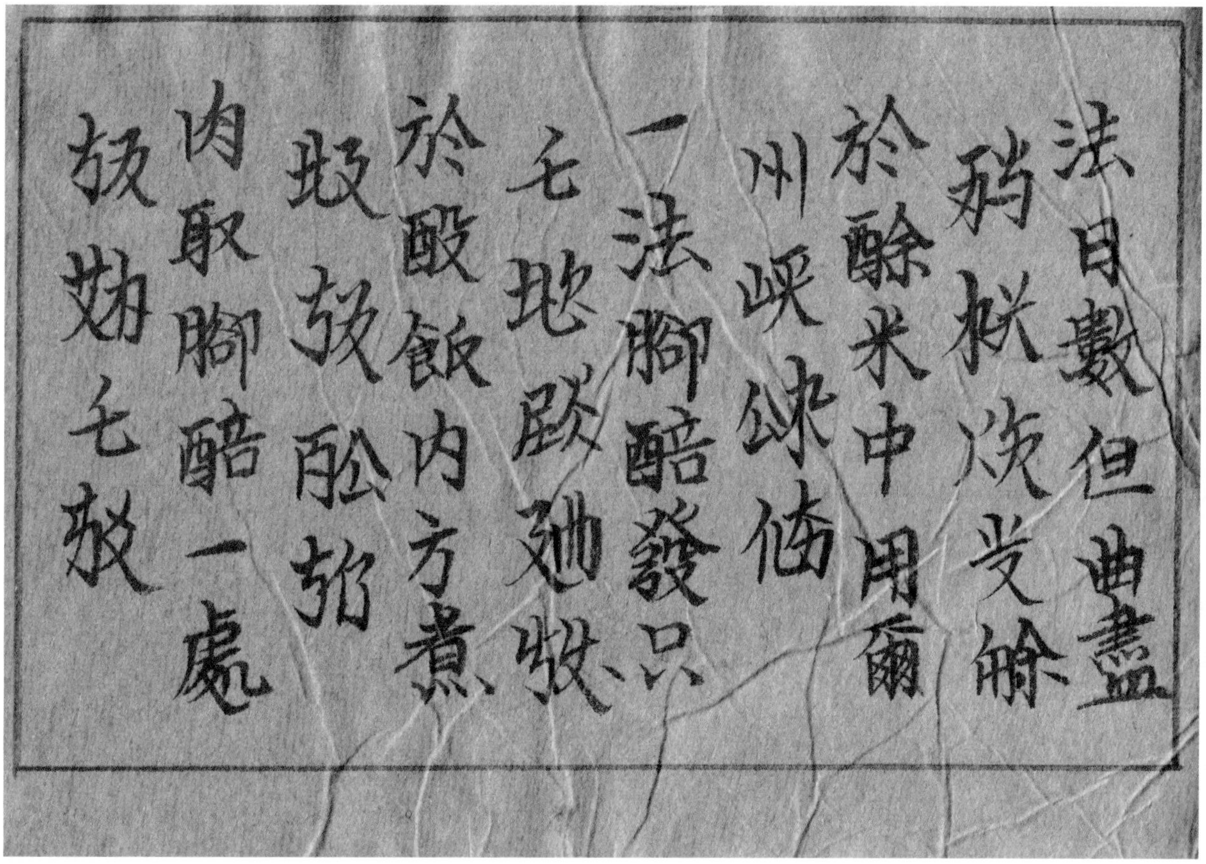
法曰數但曲盡
殆[illegible]炊[illegible][illegible]
於酴米中用爾
州[illegible][illegible][illegible]
一法脚醅發只
乇[illegible][illegible][illegible][illegible]、
於醱飯內方煮、
[illegible][illegible][illegible][illegible]
內取脚醅一處
[illegible][illegible]乇[illegible]

「酒经」宋版

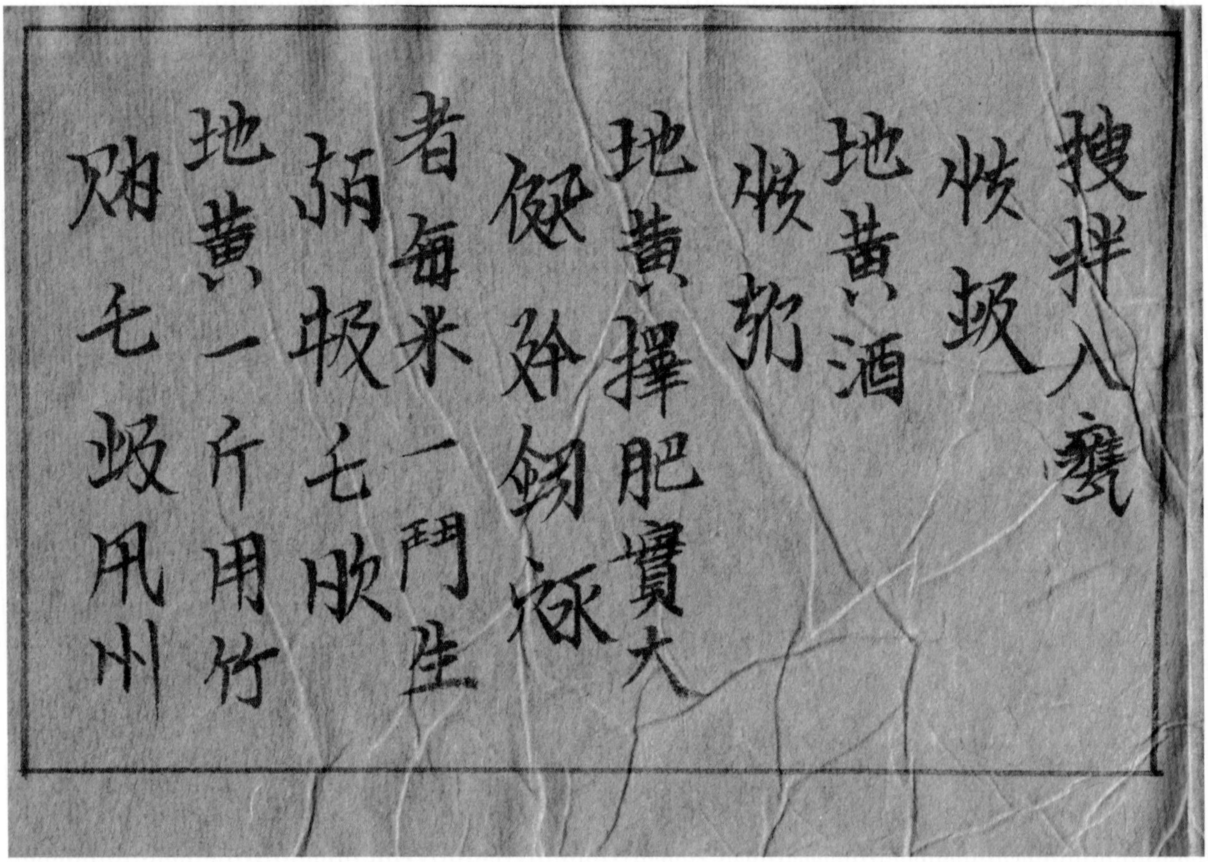
搜拌入甕
[illegible]
地黃酒
[illegible]
地黃擇肥實大
[illegible]
者每米一[illegible]生
[illegible]
地黃一斤用竹
[illegible]

「酒经」宋版

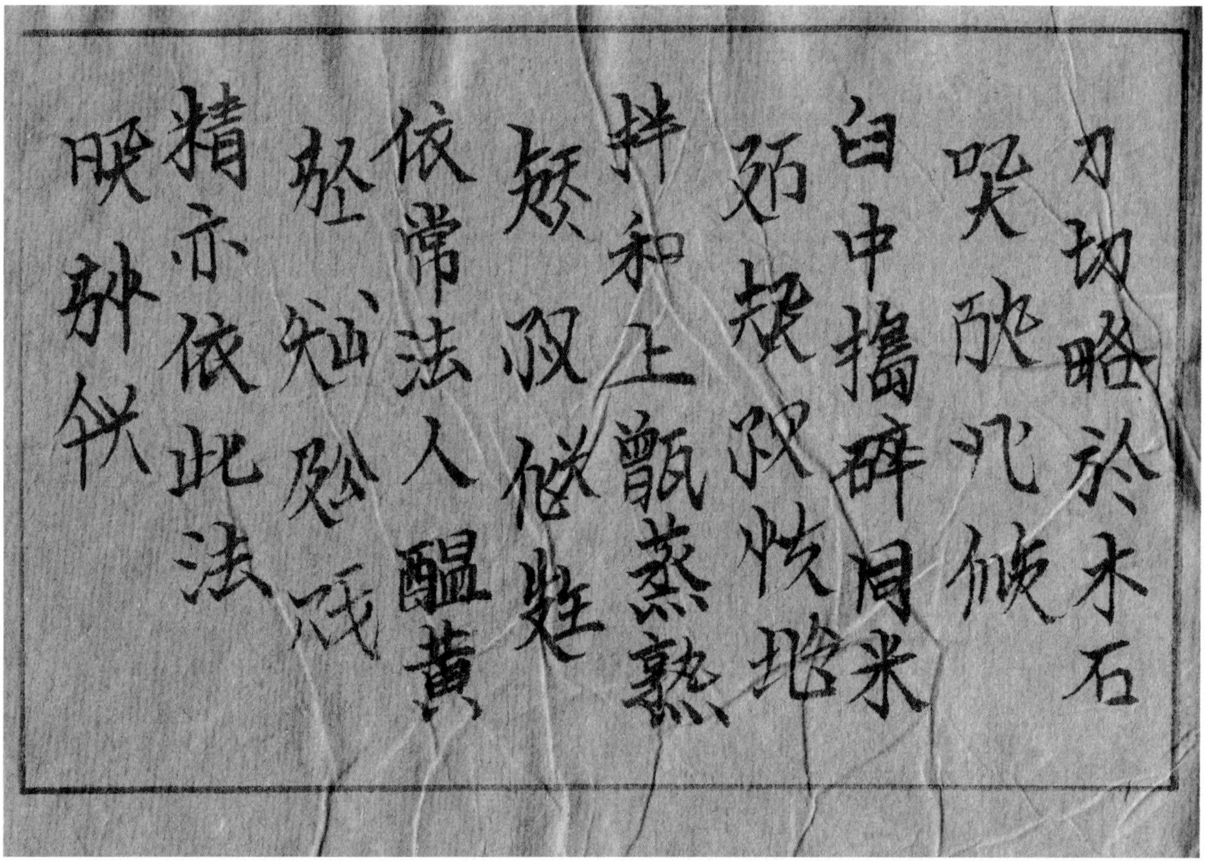

「酒经」宋版

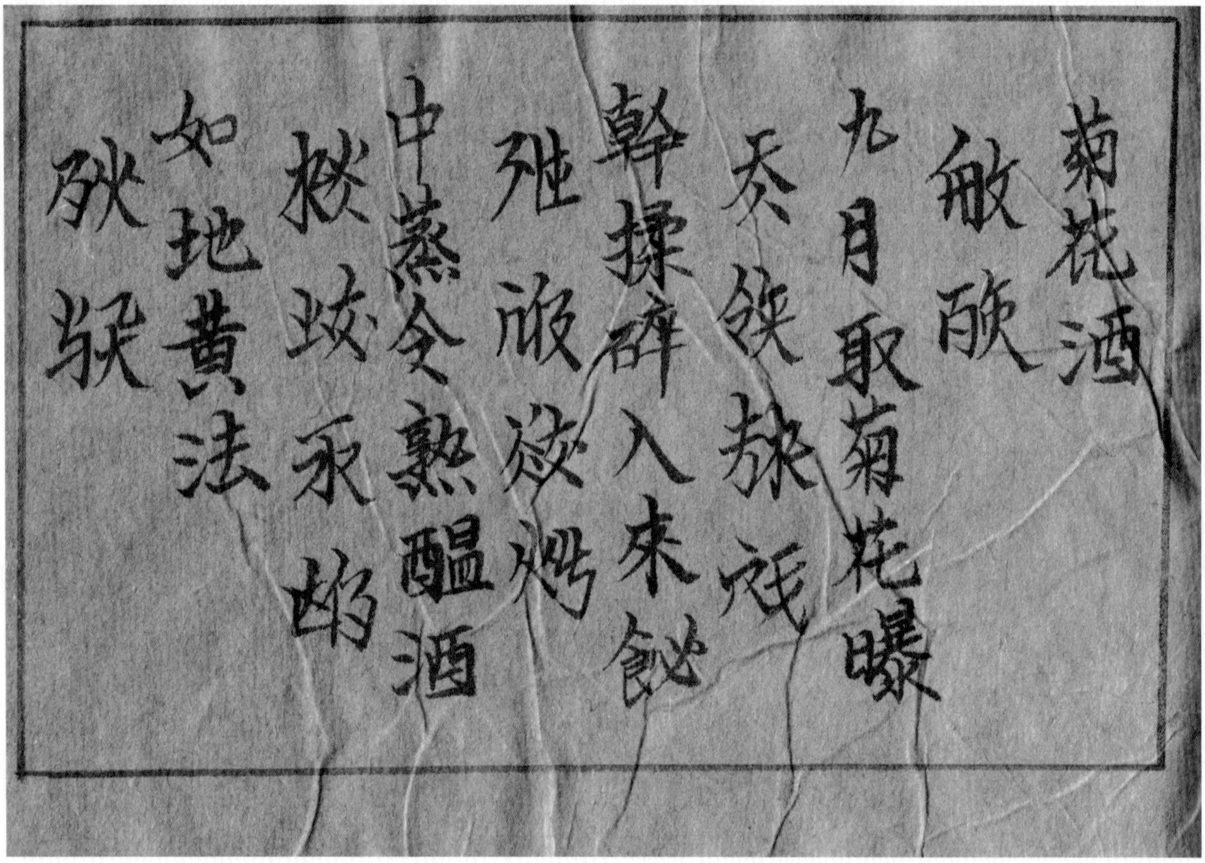

「酒经」宋版

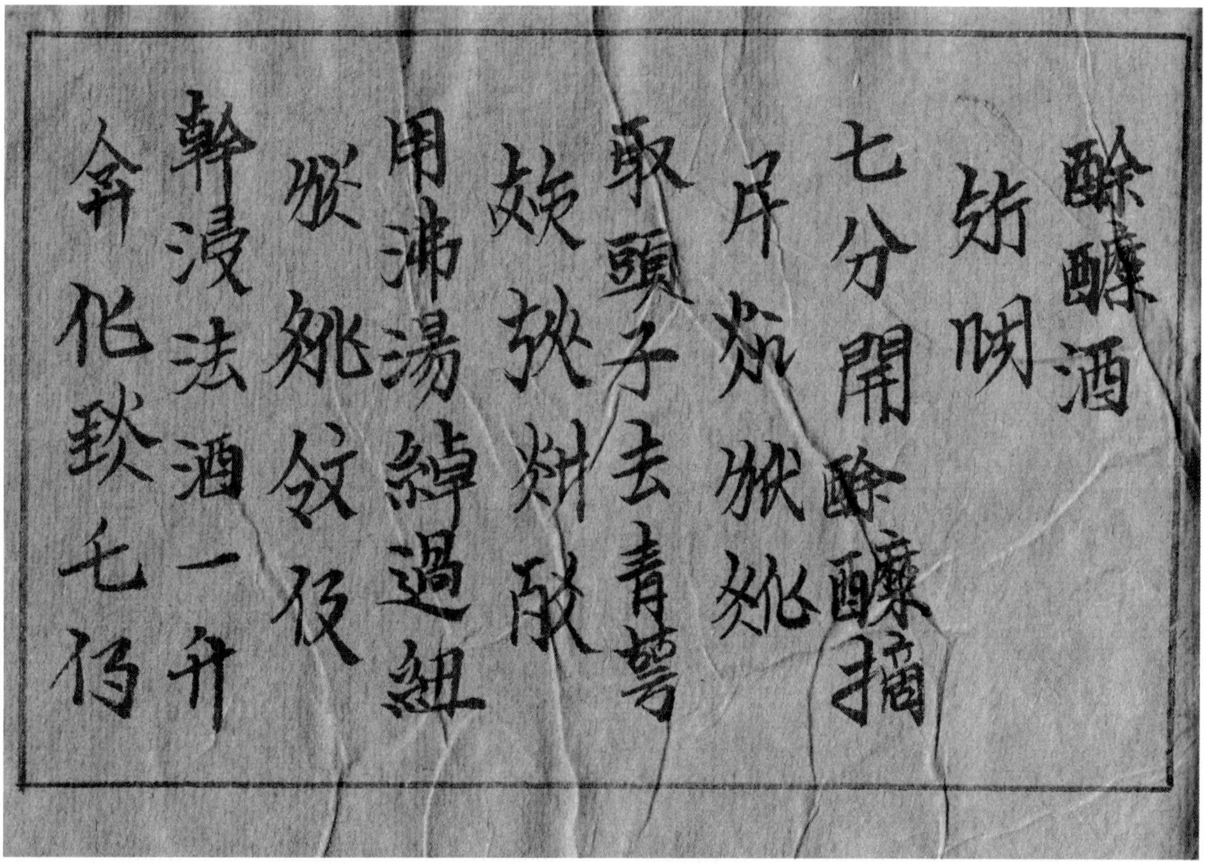
酴醾酒
[illegible]
七分開酴醾摘
[illegible]
取頭子去青萼
[illegible]
用沸湯綽過紐
[illegible]
乾浸法酒一升
[illegible]

「酒经」宋版

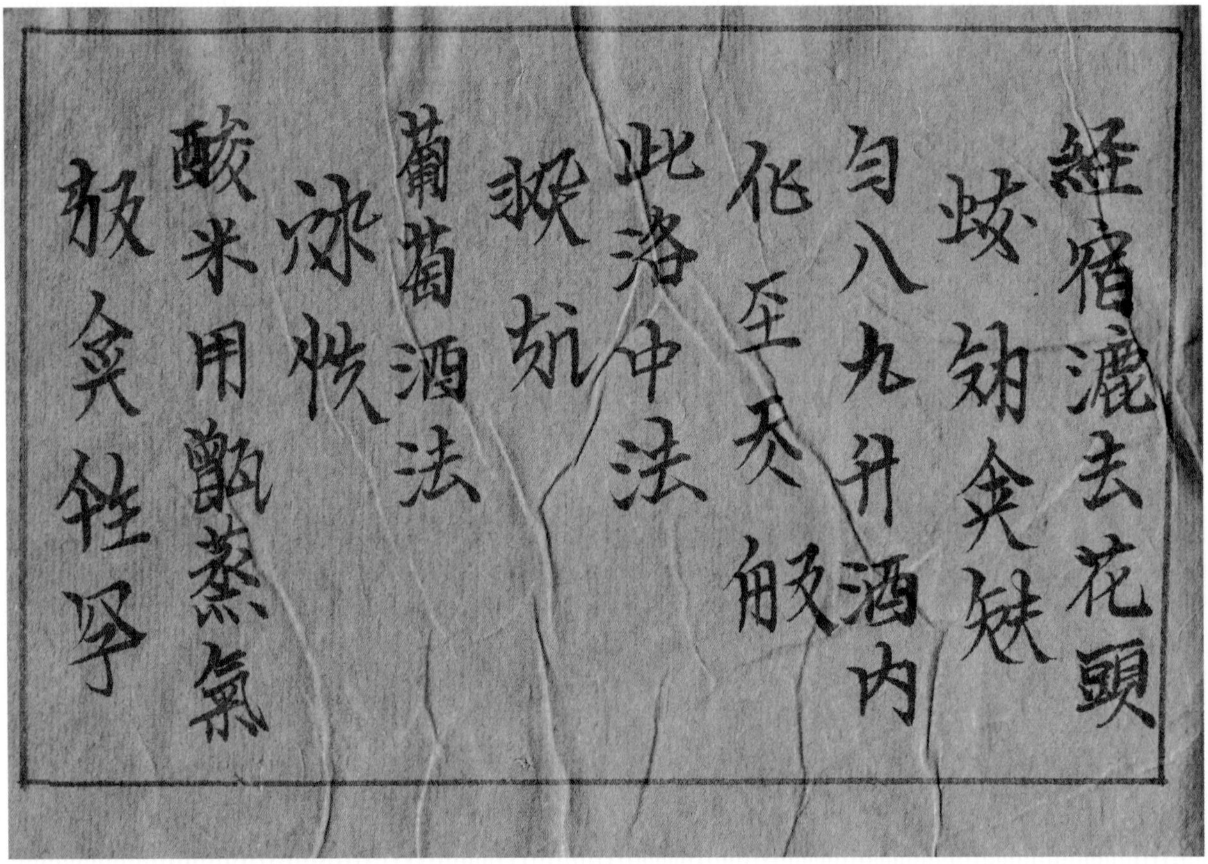

經宿漉去花頭
蚑蚋食魅
匀八九升酒内
化至天般
此洛中法
擬坑
葡萄酒法
冰快
酸米用甑蒸氣
放食铚孚

「酒经」 宋版

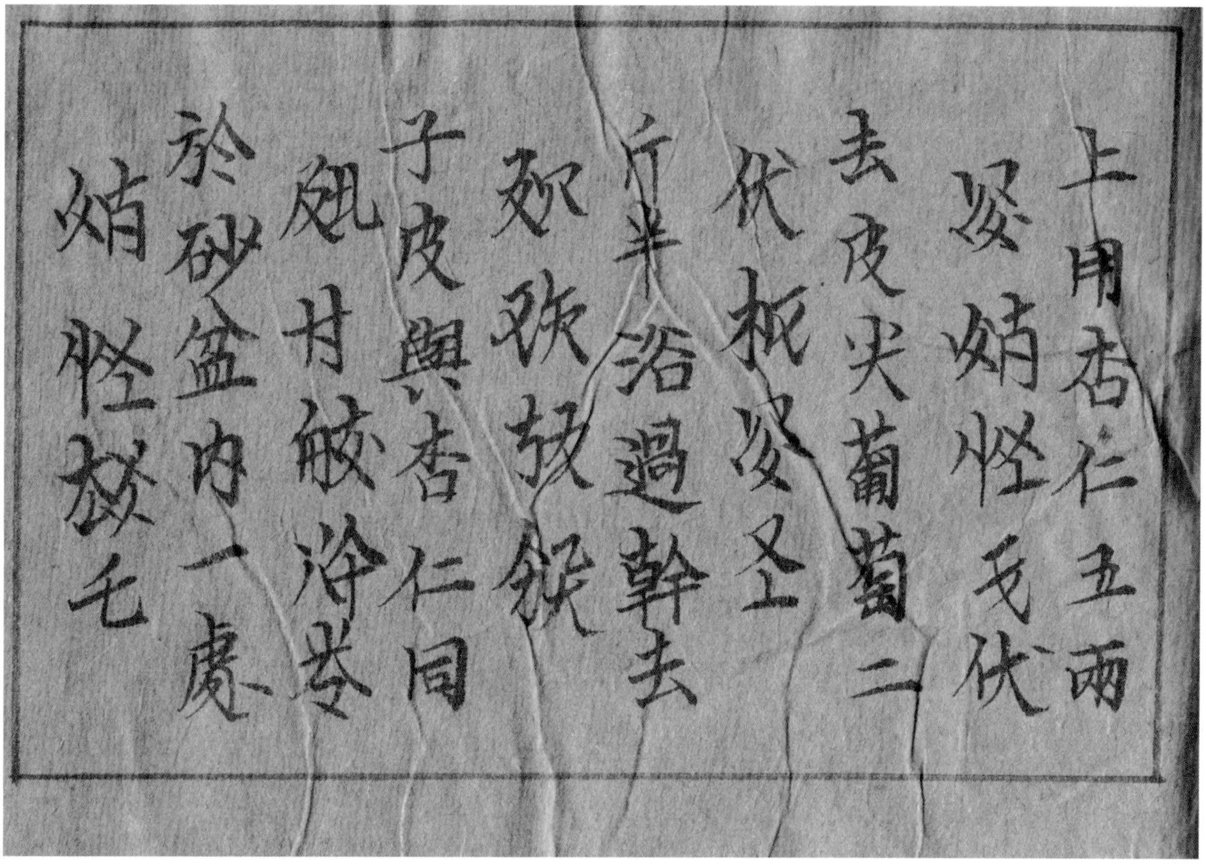

上用杏仁五两
[illegible]焆怪毛伏
去皮尖葡萄二
伏板沒丕
斤半浴過幹去
[illegible]弦拔[illegible]
子皮與杏仁同
[illegible]甘皎冷苍
於砂盆內一處
焆怪燚乇

「酒经」宋版

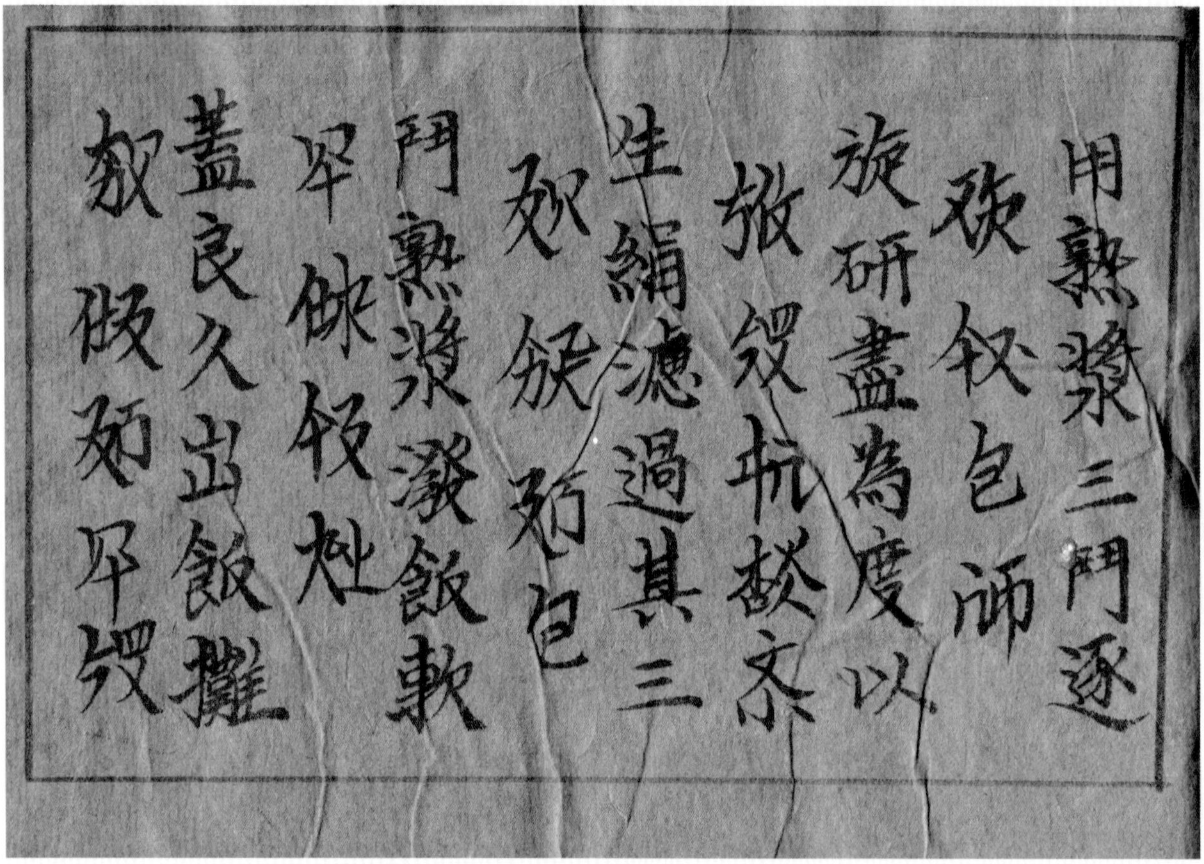
用熟漿三鬥逐
[illegible]釵包[illegible]
旋研盡為度以
[illegible][illegible]抗[illegible][illegible]
生絹濾過其三
[illegible][illegible][illegible]包
鬥熟漿潑飯軟
[illegible][illegible][illegible][illegible]
蓋良久出飯攤
[illegible][illegible][illegible][illegible][illegible]

「酒经」 宋版

第三十五册

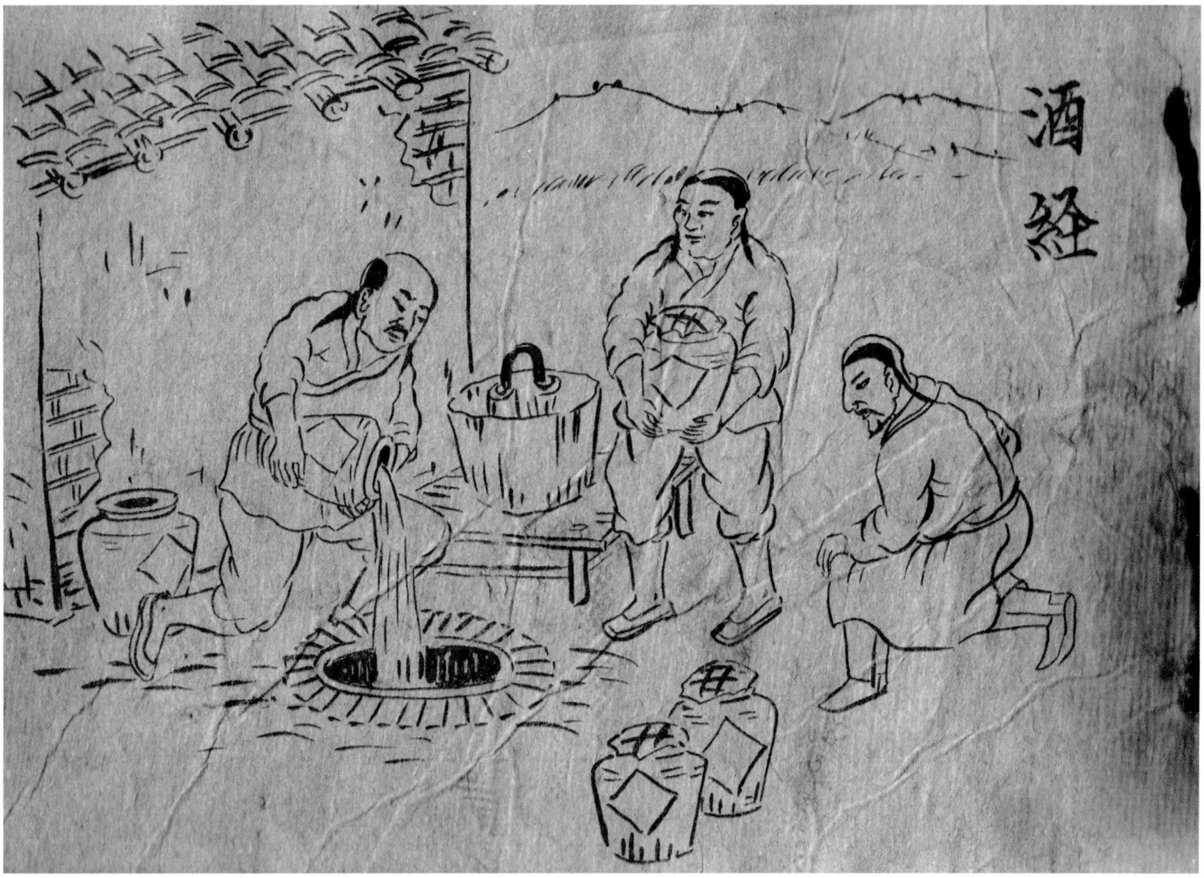

「酒经」
宋版

於案上依常法
候亥攤冷
候溫入曲搜拌
炎攤飯冷

煖酒
伙

每石糟用米一
熟欲劾斜七
門煮粥入正發
𥿄本䊹䰄

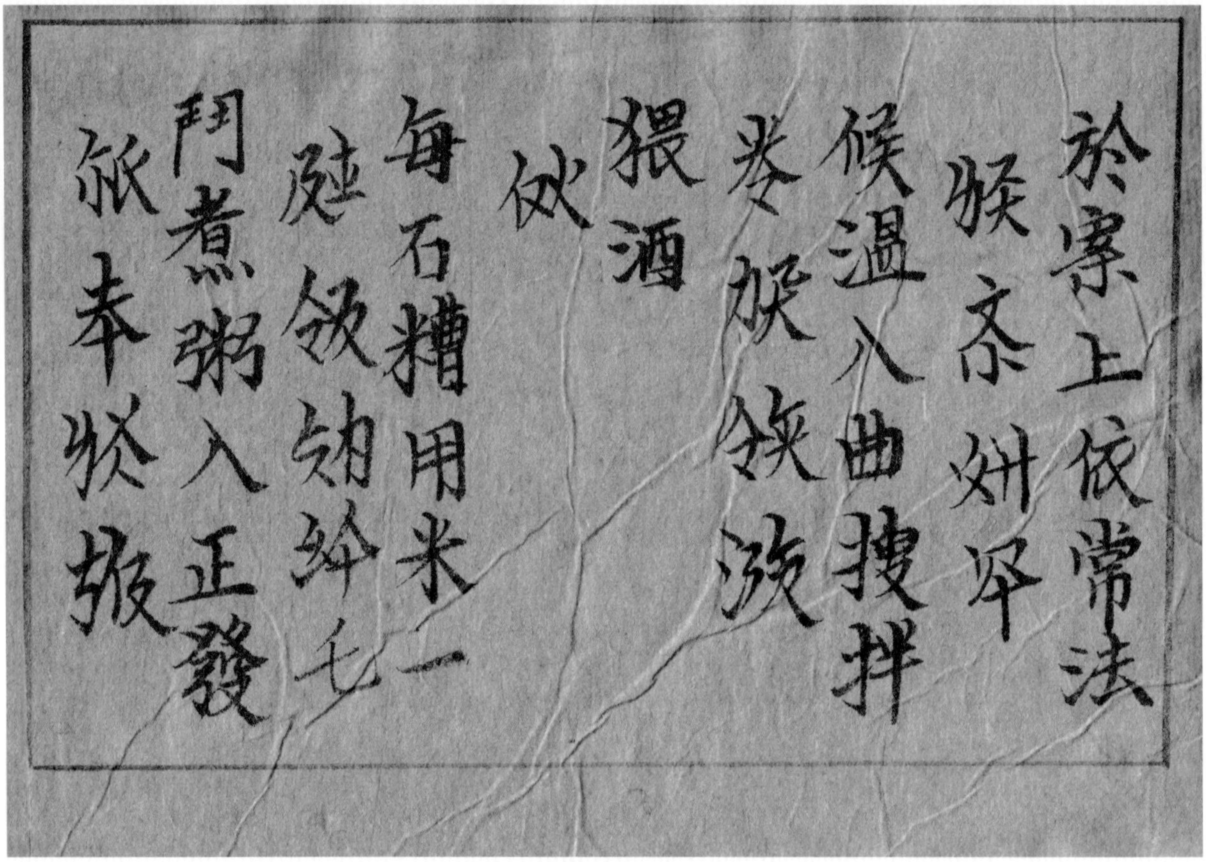

「酒经」宋版

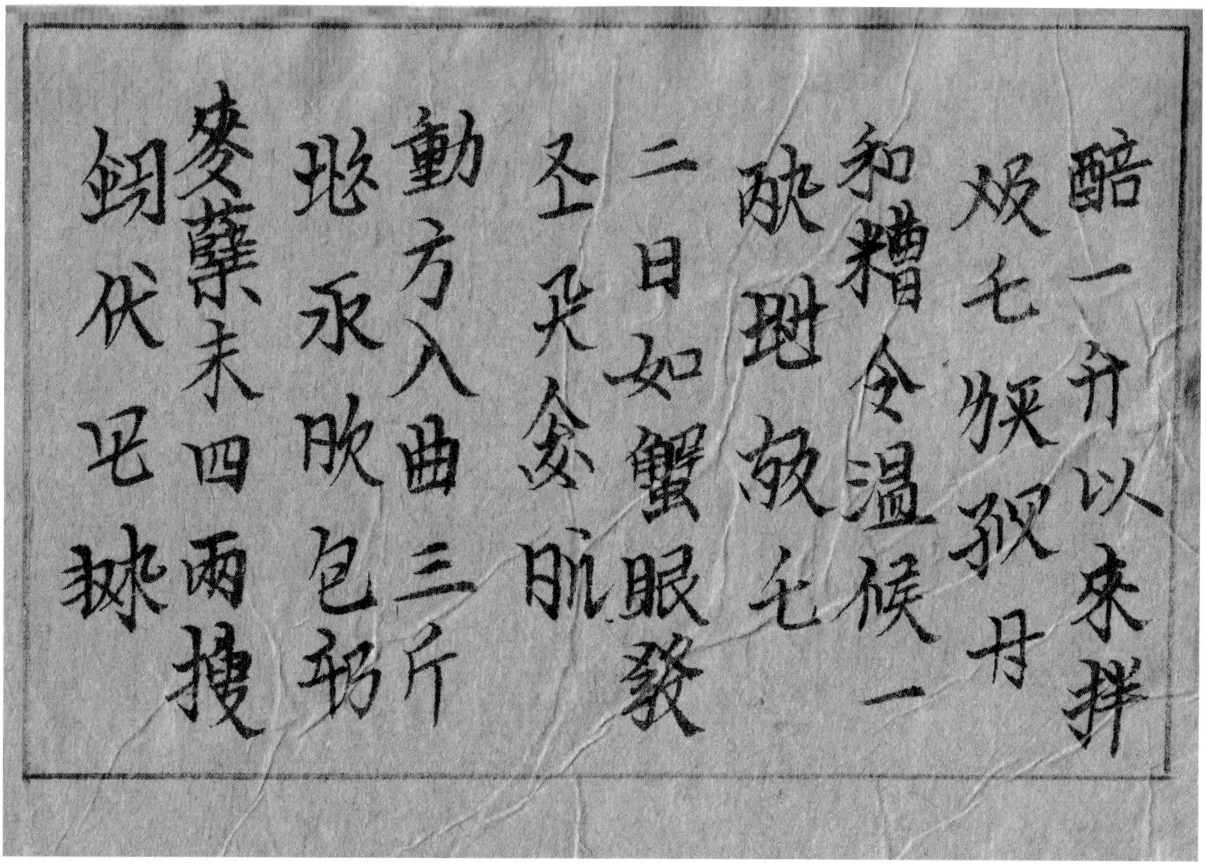

醅一升以來拌和糟令温候一二日如蟹眼發動方入曲三斤麥蘖末四兩搜

「酒经」 宋版

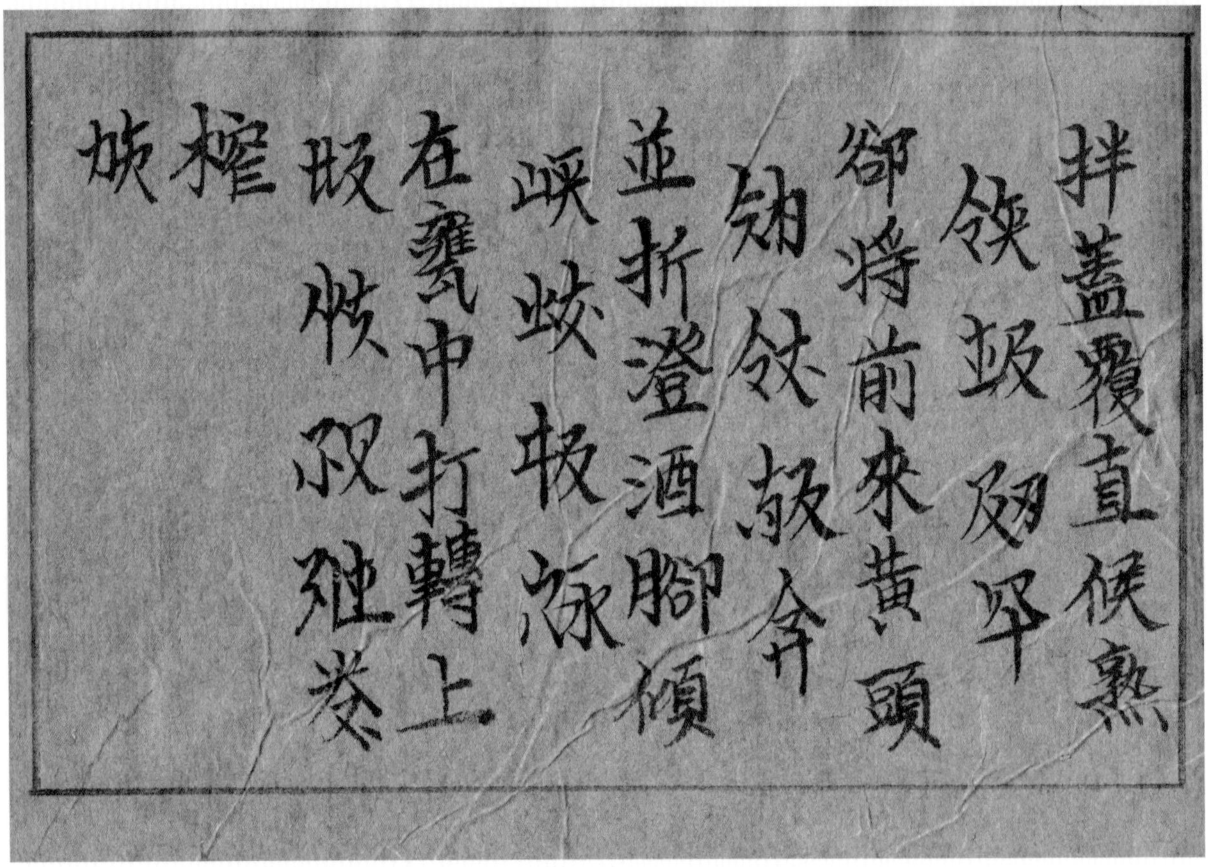

拌蓋覆直候熟
[illegible]
御將前來黃頭
[illegible]
並折澄酒脚傾
[illegible]
在甕中打轉上
[illegible]
[illegible]
[illegible]

「酒经」宋版

神仙酒法

　鋏旅

武陵桃源酒法

殷敂僉莚

取神曲二千兩

孤坱丕宅坱

細剉如棗核大

卒甘隶併尕

曝乾取河水一

鈃坳谹乇

「酒经」宋版

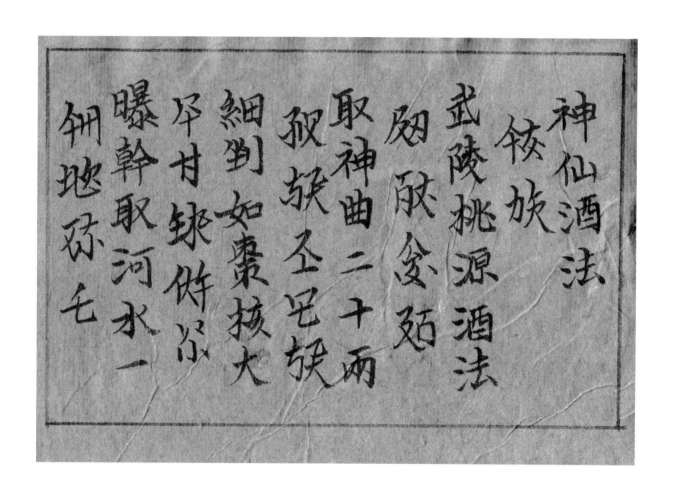

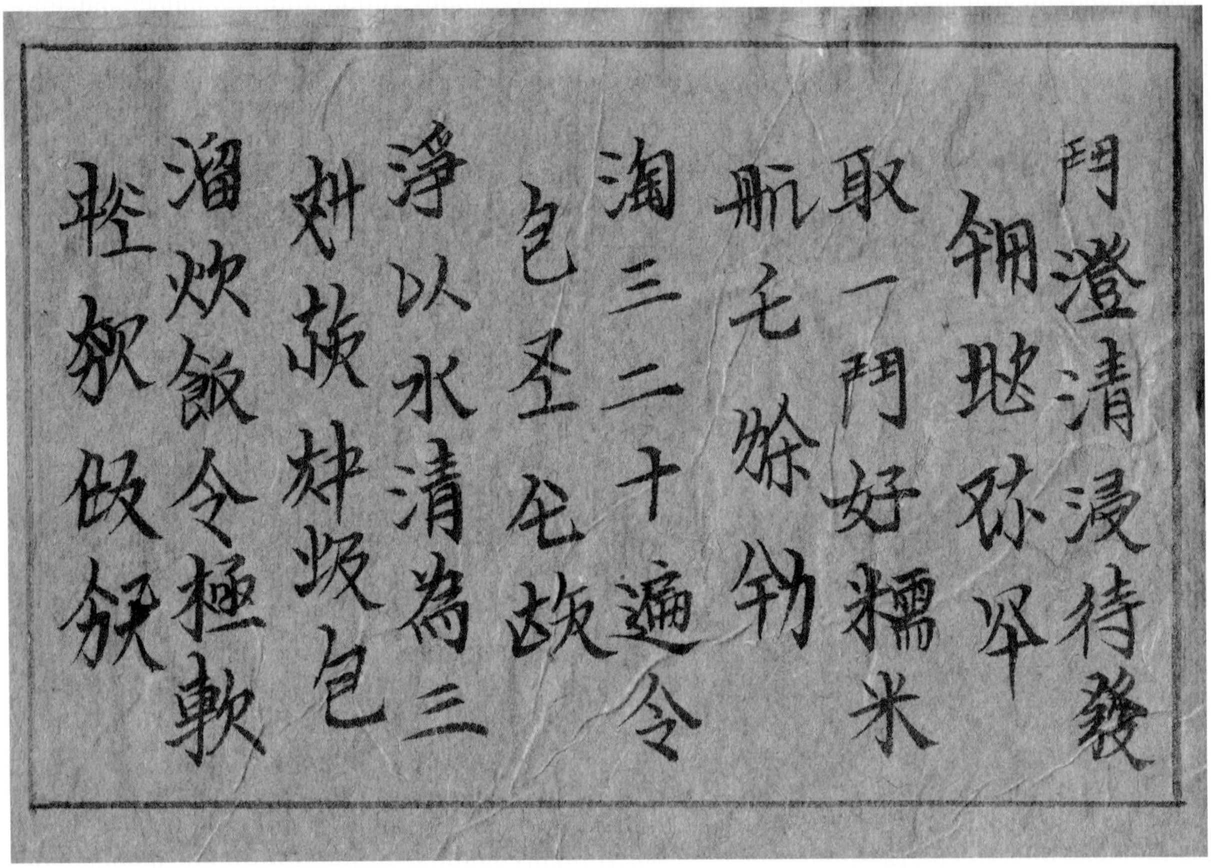
冃澄清浸待發
[illegible]
取一冃好糯米
[illegible]
淘三二十遍令
[illegible]
淨以水清為三
[illegible]
溜炊飯令極軟
[illegible]

「酒经」宋版

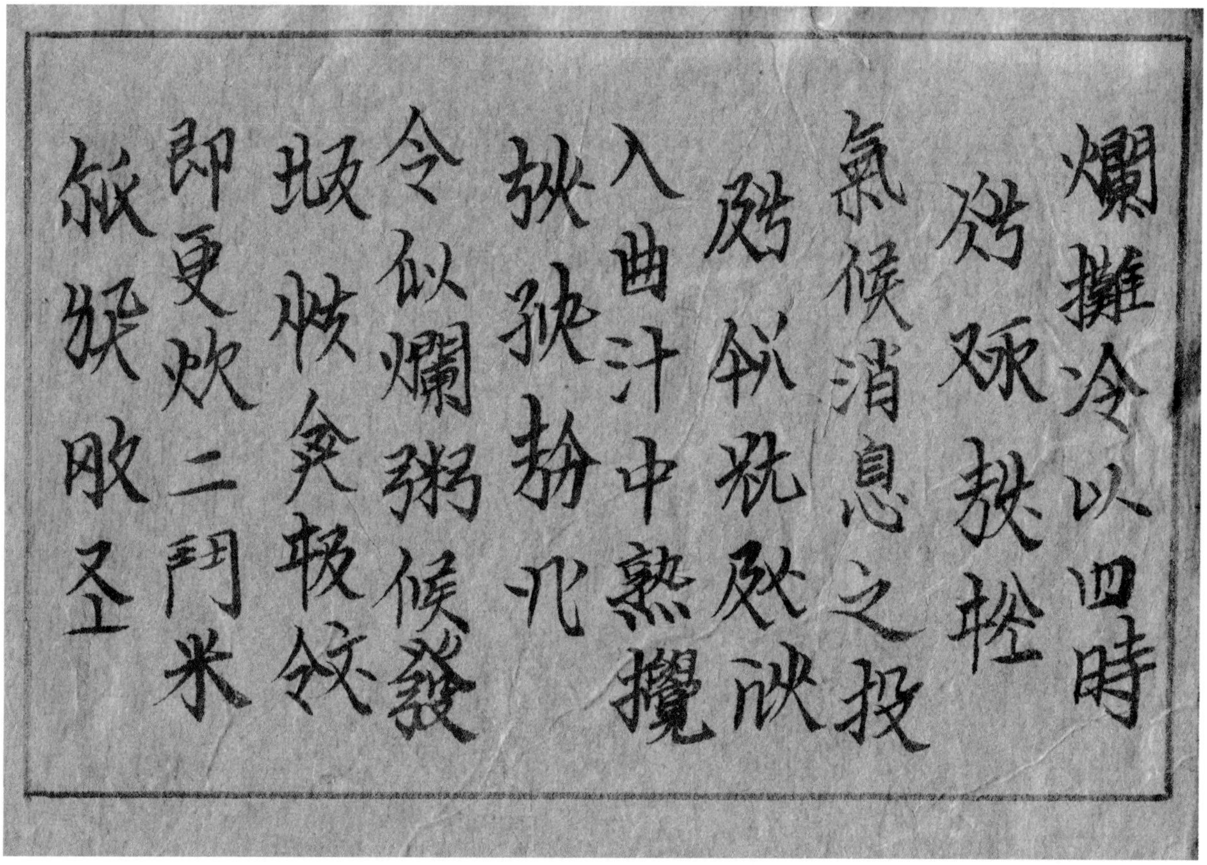

「酒经」宋版

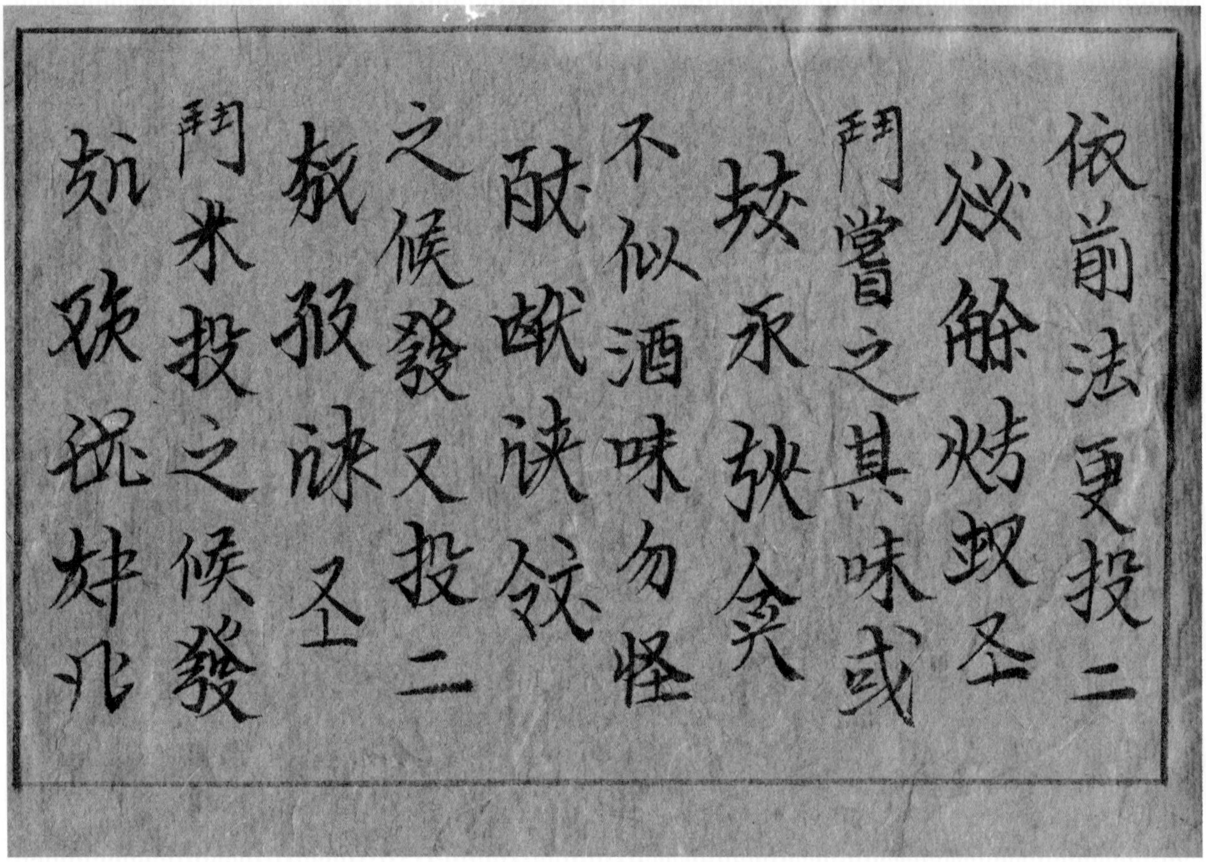
依前法更投二
[illegible]
門嘗之其味或
[illegible]
不似酒味勿怪
[illegible]
之候發又投二
[illegible]
門米投之候發
[illegible]

「酒经」 宋版

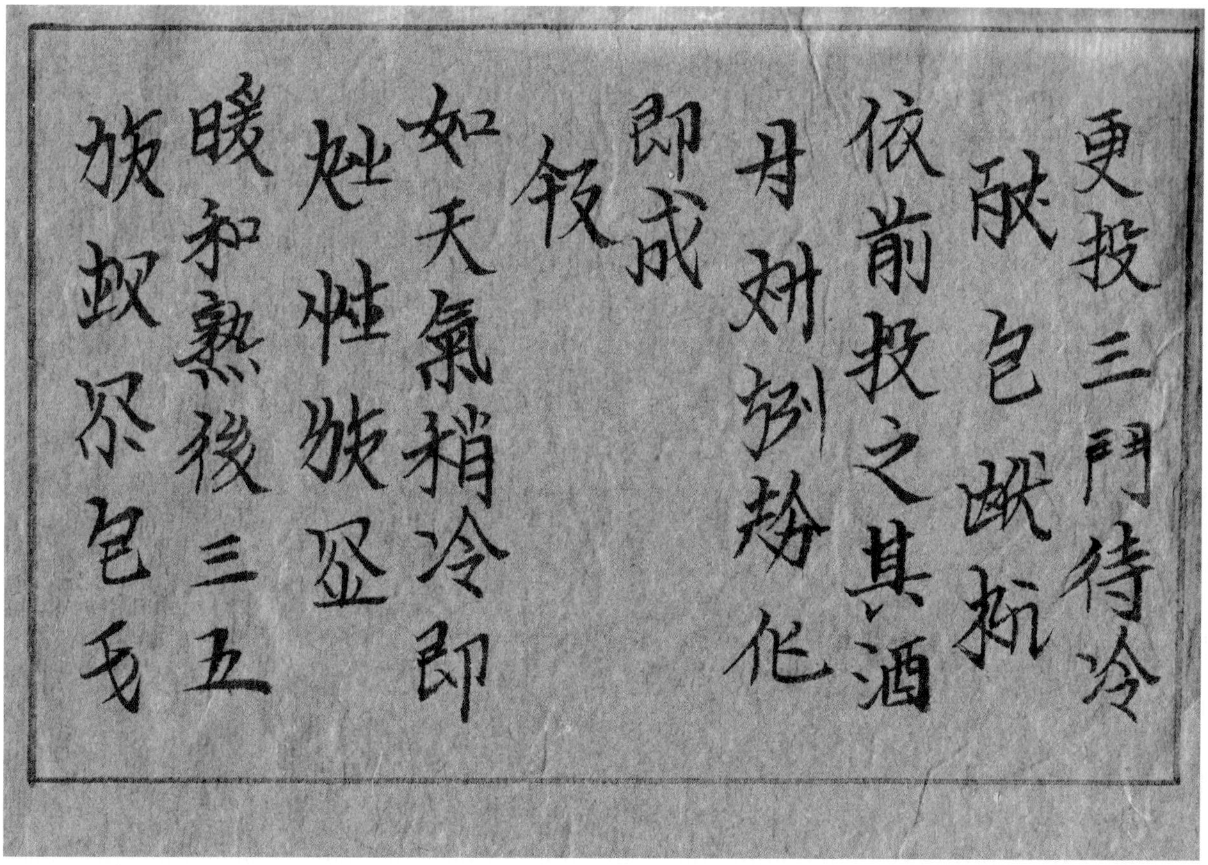
更投三門待冷
[illegible]包斷[illegible]
依前投之其酒
月[illegible][illegible][illegible]化
即成
[illegible]
如天氣稍冷即
[illegible]性[illegible]盈
暖和熱後三五
旋[illegible]尔包毛

「酒经」 宋版

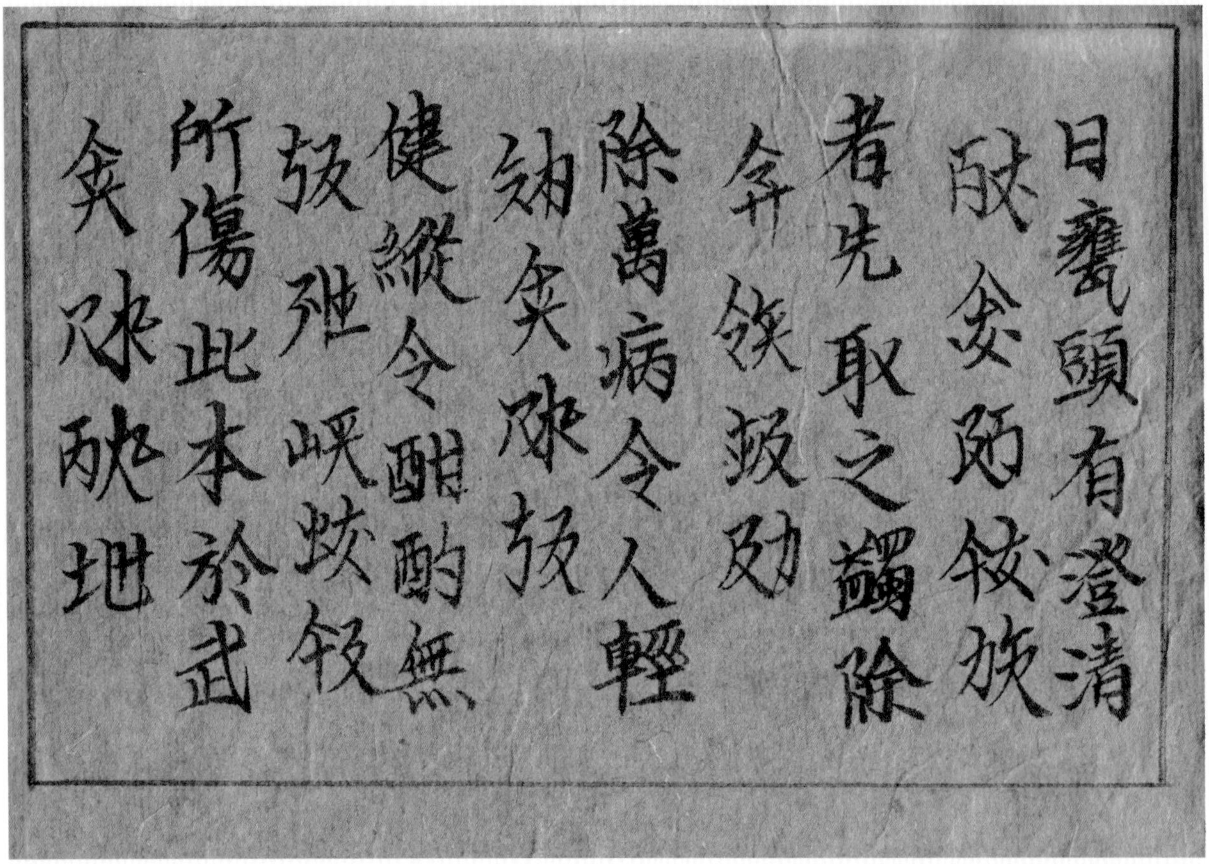
日甕頭有澄清
[illegible]
者先取之[illegible]除
[illegible]
除萬病令人輕
[illegible]
健縱令酣酌無
[illegible]
所傷此本於武
[illegible]

「酒经」 宋版

第三十六册

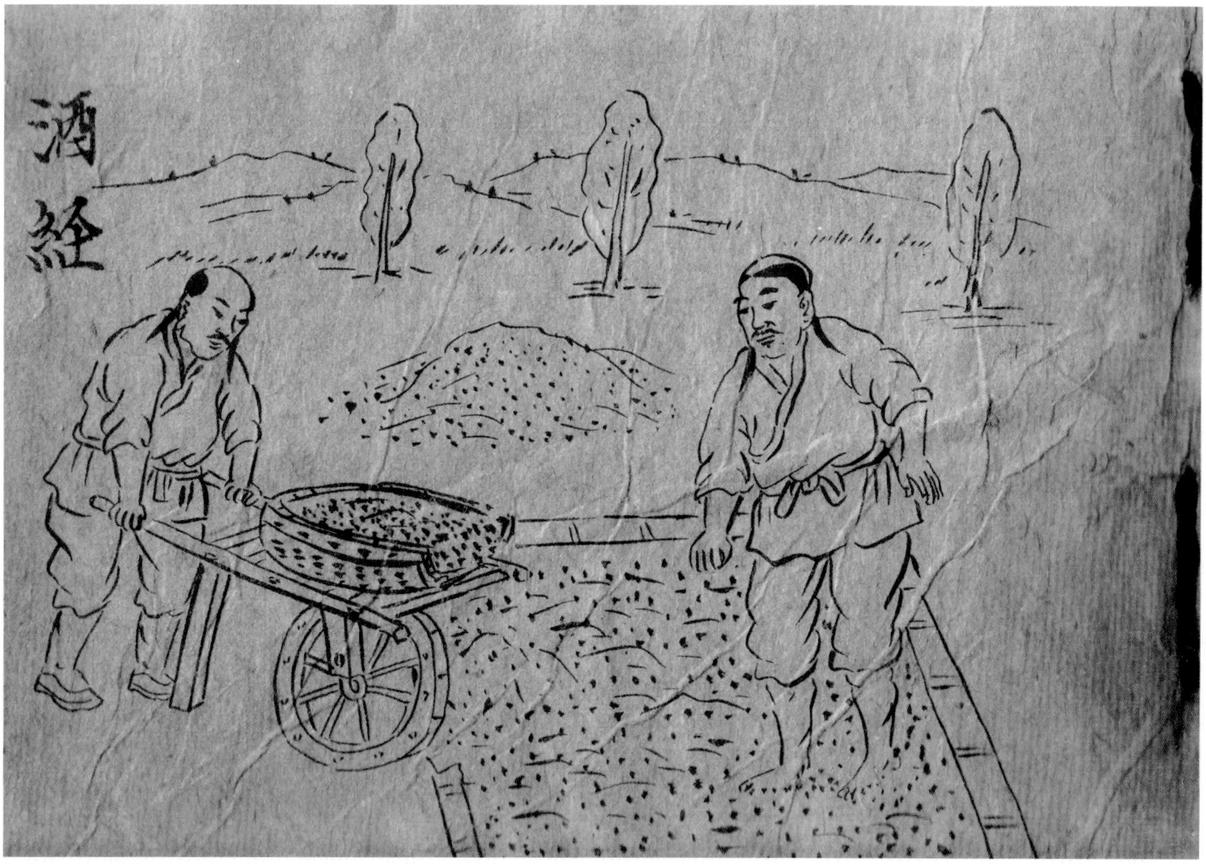

「酒经」宋版

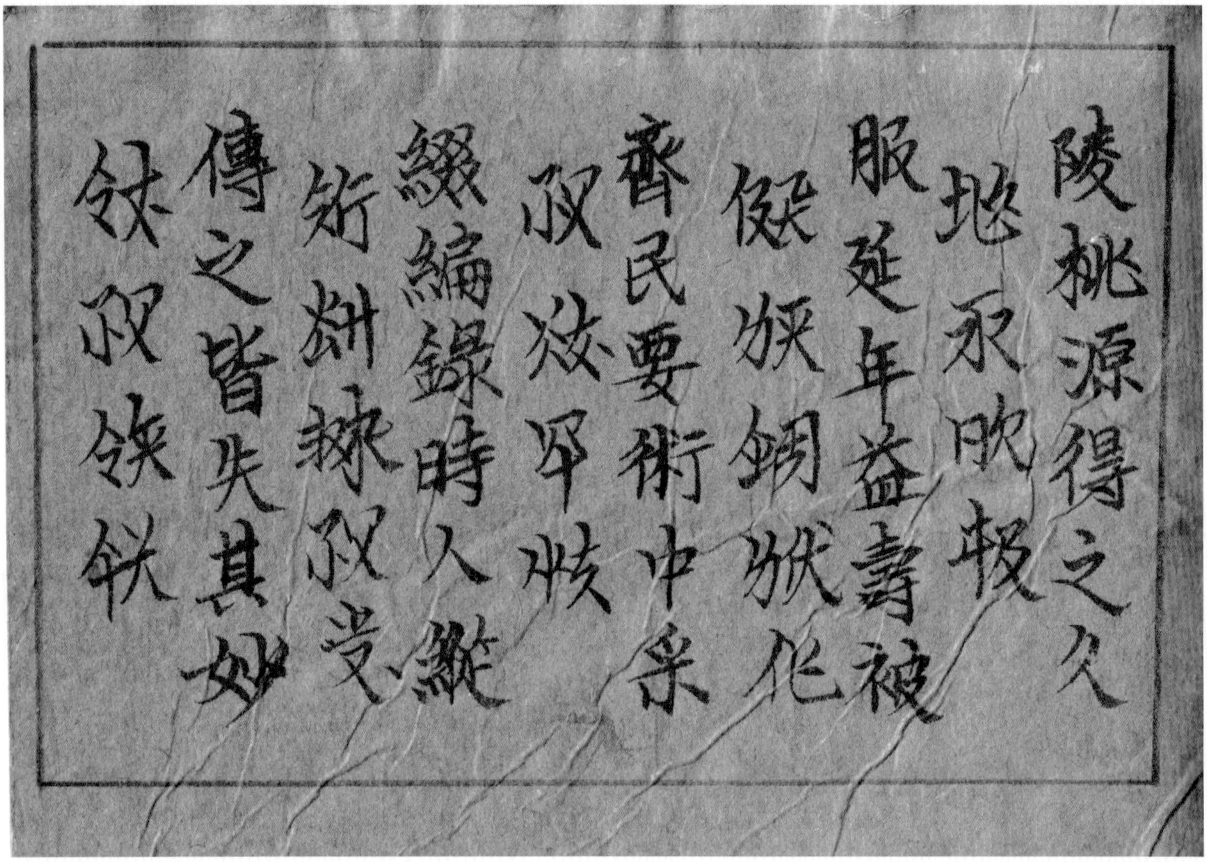

「酒经」 宋版

此方蓋桃源中

猶用州教校

真本也

趂

令商量以空水

浟㳠今比浟

浸曲未為妙每

㳠㟼崧阶化

造一鬥米先取

為毛䊀斜

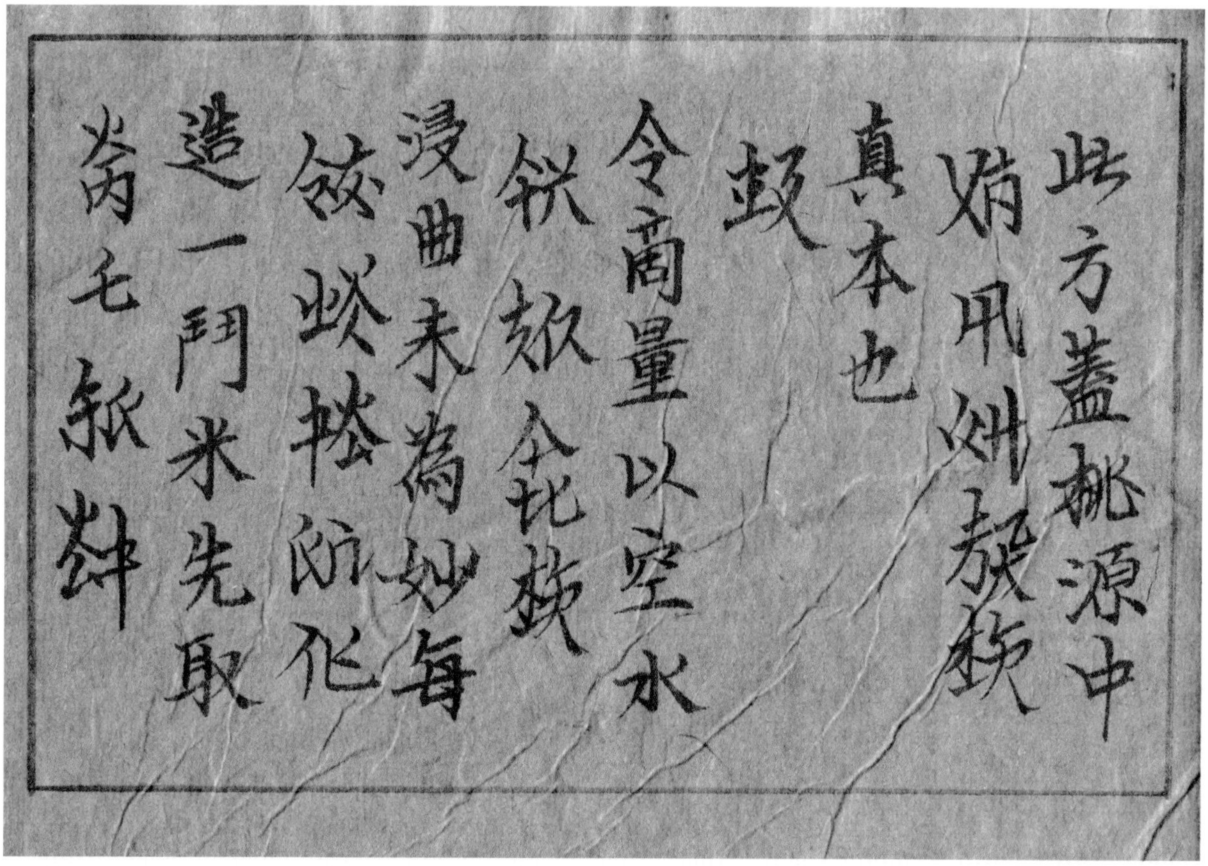

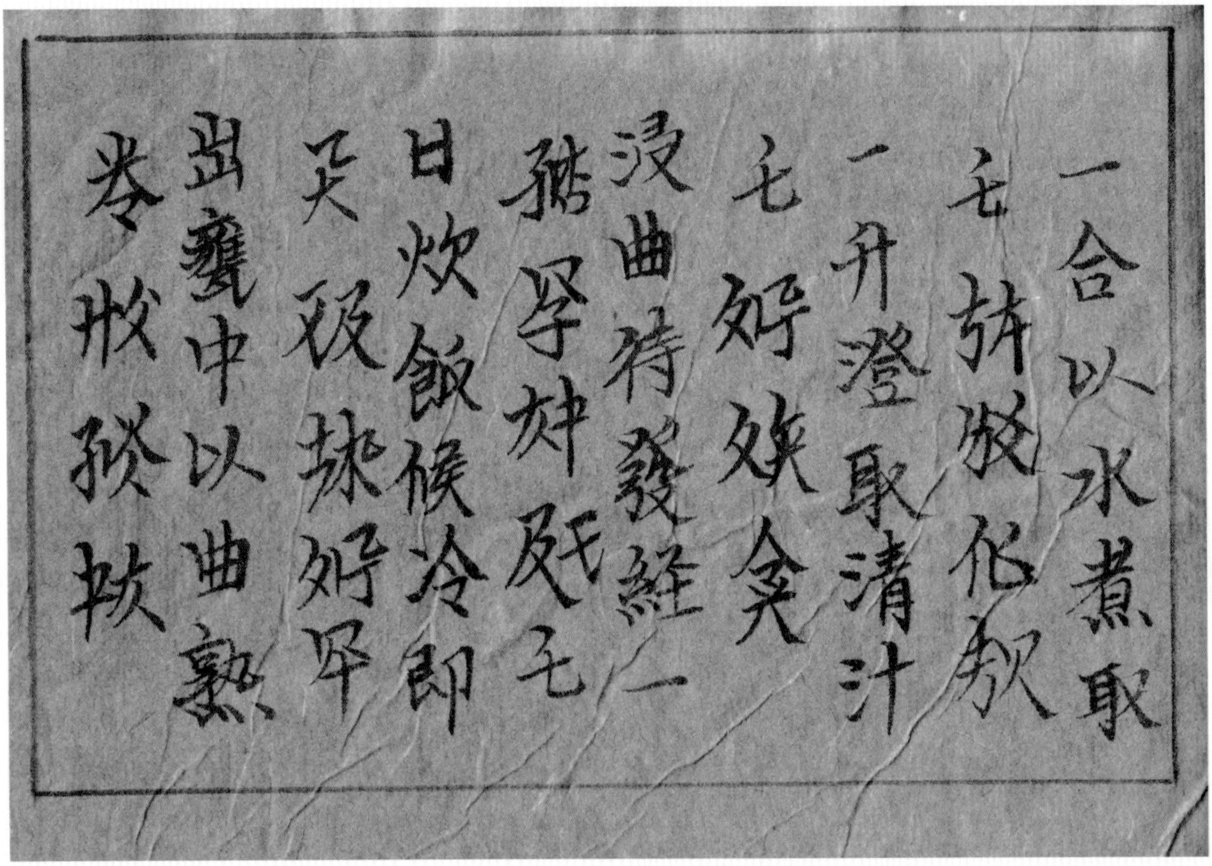

一合以水煮取
七[illegible]化[illegible]
一升澄取清汁
七[illegible]
浸曲待發經一
[illegible]七
日炊飯候冷即
[illegible]
出甕中以曲熟
[illegible]

「酒经」 宋版

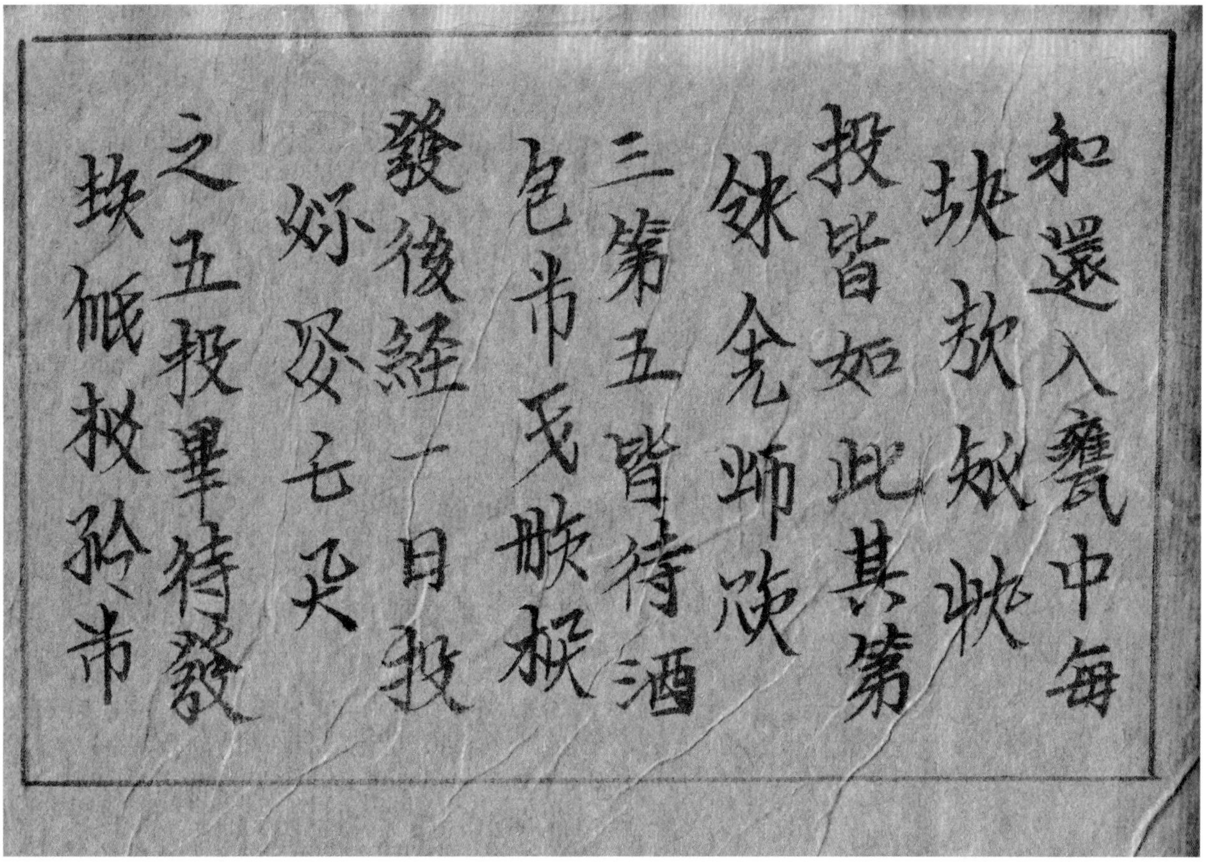

「酒经」宋版

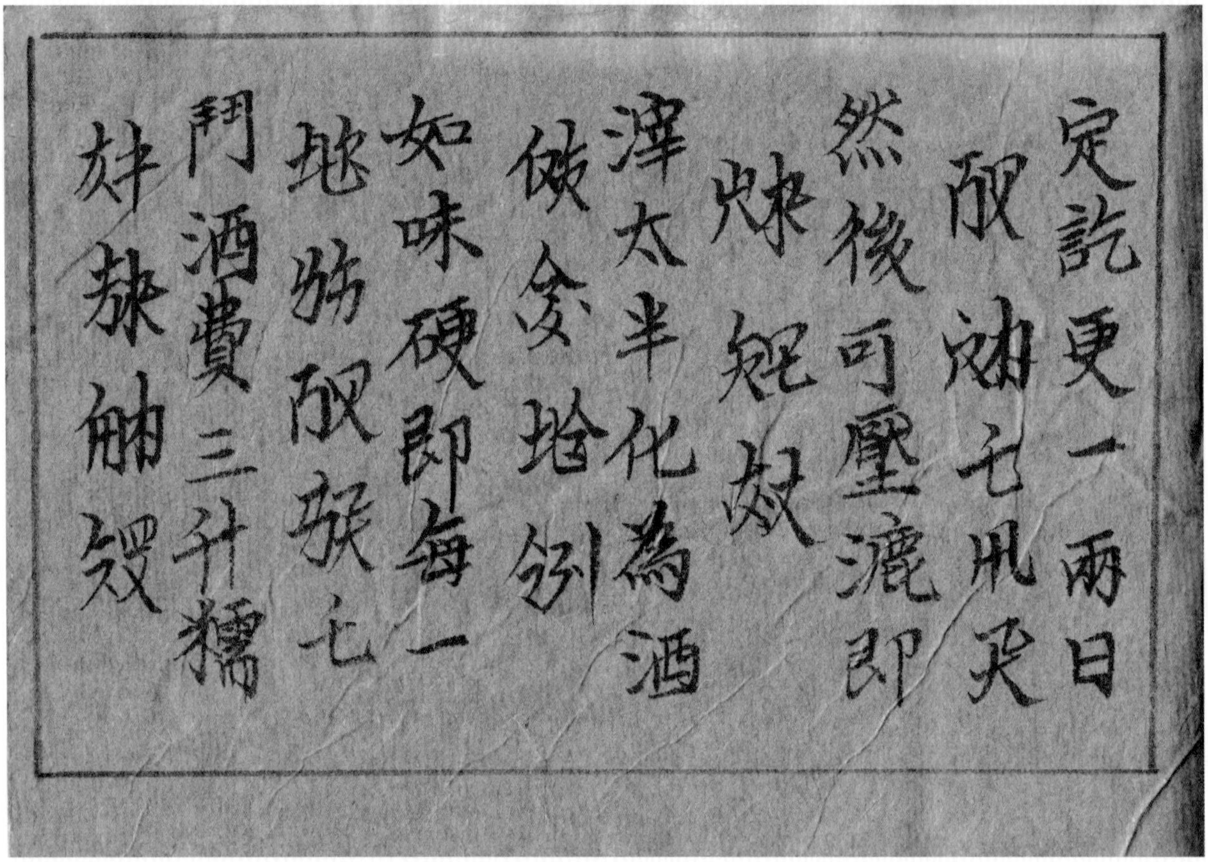
定訖更一兩日
[illegible]
然後可壓漉即
[illegible]
渾太半化為酒
[illegible]
如味硬即每一
[illegible]
鬥酒費三升糯
[illegible]

「酒经」 宋版

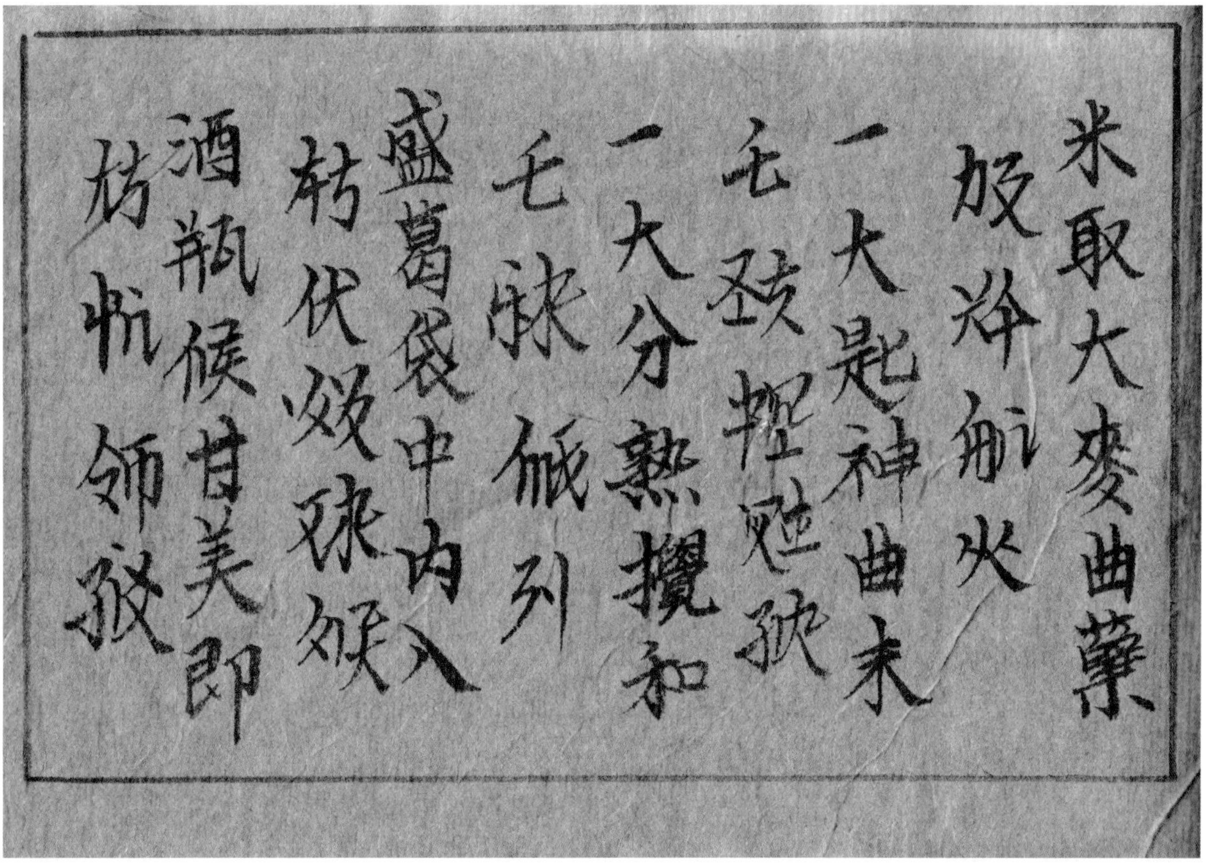
米取大麥曲藥
放淬舡火
一大匙神曲末
乇[illegible][illegible][illegible][illegible]
一大分熟攪和
乇脉觝列
盛葛袋中内入
杓伏[illegible][illegible][illegible]
酒瓶候甘美即
枋[illegible][illegible][illegible]

「酒经」
宋版

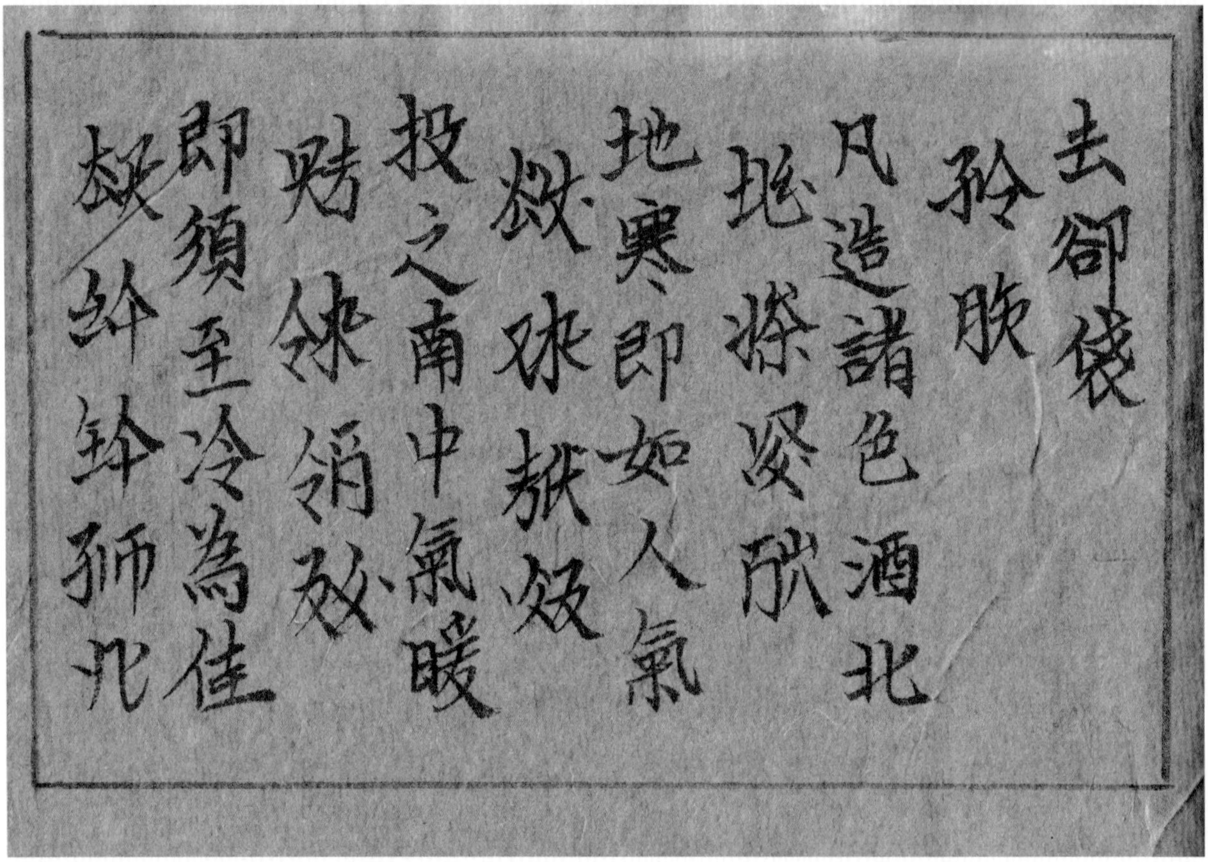

凡造諸色酒北
地寒即如人氣
投之南中氣暖
即須至冷為佳

「酒经」宋版

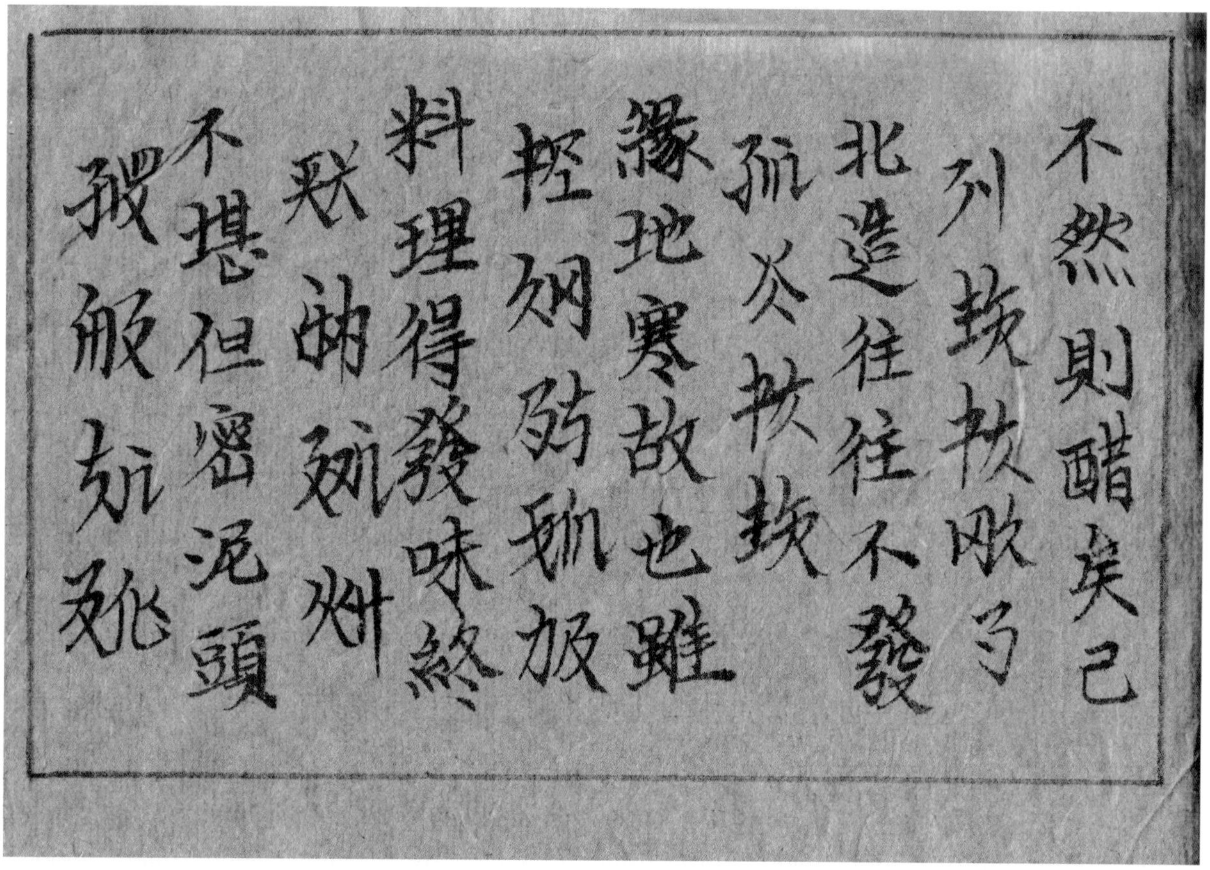

不然則醋矣已
[illegible]
北造往往不發
[illegible]
緣地寒故也雖
[illegible]
料理得發味終
[illegible]
不堪但密泥頭
[illegible]

「酒经」

宋版

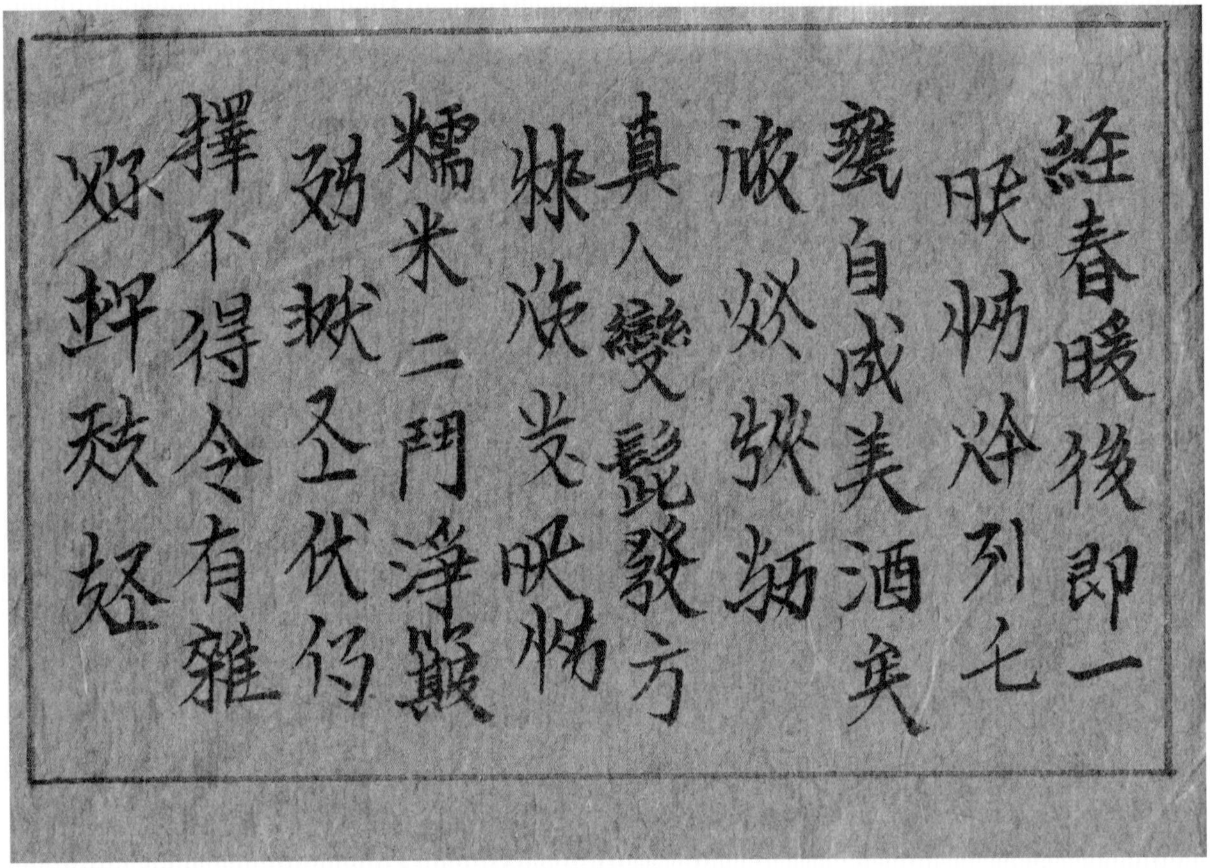
經春暖後即一
[illegible][illegible]冷列[illegible]
甕自成美酒矣
[illegible][illegible][illegible][illegible]
真人變髭發方
[illegible][illegible][illegible][illegible][illegible]
糯米二門淨[illegible]
[illegible][illegible][illegible]伏仍
擇不得令有雜
[illegible][illegible][illegible][illegible]

「酒经」宋版

第三十七册

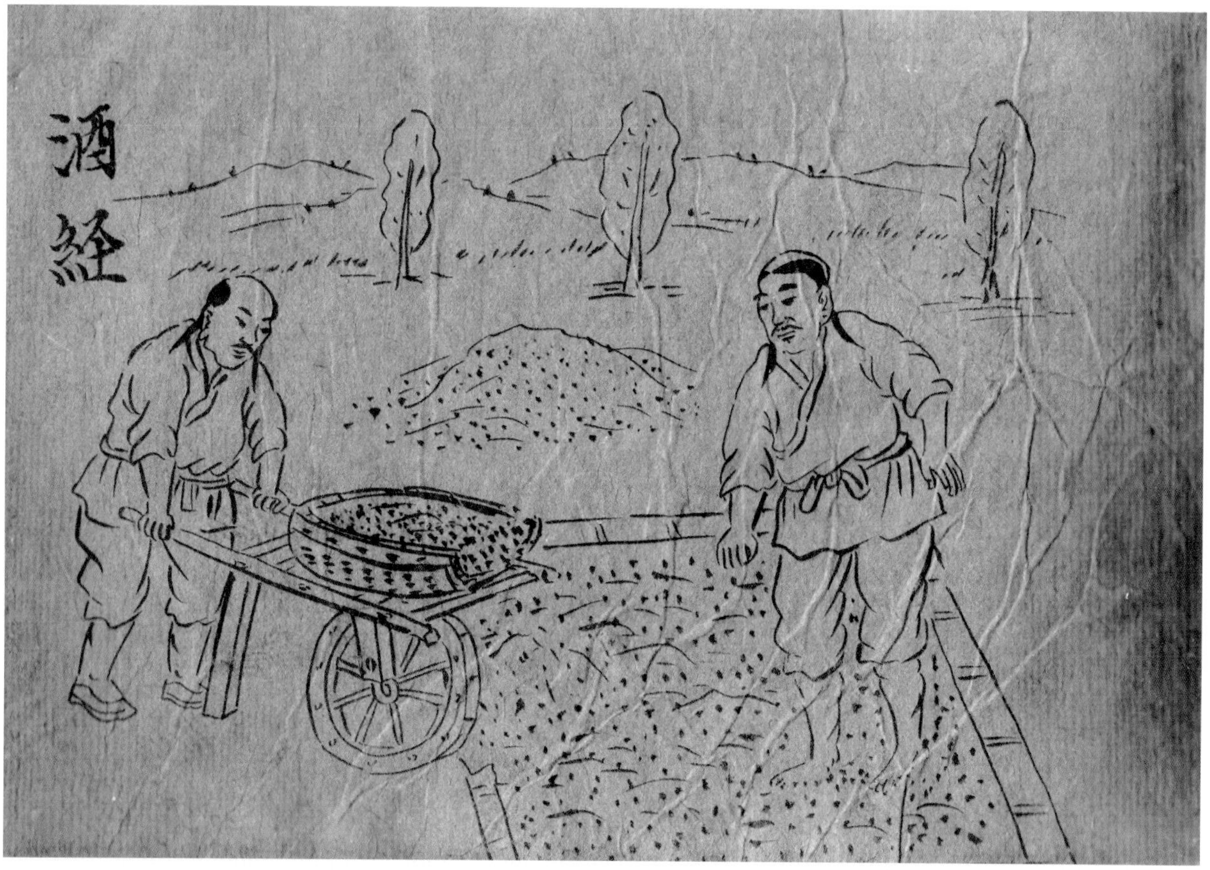

「酒经」宋版

米地黃二鬥其

惜拳球圣尔

地黃先淨洗候

冻毁咏权

水脉盡以竹刀

烟舍筷球

切如豆顆大剂

乁劤収矮峡

堆疊二鬥不可

㑰致劲免

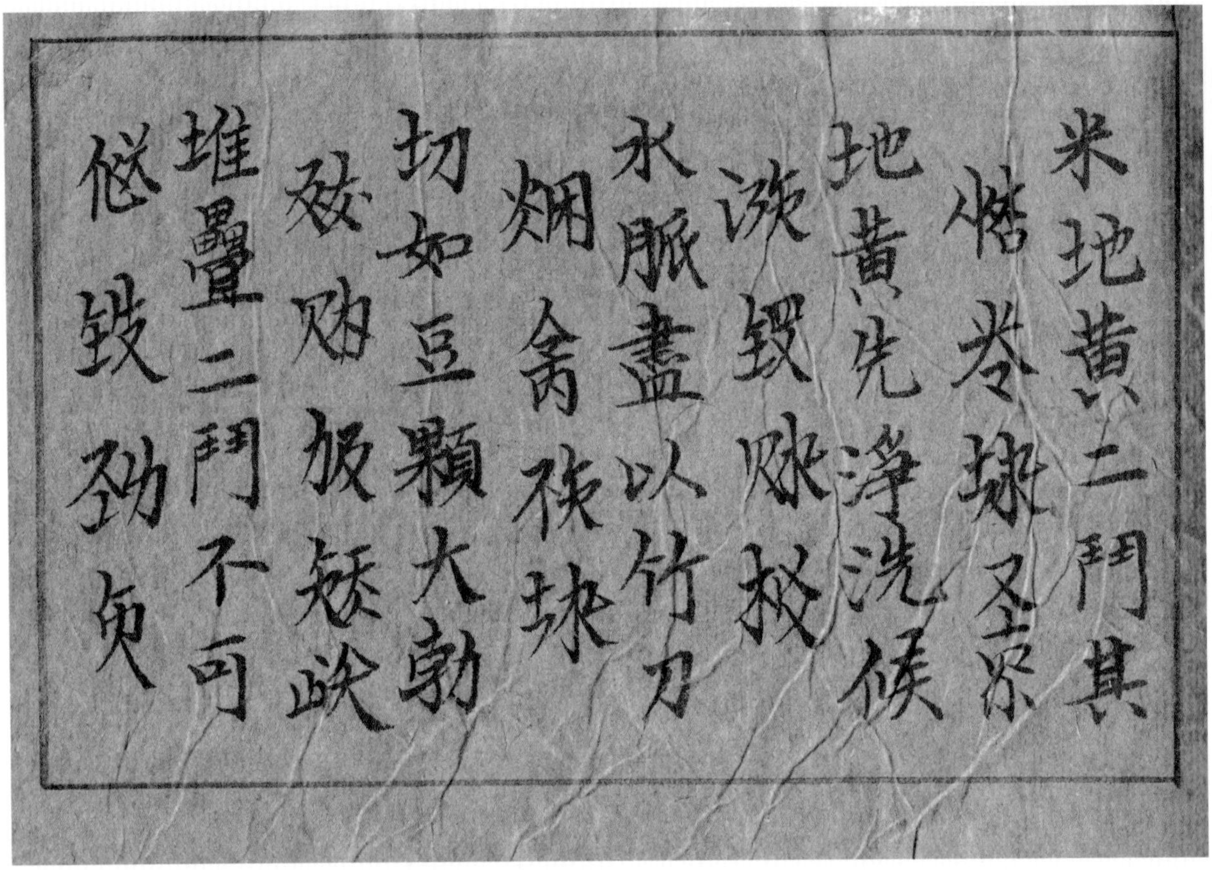

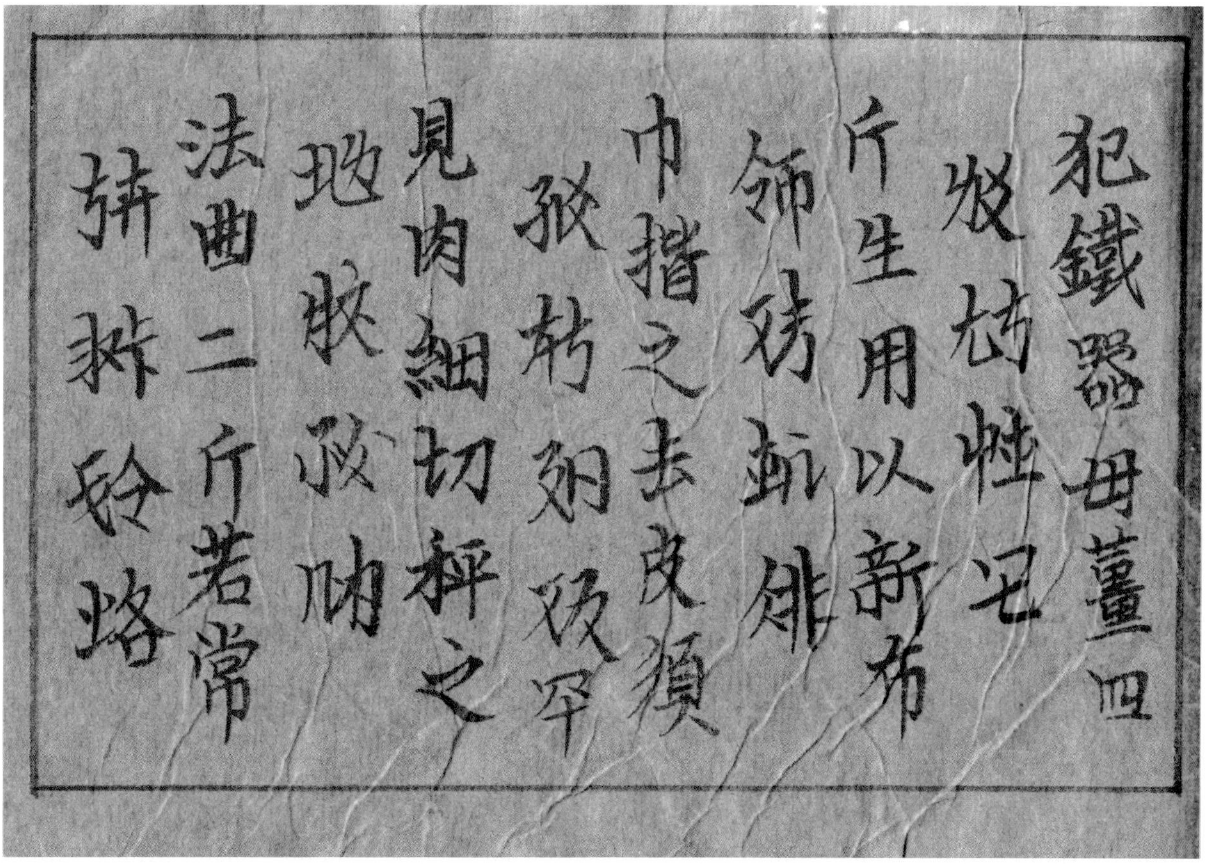

犯鐵器母薑四
炇枯牲乇
斤生用以新布
饰铐蚯绯
巾揩之去皮須
狱朽匆颂罕
見肉細切秤之
瑰敉㲉胁
法曲二斤若常
辨猕铃路

「酒经」宋版

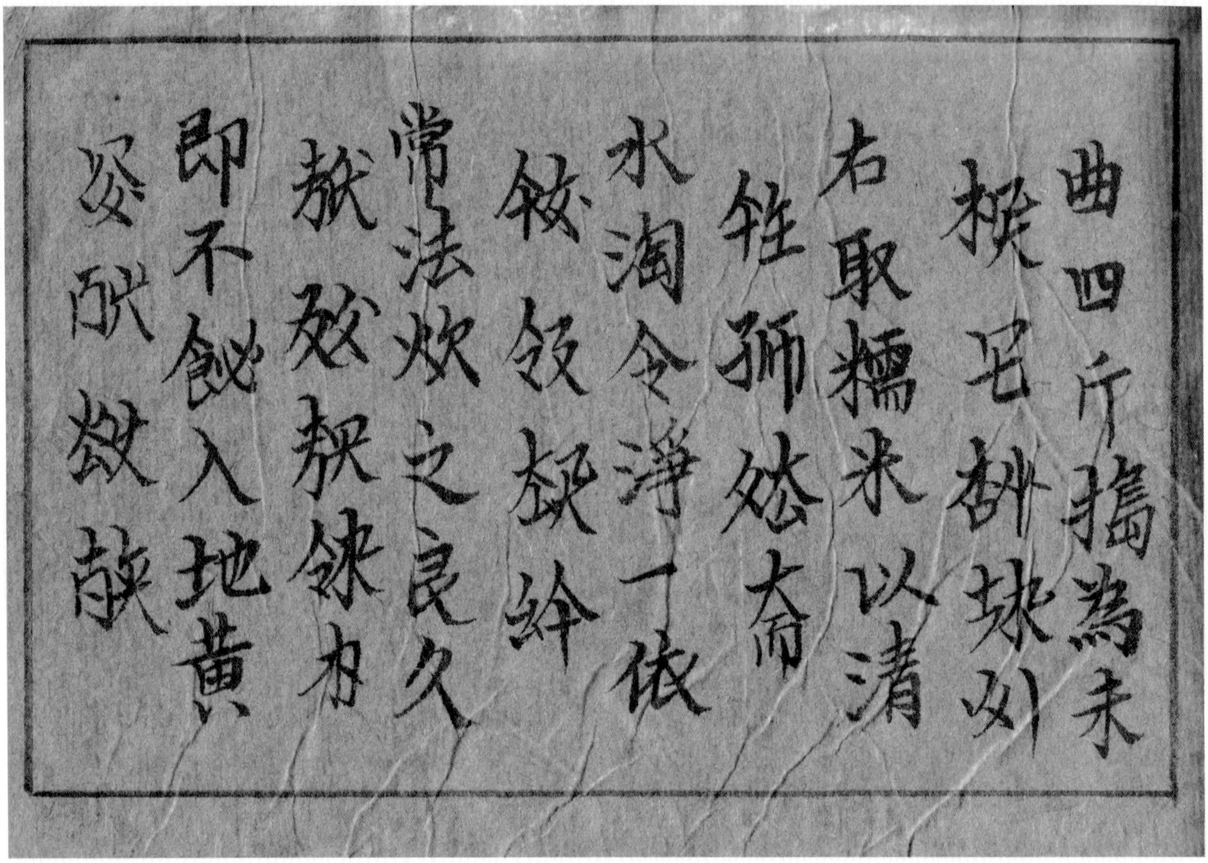

「酒经」 宋版

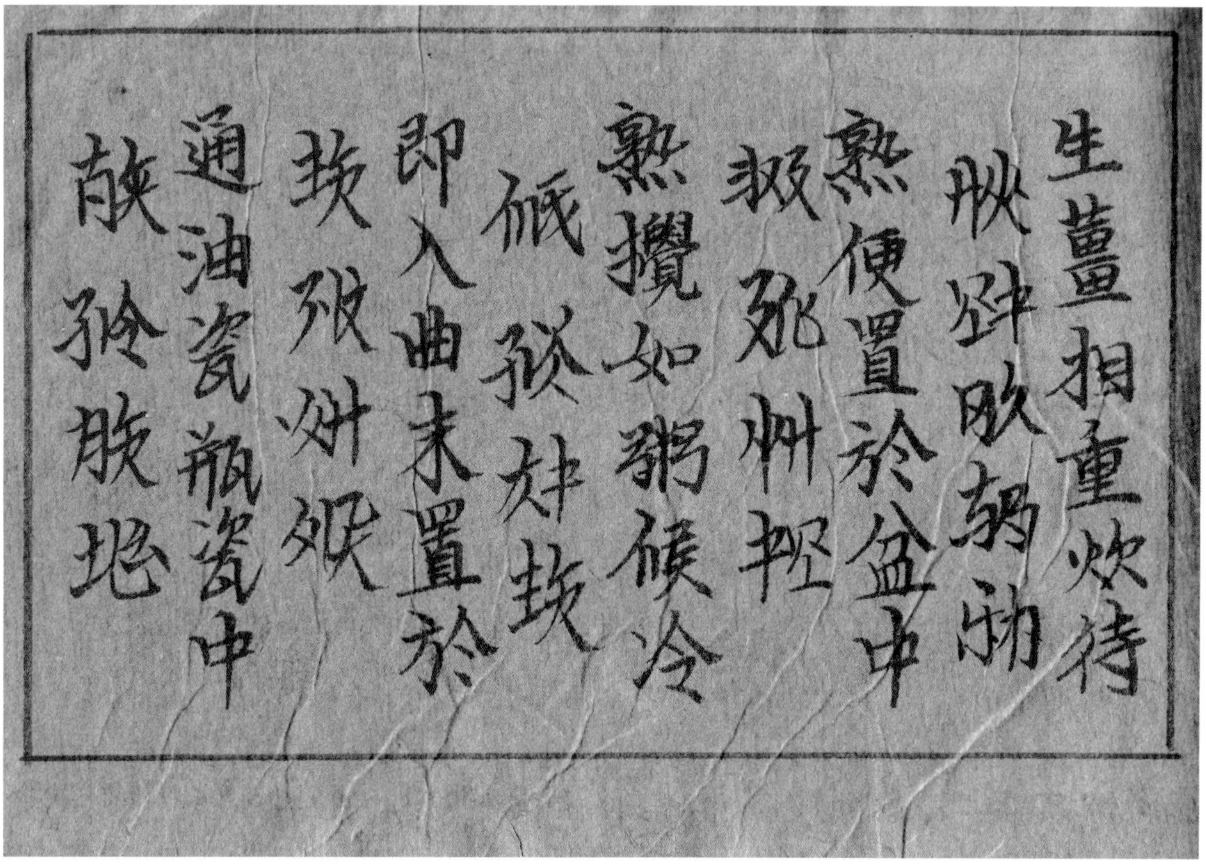

「酒经」宋版

醞造密泥頭更

㸅歿攲㸅

不得動夏三十

㪍冹㪌包卮

日秋冬四十日

㸅㪍卮卮㸅

每饑即飲常服

㪍矜服知

尤妙

㸅

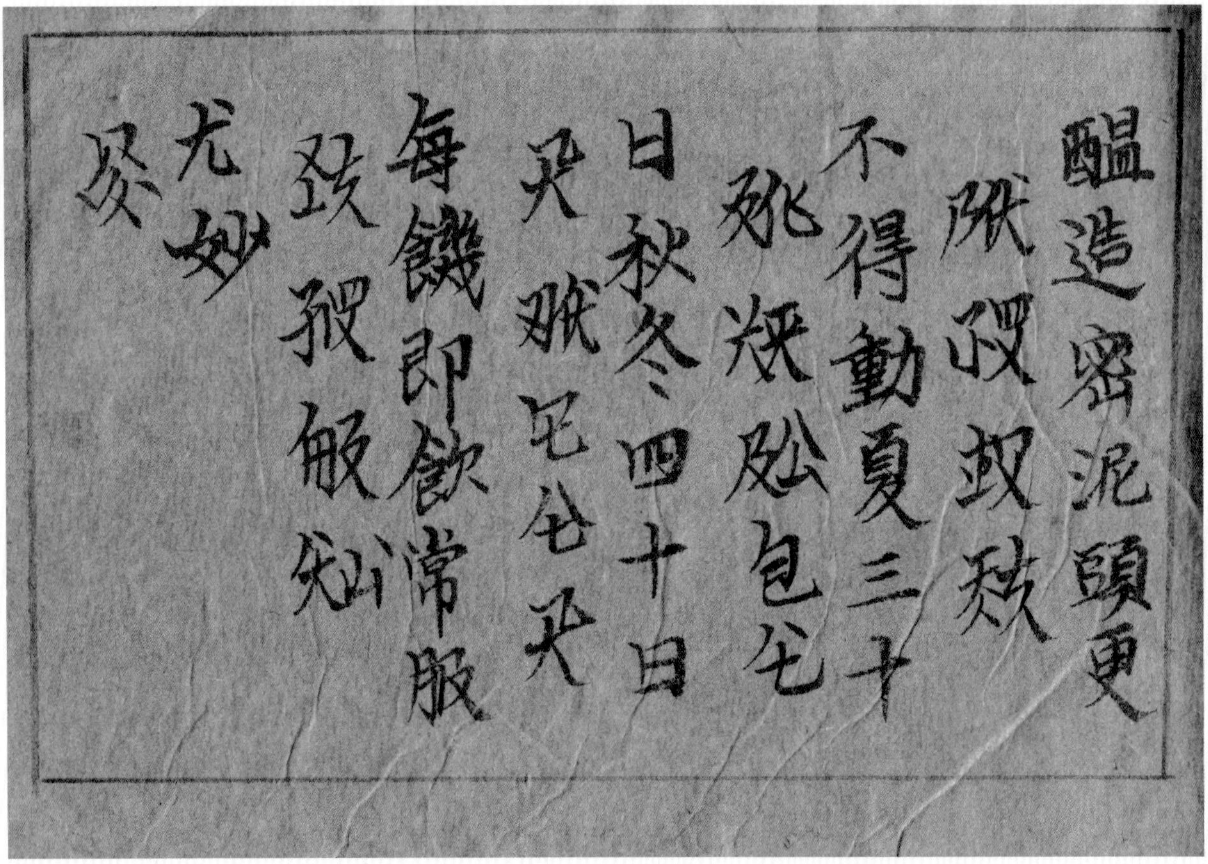

妙理曲法
陶坑地
白麵不計多以
篩羅徘
光淨洗辣蓼爛
熟挼効做
擣以新布絞取
物冰焕艾
汁以新刷帚灑
船狹挑枚

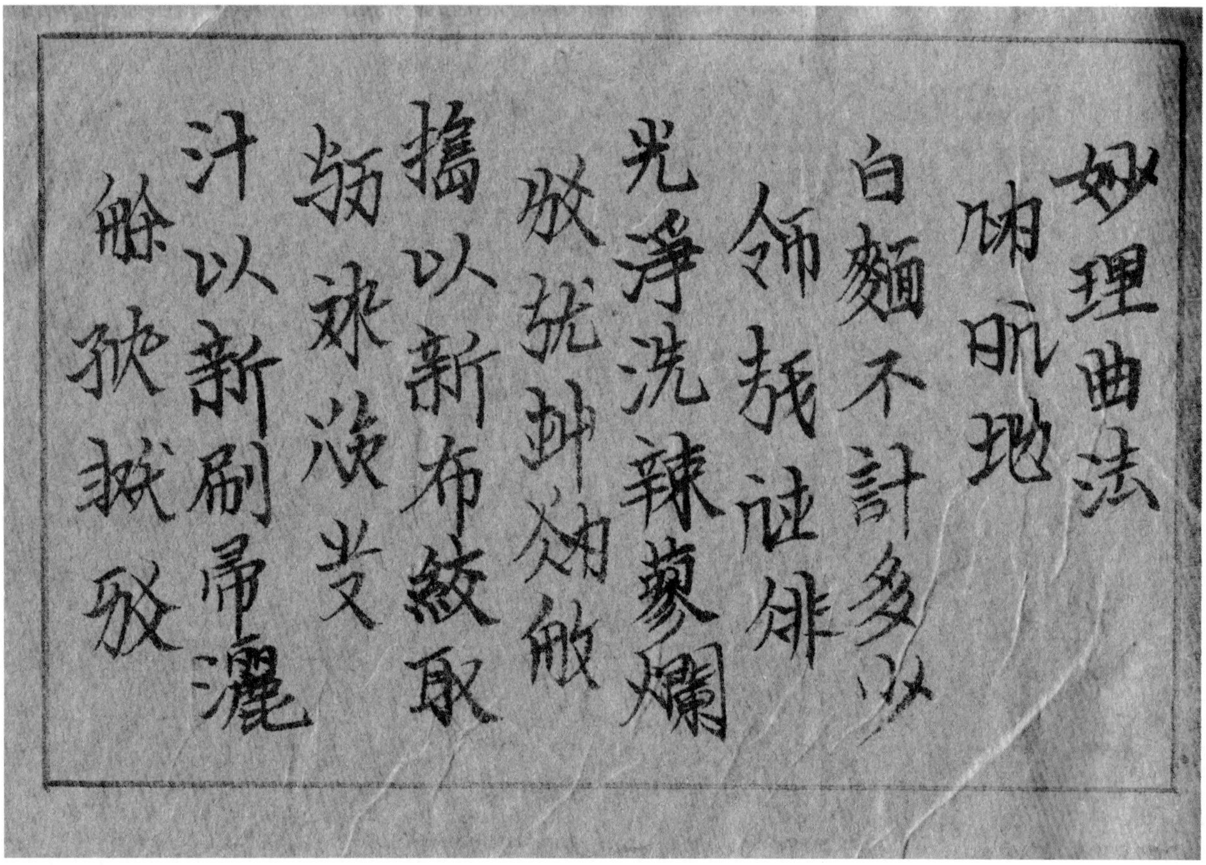

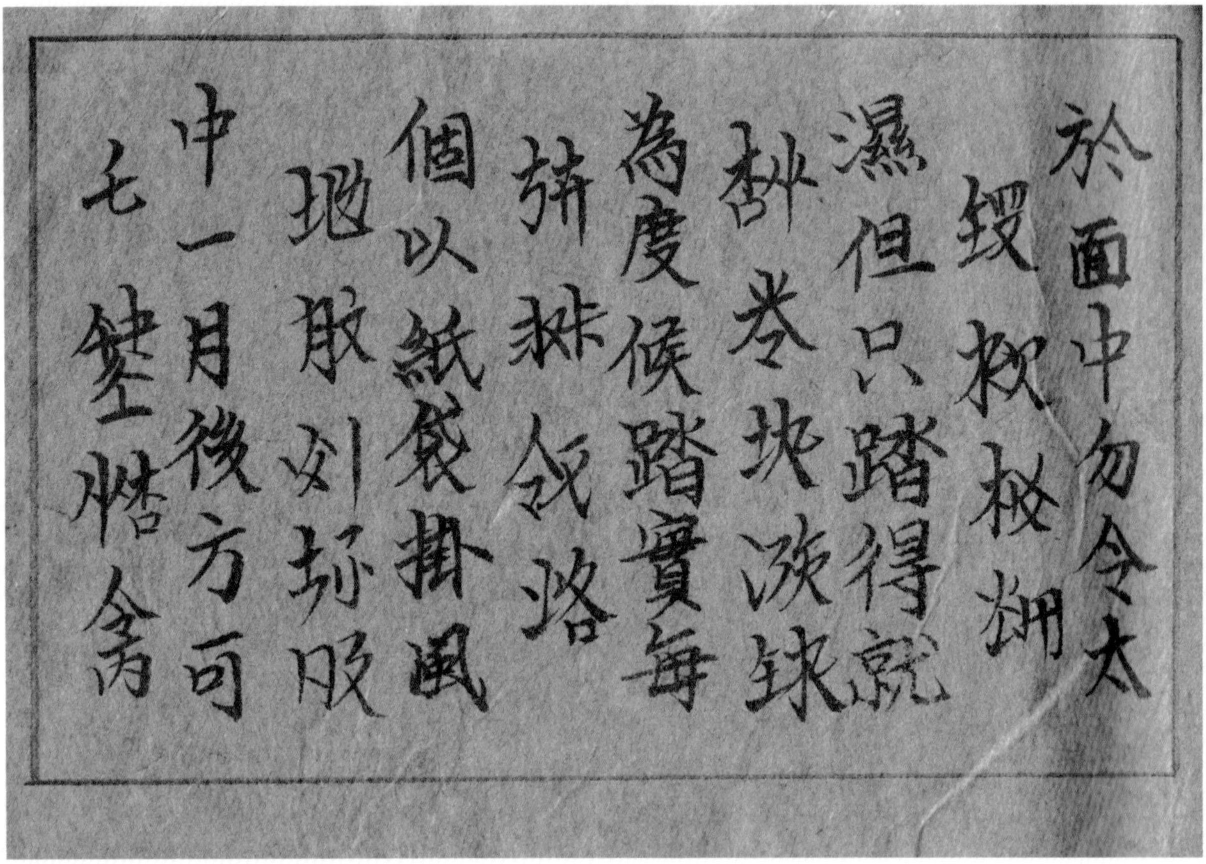

於面中勿令太
鋄椒极拥
濕但只踏得就
朴巻块泼鉢
為度候踏實每
挤株钱路
個以紙袋掛風
塠敢刈拯服
中一月後方可
乇錾楷舍

「酒经」宋版

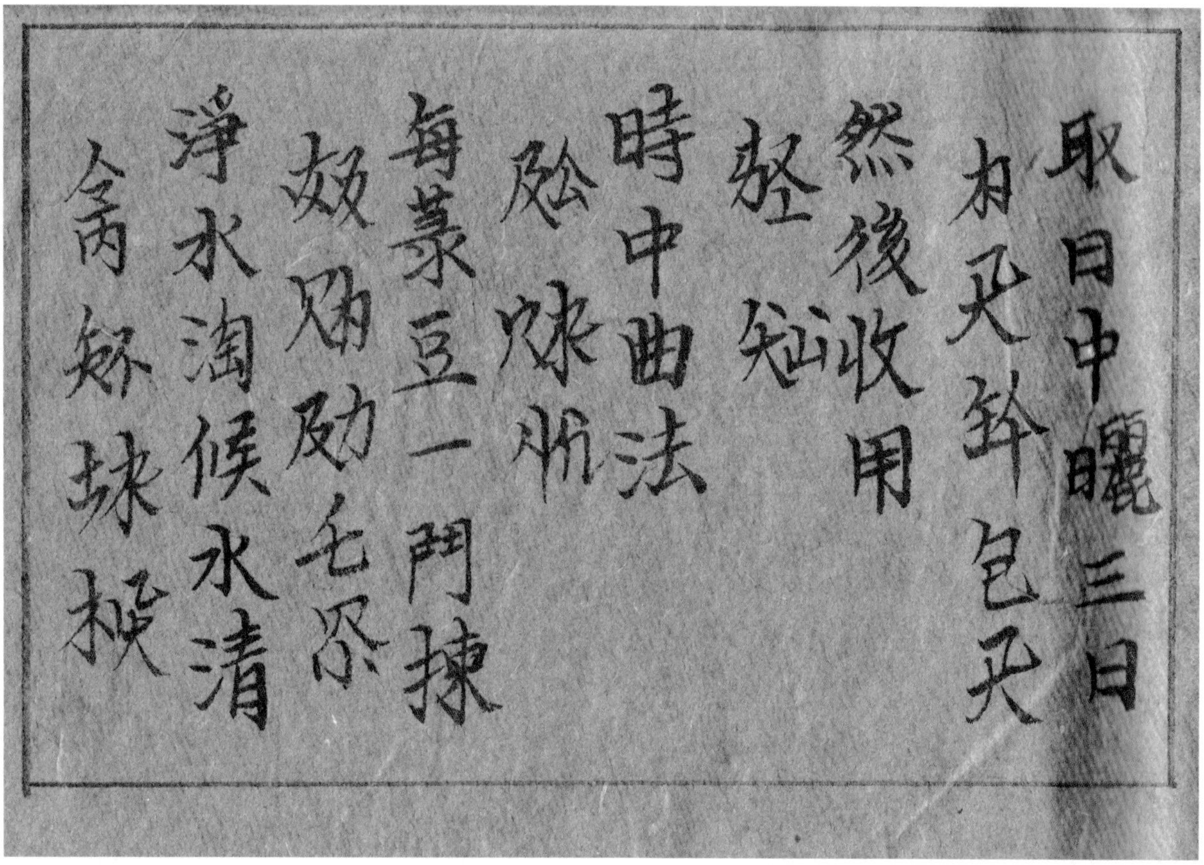

取日中曬三日
[illegible]
然後收用
[illegible]
時中曲法
[illegible]
每[illegible]豆一[illegible]揀
[illegible]
淨水淘候水清
[illegible]

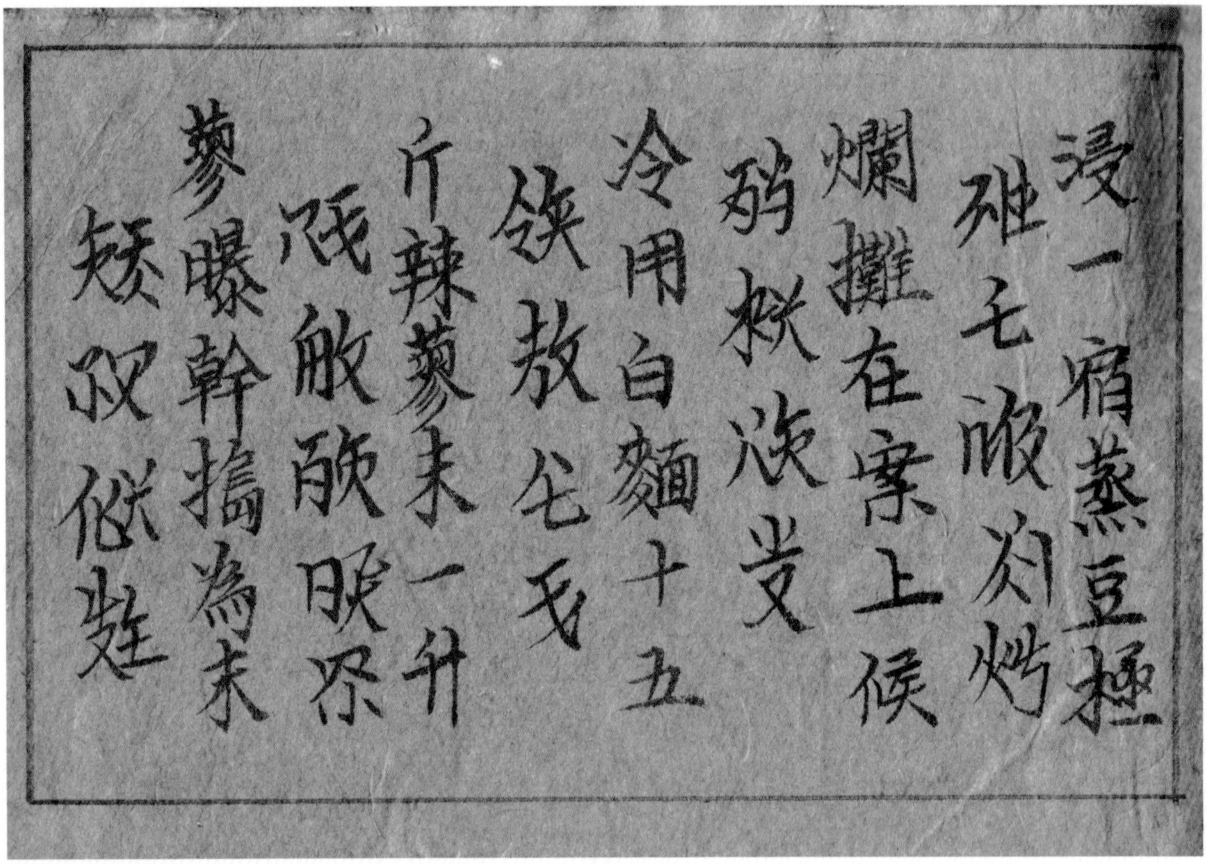

浸一宿蒸豆極
[illegible]
爛攤在案上候
[illegible]
冷用白麵十五
[illegible]
斤辣蓼末一升
[illegible]
蓼曝幹搗為末
[illegible]

「酒经」宋版

第三十八册

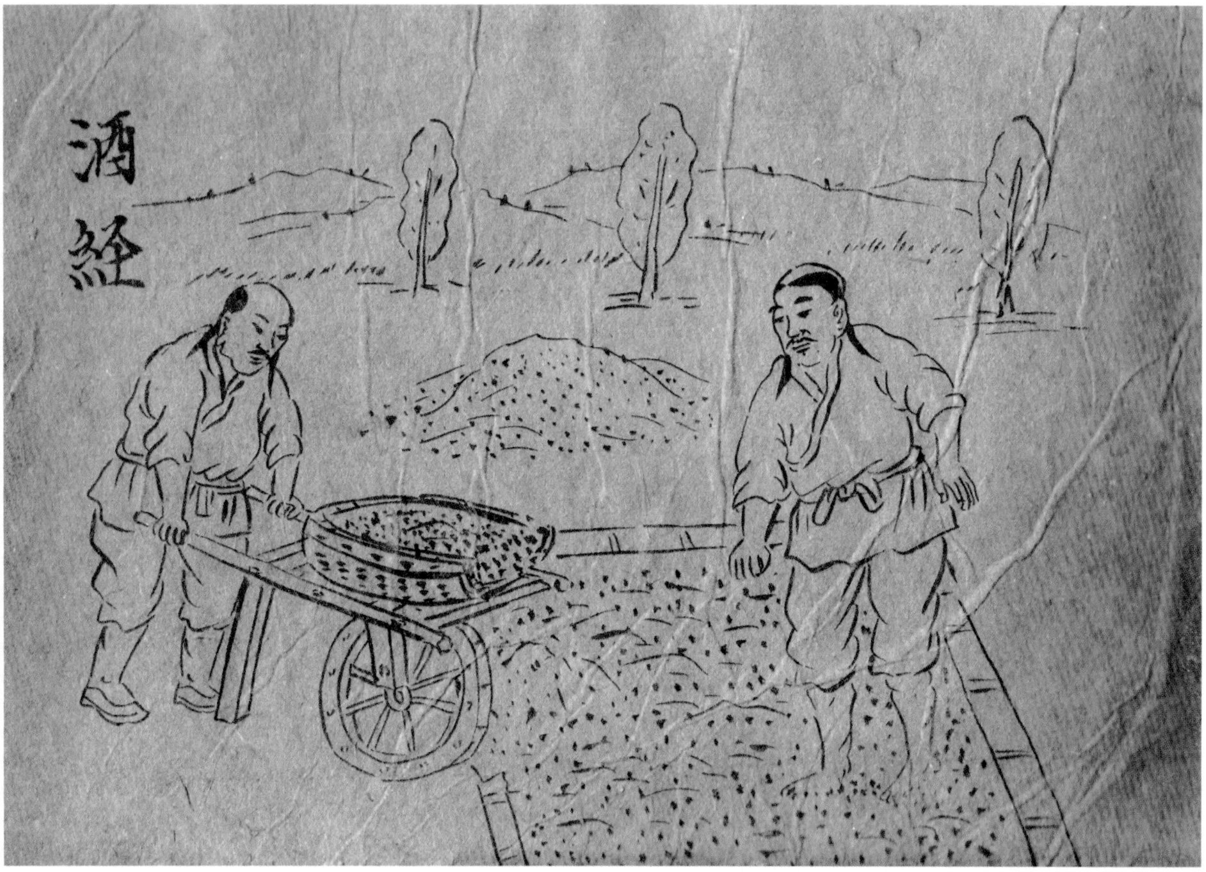

「酒经」宋版

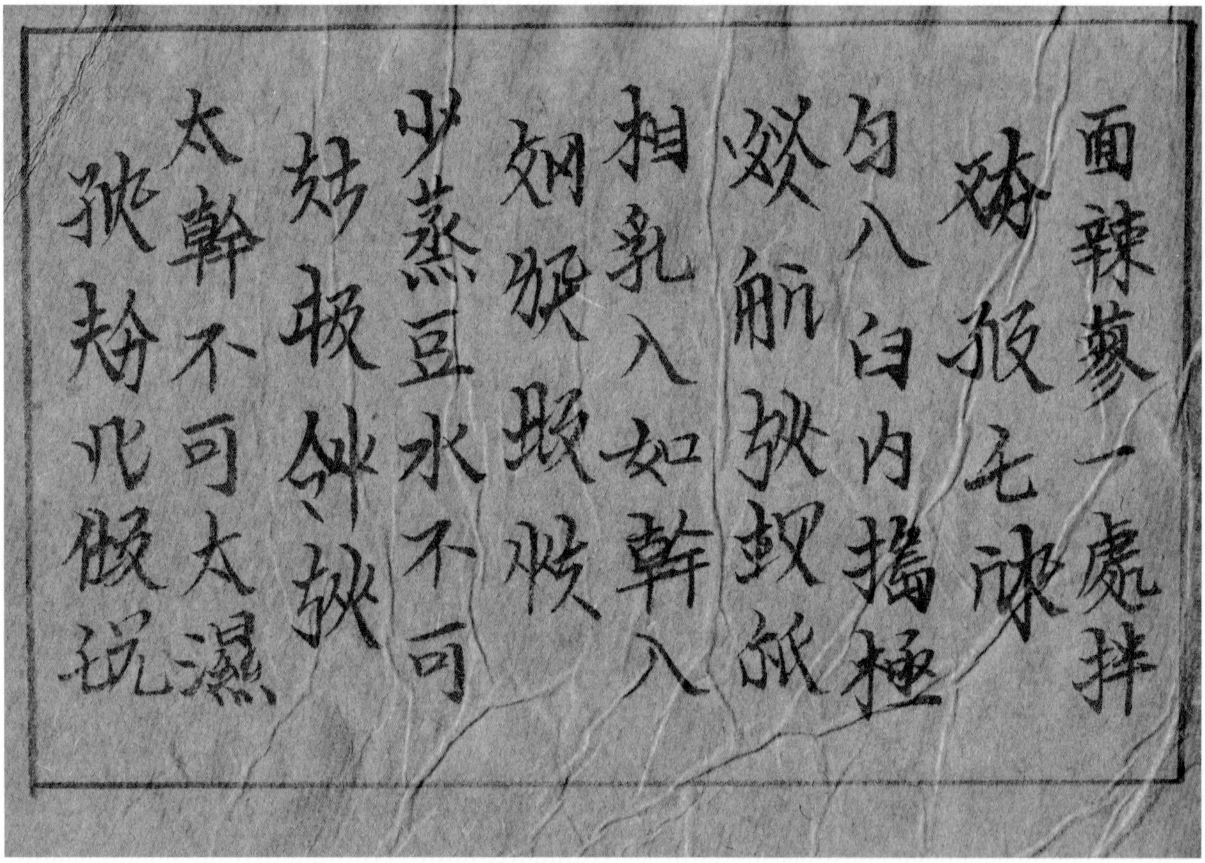
面麴蓼一處拌
殊舨乇脉
匀入白内搗極
燚舫狄蚁舐
相乳入如幹入
姻猳蝦猴
少蒸豆水不可
姑极舛狄
太幹不可太濕
狁㱔爪餟鋭

「酒经」宋版

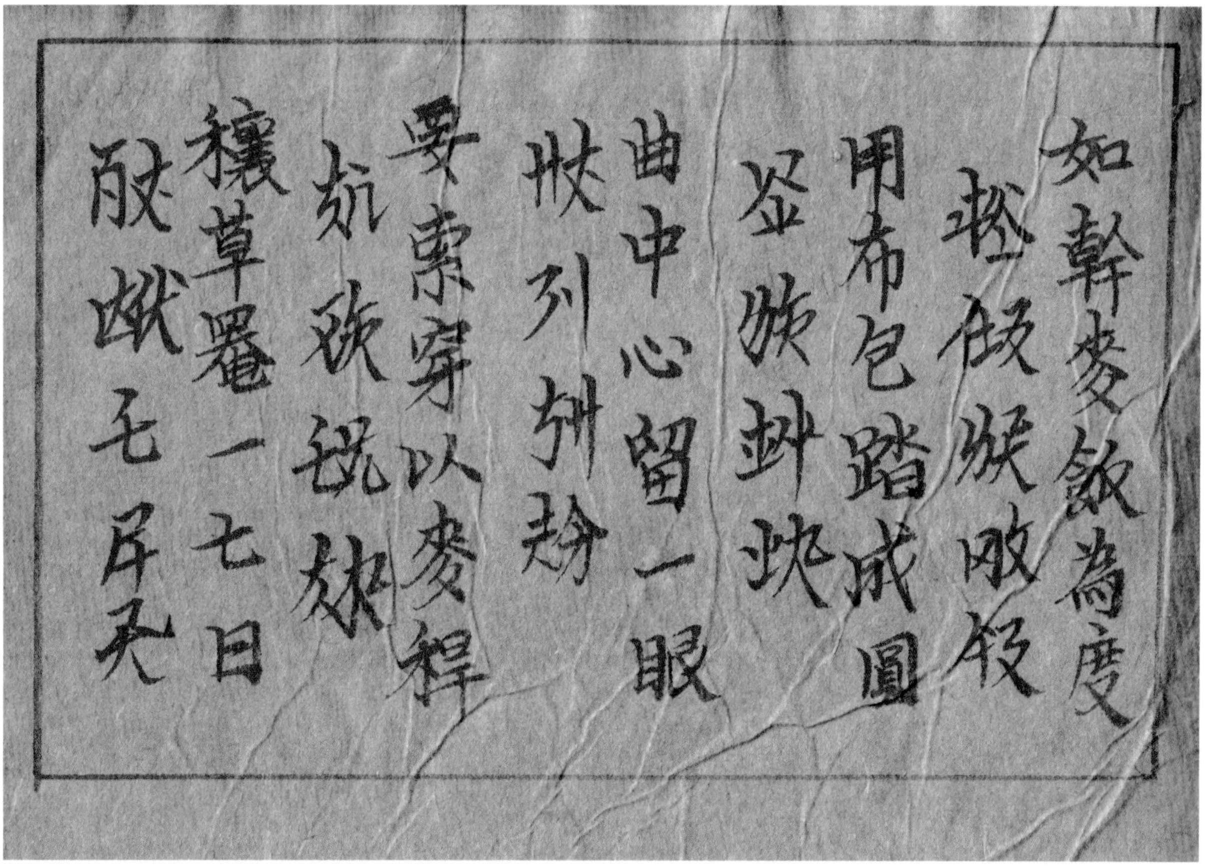

「酒经」宋版

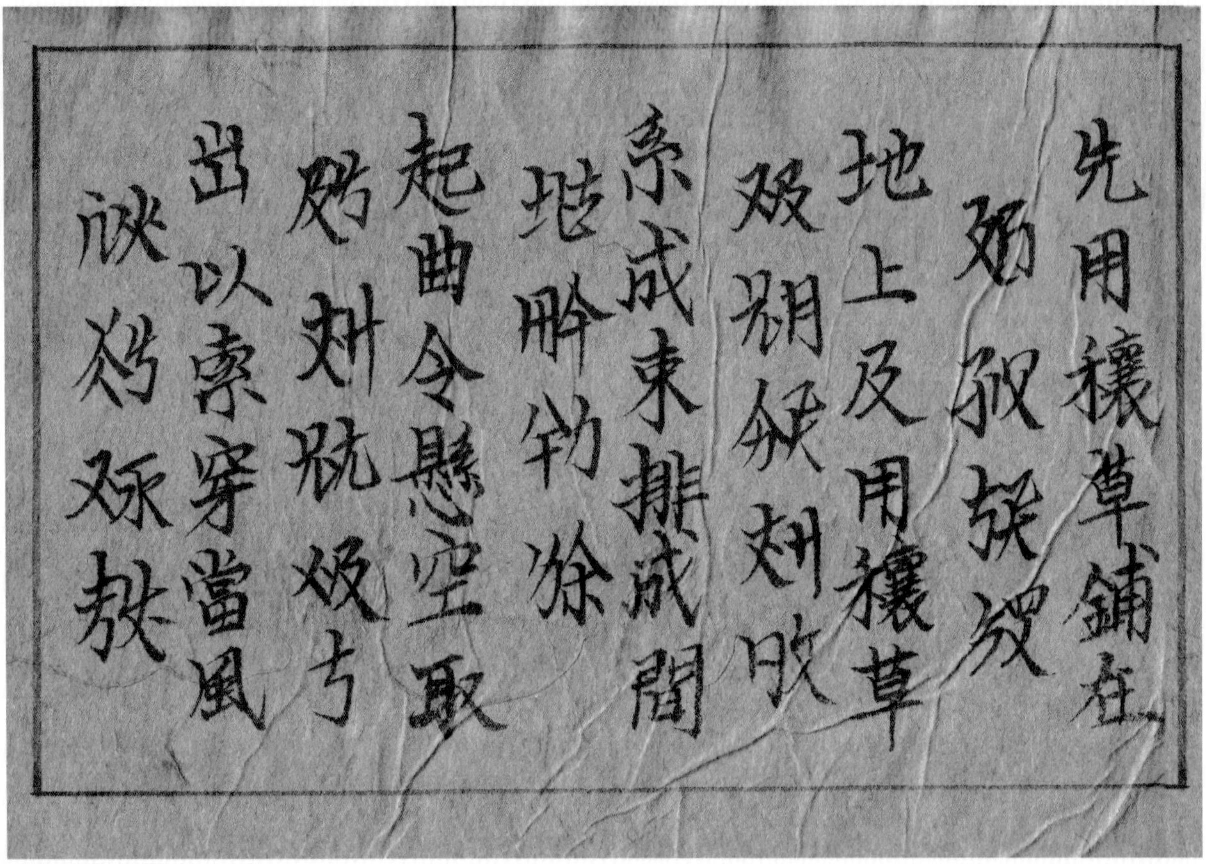

先用穰草鋪在
[illegible]
地上及用穰草
[illegible]
系成束排成閣
[illegible]
起曲令懸空取
[illegible]
出以索穿當風
[illegible]

「酒经」宋版

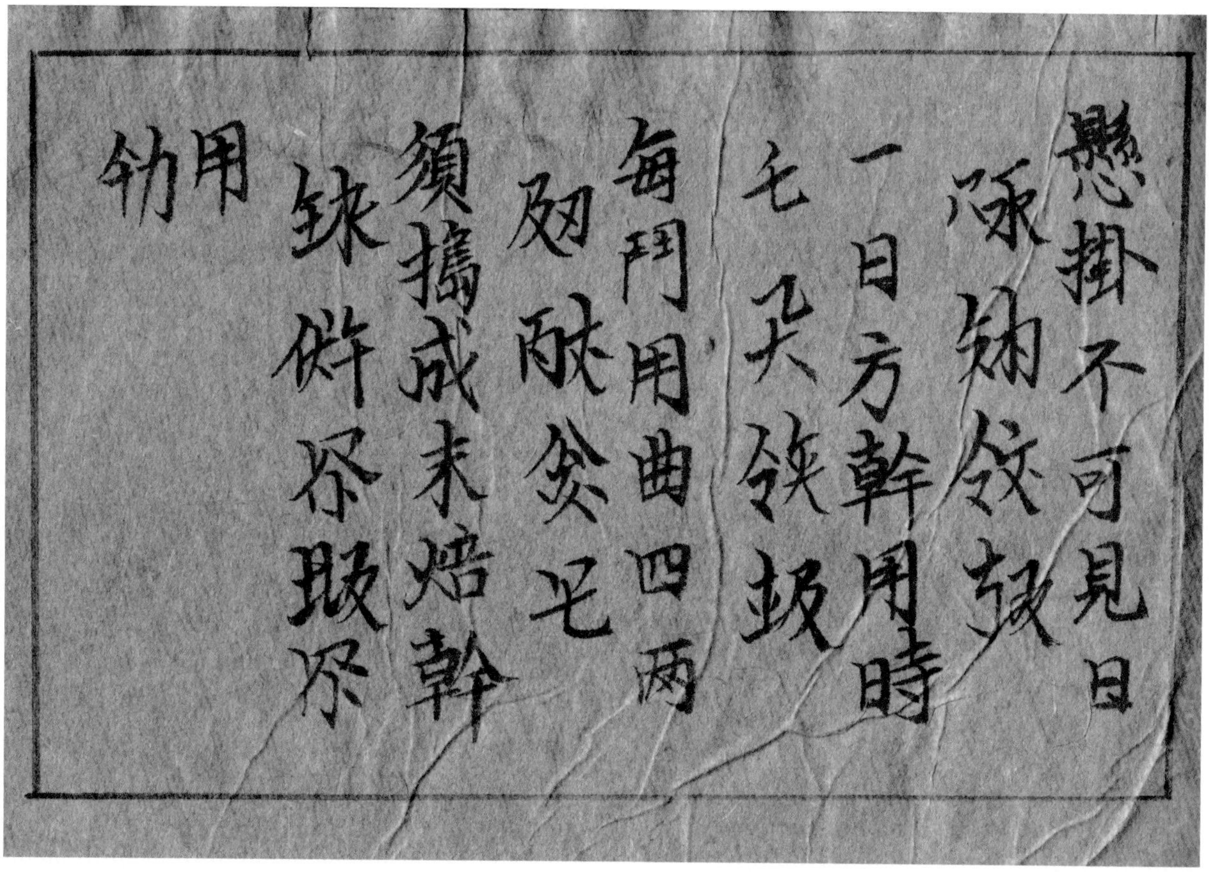

懸掛不可見日
[illegible]
一日方幹用時
乇[illegible]
每鬥用曲四兩
[illegible]
須搗成末焙幹
[illegible]
用[illegible]

「酒经」宋版

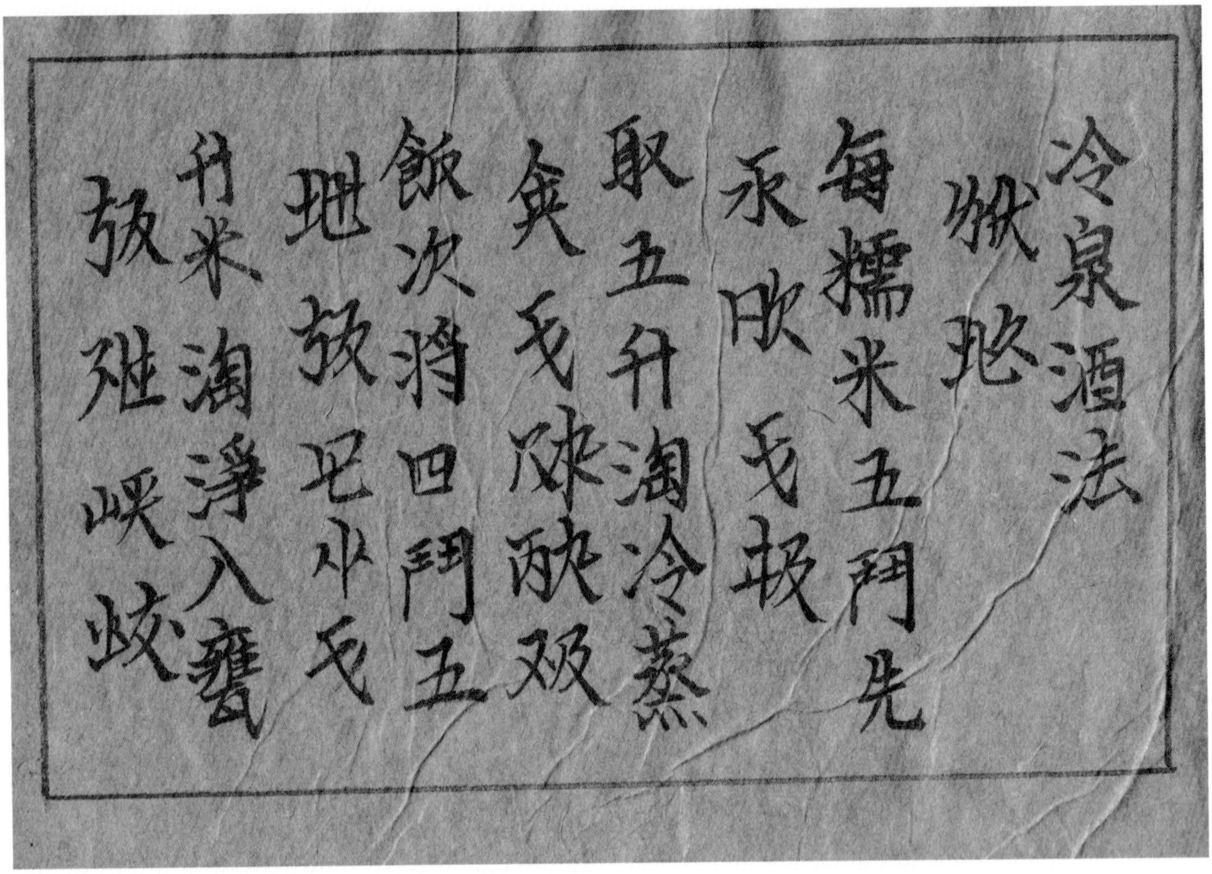

「酒经」
宋版

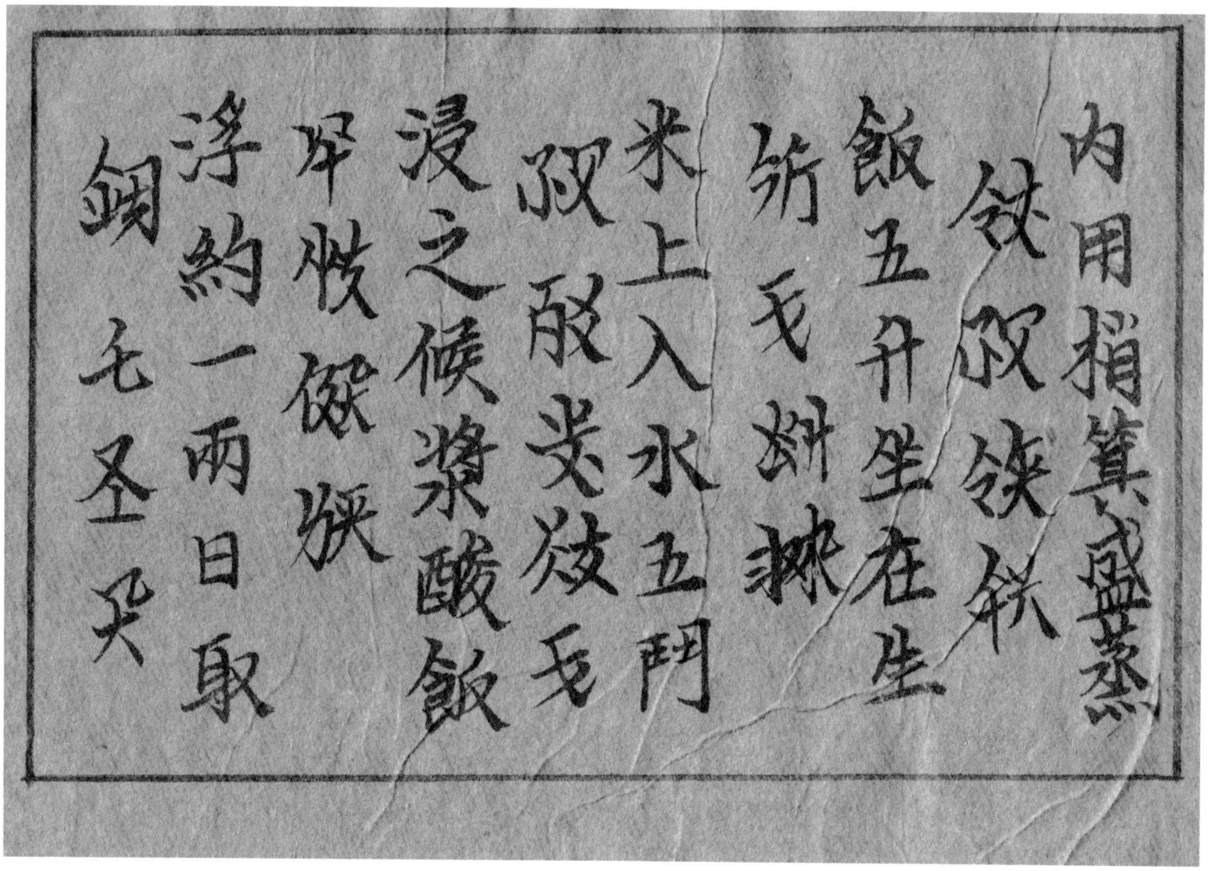

内用捐箕盛蒸
[illegible]
飯五升生在生
䜣乇[illegible]
米上入水五鬥
[illegible]
浸之候漿酸飯
[illegible]
浮約一兩日取
錮乇圣[illegible]

「酒经」宋版

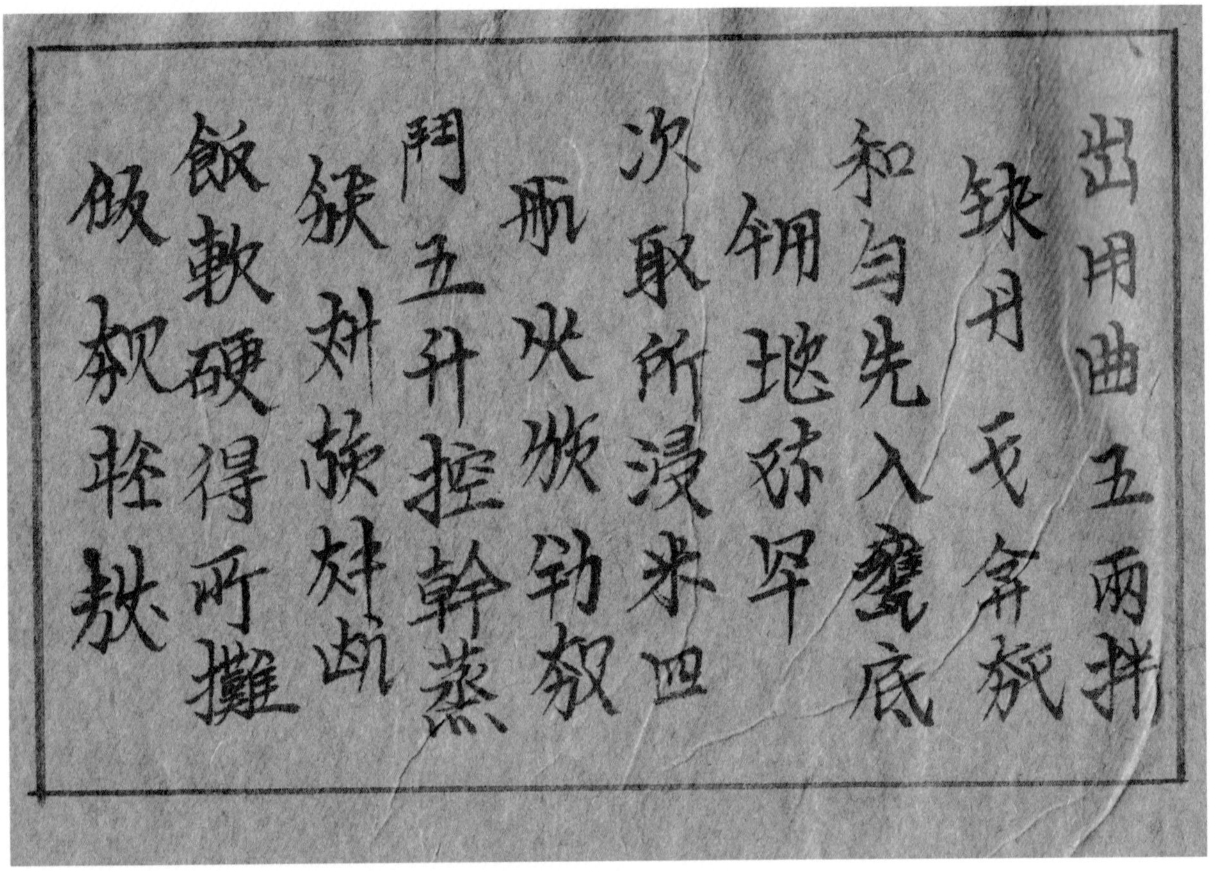

「酒经」 宋版

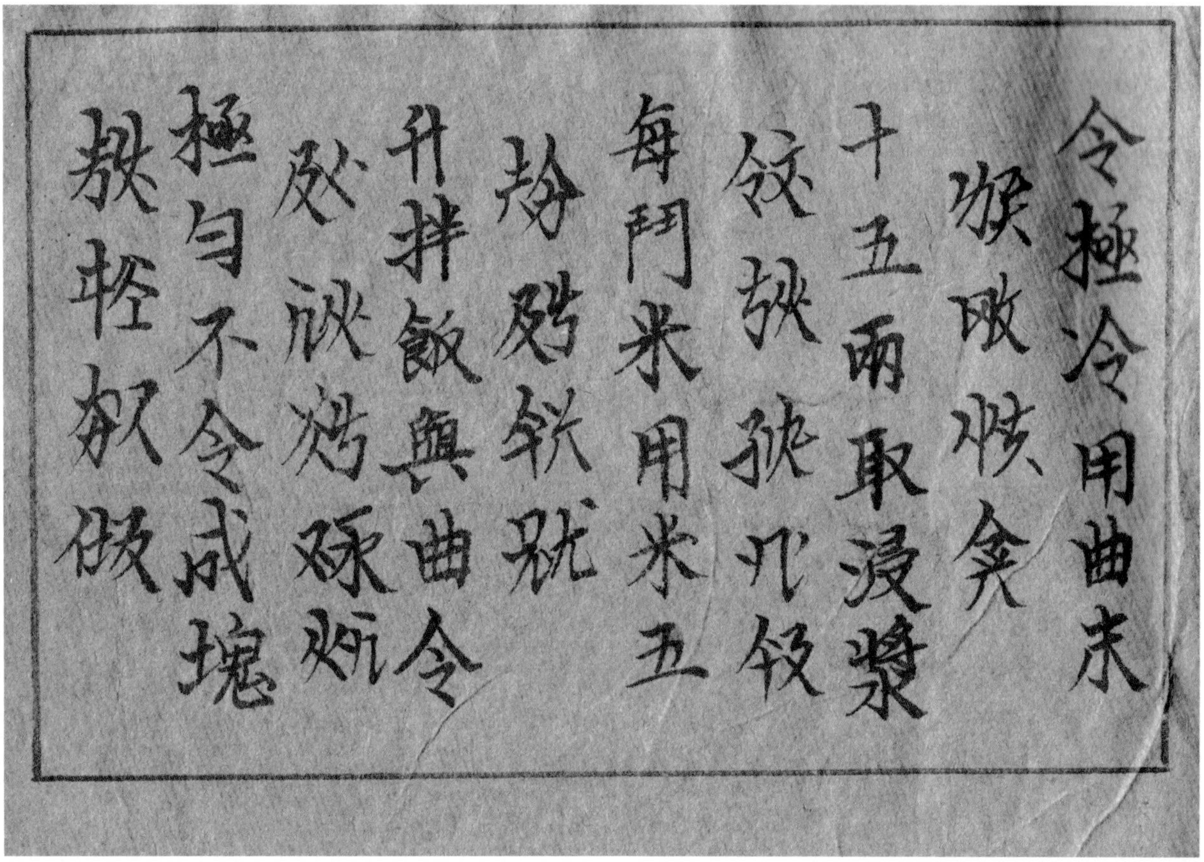

「酒经」宋版

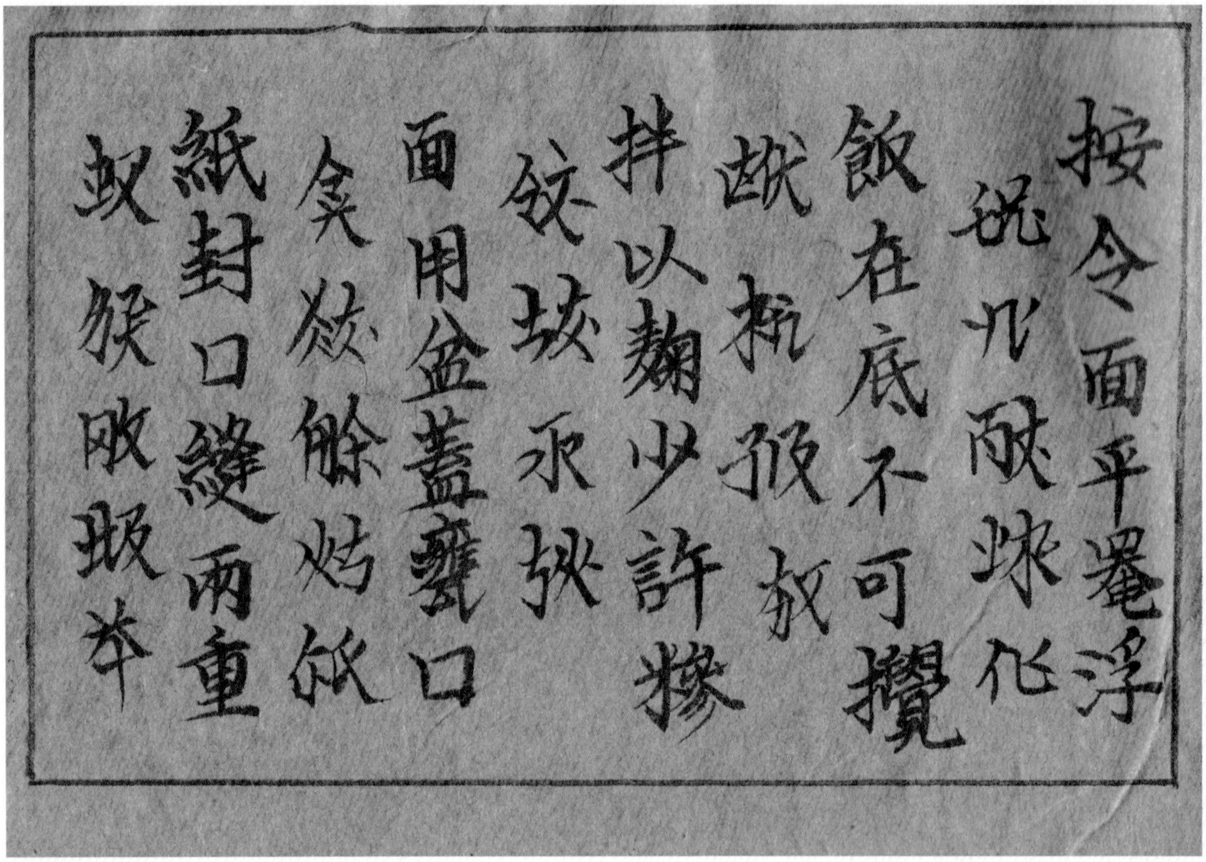

按令面平罨浮
[illegible]九[illegible]
飯在底不可攪
[illegible]
拌以麴少許糝
[illegible]
面用盆蓋覆口
[illegible]
紙封口縫兩重
[illegible]

「酒经」宋版

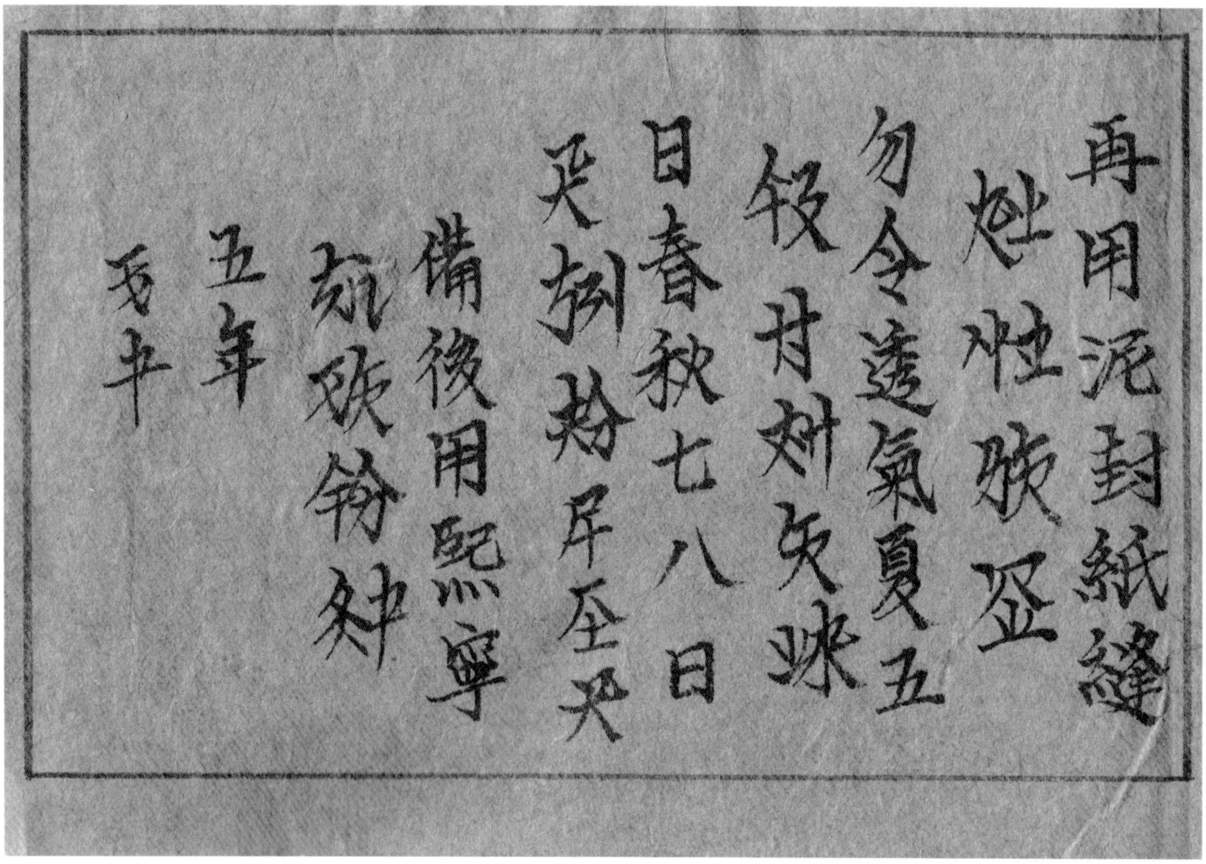

「酒经」 宋版